江苏“十四五”普通高等教育本科规划教材
科学出版社“十四五”普通高等教育本科规划教材

火成岩岩石学

（第二版）

徐夕生　主编

科学出版社
北　京

内 容 简 介

本书是为地质学各专业本科生和研究生专业基础课程教学而编写的教材。书中准确系统地介绍了火成岩岩石学的基础理论知识，融入了当前国内外火成岩岩石学研究的最新方法和研究成果，包括形成火成岩多样性的各种岩浆作用过程、岩浆作用与构造环境的关系、岩浆作用对成矿的制约等内容，将岩类学与岩理学有机结合，体现了编者在火成岩岩石学教学和科研方面的体会，希望帮助学生“感兴趣、会鉴定、懂原理、欲探索”。本书内容丰富，取材新颖，层次分明，结构合理，既能帮助学生掌握火成岩的基本理论和基础知识，还能帮助本科生和研究生了解学科前沿和发展方向。

本书不仅可作为高等学校地质学、地球化学和资源勘查相关专业的教材，还可作为从事科学研究、地质矿产调查的广大地质工作者的工具书和参考书。

审图号：GS 京（2025）0217 号

图书在版编目（CIP）数据

火成岩岩石学 / 徐夕生主编. -- 2 版. -- 北京 : 科学出版社, 2025. 4. -- ISBN 978-7-03-080981-0

Ⅰ. P588.1

中国国家版本馆 CIP 数据核字第 2024LF1836 号

责任编辑：周　丹　沈　旭　李嘉佳/责任校对：杨　赛
责任印制：张　伟/封面设计：许　瑞

科学出版社 出版
北京东黄城根北街 16 号
邮政编码：100717
http://www.sciencep.com

北京中科印刷有限公司印刷

科学出版社发行　各地新华书店经销

*

2010 年 11 月第　一　版　开本：787×1092　1/16
2025 年 4 月第　二　版　印张：25
2025 年 4 月第十七次印刷　字数：614 000

定价：169.00 元

（如有印装质量问题，我社负责调换）

前　　言

火成岩，亦称岩浆岩，是构成固体地球的三大岩类之一，也是分异型天体的主要组成岩石，在地球科学和行星科学研究中占据举足轻重的地位。近几十年来，随着地质学家对不同构造背景火成岩的持续探索，火成岩岩石学领域取得了诸多突破性进展。火成岩还与关系国计民生和区域经济可持续发展的诸多矿产资源的形成密切相关，因而备受重视。我国地球科学发展战略(2021—2030)、美国国家科学基金会提出的12个未来地球科学研究的优先科学问题(2020—2030)、*Science* 2021年发布的125个科学问题，以及每年召开的Goldschmidt国际学术研讨会等，都凸显了火成岩相关理论和研究的重要性。

当今的地球科学已发展到地球系统科学阶段，地球内部过程以及地球各圈层相互作用方面的研究得到更多重视。岩浆是了解地球内部过程的“探针”，也是地球各圈层之间物质和能量交换的“使者”；对火成岩的研究可以获取壳幔结构、物质组成、热状态等深部信息，反演壳幔深部过程。巨量火山喷发会改变大气组成，引发气候变化，并对生物圈产生巨大影响，因此地球内部过程对水圈、大气圈和生物圈的演化起着关键作用。当前，地球科学中许多热点和前沿问题，如板块构造的启动、克拉通的形成与破坏、壳幔作用与大规模成矿、早期地球的组成与演化、超级火山与宜居地球等，都与火成岩岩石学密不可分。此外，深入探究岩浆的形成与演化、岩浆作用与地球环境的内在联系，乃至将地球上火成岩的特征、成因和分布规律与月球、其他天体上火成岩进行对比研究，已成为长期的研究焦点和方向。

“火成岩岩石学”是地质学各专业本科生和研究生的一门重要专业基础课程。长期以来，南京大学地球科学与工程学院岩矿教研室十分重视该课程的建设、教材的编写和教材内容的更新工作，有较好的基础和教学、科研水平。由孙鼐、彭亚鸣主编的《火成岩石学》教材于1985年由地质出版社出版，并在1987年获国家优秀教材奖。因此，岩矿教研室前辈老师们在“火成岩石学”的教学和教材研究中付出了大量的心血和汗水。

目前，国内20余所高校在使用我们2010年编写的《火成岩岩石学》教材，英文教学参考书包括*Igneous Petrogenesis*（Wilson, 1989）、*Igneous Petrology*（Best and Christiansen, 2001）、*Igneous Petrology*–3rd edition(McBirney, 2007)、*Principles of Igneous and Metamorphic Petrology*–2nd edition(Winter, 2014)及*Igneous Rocks and Processes: A Practical Guide*–2nd edition(Gill and Fitton, 2022)等，这些教材的内容各有侧重。

现代岩石学与化学、物理学和大数据、人工智能结合日趋紧密，已不再是单纯的岩石分类、岩相学描述和成因解释。随着科学研究成果的不断取得，我们和国内外众多同行一样，在教学工作中不断充实新内容，力图紧跟时代发展，完善出一本适合我国教学现状，文字简练，既有广度又有深度，能够反映现代岩石学基本理论、基础知识和基本技能，同时又能适量介绍现代火成岩岩石学研究进展的“火成岩岩石学”新教材。

我们以原《火成岩岩石学》(2010年出版，徐夕生、邱检生主编)教材为基础，删减了一些陈旧的、不适合时代发展的内容，增加或更换了岩石学研究新进展的内容或实例，力求打造一本内容适时、结构严谨、图文并茂的新教材。改编教材增强了岩类学与岩理学的融合，引导学生从兴趣出发，掌握鉴定技能，理解基本原理，激发探索热情。

本教材除绪论外，共分十四章。原编写分工如下：绪论、第一章、第八章、第十三章和第十四章由徐夕生编写；第二章、第三章、第十章和第十一章由邱检生编写；第四章、第五章和第十二章由王孝磊编写；第六章、第七章和第九章由陈立辉编写。

本次改编分工如下：绪论、第一章、第十三章由徐夕生改编；第二章由夏炎改编；第三章由贺振宇改编；第四章由王孝磊改编；第五章由王孝磊和赵凯改编；第六章由陈立辉改编；第七章由陈立辉和刘建强改编；第八章和第九章由曾罡和徐夕生改编；第十章和第十一章由徐夕生、贺振宇和刘建强改编；第十二章由贺振宇和王孝磊改编；第十四章由夏炎和徐夕生改编。

在改编过程中，得到了王德滋院士、周新民教授的鼓励，得到了南京大学和科学出版社的支持，以及我国火成岩岩石学教学专家赖绍聪、许文良、马昌前、郑建平、陈斌、赵太平、朱弟成、宋述光、许成、侯通等的帮助和支持。本教材为江苏“十四五”普通高等教育本科规划教材、科学出版社“十四五”普通高等教育本科规划教材。

“火成岩岩石学”作为探索地球奥秘的重要基础科学，其研究领域正经历着前所未有的蓬勃发展，展现出方兴未艾的态势。随着科学技术的飞速进步，尤其是微区原位分析技术、数值模拟以及人工智能的应用，该领域的研究理念正以惊人的速度更新迭代，传统的认知框架与理论模式也在持续的实践与探索中逐渐得到修正与完善。

我们深知，《火成岩岩石学》教材作为传授知识与启迪思维的重要载体，其内容的丰富性、时效性和准确性对于培养新一代地质学拔尖人才至关重要。因此，我们热切期望这部教材能够紧跟学科前沿，不断吸纳最新的研究成果与理论进展，进一步充实相关内容，不断完善其知识体系。

编　者

2024年11月

目　录

绪　论

第一节　岩石、岩石学、火成岩岩石学的基本概念

一、岩石

岩石(rock)通常是天然产出的具有稳定外形的矿物集合体，是构成地球上层(地壳和上地幔)的主要物质。岩石主要由一种或数种造岩矿物，少数由天然玻璃或生物遗骸组成，它是地球各种地质作用的产物。陨石和月岩是特殊的岩石。一般所说的岩石是指组成地壳和上地幔的物质，根据其基本成因，可归纳为如下三大类。

(1)火成岩(igneous rocks)　又称岩浆岩(magmatic rocks)，指高温熔融的岩浆在地下或喷出地表后冷凝而成的岩石，如橄榄岩、玄武岩等。由于岩浆固结时的化学成分、温度、压力及冷却速度不同，可形成各种不同的岩石。火成岩大多是结晶质的，少数为玻璃质。

(2)沉积岩(sedimentary rocks)　是指母岩在地表或接近地表的条件下，经风化和搬运或化学沉积形成成层的松散沉积物，而后固结石化形成的岩石，如砂岩、灰岩等。

(3)变质岩(metamorphic rocks)　是在变质作用(通常是温度、压力和化学活动性流体发生变化)条件下，使地壳中已经存在的岩石(火成岩、沉积岩或先前的变质岩)变成具有新的矿物组合和结构构造的岩石，如片麻岩、大理岩等。

二、岩石学

岩石学(petrology)是研究岩石的物质成分、结构、构造、成因、共生组合、分布规律及其与成矿关系的一门独立的学科，是地质学的一个重要分支。根据研究的重点不同，岩石学常被分为岩类学和岩理学。岩类学又称描述岩石学(descriptive petrology)或岩相学(petrography)，主要研究岩石的物质成分、结构、构造、分类、命名等方面的内容以及产状、伴生关系和分布规律等；岩理学又称成因岩石学(petrogenesis)，主要研究岩石成因，探讨岩石的形成条件和形成过程等，在大量岩类学观察资料的基础上，结合矿物学、地球物理和地球化学、实验岩石学等综合分析，旨在阐明岩石成因及其形成的地质背景。岩类学与岩理学是相辅相成、紧密相连的，共同构成了岩石学研究的框架。岩类学不仅是岩石学研究不可或缺的一环，更是深入理解岩石成因、建立科学分类体系的基础。一方面，有些分类体系往往建立在坚实的成因概念之上，为岩理学的研究提供了重要的背景信息；另一方面，岩理学的发展也依赖于岩类学所提供的可靠、可跨区域对比的分类体系，从而准确揭示岩石成因过程和成因机制。

三、火成岩岩石学

火成岩岩石学(igneous petrology)，又称岩浆岩岩石学(magmatic petrology)，主要研究由岩浆冷凝固结而形成的岩石，包括侵入岩和火山岩。其研究方法和内容，往往是首先在

野外研究火成岩的产状、岩相、原生构造、同化混染、结晶分异、与围岩的接触关系、侵入或喷发的先后次序等并系统采集标本；然后在室内，结合野外手标本等观察，通过分析其矿物成分、结构构造，结合岩石化学成分，确定岩石的种属名称；同时，结合岩石地球化学、实验岩石学研究，了解其形成的物理化学条件、成因和演化，以及探讨岩浆活动与地球动力学的关系，查明其成矿专属性等。因此，火成岩岩石学是地质学中的主干分支，其研究需要融入物理、化学等领域的知识。

四、三大类岩石的地质特征和演变

火成岩、沉积岩和变质岩三大类岩石在岩石圈中的含量、分布有很大的不同，沉积岩主要分布于大陆地表，约占陆壳面积的 75%，而距地表越深，则火成岩和变质岩越多，沉积岩越少。根据地球物理资料和高温高压实验，地壳深处和上地幔主要由火成岩构成。据统计，整个地壳中火成岩体积占 66%，变质岩占 20%，沉积岩仅占 8%。

三大类岩石在成分、结构、构造以及产状等方面的主要地质特征如表 0-1。三大类岩石彼此之间有着密切的联系，并可以相互转化，它们的相互演变关系可以用图 0-1 表示。岩浆可以直接来源于地球深处的软流圈地幔，也可以通过先前存在的变质岩、火成岩和沉积岩在高温条件下部分熔融，经不同方式的冷却和固结形成不同类型的火成岩。而火成岩、沉积岩和变质岩可以在温度、压力和化学活动性流体的作用下形成新的变质岩；火成岩、沉积岩和变质岩又可以在风化、破碎、搬运和沉积作用下形成新的沉积岩。驱动三大类岩石循环演变的动力作用包括板块俯冲、碰撞造山、伸展裂谷或地幔柱作用等。

表 0-1　三大类岩石的主要地质特征对比(据桑隆康和马昌前，2012)

火成岩	沉积岩	变质岩
1. 除部分火山岩和少部分层状侵入岩外，多数火成岩无成层性 2. 常形成火山及各类熔岩流(火山岩)；或形成岩墙、岩床、岩株及岩基等地质体，与围岩之间有明显的切割关系(侵入岩) 3. 熔岩流快速冷凝的表面部分粒度更细小；而侵入岩与围岩接触处，可以出现细粒的冷凝边。由于岩浆热的影响，火成岩的围岩会发生重结晶，出现化学反应带和颜色的改变 4. 可出现斑状结构、玻璃质结构、文象结构、气孔构造等，多数火成岩无定向构造 5. 除火山碎屑岩外，无化石出现。多数矿物为高温岩浆结晶的矿物，如橄榄石、辉石、角闪石、黑云母、长石、石英等	1. 呈层状产出，并经过分选作用；岩层在横向上延续范围较广 2. 沉积地质体形态可能以沉积形态为特征，如河流、三角洲、沙洲、沙坝等 3. 沉积岩的固结程度有差别，有些甚至是未固结的沉积物 4. 出现碎屑结构、鲕状结构、层理构造等。岩层表面可以出现波痕、交错层、泥裂等构造 5. 物质组成上，以大量出现石英、燧石、碳酸盐矿物(方解石和白云石)、黏土矿物、石膏、岩盐等矿物为特征，常含有化石	1. 多数分布于造山带和前寒武纪基底中 2. 大范围的变质岩分布区，矿物组成具有随变质程度的改变而改变的现象；部分变质岩分布于火成岩体与围岩的接触带，有的呈带状热变质晕形式出现 3. 岩石中的砾石、化石或晶体受到了破坏；碎屑或晶体颗粒拉长，岩石具定向构造，岩石的面理方向可与区域构造线方向一致，但也有少数无定向构造的变质岩 4. 具有粒状、片状变晶结构，碎裂结构，角岩结构等 5. 可出现特征变质矿物，如红柱石、蓝晶石、夕线石、石榴子石、十字石、硅灰石、石墨、绿帘石、透闪石、阳起石等矿物

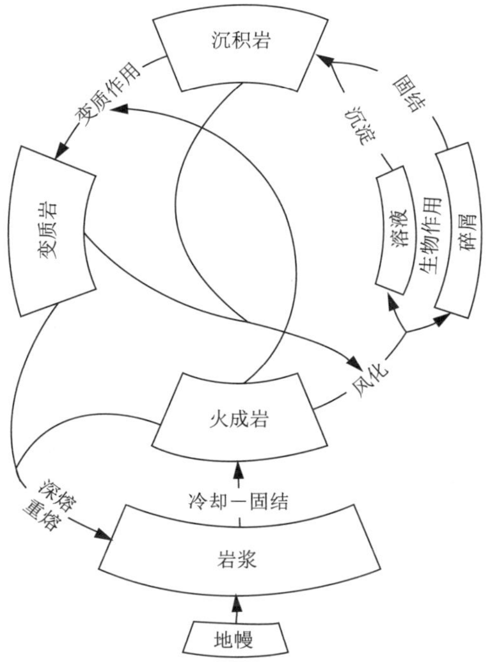

图 0-1　三大岩类岩石相互演变关系图解

第二节　地球的内部结构

岩浆岩是来源于地球某个深度产生的熔体经冷凝固结的产物，因此，如果我们要了解这些岩石的起源、想了解地球的演化，就需要在宏观上知道地球的结构与组成。地球物理学资料，特别是地震 P 波（纵波）和 S 波（横波）在地球内部传播速率的变化表明，地球的内部可被分为三个主要单元：地壳（crust）、地幔（mantle）和地核（core）（图 0-2）。总体上看，地

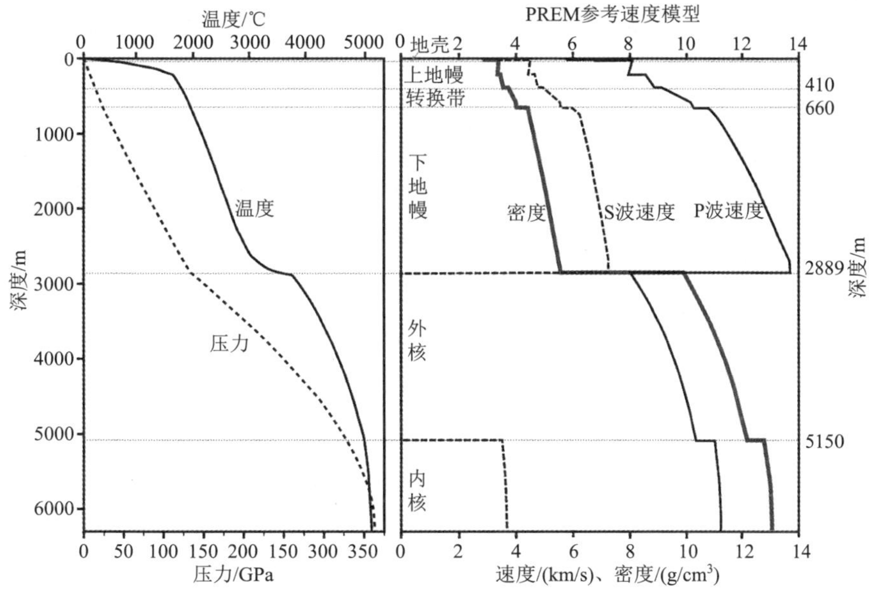

图 0-2　地球内部温度、压力、密度和地震波速的变化（黄周传等，2024）

温梯度(geothermal gradient)和压力梯度(pressure gradient)方面，随着深度的增加，温度和压力升高。在地球形成之后的漫长地质历史中，各种地质作用导致元素的分离，又受到地球内部不同深度温度和压力条件的影响，不同层圈具有不同的化学组成和物理性质。

地壳又可分为两种基本类型，即大洋地壳(oceanic crust)和大陆地壳(continental crust)，这是地球区别于太阳系其他固体行星的重要标志。洋壳相对较薄(平均厚度为 6～7 km)，主要由密度较大的玄武岩组成，大洋中脊扩张地幔部分熔融产生新的洋壳，在俯冲带洋壳可以俯冲至大洋或大陆岩石圈下方的软流圈或更深的地幔中。因此，洋壳持续地更新和循环。最老的洋壳在西南太平洋，距今大约 160 Ma。陆壳较厚(平均厚度为 36 km)，最厚可达 70 km 以上(如青藏高原)，组成也较复杂，包括所有的沉积岩、火成岩和变质岩。有别于洋壳，陆壳较轻、容易上浮而难以俯冲(除陆-陆拼合的情况)。在长期的地球演化历史中，主要以地幔分异熔融的形式使陆壳逐渐增加，因此陆壳的形成时代差别非常大，而古老陆壳则记录了地球形成早期壳幔物质分异的关键信息。大陆地壳的平均组成可以用花岗闪长岩表示。总体上说，地壳仅占地球总体积的 1%。地壳的下层叫硅镁层，它是贯穿大陆和大洋连续分布的层圈；地壳的上层叫硅铝层，又称花岗岩质层，一般仅分布在大陆部分。地壳由火成岩、沉积岩、变质岩三大类岩石组成，其中又以火成岩为主，沉积岩层仅仅是地壳表面极薄的一层。在火成岩中又以侵入的酸性岩和喷出的基性岩分布最广，其次是中性岩，而碱性岩和超基性岩分布量极少。

地壳和地幔的边界是一个不连续面，称为莫霍洛维契奇不连续面(Mohorovicic discontinuity)，简称莫霍面(Moho)，或者 M 不连续面。经过这个不连续面，P 波的速率突然由约 7 km/s 增加到约 8 km/s。在地球上不同的地区，莫霍面的深度是变化的。在大洋地区，莫霍面较浅；而在大陆地区，特别是克拉通地区，莫霍面较深。莫霍面以上的地壳主要由辉长岩、麻粒岩等富含长英质的岩石组成，而莫霍面之下的地幔则主要是橄榄岩。有时地壳和地幔之间存在岩石成分变化过渡带，其 P 波的速率也是过渡变化的。因此，有的学者提出“岩石学莫霍面”的概念(Griffin and O’Reilly, 1987; 马昌前，1998)，并强调地球物理莫霍面与岩石学莫霍面并不总是一致的。例如，当辉长岩或辉石麻粒岩发生高压超高压变质作用时所形成的榴辉岩就具有地幔物质的密度和波速，这时的岩石学莫霍面就在地球物理莫霍面之下。

从莫霍面至约 2889 km 深处是地幔，约占地球总体积的 83%。地幔主要由富铁和镁的硅酸盐岩组成。上地幔(upper mantle)，一般指从莫霍面到大约 410 km 深度的地幔层，包括上部的岩石圈(lithosphere)地幔和下部的软流圈(asthenosphere)地幔。根据地球物理、地球化学、地质上种种证据的综合，林伍德(Ringwood)提出了地幔岩的概念，认为上地幔的物质组成相当于三份阿尔卑斯型橄榄岩加一份夏威夷型玄武岩，这种成分的岩石相当于二辉橄榄岩。

从 410 km 至约 660 km 深度，一般称地幔过渡带，它介于上地幔和下地幔之间。在 410 km 深度，地幔岩石的密度由于矿物相变而突然增加。α 相的 Mg_2SiO_4(橄榄石)转变为密度更高的 β 相，即瓦茨利石(wadsleyite)，后者是歪曲的尖晶石结构。在过渡带的中间大约 520 km 深度，Mg_2SiO_4 被转变为真正具有尖晶石结构的硅酸盐矿物，即 γ-Mg_2SiO_4 或林伍德石(ringwoodite)。瓦茨利石和林伍德石都是在高压实验中产生的，在自然界中只在陨石或陨石撞击坑中发现。从橄榄石转变为林伍德石，Mg_2SiO_4 的密度总共增加了 8%，并使通过地幔过渡带的地震波波速逐渐增加。

下地幔(lower mantle)，深度范围在660～2889 km。在约2889 km处，岩石密度从约6 g/cm^3 急速增加至10 g/cm^3，P波速率突然降低并伴随S波的消失，是核－幔边界的位置。但根据高压实验，硅酸盐矿物在下地幔环境中是不稳定的；下地幔主要由三种氧化物组成：SiO_2(柯石英)、MgO(方镁石)、FeO(方铁矿)。其质量比约为56%MgO+26%SiO_2+18% FeO。此外，尚有少量其他氧化物如Al_2O_3(刚玉)、TiO_2(金红石)等。在下地幔中，Mg_2SiO_4(林伍德石)分解为MgO(方镁石)+$MgSiO_3$(钙钛矿结构)。

因此，在地幔中有两个重要的地震波不连续带。410 km处的不连续带被认为是相转变引起的，即由橄榄石(地幔的主要矿物组分)型结构转变为尖晶石型结构。在约660 km处，地幔硅酸盐矿物中Si的配位数由Ⅳ次配位变为Ⅵ次配位，如钙钛矿(perovskite)。这两种变化导致地幔密度的突然增加，并伴随着地震波速的跳跃式变化。此外，在地幔中还有一个地震波不连续圈层，它在60～220 km处，叫作低速带(又称低速层，low velocity layer)。与下面和上面的邻近地幔相比，这个带的地震波速稍有降低(图0-2)。一般来讲，地震波速随着深度的增加而增加，因为它在密度大的物质中更容易传播。地震波低速带形成的原因被认为是地幔中有1%～10%的部分熔融，熔体在矿物颗粒边界形成一个不连续的薄膜，这个薄膜阻碍了地震波的传播。同时，熔体使这层地幔软化和更为韧性。

在660 km的不连续面之下，地震波的速率逐渐增加(图0-2)，直至遇到地核。核幔边界是个非常明显的化学不连续面。在地幔中主要是硅酸盐矿物，而在地核中变成密度更大的富铁金属合金，含少量的Ni、S、Si、O等，密度为12～13 g/cm^3。关于地核的化学成分目前还只能根据陨石的研究加以间接的推断。地核又可分为外核(outer core)和内核(inner core)，外核是液体或熔体状态而内核是固态。随着深度的增加，压力的增加使得地核变成固态。由于S波不能在液体中传播，它在到达外核时完全消失(图0-2)。P波在外核中明显减速，并由于折射而不能直线传播到地球另一侧的地震波环形“阴影带”。

地球内部的圈层构造，还可根据流变学性质进行划分(Winter, 2014)。低速带以上的地壳和刚性地幔部分称为岩石圈。大洋岩石圈平均厚度为70～80 km，大陆岩石圈平均厚度为100～150 km。岩石圈下面的具韧性或塑性的地幔称为软流圈。因此，岩石圈和软流圈之分是根据它们的物理性质，而不是物质组成。软流圈下面的地幔还被称为中间层(mesosphere)。

根据全球火成岩样品的算术平均，火成岩的平均化学成分相当于闪长岩。关于地壳的平均化学成分，是指地壳内元素的平均含量或地壳的元素丰度值，较早由克拉克(F. W. Clark)计算并发表，故也称克拉克值。他用算术平均法计算了深16 km岩石圈中不同元素的丰度值。近年来，有许多人计算了莫霍面以上整个地壳的元素丰度值，以及将地壳细分为陆壳和洋壳，甚至将陆壳进一步分为上部、中部和下部，并求得相应的元素丰度值。

陆壳成分在垂向上存在分层性，因此不同学者对陆壳整体成分的估算结果相差较大(Rudnick and Gao, 2014)，如SiO_2含量从57.1%(质量分数)变化至64.5%(质量分数)，FeO_T(表示全铁，下同)含量从5.0%(质量分数)到9.1%(质量分数)，K_2O含量相差超过一倍[1.3%～2.9%(质量分数)]。但总体上，陆壳成分显示为安山质岩浆岩成分，富集不相容元素(图0-3)，其含量占整个硅酸盐地球储库的50%(Rudnick and Fountain, 1995)。与洋壳相比，陆壳明显富集SiO_2、Na_2O、K_2O、Pb和不相容元素(如Rb、Ba、Cs、Th和U等)，同时亏损FeO_T、MgO、TiO_2、CaO和相容元素（如Sc、V、Cr和Ni等）(Gale et al., 2013; Rudnick and Gao, 2014)。

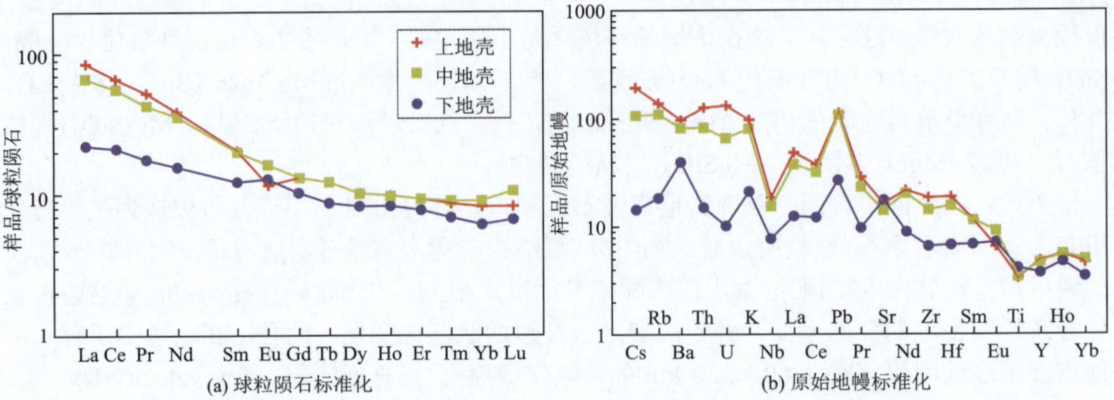

图 0-3　上、中、下地壳稀土及微量元素标准化配分型式对比（修改自 Rudnick and Gao, 2003）

球粒陨石标准化值来自 Taylor 和 McLennan（1985），原始地幔标准化值来自 McDonough 和 Sun（1995）

深入理解陆壳的成分及其演化特征，不仅有助于我们探究地壳的形成与改造机制，更能增进人类对于当前陆壳增生与演化过程的认识。在上地壳的岩石构成中，花岗岩占据着举足轻重的地位。因此，对花岗岩成因以及大型花岗质岩体或岩基形成过程的探讨，对揭示陆壳的再造过程、壳幔相互作用以及大地构造的演变具有极其重要的意义。

表 0-2 中列出了陆壳(包括上部、中部和下部)和洋壳主量元素和微量元素化学成分平均值，可对比使用。

表 0-2　陆壳及洋壳的平均组成

化学成分	陆壳				洋壳
	上部陆壳	中部陆壳	下部陆壳	陆壳平均	
SiO_2	66.6	63.5	53.4	60.6	50.47
TiO_2	0.64	0.69	0.82	0.72	1.68
Al_2O_3	15.4	15.0	16.9	15.9	14.70
FeO_T	5.04	6.02	8.57	6.71	10.43
MnO	0.10	0.10	0.10	0.10	0.184
MgO	2.48	3.59	7.24	4.66	7.58
CaO	3.59	5.25	9.59	6.41	11.39
Na_2O	3.27	3.39	2.65	3.07	2.79
K_2O	2.80	2.30	0.61	1.81	0.160
P_2O_5	0.15	0.15	0.10	0.13	0.184
Sc	14.0	19	31	21.9	39.8
V	97	107	196	138	309
Cr	92	76	215	135	249
Co	17.3	22	38	26.6	43.0

续表

化学成分	陆壳				洋壳
	上部陆壳	中部陆壳	下部陆壳	陆壳平均	
Ni	47	33.5	88	59	92
Rb	84	65	11	49	2.88
Sr	320	282	348	320	129
Y	21	20	16	19	36.8
Zr	193	149	68	132	116.9
Nb	12	10	5	8	5.24
Cs	4.9	2.2	0.3	2	0.034
Ba	628	532	259	456	29.2
La	31	24	8	20	5.21
Ce	63	53	20	43	14.86
Pr	7.1	5.8	2.4	4.9	2.24
Nd	27	25	11	20	12.03
Sm	4.7	4.6	2.8	3.9	3.82
Eu	1.0	1.4	1.1	1.1	1.36
Gd	4.0	4.0	3.1	3.7	4.99
Tb	0.7	0.7	0.5	0.6	0.90
Dy	3.9	3.8	3.1	3.6	6.08
Ho	0.83	0.82	0.68	0.77	1.28
Er	2.3	2.3	1.9	2.1	3.79
Tm	0.30	0.32	0.24	0.28	0.52
Yb	2.0	2.2	1.5	1.9	3.63
Lu	0.31	0.4	0.25	0.3	0.53
Hf	5.3	4.4	1.9	3.7	2.79
Ta	0.9	0.6	0.6	0.7	0.34
Th	10.5	6.5	1.2	5.6	0.404
U	2.7	1.3	0.2	1.3	0.119

注：主量元素单位为%（质量分数），微量元素单位为 ppm（$1ppm=10^{-6}$）。

资料来源：陆壳引自 Rudnick 和 Gao（2003），洋壳引自 Gale 等（2013）。

表 0-3 列出了原始地幔（primitive mantle，见第八章关于地幔端元的介绍）的主要化学成分。

表 0-3　原始地幔的主要化学成分　　［单位：%（质量分数）］

化学成分	MS95	HZ86	J79	BS94	FG87	HK93	NIU97
SiO_2	45.00	45.96	45.16	45.50	44.74	44.48	45.50
TiO_2	0.20	0.18	0.22	0.11	0.17	0.16	0.16
Al_2O_3	4.45	4.06	3.97	3.98	4.37	3.59	4.20
Cr_2O_3	0.38	0.47	0.46	0.68	0.45	0.31	0.45

续表

化学成分	MS95	HZ86	J79	BS94	FG87	HK93	NIU97
FeO_T	8.05	7.54	7.82	7.18	7.55	8.10	7.70
MnO	0.14	0.13	0.27	0.13	0.11	0.12	0.13
MgO	37.80	37.80	38.30	38.30	38.57	39.22	38.33
CaO	3.55	3.21	3.50	3.57	3.38	3.44	3.40
Na_2O	0.36	0.33	0.33	0.31	0.40	0.30	0.30
K_2O	0.03	0.03	0.03		0.03	0.02	
NiO		0.28	0.27	0.23	0.26	0.25	0.26
总和	99.96	99.99	100.33	99.99	100.03	99.99	100.43
$Mg^{\#}$	89.33	89.93	89.72	90.48	90.10	89.62	89.87
CaO/Al_2O_3	0.80	0.79	0.88	0.90	0.77	0.96	0.81

资料来源：HZ86 (Hart and Zindler, 1986)、MS95 (McDonough and Sun, 1995)、J79 (Jagoutz et al., 1979)、BS94 (Baker and Stolper, 1994)、FG87 (Falloon and Green, 1987)、HK93 (Hirose and Kushiro, 1993)、NIU97 (Niu, 1997)。

第三节　地球上火成岩的分布

自然界分布最广泛的两类火成岩是酸性的花岗质侵入岩和基性的玄武质岩浆喷出岩。花岗岩基本分布于大陆区，玄武岩除分布在大陆区外，主要分布在大洋区。一般认为，玄武质岩浆起源于地幔，而花岗质岩浆起源于地壳的部分熔融，它们之间在成因、分布、化学成分和岩浆演化等方面有明显区别。随着岩石研究的逐步深入和实验岩石学的发展，中性的安山岩岩浆和各种与碱性岩有关的碱性岩浆由于其构造背景的特殊性而日益得到重视。

地球上的火成岩除了与地幔柱有关的大火成岩省外，主要分布于大洋中脊、俯冲带、碰撞带、大陆拉张裂谷带（图 0-4，详见第十四章不同构造背景的火成岩组合）。Condie (1982) 总结了地球上火成岩的分布，并根据其板块边界或特定板块内部环境特征进行了岩石组合分析，划分出 5 种岩石构造组合：①大洋组合；②俯冲带相关组合；③陆内裂谷组合；④克拉通组合；⑤碰撞造山带组合。

不同构造背景下形成的火成岩具不同的化学成分。在以分异指数(DI)作为横坐标的频率分布图上，与裂谷作用有关的双峰式火成岩组合表现为两个明显分离的峰[图 0-5(a)、(b)]，而板块俯冲消减带(活动陆缘、岛弧)的钙碱性火成岩组合则表现为类似金字塔的单峰分布形态[图 0-5(c)、(d)]。

McBirney (2007) 在《火成岩岩石学》（第三版）一书中对地球上火成岩的时空分布做了综述。由于洋中脊的海拔和体积直接受海底扩张速率的控制，洋中脊岩浆活动增强时，洋壳表面玄武岩增生速率提高，海平面上升。同时，海底扩张速率的增加还导致与俯冲作用有关岩浆活动的加剧。现今地球上的岩浆活动主要集中于大洋中脊、岛弧和活动大陆边缘三种构造环境。扩张洋脊产生的岩浆最多（每年约 21 km^3）；其次是汇聚板块边界（每年在 1～10 km^3），当上覆板块是大洋板块时形成岛弧，当上覆板块是大陆板块时则形成活动大陆边缘。还有一些岩浆活动在板块内部，与地幔异常热点有关。正是这样，岩浆作用可以按照不同的地质构造环境划分为几种不同的类型，且每种类型都具有独特的组成和喷发特点。

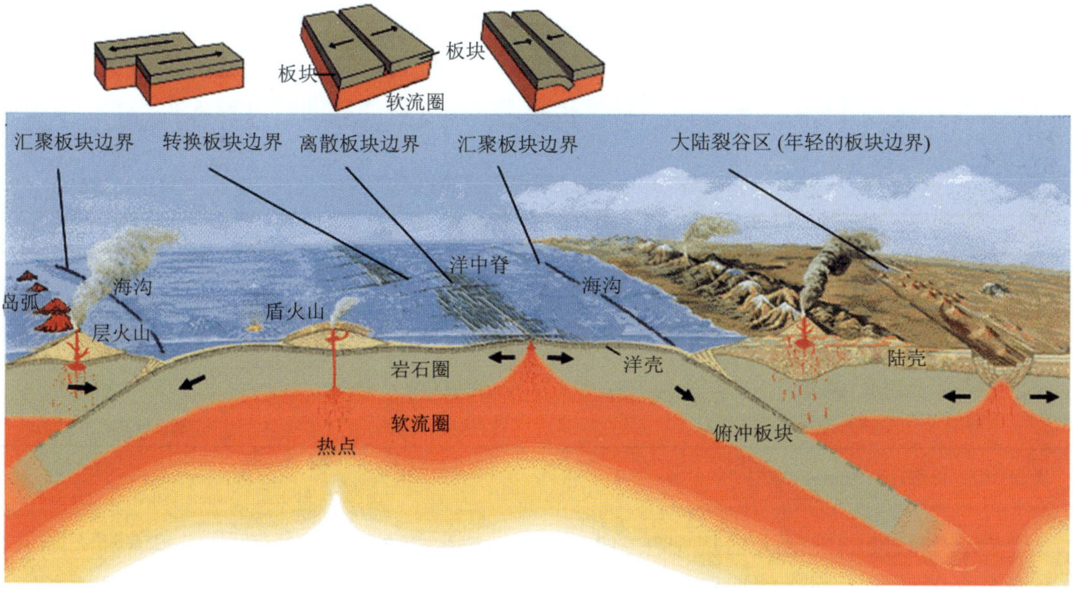

图 0-4　火成岩形成的构造环境

(USGS/USGov, modified by Eurico Zimbres, 2006. https://oceanexplorer.noaa.gov/facts/plate-boundaries.html)

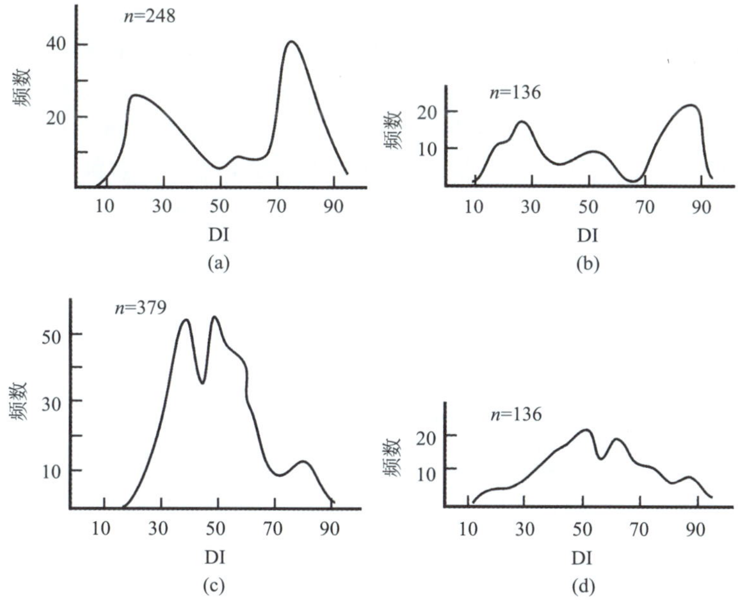

图 0-5　不同构造背景下火成岩组合的分异指数(DI)频数分布图(据 Condie, 1982 改绘)

DI(分异指数)为石英(Qz)、正长石(Or)、钠长石(Ab)、霞石(Ne)、白榴石(Lc)和钾霞石(Kp)六种标准矿物组分的总和。分异指数越大，酸性程度越高。*n* 代表样品统计数；(a)大陆裂谷(埃塞俄比亚)；(b)大洋裂谷(冰岛)；(c)活动陆缘(北美洲喀斯喀特山脉)；(d)岛弧(阿留申群岛)

新生代岩浆作用的研究集中在扩张的板块边界，特别是洋中脊(表 0-4)。陆壳伸展区，如东非大裂谷，也有数量可观的火山活动。我们在冰岛可以看到这种大洋类型的火山活动，大西洋中脊(Mid-Atlantic Ridge)露出海面，切穿岛屿，然后又逐渐下沉，淹没于北冰洋。

几十年时间间隔一个旋回，玄武岩岩浆从裂隙中喷发流出，在洋底宽阔蔓延，而这些喷发活动的补给岩浆沿岛的中轴线在浅部凝固，每一次喷发可以使岩石圈增加 1 m 的厚度。由于这种喷发方式，随着沿洋中脊新的熔岩和岩墙的形成，洋底向两侧扩张。

表 0-4　全球新生代岩浆活动速率　　（单位：km^3/a）

位置	火山岩	侵入岩
洋中脊	3	18
汇聚板块边界	0.4～0.6	2.5～8.0
大陆板块内部	0.03～0.1	0.1～1.5
大洋板块内部	0.3～0.4	1.5～2.0
全球总计	3.7～4.1	22.1～29.5

数据来源：转引自 McBirney(2007)。

世界上多数的陆地活火山集中在俯冲带，如由于大洋板块向欧亚大陆和美洲大陆的俯冲形成了一条环绕太平洋的连续的“火链”。其他的火山活动带，如安的列斯岛弧和印度尼西亚火山活动带也是形成于类似的环境。当两个大陆板块汇聚碰撞时，火山活动很少发生，仅有少数深成岩侵入碰撞带。

很多大型带状岩基很可能就是我们现在看到的汇聚板块边界上火山链的根部，但是也有一些是位于大陆内部的，形成于完全不同的构造环境。对于后者来说，其中一些可能与大规模的熔结凝灰岩喷发有关，如在北美西部广泛分布着的硅质火山碎屑流，这种现象往往和大陆裂谷带有关。但是也存在少数大型的火山活动中心，如黄石(Yellowstone)的火山杂岩或新英格兰的环状花岗质杂岩，可能是地幔热点在大陆上的反映。

一些大型溢流玄武岩的喷发可以在大陆或大洋内部达到数千平方千米的覆盖面积，大陆边缘还可出现面积巨大的酸性岩浆岩，称为大火成岩省(large igneous provinces，LIPs，图 0-6)。这些大火成岩省被认为与超级地幔柱(super plume)有关，是地幔柱在相对短暂的时间(10～20 Ma)内产生了大量的岩浆。图 0-6 是泛大陆(Pangea)形成后的大火成岩省(LIPs)全球分布图。例如，西伯利亚二叠系-三叠系玄武岩覆盖了 250 万 km^2，南美洲侏罗系的卡鲁(Karoo)玄武岩和巴西白垩系的巴拉那(Paraná)玄武岩也有很大的面积。位于西南太平洋的翁通爪哇(Ontong Java)海底高原也是由白垩纪的玄武岩浆大量喷发形成的。表 0-5 中列出了一些较大的中-新生代大火成岩省的分布面积和形成年龄。

表 0-5　中-新生代大火成岩省(据 Coffin and Eldholm, 2001 修改)

中-新生代大火成岩省名称及英文缩写	种类	平均年龄/Ma	面积/10^6 km^2
西伯利亚暗色岩(Siberian Traps, SI)	CFB	250	2.5§
峨眉山(Emeishan, EM)	CFB	250	0.25
卡鲁、费莱、威德尔海(Karoo, Ferrar, Weddell Sea, KA, FE, WE)	CFB, VM	184	3.1
巴拉那、埃腾卡、南大西洋边缘(Paraná , Etendeka, South Atlantic margins, PA, ED, SA)	CFB, VM	132	2.3§
马尼希基高原(Manihiki Plateau, MP)	OP	123	0.8

续表

中-新生代大火成岩省名称及英文缩写	种类	平均年龄/Ma	面积/10^6 km^2
翁通爪哇海底高原(Ontong Java Plateau, OJ)	OP	122(90)†	1.9
瑙鲁盆地(Nauru Basin, NB)	OB	111	1.8
南凯尔盖朗(South Kerguelen, KS)	OP, VM	110	0.4
赫斯上隆(Hess Rise, HR)	OP	99	0.8
沃勒比高原(Wallaby Plateau, WP)	OP	96	0.4
加勒比(Caribbean, CA)	OP(a)	88	1.1
马达加斯加、马达加斯加洋脊、康拉德上隆(Madagascar, Madagascar Ridge, Conrad Rise, MA, MR, CO)	CFB, OP	88	1.6
中凯尔盖朗、布罗肯海岭(Central Kerguelen, CK, Broken Ridge, BR)	OP	86	1.0
塞拉利昂上隆(Sierra Leone Rise, SL)	OP	~73	0.9
德干高原(Deccan, DE)	CFB/VM	66	1.8§
北大西洋东北(NE North Atlantic, NA)	CFB/VM	54	1.2
也门、埃塞俄比亚(Yemen, Ethiopia, YE, ET)	CFB	30	0.8§

注：CFB 为大陆溢流玄武岩；OP 为海底高原；VM 为被动边缘火山岩；OB 为洋盆玄武岩；a 为增生地体。†括号中的年龄为二次喷发年龄；§ 为原始面积。

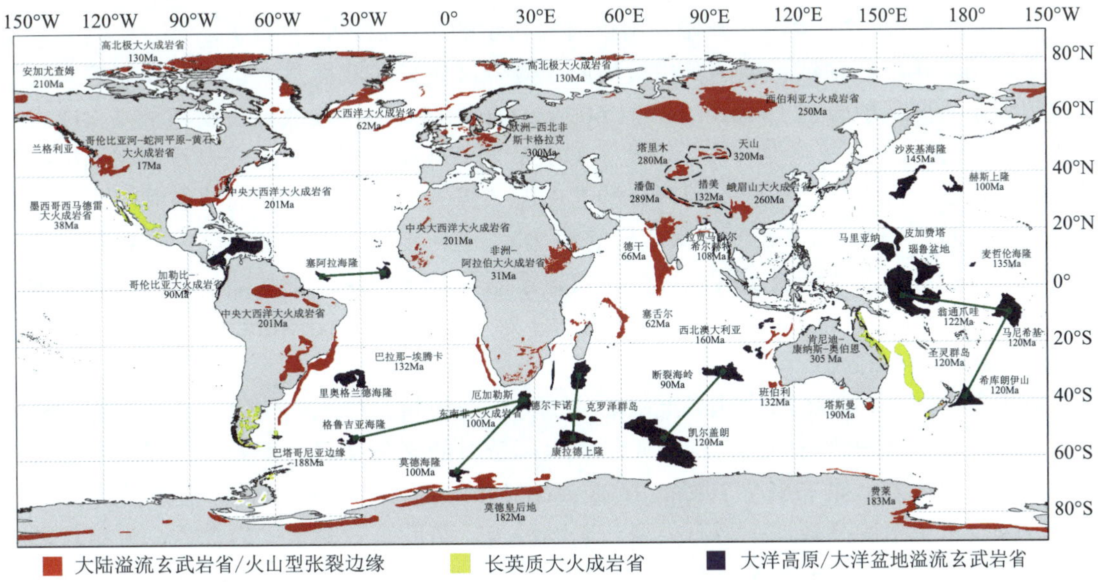

图 0-6　大约 3.2 亿年前泛大陆(Pangea)形成后的大火成岩省(LIPs)全球分布图(Bryan and Ferrari, 2013)

图中标注年龄表示大火成岩省事件主阶段或第一次岩浆脉动的时间，有些大火成岩省可能在之前 1000 万年就有低强度的岩浆活动。绿色连接线表示海洋大火成岩省随后因海底扩张而分裂。由于缺乏良好的填图和研究，一些古老的大火成岩省的推断范围用虚线表示

第四节 火成岩研究简史、意义和方法

我国战国时期的《山海经》是世界上最早含有矿物和岩石记述的著作。意大利人在 16、17 世纪就对火山进行了记述。18 世纪，人们对冰岛、亚速尔群岛、加那利群岛、墨西哥、安第斯等地的火山作用有了更多的认识。岩石学作为一门独立学科出现始于 18 世纪末。此后，经历了几个发展时期。在 18 世纪末到 19 世纪初，对岩石的研究主要是野外观察和肉眼鉴定，这期间积累了大量关于岩石的初步知识。这个时期在岩石学发展史上称为显微镜前时期。Young (2003) 将这一时期细分为“奠基期”(foundational era，主要是火山记述) 和“原始期”(primitive era，涉及花岗岩水成论和火成论的争辩以及火成岩的分类)。

1828 年偏光显微镜出现后，英国的索尔贝 (H. C. Sorby) 将岩石制成薄片用偏光显微镜进行观察；随后有很多学者也用这种方法进行研究，并相继出版了一些岩石薄片研究方法的著作，如德国齐克尔在 1866 年《描述岩石学教科书》的问世，齐克尔 1873 年出版的《矿物和岩石在显微镜下特征》和罗森布施的《岩相学主要矿物在显微镜下结构》等，开始了利用显微镜研究岩石结构的新时期。偏光显微镜的应用给岩石学的研究打开了新局面，为以后岩石学的全面发展奠定了基础，这一时期持续了近 70 年，在岩石学史上称为显微镜时期 (microscope era)。这个时期在岩石的矿物成分、结构、构造、分类以及成因理论等方面的研究都有了进一步的发展。

从 19 世纪末、20 世纪初开始，由于自然科学的迅速发展，岩石学已结合矿物学、地球化学、物理化学、地球物理学及构造地质学等开展研究并取得重大进展，如克拉克与华盛顿等合作研究从地表至 10 mi (1 mi≈1.609 km) 深处物质的平均成分，发表了《火成岩平均成分》《地壳成分》等重要著作，创建了 CIPW 岩石化学计算法；挪威岩石学家福格特用矿渣作材料进行高温熔融实验，阐明硅酸盐中的共熔关系，确定矿物的结晶顺序并把它运用于天然岩石；1928 年发表的《火成岩的演化》，进一步提出钙碱性岩浆中矿物结晶的反应系列及其原理，即“鲍温反应原理”，奠定了岩浆分异作用理论基础。这一时期常被称为显微镜后时期。Young (2003) 将这一时期细分为“实验期”(experimental era) 和“地球化学期”(geochemical era)。

近年来，随着各种新的快速而准确的分析方法及计算机技术的使用，多种相邻学科的相互渗透，大量区域岩石学、海洋地质学和星际资料的充分利用，都为日益深入研究岩石学注入了新的活力，如 TIMA (Tescan Integrated Mineral Analyzer) 综合矿物分析系统、CT 三维成像技术可帮助高效识别岩石类型、矿物种类，帮助高效测量矿物含量、分布、颗粒大小等参数，为岩类学研究提供支撑；光谱、X 光荧光光谱分析、ICP-MS 微量分析技术的发展，使稀土和微量元素定量分析更为方便和精准，为成岩作用过程的研究提供了依据；同位素质谱分析技术，包括快速发展的非传统同位素分析技术，为示踪岩浆起源、岩浆演化、岩石变质等提供重要信息；高温高压实验及其相关的微区原位分析技术 (如红外光谱、激光拉曼光谱) 可以研究不同深度岩石及其组成矿物的形成。因此，“实验期”和“地球化学期”正向纵深发展。同时，有关岩浆动力学模拟和计算的时期 [Young (2003) 称之为 fluid dynamical era] 以及基于机器学习的人工智能在岩石成因研究中快速发展，标志着岩石学研究已进入另一个蓬勃发展的新时期。

火成岩主要由造岩矿物组成，因此研究火成岩物质成分时，必须要有良好的结晶学、矿物学、晶体光学和光性矿物学基础。火成岩岩石学是一门独立学科，又是矿床学、地球化学及构造地质学的基础。因此，火成岩岩石学研究，对探讨地球的形成和演化、地壳发展历史、地壳运动、地质作用以及深部地质等一系列重大的理论问题有非常重要的作用。此外，火成岩的研究也为解决工程地质、地热和地震等问题提供重要的依据(孙鼐和彭亚鸣，1985)。自然界中许多重要的金属、非金属及宝(玉)石矿产都与火成岩有密切的成因联系，如我国南岭一带以盛产钨而著名，秦岭东部蕴藏有一系列大型、超大型钼矿床，川西甲基卡蕴藏着锂等关键金属矿产，这些钨、钼、锂矿床的成矿均与花岗岩密切相关。世界上的铬、镍及铂族元素矿床主要产于纯橄榄岩、辉橄岩或辉长岩等基性-超基性岩石中；金刚石(钻石)的成矿母岩是金伯利岩或钾镁煌斑岩；我国的蓝宝石矿床主要赋存在新生代碱性玄武岩中；我国新疆阿尔泰的伟晶岩中盛产海蓝宝石、碧玺、水晶、天河石、月光石等多种宝(玉)石矿产。以上所述的花岗岩、纯橄榄岩、辉橄岩、辉长岩、金伯利岩、钾镁煌斑岩、玄武岩、伟晶岩等都属火成岩。此外，花岗岩和玄武岩本身也是重要的建筑和装饰材料。

火成岩岩石学的内容相当丰富，对它的研究首先应从基础入手，即从作为岩石分类命名基础的岩石的物质组分、结构、构造研究入手，了解火成岩的基本特征。同时，研究岩石的野外地质特征，包括岩体的产状、空间分布、形成的地质时代、岩相和岩性的变化、岩体构造、火成岩形成的地质背景以及成矿关系等。在此基础上，利用各种现代化的分析测试手段，进行精细的岩相学和岩石地球化学分析；利用多元同位素进行岩石形成时代、成因示踪，利用高温高压实验进行成岩成矿作用模拟；运用基础理论加以分析，探究岩浆起源和演化过程，认识岩浆的活动规律、形成条件、与大地构造的关系和成矿专属性。现代化的分析测试方法包括高分辨光学显微镜、TIMA 综合矿物分析、电子探针、扫描电镜、X 射线物相分析、激光拉曼光谱分析、电感耦合等离子体质谱法(inductively coupled plasma mass spectrometry, ICP-MS)、离子探针、热电离质谱法(thermal ionization mass spectrometry, TIMS)等先进的测试技术。根据室内分析资料应用电子计算机技术和数理统计方法进行计算和比较，借以了解岩石演化规律和成矿特点。

因此，火成岩岩石学研究是以野外地质为基础，室内分析、鉴定为基本内容，岩浆演化理论为指导的基础科学，是宏观与微观的结合，是继承与创新的结合。如果脱离野外观察，或者忽略室内分析、鉴定工作，就不能了解火成岩的基本特征；如果没有精准的分析测试数据，并进行归纳、分析、判断和推理，就难以得出深入、正确的结论。此外，岩浆是地球圈层相互作用中重要的“使者”，从全球视野研究地球系统科学，需要借助大数据和人工智能的力量。

第一章 火成岩的物质成分

第一节 岩浆和晶粥的基本概念

在地壳深部或地幔经部分熔融形成的一种炽热的、黏稠的熔体称为岩浆(magma)，一般为硅酸盐熔体，少数情况下可为碳酸盐熔体。岩浆在其形成、侵位和固结过程中，可以含有若干悬浮的晶体或岩石碎屑，并溶解一定量的挥发组分，后者在过饱和情况下可呈气相存在。因此，岩浆的基本特点是：有一定的化学组成、高温和能够流动。

晶粥(crystal mush)与岩浆有一定的区别，是指晶体含量较高的晶体-熔体物质。不同学者对晶粥中的晶体含量比例有不同认识，有的认为晶体含量应超过 50%，有的认为晶体含量超过 45%～60%(Hildreth, 2004; Bachman and Bergantz，2004，2006)。Sparks 等(2019)则以岩浆储库的流变学性质为标准，将整体的流变学性质受晶体骨架控制时称为晶粥状态。

岩浆房(magma chamber)或岩浆储库(magma reservoir)：熔体占主要部分的岩浆体，温度较高，整体的流变学性质受熔体控制。晶粥储库(mush reservoir)：晶体占主要部分的晶粥体，温度可以较低，整体的流变学性质受晶体骨架控制。在晶体含量不确定或变化很大时，可用储库(reservoir)一词。实际上，很多情况下岩浆储库和晶粥储库是共存的或可演变的，如图 1-1 所示。

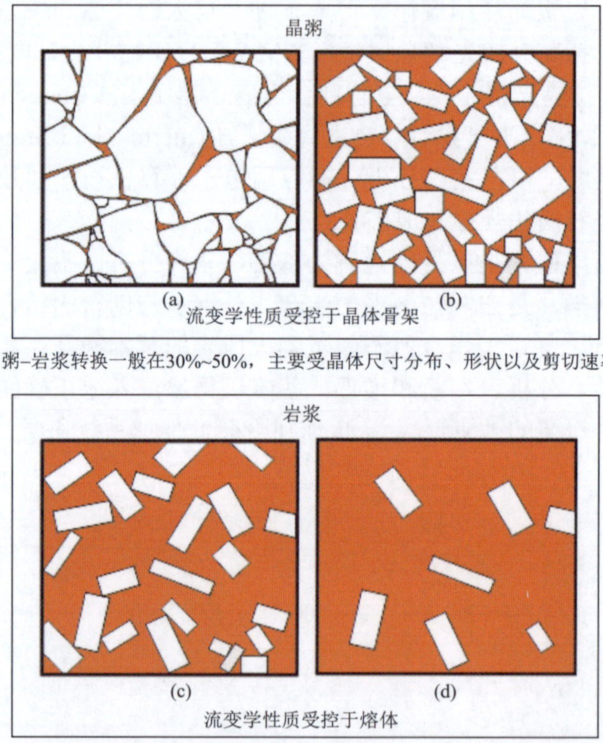

图 1-1 晶粥和岩浆储库示意图(Sparks et al.，2019 修改)

(a)贫熔体晶粥；(b)富熔体晶粥；(c)富晶体岩浆；(d)贫晶体岩浆

岩浆形成后，由于岩浆的热膨胀，其密度小于周围介质，并由于断裂构造促使岩浆向上运移，其方式犹如盐丘沿一定构造穿过上覆地层，构成底辟上升。上升的岩浆可以将围岩向四周推移或向上隆升，或者侵蚀一部分围岩，在一定的构造空间定位和固结成岩。岩体与围岩的构造关系能够反映岩浆活动与区域构造的关系，如岩体长轴与区域构造方向一致，岩体与围岩接触面与围岩产状在大部分区段一致，则为整合侵入，否则为不整合侵入[马昌前等(1994)称协调侵入和不协调侵入，以区别于沉积地层之间的整合和不整合关系]。有些岩浆通过裂隙或火山通道直接到达地表，并冷凝成岩。也有部分幔源的玄武质岩浆在地壳底部或中部近水平状顺层展开，形成底侵体或内侵体。岩浆在上升侵位到喷出地表的过程中，经历了各种复杂的成分和结构变化，如结晶分异作用、同化混染作用、岩浆混合作用、岩浆液态不混溶作用，这些复杂的过程，统称为岩浆作用(magmatism)。

按岩浆是侵入地壳之中还是喷出于地表，岩浆作用可以分为岩浆侵入作用(magmatic intrusion)和火山作用(volcanism)。前者形成的岩石称为侵入岩(intrusive rock)，后者形成的岩石称为喷出岩(extrusive rock)。侵入岩又可以根据侵位深度的不同而分为深成岩(plutonic rock)和浅成岩(hypabyssal rock)。喷出岩则包括由熔岩流冷凝形成的熔岩(lava)和由火山碎屑物质组成的火山碎屑岩(pyroclastic rock)。与火山作用密切相关的超浅成侵入岩称为次火山岩(sub-volcanic rock)，一般所说的火山岩(volcanic rock)包括喷出岩和次火山岩两部分。

第二节　岩浆的性质

一、岩浆的温度

现代火山喷发的景象直观地表明，岩浆的温度很高。如 1980 年美国圣海伦斯火山喷发，炽热的火山灰等喷发物覆盖了周围的山区，密布的原始森林全部燃烧成木炭，居民的汽车被熔化破坏。有时火山喷出的岩浆形成熔岩流(图 1-2)。

图 1-2　火山喷出岩浆形成的熔岩流
(https://pages.uoregon.edu/soper/Earth/hawaii.html; Schuiling, 2008)

岩浆的温度可以用三种方法确定(孙鼐和彭亚鸣，1985)。第一种方法是借助光学测温器或热电偶测温器，直接测定火山口附近熔岩流的温度，这一温度通常高于该岩浆开始结晶的温度。第二种方法是在实验室内测定熔融火山岩(全部熔融时)的温度，从而确定相应成分岩浆的大致温度，一般情况下它略高于天然岩浆开始结晶的温度，因为熔融实验往往在无水的条件下进行，而天然岩浆中挥发组分(主要是水)会降低岩浆的结晶温度。例如，夏威夷玄武岩在无水的条件下重熔温度是 1240～1190℃(随岩石成分不同而变化)，而在 1×10^8 Pa 水气压力下，重熔温度就降为 1170～1160℃。第三种估测岩浆温度的方法是肉眼观察熔岩流或熔岩丝(指溅出的丝条状熔岩)的颜色。在晴朗的天气和良好透视的情况下，熔岩流的颜色和相应温度的关系　如下：

白色　≥1150℃　亮的鲜红(樱桃红)色　700℃
金黄色　1090℃　暗红色　500～625℃
橙色　900℃　隐约可见的红色　475℃

超基性熔岩形成的温度最高，如加拿大安大略 Munro 镇产出的科马提岩，熔岩温度达1650℃。直接测定的近代火山喷发熔岩的温度如表 1-1 所示，从中可以看出，随岩浆成分由基性到酸性，熔岩温度逐渐降低，由 1225℃变化为 735℃，其中玄武质熔岩温度的大致范围是 1000～1225℃，安山质熔岩的温度为 900～1000℃，流纹质熔岩的温度约 750～900℃。

表 1-1　各种喷出熔岩温度(Carmichael et al.，1974)

地点	熔岩类型	温度/℃	资料来源
夏威夷，基拉韦厄(Kilauea)	拉斑玄武岩	1150～1225	Wright et al., 1968
墨西哥，帕利库廷(Paricutin)	玄武安山岩	1020～1110	Zies, 1946
刚果，尼亚穆拉吉拉(Nyamuragira)	白榴玄武岩	1095	Jean, 1948
西南太平洋，新不列颠(New Britain)	安山质浮岩	940～990	Heming and Carmichael, 1973
	英安质熔岩和浮岩	925	
	流纹英安质浮岩	880	
冰岛(Iceland)	流纹英安质黑曜岩	900～925	Carmichael, 1967
新西兰，陶波(Taupo)	辉石流纹岩(浮岩流)	860～890	Ewart et al., 1971
	角闪流纹岩(熔岩、熔结凝灰岩、浮岩流)	735～780	

火成岩的结晶温度(即成岩温度)可通过实验岩石学研究和地质温度计进行估算。布朗大学的工作小组在研究海伦山(Helens, Mt.)的安山岩和英安岩时，进行了大量相平衡实验(Devine et al., 2003; Couch et al., 2003; Rutherford and Devine, 2003)。Rutherford 和 Devine(2003)利用角闪石的相平衡线和斜长石成分线准确地限定了海伦山安山岩的岩浆房深度(误差小于 0.2 kbar①)和温度(误差小于 20℃)。近年来，地质温度计方法发展很快，常用的方法是依据热力学和人工实验等资料，通过达到平衡的共生矿物间的共有成分分配量进行计算，可以较准确地推算出火成岩的成岩温度。如：岩浆的结晶温度和压力的变化能显著地影响角闪石矿物成分(Al、Ti、Na、K)，Blundy 和 Holland(Blundy and Holland, 1990; Holland and Blundy, 1994)据此先后提出了三个利用角闪石中 Al^{IV} 和斜长石中 Ab 构成的温度计。Ernst 和 Liu(1998)给出了玄武质岩浆在高压情况下角闪石中 Al_2O_3 和 TiO_2 随温度、压力同时变化的曲线格子，用于半定量估算岩浆的温度和压力。

锆石的 Zr 饱和温度计是估算岩浆温度常用的方法(Waston and Harrison, 1983; Miller et al., 2003)。

$$T_{Zr}(℃)=12900/[2.95+0.85M+\ln(496000/Zr_{melt})-273]$$

M=(Na+K+2Ca)/(Al×Si)(用全岩 Si、Al、Fe、Mg、Ca、Na、K、P 元素阳离子数归一

① 1 bar=10^5 Pa。

化后各元素的阳离子数数值）

锆石的 Ti 温度计是利用锆石的 Ti 含量，估算锆石结晶时的温度（Waston et al., 2006）。通常低于锆石的 Zr 饱和温度（Fu et al., 2008）。

$$T_{\mathrm{Ti}}(℃)=5080/(6.01-\lg(\mathrm{Ti}_{\mathrm{zircon}}))-273$$

此外，石英中 Ti 含量，可灵敏指示其结晶温度。随着分析测试技术的提高，石英 Ti 温度计已得到广泛应用（Huang and Audétat，2012）。但任何温压计的使用都是有条件的，也往往是有局限的，需要慎重选择。

二、岩浆的黏度

黏度是影响岩浆流动性质的重要参数。岩浆具有流体的性质，而岩浆的流动能力主要受到自身的黏度（viscosity，单位是 Pa·s）制约。黏度会影响火成岩的结构、构造和产状，也会影响岩浆的结晶分异作用。一般情况下岩浆的黏度都较大，至少比水的黏度大五个数量级（当水处于室温，岩浆是 1000℃以上时的比较，见表 1-2）。

表 1-2　实验室内测定的熔（流）体黏度值

熔（流）体	黏度/（Pa·s）	温度/℃	熔（流）体	黏度/（Pa·s）	温度/℃
水	1×10^{-3}	20	安山玄武岩	3×10^{3}	1200
甘油	1×10^{0}	20	钠长石	4×10^{3}	1400
沥青	1×10^{7}	20	黑曜岩	1×10^{11}	800
橄榄玄武岩	3×10^{2}	1200	SiO_2 玻璃	1×10^{11}	1300

岩浆的黏度取决于多种因素，包括岩浆的成分、温度、岩浆中的挥发组分含量及岩浆中所含固体碎屑（包括晶体和岩石碎块）的数量。一般地说，富 Si（相对于 Fe、Mg、Ca 而言）的岩浆黏度大于贫 Si 的岩浆。其原因是，硅酸盐熔体中与 Si 相结合的基本单位，如同在硅酸盐矿物中一样，是硅氧四面体$[SiO_4]^{4-}$，硅氧四面体不同程度地凝聚成链、环、层以及三维骨架。连接两个硅氧四面体的氧，直接与 Si^{4+}或取代 Si^{4+}的四次配位阳离子键合，表示为 Si—O—Si，称为桥氧（bridging oxygen）；连接一个 Si^{4+}和一个非四面体配位金属阳离子的氧，表示为 Si—O—M（阳离子），称为非桥氧（non-bridging oxygen）。硅氧四面体不连接，无桥氧，称为单体（monomer）。由一个氧连接两个硅氧四面体称为二聚体（$Si_2O_7^{6-}$）（图 1-3），更多的桥氧可连接成链、环、层以及三维骨架。硅氧四面体的连接或聚合程度会影响硅酸盐熔体的化学和物理性质，这种聚合程度取决于熔体中的其他阳离子。这些阳离子可分为两组，一组为成网阳离子（network formers），指相对半径小、电价较高的阳离子，如 Al^{3+} 和 Fe^{3+}（很少情况下是 Ti^{4+}、P^{3+}和 B^{3+}），它们替代硅氧四面体中的 Si；另一组为变网阳离子（network modifiers）（图 1-4），是天然硅酸盐熔体中的常见阳离子，如 Ca^{2+}、Mg^{2+}、K^{+}、Na^{+}和 H^{+}，这些离子不能代替四面体中的硅，其正电荷只能通过非桥氧来平衡，它们可以降低硅氧四面体的聚合程度。

岩浆中硅氧四面体的聚合程度越高，岩浆的黏度也就越大；反之，如岩浆仅由孤立的或聚合程度低的硅氧四面体组成，岩浆的黏度就较小。

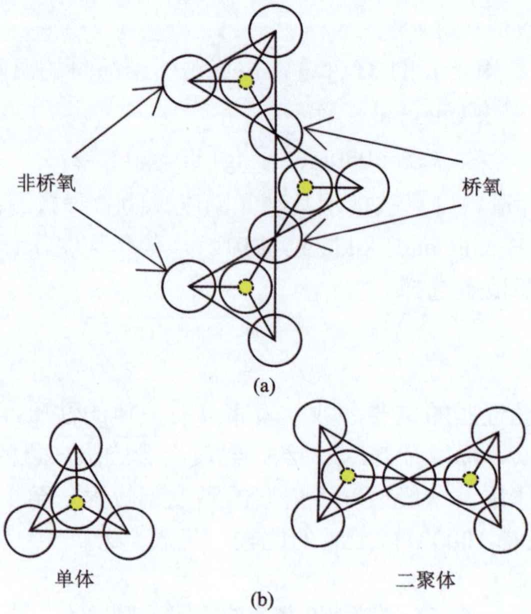

图 1-3　硅酸盐熔体结构

(a) 小范围的硅酸盐熔体结构与固体中相似。单个硅氧四面体通过桥氧连接到 2 个硅原子上；(b) 硅酸盐熔体中的单元可包括硅氧四面体单体(无桥氧)和存在一个桥氧的二聚体

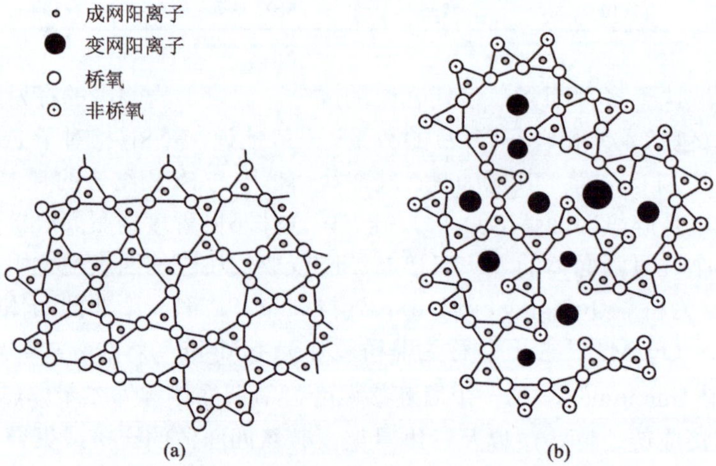

图 1-4　纯硅玻璃和含其他离子组分的富硅玻璃的结构

(a) 纯硅玻璃的结构；(b) 含其他离子组分的富硅玻璃的结构

影响岩浆黏度的另一个因素是岩浆的温度。实验和实际观察都表明，温度升高则黏度减小，流动性增加。例如，夏威夷拉斑玄武岩熔岩流在近火山口处的黏度是 3×10^2 Pa·s，而在远火山口的地方，岩浆运移过程中热量的散失导致温度降低，岩浆黏度就增加为 3×10^3 Pa·s。图 1-5(a) 就清楚地显示了岩浆黏度与岩浆温度的关系。

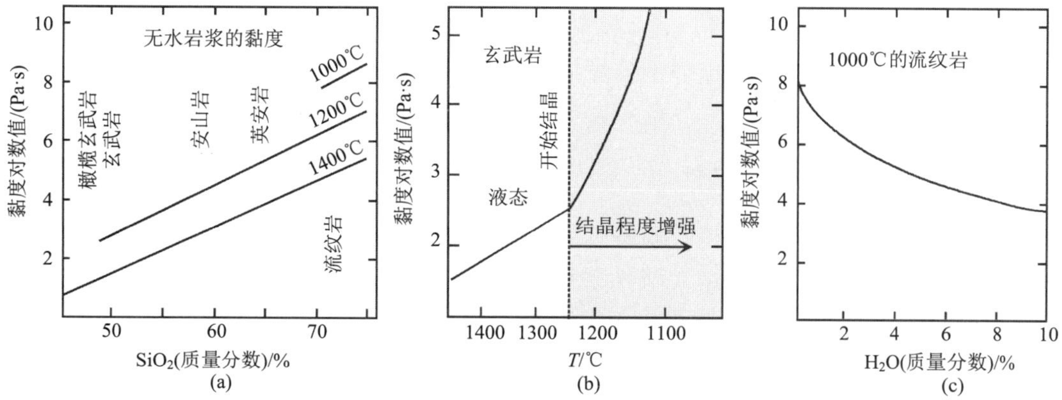

图 1-5　岩浆黏度与岩浆的温度(a)、结晶程度(b)和水含量(c)的关系(据 Winter, 2014)

(a)在 1 大气压和不同温度下无水硅酸盐熔体的黏度；(b)玄武岩浆的黏度随结晶程度增加而变化；(c)在 1000℃温度条件下，流纹岩浆的黏度随水含量增加而变化

岩浆自火山口喷出及其在随后的流动过程中，温度逐渐降低，挥发组分不断散失，因此远火山口熔岩流的黏度高于近火山口熔岩流。挥发组分可遏制岩浆中$[SiO_4]^{4-}$的聚合。例如，当岩浆中含相当量的水时，水就促使在岩浆中出现更多的$[SiO_4]^{4-}$单体，从而降低岩浆的黏度，即岩浆中 H_2O 以—OH 形式取代了硅氧四面体中的一部分或全部氧，从而使原先较大的聚合体断开，甚至成为中性的 $Si(OH)_4$。图 1-5(c)显示了流纹岩岩浆黏度与水含量的关系。

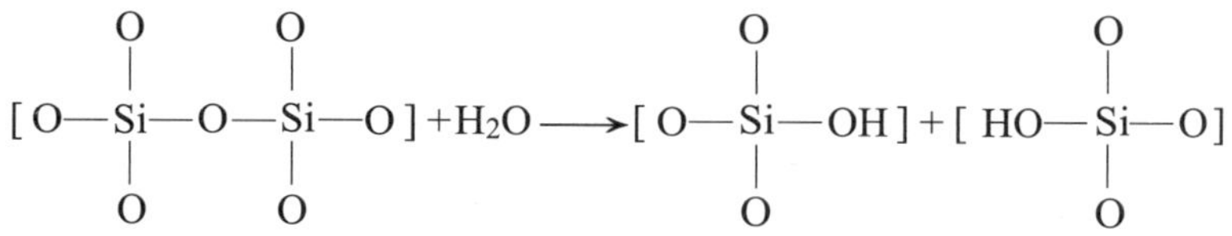

与水的作用相仿，氟对岩浆的黏度也有较大的影响。岩浆中 NaF、KF、CaF_2 也会使硅氧四面体发生去聚合作用，表达式如下：

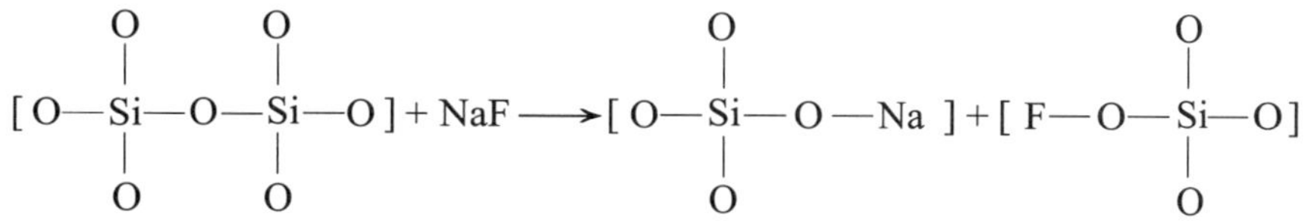

因此，岩浆中挥发分越多，岩浆的黏度就越小。但如果包含在岩浆中的挥发分在压力降低时从岩浆中析出，以气泡形式存在时，则它对熔岩流流动性的影响就比较复杂。如果气泡并不多，将增加熔岩流的流动性；如果是很多，则将降低流动性。但不能笼统地说岩浆中挥发分含量越高黏度就越小，因为不同的挥发分起的作用不同。例如，CO_2 含量高时，岩浆黏度不仅不会下降反而会增大，原因是 CO_2 在熔体结构中起了增强聚合程度的作用，加固了硅氧四面体的连接(路凤香和桑隆康，2002)。

岩浆的黏度还受到岩浆中固体碎屑，如斑晶、晶屑、外来岩石碎屑含量的影响，它们的增多会增加岩浆的黏度，当其量达到岩浆总体积的 2/3 以上时，岩浆的流动性就极度地降低。后一情况在中酸性和酸性岩浆的火山活动中，就可能构成侵出岩(与火山作用有关的黏稠的“晶粥”状岩浆，自火山口十分缓慢地被挤出至地表所形成的岩石)以及次火山岩。图 1-5(b)显示了玄武岩岩浆的黏度随结晶程度的增加而迅速提高。

三、岩浆的密度和氧化还原条件

岩浆的密度(density)，也是影响岩浆物理性质和化学分异的重要参数。它可以通过实验的方法进行测定，也可以利用实验结果得出的密度公式进行估算。大多数岩浆的密度在 2.2～3.1 g/cm^3。岩浆的密度主要取决于岩浆的成分、温度和压力。基性岩浆的密度高于酸性岩浆；压力增大时，岩浆熔体内分子间距减小，体积压缩，密度变大；温度升高时，分子间距增大，体积膨胀，密度变小。因此，岩浆的体积变化，会改变岩浆的密度。此外，岩浆的密度与岩浆分异作用、岩浆混合作用过程关系密切。

岩浆的氧化还原状态与其形成的环境密切相关。一般而言，源自深部的岩浆形成于较为还原的环境条件下，因此表现出较低的氧化还原电位。岩浆的氧化还原电位可以通过岩浆中变价元素(如 Fe、S、Mn、Co、Ni、V、Cr 等)的价态变化来表征。如 Fe^{2+}与 Fe^{3+}的质量比大于 1，则表明岩浆形成于相对还原性环境；反之，若该比值小于 1，则指示岩浆形成于较为氧化性的环境。此外，岩浆中气态组分的种类及其相对含量(通过包裹体成分分析)也是判断其氧化还原条件的重要指标。在还原性岩浆中，通常会富含 CO、CH_4、H_2 等气体；而当岩浆处于氧化性环境时，则 CO_2 和 H_2O 的含量会相对较高。

岩浆的氧逸度可以通过熔体(包裹体)分析的方法和氧逸度计进行估算。如基于实验岩石学的锆石 Ce^{4+}/Ce^{3+}氧逸度计(Smythe and Brenan, 2016)、基于热力学推导和经验校准的锆石 Ce-U-Ti 氧逸度计(Loucks et al., 2020)。Ge 等(2023)结合锆石 Ce^{4+}/Ce^{3+}氧逸度计和 Ce-U-Ti 氧逸度计，提出了锆石氧逸度-湿度计：

$$x_{H_2O}=0.113\times\left[\frac{1}{4}\ln f_{O_2}-\ln\left(\frac{x_{Ce^{4+}}^{melt}}{x_{Ce^{3+}}^{melt}}\right)+\frac{13136}{T}-2.064\times\frac{NBO}{T}-8.955\right]$$

式中，x_{H_2O}为熔体中 H_2O 的摩尔分数；f_{O_2}为熔体氧逸度，可用锆石 Ce-U-Ti 氧逸度计计算(Loucks et al., 2020)；$\frac{x_{Ce^{4+}}^{melt}}{x_{Ce^{3+}}^{melt}}$为熔体 Ce^{4+}/Ce^{3+}，可用岩浆锆石和平衡熔体成分通过晶格应变模型计算；$\frac{NBO}{T}$为熔体中非桥氧与四面体配位阳离子的比例；T 为熔体温度(K)，可用锆石 Ti 温度计计算(Smythe and Brenan, 2016)。据此，可以计算锆石结晶时的岩浆水含量，准确性在 1%(质量分数)以内，该方法可广泛应用于中酸性岩浆水含量研究(Ge et al., 2023)。

第三节　火成岩的化学成分

一、火成岩的基本化学组成

按研究习惯，火成岩中的化学元素可分为主量元素、微量元素和同位素三类，它们在火成岩的成因研究中均具有重要意义。本节主要介绍火成岩的主量元素和岩石系列，火成岩中的微量元素和同位素将在第四章中详细介绍。

硅酸盐岩浆的化学成分变化很大，但主要由以下十余种元素按不同比例组成，它们是O、Si、Ti、Al、Fe、Mn、Mg、Ca、Na、K和P等。它们的含量用氧化物质量分数(%)表示。硅酸盐岩浆中的挥发组分主要是H_2O(约占2/3以上)，其次是CO_2、CO、N_2、SO_3、H_2S、HCl、HF等，挥发组分在岩浆中总量一般不足10%(质量分数)。挥发组分在岩浆中的溶解度，取决于岩浆的成分、温度和岩浆承受的压力，通常随压力的增加溶解度增大，随温度的增加溶解度降低。例如，流纹质岩浆在900℃和5×10^8 Pa条件下可含10%(质量分数)的水，但在10^5 Pa条件下(地表)只能含0.5%(质量分数)的水；安山质岩浆在10^8 Pa条件下只含3.1%(质量分数)的水，而在6×10^8 Pa时可含9.4%(质量分数)的水。因此，深部岩浆比浅部岩浆所含的挥发组分多，随着岩浆上升运移，挥发组分不断从岩浆中析出，条件允许时可成为独立的气相，并促成火山喷发活动。硅酸盐岩浆中还含有一定量的微量元素和稀土元素(见第四章)，它们含量虽少，但在一定地质条件下，可以富集而形成许多重要的矿床。

除硅酸盐岩浆外，自然界还存在少量在化学组成上完全不同于硅酸盐岩浆的碳酸盐岩浆(见第十一章第三节碳酸岩)。碳酸盐岩浆以富CaO(一般为30%～45%)和CO_2(一般为25%～50%)为特点，形成于地下100 km以下的高压条件下。

在岩石学研究中，主量元素的分析结果一般以氧化物质量分数的形式表达，常见的有11种，即SiO_2、TiO_2、Al_2O_3、Fe_2O_3、FeO、MnO、MgO、CaO、Na_2O、K_2O和P_2O_5，有时根据研究需要，还进行Cr_2O_3、ZrO_2、H_2O、CO_2等化学分析，这些氧化物的含量一般大于0.1%(质量分数)，而这些氧化物的总量一般占全岩化学成分的98%(质量分数)以上。表1-3列出了一些代表性火成岩的主量元素化学成分。

表1-3　世界上代表性火成岩的化学成分(Le Maitre, 1976)　[单位：%(质量分数)]

岩石	SiO_2	TiO_2	Al_2O_3	Fe_2O_3	FeO	MnO	MgO	CaO	Na_2O	K_2O	P_2O_5	H_2O^+	H_2O^-	CO_2
纯橄榄岩	38.29	0.09	1.82	3.59	9.38	0.71	37.94	1.01	0.20	0.08	0.20	4.19	0.25	0.43
二辉橄榄岩	42.52	0.42	0.11	4.80	6.96	0.17	28.37	5.32	0.55	0.25	0.11	1.27	0.03	0.08
斜长岩	50.28	0.64	25.86	0.96	2.47	0.05	2.12	12.48	3.15	0.65	0.09	1.17	0.14	0.14
碧玄岩	44.30	2.51	14.70	3.94	7.50	0.16	8.54	10.19	3.55	1.96	0.74	1.20	0.42	0.18
玄武岩	49.20	1.84	15.74	3.79	7.13	0.20	6.73	9.47	2.91	1.10	0.35	0.95	0.43	0.11
辉长岩	50.14	1.12	15.48	3.01	7.62	0.12	7.59	9.58	2.39	0.93	0.24	0.75	0.11	0.07
粗面玄武岩	49.21	2.40	16.63	3.69	6.18	0.16	5.71	7.90	3.96	2.55	0.59	0.98	0.49	0.10
橄榄粗安岩	50.52	2.09	16.71	4.88	5.86	0.26	3.20	6.14	4.73	2.46	0.75	1.27	0.87	0.15
粗安岩	58.15	1.08	16.70	3.26	3.21	0.16	2.57	4.96	4.35	3.21	0.41	1.25	0.58	0.08
安粗岩	61.25	0.81	16.01	3.28	2.07	0.09	2.22	4.34	3.71	3.87	0.33	1.09	0.57	0.19
安山岩	57.94	0.87	17.02	3.27	4.04	0.14	3.33	6.79	3.48	1.62	0.21	0.83	0.34	0.05
闪长岩	57.48	0.95	16.67	2.50	4.92	0.12	3.71	6.58	3.54	1.76	0.29	1.15	0.21	0.10
英云闪长岩	61.52	0.73	16.48	1.83	3.82	0.08	2.80	5.42	3.63	2.07	0.25	1.04	0.20	0.14
花岗闪长岩	66.09	0.54	15.73	1.38	2.73	0.08	1.74	3.83	3.75	2.73	0.18	0.85	0.19	0.08
流纹岩	72.82	0.28	13.27	1.48	1.11	0.06	0.39	1.14	3.55	4.30	0.07	1.10	0.31	0.08

续表

岩石	SiO_2	TiO_2	Al_2O_3	Fe_2O_3	FeO	MnO	MgO	CaO	Na_2O	K_2O	P_2O_5	H_2O^+	H_2O^-	CO_2
花岗岩	71.30	0.31	14.32	1.21	1.64	0.05	0.71	1.84	3.68	4.07	0.12	0.64	0.13	0.05
粗面岩	61.21	0.70	16.96	2.99	2.29	0.15	0.93	2.34	5.47	4.98	0.21	1.15	0.47	0.09
正长岩	58.58	0.84	16.64	3.04	3.13	0.13	1.87	3.53	5.24	4.98	0.29	0.99	0.23	0.28
响岩	56.19	0.62	19.04	2.79	2.03	0.17	1.07	2.72	7.79	5.24	0.18	1.57	0.37	0.08

注：H_2O^+为结晶水或结构水；H_2O^-为吸附水。

二、火成岩化学类型和岩石系列的划分

大部分火成岩是由硅酸盐岩浆冷凝而成的，在主量元素中，SiO_2 的含量最高，变化于35%～75%(质量分数)，少数可高达近 80%(质量分数)，因此，岩浆的 SiO_2 含量对火成岩的矿物组成影响最大。此外，岩浆中 SiO_2 的含量和其他氧化物含量之间往往存在一定的协变关系。一般情况下，随着岩浆中 SiO_2 含量的增高，Na_2O 和 K_2O 含量也增高，而 MgO、CaO、FeO_T(指全铁)的含量则减少。由此，岩浆中的 SiO_2 含量是划分岩浆化学类型的主要依据。通常可以根据 SiO_2 含量(%，质量分数)的变化，将岩浆划分为以下四种基本类型：

(1) 超基性岩浆(ultrabasic magma)　　SiO_2 <45%(质量分数)；

(2) 基性岩浆(basic magma)　　SiO_2＝45%～52%(质量分数)；

(3) 中性岩浆(intermediate magma)　　SiO_2＝52%～63%(质量分数)；

(4) 酸性岩浆(acidic magma)　　SiO_2>63%(质量分数)。

根据火成岩中 SiO_2 是否饱和，可将火成岩分为三大类：①过饱和岩(oversaturated rock)，含石英及其他饱和矿物(不与熔体中 SiO_2 起反应的矿物)，如长石、黑云母、角闪石、辉石等；②饱和岩(saturated rock)，含饱和矿物，但不含石英或似长石；③不饱和岩(unsaturated rock)，含不饱和矿物(可与熔体中游离 SiO_2 起反应的矿物)，如镁橄榄石、似长石等，但不含石英。

在火成岩中，除 SiO_2 外，Al_2O_3、FeO_T、MgO、CaO、K_2O、Na_2O 也是重要的主量元素化学成分。它们的含量和 SiO_2 含量之间有密切的相关联系，尤其是 MgO、FeO_T 和 K_2O、Na_2O。前两种氧化物在多数情况下随 SiO_2 含量增加而减少，后两种氧化物随 SiO_2 含量增加而增加(图 1-6)。如超基性岩的 SiO_2 平均含量为 43.8%(质量分数)，FeO+MgO 约为35%(质量分数)，Na_2O+K_2O 约为 2%(质量分数)；酸性岩的 SiO_2 平均含量为 68.9%(质量分数)，FeO+MgO 约为 5%(质量分数)，Na_2O+K_2O 约为 8%(质量分数)。Al_2O_3 含量在超基性岩中极少，在基性岩中大量增加，在中性和酸性岩中基本上与基性岩一样，相对稳定。CaO 在基性岩中大量增加，至中性岩、酸性岩中则逐渐减少。因此，在具成因联系的一组火成岩中，主要氧化物含量的变化往往具有相关性。如夏威夷 Kilauea Iki 熔岩湖的玄武质熔岩 Al_2O_3、CaO、TiO_2、Na_2O 随 SiO_2 的增加而增加，而 MgO 随 SiO_2 的增加而迅速减少。早在 1909 年，Alfred Harker 将 SiO_2 作为横坐标，其他氧化物作为纵坐标，进行氧化物含量协变分析，这种图解就是常说的“Harker 图解”。

在火成岩研究中，Al_2O_3、CaO 和 Na_2O+K_2O 这些氧化物分子数之间的量比非常重要，并可根据这些氧化物分子数量的比将岩石划分如下：

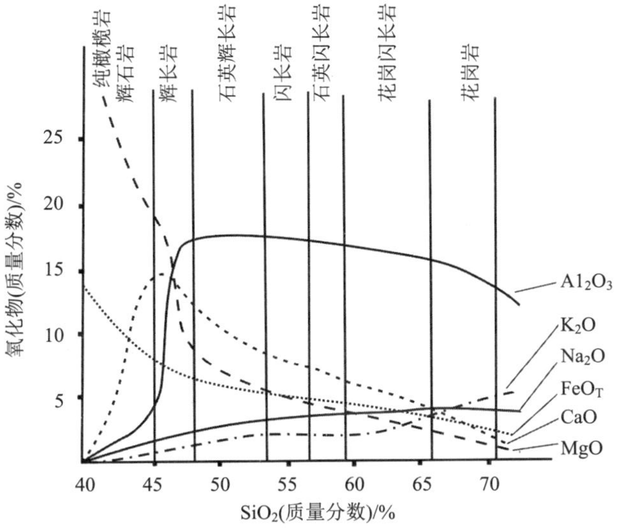

图 1-6 火成岩中几种氧化物与 SiO_2 含量关系

(1) 铝过饱和岩石。Al_2O_3>CaO+Na_2O+K_2O(分子数比)，在花岗岩研究中，一般将 Al_2O_3 与 CaO+Na_2O+K_2O 分子数之和的比值称为铝饱和指数(aluminum saturation index，简写为 ASI 值或 A/NKC 值)。ASI=1.0～1.10 的岩石称为弱过铝岩石，岩石中常见矿物除长石外，还有黑云母、白云母；ASI≥1.10 的岩石，称为强过铝岩石，这类岩石中常会出现堇青石、石榴子石等富铝质矿物。

(2) 钙碱性岩石。CaO+Na_2O+K_2O>Al_2O_3>Na_2O+K_2O(分子数比)，其特征矿物是单斜角闪石和单斜辉石。大多数的花岗闪长岩、闪长岩和辉长岩属于此类。

(3) 碱过饱和岩石。Al_2O_3<Na_2O+K_2O(分子数比)，在 SiO_2 充足情况下有霓石、钠闪石形成；在 SiO_2 不足时除出现霓石、钠闪石等碱性深色矿物外，尚有似长石类矿物产出。多数碱性岩属碱过饱和岩石。

其中碱过饱和岩石和钙碱性岩石在矿物组合上的区别见表 1-4。

表 1-4 碱过饱和岩石和钙碱性岩石矿物组合的对比(孙鼐和彭亚鸣，1985)

碱过饱和岩石	钙碱性岩石
1. 碱性长石普遍存在	1. 只在较酸性岩中才有碱性长石
2. 似长石出现在不饱和岩石中	2. 不出现似长石
3. 辉石为霓石、霓辉石，角闪石为钠闪石、棕闪石	3. 辉石为普通辉石，角闪石为普通角闪石
4. 常有黑榴石	4. 没有黑榴石

在部分熔融产生岩浆的过程中，Na_2O、K_2O 是易熔的组分；随着岩浆的分异演化，残余岩浆的 Na_2O、K_2O 含量也增高。因此，Na_2O、K_2O 含量对源区的组成以及岩浆的演化过程反应敏感。通常把岩浆中 Na_2O+K_2O 的含量称为全碱(ALK)含量。岩系的划分主要根据岩石中的 Na_2O、K_2O 含量，以及和其他主要氧化物如 SiO_2、Al_2O_3、FeO_T(指全铁)、MgO、CaO 的关系进行。

描述岩石系列的指数有皮科克钙碱指数(CA)、里特曼指数(σ)和莱特碱度率(A.R.)等。

1. 皮科克钙碱指数

利用一组岩石的全碱(ALK)和 CaO 随 SiO_2 变化的关系，确定此指数。在通常情况下随 SiO_2 含量升高，全碱(ALK)含量升高，而 CaO 含量降低，因此，两条演化线必定有一交点，此交点的 SiO_2 含量值，即为皮科克钙碱指数。图 1-7 是根据福建平和钟腾侵入杂岩的岩石化学数据制作的，其皮科克钙碱指数为 57.9。皮科克(Peacock, 1931)将岩系划分为四个系列：碱性系列、碱钙性系列、钙碱性系列、钙性系列(表 1-5)。

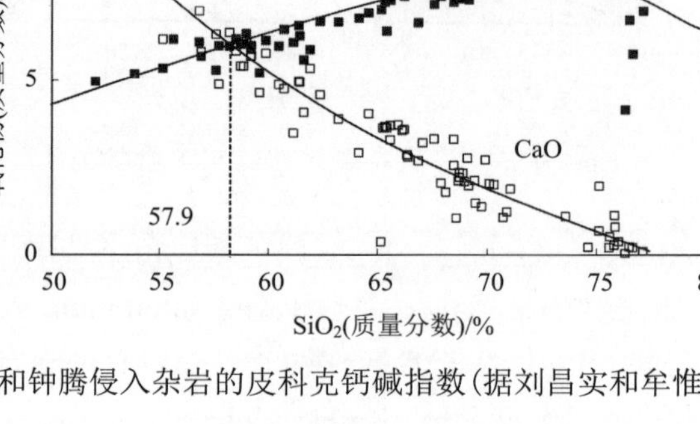

图 1-7　福建平和钟腾侵入杂岩的皮科克钙碱指数(据刘昌实和牟惟熹，1982 修改)

表 1-5　不同碱度指数对比表

皮科克划分的岩系	碱性系列	碱钙性系列	钙碱性系列	钙性系列
皮科克钙碱系数	51	56	61	
里特曼指数	9	3.3	1.8	
里特曼划分的岩系	碱性 大西洋型(钠质) 地中海型(钾质)	$\sigma=4$	钙碱性 太平洋型	

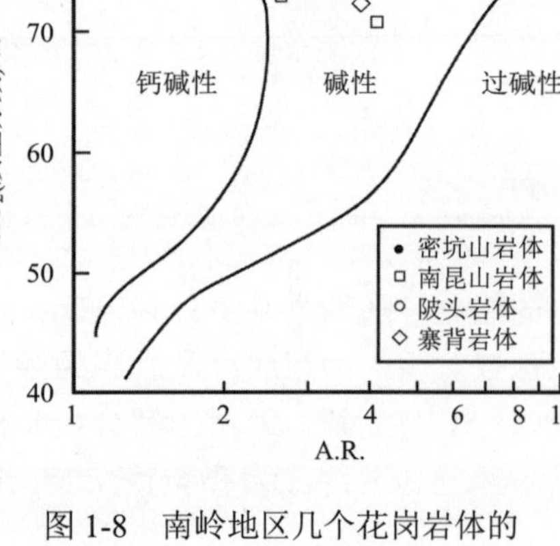

图 1-8　南岭地区几个花岗岩体的莱特碱度率(邱检生等，2005)

2. 里特曼指数(σ)

$$\sigma=([K_2O]+[Na_2O])^2/([SiO_2]-43)\ (\%)\ (质量分数)$$

$\sigma<1.8$ 为钙性系列，$\sigma=1.8\sim3.3$ 为钙碱性系列，$\sigma=3.3\sim9$ 为碱钙性系列，$\sigma>9$ 为碱性系列(表 1-5)。里特曼还依据 $\sigma=4$ 简单地将岩系划分为碱性和钙碱性。

3. 莱特碱度率(A.R.)

$$A.R.=([Al_2O_3]+[CaO]+ALK)/([Al_2O_3]+[CaO]-ALK)$$

与里特曼指数有相似之处，但莱特碱度率未考虑 SiO_2 含量，所以在进行岩系判别时，需与 SiO_2 结合使用，如图 1-8 所示。需要注意的是，在一般情况下，ALK= K_2O+Na_2O。但当 SiO_2>50%(质量分数)，同时 2.5> K_2O/Na_2O >1 时，规定 ALK= $2Na_2O$。

对于火山岩，特别是中基性火山岩，往往将它们划分为碱性(alkaline)、拉斑(tholeiite)和钙碱性(calc-alkaline)系列。根据 ALK-SiO_2 图解可以将岩石划分为碱性和亚碱性系列，然后利用 SiO_2-FeO_T/MgO 和 A(Na_2O+K_2O)-F(FeO_T)-M(MgO)图解将亚碱性系列进一步划分为拉斑系列和钙碱性系列。也有根据 K_2O-SiO_2 的成分变化关系，将岩石划分为低钾拉斑玄武岩系列(low-K tholeiite)、钙碱性系列(calc-alkaline)、高钾钙碱性系列(high-K calc-alkaline)和橄榄安粗岩系列(shoshonite series)。相关图解详见第八章中图 8-13。

第四节　火成岩的矿物成分

一、火成岩的基本矿物组成

绝大多数火成岩是全晶质的或部分结晶质的，即由天然结晶的矿物组成，仅仅很少的火成岩是玻璃质的。天然结晶的矿物主要是镁、铁、钙、钠、钾的硅酸盐和铝硅酸盐，铁、钛的氧化物，以及晶质 SiO_2 的某些同质多象变体。在火成岩中发现的矿物种类繁多，但常见矿物不过二十多种，其中作为岩石的主要矿物组分仅十余种，它们是石英、钾长石、斜长石、似长石(白榴石、霞石)、橄榄石、辉石、角闪石、黑云母、白云母等。这些最常见的火成岩造岩矿物可归为七族，即橄榄石族、辉石族、角闪石族、云母族、长石族、似长石族和石英族。不同矿物以不同的比例就构成某种特定的岩石(图 1-9)。例如，辉长岩(相应的喷出岩是玄武岩)主要由普通辉石和基性斜长石组成，可含少量黑云母和角闪石；橄榄岩(相应的喷出岩是科马提岩)的组成矿物主要为橄榄石，其次为辉石；花岗岩(相应的喷出岩是流纹岩)的组成矿物主要是石英、碱性长石和斜长石，当斜长石数量超过碱性长石和斜长石总量的 2/3，并含一定量石英、角闪石和/或黑云母时，是花岗闪长岩(相应的喷出岩为英安岩)或闪长岩(相应的喷出岩为安山岩)；如以碱性长石为主，则为正长岩(相应的喷出岩是粗面岩)；如以碱性长石和霞石为主，则为霞石正长岩(相应的喷出岩是响岩)。因此，随着矿物组成和矿物相对含量的变化，形成了超基性、基性、中性、酸性和碱性等各种火成岩。

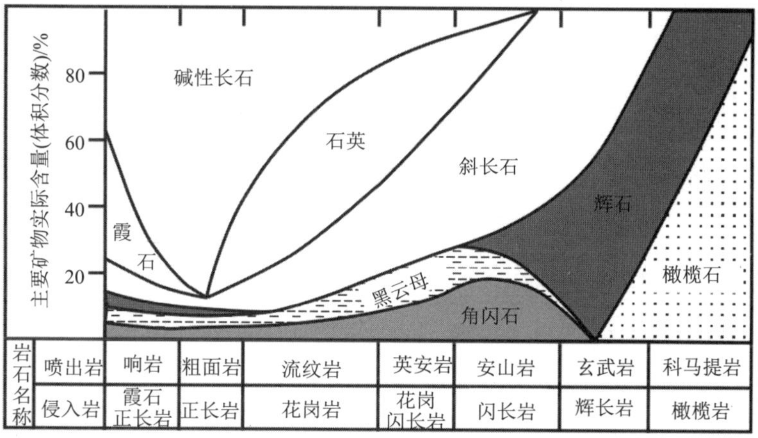

图 1-9　常见火成岩的主要矿物组成(据孙鼐和彭亚鸣，1985 修改)

除上述常见的造岩矿物外，火成岩还有少量往往聚集着岩石中各种微量元素的矿物，如锆石(Zr，主要含锆，下同)、榍石(Ti)、金红石(Ti)、锐钛矿(Ti)、钛铁矿(Ti)、铬铁矿(Cr)、磷灰石(P、F、Cl、稀土元素 REE)、磷钇矿(Y、P)、独居石(P、REE)、褐帘石(Ce)、锡石(Sn)、绿柱石(Be)、电气石(B)、黄玉(F)、磁黄铁矿和黄铁矿(S)等。当然，火成岩中微量元素并不仅仅分布在这些矿物中。在主要的造岩矿物中，微量元素可呈类质同象置换其他相关元素而存在。例如，在橄榄石、辉石和暗色云母中，Cr^{3+}对 Fe^{3+}的置换，Ni^{2+}和 Fe^{2+}对 Mg^{2+}置换；在碱性长石、云母和部分角闪石中，Rb^{+}和 Ba^{2+}对 K^{+}的置换；在斜长石、富钙辉石、钙质石榴子石中，REE^{3+}常与 Sr^{2+}对 Ca^{2+}置换。

二、火成岩造岩矿物的分类

火成岩中矿物种类繁多，但可根据矿物的成分、颜色、含量和成因等，对它们进行归类划分。这样既方便研究资料对比，又利于矿物成因组合的分析。

根据成分和颜色，可将火成岩中的造岩矿物划分如下：

(1) 硅铝矿物。矿物中 SiO_2 与 Al_2O_3 的含量较高，几乎不含 FeO 和 MgO，包括碱性长石、斜长石、似长石、石英和浅色云母等。由于这些矿物颜色浅，故又称为浅色矿物。从图 1-9 可以看出，辉长岩中浅色矿物为斜长石，它的数量与深色矿物相近；从闪长岩经花岗闪长岩、花岗岩、正长岩至霞石正长岩，浅色矿物的种属和相对含量变化较大，但它们的总量超过深色矿物。

(2) 铁镁矿物。富镁、铁、钛、铬的硅酸盐和氧化物，包括橄榄石、辉石、角闪石和暗色云母等。由于它们颜色较深，故又称深色矿物或暗色矿物。从图 1-9 可以看出，由橄榄岩经辉长岩、闪长岩、花岗闪长岩而至花岗岩，深色矿物总量逐渐减少；深色矿物种属由橄榄石、辉石，变化为角闪石和黑云母。正长岩和霞石正长岩中深色矿物种属和含量可以变化很大。

暗色矿物(或铁镁矿物)在岩石中所占的体积分数称为岩石的色率(color index)。色率是火成岩鉴定和分类重要的标志之一，如色率随岩石酸度的变化情况大致为超基性岩色率>90，基性岩色率=40～90，中性岩色率=15～40，酸性岩色率<15。岩石整体色调的深浅，除与深色矿物含量，即色率的变化密切相关外，还与深色矿物的粒度有关，深色矿物越细，岩石的暗色效果也越显著。例如，辉长岩和玄武岩中辉石和斜长石的含量近于相等，它们有近于相等的色率，但前者因为中粗粒而呈暗灰色，后者因呈隐晶质而呈灰黑色。黑曜岩的主要组分是无色透明的流纹质成分的火山玻璃，它含细小而分散的、数量不足 5%的磁铁矿微晶，从而呈现沥青黑色，虽然颜色很深，但岩石的色率却很低。

根据在岩石中的体积含量，可将火成岩中的造岩矿物划分如下：

(1) 主要矿物。在岩石中含量较多，对火成岩大类的划分和定名起决定性作用的矿物。例如，某花岗闪长岩中，石英含量 20%～40%，中长石含量 40%～50%，角闪石含量 15%，它们都是主要矿物。又如，橄榄岩中，橄榄石含量可达 50%以上；斜长岩中，斜长石含量一般大于 90%。

(2) 次要矿物。在岩石中含量较少，不影响火成岩大类的划分和定名，但对岩石种属的进一步划分有重要意义。例如，钠闪石花岗岩，它的主要矿物是碱性长石和石英，但含少量钠闪石。钠闪石是次要矿物，数量虽然不多，但它是典型的碱性深色矿物，因而用作该花岗岩岩石名称的前缀，以反映其碱性的特点。又如，广东从化方钠石正长岩，其中方钠石体积含量约 8%；当然，岩石中还有霞石、钠沸石等次要矿物，但不能都参与岩石命名。

(3) 副矿物。在岩石中含量很少，甚至显微镜下都很少找见的矿物，一般需要借助矿物分离的方法，经富集后进行研究。它们通常不参与岩石命名，只有在对岩石成因或成矿方面有特殊意义时，才有选择地用作岩石名称的前缀。例如，独居石花岗岩，其中独居石是副矿物，但对该花岗岩富稀土元素有指示意义。

需要注意的是，某一具体矿物在某一岩石中呈副矿物出现，但在另一岩石中可以作为组成岩石的主要矿物。例如，榍石和磷灰石在常见的火成岩中作为副矿物出现，但在碱性岩中可成为主要矿物，构成榍石磷灰石岩。

根据成因，可将火成岩中的造岩矿物划分如下：

(1) 原生岩浆矿物。新鲜的火成岩中的主要矿物、次要矿物和副矿物一般都是原生矿物。它们从岩浆或残余岩浆中先后结晶。但火成岩岩浆捕获的中粗粒结晶质围岩分散后的单颗粒矿物晶体，不是岩浆本身结晶的原生矿物，而是捕虏晶；很多沉积-变质起源的花岗质岩石中，形态上磨圆的锆石副矿物，是残留的碎屑锆石，也不是原生矿物。

(2) 次生矿物。由于受残余挥发组分和岩浆期后流体的作用(蚀变、交代及充填)而生成的矿物，叫作次生矿物。因此，次生矿物往往是交代原生矿物形成的。原生矿物在不同成分、不同产状的母岩中，或在不同温度、压力和不同成分水气热液的影响下，可以生成不同的次生矿物。这就使次生矿物可以作为鉴别原生矿物和岩石变化条件的辅助依据。例如，橄榄石在低温(<140℃)氧化条件下变化为伊丁石，伊丁石便可作为在火山或次火山条件下玄武质岩石中曾有原生橄榄石存在的指示矿物；又如，富钙斜长石的变化产物中常有绿帘石、黝帘石，而酸性斜长石则主要变化为绢云母、高岭石等。岩石中的原生矿物由于地表风化作用而形成的矿物，称为表生矿物。例如，斜长石可风化蚀变为绢云母、高岭石。但岩浆期后和地表风化作用形成的矿物难以区分，可统称为次生矿物。

第五节 火成岩化学成分和矿物成分的关系

火成岩的矿物组成取决于岩浆的化学成分和结晶环境，因此，通过矿物组成和结构的研究可以揭示岩浆的结晶条件。以酸性花岗质岩浆为例，如喷出地表，可以形成斑状流纹岩，往往具透长石、石英斑晶和由碱性长石、石英组成的隐晶质基质；如侵位于地壳浅部(3～5 km)时，便可结晶石英、条纹长石和黑云母等矿物，岩石为中粒(粒径 1～5 mm)花岗结构或似斑状花岗结构；如侵位于地壳深处(>5 km)，则可形成石英、钾长石、更钠长石和黑云母等矿物组合，粗粒(粒径大于 5 mm)花岗结构。因此，一方面火成岩矿物成分与相应岩浆的化学成分之间存在着密切关系，岩浆的化学成分决定了火成岩的基本矿物组成；另一方面，矿物的大小、数量、颗粒之间相互关系、成分以及同质多象变体等，又受岩浆结晶条件的制约。

根据矿物组成和结构构造的研究，可以初步估计相应岩浆的化学成分和结晶条件。例如，某岩石由石英 25%(体积分数)、钾长石 50%、更长石 20%和黑云母 5%等细粒矿物组成，据此定名为细粒黑云母花岗岩，并推测它形成于地壳浅部较快的冷凝条件下；同时，根据矿物的化学成分和矿物含量，可以估算出该花岗岩的全岩 SiO_2 含量约 72%(质量分数)，

因为石英 SiO_2 含量约 100%(质量分数)，钾长石 SiO_2 含量约 65%(质量分数)，更长石 SiO_2 含量约 62%(质量分数)，黑云母 SiO_2 含量约 39%(质量分数)，$(100\times0.25)+(65\times0.5)+(62\times0.2)+(39\times0.05)=72\%$(质量分数)(由于石英和长石密度十分接近，黑云母含量少，为简化计算，这里未考虑矿物密度对计算的影响)；从矿物组成还可推知该花岗岩贫 MgO、CaO，富 Na_2O、K_2O，而且 $K_2O>Na_2O$。这一估算，与表 1-6 所列出上述四种单矿物的化学成分特点基本一致(表 1-6 列举的矿物与图 1-9 基本对应)。因此，火成岩的矿物组成及其含量变化，充分反映了全岩的化学成分；熟悉矿物的化学成分，是认识岩石化学变化的有利条件，岩石学与矿物学和地球化学密切相关。

表 1-6　常见造岩矿物的主要化学成分(氧化物含量)　　[单位：%(质量分数)]

矿物		SiO_2	Na_2O	K_2O	CaO	MgO	Al_2O_3
石英		>99					
碱性长石	透长石	63～66	2～6	6～13	<1.5		18～20
	正长石和微斜长石	64～66	<8.5	6～16	<1.2		19～20
	歪长石	63～87	7～9	2～5	<3.7		20～22
斜长石	钠长石(An_0)	68	11	<0.5	0		19
	中长石(An_{40})	50	0.5	<1	7		25
	拉长石(An_{60})	53	4	<0.5	12		30
黑云母		33～39	<1	7～9	1	10～25	12～16
普通角闪石		41～48	<2		10～13	12～15	6～12
普通辉石		46～51	<2		18～22	10～15	1～9
橄榄石(Fo%=50～95)		35～41				26～55	<1
霞石		42±	10～17	4～7	<1		33
白榴石		54～56	<2	18～21	<1		20～23

注：Fo%表示 Fo 分子百分数。

如果忽略矿物中元素的置换，矿物的主要化学成分可由理想的矿物化学式近似地表达。例如，钠长石 $NaAlSi_3O_8$，按 $Na_2O\cdot Al_2O_3\cdot 6SiO_2$ 三种氧化物比例构成，其中 SiO_2 所占的质量分数是 $60.1\times6/[(62.0\times1)+(102.0\times1)+(60.1\times6)]=68.7\%$(质量分数)，60.1、62.0 和 102.0 分别是 SiO_2、Na_2O 和 Al_2O_3 的相对分子质量。钠长石的其他化学组成如 Al_2O_3、Na_2O 以及其他矿物的化学成分的估算方法，均与此类同。表 1-6 所列矿物的化学资料是根据矿物化学式和实际化学成分归纳的(孙鼐和彭亚鸣，1985)。

在火成岩化学成分中，SiO_2、Al_2O_3、Na_2O、K_2O、CaO 和 MgO 等主要氧化物的含量对各大类火成岩的鉴别有重要意义。掌握火成岩化学成分和矿物成分之间的相关性，在岩石学研究中很重要，现结合《火成岩石学》(孙鼐和彭亚鸣，1985)和《岩石学》(路凤香和桑隆康，2002)教材内容，介绍其突出的相关性如下：

(1)通常情况下，SiO_2 含量高的火成岩，含较多的富 SiO_2 的浅色矿物，如石英、长石等，其中石英是岩浆中游离 SiO_2 结晶的产物，是岩浆 SiO_2 过饱和的标志；SiO_2 含量低的岩石，则含较多的贫 SiO_2 的暗色矿物，如橄榄石、辉石、角闪石、黑云母等，或含较多的贫 SiO_2 的似长石，如霞石、白榴石等浅色矿物。SiO_2 含量虽然是各大类火成岩化学上的重要鉴定特征，但岩石的分类命名必须结合矿物成分和其他氧化物数值综合考虑。一般说来，对于结晶质火成岩的定名，只要能确切鉴定其中的矿物成分和含量，那么根据矿物确定的岩石名称，比单纯根据化学成分的命名要优先采用。例如，某种安山岩主要由中长石和普通辉石组成，但由于 SiO_2 含量不高的辉石数量较多，同时又有相当量的磁铁矿[Fe_3O_4, SiO_2 含量约 0%(质量分数)]和绿泥石[$(Mg,Fe,Al)_6[(Al,Si)_4O_{10}](OH)_8$, SiO_2 含量约 25%～30%(质量分数)]，致使全岩的 SiO_2 含量低于安山岩和玄武岩的界限值 52%(质量分数)，甚至低至 47%～48%(质量分数)。这时，该岩石应根据主要矿物组成定名为安山岩类，而不属玄武岩类。又如，钙碱性和弱碱性的正长岩(粗面岩)和碱性的霞石正长岩(响岩)，由于它们之中富 SiO_2 的正长石和贫 SiO_2 的霞石、辉石、角闪石、黑云母、石榴子石等矿物的含量变化较大，从而全岩 SiO_2 含量有很大的变化，它们的 SiO_2 变化范围不能与辉长岩、闪长岩或花岗闪长岩中的某一种简单地相当。因此，与正长岩、霞石正长岩相关的弱碱性、碱性岩浆，在岩浆性质上不同于一般的玄武岩浆、安山岩浆，可能有它独特的成分和起源。

(2)岩石的 Na_2O 和 K_2O 含量基本上决定了火成岩中长石的种属和含量，因为长石(除钙质斜长石外)是分布最广泛的富碱铝硅酸盐。从图 1-9 可以看出，自辉长岩到闪长岩、花岗闪长岩、花岗岩、正长岩和霞石正长岩，随着全碱含量的逐步增高，长石含量依次增加，碱性长石对斜长石的比例也显著增加。火成岩中 Na_2O 和 K_2O 含量的相对关系，在矿物上的反映比较复杂，一般地表现为钾质长石(透长石、正长石和微斜长石)和钠质长石(歪长石、钠质斜长石)的相对多寡。例如，花岗岩中的正长石或微斜长石数量超过更长石，这一特点与岩石化学上的 K_2O 含量大于 Na_2O 相一致；又如，花岗闪长岩中的中长石数量超过正长石，这与岩石的 Na_2O 含量大于 K_2O 的特点吻合。但是，碱性长石中混溶的钠长石分子数目和富钾的深色矿物(主要是黑云母和一部分角闪石)、富钠的深色矿物(主要是钠闪石、钠铁闪石、霓石、霓辉石)的含量，也明显地反映出全岩中 Na_2O 和 K_2O 含量的相对关系。例如，中、酸性火山岩基质中十分细小的粒状碱性长石，碱性长石花岗岩(只含碱性长石，不含或仅含微量斜长石)中的条纹长石，以及某些正长岩中的条纹长石，它们所含的钠长石分子几乎与正长石分子相等，因此这些碱性长石、条纹长石的 Na_2O 含量接近于 K_2O。这一矿物学特点反映了这些岩石的全岩 K_2O 含量虽大于 Na_2O，但相差并不悬殊的特点。如果这些岩石中还存在较多黑云母、角闪石等深色矿物，则说明全岩的 K_2O 含量可能较显著地大于 Na_2O；相反，如出现霓石、钠闪石等深色矿物，则全岩的 Na_2O 含量可能略大于 K_2O。碱性的霞石正长岩、响岩中 Na_2O 和 K_2O 含量的相对关系，还表现为钠质似长石(霞石)和钾质似长石(白榴石)矿物种属和数量的变化。

(3)火成岩中 CaO 的含量，在矿物上主要表现为富钙矿物如钙质斜长石、富钙辉石(透辉石、普通辉石)和普通角闪石、绿帘石的多寡。MgO 的含量，主要表现为富镁矿物如橄榄石、辉石、普通角闪石和黑云母的数量变化。这些富钙矿物和富镁矿物都可能是橄榄岩、辉长岩、闪长岩类岩石的主要组分。因此，鉴别超基性至中性火成岩时，全岩的 CaO 和 MgO 含量也是重要的化学依据。

(4) Al_2O_3 的含量对火成岩的矿物组成也有重要的影响，类似于 SiO_2 饱和的概念，也有 Al_2O_3 饱和度的概念。基于长石和似长石中 K_2O/Al_2O_3、Na_2O/Al_2O_3、CaO/Al_2O_3(分子数)为 1，凡是小于 1 的，称 Al_2O_3 过饱和矿物；大于 1 的，称 Al_2O_3 不饱和矿物。岩石中 Al_2O_3 与 CaO、K_2O、Na_2O 分子数的相对值，会对矿物组合产生影响，如过铝质岩石中，

Al_2O_3>($CaO+K_2O+Na_2O$)，Al_2O_3在与 CaO、K_2O、Na_2O结合生成长石类矿物后还有剩余，可形成白云母、锰铝-铁铝榴石、刚玉、红柱石或夕线石等富铝矿物。而在过碱质岩石中，Al_2O_3<(K_2O+Na_2O)，K_2O+Na_2O在与 SiO_2、Al_2O_3结合生成长石和似长石类矿物后还有剩余，会进入辉石、角闪石等暗色矿物，形成霓石、霓辉石、钠闪石、钠铁闪石等碱性暗色矿物。

(5)火成岩中 P_2O_5、CO_2和 S 的含量，在矿物上通常表现为磷灰石、方解石族和黄铁矿的多寡；而 FeO_T(全铁，MnO 与 FeO_T一般具同样性状)和 TiO_2，既可以进入大多数深色铁镁矿物，也可以独立构成氧化物或硅酸盐，如磁铁矿、赤铁矿、钛铁矿、金红石、榍石等，所以它们数量上的变化和矿物成分之间的关系相当复杂，取决于一系列岩石结晶过程中的物理化学条件。

第六节　常见的火成岩矿物及其成岩意义①

一、橄榄石族

火成岩中常见的橄榄石成分是$(Mg, Fe)_2SiO_4$。它由镁橄榄石 Mg_2SiO_4(Fo)和铁橄榄石 Fe_2SiO_4(Fa)混溶组成，并常以其中的 Fo 或 Fa 分子百分数(Fo%或 Fa%)表示其混溶成分。Fo%大于 90 的称为镁橄榄石，Fo%小于 10 的称为铁橄榄石，而 Fo%为 90～70 的称为贵橄榄石。在少数碱基性火山岩中，可以产出钙镁橄榄石 $CaMg(SiO_4)$。橄榄石是岛状结构硅酸盐，具有大的比重(3.2～4.4)和高的折射率(N_m=1.65～1.87)。天然橄榄石的化学成分与其分子式表示的比较一致(表 1-7)，较少被其他元素置换，特别是 Al 基本上不置换 Si 和 Mg。但橄榄石也可含万分之几到千分之几的 CaO、MnO、NiO 和 Cr_2O_3。其中 NiO 和 Cr_2O_3在上地幔橄榄岩的橄榄石中的含量，比地壳条件下从岩浆结晶的橄榄石中的含量高十倍左右。

表 1-7　纯橄榄石及天然橄榄石矿物的化学成分　[单位：%(质量分数)]

化学成分	纯镁橄榄石	Fo%=96	Fo%=86	Fo%=47	Fo%=3	纯铁橄榄石	钙镁橄榄石(橄榄岩中的)
SiO_2	42.71	41.07	39.87	34.04	30.15	29.49	36.67
TiO_2	—	0.05	0.03	0.43	0.20	—	0.13
Al_2O_3	—	0.56	—	0.91	0.07	—	0.75
Fe_2O_3	—	0.65	0.86	1.46	0.43	—	0.10
FeO	—	3.78	13.20	40.37	65.02	70.51	7.57
MnO	—	0.23	0.22	0.68	1.01	—	0.17
MgO	57.29	54.06	45.38	20.32	1.05	—	21.11
CaO	—	—	0.25	0.81	2.18	—	32.56

注：本表中关于矿物的化学成分，均引自 McBirney(2007)。

关于橄榄石的结晶条件，Bowen 和 Schairer(1935)进行了实验研究。研究表明，富镁橄榄石(MgO 质量分数可达 50%以上)结晶温度高(对纯的镁橄榄石来说，是 1890℃，图 1-10)，

①本节部分参照了《火成岩石学》(孙鼐和彭亚鸣，1985)中由周新民执笔的第三章。

但它在有游离 SiO_2 条件下不稳定，会生成顽火辉石 $Mg_2Si_2O_6$，即 $Mg_2SiO_4+SiO_2=Mg_2Si_2O_6$。因此，在平衡结晶过程中，富镁橄榄石与石英不能平衡共存，富镁橄榄石往往是 SiO_2 不饱和岩浆的指示矿物。如是分离结晶作用，则在富镁橄榄石四周可能出现由斜方辉石构成的反应边（常见于橄榄拉斑玄武岩中），它反映残余岩浆的 SiO_2 达到饱和或过饱和。Bowen 和 Schairer 的实验进一步证实，富铁橄榄石的结晶温度明显低于富镁橄榄石（对纯的铁橄榄石来说，是 1205℃，图 1-10）。在 SiO_2 过饱和的岩浆中，FeO 和 SiO_2 组分可以生成一致熔融化合物铁橄榄石。因此，少量纯的或较纯的铁橄榄石，可以与石英一起共存于铁辉长岩和某些酸性岩（如黑曜岩、石英斑岩、花斑岩、流纹岩等，其中的铁橄榄石往往呈斑晶）中。例如，肯尼亚裂谷带的碱性流纹岩，石英与铁橄榄石共存。

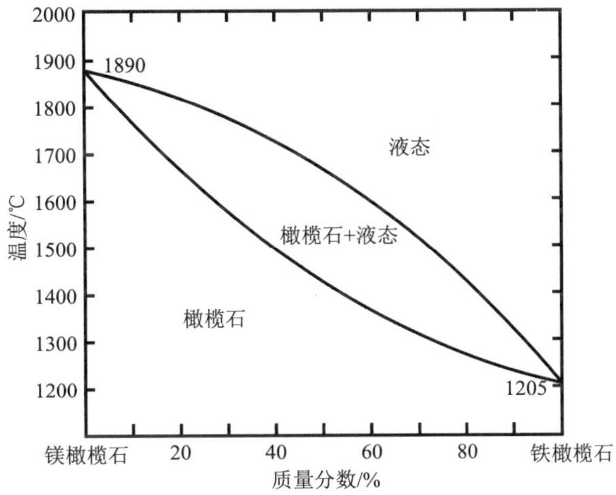

图 1-10　火成岩中常见的橄榄石是由镁橄榄石和铁橄榄石两种端元矿物组成的连续固溶体系列（Bowen and Schairer, 1935）

随着结晶作用的进行，岩浆温度逐渐降低，岩浆成分也逐渐富铁贫镁。因此，在橄榄岩、辉长岩和玄武岩中，早结晶、粒度较大或呈斑晶产出的橄榄石，它的 Fo 分子百分数高于晚结晶、粒度较小或基质中的橄榄石，它们的成分可以从 Fo%=90 变化为 Fo%=50。就地幔橄榄岩而言，亏损的方辉橄榄岩中橄榄石的 Fo%较高，可达 92～93，但饱满的大洋橄榄岩（二辉橄榄岩）中橄榄石的 Fo%较低，一般在 90 左右。

显微镜下估计橄榄石的成分，是依据折射率和光轴角。随橄榄石中 Fo%的减少和 Fa%的增加，橄榄石的折射率和光轴角（+）2V 都相应增大。

某些辉长岩中，在橄榄石和基性斜长石之间，围绕橄榄石常分布有辉石、角闪石等矿物，称为橄榄石的次变边。次变边可形成内、外两带，但也可缺某一带。内带紧靠橄榄石，基本组分是斜方辉石，有时有透辉石；外带矿物是石榴子石、角闪石和尖晶石（绿色）中的某一种或某几种。

橄榄石的环带结构如同斜长石环带一样，成分的带状分布往往反映出橄榄石结晶过程中环境的变化。利用光轴角法和电子探针微区成分定量分析，可测定各带成分。深成条件下缓慢结晶的橄榄岩、辉橄岩和橄榄辉长岩中，橄榄石环带结构不显著或缺失；喷发的或浅成的玄武质岩石中，则可能发育具环带结构的橄榄石，但也只占少数，多数仍是成分均匀的橄榄石。因此，橄榄石的环带结构远不如在斜长石中的发育。各种岩石中橄榄石的成分环带，自中央向边缘通常逐渐富铁贫镁，一般变化范围是 Fo%=90～60，Fo 分子百分数的最大成分差约为 43。但有时橄榄石的环带结构是与低镁熔体反应形成的，如山东无棣大山霞石岩中地幔橄榄石捕虏晶具有明显的成分环带，边部的 Fo%为 70，明显低于核部的 Fo%(90)，是地幔橄榄石在上升过程中与寄主岩浆反应的结果。

玄武质岩石中的橄榄石斑晶或橄榄岩中的橄榄石，在高温氧化条件下可以产生磁铁矿+顽火辉石或赤铁矿+镁橄榄石二类次生变化产物。前一类是准稳定的矿物组合，温度范围是 600～820℃，继续氧化就转变为后一类稳定矿物组合，温度范围是 600～1000℃。橄榄石在中温非氧化条件下变化产生绿色物质，即绿泥石+含蒙脱石层的混层矿物的组合，在低温(<140℃)氧化条件下，变化产生各种类型的伊丁石。伊丁石是以针铁矿为主的含蒙脱石层混层矿物的集合体。这些绿色物质和伊丁石，常见于玄武岩的橄榄石中。橄榄岩、辉橄岩、橄榄辉长岩等侵入岩中的橄榄石，在含水、含碳酸热液作用下，常变化产生蛇纹石，并伴生磁铁矿、水镁石、滑石、碳酸盐等。

二、辉石族

火成岩中常见的斜方辉石为顽火辉石(又称顽辉石)和紫苏辉石，常见的单斜辉石为透辉石、普通辉石、霓石和易变辉石。它们的化学成分如表 1-8 所示。

表 1-8　辉石族的化学成分　　[单位：%(质量分数)]

化学成分	纯端元矿物组分					
	顽火辉石	正铁辉石	透辉石	钙铁辉石	硬玉	锥辉石(霓石)
SiO_2	59.84	45.54	55.49	48.44	57.19	50.28
Al_2O_3	—	—	—	24.26	—	—
Fe_2O_3	—	—	—	—	—	33.41
FeO	—	54.46	—	28.96	—	—
MgO	40.16	—	18.62	—	—	—
CaO	—	—	25.89	22.60	—	—
Na_2O	—	—	—	—	18.55	16.31
化学成分	典型的天然矿物					
	普通辉石	钛普通辉石	富铁辉石	紫苏辉石	易变辉石	锥辉石(霓石)
SiO_2	49.68	46.20	49.73	53.18	51.53	52.48
TiO_2	0.56	3.21	0.77	0.21	0.58	0.57
Al_2O_3	0.78	5.38	1.39	3.08	1.41	0.96
Fe_2O_3	3.29	3.22	1.50	0.25	0.12	31.74
FeO	18.15	5.41	19.20	18.05	23.17	0.93
MgO	16.19	12.90	9.40	23.26	16.10	0.15
CaO	9.90	23.16	17.75	2.09	7.05	0.28
Na_2O	0.65	0.47	0.24	—	0.26	12.05
K_2O	0.15	0.02	—	0.23	0.35	—

（一）斜方辉石 $(Mg, Fe)_2Si_2O_6$

斜方辉石由顽火辉石 $Mg_2Si_2O_6$（En）和正铁辉石 $Fe_2Si_2O_6$（Fs）混溶组成。其中的顽火辉石（En%=100～88）、古铜辉石（En%=88～80）和紫苏辉石（En%=80～50）广泛分布于各种钙碱性的超基性至酸性的火成岩中，但不产于碱性系列火成岩中。顽火辉石、古铜辉石和紫苏辉石的区别在于显微镜下的颜色（多色性）、折射率、双折射率和光轴角不同，即随着 En 分子百分数降低和 Fs 分子百分数增加，呈现较明显的多色性，折射率和双折射率均趋于增大，(–)2V 值则趋于减小。测定斜方辉石 En 分子百分数的光学方法是，在它的解理面上测出 N_g，用有关的光性鉴定图或等式 $100En=14.082-7.870N_g$ 算出 En%。斜方辉石和单斜辉石的重要区别是，斜方辉石呈平行消光（平行 *c* 轴切面）、一级干涉色和无双晶现象等特点。安山岩、英安岩中常见斜方辉石呈环带结构，一般自内带向外带 En%自 70 降为 50。斜方辉石，特别是富镁的斜方辉石，常水热变化为蛇纹石，并可能伴生水镁石、磁铁矿等。当蛇纹石整个取代斜方辉石时，相应的作用称为绢石化，因这些蛇纹石具丝绢状闪光或青铜般金属光泽。此外，斜方辉石也常变化为绿色角闪石，即所谓纤闪石化。

（二）透辉石 $CaMg(Si_2O_6)$

透辉石是富钙、镁的单斜辉石，常含少量钙铁辉石 $CaFe(Si_2O_6)$ 分子。常见于某些中性和基性火成岩以及某些碱性火成岩和火成碳酸岩中。上地幔二辉橄榄岩以及许多其他产状的超基性和基性岩（特别是层状基性杂岩）中的透辉石，一般富铬，手标本或薄片中呈翠绿色-淡绿色。当 Cr_2O_3 含量达 1%（质量分数）左右时，称为铬透辉石。透辉石以它较高的双折射率和近于截角正方形横切面［{100}和{010}平行双面比{110}菱方柱发育，图 1-11(a)］的特点，区别于其他单斜辉石。由于富镁，常变化为绿泥石、蛇纹石、滑石、透闪石等。透辉石常具以(100)为接合面的双晶，如该双晶仅由 2～3 个或 3～4 个叶片组成，叶片较宽，则为生长双晶；如双晶叶片数目众多，细薄密集，则是应力下形成的机械双晶。此外，还有一种以(001)为接合面的机械双晶，它以叶片宽而不连续为特点。

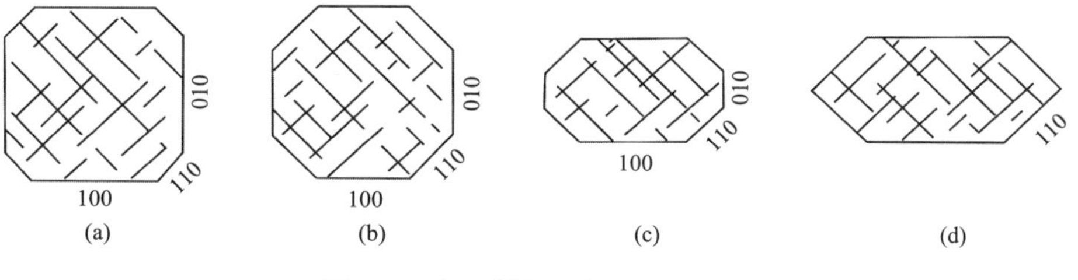

图 1-11　辉石横切面的形态和比较

(a)透辉石；(b)普通辉石；(c)和(d)霓石

（三）普通辉石

普通辉石是较富钙的单斜辉石，形成于温度较宽范围，是各种火成岩中最常见的辉石，以在各种基性火成岩中最普遍。其实际的化学成分比理想的化学式成分要复杂许多，因此，也有将其化学式表达为 $(Ca, Mg, Fe^{2+}, Fe^{3+}, Al, Ti)_2(Si, Al)_2O_6$。普通辉石的横切面近于正八边形[{110}菱方柱和{100}、{010}平行双面同等发育，图 1-11(b)]，TiO_2 含量较高的普通辉石在薄片中呈粉红-淡紫色调。当 TiO_2=1%～2%(质量分数)时，称为钛普通辉石；当 TiO_2>2%(质量分数)时，称为钛辉石，是碱性基性岩的特征矿物。异剥石是指{100}或{001}裂理十分发育和密集的透辉石或普通辉石，这些裂理的方位往往与出溶的磁铁矿或钛铁矿分布方位一致。在热液作用下，普通辉石常蚀变为纤闪石、绿泥石、绿鳞石、绿帘石、方解石族等矿物。

(四) 霓石 $NaFeSi_2O_6$

霓石是钠质单斜辉石，常与钠闪石共生，是钠质碱性岩系的指示矿物。手标本上呈绿色至黑色，柱状，其顶端由{111}等单形构成钝锥状(故旧称钝钠辉石)。显微镜下以其显著的绿多色性、负延性、负光性和横切面呈近于截角的矩形或梭状六边形[{100}平行双面发育，{010}平行双面不发育或缺失，{110}菱方柱中等发育，图 1-11(c)和图 1-11(d)]等特点区别于其他单斜辉石。锥辉石与霓石成分相同，因其柱状晶体顶端呈由{221}和{661}等单形构成尖锥状而得名，因此是霓石的形态亚种，但薄片中多色性不如霓石显著，有时呈褐色多色性。霓辉石是成分介于霓石和普通辉石之间、具有它们之间过渡的光性特点和较强绿多色性的辉石。它与霓石一样，是钠质碱性火成岩的特征矿物，通常以正光性区别于霓石。霓石常蚀变为绿泥石、绿鳞石、绿帘石、赤铁矿、褐铁矿等。

(五) 易变辉石 $(Mg, Fe^{2+}, Ca)(Mg, Fe^{2+})(Si_2O_6)$

易变辉石是贫钙的单斜辉石。易变辉石的成分介于普通辉石和斜方辉石之间，仅在高温、快速冷凝条件下稳定，因此常产于基性和中性火山岩基质中，是火山岩的特征矿物。但有时也见于某些侵入岩中，并在缓慢冷却过程中容易转变为斜方辉石，同时生成透辉石或普通辉石成分的出溶叶片[图 1-12(f)]。易变辉石以光轴角一般小于 30°(最大不超过 40°)而且大多数是小于 25°的特点，区别于其他单斜辉石。

富镁辉石的结晶温度高于富铁的辉石。因此，在钙碱性的基性和中性岩浆结晶过程中，早期较高温度下结晶的普通辉石、斜方辉石和易变辉石，它们的镁含量高于晚结晶的相应辉石。例如，普通辉石与斜方辉石或易变辉石，在岩浆演化过程中成对地先后结晶，那么先结晶的各对辉石的镁值[$Mg^{\#}=Mg/(Mg+Fe)$]就大于后结晶的各对辉石。因此，随着岩浆的结晶演化，辉石成分趋于贫镁富铁。在 SiO_2 不饱和的碱性基性岩浆结晶过程中，一般不生成斜方辉石或易变辉石，因为首晶矿物是橄榄石，它的晶出消耗了岩浆中的镁铁组分，相对地富集了钙质组分，从而不利于生成贫钙富镁铁的斜方辉石或易变辉石，而结晶出透辉石或富钙的普通辉石，它们与橄榄石构成稳定的矿物组合，但它们的成分仍然随结晶作用的延续而逐渐趋于贫镁富铁。

斜方辉石可出溶透辉石或普通辉石叶片构成出溶结构。如许多超镁铁岩中的顽火辉石，在上地幔或下地壳复杂的火成-变质历史中，可发生类似的出溶作用。此外，透辉石或普通辉石在缓慢结晶过程中，也可以出溶形成斜方辉石叶片。但所有这些辉石的出溶叶片在辉石主晶中有一定的结晶学方位(图 1-12)，即叶片和主晶之间的界面应是两相有共同结构性质的面，这些面是发生不混溶的有利位置，它们通常平行主晶的(100)或(001)；或者是近于平行主晶的(100)或(001)，而与之呈小角度相交的无理指数面。后一类出溶界面主要发

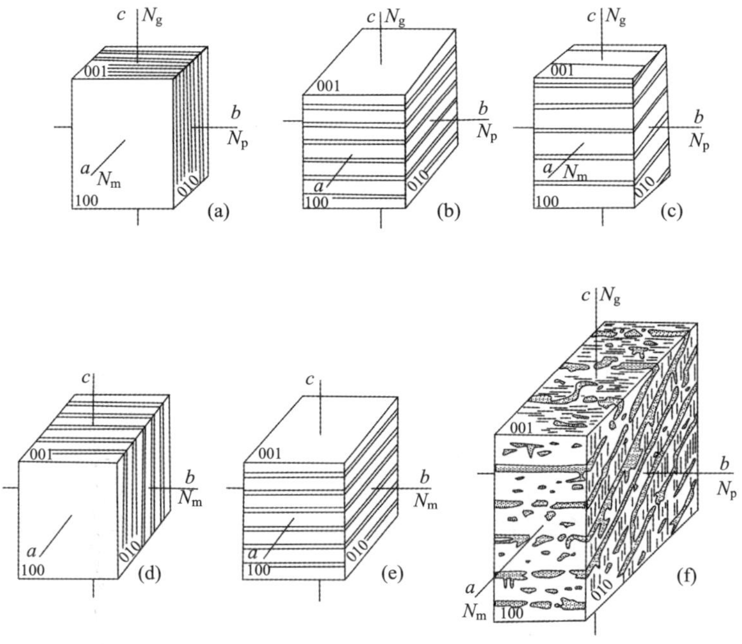

图 1-12　辉石出溶叶片常见方位

(a)至(e)表示出溶叶片方位的示意图，关系如下：

项目	(a)	(b)	(c)	(d)	(e)
主晶	斜方辉石	易变辉石	斜方辉石*	普通辉石	普通辉石
叶片	普通辉石	普通辉石	普通辉石	斜方辉石	易变辉石
叶片方位	(100)	(001)	(001)	(100)	(001)

*斜方辉石由易变辉石转变来，(001)方位对易变辉石而言。

注：(f)东格陵兰斯卡加德层状侵入岩实例，表示由易变辉石转变来的斜方辉石主晶和由易变辉石出溶形成的普通辉石叶片(带细点)。后者平行原易变辉石(001)，叶片较宽，厚为 0.01 mm，间隔为 0.04 mm；平行斜方辉石主晶(100)的叶片(细直线)，更规则而细密，厚度小于 0.001 mm，由晚阶段斜方辉石主晶出溶形成。主晶斜方辉石和原易变辉石的 b 和 c 结晶轴方位保持一致(Poldervaart and Hess, 1951)。

生在以透辉石或普通辉石为主晶的出溶作用中。辉石的出溶叶片在主晶中的厚度或宽度，受离子透过出溶面难度的影响。例如，平行主晶(100)的叶片常较细薄，可能是离子较难穿过沿 c 轴延伸而平行(100)排布的 Si—O 键之故；而平行主晶(001)的叶片常较宽厚，是由于离子沿 c 轴的键的方向迁移比较容易。

辉石结晶过程中成分的变化，还可构成环带结构(图 1-13)。一般情况下，辉石环带中较晚结晶的外带成分比早生成的内带富铁和钠。而砂钟构造一般是辉石晶体中不同性质的原子面，对特定成分(Ti, Al, Fe, Na)具有不同的选择性“吸附”能力而导致的结果，它可以与环带结构相结合。那些燕尾状砂钟构造，是快速冷却(淬火)结晶形成，见于玄武岩基质和细碧岩枕状体边部。

图 1-13　辉石的砂钟构造和环带结构

(a)四川攀枝花地区辉石岩中的钛普通辉石，形成于地内较快冷凝条件(晶体生长速度快于熔体中离子扩散)；(b)江苏无锡地区煤田钻孔内碱性橄榄玄武岩中的钛普通辉石，呈燕尾状，形成于地表淬火条件

三、角闪石族

角闪石是含—OH 的双链结构硅酸盐，化学成分复杂，形成于富含挥发组分的条件下。因此，它在深成岩中比在浅成岩和火山岩中更丰富，尤其是它不出现于火山岩基质中的这一特点，往往成为鉴别火山岩和侵入岩的岩相学标志之一(黑云母也有与之相仿的性状)。因为熔岩流自火山口溢出时，其中所含的挥发组分在地表条件下迅速逸散，所以在火山岩基质中就不形成角闪石。

火成岩中常见的单斜角闪石是钙质角闪石，如普通角闪石、韭闪石、绿钙闪石、氧角闪石和钛角闪石等；其次是碱质角闪石，如钠闪石和钠铁闪石；分布最少的是镁铁质角闪石，如镁铁闪石。常见火成角闪石族矿物的化学成分见表 1-9。

表 1-9　天然角闪石族矿物的化学成分　　[单位：%(质量分数)]

化学成分	普通角闪石(辉长岩)	普通角闪石(英云闪长岩)	韭闪石(橄榄岩)	镁铁闪石(闪长岩)	低铁钠闪石(花岗岩)	钛闪石(碱性辉长岩)	钠闪石(花岗岩)
SiO_2	48.71	44.99	43.61	50.78	39.56	40.67	51.01
TiO_2	0.32	1.46	1.15	0.40	1.46	6.22	0.96
Al_2O_3	9.48	11.21	15.06	1.77	12.18	10.45	0.80
Fe_2O_3	2.33	3.33	1.59	1.88	4.10	3.86	16.41
FeO	9.12	13.17	5.14	29.64	23.18	7.56	17.62
MnO	0.23	0.31	0.08	0.14	0.09	0.15	0.48
MgO	14.43	10.41	16.53	11.83	4.43	11.54	0.22
CaO	11.93	12.11	11.80	1.33	9.98	15.55	0.19
Na_2O	1.16	0.97	2.78	0.00	1.81	1.83	7.89
K_2O	0.15	0.76	0.11	0.00	1.38	1.14	1.80
H_2O	1.83	1.52	1.74	2.01	1.26	1.28	0.91
F	0.23	—	—	—	1.20	—	1.70

(1)普通角闪石。广泛分布于各种火成岩中，是钙碱性岩系的特征矿物。当普通角闪石被加热到 800℃左右时，就转变为氧角闪石。自然界地下结晶的角闪石，当随岩浆喷出至地表时，其所含的部分—OH 被分解为 H_2 和 O_2，H_2 在空中逸散，O_2 使 Fe^{2+} 氧化为 Fe^{3+}，

从而形成氧角闪石。因此，氧角闪石在成分上以高的 Fe_2O_3/FeO 值、缺乏—OH 和富氧为特点；在光性上以小的消光角 $(c\hat{}N_g)$、高的双折射率(>0.02)和显著的多色性等特点，区别于与之相仿的褐色普通角闪石；此外，它一般呈火山岩斑晶产出。

(2)钛闪石。富钛[TiO_2 含量一般大于 5%(质量分数)]的角闪石，称为钛闪石，也称钛角闪石。它一般产于碱性基性岩中，有时还呈巨晶产于碱性玄武岩中。

(3)韭闪石和绿钙闪石。与普通角闪石相比，是较富钠的钙质角闪石。其中韭闪石又比绿钙闪石富镁、贫铁，并以正光性区别于其他钙质角闪石，绿钙闪石则较富铁，以较高的双折射率、较小的消光角 $(c\hat{}N_g)$ 和显著的多色性区别于一般的普通角闪石。韭闪石和绿钙闪石主要分布在侵入岩中，有时呈巨晶产于碱性玄武岩中。韭闪石稳定于 650～1000℃和 $\lg f_{H_2O}=1\sim3$，绿钙闪石稳定于 500～1100℃、$\lg f_{H_2O}=1\sim3$ 和 $\lg f_{O_2}=-5\sim-20$ 条件下。

(4)钠闪石和钠铁闪石。它们是钠质碱性岩系的特征矿物。它们的共同特点是负延性和显著的多色性，其中钠闪石具有比钠铁闪石更小的消光角 $(c\hat{}N_p)$。钠闪石和钠铁闪石一般稳定于 500～700℃、$\lg f_{H_2O}=0.5\sim4$ 和 $\lg f_{O_2}=-20$ 的条件下。

就角闪石的形态和其他矿物之间的结构关系看来，至少存在四种类型：①自形角闪石，通常是普通角闪石(在中、酸性岩中有时是镁铁闪石)，常呈斑晶或其他矿物中的包裹体产出，形成于岩浆结晶作用的早期阶段。在较高的水气压力条件下，有些角闪石形成于石英闪长岩中，如图 1-14 为安徽铜陵铜官山石英闪长岩中自形的镁角闪石。②具反应边的角闪石，通常是普通角闪石，反应边是普通角闪石与残余熔体反应的产物，形成于岩浆结晶作用的中期。③填隙角闪石，它形，常是普通角闪石，结晶于辉石形成之后，产于钙碱性岩系和火成起源的花岗质岩石中。④嵌晶状角闪石，常是钠闪石和钠铁闪石，最晚结晶，产于非造山的贫水碱性花岗质岩石中。

图 1-14　安徽铜陵铜官山石英闪长岩中自形的镁角闪石

此外，在地壳的一般温、压条件和磁铁矿稳定的中等氧化条件下，在安山质岩浆形成的岩石中，随着岩石形成深度的变浅，角闪石在矿物结晶顺序中的位置依次出现以下四种情况(图 1-15)：①角闪石-单斜辉石-磁铁矿-斜长石；②单斜辉石-角闪石-磁铁矿-斜长石；③单斜辉石-磁铁矿-角闪石-斜长石；④单斜辉石-磁铁矿-斜长石-角闪石。因此，角闪石结晶的早晚(相对另三种矿物说)，反映了岩石形成的相对深度。

实验表明，钙质角闪石的始熔温度，在低压时低于一般火成岩的始熔温度。因此，地壳深处结晶的角闪石，如随岩浆运移至地表或近地表的浅位时，由于压力的显著降低(这时岩浆也因氧化而稍增温)，角闪石便不稳定而局部熔融，并在此过程中失去 H_2O 等挥发组分，熔融物质重新结晶为细粒的辉石、磁铁矿等，它们分布在角闪石的四周，构成“暗化边”(图 1-16)。因此，暗化边常见于火山岩中的角闪石斑晶。此外，角闪石也可以有反映岩浆结晶过程的成分环带。在这种角闪石的成分环带中，外带的颜色和多色性一般都比内带显著，外带的成分比内带富钠、铁等组分，反映了晚期阶段岩浆的成分特点。

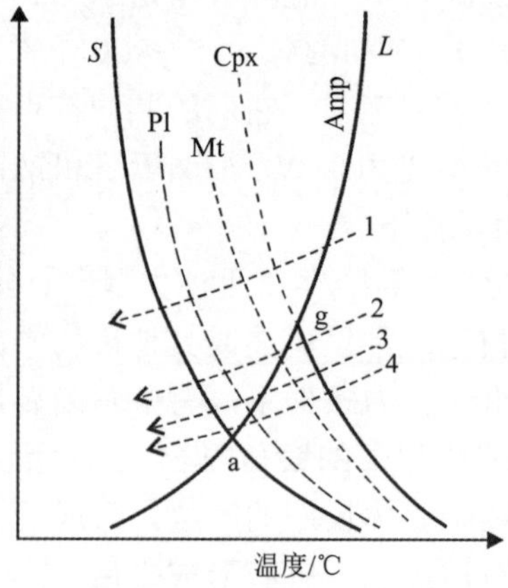

图 1-15　在地壳温、压条件和磁铁矿稳定的中等氧化条件下，安山质岩石的固相线(*S*，粗实线)和液相线(*L*，粗实线)，以及单斜辉石(Cpx)、磁铁矿(Mt)、斜长石(Pl)熔融曲线和角闪石(Amp)稳定曲线示意图(Wones and Gilbert, 1982)

a. 角闪石稳定曲线与岩石固相线交点，代表角闪石在熔体中稳定的最低压力；g. 液相线的拐点，也是角闪石稳定曲线与岩石液相线的交叉点，在该点以上压力条件下，首晶矿物是角闪石；1, 2, 3, 4 为结晶路线，详见正文说明

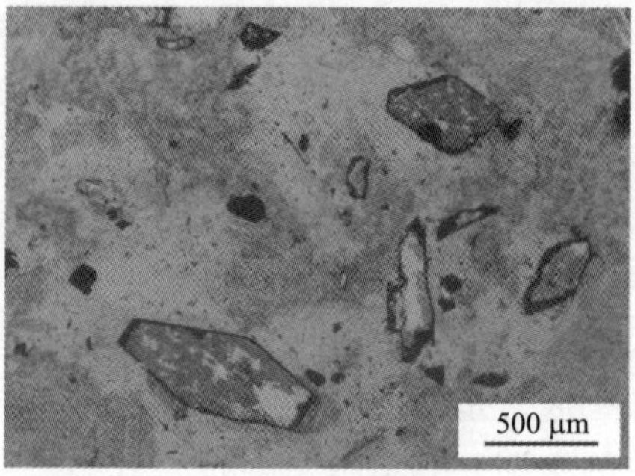

图 1-16　浙江新昌安山岩中发育暗化边的角闪石斑晶

四、云母族

云母是火成岩中重要的层状结构硅酸盐矿物，成分上以富碱和贫钙为特点。常见的云母是黑云母、金云母、白云母，其化学成分如表 1-10 所示。此外，在花岗伟晶岩和正长岩中，Li_2O 含量较高[常大于 3.5%(质量分数)]的云母称锂云母，其化学式为 K(Li, Al)$_3$(Al, Si)Si_3O_{10}(F, OH)。

表 1-10　火成岩中云母的化学成分　　[单位：%(质量分数)]

化学成分	黑云母	金云母	白云母	钛黑云母
SiO_2	36.67	40.16	46.77	36.52
TiO_2	3.39	0.45	0.21	8.77
Al_2O_3	17.10	12.65	34.75	13.29

续表

化学成分	黑云母	金云母	白云母	钛黑云母
Fe_2O_3	4.58	5.52	0.71	0.58
FeO	13.36	4.39	0.77	15.91
MnO	0.04	0.03	—	0.20
MgO	9.50	22.68	0.92	11.28
CaO	0.38	0.24	0.13	0.68
Na_2O	0.20	—	0.47	0.73
K_2O	9.17	9.62	10.61	9.00
H_2O	1.98	3.00	4.48	3.02
F	1.37	—	0.16	—

(一)黑云母和金云母

由于其颜色较深而被称为暗色云母。它们具有光轴面平行(010)面和光轴角小(一般小于 10°)等共同特点。两者的差别在于颜色和多色性不同。黑云母见于各种火成岩中，成分变化大。Mg^{2+}和 Fe^{2+}、Fe^{3+}和 Al^{3+}以及 OH^-和 F^-相互间存在着广泛的类质同象置换。从超基性岩至酸性岩和碱性岩，黑云母中 Mg 和 Si 含量逐渐减少，Fe 和 Al 逐渐增加，形成由镁质黑云母向铁质黑云母的演化，富铁黑云母就产于富石英的花岗岩和富碱的正长岩中。即使在一个复式岩体中，从早期阶段结晶的黑云母至晚期阶段的黑云母，成分上也存在着类似于上述的演化。有时早结晶的黑云母在冷却过程中会沿三组方向出溶针状钛铁矿(图 1-17)。金云母主要产于富镁的超基性岩、基性岩和煌斑岩中，有时具环带结构，外带颜色略深于内带，因为外带较富 Fe、Ti、Ba，而贫 Al、Cr、Mg、Ni。黑云母有时也有类似于金云母的环带结构。

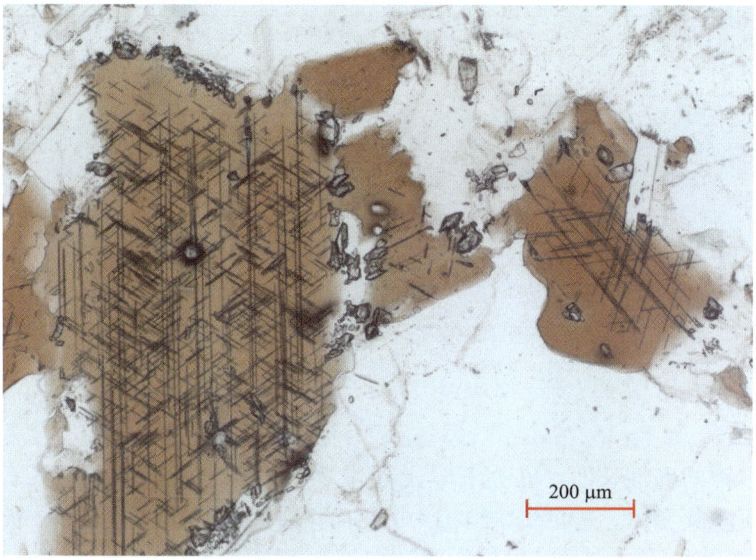

图 1-17　黑云母在冷却过程中沿三个方向出溶针状钛铁矿(江西九岭岩体，单偏光)

（二）白云母

同样由于其颜色较浅而与锂云母一并称为浅色云母。具有光轴面垂直(010)面和光轴角中等大小(一般为30°～45°)的特点。白云母主要见于铝过饱和的、富SiO_2和富K_2O的深成花岗岩和花岗伟晶岩中，而浅成花岗质岩石中一般不存在。因此，白云母是铝过饱和岩石的标志性矿物之一。

五、长石族

长石是火成岩中最常见的矿物，是钾、钠、钙的铝硅酸盐。长石有两个类质同象系列，钾长石$K(AlSi_3O_8)$分子(Kf)和钠长石$Na(AlSi_3O_8)$分子(Ab)混溶构成碱性长石，即钾钠长石系列；钠长石分子和钙长石$Ca(Al_2Si_2O_8)$分子(An)混溶构成斜长石，即钠钙长石系列。那些An分子含量大于5%的碱性长石和Kf分子含量大于5%的斜长石，称为三元长石，见于火山岩和次火山岩中。常见长石族矿物的化学成分如表1-11所示。

表1-11　长石族矿物的化学成分　　[单位：%(质量分数)]

斜长石的化学成分						
化学成分	典型的天然斜长石					
	纯的钠长石	An%=20	An%=40	An%=60	An%=80	纯的钙长石
SiO_2	68.74	63.35	58.03	53.38	47.67	43.20
Al_2O_3	19.44	22.89	25.81	29.71	33.46	36.65
Fe_2O_3	—	0.09	0.68	0.19	微量	—
CaO	—	4.09	8.01	11.86	16.23	20.16
Na_2O	11.82	8.90	6.47	4.44	2.19	—
K_2O	—	0.65	0.46	0.18	0.07	—

碱性长石的化学成分				
化学成分	典型的天然长石			
	纯的正长石	正长石	透长石	歪长石
SiO_2	64.76	62.28	64.03	64.33
Al_2O_3	18.32	19.40	19.92	20.94
Fe_2O_3	—	0.34	0.62	0.78
CaO	—	0.48	0.45	2.01
Na_2O	—	2.74	4.57	7.22
K_2O	16.72	11.80	10.05	4.71

（一）钾长石

钾长石是富钾的碱性长石，在岩石学上通常划分为高透长石、低透长石、正长石和微斜长石四种同质多象变体。它们晶体结构中的Si-Al有序化程度依次增加，而结晶温度则依次降低。利用X射线衍射仪，可以对粉晶或单晶样品进行准确的Si-Al有序度测定。四种钾长石变体共同的光性特点是负突起和负光性；它们的主要区别在于光轴角和消光角

[⊥(010)^N_g，⊥(001)^N_g]大小的不同，据此可分别测定它们的光学有序度和光学三斜度。

1. 透长石

稳定于 800～900℃以上，其中的高透长石光轴面平行(010)，低透长石光轴面垂直(010)；在垂直(010)面的各个切面上，二者皆呈平行消光。区分高透长石和低透长石最有效的光学方法，是用旋转台锥光法观察光轴色散，在高透长石中 $r < v$，而低透长石则 $r > v$。透长石主要产于酸性、碱性火山岩和次火山岩中。

2. 正长石

由呈亚显微双晶关系的微斜长石晶畴(其尺寸小于可见光波长，不能够用普通显微镜识别)组成，在光性上表现出各晶畴在统计上的复合性质，即与低透长石一样，呈现单斜对称的光性，在垂直(010)面的各个切面上平行消光，光轴面垂直(010)，通常形成于 625～750℃以下温度(下限不清楚，可能低至 200℃左右)，产于基性、中性、酸性和碱性岩石中。常见的正长石的双晶类型是卡斯巴双晶，通常表现为短柱状或厚板状晶体；少见巴韦诺双晶(图 1-18)和曼尼巴双晶。

图 1-18　钾长石的巴韦诺双晶(Baveno twin)

(a)英国康沃尔(Cornwall)斑状花岗岩中的正长石斑晶，显示以(021)为双晶结合面的巴韦诺双晶(样品陈列于剑桥塞奇威克地球科学博物馆)；(b)广东佛冈花岗质杂岩体中以(021)为双晶结合面的巴韦诺双晶钾长石巨晶

3. 微斜长石

稳定于 375℃±50℃，光轴面近于垂直(010)，(–)2V 约 84°，一般大于 64°，斜消光，产于酸性深成岩和富挥发组分的酸性浅成岩中。

4. 冰长石

冰长石是一种具有菱形横切面，形成于水热作用的低温钾长石，可以具有微斜长石或正长石的光性特征。

（二）歪长石

歪长石是富钠的高温碱性长石，产于富碱火山岩和次火山岩中，或作为巨晶被包裹在碱性玄武岩中，较少产于碱性侵入岩中。歪长石的镜下特点是，在呈现格子状双晶的切面上，必能同时见到{001}和{010}两组解理，以此区别于显示格子双晶的微斜长石（图 1-19）。

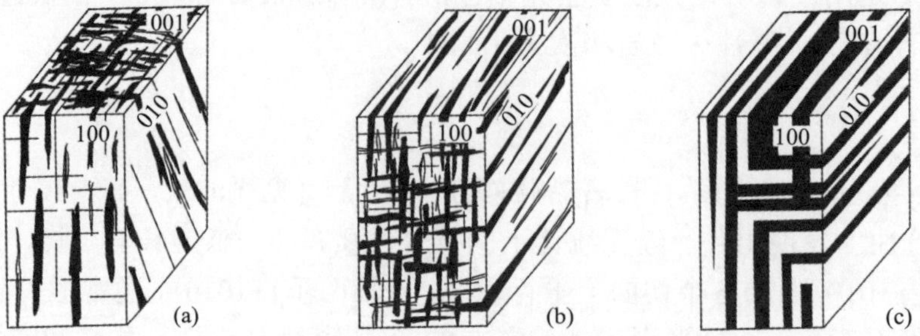

图 1-19　微斜长石(a)、歪长石(b)和斜长石(c，中长石)中，由钠长石律和肖钠长石律组成的格子状双晶的方位、形态，及其与{010}、{001}两组解理之间空间关系的比较

（三）钠长石

钠长石含一定数量的钾，因此把它看作碱性长石系列成员，要比看作斜长石系列更好些。钠长石稳定于广泛的温度范围，高钠长石和低钠长石之间的转变温度约 720℃。钠长石是碱性花岗岩和正长岩的原生矿物，是钠长石化的主要产物。

（四）条纹长石

由钾长石和钠长石两相组成，是碱性长石的结构名称。出溶成因的条纹长石，通常形成于 650℃以下。随缓慢降温和出溶作用的进行，出溶成因的条纹长石中的钠长石组分，最初限在颗粒中央，形成钠长石细脉，然后逐步加宽，分结增厚，并扩展和聚集到边缘（图 1-20），最后可以离开原颗粒，交代邻近的钾长石或形成新的单粒钠长石。交代成因的条纹长石中的钠长石组分，一般来自残余岩浆或水热溶液。

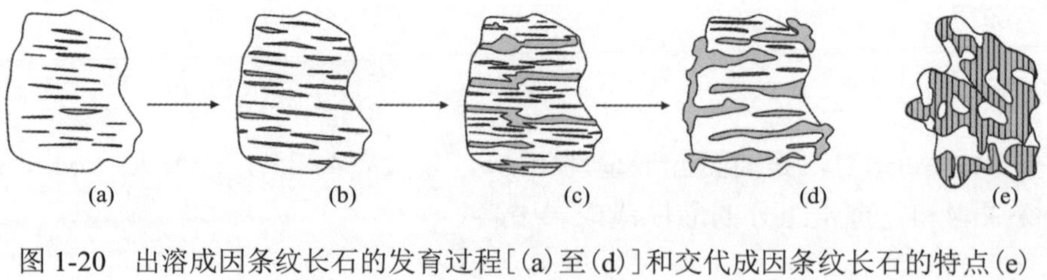

图 1-20　出溶成因条纹长石的发育过程[(a)至(d)]和交代成因条纹长石的特点(e)

自(a)至(d)表示碱性长石出溶作用形成的钠长石条纹，由分布在碱性长石颗粒中央而遍及全体；由细薄，经归并分结而加厚加宽；最后聚集于颗粒边缘，甚至交代邻近的长石，或形成单粒钠长石。(e)表示交代成因的钠长石条纹粗宽，数量多，发育钠长石律聚片双晶，以及与钾长石主晶界线模糊等特点

碱性长石的环带结构（图 1-21）较少见，如有发生，各带的差异主要表现为有序度、折射率和成分的不同。碱性长石的环带结构通常形成于岩浆或水热溶液环境中。

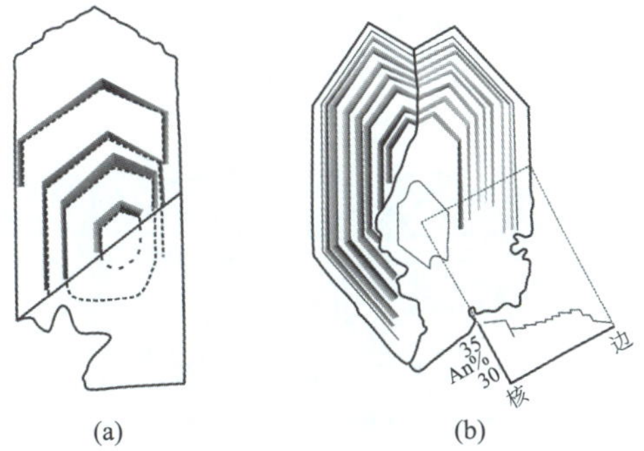

图 1-21　透长石（a）和斜长石（b）的韵律环带

（a）江苏江宁铜井黝方石粗面岩中；

（b）山西临县辉石闪长斑岩中

（五）斜长石

斜长石是各类火成岩中分布最广泛的长石。它的 Si-Al 有序化程度的测定，在光性上是先根据解理面上 N_p' 折射率的大小，鉴定斜长石成分（An%），然后结合光轴角数值确定有序率。火山岩或次火山岩中的斜长石由于结晶快速，是基本无序或无序的斜长石，深成岩中的斜长石由于结晶较缓慢则为基本有序或有序的斜长石。后一类斜长石在晶体结构上至少可以区分为三个独立的斜长石结构区（分别相当于独立的矿物相），其间一般以 An%=35 和 An%=70 为界。这些界线正好是斜长石光轴角为 90°和环带斜长石各带成分突变（跳跃）的位置。钙长石分子百分含量小于 35 的斜长石，为钠长石型结构，这类斜长石见于酸性岩中；大于 70 的，为钙长石型结构斜长石，见于基性岩中；介于其间的是中间型结构斜长石，见于中性岩和基性岩中。火成岩中斜长石普遍地发育双晶和环带结构。常见的斜长石卡-钠复合律双晶和韵律环带，是斜长石结晶于岩浆和热液环境中的标志。图 1-22 为安徽铜陵铜官山石英闪长岩中的中长石近于垂直 *a* 的切面，具卡-钠复合律双晶和韵律环带。有些火山岩中的更长石和中长石，含 Or 分子超过 5%，称为钾质更长石和钾质中长石（属三元长石），它们的光轴角小于相应成分斜长石的正常值。

图 1-22　安徽铜陵铜官山石英闪长岩中具卡-钠复合律双晶和韵律环带的斜长石

（六）膜长石

膜长石也称套长石，是指以碱性长石为核心，周围被覆着斜长石膜的长石，或关系与之相反的长石（图 1-23）。实质上，它们是长石的环斑结构或反环斑结构的一种。通常它是浅成或喷出环境、多世代结晶、岩浆受混染或混合、岩浆结晶时水压增大和温度波动的标志。在秦岭造山带沙河湾花岗岩岩体中的长石就具环斑结构，肉红色的碱性长石单晶为内核，斜长石呈白色或浅灰白色，环绕碱性长石内核生长构成外壳。

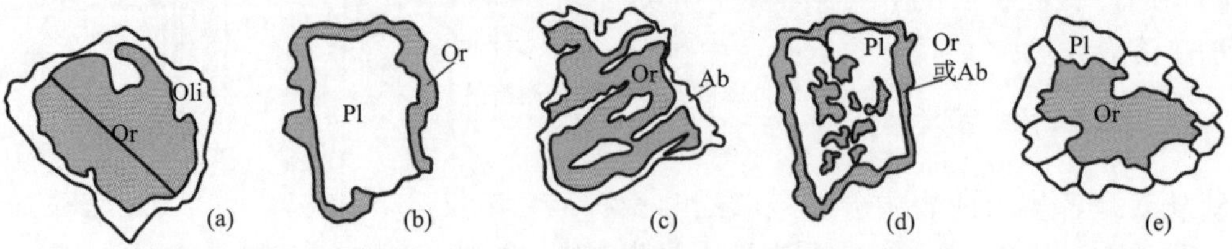

图 1-23　膜长石

(a)和(b)分别以正长石(Or)和斜长石(Pl)为核，衍生更长石(Oli)和正长石膜，核和膜之间某些结晶学方向相互平行，由岩浆多阶段结晶作用形成；(c)碱性长石的出溶作用，形成钠长石(Ab)条纹，继而围绕颗粒边界生成出溶成因的钠长石膜；(d)较高压下结晶的斜长石，运移到较低压力环境时，被岩浆熔蚀，生成由正长石或钠长石构成的溶蚀膜；(e)正长石四周聚合着许多斜长石小颗粒构成的膜

六、似长石和沸石

似长石是一些 SiO_2 不饱和的钾、钠的铝硅酸盐。如果有游离的 SiO_2 存在时，它们将与之反应而形成长石族矿物。因此，似长石结晶于 SiO_2 不饱和的富碱岩浆中，不与原生石英平衡共存，是碱性岩系的特征矿物。常见的钾质似长石是白榴石，钠质似长石是霞石，此外还有钾霞石、六方钾霞石、黝方石、方钠石等。但是，似长石不是一个矿物族，只是由于它们在岩石学上的共同性而被归在一起。方沸石在矿物学上属沸石族，但常与似长石类共生。似长石和方沸石的化学成分见表 1-12。

表 1-12　天然似长石和方沸石的化学成分　　[单位：%(质量分数)]

化学成分	霞石	白榴石	方钠石	方沸石
SiO_2	44.65	56.39	36.72	54.23
Al_2O_3	32.03	23.10	31.63	23.67
Fe_2O_3	0.59	—	0.55	—
CaO	0.71	0.27	0.28	—
Na_2O	17.25	2.17	24.02	13.81
K_2O	3.66	18.05	0.46	少量
H_2O	0.96	—	0.28	8.67
Cl	—	—	5.56	—

(一) 白榴石

白榴石是常见的钾质似长石，产于富钾碱性火山岩中。白榴石在较高压力下是不稳定相，所以不出现于深成岩中。如见到白榴石与原生石英共存，这时在白榴石四周必围绕有由钾长石构成的反应边，因为钾长石是白榴石和游离 SiO_2 的不一致熔融化合物。这一现象见于迅速冷却的钾质碱性岩系的火山岩和次火山岩中。假白榴石是白榴石的变化产物，具白榴石的假象，实际上是透长石(或正长石)和六方钾霞石-霞石，以及钠长石、沸石、绢云母、黏土矿物的集合体(有时只出现其中的一两种)。实验表明，在自然界假白榴石主要形成于有充分水压、存在富钠残余溶液的降压过程中。钾霞石和六方钾霞石是 $KAlSiO_4$ 同质多象的两种变体，都少见，前者发现于意大利维苏威熔岩流中，后者发现于非洲乌干达熔岩中。

(二)霞石

自然界的霞石由钠质霞石($NaAlSiO_4$)和钾霞石($KAlSiO_4$)两种端元分子混溶组成，在深成岩中两者比例大致是 3∶1，即$(Na_3K)Al_4Si_4O_{16}$；在火山岩中，变化幅度较大，如响岩中两者比例是 5∶1。此外，天然霞石成分中可能有过剩的 SiO_2 [可达 3%～10%(质量分数)]，还常混入 $CaAl_2Si_2O_8$ [可达 10%(质量分数)]和少量 Ga、Be 等稀有元素组分。

一般将霞石看作为钠质似长石，它产于 SiO_2 不饱和且富钠的碱性侵入岩和火山岩中。它的结晶条件不像白榴石那样明显地受冷却速率、水气压力的制约，而主要取决于岩浆的成分，因此分布比较广泛。

七、石英

石英是仅次于长石的分布最广泛的矿物之一，但化学成分简单，几乎是纯的 SiO_2，仅含微量的 Al(替代 Si)和 Ti、Li、Na 等，其量随结晶温度的增加而增多(因杂质元素所进入的沿 c 轴方向的晶格通道，随增温而增大)。SiO_2 的同质多象变体很多，α-石英、β-石英、鳞石英和方石英是常见的几种变体，其间的转变温度(在一个大气压力下)依次是 573℃、870℃和 1470℃。鳞石英和方石英是 SiO_2 的高温变体，产于火山岩、次火山岩的基质和空洞中。另有两种 SiO_2 的高压变体，即柯石英和斯石英，分别结晶于 19 kbar 和 76 kbar 以上的高压条件下，因此它们主要是富石英岩石组成的陨石坑内高压冲击变质作用的产物，具有比一般低压石英更高的密度和硬度。柯石英的密度和硬度分别是 2.92 g/cm^3 和 8，斯石英为 4.35 g/cm^3 和 8.4～9，而 α-石英则是 2.65 g/cm^3 和 7。此外，在南非金伯利岩的深源岩石包体中和安徽超高压榴辉岩中，也发现过柯石英[图 1-24(a)]。

图 1-24　石英的镜下照片

(a)柴达木超高压榴辉岩中的柯石英(Zhang et al., 2010)；(b)福建闽清流纹质熔结凝灰岩中的高温石英大多数火成岩中的石英，都是α-石英，即使原来在高温条件下晶出的β-石英，即高温石英，在常温下也已转变为低温的α-石英。例如，酸性火山岩和浅成岩中常见的、柱面不发育或缺失的六方双锥状石英晶形，就是原先为β-石英的指示。图1-24(b)为福建闽清流纹质凝灰岩中的高温石英斑晶，柱面不发育，该岩石基质已脱玻化。在β-石英向α-石英的转变过程中，还可能出现裂纹，因为转变时体积缩小了近5.5%。此外，石英是应变灵敏的指示矿物。火成岩中许多石英(包括晶洞中的石英)因受结晶应力或构造应力而发生不同程度的变形(图1-25)。变形石英在光性上的主要表现是：由一轴晶转变为二轴晶，光轴角达10°～20°，有时可达40°；出现各种形式的形变现象，由弱到强表现为波状消光、勃姆纹(晶粒内由气液包体充填的破裂面或一般的显微破裂纹)、变形带(呈透镜状或带状的、相间的消光带，貌似"聚片双晶")和碎裂化。在变形过程中还可能发生水化现象[图1-25(c)]，即水分子沿石英晶粒内的显微裂缝或沿石英颗粒之间的界面，向两侧扩散渗透，所到之处因水分子"排斥"了其他显微包体而使之明亮，同时由于水的折射率低(1.33)，使该部分石英折射率也显著降低，即水化石英的外带折射率低于未水化的内带，显微镜下在两带之间呈现清晰的贝克线色散效应。

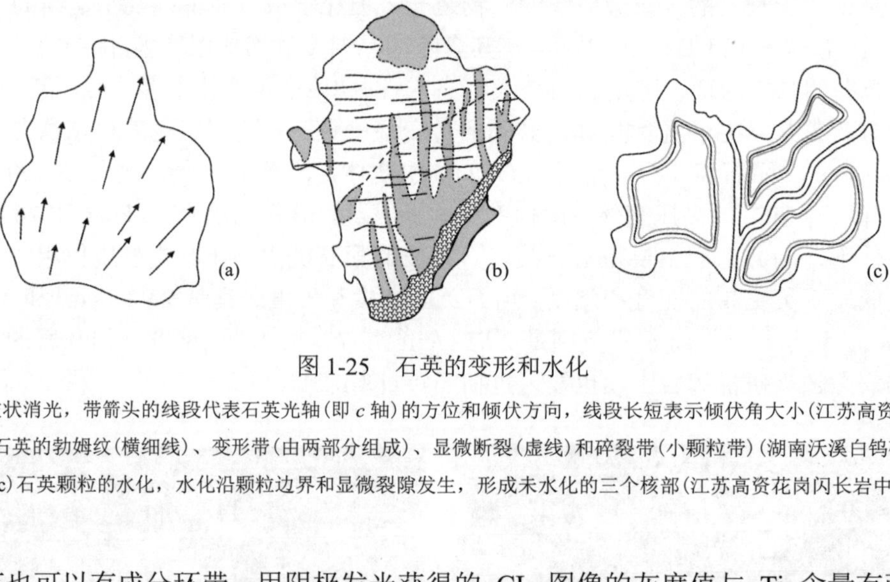

图1-25　石英的变形和水化

(a)石英的波状消光，带箭头的线段代表石英光轴(即 c 轴)的方位和倾伏方向，线段长短表示倾伏角大小(江苏高资花岗闪长岩中)；(b)石英的勃姆纹(横细线)、变形带(由两部分组成)、显微断裂(虚线)和碎裂带(小颗粒带)(湖南沃溪白钨矿脉中)；(c)石英颗粒的水化，水化沿颗粒边界和显微裂隙发生，形成未水化的三个核部(江苏高资花岗闪长岩中)

石英也可以有成分环带，用阴极发光获得的CL图像的灰度值与Ti含量有强相关性(图1-26；Zhao et al., 2023)。

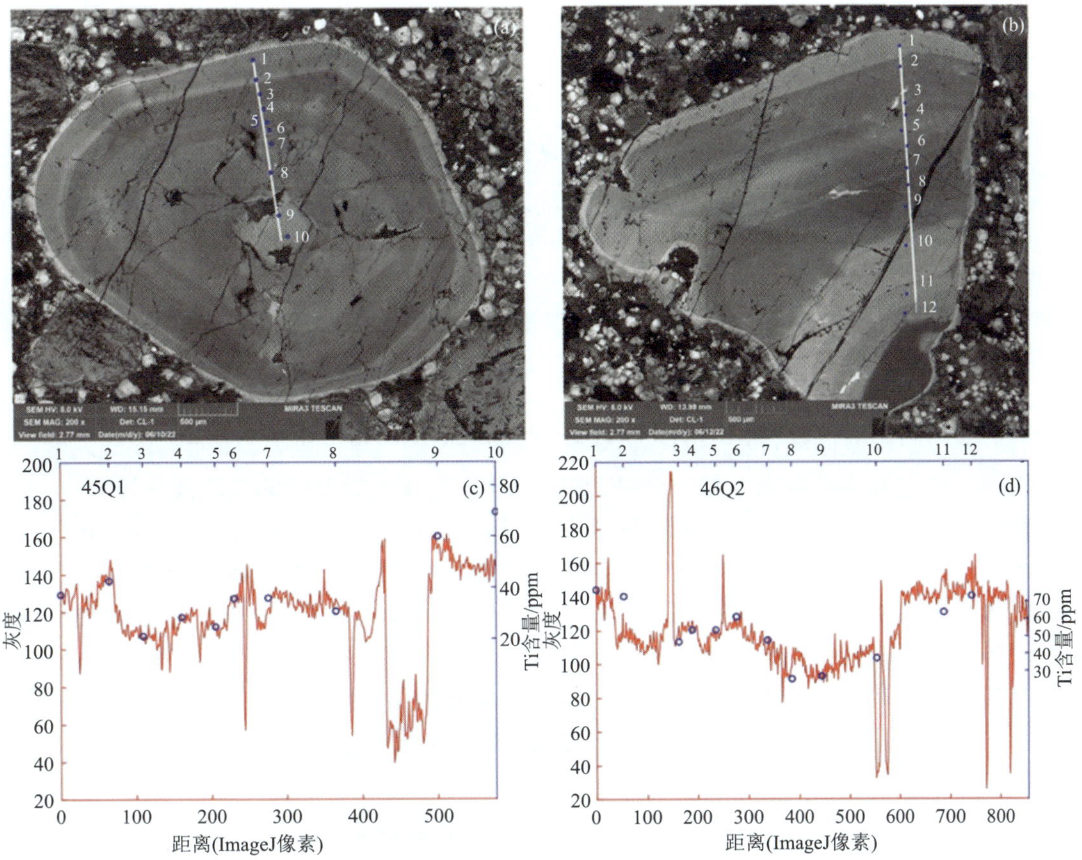

图 1-26　具环带结构石英斑晶的灰度剖面和 Ti 含量

第二章　火成岩的结构与构造

火成岩的结构是指组成岩石的矿物的结晶程度、颗粒大小、形态以及矿物(包括玻璃质)之间的相互关系，侧重于强调矿物个体的特征。火成岩的构造是指组成岩石的各部分(包括矿物、矿物集合体和其他组成部分)之间的相互排列、配置与充填方式关系，侧重于强调矿物集合体之间或矿物集合体与玻璃质之间的配置关系特征。

火成岩的结构和构造受岩石的矿物组成、化学组成及成岩过程等多种因素的制约，其中结构主要反映岩浆固结过程中的热力学环境(如岩浆的温度、压力、黏度、冷却速度等)，而构造则多体现岩浆的运动学特征(如岩浆的流动、晶体在岩浆中的运动或分异等)。火成岩结构与构造的研究可以为揭示岩石成因和了解成岩过程提供丰富的信息，成分相同的岩浆，经历了不同的成岩过程，可以形成结构和构造不同的火成岩。例如，主要由钾长石、斜长石和石英组成的花岗岩是在地下深处由岩浆缓慢结晶形成的，故其组成矿物的颗粒粗大；而与花岗岩成分相似的流纹岩则是岩浆在喷出地表后经快速冷凝结晶形成的，所以矿物颗粒细小，且常有玻璃质。由此可见，研究火成岩的结构和构造，不仅可以帮助我们正确地鉴定岩石，而且可以据此了解岩石的形成条件和成岩环境。

第一节　火成岩的结构

一、确定火成岩结构类型的基本要素

从火成岩结构的定义可看出，确定火成岩结构类型的要素主要有四点：①组成岩石物质的结晶程度，即指岩石中结晶物质(矿物)和非结晶物质(玻璃)的相对量比；②组成岩石的各矿物颗粒的大小(包括绝对大小和相对大小)；③组成岩石的各矿物的自形程度；④组成岩石的各矿物之间的相互关系。火成岩结构的类型就是根据上述基本要素来区分的。

二、根据各要素所区分的火成岩结构的主要类型

(一)结晶程度

根据岩石中结晶物质(矿物)与玻璃质的相对含量，可将火成岩结构区分为三大类。

1. 全晶质结构(holocrystalline texture)

岩石全部由结晶的矿物晶体组成，不含玻璃质。这类结构常是深成岩的特点，反映岩石是在温度下降缓慢的条件下结晶，具有良好的结晶条件[图 2-1(a)]。

2. 半晶质结构(hemicrystalline or hypocrystalline texture)

岩石中既有矿物晶体，又有玻璃质存在[图 2-1(b)]，在火山岩或次火山岩中常见这种结构，有时在部分浅成岩的边部也可见到。

3. 玻璃质结构(vitreous texture)

岩石几乎全部由非晶质玻璃组成[图 2-1(c)]，常见于喷出岩中，反映岩石是岩浆快速冷凝的产物。

玻璃质结构在手标本上表现为玻璃光泽、贝壳状断口，在显微镜下表现为均质体，即在正交偏光镜下呈全消光，有珍珠状裂理。由于快速冷却，原子的排列是完全无序的，因此具有很高的自由能，是一种不稳定结构。在漫长的地质演化过程中，玻璃质岩石会逐渐向晶质转变。玻璃向结晶质转变的地质作用叫作脱玻化作用(devitrification)。诱发脱玻化作用的主要因素包括温度、压力及活性组分(如水或其他挥发组分)的影响，如火山活动晚期的火山热液作用、后期岩浆侵入引发的热变质作用、区域和动力变质作用，以及沿裂隙运移的循环水作用等均会促使脱玻化作用的发生。由于脱玻化作用的影响，所以在中生代以前古老的火山岩中很难见到玻璃质，中生代火山岩中的玻璃大多数也已脱玻化，玻璃质结构一般多见于新生代火山岩中。

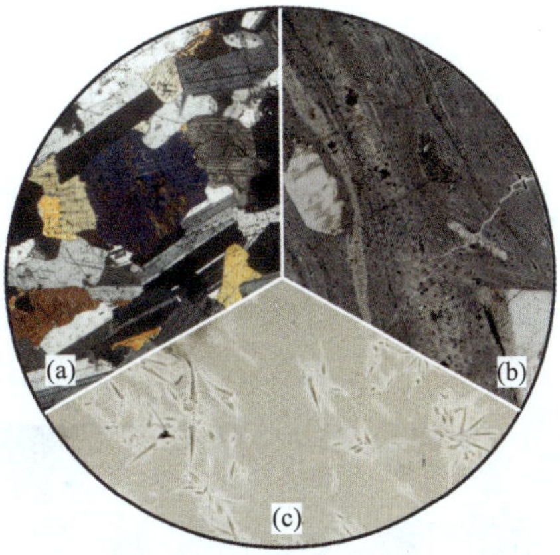

图 2-1　按结晶程度划分的三种结构类型显微照片

(a)全晶质结构(正交偏光)；(b)半晶质结构(单偏光)；(c)玻璃质结构(单偏光，已脱玻化)

脱玻化过程是一个相当缓慢的过程，在玻璃质岩石脱玻化开始时常形成一些极细小的呈球状、棒状、串珠状、毛发状、羽状的物质，这种物质叫作雏晶(图 2-2)。雏晶还没有表现出结晶矿物的特征，一般没有明显的光性特征，在玻璃质岩石中散布有这些雏晶的结构就叫作雏晶结构(crystallitic texture)，多见于酸性的火山岩中，如珍珠岩、松脂岩、黑曜岩等。

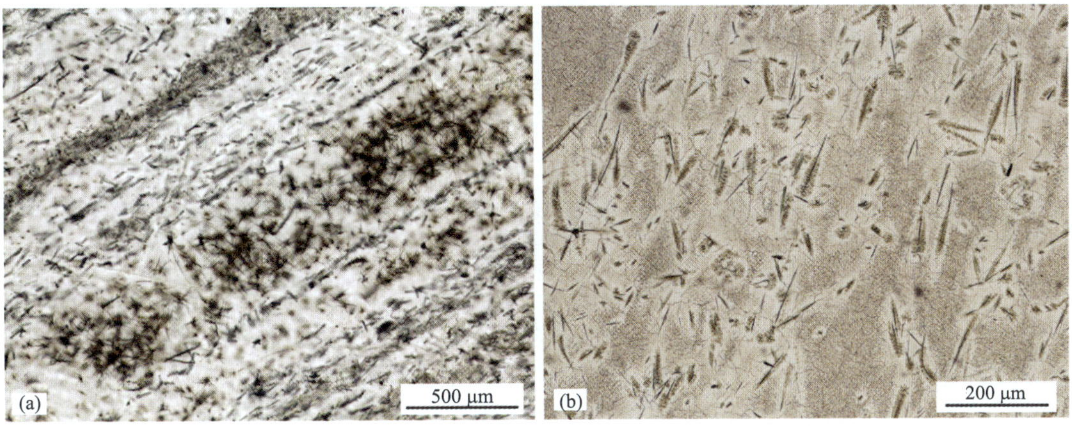

图 2-2　火山玻璃中因脱玻化作用形成的雏晶显微照片(单偏光)

(a)毛发状雏晶；(b)羽状雏晶

雏晶进一步发展就会形成骸晶(skeletal crystal)或微晶(microlite)。微晶已经具有结晶矿物的特征，在正交偏光下有光性反应。如果微晶呈纤维状，并组成由一个共同的中心向外呈放射状生长的球状体，则称其为球粒(spherulite)。球粒在正交镜下常表现为十字形消光

(图 2-3)。当球粒主要由石英和碱性长石组成时称为球粒结构(spherulitic texture)，主要见于酸性熔岩中。当球粒主要由斜长石和普通辉石组成时则称球颗结构(variolitic texture)，球颗通常有比球粒更粗的内部构造，主要见于基性熔岩及石陨石中。

球粒除可以通过脱玻化作用形成外，还可以通过岩浆的快速冷凝形成。由脱玻化作用形成的球粒常切割流纹构造，一般核心较少，球粒间多被玻璃质充填(图 2-3)；而由岩浆快速冷凝形成的球粒本身可构成流纹构造，或被流纹构造环绕，且核心较多，其核心常见晶核，球粒外围可呈微文象结构，球粒间隙为霏细结构物质充填(图 2-4)。

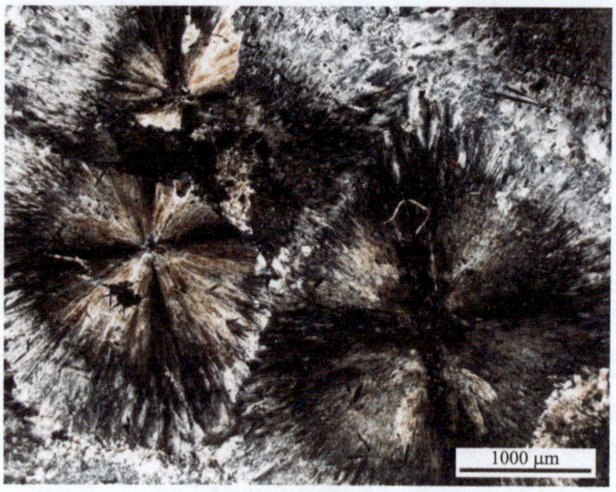

图 2-3　球粒在正交偏光下表现的十字消光

该球粒为脱玻化形成，球粒之间为隐晶质或玻璃质充填(福建仙游球粒流纹岩)

图 2-4　岩浆快速冷凝形成的球粒

该球粒为岩浆快速冷凝形成，球粒核心多，球粒之间为细小的结晶质充填(苏北东海踢球山球粒流纹岩，正交偏光)

(二)矿物的颗粒大小

矿物颗粒大小的定义有多种，包括三维的颗粒大小及在平面上投影出来的颗粒大小，这里指的是颗粒在平面上投影出来的平均粒径。由于颗粒的各向异性和不同方向上粒径的差异，在不同截面上观察到的颗粒大小和分布特征可能会存在明显差别。因此，要注意观察多个方向截面上的差异，尽量选择具有代表性的切面磨制薄片。通过对矿物晶体大小分布的定量统计，能够约束岩浆系统的热历史以及成核和晶体生长机制的信息。

矿物的颗粒大小有绝对大小和相对大小之分，据此可区分出不同的结构类型。

1. 矿物的绝对大小

根据组成岩石的矿物颗粒在肉眼下的可辨程度和绝对大小(粒度)，可将岩石的结构区分为显晶质结构和隐晶质结构。

1) 显晶质结构(phanerocrystalline texture)

矿物颗粒在肉眼或放大镜下可以分辨的结构。按主要矿物颗粒的平均直径(d)大小可进一步区分为粗粒($d > 5$ mm)、中粒($d = 1～5$ mm)和细粒(d=0.1～1 mm)结构。

2) 隐晶质结构(cryptocrystalline texture)

矿物颗粒非常细小，在肉眼或放大镜下不能分辨矿物颗粒的结构。具隐晶质结构的岩石常呈致密块状，在肉眼下有时不易与玻璃质结构的岩石区别，但它一般不具有玻璃质结构常表现出的玻璃光泽和贝壳状断口，而多以瓷状断口为特征。根据其粒径在显微镜下的可辨程度，可进一步区分为显微晶质结构(microcrystalline texture)和显微隐晶质结构(microaphanitic texture)。显微晶质结构在显微镜下可鉴别矿物单晶颗粒，粒径一般在0.001～0.1 mm。由长石和石英组成的显微晶质结构常称为霏细结构(felsitic texture)。显微隐晶质结构则在显微镜下无法分辨单晶颗粒，粒径<0.001 mm。受强烈脱玻化影响的火山岩，就发育显微隐晶质结构。

2. *矿物的相对大小*

按照组成岩石的矿物颗粒的相对大小，可将岩石的结构区分为等粒结构和不等粒结构。

1) 等粒结构(equigranular texture)

岩石中主要组成矿物的粒径大致相等。

2) 不等粒结构(inequigranular texture)

岩石中主要组成矿物的粒径明显不同。按粒径的相对变化，可进一步区分为连续不等粒结构和斑状结构。

(1) 连续不等粒结构(seriate texture)：岩石中同种矿物的粒径不同，但颗粒大小连续变化。

(2) 斑状结构(porphyritic texture)：组成岩石的颗粒可区分为大小明显不同的两部分(图 2-5)，大的叫斑晶(phenocryst)，小的称为基质(matrix)。基质由细晶、微晶、隐晶质或玻璃质组成。如果基质为显晶质，且与斑晶大小相差并不悬殊，则称为似斑状结构(porphyaceous texture)，似斑状结构往往过渡为连续不等粒结构。

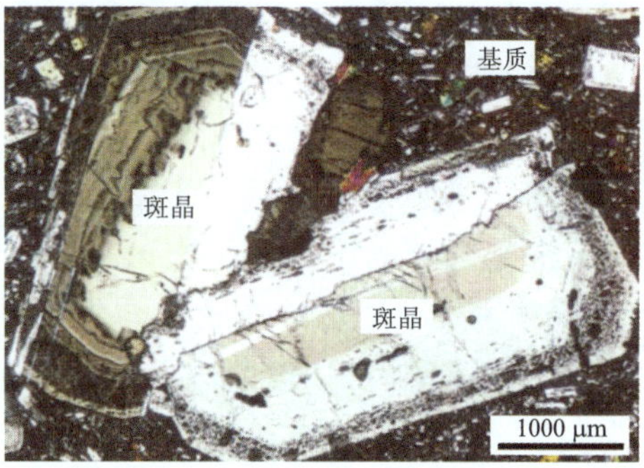

图 2-5　斑状结构
岩性为斑状安山岩，斑晶为具环带构造的中性斜长石

斑状结构常见于浅成侵入岩和火山岩中，斑晶在岩浆流动过程中聚集，数个斑晶相互靠近连接在一起成为连斑结构或聚斑结构(glomerophyric texture)，又称聚合斑状结构(图 2-6)，也有学者将其解释为岩浆结晶过程中形成的早期堆晶相，作为发生堆晶作用的重要岩相学证据。

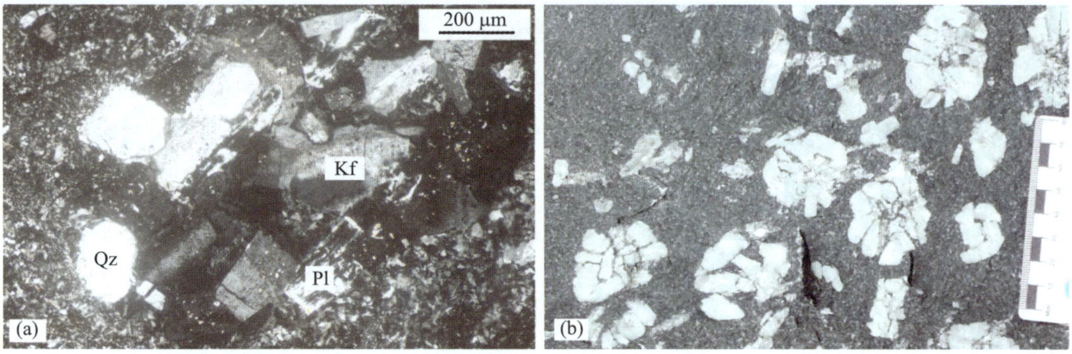

图 2-6　聚斑结构
(a)为福建大莱流纹英安质凝灰岩的显微照片，石英(Qz)、钾长石(Kf)和斜长石(Pl)构成聚晶，正交偏光；(b)为洛阳五龙聚斑状闪长玢岩，因斜长石聚斑晶状似花朵，又名“洛阳牡丹石”，由王连训提供

一般认为，斑晶和基质分别形成于不同的物理化学条件。岩浆在地下深处开始结晶，由于结晶缓慢，晶体有良好的生长时间，形成粒径较大的斑晶，随后这些含有早期晶出斑晶的岩浆侵入地壳较浅部位或喷出地表，这时由于冷却较快或处于骤冷环境，岩浆快速冷凝固结形成微晶、隐晶或玻璃质的基质，因此，斑晶和基质是不同世代的产物，斑晶形成早，而基质形成晚。从上述形成条件的分析来看，斑状与似斑状结构的最大差别主要是岩浆定位深度不同，具似斑状结构岩石的定位深度一般较斑状结构的岩石相对要大，如果更深，岩浆有充裕时间结晶，则形成等粒结构。

岩浆结晶过程中，晶体的形成可分为晶核生成和晶体生长两阶段。因此，火成岩的上述结构可以通过成核密度(nucleation density)和晶体生长速度(crystal growth rate)的关系来解释。成核密度是指单位时间、单位体积内产生的晶核(结晶点)数目，它与岩浆的过冷度(ΔT)密切相关。过冷度是岩浆的液相线温度和晶体实际结晶温度的差值。晶体生长速度是指单位时间内晶体粒径增长的线度大小。如图 2-7(a)所示，当岩浆在深部侵位，ΔT 小，处于缓慢冷却的结晶环境下(T_a)，矿物晶体的成核密度小，结晶点少，但生长速度很快，会围绕少数结晶点生长出粗粒晶体，形成中-粗粒结构。当岩浆在地壳浅部、近地表或地壳深部的岩浆房边缘与围岩接触部位结晶时，处于较快速冷却的结晶环境下(T_b)，ΔT 中等，矿物晶体的成核密度大，出现大量结晶点，而生长速度很缓慢，会产生很多细粒晶体，形成细粒结构；如果 ΔT 进一步增加，则形成一些骸晶、枝晶到球粒等隐晶质结构。当岩浆从地下深处直接喷出地表，处于非常快速冷却的结晶环境下(T_c)，晶体的成核密度和生长速度都很小，此时晶体的成核与生长几乎不发生，形成玻璃质结构、半晶质结构、隐晶质结构。

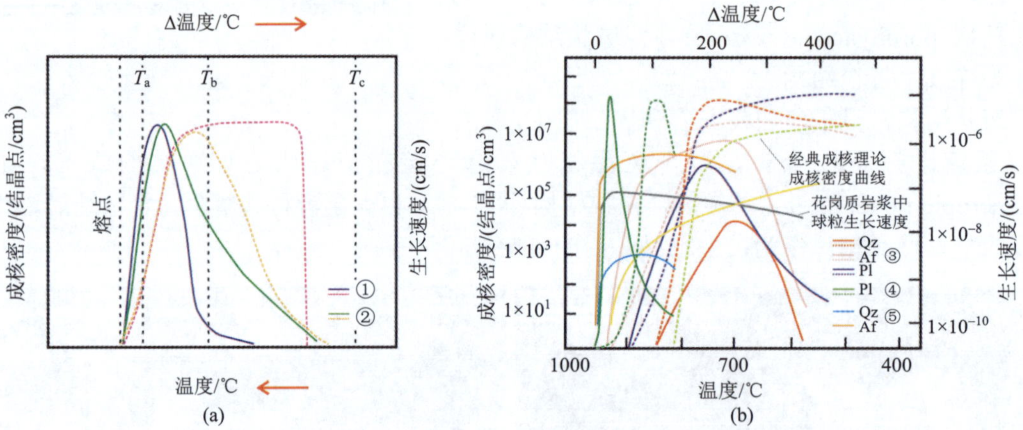

图 2-7　花岗质岩浆的成核密度和晶体生长速度的曲线

(a)中①据 Winter(2014)，②据 Vernon(2004)；(b)中③据 Swanson(1977)，④据 Befus 和 Andrews(2018)，⑤据 Sirbescu 等(2017)；经典成核理论预测的成核密度曲线据 Rusiecka 等(2020)、Rusiecka 和 Baker(2021)，花岗质岩浆中球粒生长速度据 Rusiecka 和 Baker(2021)。Pl. 斜长石；Af. 碱性长石；Qz. 石英。实线代表晶体生长速度，虚线为成核密度

Swanson(1977)用实验研究了人工合成花岗质岩浆(加 3.5%重量的水)结晶时，石英、碱性长石和斜长石的成核密度及晶体生长速度与过冷度的关系[图 2-7(b)中③]；Befus 和 Andrews(2018)也利用 1991 年皮纳图博(Pinatubo)火山爆发产生的天然样品开展了快速上

升的流纹质岩浆中斜长石结晶过程的实验岩石学研究［图 2-7(b)中④］。实验结果［图 2-7(b)］显示，当过冷度较小时(如深成岩)，晶体的生长速度常大于成核密度，这时易形成粗晶结构；当过冷度较大时(如喷出条件下)，则成核密度远高于晶体生长速度，这时易形成细粒结构、隐晶质结构甚至玻璃质结构。Rusiecka 和 Baker(2021)研究了过冷结晶形成球粒结构的过程，与 Sirbescu 等(2017)获得的石英和碱性长石的晶体生长速度相比［图 2-7(b)中⑤］，球粒的生长速度更接近于碱性长石，比石英要高出 1～2 个数量级，当过冷度较大时，经典成核理论给出的成核密度远高于球粒的生长速度［图 2-7(b)］，此时可形成核心较多的球粒。

此外，晶体的生长速度还与岩浆的黏度及岩浆中挥发组分的含量有关。一般而言，低黏度的岩浆有利于晶体的生长，挥发组分含量越多的岩浆其晶体生长速度将增大。例如，在同样的喷出条件下，基性熔岩的结晶程度要比酸性熔岩好。伟晶岩因其富含挥发组分，晶体结晶粗大，形成伟晶结构；而细晶岩因挥发组分散失，导致成核密度大，晶体生长速度小，从而形成细晶结构。

(三)矿物的自形程度

自形程度是指矿物的实际产出形态与按理想结晶习性所形成形态的吻合程度，它受到矿物本身的结晶习性、岩浆结晶时的物理化学条件，以及结晶的时间和空间条件等多种因素的制约。火成岩中的矿物根据其晶形发育的完善程度，可分为自形晶(euhedral crystal)、半自形晶(subhedral crystal)和它形晶(anhedral crystal)。自形晶矿物具有完好的晶形，在薄片中常呈规则的多边形切面，一般岩浆中早期晶出或结晶能力强的矿物多形成自形晶。半自形晶矿物一般只有一部分具有完整的晶面，而另一部分则表现为不规则的轮廓，这说明在结晶时，很多矿物都在析出，互相干扰，使得它们缺乏完全发育自己规则晶面的自由空间。它形晶矿物的所有晶面都不发育，呈不规则状晶形，其形状受相邻晶体或剩余孔隙的限制，因此它形晶是较晚结晶的产物。

火成岩的结构按照矿物的自形程度可分为以下几种。

(1)全自形粒状结构(panidiomorphic granular texture)：岩石基本全部由自形晶矿物组成。在超镁铁岩(如纯橄岩、辉石岩)中有时可见到这种结构，它们往往由岩浆早期晶出的矿物堆积而成。

(2)半自形粒状结构(hypidiomorphic granular texture)：组成岩石的矿物自形程度不一致，既有自形，也有它形，但多数呈半自形(图 2-8)，大部分侵入岩具有这种结构。

(3)它形粒状结构(allotriomorphic granular texture)：岩石全由晶形不规则的它形晶矿物颗粒组成(图 2-9)。最常见的它形粒状结构发育于细晶岩中，由它形长石和石英所构成，因此又称为细晶结构(aplitic texture)。

(四)组成岩石矿物颗粒之间的相互关系

火成岩根据矿物颗粒之间或矿物与玻璃质之间的相互关系，可区分出一系列结构，现按侵入岩和喷出岩中常出现的结构分述如下。

图 2-8　半自形粒状结构

岩性为花岗闪长岩，其中铁镁矿物角闪石(Amp)和黑云母(Bt)自形程度较好，其次是板条状的斜长石(Pl)，碱性长石(Af)自形程度较差，而石英(Qz)则完全呈它形充填在其他矿物颗粒之间，正交偏光

图 2-9　它形粒状结构

岩性为细粒花岗岩，岩石基本均由它形粒状的石英(Qz)和碱性长石(Af)组成，正交偏光

1. 侵入岩中常见的结构

1) 海绵陨铁结构(sideronitic texture)

海绵陨铁结构是陨石中常见的结构，火成岩中主要见于富含金属矿物的超基性和基性岩中，其特点是大量金属矿物呈它形粒状集合体的形式充填在橄榄石、辉石或角闪石之间，或者是橄榄石、辉石、角闪石镶嵌在大量金属矿物的基底上(图 2-10)。

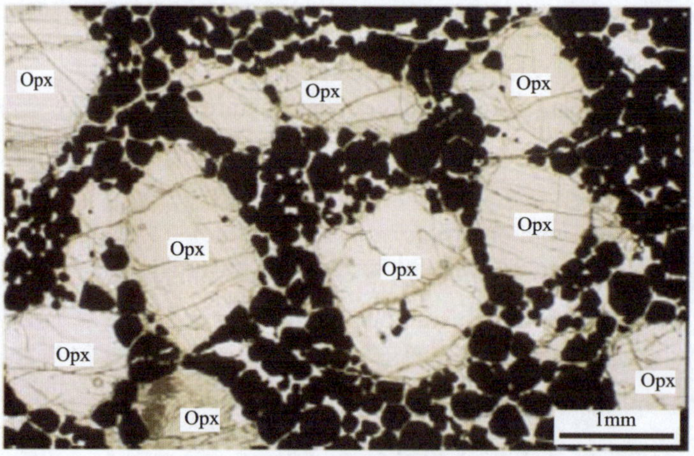

图 2-10　海绵陨铁结构

斜方辉石(Opx)颗粒之间充填大量铬铁矿［南非布什维尔德(Bushveld)镁铁-超镁铁杂岩，单偏光］

2) 反应边结构(reaction rim texture)

早期析出的矿物由于结晶条件的改变与周围尚未凝固的岩浆发生反应，当反应不彻底

时，在其外围形成新的矿物。例如，在超镁铁岩中，橄榄石周围常有斜方辉石或单斜辉石的反应边，有时在辉石之外还有角闪石的反应边[图 2-11(a)]。这种结构是研究结晶过程物理化学条件改变的理想对象。若橄榄石晶体与岩浆反应后呈圆形或卵圆形，并被大的辉石、角闪石晶体包裹，则称包橄结构(peritectic olivine texture)。此外，某些捕虏晶在被捕获时与岩浆发生反应，也可以形成反应边[图 2-11(b)]。

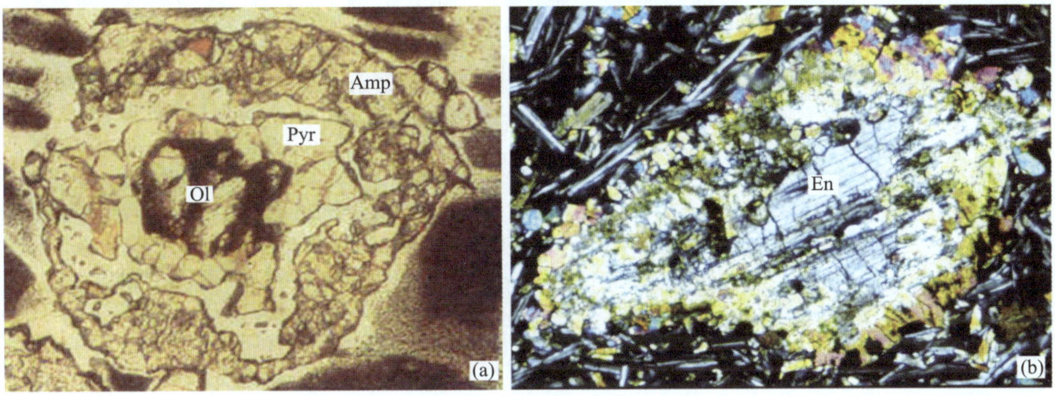

图 2-11　反应边结构

(a)橄榄石(Ol)与剩余岩浆发生反应在其外圈生成辉石(Pyr)，辉石和剩余岩浆发生反应在其外圈生成角闪石(Amp)，单偏光，照片引自 Skinner 和 Porter(2000)；(b)顽火辉石(En)晶体被捕获后与岩浆反应生成的反应边，正交偏光，照片由周新民提供

3)辉长结构(gabbroic texture)

辉长结构指基性斜长石和橄榄石、辉石等深色矿物自形程度大致相同，均为自形或半自形，互相穿插地不规则状排列(图 2-12)，表明辉石和斜长石是同时从岩浆中结晶出的，是辉长岩的典型结构。

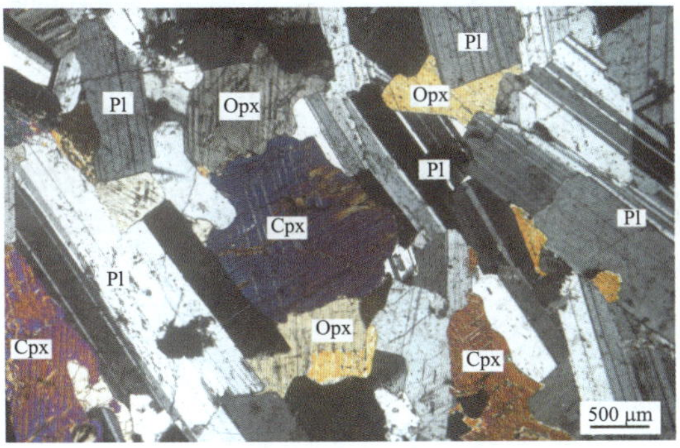

图 2-12　辉长结构

单斜辉石(Cpx)及斜方辉石(Opx)与斜长石(Pl)大小相近，自形程度大致相同，彼此互嵌，构成辉长结构[南非布什维尔德(Bushveld)苏长辉长岩，正交偏光]

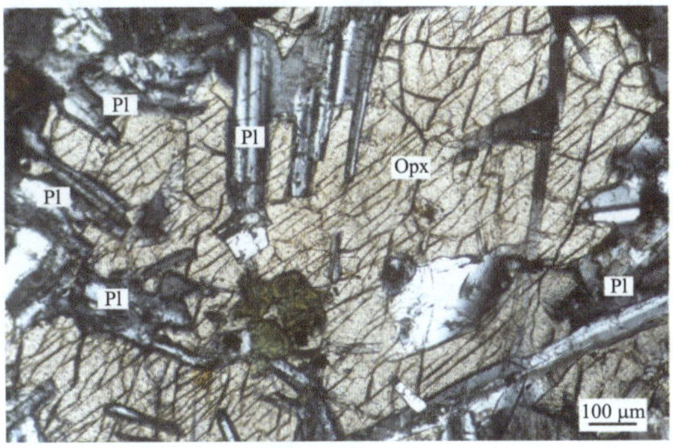

图 2-13　基底辉绿结构

少量板条状斜长石(Pl)被大片斜方辉石(Opx)所包裹(河北下花园辉绿岩，正交偏光)

4) 包含结构或嵌晶结构(poikilitic texture)

泛指岩石中大晶体包含小晶体的一类结构，其中大的称为主晶，小的或被包裹的称为客晶。一般情况下，客晶形成早，而主晶形成晚。主晶常有熔蚀和交代早期客晶的现象。火成岩中常见的包含结构有辉绿结构、次辉绿结构和二长结构等。

(1) 辉绿结构(diabasic texture)：是指在一颗较大的辉石晶体中包裹有若干自形至半自形的长条状斜长石晶体，是辉绿岩的典型结构。在辉绿结构中，一般认为斜长石的结晶早于辉石，该结构又称嵌晶含长结构(ophitic texture)。如果辉石在辉石和斜长石总量中所占比例很低，在薄片中表现为辉石呈孤岛状充填于自形的板条状斜长石组成的框架间隙中，但辉石在光性上连续(同时消光)，则称为岛状辉绿结构。如果辉石在辉石和斜长石总量中所占比例很大，被包裹的斜长石数量很少，则称为基底辉绿结构(图 2-13)。

(2) 次辉绿结构(subdiabasic texture)：指一个辉石晶体局部地包裹斜长石或与斜长石互嵌，又称次含长结构(subophitic texture)。

(3) 二长结构(monzonitic texture)：指自形板条状的斜长石晶体镶嵌在大块的它形钾长石晶体中(图 2-14)，是二长岩中的典型结构。

5) 花岗结构(granitic texture)

花岗结构指在岩浆结晶的深成花岗岩内，不同矿物结晶的时间顺序和自形程度不同，深色矿物结晶最早，其自形程度最好，其次是斜长石，碱性长石较差，石英则完全呈它形晶充填在其他矿物的间隙内(图 2-15)。该结构实质上是一种半自形粒状结构，由于在花岗岩类中最为常见，故称为花岗结构。根据矿物颗粒大小，花岗结构可进一步分为细粒花岗结构、中粒花岗结构和粗粒花岗结构。

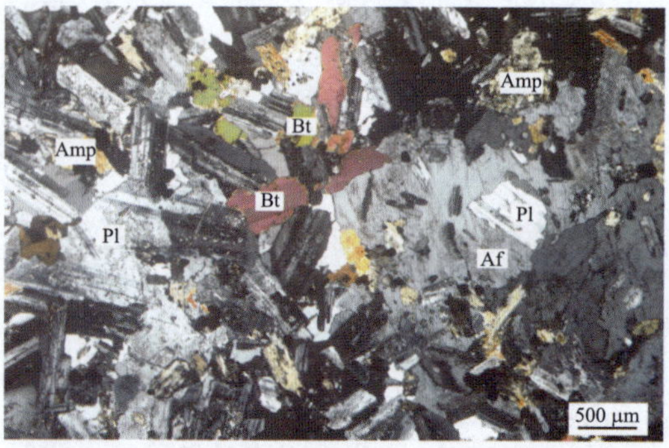

图 2-14　二长结构

岩性为石英二长岩，较自形的斜长石(Pl)晶体被大块它形的碱性长石(Af)包裹，这是二长岩中常见的典型结构(福建大莱，正交偏光)

图 2-15　花岗结构

岩性为黑云母花岗闪长岩，铁镁矿物角闪石(Amp)和黑云母(Bt)自形程度较好，其次是斜长石(Pl)，碱性长石(Af)自形程度较差，石英(Qz)则完全呈它形粒状，这些颗粒彼此镶嵌构成半自形粒状结构，由于在花岗岩类中最为常见，故称为花岗结构(江苏镇江高资，正交偏光)

6) 文象结构(graphic texture)

文象结构指碱性长石和石英呈有规则的连生，石英具独特的棱角形和楔形，在碱性长石中呈定向排列，形似古象形文字，且同一长石颗粒中的各石英嵌晶在正交偏光镜下同时消光。这种结构如肉眼能见到，则称文象结构，常见于花岗伟晶岩中(图 2-16)。如果要在显微镜下才能看出，则称显微文象结构(micrographic texture)。基质为显微文象结构的斑状结构称为花斑结构(granophyric texture，图 2-17)，常见于浅成花岗斑岩中。文象结构由碱性长石和石英共结形成，但也有人认为文象结构应形成于一种黏度较高且过冷的熔体，这样的条件下熔体中钾长石生长速率大于 Si 在熔体中的扩散速率，导致在钾长石的生长面附近 Si 的活度增加，从而致使石英在钾长石的生长面附近结晶，形成文象结构。元素在熔体中的扩散，主要受控于熔体的黏度，熔体中 H_2O 可以降低熔体黏度，加速 Si 的扩散，随着熔体中 H_2O 含量增加，熔体结晶形成文象结构的能力降低。

图 2-16　文象结构

文象伟晶岩，石英呈楔形文字状镶嵌在钾长石中，手标本

图 2-17　花斑结构

碱性长石花岗斑岩基质的显微文象结构

(浙江龙泉赵麻淤，正交偏光)

7) 蠕英结构(myrmekitic texture)

在酸性斜长石(通常是更长石)中，包含有细小的蠕虫状或指状石英(图 2-18)。该结构常见于中深成花岗岩内，可以通过两种方式形成：其一为交代成因，其二为固溶体分解成因。其中交代成因的蠕英石特别发育在与碱性长石相接触的斜长石内，是由斜长石交代碱性长石形成，因为斜长石是由钠长石(Ab：$Na_2O{\cdot}Al_2O_3{\cdot}6SiO_2$)分子和钙长石(An：$CaO{\cdot}Al_2O{\cdot}2SiO_2$)分子组成的完全类质同象，而碱性长石是由钠长石(Ab)和钾长石(Or：$K_2O{\cdot}Al_2O_3{\cdot}6SiO_2$)分子组成的有限类质同象，当斜长石交代碱性长石时，可以有多余的 SiO_2 呈游离状态析出，并形成蠕虫状石英分布于与碱性长石相接触处的斜长石内。因此，文象结构是石英和碱性长石的交生，而蠕英结构是石英与斜长石之间的交生。

图 2-18　蠕英结构

石英呈蠕虫状分布在与碱性长石接触的斜长石内，正交偏光

8) 煌斑结构(lamprophyric texture)

该结构的特征是斑晶和基质中的铁镁矿物常呈完美的自形晶，即使蚀变也可见自形假

象，浅色矿物主要出现在基质中，自形程度较差，是煌斑岩所特有的结构类型(图 2-19)。

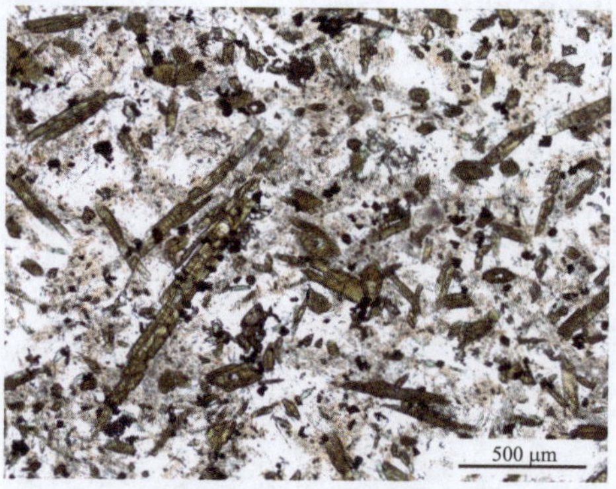

图 2-19　煌斑结构

铁镁矿物均为自形的角闪石(山东五莲分岭山闪斜煌岩，单偏光)

图 2-20　鬣刺结构

图中白色的针状或细长柱状矿物原来为橄榄石，但后来被蛇纹石类矿物取代，灰色部分由辉石和玻璃组成，但后来被绿泥石、透闪石和滑石取代(样品取自加拿大安大略 Munro 镇的科马提岩，单偏光)

2. 喷出岩中常见的结构

1) 鬣刺结构(spinifex texture)

鬣刺结构是科马提岩特有的结构。其特点是大的针状或复杂形态的骸晶状橄榄石或单斜辉石，杂乱地或相互近于平行地排列于细小骸晶状单斜辉石和脱玻化玻璃组成的基质中(图 2-20)，它是橄榄石和辉石在低黏度岩浆中快速生长形成的。

2) 间粒结构(intergranular texture)

间粒结构是一种全晶质的基质结构，指较自形的板条状斜长石微晶之间充填着细小的辉石、橄榄石、磁铁矿等矿物颗粒(图 2-21)，主要见于粗粒玄武岩中，故又称为粒玄结构。

3) 间隐结构(intersertal texture)

间隐结构是一种半晶质的基质结构，指板条状斜长石微晶间的充填物为玻璃质或隐晶质。

图 2-21　间粒结构

样品为橄榄粒玄岩，板条状斜长石微晶间充填着细小的辉石、橄榄石、磁铁矿等矿物颗粒(江苏南京方山，正交偏光)

图 2-22　填间结构

样品为拉斑玄武岩，板条状斜长石微晶间既有辉石等深色矿物，又有玻璃质(福建龙海牛头山，正交偏光)

4) 填间结构(interseptal texture)

填间结构指板条状斜长石微晶间的填隙物既有辉石等深色矿物，又有玻璃质(图 2-22)，又称间粒-间隐结构，主要见于拉斑玄武岩中，故也称为拉斑玄武结构。

5) 交织结构(pilotaxitic texture)

交织结构指板条状斜长石微晶呈交织状或近于平行排列，不含或含玻璃质很少(图 2-23)。

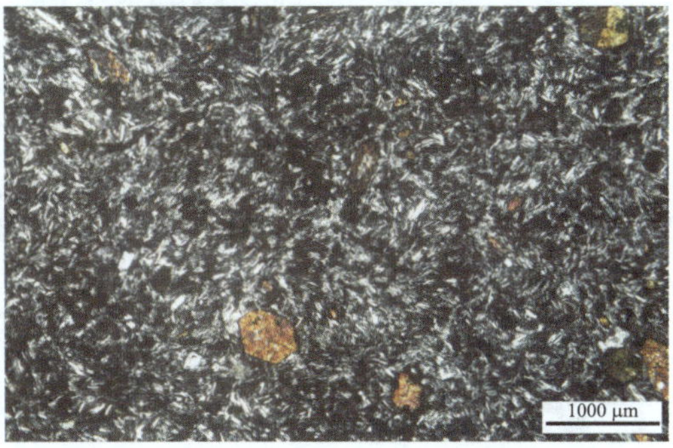

图 2-23　交织结构

样品为角闪安山岩，板条状斜长石微晶呈交织状排列(北京十三陵，正交偏光)

6) 玻基(晶)交织结构(hyalopilitic texture)

玻基(晶)交织结构指板条状斜长石微晶呈交织状分布在玻璃基质中构成的一种结构(图 2-24)，因这类结构常出现在安山岩中，故又称安山结构(andesitic texture)。

7) 粗面结构(trachytic texture)

粗面结构指岩石全由钾长石柱状微晶组成，微晶略呈平行排列，玻璃含量很少，常见于粗面岩中(图 2-25)，此外，在粗面安山岩、粗面玄武岩和响岩中也可见到。有些教科书中粗面结构并不强调由钾长石微晶组成，只要是长石微晶近平行的定向排列即可称为粗面结构。

图 2-24　玻基交织结构

样品为安山岩，板条状斜长石微晶呈交织状分布在玻璃基质中(秘鲁安第斯山脉，正交偏光)

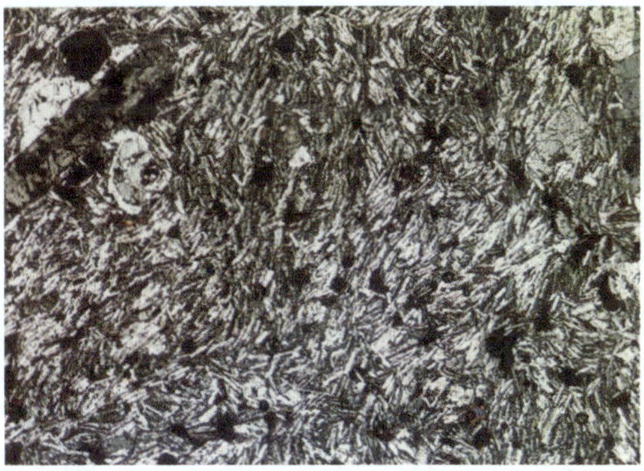

图 2-25　粗面结构

样品为粗面斑岩，基质中的板条状碱性长石微晶呈弱定向排列(正交偏光)

8) 响岩结构(phonolitic texture)

响岩结构或称霞石岩结构(nephelinitic texture)，其特点是基质中含有大量短柱状和六边形切面等形状的霞石微晶，斑晶主要是碱性长石和似长石，铁镁矿物斑晶数量较少，是响岩和霞石岩中全晶质基质的一种结构类型。

9) 珠边结构(pearlitic edge texture)

珠边结构是侵出相产出的碎斑熔岩中常见的结构，其特点是在钾长石或碎斑边部包含有浑圆、椭圆或不规则的细小石英颗粒[图 2-26(a)]。一般认为，珠边结构是由钾长石斑晶与到达地表快速冷却的岩浆间温度差以及石英与钾长石的成核密度、生长速度不同导致(见上文)；或是“珠边”中的钾长石在生长过程中在钾长石外层岩浆中形成了富 SiO_2 的边界层，边界层的液相线低于周围岩浆的液相线，快速结晶出石英小颗粒。有时在花岗岩中的钾长石聚晶及暗色微粒包体(MMEs)中的环斑长石的环斑中也可见“珠边”[图 2-26(b)]。

图 2-26　珠边结构显微照片(正交偏光)

(a)为浙江桐庐火山岩盆地碎斑熔岩中的钾长石碎斑的珠边结构，引自赵思狄等(2023)；(b)为江西灵山花岗岩中暗色微粒包体中环斑长石的“珠边”，由潘东润提供

在后面各主要岩石类型描述中会涉及上述结构，除个别需要特别说明之外，将不再一一加以解释。

第二节　火成岩中矿物生成顺序的确定

火成岩中矿物生成顺序的确定对于揭示岩浆的成因与演化具有重要的意义，因而成为岩石成因研究的重要内容之一。自然界中影响岩浆中矿物结晶顺序的因素很多，主要包括岩浆的成分、压力、挥发分等。不同的矿物晶出顺序，可以形成不同的岩石结构，因此，我们可以利用能够直接观察到的岩石结构特征，反推岩浆中矿物的晶出顺序。

一、运用火成岩结构特征确定矿物晶出顺序的原则

岩石的结构有时候能反映结晶顺序，根据火成岩结构特征确定矿物晶出顺序有三条基本原则：

(1) 自形程度。先结晶矿物的自形程度一般好于后结晶的矿物，如在花岗质岩石中，铁镁矿物(黑云母和角闪石等)由于先结晶，因而自形程度较好，而石英常最晚结晶，因此多呈它形粒状充填在早结晶的矿物颗粒之间。

(2) 颗粒大小。先晶出矿物的颗粒常较大，后晶出的矿物则较细小，如在斑状结构中，斑晶形成早，而基质形成晚，斑晶和基质是两个不同世代的产物。

(3) 包裹关系。一般而言，被包裹者结晶早，如在辉绿结构(又称嵌晶含长结构)中，斜长石常被辉石所包裹(图 2-13)，因此，一般认为斜长石形成早，而辉石结晶晚。

一般用以确定矿物结晶顺序的结构有斑状结构、包含结构、反应边结构、辉绿结构、填隙结构、环带结构等。自然界中影响岩浆结晶演化的因素很多，加之矿物本身的结晶能力存

在差异，因此，在运用上述原则确定火成岩中矿物晶出顺序时仍有许多例外，如不注意则会造成误判。这些例外情形概括起来主要有以下几种。

(1) 固溶体的出溶。例如，条纹长石存在钠长石和钾长石两相，钾长石为主晶，钠长石为客晶(或嵌晶)，钾长石包裹钠长石，按前面的包裹关系判断，则钠长石形成早，钾长石形成晚，但实际上两者是固溶体分解的结果，是同时形成的产物。

(2) 共结关系。例如，在文象结构(图 2-16)中，楔形的石英被钾长石包裹，按前面的包裹关系判断，同样会认为石英形成早，而钾长石形成晚，但实际上两者多为共结成因，因而是同时形成的。

(3) 交代作用。有些次生矿物在薄片中看起来好像被原生矿物所包裹，但实际上它们是后期交代作用的产物。例如，在具环带结构的斜长石中，由于其核部更富钙长石组分(An%值更高)，抗蚀变的能力较低，因此，蚀变(如绢云母化、绿帘石化、碳酸盐化等)总是从核部开始(图 2-27)，这些蚀变矿物都是后期交代作用形成的。另外，一些沿解理或细小裂缝呈不规则分布的交代矿物尽管有被包裹的假象，但它们也是晚期形成的。

图 2-27　斜长石核部被次生矿物取代
环带斜长石核部因更富钙长石组分，抗蚀变能力弱，因此易被绢云母、绿帘石、碳酸盐矿物取代，这些矿物看起来好像被包裹，但它们是晚期蚀变的产物

(4) 矿物本身结晶能力的影响。有些晚结晶的矿物其自形程度也有可能比早结晶的矿物好，如伟晶岩中的电气石晶体，虽然它们结晶晚于长石，但由于矿物本身结晶能力强，其自形程度反而较长石要完好。一般来说，矿物的自形程度主要不决定于开始结晶的早晚，而主要决定于结晶结束的早晚。

(5) 矿物包裹体中的子矿物(子晶)。晶体生长过程中，由于晶体缺陷，如空位、洞穴等包裹了被捕获的流体或熔体就会形成流体包裹体与熔体包裹体，子矿物是在相对封闭体系中由被捕获的流体或熔体直接生长的固相。虽然子矿物被寄主矿物所包裹，类似包含结构，但子矿物是晚于寄主矿物结晶的，在具体研究中需要注意甄别。

综上所述，在运用火成岩结构判断矿物晶出顺序时，不能机械地套用上述三条原则，而应从实际出发，全面分析，否则就会得出错误的结论。

二、鲍温反应系列

运用实验手段模拟与自然界中成分相近的岩浆结晶过程，可以有效地揭示岩浆中矿物的结晶行为。1922 年鲍温(N. L. Bowen)模拟了玄武质岩浆的结晶作用，结合岩石观察，从中总结出玄武岩浆演化过程中矿物结晶顺序的一般规律——鲍温反应原理。其主要内容是：岩浆在结晶过程中先析出的矿物由于物理化学条件的改变，会与剩余岩浆发生反应，使矿物成分发生变化并产生新的矿物。随着温度的降低，反应继续进行，便有规律地产生一系列矿物。

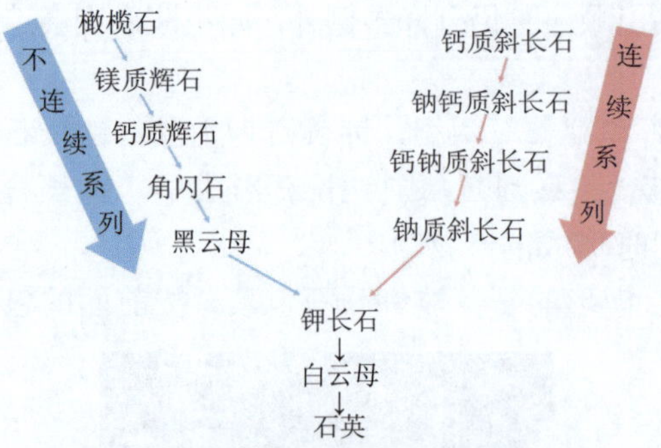

图 2-28 鲍温反应系列(Bowen, 1922)

鲍温反应系列由二支组成(图 2-28)。一支为连续系列，反映岩浆结晶过程中斜长石(即 An-Ab 二元固溶体系)的生成顺序。该系列的特点是先结晶的矿物同剩余岩浆发生反应，形成在成分上连续，但结晶格架不发生根本改变的一系列矿物，即从高温到低温依次由钙质斜长石向钠质斜长石方向转变。另一支为不连续系列，反映深色矿物(铁镁矿物)从岩浆中晶出的先后顺序。该系列的特点是先结晶的矿物与剩余岩浆反应，形成在成分和晶体结构上均有显著差别的一系列矿物，即由岛状结构的橄榄石、到单链结构的辉石和双链结构的角闪石、再到层状结构的黑云母，相邻矿物在结构和成分上都不呈渐变关系。随着温度的降低，从岩浆中同时晶出一种斜长石和一种铁镁矿物，两支反应独立进行。两支之间位于同一水平位置的矿物可以构成共结关系，共结成分相当于某类岩石的主要矿物成分，如辉石与基性斜长石共结形成辉长岩，角闪石与中性斜长石共结形成闪长岩等。两个分支在下部汇合形成简单的不连续系，石英为最后结晶的产物。

鲍温反应系列尽管在 20 世纪的早期提出，但至今仍具重要意义，它大体能反映硅酸盐岩浆结晶分异演化的总趋势，能够较合理地解释钙碱性火成岩中矿物的结晶顺序和共生关系，以及一些层状火成岩的成因与某些矿物的环带结构和反应边结构等，但鲍温反应系列是基于一元论的观点从实验中总结出来的规律，即认为所有岩浆均是由玄武质岩浆结晶分异形成。已有的资料表明，真正由玄武质岩浆经分异演化形成的花岗质岩浆极少，自然界中玄武岩是由地幔部分熔融形成岩浆结晶的产物，而花岗岩主要是大陆地壳经部分熔融形成，用鲍温反应原理去解释与基性岩共生的小型花岗岩体的成因或许有可能，但大型花岗岩岩基和岩株不可能通过玄武质岩浆结晶分异形成。此外，控制岩浆结晶演化的因素很多，岩浆中各组分的相对浓度及结晶时的物理化学条件都会影响矿物的结晶顺序，因此岩浆中矿物的结晶顺序也不是固定不变的。一般来说，鲍温反应系列与钙碱性岩浆中矿物的晶出顺序较吻合，但对碱性系列岩浆则不适用，如在碱性花岗岩中，碱性辉石和碱性角闪石的结晶往往晚于长石和石英。

总之，鲍温反应系列为探讨岩浆的分异演化机理奠定了一定的基础，但它尚存在较明显的缺陷。实验岩石学和热力学数值模拟研究显示，自然界中影响岩浆结晶分异演化的因素很多，包括化学成分、温度、压力、挥发分、氧逸度等，并且在结晶分异过程中，这些条件往往是动态变化的。而鲍温反应原理受限于当时的认识水平，所考虑的因素要简单得多，有一定的局限性。因此，我们不能机械地套用这一原理，火成岩中矿物的结晶顺序和组合关系运用物理化学原理来解释往往会更趋合理和正确(参见本书第五章)。

第三节 火成岩的构造

火成岩的构造种类很多，按其形成方式可分为三类，即①岩浆结晶过程中处于流动状态所形成的构造；②岩浆冷凝固结过程中形成的原生节理和裂隙构造；③由结晶作用特点和岩石组分空间充填方式所形成的构造。

一、岩浆结晶过程中处于流动状态所形成的构造

（一）流线、流面构造（linear flow, planar flow structure）

流线、流面构造是岩浆在流动过程中形成的构造，在岩体的边缘和顶部较清楚，向岩体内部逐渐消失。流线是一维延伸（针状、柱状）矿物（如角闪石等）及捕虏体、析离体等沿延长方向呈定向排列，一般平行于岩浆的流动方向，因此可以根据流线构造来判断岩浆的流向。流面是二维延伸（片状、板状）矿物（如云母等）及扁形捕虏体、析离体呈定向排列，一般平行于岩体与围岩的接触面，我们可以利用流面构造来测定岩体与围岩接触面的产状（图 2-29）。

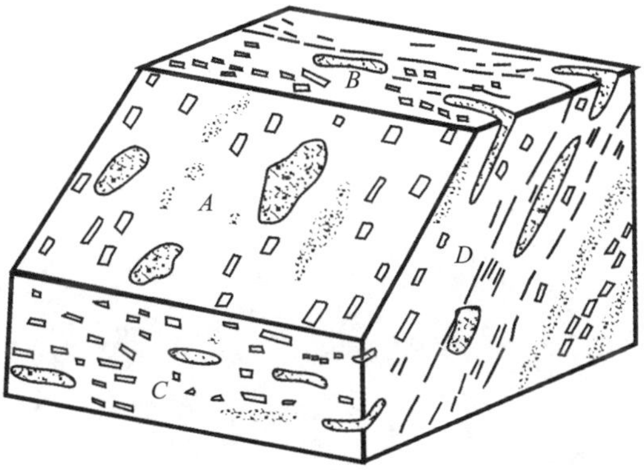

图 2-29　流线和流面构造（孙鼐和彭亚鸣，1985）

A. 平行流面构造的面，含有柱状、针状、片状矿物及包裹体的团块；*B*. 水平面；*C*. 平行流面走向的纵切面；*D*. 垂直流面走向的纵切面

（二）流纹构造（rhyolitic structure）

流纹构造是流纹岩的典型构造，但在粗面岩、英安岩中和浅成侵入体、潜火山岩体边缘相有时也可见到。流纹构造是在岩浆流动过程中形成的，表现为不同颜色和结构的条带［图 2-30（a）］以及矿物斑晶、拉长气孔等的定向排列［图 2-30（b）］，也可以是雏晶（或微晶）、球粒、拉长的气孔与上述条带相间构成。流纹构造可指示岩浆的流动方向。

（三）块状熔岩构造（’a’ā lava structure）

块状熔岩构造又称阿阿熔岩，名称起源于夏威夷火山岛上土著人对这类熔岩的称呼，特征是表面为一层岩石碎块覆盖的熔岩，是由黏度较大的玄武岩浆在流动过程中被推挤破碎并杂乱堆积而成，具有棱角，大小不等，排列杂乱，构成锯齿般起伏的粗糙外貌。图 2-31 为我国黑龙江五大连池典型的块状熔岩。

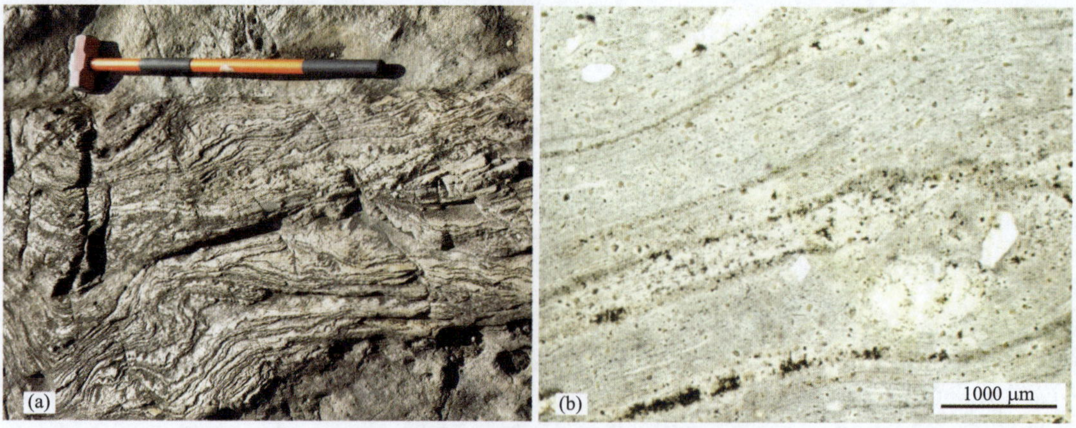

图 2-30　流纹构造

(a)为福建政和章口流纹岩野外露头，由徐夕生提供；(b)为福建仙游流纹岩，单偏光

图 2-31　五大连池龙门石寨碎块熔岩(由曾罡提供)

(四)绳状熔岩构造(pahoehoe lava structure)

绳状熔岩构造的特征是熔岩表面呈绳索状扭曲，它是由黏度较小的玄武岩浆在流动过程中局部受到不同程度的推挤、扭动、卷曲而形成的一种构造(图 2-32)，在我国也有人称它为石龙岩。

(五)枕状构造(pillow structure)

基性熔岩在水下喷发时，常形成椭球体、球体、柱状体等性状的枕状体聚集而成的枕状构造。枕状体表层为玻璃质，常有放射状、同心层状裂开、气孔，向中心结晶程度增高，渐变为显晶质。它的形成过程是：熔岩流在水下凝固时，其表面先结成硬壳，而壳内的岩浆尚未固结，这时岩浆就可能从硬壳因冷凝收缩而产生的裂隙中流出；流出的岩浆表面又冷凝形成硬壳并产生裂隙，尚未固结的岩浆又从裂隙中流出；如此发展下去，最后使原来

图 2-32　绳状熔岩构造

(a)和(b)为黑龙江省五大连池老黑山地区绳状玄武岩，由曾罡提供；(c)为夏威夷基拉韦厄(Kilauea)地区的绳状玄武岩，由 T. Pfeiffer 拍摄

喷出的熔岩流分成许多股小熔岩流，并因在硬化前受周围物体的互相挤压而成为枕球体[图 2-33(a)]。枕状构造的特点是一般呈顶面向上凸起的曲面，底面则较平或陷入下伏枕球体间的凹陷处[图 2-33(b)]，据此可以判断岩层的顶底。这类构造主要见于海相基性熔岩中，并常被作为判别海相火山岩的标志之一，但有时在湖相、河相中也可见到，因此，将枕状构造作为“水下火山岩的标志之一”更为确切。由于在 3000 m 深处的海水中，压力足以阻止溶解的气体出溶，而浅部则有利于形成气孔。因此，可以利用气孔含量粗略估计熔岩流所在的水体的深度。一般，当水深小于 500 m 时，气孔含量达 10%～40%，当水深达到 1000 m 时，气孔含量低于 5%。

图 2-33　枕状构造及其纵剖面示意图

(a)为阿曼北部苏哈尔地区 Wadi Jizi 铜矿的枕状玄武岩，由连东洋提供；(b)为产于湖南益阳的枕状玄武岩，由王孝磊提供；(c)中放射状虚线表示放射状裂隙，环形虚线表示玻璃质表皮内缘，打点区为枕状体之间充填的沉积物，深灰色区表示空洞(MacDonald, 1972)

枕状构造常易和球状风化相混淆，但我们可根据枕状构造具有的以下特征将其与球状风化相区别，即①枕状构造的枕球体外层为玻璃质，向内逐渐过渡为显晶质；②熔岩的流动构造及气孔排列均围绕枕球体呈同心圆分布；③枕状构造的枕球体常具放射状或同心圆状龟裂纹[图 2-33(c)]；④枕球体之间常被枕球体外壳脱落形成的碎片或海底沉积物所充填；⑤枕状熔岩常和放射虫燧石及碧玉伴生。

二、岩浆冷凝固结过程中形成的原生节理和裂隙构造

岩浆在冷凝固结成岩时，因体积收缩会产生各种节理。由于侵入岩和喷出岩的结晶条件不同，故它们的原生节理形态也各具特征。

(一)侵入岩的原生节理构造

侵入岩中的原生节理是在有上覆围压作用下经岩浆冷凝收缩及岩浆侵位力共同作用形成的，根据节理与流线、流面构造的相对方位，可分为四组特征节理，即横节理、纵节理、层节理和斜节理(图 2-34)。

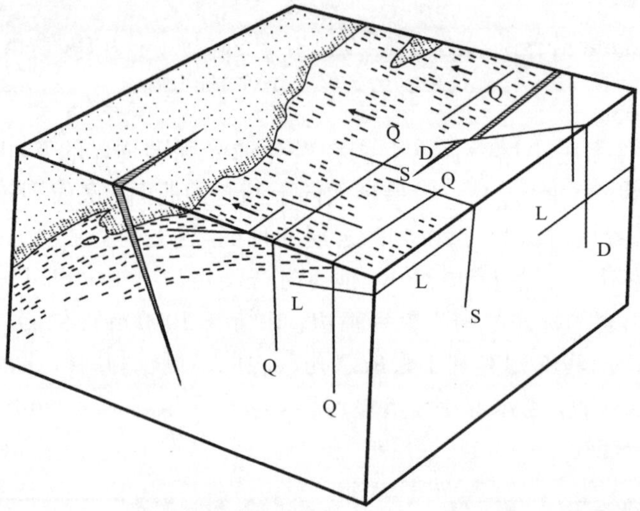

图 2-34 深成岩中主要原生节理的分布(自孙鼐和彭亚鸣，1985 改绘)

Q. 横节理；S. 纵节理；L. 层节理；D. 斜节理

1)横节理(Q 节理，cross joint)

其方向与流线垂直，常发育于侵入体的顶部，往往延伸较长，节理面粗糙，属张节理，此组节理常被岩脉或矿脉所充填。

2)纵节理(S 节理，longitudinal joint)

其方向与流线平行，节理面基本垂直岩体与围岩的接触面，且一般较平整。

3)层节理(L 节理，horizontal joint)

层节理也称水平节理，平行于流面方向，节理面基本与侵入体和围岩的接触面平行，产状为岩床和岩盖的侵入体常发育这种节理。

4)斜节理(D 节理，diagonal joint)

其方向与流线、流面斜交，常发育于侵入体顶部，且经常出现共轭的两组，其锐角等

分线平行于流线方向。具有剪切节理的特点，常有错动，此组节理常常切割岩脉或矿脉。

需要说明的是，并非每一个侵入体露头上都可以发现这些原生节理，它们常常不同时出现，且各组节理的发育程度也不完全相同。另外要注意区别原生节理与次生节理，原生节理与岩体流动构造关系密切，通常不会切穿岩石中的矿物颗粒，往往仅分布于岩体中；而次生节理在成岩之后才形成，不受岩体流动构造控制，往往切穿岩体进入围岩之中，或分布于断层附近，并可以切碎岩石中的矿物颗粒。

(二)喷出岩的原生节理构造

与侵入岩原生节理不同，喷出岩的原生节理构造是在没有上覆围岩压力下冷凝收缩形成的，常产生垂直接触面的张节理，其中最常见的是横切面呈六边形的柱状节理(columnar joint)，我国典型的例子有福建龙海牛头山[图 2-35(a)]、福建福鼎市白琳镇山后尖[图 2-35(b)]、江苏六合桂子山及黑龙江团山子[图 2-35(c)]等。形成六方柱的原因主要是高热的熔岩流在快速冷却过程中，平坦的熔岩冷凝面形成无数规则而又间隔排列的均匀收缩中心，产生垂直于收缩方向的张力裂隙，体积收缩引起岩石物质向固定的内部中心聚集，致使岩石裂开，形成多面柱体。在理想情况下，如果岩石是均质的，则收缩中心的距离相等，结点在冷凝收缩时，产生三组互成120°交角的张节理(图 2-36)，最终在平面上呈现六边形图案，随着岩浆不断冷却凝固，张力裂隙就在垂直于冷凝面的方向上形成规则的六棱柱体。但如果节理发育受到限制，也可形成五边形或四边形的柱状节理。

图 2-35　玄武岩柱状节理

(a)为福建龙海玄武岩柱状节理；(b)为福建福鼎市白琳镇山后尖玄武岩发育的柱状节理，由徐夕生提供；(c)为黑龙江团山子玄武岩柱状节理，由曾罡提供

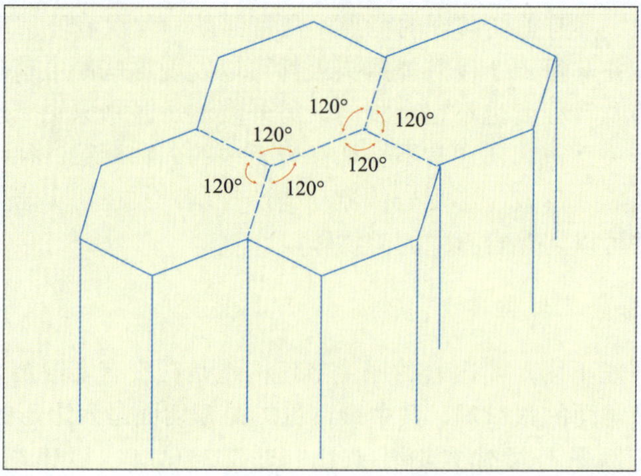

图 2-36　柱状节理形成示意图

柱状节理主要见于熔岩及熔结凝灰岩中，在浅成岩墙或次火山岩中也有发育。

三、由结晶作用特点和岩石组分空间充填方式所形成的构造

这类构造很多，常见的有以下几种。

(一) 块状构造 (massive structure)

块状构造为岩石的各组成部分无定向地均匀分布所形成的一种构造，即岩石在成分和结构上是均匀的，它是火成岩中最常见的一种构造类型。

图 2-37　由不均匀岩浆混合作用形成的斑杂构造

摄于韩国庆尚盆地 Jangsari 花岗岩，由徐夕生提供

(二) 斑杂构造 (taxitic structure)

岩石中的不同组成部分在结构或矿物成分上差异较大，所以整个岩石看起来不均匀 (图 2-37)。导致岩石形成斑杂构造的因素很多，如岩浆对捕虏体或围岩不均匀、不彻底的同化混染作用，基性与酸性岩浆的不均匀混合作用，岩浆中析离体等同源岩浆包体的出现及不均匀的交代作用，以及岩浆中混入或携带残影体、残留体等。由岩浆与围岩同化混染作用形成的斑杂构造，则多出现在岩体边部。

(三) 带状构造 (banded structure)

带状构造是组成岩石的各部分之间在成分和粒度上有差异，且彼此相间成带状分布而形成的一种构造，在层状基性-超基性杂岩体中常可见这类构造 (图 2-38)。带状构造的成因主要是岩浆结晶条件发生周期性变化，或岩浆发生堆晶作用，使得岩石在垂向上出现矿物成分、粒度的交替变化。

（四）球状构造（orbicular structure）

在某些深成岩，特别是花岗岩、闪长岩和辉长岩中，偶尔有一些球状的分结物产生而形成的一种构造，主要表现为一些矿物围绕某些中心呈同心层状分布（图 2-39）。对球状构造的成因解释有多种，现在一般认为是受控于岩浆混合，高温岩浆与低温岩浆在混合界面上由于黏度和温度的差别，高温熔体在低温岩浆中形成球状体，并快速冷却到固相线温度之下，伴随挥发分出溶快速结晶，形成球状构造。

图 2-38　层状基性-超基性杂岩体中因成分（a）和粒度（b）分层所显示的带状构造

分别由 K. Walsh 和 R. Arculus 拍摄

图 2-39　浙江诸暨石角村的超镁铁质球状岩

样品由陈建国和周新民于 1986 年采集，据他们研究（周新民等，1990），该球状岩形成于距今 888 Ma 前，由镁绿钙闪石和透辉石分别组成单矿物层，并认为是在岩浆水气压力波动下，自里向外结晶形成

（五）珍珠构造（perlitic structure）

珍珠构造是火山玻璃冷凝收缩而形成的一种裂隙构造，其特征是呈一系列破裂的断断续续的同心球面，类似珍珠状集合物的形态，在珍珠岩中最为常见（图 2-40）。

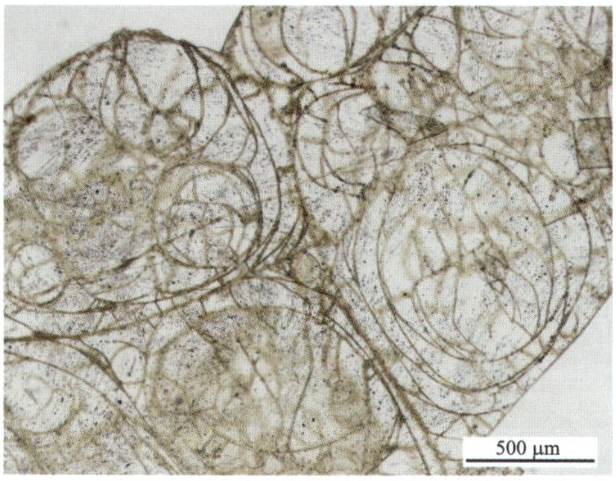

图 2-40　珍珠构造

岩性为珍珠岩，单偏光

图 2-41　浙江雁荡山早白垩世的石泡流纹岩

（六）石泡构造（lithophysa structure）

石泡构造主要见于黏度较大的酸性熔岩中，是由于气体多次逸出及冷凝收缩而产生的一些具有空腔的多层同心球状体，空腔内常有微细的次生石英和玉髓等矿物充填，主要分布于熔岩流的表层。我国浙江雁荡山发育有典型的石泡流纹岩（图 2-41）。

（七）晶洞构造（miarolitic structure）

侵入岩中近于圆形或椭圆形的原生孔洞称为晶洞（图 2-42），晶洞大小不一，直径一般在数厘米至数十厘米不等。在晶洞中常发育有晶形完好的晶体，这时又称为晶簇构造（drusy structure）。这类构造多见于花岗岩，尤其是 A 型花岗岩中。晶洞构造的出现反映岩体定位深度较浅，一般形成压力低于 0.1～0.2 GPa（3～5 km 深），如我国浙闽沿海发育一条长约 800 km、宽 60～80 km、沿 NE—NNE 方向展布的晶洞花岗岩带，据研究，该晶洞花岗岩的侵位深度小于 3 km。晶洞一般认为是岩浆冷凝过程中因体积收缩而成，但也可能是由岩浆在凝固时气体逸出所致。

图 2-42　福建太姥山岩体中发育的晶洞构造

（八）气孔构造（vesicular structure）和杏仁构造（amygdaloidal structure）

气孔构造和杏仁构造是火山熔岩常见的构造。当富含气体的岩浆喷出地表时，由于压力降低，气体膨胀逸散，则形成浑圆状、椭圆状、倒水滴状、云朵状、管状、串珠状或不规则状等形状的气孔构造。不同黏度的岩浆所形成的气孔特点不一样，黏度较小的基性熔岩形成的气孔常较圆，而黏度较大的酸性熔岩形成的气孔则多为不规则状。同一层熔岩的不同部位，气孔的分布特点也不一样，顶部气孔大且圆，底部气孔多不规则，有时沿熔岩流方向被拉长成弯曲状。因此，气孔的拉长方向一般指示岩流流动的方向。当气孔被次生矿物充填时，则称为杏仁构造[图 2-43(a)]。充填气孔的常见次生矿物有玉髓、蛋白石、玛瑙、方解石和沸石类矿物[图 2-43(b)]等。

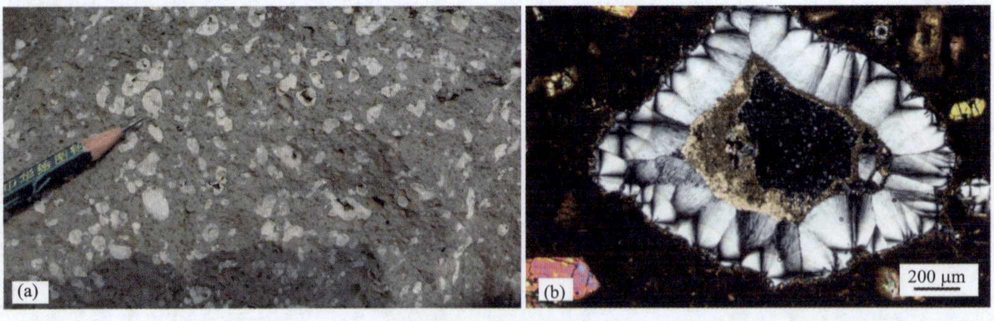

图 2-43　杏仁构造

玄武岩中的气孔被后期沸石类矿物充填形成杏仁构造：(a)手标本上，样品采自浙江嵊州，由洪文涛、靳国栋提供；(b)显微镜下（正交偏光），杏仁体外层为纤维状沸石

第三章　火成岩的产状与岩相

火成岩的产状是指火成岩体的形态、大小及其与围岩的关系等，与主要由走向、倾向和倾角三要素构成的地层产状的概念明显不同。

火成岩岩相是指特定环境和条件下岩浆作用形成的岩石特征的总和。如岩浆在侵入地壳或喷溢出地表的过程中，在不同的深度、岩浆的不同部位及不同的环境(陆上和海底)下，所处的温度、压力和挥发组分含量，以及由此导致的冷凝速度等一系列物理化学条件均会发生变化，这些结晶条件的变化会导致岩石的结构、构造，乃至成分等特征发生变化，即不同环境条件下形成的火成岩，其岩石特征也不一样，因此，火成岩岩相包含了岩石形成条件和岩石特征两方面的内容。

认识火成岩的产状和岩相类型具有重要的理论与实际意义。一方面，通过研究火成岩体的产状与岩相，可以获得火成岩体的形成深度、产出环境，以及岩浆的性质和活动方式等重要信息，进而有助于揭示其成因。另一方面，火成岩产状和岩相类型的识别有助于指导找矿勘查工作。例如，在中酸性岩体与碳酸盐岩围岩的接触带常形成重要的夕卡岩型矿床，这类矿床矿体的产出严格地受到岩体与围岩接触带的控制，因此查明岩体的产状就显得至关重要。另外，近年来在火山岩中发现了许多重要的油气藏，研究表明，在这类油气藏中，火山岩主要是作为油气的储层。由于不同的火山岩相具不同的特点，如爆发相火山碎屑岩结构疏松，孔隙度高，可作为油气的良好储层；而对于远离火山口的喷发沉积相(如沉凝灰岩)，它们具有遇水膨胀、可塑性强等特点，能产生膨润土矿层或含膨润土质泥岩等结构致密的岩层，因而不利于作为储层，但可作为顶底板对油气藏起保护作用。因此，查明火山岩岩相特征对火山岩油气藏勘查十分重要。

火成岩结构构造的研究主要借助于显微镜对岩石薄片进行观察，或利用肉眼对手标本直接观察，火成岩产状与岩相的研究则主要在野外进行。由于在野外一般不易同时看到平面和剖面的形态，这时除了应用野外地表露头资料外，有时还需要借助钻探资料和地球物理资料来综合推断岩体在三维空间中的具体形态。

第一节　火成岩的产状

火成岩体依其是侵入地壳还是喷出地表冷凝固结形成，有侵入岩和喷出岩之分，由于二者的产出环境明显不同，所以侵入岩和喷出岩具有明显不同的产状。

一、侵入岩的产状

侵入岩的产状按其与围岩的接触关系，可分为整合侵入体和不整合侵入体。

(一)整合侵入体

整合侵入体为岩浆沿围岩的层面或片理面贯入而成，因此与围岩的产状一致而呈整合接触。根据形态的不同，整合侵入体可进一步分为以下类型。

1. 岩床(sill)

岩床又称岩席(sheet)，是与地层相整合的板状侵入体(图 3-1)，形成岩床的岩浆多数为黏度小、易于流动的基性岩浆。

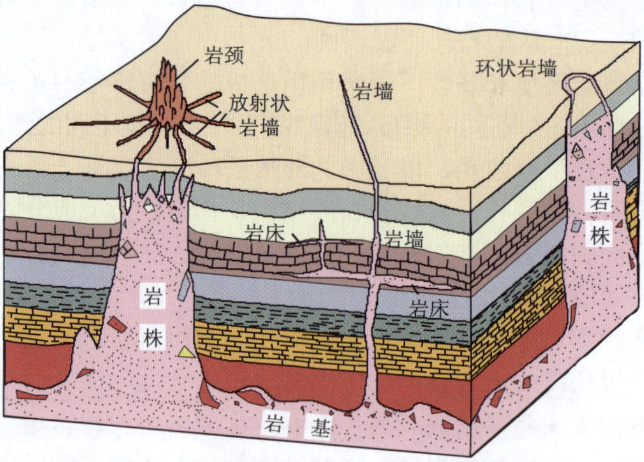

图 3-1　侵入体产状综合示意图(Winter, 2001)

在野外应注意将岩床与有上覆盖层的熔岩相区别，因为两者在形态上不存在明显差异。但熔岩比上覆盖层形成早，岩床比顶、底板围岩层都晚。在岩床的上下两侧均可见到冷凝边及围岩捕虏体，而与之接触的上下围岩均有热烘烤现象；如果是上覆熔岩，则仅在熔岩层底部发育冷凝边及含有下伏围岩捕虏体，同时烘烤现象也只出现在熔岩层底部的围岩中。

2. 岩盖(laccolith)

岩盖又称岩盘，为顶部隆起，底部平坦，中央厚、两边薄的整合侵入体[图 3-2(a)]。组成岩盖的岩浆应有足够的黏度，即主要应为长英质岩浆，这样可以有效地限制其向水平方向流动，另外，岩盖的定位深度应较浅，否则难以使围岩上拱。一般在中-酸性岩体中称为岩盖，而对于基性-超基性岩体，因岩浆黏度较小，易于向两侧流动，使得其向上凸起的程度较中-酸性岩体低，因此多称为岩盘。

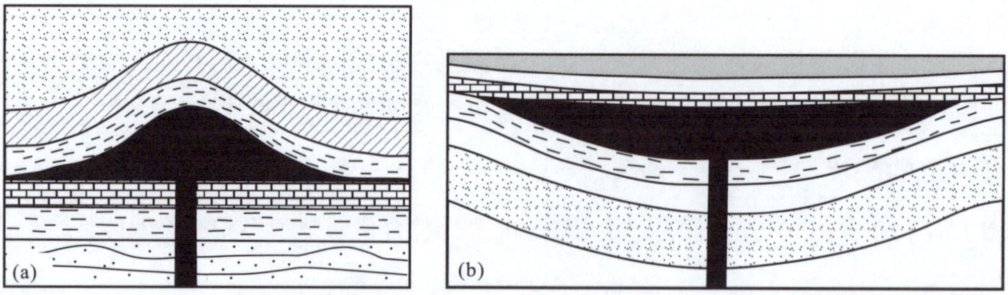

图 3-2　岩盖(a)和岩盆(b)示意图(Winter, 2001)

3. 岩盆(lopolith)

岩浆侵入构造盆地中，其中间部分受岩层的静压力作用使底板下沉，形成中央微凹的盆状侵入体[图 3-2(b)]。组成岩盆的岩浆一般为镁铁质岩浆，岩盆的规模有时可很大，如南非的布什维尔德(Bushveld)岩盆，东西延伸 400 km，南北宽 240 km，总面积达 66000 km^2，厚达 9 km，是世界上规模最大的岩盆，被誉为岩浆矿床的最大宝库。世界上一些规模较大的岩盆还有南极的都弗克(Dufek)、美国明尼苏达州的德卢斯(Duluth)、美国蒙大拿州的斯蒂尔沃特(Stillwater)、加拿大西北部的穆斯科克斯(Muskox)、格陵兰的斯卡尔加德(Skaergaard)等(表 3-1)。我国四川攀枝花的辉长岩体，据研究其产状也是岩盆。组成岩盆的岩石常表现出较清楚的重力结晶分异现象，形成层状基性-超基性杂岩，世界上的 Cr、Ni、Pt 族元素、V-Ti-磁铁矿主要产于这些大岩盆中。

表 3-1　世界上一些规模较大的岩盆(Winter, 2001)

名 称	产 地	形成时代	面积/km^2
布什维尔德(Bushveld)	南非	古元古代	66000
都弗克(Dufek)	南极	侏罗纪	50000
德卢斯(Duluth)	美国明尼苏达	中元古代	4700
斯蒂尔沃特(Stillwater)	美国蒙大拿	新太古代	4400
穆斯科克斯(Muskox)	加拿大西北	新太古代	3500
斯卡尔加德(Skaergaard)	格陵兰	新生代	100

4. 岩脊(phacolith)

岩脊又称岩鞍，是指位于背斜顶部或向斜槽部的整合侵入体(图 3-3)。它们主要产于强烈褶皱区，是由于岩浆同时沿背斜顶部和向斜槽部的软弱带侵入形成。岩脊的规模不大，且常成组出现，这种侵入体大致与褶皱构造同时形成。

图 3-3　岩脊示意图

（二）不整合侵入体

不整合侵入体的特征是截穿围岩层理或片理，它是岩浆沿斜交层理或片理的裂隙贯入而成，可进一步区分为以下类型。

1. 岩墙(dike 或 dyke)

岩墙又称岩脉，为截穿围岩层理或片理的近垂直板状侵入体(图 3-1)。岩墙规模大小不一，小者厚度仅几十厘米，大者如津巴布韦大岩墙，其长度达 500 km，宽达 3～14 km。岩墙常成群出现，称岩墙群(dyke swarm)。岩墙为岩浆向上运移提供了通道，并可能在地表发生裂隙式喷发。在火山口、火山颈周围，常可见到呈放射状排列的岩墙，称放射状岩墙(radial dike)(图 3-1)。放射状岩墙中心常是火山口、火山颈或岩株所在地，图 3-4 为美国科罗拉多州西班牙峰周围的放射状岩墙。

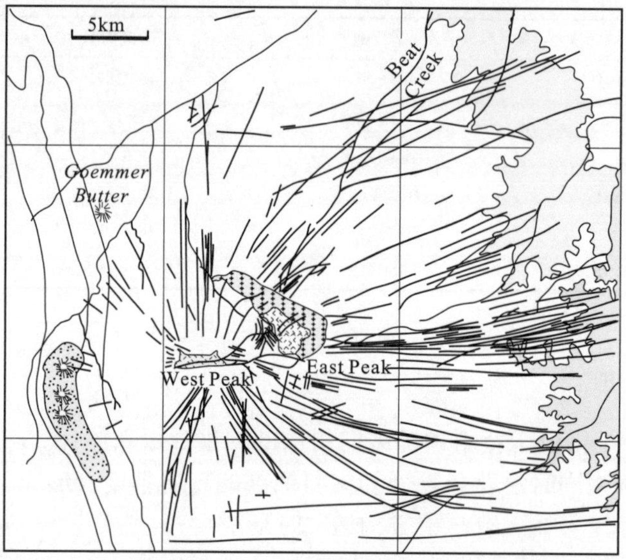

图 3-4　美国科罗拉多州西班牙峰(Spanish Peaks, Colorado)周围的放射状岩墙(Winter, 2001)

在平面上呈同心圆状，在剖面上向中心倾斜的岩墙称锥状岩墙(cone sheet)，如向外倾斜则称环状岩墙(ring dike)(图 3-5)。放射状岩墙、锥状岩墙和环状岩墙均为岩浆上侵使围岩产生张性裂隙，而后被岩浆充填所致。锥状岩墙形成于岩浆房的膨胀过程，而环状岩墙形成于岩浆房的减压和顶板下沉过程。岩浆多次上升、下缩则可形成多个同心环状的锥状或环状岩墙，这种复杂的岩体称为环状杂岩(ring complex)或中心杂岩(central complex)，如苏格兰马尔(Mull)岛的环状杂岩体就是由大量的环状和锥状辉长岩类及花岗岩类的岩墙构成(图 3-6)。

2. 岩颈(volcanic neck)

岩颈又称火山颈，平面上为圆形或椭圆形，剖面上为圆柱状，其产状一般很陡，在岩颈两侧几乎可见直立的流线，周围常有放射状岩墙。岩颈在地貌上常为负地形，但也可显

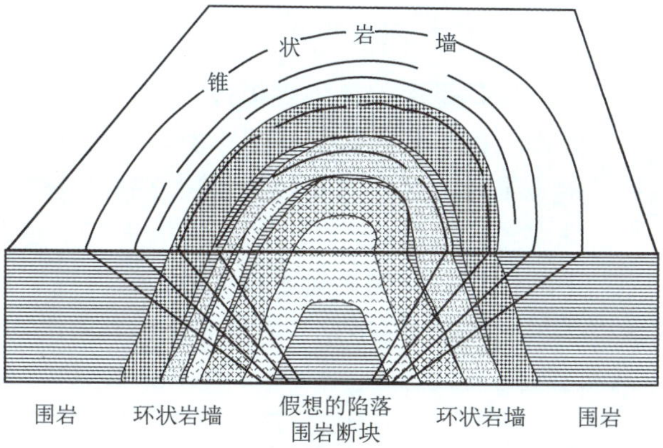

图 3-5　环状和锥状岩墙理想立体图(自 Richey, 1932 改绘)

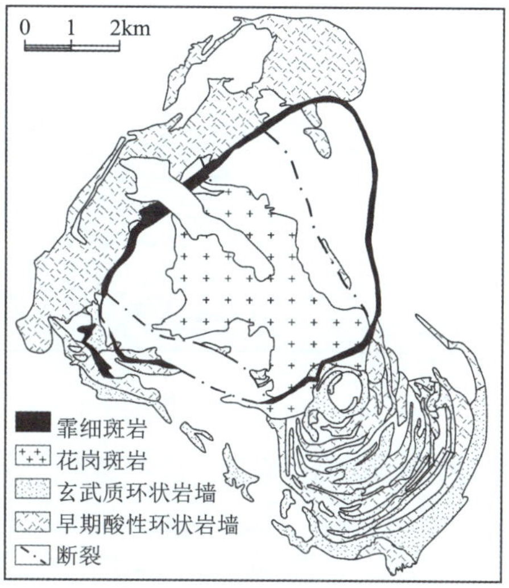

图 3-6　苏格兰马尔岛新近纪环状火成岩杂岩体(自 Bailey et al., 1924 改绘)

示正地形，这主要取决于其组成岩石的抗风化侵蚀作用的能力，如美国新墨西哥州的船岩(Shiprock)即为典型的岩颈(图 3-7)。填塞岩颈的岩石多为熔岩。此外，也有由单一的火山碎屑岩或由熔岩和火山碎屑岩混合组成。如果火山颈呈筒状或管状，则称为岩筒或岩管，与金刚石密切相关的金伯利岩常具此产状。

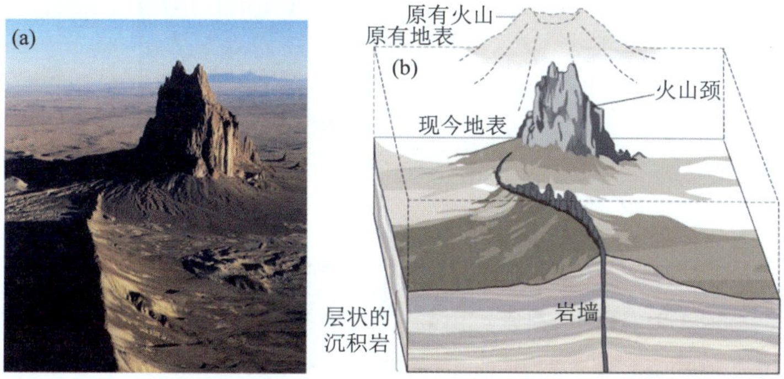

图 3-7　美国新墨西哥州的船岩(Shiprock)——典型火山颈

(a)岩颈现今地貌景观；(b)复原图，环绕岩颈的火山锥被剥蚀后即形成图(a)所示的现今地貌景观(Reynolds et al., 2018)

3. 岩株(stock)

岩株又称岩干，为规模较小的不整合侵入体，与岩基的区别在于岩株的出露面积 <100 km^2。多数岩株在深部与岩基相连，是岩基的突出部分(图 3-1、图 3-8)。岩株的边部常有一些枝杈状岩体侵入围岩中，称为岩枝(apophysis，图 3-8)。在破火山口内的岩株状侵

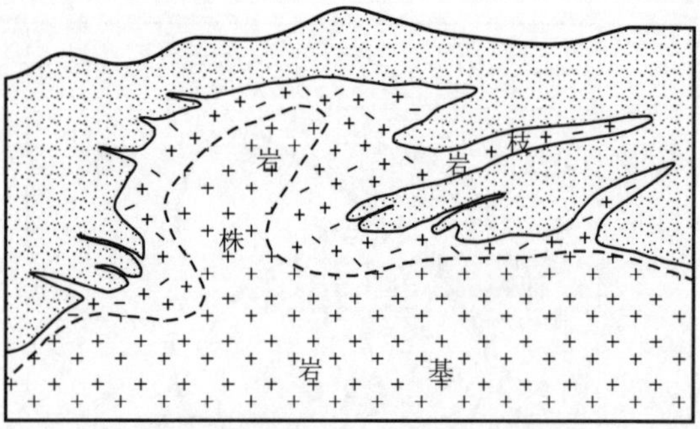

图 3-8　岩基、岩株与岩枝示意图

入体称为中央岩株，其周围常有环状或放射状岩墙，如江西会昌密坑山岩体即为一典型的侵入在破火山口中央的岩株侵入体(图 3-9)。

4. *岩基*(batholith)

岩基是侵入体中规模最大的一类，出露面积>100 km^2(图 3-1、图 3-8)。主要分布于褶皱带隆起区，常受深大断裂控制，延伸方向多与褶皱轴一致。组成岩基的岩石主要为中酸性岩石，如花岗岩和花岗闪长岩等。岩基规模巨大，因此它们一般不是由一次岩浆侵入作用形成，而是多期多阶段岩浆作用的产物。

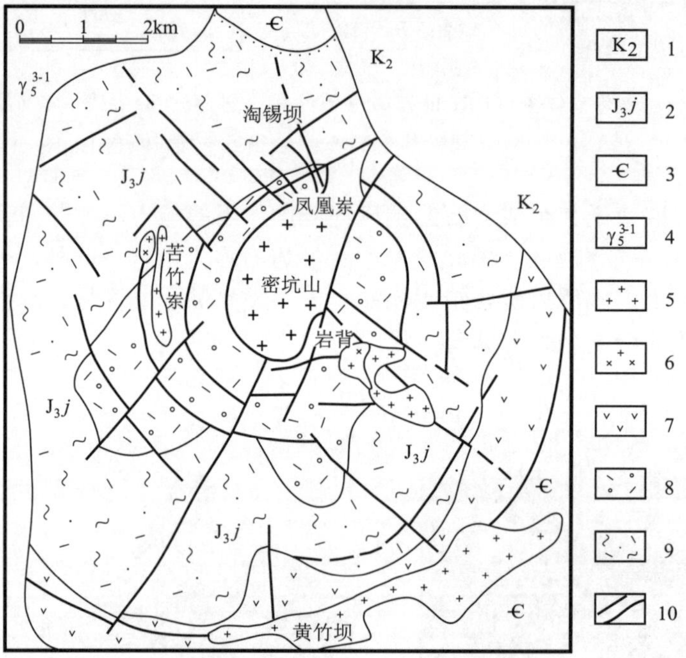

图 3-9　江西会昌密坑山破火山口中央岩株侵入体地质图

1. 上白垩统；2. 上侏罗统鸡笼嶂组；3. 寒武系；4. 燕山早期花岗岩；5. 钾长花岗岩；6. 花岗斑岩；7. 英安流纹岩；8. 碎斑流纹斑岩；9. 熔结凝灰岩；10. 断裂

二、喷出岩的产状

喷出岩的产状与岩浆喷出地表的方式有关，喷出方式不同，所形成的火山岩体的产状也不一样。火山喷发方式有两种不同的划分方案，一种是根据火山通道或火山口的形态，将火山喷发方式区分为顶陷式(或蚀顶式)、裂隙式和中心式三类；另一种是根据主要喷发产物是熔岩还是火山碎屑，将火山喷发分为溢流式喷发和爆炸式喷发。对于爆炸式喷发，进一步参照世界上近代典型火山的喷发特点，分为夏威夷式、斯通博利式、武尔卡诺式、普林尼式和培雷式等。

（一）顶陷式（或蚀顶式）喷发（deroofing eruption）

顶陷式（或蚀顶式）喷发又称面式喷发，是由于岩浆房顶板被岩浆熔透而呈溢流式喷发，常形成大面积的熔岩流。据推测，这是太古宙时期的一种喷发方式，因为当时地壳厚度很薄，地下岩浆可凭其热量将顶板熔透而大面积溢出，如有人认为加拿大、苏格兰太古宙的喷出岩可能是由顶陷式喷发所形成。由于地壳不断增生，厚度不断增大，因此这种喷发方式现在基本不存在。

（二）裂隙式喷发（fissure eruption）

裂隙式喷发又称线状喷发，岩浆沿一个方向的深大断裂（裂隙）溢出地表，火山口多呈串珠状展布（图 3-10）。这类喷发的爆发作用较弱，岩浆常和缓地沿裂隙流出，岩浆成分以玄武质为主。由于黏度较小，岩浆如果大量溢出，似洪水泛滥，可沿地面各方流动而形成面积达几十万平方千米的岩被，厚达几百米，甚至超过 1000 m，因此又称为溢流玄武岩（flood basalt），如美国哥伦比亚河的玄武岩由 60 多个熔岩流组成，在部分地段厚度超过 2000 m。这种厚度很大且由多次基性岩浆喷溢所构成的熔岩台地（lava platform）称为玄武岩高原。除上述的哥伦比亚河玄武岩高原外，世界上一些著名的玄武岩高原还有加拿大的克威纳望（Keeweenawan）、印度的德干（Deccan）、巴西的巴拉那（Paraná）和南非的卡鲁（Karroo）等（表 3-2）。广泛分布在我国西南川、黔、滇诸省的二叠纪“峨眉玄武岩”，面积达 26 万 km^2，也是裂隙式喷发的产物。据研究，这种大面积玄武岩的产出常与地幔柱（mantle plume）活动有关。一般认为，自太古宙一直到新近纪，岩浆喷发的主要方式即是裂隙式喷发。现代裂隙式喷发主要分布于洋中脊和洋岛，如冰岛、夏威夷、加那利群岛等。

图 3-10　裂隙式喷发及其形成的玄武岩台地
（夏威夷基拉韦厄火山，引自 USGS 网站公有领域）

表 3-2　世界上一些著名的玄武岩高原

名 称	产地	形成时代	最大厚度/m	面积/10^5 km^2	体积/10^5 km^3
哥伦比亚河（Columbia River）	美国西北部	中新世	>4000	1.6	1.7
克威纳望（Keeweenawan）	加拿大苏必利尔地区	中元古代	5000	>20	13
德干（Deccan）	印度	白垩纪—始新世	2000	>15	26
巴拉那（Paraná）	巴西	早白垩世	1700	12	15
卡鲁（Karroo）	南非	早侏罗世	9000	20	25
埃塞俄比亚（Ethiopia）	埃塞俄比亚	渐新世	3000	7.5	3.5

注：据 White 和 McKenzie（1995）、Sigurdsson 等（2000）与 Best 和 Christiansen（2001）等资料整理。

（三）中心式喷发(central eruption)

中心式喷发又称点式或筒式喷发，即岩浆沿一定管道喷出地表，这种喷发常常伴随有强烈的爆发作用，除喷出大量气体和熔岩外，还从火山口喷出大量的碎屑物质，如火山弹、火山砾、火山灰等。例如，2007 年 12 月 1 日，位于墨西哥首都墨西哥城东南 70 km 处的波波卡特佩特(Mt. Popocatepetl)火山发生多次喷发，喷出的水蒸气和火山灰高达海拔 7400 m，而该火山在 1997 年 6 月 30 日喷发时更强烈，喷出的火山灰和水蒸气高达 1.5 万 m。中心式喷发的中心也常沿断裂带分布，或位于两组断裂的交会部位，在地表上往往表现为凹陷盆地或锥状地貌。现代火山喷发多属于这种类型，如我国吉林的长白山天池火山和山西的大同火山等均为中心式喷发。

中心式喷发形成的常见产状有火山锥、火山口和熔岩穹等，其中火山锥是中心式喷发最特征的产状。

1. 火山锥(volcanic cone)

火山锥为火山喷发物围绕火山通道堆积而成的锥状体，是中心式喷发的特征产物。根据组成锥体的喷发物种类的不同，可将火山锥区分为如下几种。

1) 火山碎屑岩锥

火山碎屑岩锥又称火山渣锥(cinder cone)，组成火山锥的物质全为火山碎屑，如火山砾、火山灰及火山弹等。这类火山锥的高度常在 300 m 以下，直径一般小于 2000 m，原始坡角为 33°左右，即相当于松散火山渣的静止角(Winter, 2001)。由于常有松散物质滚落至火山口，其火山口呈碗状或漏斗状，组成锥体的火山碎屑物成分常为玄武质。

图 3-11 美国夏威夷冒纳罗亚(Mauna Loa)盾火山(引自 USGS 网站公有领域)

2) 熔岩火山锥

熔岩火山锥又称盾火山(shield volcano)，组成火山锥的物质全部或几乎全部为熔岩，成分上也主要为玄武质，黏度较小、易流动，因此常构成宽而矮的穹隆，形似古代的盾牌。其坡角较小，通常为 2°～3°，很少超过 10°。顶部有低平的火山口，典型例子如美国夏威夷的冒纳罗亚(Mauna Loa)盾火山(图 3-11)。

3) 复合火山锥

复合火山锥又称层火山(stratovolcano)，由熔岩与火山碎屑岩互层组成，熔岩起着类似肋骨的支撑作用(图 3-12)。这类火山锥由于结构稳定，往往形成坡度较陡(可达 36°)的高耸山峰，如日本的最高峰富士山(Mt. Fuji，海拔为 3776 m)和墨西哥的最高峰奥里萨巴(Mt. Pico de Orizaba，海拔为 5564 m)均是典型的复合锥，意大利的维苏威火山(Mt. Vesuvius)和美国的雷尼尔(Mt. Rainier)火山也是世界上著名的层火山。

组成复合火山锥岩浆的成分变化范围较大，总体较组成盾火山的岩石偏酸性，一般以中性的安山质岩石最为常见。复合火山锥往往是复杂的多孔道火山，即除了有主喷发中心形成的主体火山锥外，在主锥体的翼部也有火山喷发，形成次级火山锥(图 3-12)。喷发过程通常是熔岩和火山碎屑多次叠加喷出，且不同火山口的喷出物彼此交错。复合火山锥中熔岩与火山碎屑岩的比例在不同的火山中可相差很大，即使在同一火山的不同喷发阶段也可有明显的不同。一般而言，如果岩浆为黏度较小的镁铁质岩浆，则多形成以熔岩占优势的火山锥；如为黏度较大的长英质岩浆，则形成以火山碎屑岩为主的复合锥。邱家骧(1985)根据火山碎屑物在整个锥体中所占比例的高低，将复合锥进一步区分为富熔岩型火山锥(火山碎屑<1/3)、过渡型火山锥(火山碎屑与熔岩比例相近，即均介于 1/3～2/3)和富碎屑型火山锥(火山碎屑> 2/3)。

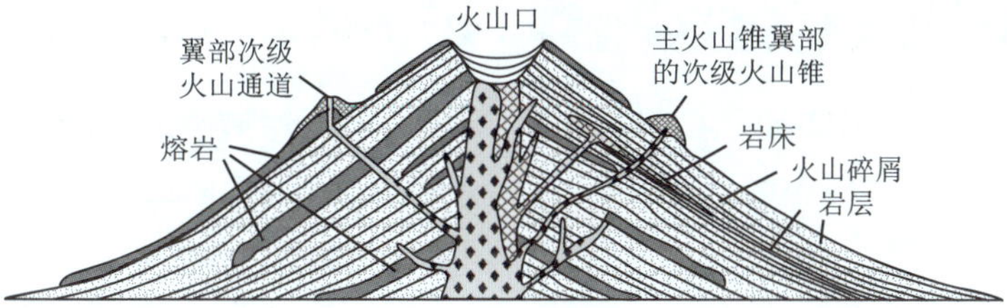

图 3-12 层火山示意剖面图

2. 火山口(crater)

火山口为火山锥顶部的圆形凹陷，是火山通道出口的地方。例如，我国黑龙江五大连池和镜泊湖，以及海南海口的石山均保留有很完好的火山口(图 3-13)。

图 3-13 黑龙江五大连池老黑山火山口(贺振宇拍摄)

3. 破火山口(caldera)

在火山喷发末期，大量火山物质喷出，导致深部岩浆房空虚，在重力作用下使火山锥顶部或岩浆房顶部发生塌陷，即形成破火山口。具有破火山口的火山，称为破火山(caldera volcano)。它们在地貌上常成为负地形，直径可达数千米，甚至上百千米。破火山口周围岩层的产状向火山口中心内倾合围，四周常分布有环状和放射状裂隙或岩墙。在大的塌陷火山口中又可以升起新的火山锥，如图 3-14 即为美国俄勒冈州火山湖破火山口及其内部的安山岩火山锥。有时破火山口也可为尚未喷出的中央岩株侵入体所填塞，如果破火山口被水充填，则成为破火山口湖，如我国吉林长白山天池即为典型的破火山口湖(图 3-15)。

破火山口除了有因岩浆房空虚而塌陷成因外，还可以通过侵蚀和强烈爆破作用形成，分别称之为侵蚀破火山口和爆发破火山口，前者是火山口被流水向火山口中心侵蚀加大所致，后者是因火山强烈爆发，崩毁了火山口周围的火山锥，从而形成比原来火山口大的凹坑。对于黏度较大、富含挥发组分的中酸性或碱性岩浆的喷发，主要形成塌陷和爆发破火山口，特别是塌陷破火山口，可以说世界上的破火山口主要是塌陷的产物。

图 3-14　美国俄勒冈州火山湖破火山口及其内部的安山岩火山锥(Branney and Acocella, 2015)

图 3-15　吉林长白山天池(贺振宇拍摄)

为典型破火山口湖，南北长约 4 km，东西宽约为 3 km，面积约为 9.82 km^2，水面海拔为 2200 m，水深平均为 200 m，最深为 374 m，蓄水量为 2.04×10^9 m^3

4. 玛珥(maar)火山

玛珥火山是火山口形态较为特殊的一类火山，在地表呈圆形浅坑，直径约几百米(图 3-16)。由于地形低平，火山口又浅，所以又称为低平火山口。它是深部较炽热的岩浆在上升过程中遇到冷的地下水发生相互作用而导致蒸汽岩浆爆发(phreatomagmatic explosion)的

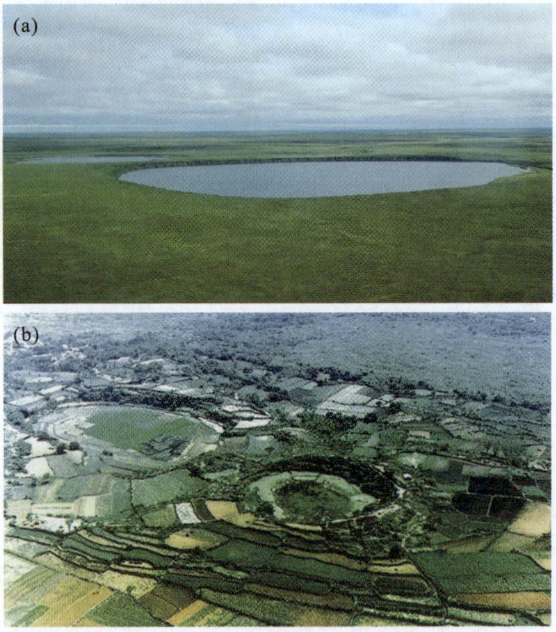

图 3-16　玛珥火山

(a)美国阿拉斯加州基利亚克 Killeak 玛珥火山(NPS 网站公开图片)；(b)海南海口石山的双池岭玛珥火山(中国雷琼世界地质公园供图)

产物。在干旱区为干坑，但一般多被水充填形成小的湖沼，这种小的湖泊称为玛珥湖。我国雷琼火山带中的广东湛江湖光岩、海南海口石山的罗京盘和双池岭，以及广西北海涠洲岛的南湾和斜阳岛等均为典型的玛珥火山。

5. 熔岩穹(lava dome)

在中心式火山喷发的晚期，特别是在猛烈的火山爆发之后，因气体大量溢出，导致岩浆黏度增大，并填塞于火山通道的上部，形成火山颈(图 3-7)。如果在内压的作用下，填塞在火山通道中的高黏度的中酸性或碱性熔岩被挤出火山口，则形成岩穹构造。根据形态，岩穹构造可分为岩钟、岩针、岩碑、岩塔等。在熔岩穹四周常出现“钟状角砾岩”，它们是由高黏度岩浆在挤出过程中凝固的外壳发生破裂而成的。熔岩穹主要见于现代火山中，古老火山常因遭剥蚀作用而难以保存下来。

(四)溢流式喷发(effusive eruption)

溢流式喷发以熔岩(岩浆)从火山口平静地流出为特征。玄武质岩浆由于具有低的黏度和挥发分(主要是 H_2O 和 CO_2)含量，岩浆到达地表以前，压力降低或挥发分得到释放，岩浆不破碎，主要表现为溢流式喷发。从火山口溢出的岩浆沿山坡或河谷顺流而下，其范围及形态视流经的地形和岩浆黏度而定，有的呈狭长的带状，有的呈宽阔、平缓的舌状，它们经冷凝固结而成的地质体称为熔岩流(lava flow)。熔岩流是溢流式喷发的主要和标志性产物，根据表面的形态分为结壳熔岩和渣状熔岩两类。

1)结壳熔岩(pahoehoe lava)

结壳熔岩具有玻璃质、光滑的表面，有时有绳状(ropy)的、褶皱的、波浪状的表面(图 3-17)，表明熔岩表面的冷却层在熔岩流动过程中仍具有可塑性。结壳熔岩对应近火山口高的岩浆温度、低的岩浆黏度，以及低的岩浆溢出速度和岩浆流动速度(小于 10 m^3/s)。

2)渣状熔岩('a'ā lava)

渣状熔岩表面呈一堆松散的、渣状的自碎角砾熔岩块(图 3-18)，表明熔岩在流动过程中冷却表面为脆性。渣状熔岩的形成表明岩浆具有更高的黏度和更高的流动速度。渣状熔岩流表面和底面均是粗糙的熔岩角砾，而中部是完整的熔岩，类似于履带车向前推进。

图 3-17　绳状熔岩(冰岛，贺振宇拍摄)

图 3-18　渣状熔岩(内蒙古阿尔山焰山，贺振宇拍摄)

（五）爆炸式喷发（explosive eruption）

爆炸式喷发根据爆发强度、喷发柱的高度、空落碎屑分布等，并参照世界上近代典型火山的喷发特点，又可进一步区分为多种类型，代表性的如下。

1）夏威夷式喷发（Hawaiian eruption style）

以美国夏威夷岛为代表，典型实例如该岛 1942 年喷发的 Mauna Loa 火山。这类火山喷发只有轻微的爆炸，气体和岩浆团块形成熔岩喷泉，在火山口附近形成溅落锥，并伴随有熔岩流。熔岩喷泉可达数百米的高度，且通常具有周期性，持续时间及间歇期长度差异极大。

2）斯通博利式喷发（Strombolian eruption style）

岩浆黏度较大，成分为玄武质或安山质，为弱的、短暂的爆炸式喷发，爆炸将岩浆团块和火山灰，少量角砾等喷射到火山口上方几百米的高空，类似燃放的烟花。这类喷发常形成高耸的层火山，火山锥体中碎屑物质占 30%～50%，主要为大小不一的火山弹、熔渣和玻屑等。典型实例为意大利西西里风神岛的斯通博利火山，此外，墨西哥的帕利库廷火山、意大利的维苏威火山都具有斯通博利式的喷发特点。

3）武尔卡诺式喷发（Vulcanian eruption style）

岩浆黏度很大，成分主要为中、酸性的安山质和流纹质。火山爆发强度大，在火山喷发时，常伴随有富含火山灰的“菜花状”喷发云。火山喷发产物中火山碎屑物占 60%～80%，主要为面包状火山弹及火山砾、火山灰，熔岩流少见，形成的火山锥主要为火山碎屑岩锥，典型实例为意大利西西里岛附近的武尔卡诺火山。如果喷发物几乎无熔岩，火山锥主要由大量的基底火山碎屑（可达 75%～100%）组成，则称为超武尔卡诺式（ultra-Vulcanian type），它常是武尔卡诺式和斯通博利式喷发的前奏。

4）普林尼式喷发（Plinian eruption style）

岩浆黏度极大，成分主要为酸性的流纹质或偏碱性的粗面质，火山强烈爆发，火山碎屑物常达 90%以上。持续的、高速的喷发（150～600 m/s），形成高达几十千米的喷发柱，顶端形成伞状的灰云。由于爆发强烈，常形成锥顶崩毁及塌陷的破火山口。公元 79 年维苏威火山爆发是典型的普林尼式喷发，伴随着强烈的爆发作用，大规模降落浮岩、火山渣和火山灰，以及喷出的火山碎屑顺风降落，离火山口 13 km 的庞贝城为平均 7 m 厚的浮岩层所掩埋。1980 年 5 月 18 日美国圣海伦斯火山爆发也是普林尼式，爆发时产生的蒸汽和火山灰可达离火山口 20000 m 以上的高空（图 3-19）。

图 3-19　美国圣海伦斯（St. Helens）火山喷发

1980 年 5 月 18 日该火山发生强烈爆发，火山喷发产生的蒸汽和火山灰可达离火山口 20000 m 以上的高空

（照片由美国地质调查局拍摄）

5）培雷式喷发（Peléan eruption style）

岩浆黏度极大，加之极富挥发组分，因

此，火山爆发极为强烈，最明显的特征是产生炽热的火山灰云，这是一种高热度气体，火山碎屑物近100%，且主要为无分选性的火山灰及火山砾，缺乏火山弹，形成大片的火山灰流，甚至规模很大的火山灰流高原，产生的火山岩类型主要为流纹质、英安质或粗面质的熔结火山碎屑岩，典型实例为西印度群岛马提尼克岛的培雷火山。

需要说明的是，同一座火山在自身活动的不同阶段可能出现不同的喷发类型，如以斯通博利式命名的斯通博利火山，曾发生几次武尔卡诺式喷发；命名为夏威夷式喷发的Mauna Loa火山，在不同时期曾出现过从斯通博利式到超武尔卡诺式的一系列喷发。

第二节　火成岩的岩相

与火成岩体的产状一样，火成岩的岩相依其是侵入地壳还是喷出地表有不同的划分方案。

一、侵入岩的岩相

侵入岩的岩相主要依据其所处的深度和部位不同来划分，深度和部位不同，则岩浆结晶的温度、压力、挥发组分含量和冷却速度等物理化学条件也随之发生变化，从而影响岩石的结构和构造等一系列特征，最终形成不同的岩相。

（一）根据侵入岩所处深度划分

根据岩浆冷凝时所处深度的不同，一般将侵入岩区分为浅成相、中深成相和深成相三个岩相，各岩相的产状及结构和构造特征各不相同。

(1)浅成相：侵入深度一般为0～3 km，侵入体规模较小，主要呈岩墙、岩床、岩盖、岩株等产出，也可呈隐爆角砾岩体出现。它们是岩浆在地壳较浅部位经较快速度冷凝固结形成，因此，岩石一般为细粒或细粒斑状结构，斑晶可被熔蚀，有时发育晶洞构造，与围岩多数呈不整合接触，接触变质作用及受围岩的同化混染作用均较弱。对于该岩相中深度<1.5 km的侵入体，由于它们常和火山作用具密切联系，又被归为次火山岩相或超浅成相。

(2)中深成相：侵入深度为3～10 km，多数为规模较大的侵入体，如岩株和岩基等，组成岩石多为花岗岩类岩石，如花岗岩和花岗闪长岩等。由于处于较高的压力条件，挥发组分可以得到较好保存，岩浆冷却速度较慢，因此岩石常表现为中、粗粒等粒或似斑状结构，块状构造。岩体与围岩之间机械贯入作用特点弱，同化混染作用较强，接触带宽，岩体边部常富含围岩捕虏体，外接触带热变质现象也较明显。

(3)深成相：侵入地壳较深部(通常大于10 km)，岩浆在地壳深部有足够的空间和时间进行冷却和结晶，深成相侵入岩的岩体规模通常较大，主要呈岩基产出，与围岩的界线往往不清楚，岩浆可能会与围岩发生交代作用，导致围岩发生变质。深成相侵入岩的结晶通常较为粗大，岩石中结晶矿物的颗粒大小基本相当，且矿物无定向排列，均匀地分布在岩石中，常见等粒结构和块状构造。常见的深成相侵入岩有花岗岩类，如花岗岩、花岗闪长岩等。

(二) 根据侵入体中部位的不同划分

在同一岩浆侵入体，特别是中、深成侵入体中，各部位岩浆的结晶条件和同化混染程度并不完全相同，因此，所形成岩石的特征也存在差异，据此可以区分出不同的岩相。对于规模较大的中、深成侵入体，自边缘到内部一般可区分为边缘相、过渡相和中心相。

(1) 边缘相：分布在岩体边部。由于炽热的岩浆与冷的围岩直接接触，冷却速度快，所以边缘相岩石多呈细粒或细粒斑状结构，并常发育清楚的流动构造和大量的围岩捕虏体。另外，原生节理在边缘相岩石中表现最清楚，特别是平行岩体与围岩接触面的水平节理。边缘相岩石的成分可与中心相岩石基本相同，也可以存在较大差别，这主要取决于岩浆与围岩同化混染作用的强弱。同化混染作用强时，边缘相岩石的成分较易受围岩的影响而与中心相差别较大；同化混染作用弱时，则边缘相与中心相岩石成分基本相同。

(2) 中心相：分布在岩体内部。由于冷却速度相对缓慢，中心相岩石粒度较粗，为等粒或似斑状结构。中心相岩石受围岩的影响较小，缺乏或很少含围岩捕虏体，岩性较均匀，一般无原生流动构造，发育的节理主要为横节理。

(3) 过渡相：分布在边缘相与中心相之间。过渡相一般比边缘相厚度大，成分和结构介于边缘相和中心相之间。

需要说明的是，上述三个相带的界线是逐渐过渡的，而且并非每一个侵入体都能区分出上述三个明显的相带。此外，还要注意的是，岩体出露的中心部分也不一定都是中心相，这取决于剥蚀深度(图 3-20)。剥蚀浅时，往往只出现边缘相(图 3-20A)，剥蚀深时，则上述三个相带均可出露(图 3-20C)。

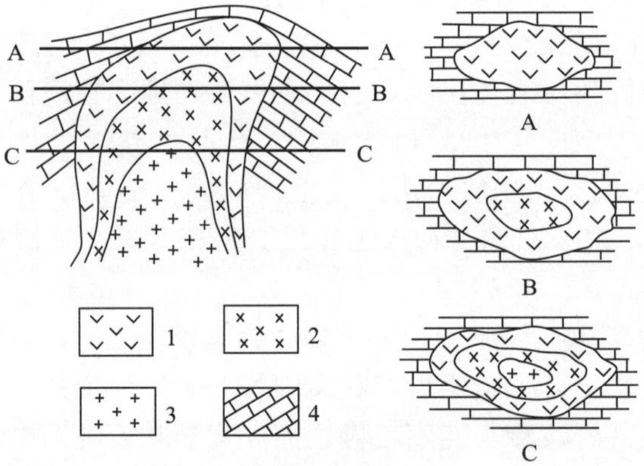

图 3-20　岩相分布与剥蚀深度关系(据孙鼐和彭亚鸣，1985 修改)

左侧为剖面图；右侧为平面图。1. 边缘相；2. 过渡相；3. 中心相；4. 围岩

二、火山岩的岩相

火山作用涵盖了地下岩浆通过火山通道喷出地表的全过程，它既包括了火山的喷发作用，也包括了与火山喷发具密切联系的侵入作用，即次火山作用，形成的产物包括熔岩、火山碎屑岩和次火山岩三大类。由于火山的喷发方式、火山作用产物的搬运方式和堆积环

境，以及成岩过程的不同，火山作用可以形成不同的岩相。如喷出相是火山喷出地表的产物，它们是在地表开放环境下形成的，根据形成条件，又可进一步分为溢流相、爆发相和侵出相等；次火山岩相是岩浆喷溢活动的后继上升部分，受阻于地下浅处形成的。喷出相还与火山喷发方式有关，如夏威夷式火山喷发可以形成溢流相熔岩，普林尼式火山爆发可以形成火山碎屑流相熔结火山碎屑岩，蒸气岩浆爆发作用形成基底涌流相涌流凝灰岩等。火山爆发出的碎屑物在大量水的加入下与陆源物质混杂在一起形成火山泥石流相，火山爆发出来的碎屑物质降落在水域中与陆源物质混杂堆积形成喷发沉积相沉凝灰岩等（谢家莹等，1994）。火山岩相还与其喷发环境有关，海相和陆相火山岩具不同特征。因此，目前对火山岩岩相一般是根据其产出方式和喷发环境来进行划分。

（一）根据火山岩的产出方式划分

根据火山岩的形成条件与产出方式，大致可将火山岩区分为六种岩相，即溢流相、爆发相、侵出相、火山通道相、次火山岩相和喷发沉积相（图 3-21、表 3-3），各岩相的主要特征分述如下。

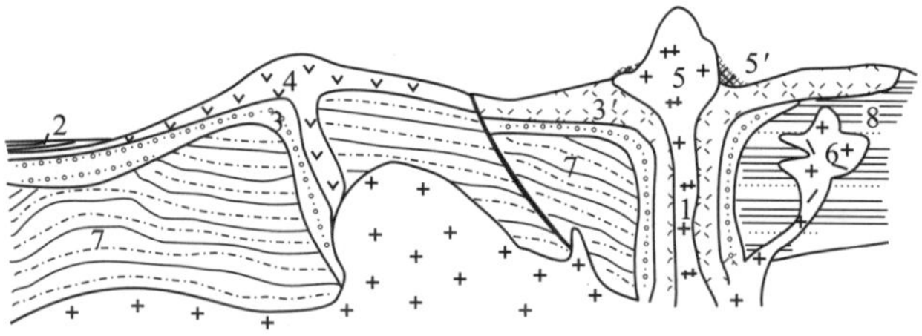

图 3-21　火山岩岩相分布示意图（转引自孙鼐和彭亚鸣，1985，并作部分修改）

1. 火山通道相；2. 喷发沉积相；3、3′. 爆发相（分别表示粗粒和细粒火山碎屑岩）；4. 溢流相（熔岩）；5. 侵出相（岩钟）；5′. 侵出相（岩钟角砾岩）；6. 次火山岩相；7. 变质岩基底；8. 沉积岩基底

表 3-3　按产出方式区分的各主要火山岩岩相特征简表

岩相		形成深度	主要岩石类型	产出形态	形成方式
喷出相	爆发相	地表	火山碎屑岩	坠落火山碎屑堆积、火山碎屑流堆积等	火山爆发
	溢流相		熔岩	岩流、岩被等	熔浆溢流出地表
	侵出相		熔岩、角砾熔岩等	岩钟、岩针、岩碑等	岩浆被内压挤出地表
火山通道相		地表至岩浆源区	熔岩、火山碎屑岩、隐爆角砾岩等	中心式喷发多呈岩筒、岩管，裂隙式喷发多呈岩墙	火山产物充填火山通道形成
次火山岩相		地表以下至约 3 km 深	熔岩、角砾熔岩、角砾岩等	岩株、岩盖、岩墙及隐爆角砾岩体等	火山活动过程中滞留于地壳浅部岩浆固结形成
喷发沉积相		地表	沉火山碎屑岩或火山碎屑沉积岩	层状、似层状、透镜状等	火山碎屑与陆源碎屑在水盆地沉积形成

（1）溢流相：或称喷溢相，主要形成各类熔岩。它可以形成于火山喷发的各个时期，但多出现在强烈火山爆发作用之后。其成分多样，但以黏度较小、易于流动的基性岩浆最为

常见(图 3-17)。裂隙式喷溢多形成大面积分布的熔岩流，中心式喷溢则可形成盾火山(图 3-11)。

图 3-22　美国长谷破火山大约 76 万年前爆发形成的毕晓普凝灰岩(纪伟强拍摄)

(2)爆发相：由强烈火山爆发形成的火山碎屑在地表堆积而成。因此，爆发相主要形成各类火山碎屑岩(图 3-22)。它也可以形成于火山作用的不同阶段，但以火山喷发的高潮期最为发育。爆发相火山碎屑岩的岩性复杂，自基性至酸性、碱性都有，但以含挥发组分多、黏度大的中酸性和碱性岩浆更有利于爆发相岩石的形成。爆发相火山碎屑岩依粒径的不同可分为集块岩、火山角砾岩和凝灰岩等。粗粒级火山碎屑主要受自身重力作用坠落，堆积在火山口附近；细粒级碎屑受重力、风力双重因素作用发生自然分选，形成以火山口为中心，近粗远细、下粗上细的粒度变化。因此，对火山碎屑物粒度变化的观察，可以作为野外确定火山口位置的依据之一，即越靠近火山口集块岩越多，而远离火山口，则多为凝灰岩。

(3)侵出相：在岩浆喷发的晚期，特别是猛烈的火山爆发之后，由于挥发组分大量逸散，黏度大的酸性或碱性岩浆在内压作用下，被挤出火山通道而凸出于地表，形成岩钟、岩针、岩碑或岩塞等岩穹构造。侵出相主要由熔岩组成，由于受挤压与垮塌作用的影响，在熔岩穹周边常出现自碎角砾岩化的集块熔岩或角砾熔岩(也称“岩钟集块岩”或“岩钟角砾岩”)。侵出相实际上可以理解为火山通道相的顶部突起(图 3-21)。

(4)火山通道相：由深部上升的岩浆或浅部形成的隐爆火山碎屑岩等充填火山通道所形成，与侵出相的区别在于火山颈相是在地表之下冷凝固结形成(图 3-21)。裂隙式喷发的火山通道相岩石呈岩墙产出，而中心式喷发的火山通道相岩石则呈岩颈产出，这时又称为火山颈相。

(5)次火山岩相：是火山作用过程中，岩浆滞留在地壳较浅部位经冷凝固结而成的地质体，它与喷出岩同源，但为侵入体的产状，结晶程度较喷出岩好，常呈斑状结构，形成时间上与喷出岩近同时但一般稍晚。次火山岩相的形成深度一般小于 3 km，按深度可进一步区分为三个相(邱家骧，1985)，即近地表相(0～0.5 km)、超浅成相(0.5～1.5 km)和浅成相(1.5～3 km)，其中尤以深度介于 0.5～1.5 km 的超浅成相最为常见。由浅到深，岩石的结构从相似于喷出岩到相似于浅成岩变化。次火山岩有的沿火山作用过程中形成的环状或放射状断裂充填，这时它们的产状主要为环状(或锥状)和放射状岩墙，有的顺火山岩层的层面、不整合面、后期断裂贯入，呈岩床、岩盖、岩墙、岩枝，甚至岩株体产出。次火山岩主要为熔岩状岩石，但也有角砾状岩石，这类角砾主要由岩浆隐爆作用形成，即富含挥发组分的岩浆上升至地壳浅部隐爆的产物，因此又称为隐爆角砾岩，它们是很好的容矿构造，许多金(铜)矿床均与这类隐爆角砾岩有关，典型例子如我国山东五莲七宝山及河南嵩县祁雨沟等。

(6)喷发沉积相：在火山作用的全部过程中几乎均可产生，但主要发育于火山活动的低潮期-间隙期，它是火山作用和正常沉积作用掺和的产物。分布在近火山口处的喷发沉积相

图 3-23　浙江温岭长屿破火山口湖沉积的凝灰质砂岩，见正粒序递变层理（贺振宇拍摄）

岩石粒度常较粗，火山碎屑一般多于正常的陆源沉积碎屑，但该相岩石多分布于离火山口较远的水盆地中，组成沉积-火山碎屑岩，且火山碎屑的粒度主要为细小的凝灰级。根据岩石中火山碎屑与正常陆源沉积碎屑含量的不同，可进一步区分为沉火山碎屑岩和火山碎屑沉积岩，前者火山碎屑数量多于正常陆源沉积碎屑，典型岩性如沉凝灰岩，后者则以正常陆源沉积碎屑为主，典型岩性如凝灰质砂岩（图 3-23）、凝灰质粉砂岩和凝灰质泥岩等。

一个火山机构内可以出现多种岩相类型，同一旋回火山作用所形成的不同火山机构内，其岩相组合特征也可以不同，这是因为随着火山机构发育阶段的不同，其喷发能量和火山喷发类型可以发生变化。火山岩岩相在剥蚀较浅的年轻火山岩区容易识别，但在剥蚀较深的古老火山岩区，火山机构多被破坏，各岩相的确定则较困难。此外，有些岩相类型（如爆发相和溢流相）较容易判别，而有些岩相（如火山通道相、次火山岩相等）则往往要到区域地质填图的最后阶段，在综合火山岩岩性、产状、分布和岩石原生构造等多方面的信息后，才能确定其类型。

例如，江苏六合方山为一典型的中心式火山机构，在该火山机构中，各火山岩相的表现均较清楚（图 3-24）。该火山形成于新近纪上新世，开始为小规模的火山爆发，喷发停歇后有一层含火山碎屑的沉积岩堆积，然后是熔岩溢出，形成溢流相的下玄武岩段；接着火山爆发作用趋于强烈，从火山口中抛出大量熔浆及熔岩团块，形成富含火山弹、火山砾及火山渣的爆发相火山碎屑岩，粒度较细的凝灰级火山碎屑飘落到离火山口较远的地方和正常陆源碎屑一起沉积形成喷发沉积相；此后喷发作用减弱，又一次溢出玄武质熔岩，形成溢流相的上玄武岩段，伴随这次喷溢还有辉绿岩侵入，它填塞了火山颈或环状裂隙，呈岩颈或岩墙产出，形成火山通道相和次火山岩相。

从上面的例子可看出，火山岩岩相的研究必须与火山活动旋回及火山机构相结合，这对于确定火山喷发类型、重塑火山作用过程及恢复古火山面貌均具有十分重要的意义。通过对火山岩岩相的研究，可以从纯粹的岩性描述转向从环境和成因高度去认识岩浆作用所形成产物的特征。

（二）根据火山喷发环境划分

火山作用既可以发生在陆地，也可以发生在海底，因此根据喷发环境有陆相和海相火山岩之分，二者在岩石特征上具有显著差别，归纳起来有如下几点。

(1) 陆相火山岩由于处在氧化条件下，往往呈浅红或褐紫色，风化壳发育，与下伏地层多呈不整合接触；而海相火山岩由于处于还原环境，常常呈灰或灰绿等颜色，风化壳一般不发育，同时由于海底地形起伏较小，故与下伏地层多呈整合接触。

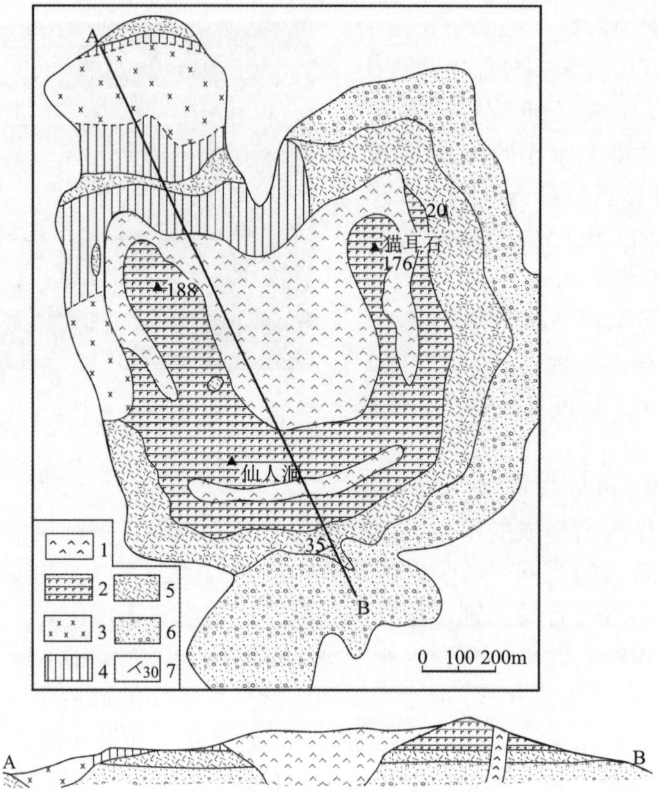

图 3-24　江苏六合方山破火山岩相分布图(转引自孙鼐和彭亚鸣，1985，并做部分修改)

1. 浅色辉绿岩岩颈及环状岩墙(火山通道相及次火山岩相)；2. 上玄武岩(喷溢相)；3. 深色辉绿岩(次火山岩相)；4. 下玄武岩(喷溢相)；5. 火山碎屑岩(爆发相及喷发沉积相)；6. 中新世洞玄观组砂砾岩；7. 产状

(2)陆相火山岩相变明显，火山碎屑岩所占比例较大，碎屑物的分选性较差，常见火山弹、火山泥球和熔结凝灰岩等；而海相火山岩则相变小，火山碎屑岩所占比例小，且碎屑物一般具有良好的分选性和成层性。

(3)陆相熔岩的成分变化大，自基性至酸性均有，常发育柱状节理；而海相火山岩成分则以基性为主，并发育枕状构造。

(4)陆相火山岩与陆相动物及淡水植物伴生；而海相火山岩则与海相化石伴生，此外还和放射虫硅质岩、有孔虫硅质岩、燧石岩及碳酸盐岩等伴生。

我国浙闽沿海地区中生代广泛发育陆相火山作用，火山岩占基岩出露面积的 80%，厚度达 2000～3500 m(熊绍柏等，2002)，总体积在 50 万 km^3 以上(陶奎元，1991)，它们主要为一套钙碱性的安山岩-英安岩-流纹岩，其中尤以流纹岩占绝对优势。而我国祁连山、秦岭、大巴山、天山、五台山、吕梁山等地发育的元古宙和古生代火山岩，则常具有明显的海相喷发特点，以玄武岩为主，常发育典型的枕状构造。

第四章　火成岩微量元素和同位素地球化学

借助地球化学的手段，火成岩岩石学研究可从定性转向定量。岩石学与地球化学的有机结合产生了一个新的交叉学科——岩石地球化学。绝大部分火成岩岩石地球化学的研究工作主要围绕矿物和全岩的微量元素(trace element)和同位素(isotope)地球化学而展开。

对岩石学研究而言，微量元素是指在一个特定的地质样品(岩石或造岩矿物)中，在化学计量上不构成主要组成的那些元素，含量通常小于0.1%(质量分数)，其在地质样品中的丰度单位通常用 10^{-6} 或者 ppm 来表示。岩石中的微量元素以多种形式存在，最主要的是呈类质同象的形式占据矿物晶格内晶体化学性质相近的主量元素[又称为“常量元素”，含量通常大于0.1%(质量分数)]的位置；其次是保存在快速固结和冷凝的火山玻璃和气-液包裹体中；还有一种是吸附在矿物表面或以杂质的形式存在于矿物晶体缺陷的间隙内。微量元素在岩石学中的应用始于20世纪50年代以前，经过最近半个多世纪以来的不断发展，已在探索地球的演化和成岩成矿等方面得到了广泛的应用。相对于主量元素，微量元素往往能为岩浆的形成和演化提供更多信息。例如，同样为地幔熔融产生的玄武岩，其主量元素组成大致相同，但由于其熔融作用发生的温压条件不同，其微量元素地球化学特征则会有较大差别。另外，在同一给定的构造环境中生成的岩浆也会在微量元素丰度的分布上有相似之处，这又使得我们可借以推断原始岩浆形成的构造环境。

在地球化学上，具有相同质子数、不同中子数(或不同质量数)的同一元素的不同核素互为同位素。由于质子数相同，它们属于同一元素的一簇原子，所以它们的基本化学性质相同，但质量有所不同。根据原子核的稳定性，同位素分为稳定同位素和放射性同位素两大类。根据地球或星体的各种物质或地质过程中稳定同位素的分馏或放射性同位素的衰变而造成的同位素成分的变化，可以研究这些物质的来源、形成年代和演化过程。

将火成岩的微量元素和同位素研究相结合，可以对不同地幔和地壳的储库以及熔融的条件进行有效的地球化学示踪，在岩石成因、成矿机制、构造演化和地球层圈过程以及行星科学等方面的研究中发挥了重要作用。

第一节　地球化学分析方法

微量元素和同位素地球化学在半个多世纪以来的飞速发展，主要得益于基础科学理论的渗透和现代测试技术的充分应用。地质样品的元素和同位素地球化学分析主要考量三个方面：准确度、精确度和仪器检测限。准确度是指测量值和真实值之间的接近程度。精确度是指分析测试的可靠性，即测试结果的可重复性。检测限是指能够被所使用测试仪器和测试方法检测到的最低浓度。事实上，尽管可以参考标准样品的推荐值来检测分析样品的值，但确定样品的真实值非常困难。所以从某种程度上，精确度比准确度更为重要，因为对于一套由同一实验室分析的数据，成分的相对差异可以用来推断地球化学过程。

下面简要介绍一下岩石地球化学研究中常用的几种分析测试方法。

（一）X 射线荧光光谱

X 射线荧光光谱（XRF）的原理是基于用 X 射线激发样品，使之产生二次 X 射线，而每个元素都有特征的二次 X 射线波长，因此，加入校正标准，通过测不同元素特征二次 X 射线的强度就可以用来确定元素的浓度。典型岩石样品的 XRF 分析有两种不同形式的样品制备方法。一种是将均匀的样品粉末压片来分析微量元素；另外一种是由岩石粉末与亚硼酸锂或者四方硼酸盐混合并熔融制成玻璃片来分析主量元素。

XRF 分析是目前分析硅酸盐全岩样品主量元素最常用的方法，在部分微量元素分析上也有应用。该方法的适用性广、分析快速，能够分析 80 多种元素，检测的浓度范围可以从 100%变化到几个 ppm。XRF 分析方法的主要缺陷是不能分析比钠（原子序数=11）轻的元素且不能区分铁的价态。

（二）电子探针分析

电子探针分析（EPMA）的原理与 XRF 的十分相似，只是前者用的是电子束而不是 X 射线来激发样品而已。通过分析激发的二次 X 射线的波长，相对于标样记录峰的面积，用适当的模型进行校正，可以将峰的强度转化为浓度。

电子探针主要用于矿物的微区主量元素分析，也可扩大束斑直径对隐晶质岩石或熔融的岩石玻璃进行主量元素分析。另外，利用长的计数时间和精确的背景测量，电子探针的检测限也可延伸到微量元素的范围，满足分析部分微量元素的要求。电子探针分析的优点是具有极高的空间分辨率，可进行 1～2 μm 的微区分析，且基本不损伤样品。

（三）电感耦合等离子体质谱

电感耦合等离子体质谱（ICP-MS）是目前应用最为广泛的微量元素和同位素分析手段。它具有非常低的检测限和良好的精确度及准确度。只需将少量的样品制成单一的溶液，通过蠕动泵引入雾化器产生气溶胶，然后在高温等离子体中将气溶胶中的元素电离，带电的离子束进入真空系统经离子透镜聚焦，进入四极杆/磁场质量分析器，按其质荷比进行分离，用电子倍增器/法拉第杯接收并检测离子的信号强度。该方法可以分析大部分微量元素，在对溶样方法进行改进后，也可对部分含量极低的微量元素（如铂族元素）给出不错的分析结果。除了以溶液方式进样外，ICP-MS 还可以和激光剥蚀（LA）系统联用（即 LA-ICP-MS），通过激光剥蚀的方式直接对固体样品进行原位微区取样，并用高纯气体将剥蚀下来的样品气溶胶送入 ICP-MS 中进行离子化和质荷比分析。该方法在矿物同位素定年（如锆石 U-Pb 定年）和微量元素分析上应用广泛。

多接收电感耦合等离子体质谱（MC-ICP-MS）的工作原理与 ICP-MS 类似，继承了 ICP-MS 高电离效率的优点，但相比 ICP-MS 具有更大的磁场和更多的信号检测器（法拉第杯/电子倍增器），大的磁场使其具有极高的质量分辨能力，多个法拉第杯使其能够同时接收多个同位素的信号，从而实现同位素比值的快速和高精度测量。该方法的出现为地质样品的同位素组成，特别是金属稳定同位素（如 Fe、Mg、Ti、Zn、K 等）的分析带来了革命性的进步，带动了同位素地球化学的蓬勃发展。类似地，配备了激光取样系统的 LA-MC-ICP-MS 则可以直接对固体样品进行原位微区的同位素测定，在示踪岩石成因和岩浆演化方面发挥重要的作用。

（四）热表面电离同位素稀释质谱

同位素稀释法是将一种已知浓度和同位素比值的示踪剂（或稀释剂）加到地质样品中，通过已知数量的稀释剂和已知数量的待测样品混合，确定混合物的同位素比值，进而计算出待测样品的元素（或同位素）的浓度。TIMS 的样品离子化方式与 ICP-MS 不同，其通过将待测样品溶液点在高熔点的金属带表面上，然后对金属带进行高温加热使样品电离。随后，带电粒子进入磁场并根据质荷比进行分离，用质量分析器进行接收和测量。该方法在地质学研究中主要用来进行同位素的高精度测定，比如 Sr 同位素和 U-Pb 同位素。这种分析方式的主要缺点是费时、昂贵，且对超净间和溶液分离流程要求很高。因此，常常也用来校准其他较快速的分析方法。

（五）二次离子质谱

二次离子质谱（SIMS）的工作原理是，用高度聚焦的氧/铯一次离子束轰击固体样品表面（30～2 μm），其中，氧源主要用于激发正电荷离子，而铯源多用于激发负电荷离子。一次离子轰击致使样品表面发生溅射产生带有样品信息的二次离子。二次离子通过静电分析器进行能量聚焦，随后进入磁场根据质荷比进行筛选，最后进入检测器进行分析。SIMS 兼具高质量分辨率和高空间分辨率的特点，所需样品量小，可进行地质年代学、稳定同位素地球化学、微量元素等分析，在陨石特别是月球等地外星球样品的分析上有着独到的优势。特别地，SIMS 样品仓具有高真空的特点，且在输送一次离子和二次离子过程中并未引入外来载气，因此，SIMS 可以用来分析天体/地质样品的挥发分组成（如 F、Cl、S、C、H 等）。离子探针技术在岩石地球化学领域具有广阔的前景，但该方法也存在着分析时间长、费用高、仪器维护较为复杂等缺点。

总之，每种分析测试方法各有其优缺点和适用范围，要根据所需解决问题的性质、样品的量和要求的分析精度及速度，选用适当的分析方法。选择有地质意义和能说明岩石关系及成因的典型露头和新鲜样品，将单矿物的微量元素、全岩主量和微量元素以及部分同位素分析相结合往往是必要的。

第二节　微量元素的分配系数

只有当我们了解微量元素配分的原理和地质过程对微量元素分配的控制方式，岩石的微量元素地球化学研究才真正具有实际意义。在现代定量微量元素地球化学中，通常假设微量元素通过类质同象替换的方式赋存于矿物相之中。由于微量元素的含量很低，如果把所赋存的矿物相当作一种溶液，则这种溶液对于微量元素而言可称为稀溶液。在一定温度、压力下某个元素在两个平衡的相（如矿物和熔体）之间的关系遵循能斯特（Nernst）定律，其浓度比为一常数，又称为能斯特分配系数，可表达为

$$\mathrm{kd} = C_i(\text{矿物})/C_i(\text{熔体}) \tag{4-1}$$

式中，kd 为能斯特分配系数；C_i（矿物）为元素 i 在矿物中的含量；C_i（熔体）为元素 i 在熔体中的含量。例如，Sr 在某火山岩的斜长石斑晶中的含量是 900 ppm，而在玻璃基质中为 200

ppm，那么 Sr 在该斜长石/硅酸盐熔体间的分配系数就是 4.5。

如果某种元素在矿物和熔体间的分配系数为 1，则表明该元素均一地分配到矿物和熔体之中。若分配系数大于 1，则意味着该元素更倾向于进入矿物相，其在所研究的矿物-熔体体系中是“相容元素”。如果分配系数小于 1，则说明元素优先进入熔体相，是“不相容元素”。需要注意的是，微量元素的相容性和不相容性在不同的体系中是有差别的。

分配系数的适用条件是：①两相必须平衡；②溶质的浓度极小，从而符合稀溶液的亨利定律；③溶质在各相中的赋存形式相同；④各地质相(如矿物、熔体)化学成分均一。

图 4-1 展示了玄武质、安山质和流纹质熔体中一些常见矿物的分配系数变化。可以看出，无论哪一种岩性，重稀土(Ho～Lu)在石榴子石中具有较高的分配系数，中稀土(Sm～Dy)在普通角闪石、单斜辉石和榍石中具有较高的分配系数；而 Eu 则在长石(包括钾长石和斜长石)的分配系数明显偏高。可以预测，这些矿物的分离结晶会导致那些在矿物中具较高分配系数的元素在残余的岩浆体系中亏损。

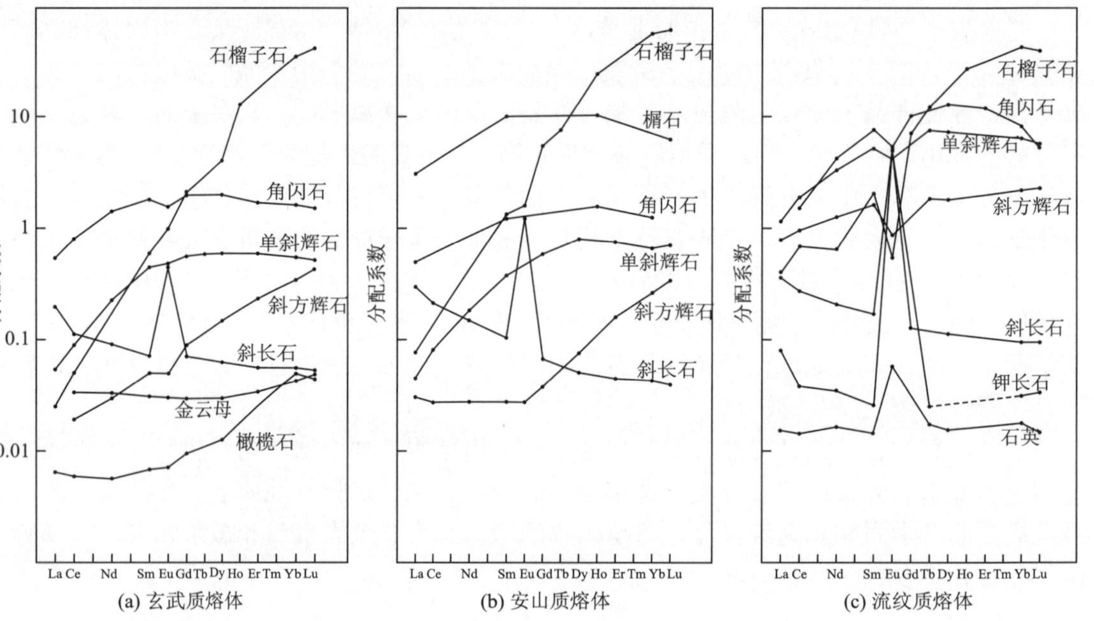

图 4-1 稀土元素在玄武质熔体、安山质熔体和流纹质熔体一些常见矿物中的分配系数变化
[据 Rollison(1993)整理有关文献资料绘制]

实验研究表明，能斯特分配系数随着熔体的温度、压力、成分和氧逸度变化十分明显，矿物的晶体结构、熔体的含水量也都是影响它的重要因素。此外，火成岩微量元素的分配还受到元素活动性、部分熔融作用、分离结晶作用、同化混染作用以及岩浆房动力学过程等方面的制约。通过对微量元素在地质样品中分配的研究，可以制约岩石的成因过程。囿于篇幅，接下来将主要讲述一下部分熔融作用对元素分配的影响。

第三节　固态熔融模式

地球化学上，火成岩源区的部分熔融过程可分为两种，分别代表自然过程的两种极端模式。一种是批式熔融作用，又叫平衡部分熔融作用，它描述了在熔体形成过程中，源区中的熔体不断地与残留固相发生反应并与之保持平衡，直到由于机械条件的变化促使熔体以整批的形式从源区抽出为止。另一种是瑞利(Rayleigh)分离熔融作用，即少量熔体一旦形成便立即从源区抽出，且不再与残留体接触；在这种情况下，源区中的平衡仅在熔体和矿物颗粒的表面才可得到。

对于某个特定的环境，部分熔融作用以何种形式发生取决于岩浆从源区迁出的能力，这又决定于源区物质的渗透性、熔体的水含量、熔体的黏度等。Rayleigh 分离熔融作用可能是某些玄武质岩浆形成的合适方式，因为岩浆从地幔源区抽出的物理模型研究表明即使是非常少量的玄武岩浆也能够从它们的源区抽出。而长英质熔体黏度高，渗透性较差，更可能以批式部分熔融作用来形成。下面给出两种部分熔融作用的方程。

一、批式熔融作用

在批式熔融作用过程中，某个微量元素在熔体中的浓度 C_L 和它在未熔前原岩中的浓度 C_o 的关系可以用式(4-2)表示：

$$C_L / C_o=1/[D_{RS}+F(1-D_{RS})] \tag{4-2}$$

熔体抽出后，残留固体相中的微量元素浓度 C_S 和 C_o 的关系式为

$$C_S / C_o= D_{RS}/ [D_{RS} +F(1-D_{RS})] \tag{4-3}$$

式中，D_{RS} 为源区残留固相的总分配系数；F 为产生的熔体的分数，又称“部分熔融程度”。需要注意的是，残留固相的分配系数必须以熔体抽出源区时的残留固体矿物组分进行计算。如果考虑源区岩石的矿物学特征和每一种矿物对熔体形成的相对贡献，那么批式熔融作用方程就会变得复杂得多：

$$C_L / C_o=1/[D_o+F(1-P)] \tag{4-4}$$

式中，D_o 为源岩的总分配系数；P 为源岩熔融掉的矿物组合的总分配系数；这个矿物组合组成了熔体。若部分熔融作用按照源岩的实际矿物比例进行熔融，方程(4-4)可以简化为

$$C_L / C_o=1/[D_o+F(1-D_o)] \tag{4-5}$$

当考虑的因素更多时，还有其他更为复杂的熔融作用的方程提出，这里不再详述。

依据简单的批式熔融方程(4-5)，当总分配系数 D_o 值很小时，方程(4-5)的右边可简化为 $1/F$，即相当于 C_L/C_o 趋近于一个常数(在部分熔融程度值 F 给定的情况下)，这样就限定了微量元素富集的范围极限，即 C_L 不可能超过 C_o/F。而当 F 值很小时，同理，方程的右边可以简化为 $1/D_o$，标志着熔体中不相容元素相对于源岩富集的最大极限和相容元素亏损的最大极限。部分熔融程度小的批式熔融作用能够引起两个不相容元素(如一个的总分配系数为 0.1 和另一个为 0.01)的比值发生显著的变化，但是对更小的 D_o 值(0.01～0.0001)的两个微量元素，方程(4-5)的右边趋于一个定值，即使两个不相容元素的 D_o 值差别很大，其微量元素比值的区别也不太显著[图 4-2(a)]。

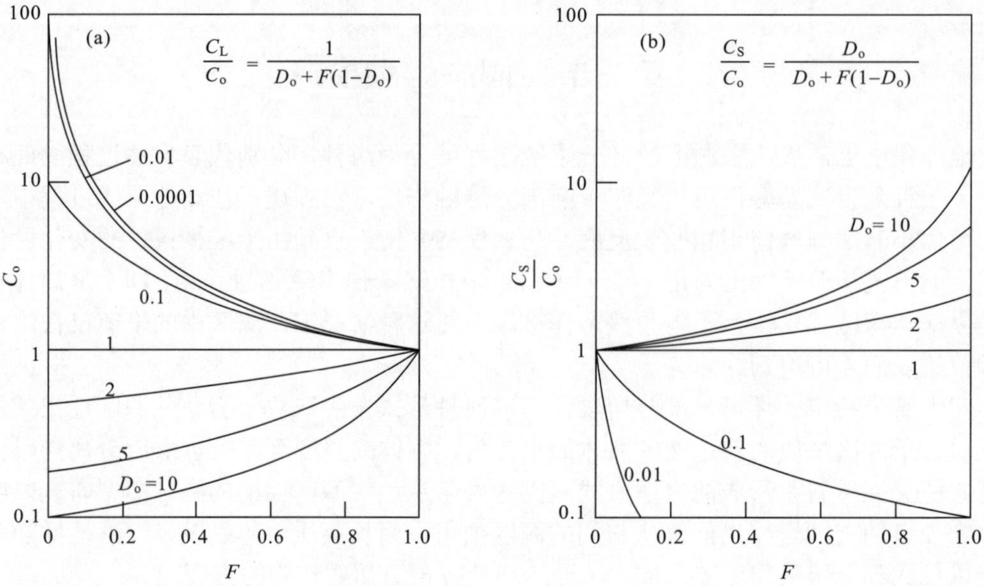

图 4-2 批式熔融作用过程中不同总分配系数下 C_L/C_o 和 C_S/C_o 值随部分熔融程度 F 的变化情况(Rollison, 1993)

(a)熔体；(b)残留体；曲线上的数字为不同的总分配系数 D_o 值

对于不同的 F 和 D_o 值，与熔体平衡的残留固体中的微量元素的富集和亏损[方程(4-5)]的情形如图 4-2(b)所示。从图中可以看出，即使熔融程度很小的批式熔融作用也可导致残余固相中的不相容元素发生显著的亏损。然而，对于相容元素，小程度的部分熔融产生的熔体的微量元素含量与源岩相差不大。

二、Rayleigh 分离熔融作用

对于 Rayleigh 分离熔融作用，有两种方程来表示：一种只考虑少量单一熔体的形成，另一种则考虑通过若干个单一熔体的聚集而形成的熔体。如果假设在分离部分熔融作用过程中，进入熔体相的矿物成分按照它们在源岩中的比例，那么，对于给定的一份熔体，其中的微量元素浓度相对于源岩的比值可以用式(4-6)来表示：

$$C_L/C_o=(1/D_o)(1-F)^{(1/D_o-1)} \tag{4-6}$$

式中，F 为已经从源岩中抽出的熔体分数；D_o 为熔融刚刚开始时源岩的总分配系数。残留固体相的方程是

$$C_S/C_o=(1-F)^{(1/D_o-1)} \tag{4-7}$$

如果熔融后进入熔体的矿物成分不按照最初在源岩的实际比例，这种熔融作用更接近于天然情况，其方程是

$$C_L/C_o=(1/D_o)(1-PF/D_o)^{(1/P-1)} \tag{4-8}$$

以及

$$C_S/C_o=[1/(1-F)](1-PF/D_o)^{1/P} \tag{4-9}$$

式中，P 为熔融进入熔体中的矿物的总分配系数。

对于不同的 D_o 值和不同的熔融程度，按照源岩实际矿物比例进行的分离熔融作用[方程(4-6)]产生的单一熔体增量中的微量元素浓度相当于源岩的变化，如图 4-3(a)所示。在熔融程度为0%～10%的范围内，不相容元素在熔体中的浓度相对于源岩中的比值变化更极端，且随着熔融程度的升高急剧下降，而相容元素在熔体和源岩中的比值则变化不大[图 4-3(a)]。

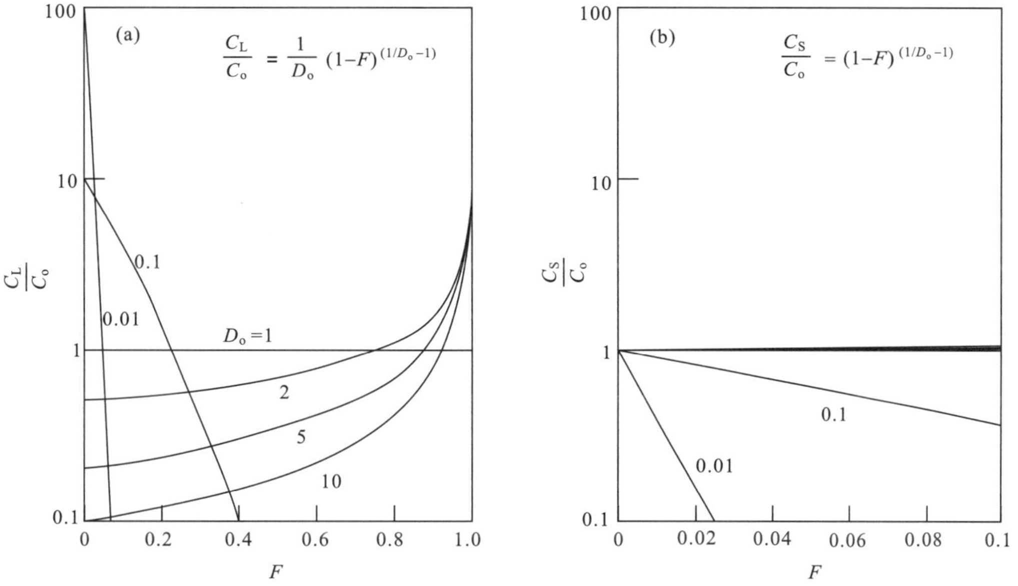

图 4-3　瑞利分离熔融作用过程中不同总分配系数下 C_L/C_o 和 C_S/C_o 值随部分熔融程度 F 的变化情况 (Rollison, 1993)

(a)熔体；(b)残留体；曲线上的数字为不同的总分配系数 D_o 值

对于熔融程度很小的分离熔融作用，与熔体瞬时平衡的固体相中的微量元素浓度相对于源岩的变化如图 4-3(b)所示。与批式熔融相比，此时不相容元素的亏损更加强烈。

第四节　稀土元素：一组特殊的微量元素

稀土元素(REE)是指原子序数为 57 号 La 到 71 号 Lu 的镧系元素。有时，也包括 39 号的 Y，因为其与 Ho 的离子半径相似。其中，Pm(钷)在自然界中不存在。根据原子序数的变化，对稀土元素可做二分或者三分：二分法是把原子序数较小的稀土元素(La～Eu)称为轻稀土元素(LREE)，而把原子序数较大的稀土元素(Gd～Lu)称为重稀土元素(HREE)；三分法没有一定之规，通常是轻稀土元素(La～Nd)、中稀土元素(Sm～Dy)和重稀土元素(Ho～Lu)。这两种划分方法可示意如下：

轻稀土（LREE）　　重稀土（HREE）

La　Ce　Pr　Nd　Pm　Sm　Eu　Gd　Tb　Dy　Ho　Er　Tm　Yb　Lu

轻稀土　　中稀土　　重稀土

在自然界，稀土元素具有十分相似的化学和物理性质，其离子半径也非常相似。它们常呈稳定的+3 价离子，少数还有其他价态，如 Ce^{4+}和 Eu^{2+}。从 La 到 Lu，随着原子序数的增大，原子核对外层电子的吸引力逐渐增强，三价稀土元素的离子半径逐渐减小，这就是“镧系收缩”现象。由于这些原因，稀土元素的碱性程度也是从 La 到 Lu 逐渐降低的。稀土元素离子半径和化学行为的这些细微差别是许多成岩作用过程中轻重稀土元素发生分馏的内在原因。

稀土元素总量通常用∑REE 来表示。从 La 到 Lu，稀土元素在天然地质样品中的含量分布遵循“奇偶效应”(odd-even effect)这一经验规律，即偶数原子序数的镧系元素较之相邻的奇数原子序数的元素丰度高。出现这种现象的原因是，前者的原子较后者的更加稳定，常具多种稳定同位素，而后者仅具有一种稳定同位素。球粒陨石一般可以用来代表太阳系相对没有分异的样品，REE 在其中的分布同样遵循“奇偶效应”规律，在成分-丰度图解上就会出现锯齿状图形型式(图 4-4)。因此，我们可以利用样品对球粒陨石的标准化(样品的 REE 丰度除以球粒陨石相应的 REE 丰度)来消除原子序数为奇数和偶数的 REE 间的丰度变化，获取平滑的成分-丰度曲线，称之为 REE 的配分型式(或配分曲线)图解，其坐标轴刻度为对数坐标。大量研究表明，REE 配分曲线在探讨岩石成因和演化方面具有重要的岩石学意义。

火成岩的REE配分曲线受控于源岩的REE型式和岩浆过程中REE在矿物-熔体间的分配(包括部分熔融和后期结晶)，配分曲线总体上呈现一个平滑的趋势，但常常会出现 Eu 元素的正异常或负异常(图 4-5)，这通常与富 Eu 长石在源区的堆晶或在岩浆过程中的分离结晶有关。尤其在长英质岩浆中，因为二价的 Eu 可以被斜长石和钾长石所容纳，而三价的 Eu 却是不相容的。因此，分离结晶作用中，长石从长英质岩浆中分离出来或者在部分熔融作用过程中作为残留相存在，必然会引起熔体中 Eu 的负异常。另外，普通角闪石、榍石、单斜辉石、斜方辉石和石榴子石等在某种程度上也会引起长英质熔体的 Eu 异常，但是它们的作用与长石相反，造成正铕异常，其根本原因是 Eu 相对其相邻的 Sm 和 Gd 在上述矿物中不相容(图 4-1)。此外，熔体中 Ce^{4+}/Ce^{3+}值和 Eu^{2+}/Eu^{3+}值还受熔体氧逸度的控制，在高氧逸度的情况下，熔体具有高的 Ce^{4+}/Ce^{3+}值和低的 Eu^{2+}/Eu^{3+}值，从熔体中结晶出的矿物可记录下与之平衡熔体的 Ce^{4+}/Ce^{3+}值和 Eu^{2+}/Eu^{3+}值。因此，矿物的 Ce 异常和 Eu 异常也可用作氧逸度计，如锆石的 Ce 异常氧逸度计(Smythe et al., 2015)和辉石的 Eu 异常氧逸度计(Tang et al., 2018)。

REE 的分馏程度通常可以用一个轻稀土元素对一个重稀土元素的丰度的标准化后数值的比值来表示，如 $(La/Yb)_N$ 值。

$(La/Yb)_N$ 大于 1 时，轻稀土相对富集。该比值越大，REE 的分馏程度越大，稀土配分曲线越向右倾。当源区中存在石榴子石时可导致重稀土相对于轻稀土的极度亏损。在长英质熔体中普通角闪石也可在一定程度上造成轻稀土相对于重稀土有显著的富集。

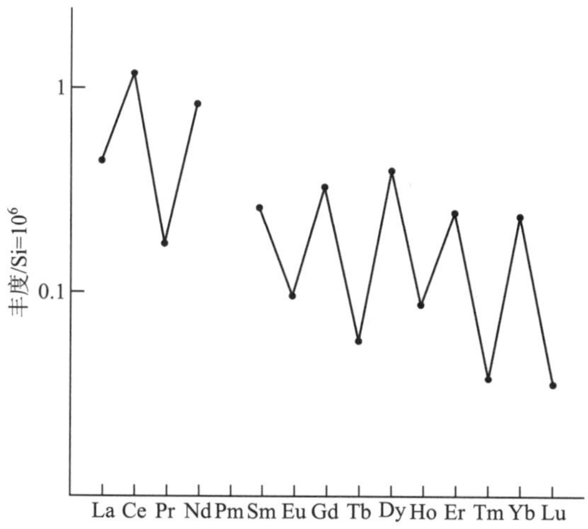

图 4-4 太阳系的 REE 丰度对原子序数图解(Anders and Ebihara, 1982)

对 Si=10^6 个原子进行了标准化，原子序数为偶数的元素比相邻两个奇数的含量高

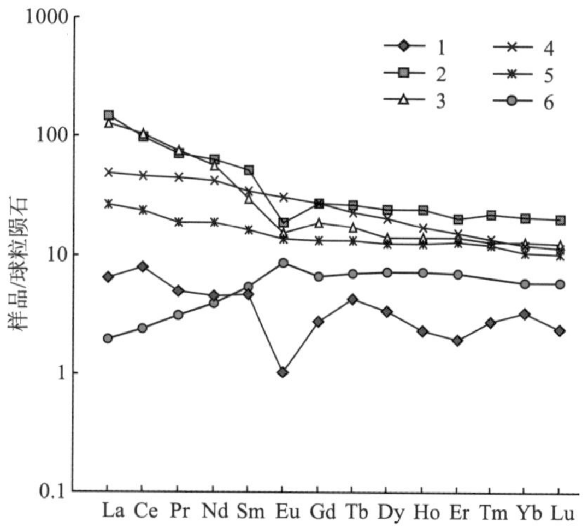

图 4-5 球粒陨石标准化图解

1. 南岭中生代高演化的花岗岩(孙涛等，2003)；2. 华南新元古代花岗闪长岩(Wang et al., 2004)；3. 平均上地壳(Taylor and McLennan, 1981)；4. 夏威夷洋岛玄武岩(Garcia et al., 2000)；5. 日本岛弧安山岩(Kamei et al., 2004)；6. 喜马拉雅蛇绿岩(Mahéo et al., 2004)

$(La/Yb)_N$ 小于等于 1 时，轻稀土相对亏损。此时，轻、重稀土之间的分馏可能是由橄榄石、斜方辉石和单斜辉石的存在所引起的，因为从 La 到 Lu 在这些矿物中的分配系数增大了 1 个数量级。当一个新鲜的岩石样品主要由这些矿物相组成时，其稀土配分曲线常常呈现这种型式。

相对于重稀土，中稀土(MREE)的分馏可以用 $(Gd/Yb)_N$ 值来表示。中稀土相对轻、重稀土的比值主要受控于普通角闪石，这是因为角闪石的中稀土相对重稀土富集，分离将造成 $(Gd/Yb)_N$ 降低。图 4-1 的分配系数图证实了这一点。

在长英质熔体中，榍石、锆石、褐帘石、磷灰石、独居石等副矿物对 REE 的配分型式影响较大，虽然副矿物在岩石中的含量很低(常小于 1%)，但是它们的分配系数非常大，微量的矿物相也很可能对岩石的 REE 型式起较大的控制作用。比如，锆石的效应和石榴子石相似，将造成 HREE 亏损；榍石和磷灰石将引起 MREE 亏损；而独居石和褐帘石将引起 LREE 亏损。

在高分异的浅色花岗岩中，稀土元素的配分曲线通常具“四分组效应”(tetrad effect)，即从 La 到 Lu 元素分为四组，每一组内四个元素的配分曲线呈向上凸的形状(图 4-5 中的 1 号曲线)。这四组元素的划分规则是：第一组，La-Ce-Pr-Nd；第二组，Pm-Sm-Eu-Gd；第三组，Gd-Tb-Dy-Ho；第四组，Er-Tm-Yb-Lu。其中，第二组和第三组共用 Gd 这个元素；第二组因缺 Pm 值(非天然元素)以及元素 Eu 常呈异常，使得该组曲线的上凸形式不明显。“四分组效应”的产生与花岗质熔体在开放体系中和富挥发组分(F、Cl 等)的流体相互作用(反应)有关。该类花岗岩往往具有白云母、锂云母、钠长石、电气石、黄玉、萤石等矿物，并呈强烈负 Eu 异常。

REE 配分曲线在岩石学和地球化学研究中被广泛应用。通常认为，REE 为最不易溶解的微量元素，在低级变质作用、风化作用和热液蚀变作用中保持相对的不活泼性。然而，REE 也并不是完全不活泼的，在解释强烈蚀变的岩石或者高级变质岩石的 REE 型式时，应特别小心。

第五节　火成岩中微量元素的应用

火成岩的微量元素在岩石成因研究的诸多领域发挥了很大的作用，下面分几个方面进行讲述。

一、特征参数

(一)元素比值

在岩石学研究中，常使用岩石中两个微量元素丰度的比值来描述岩石特征和岩浆过程，如 Rb/Sr、K/Rb、Sr/Ba、Nb/Ta、Zr/Hf、Ti/V 和 U/Th 等。选择的两种元素往往具有相似的地球化学性质，如 Zr/Hf；或两种元素在同位素上互为子体与母体的关系，如 Rb/Sr。使用丰度比值来描述岩石特征的优点在于：它可以消除岩石因成因的复杂性而使元素的丰度变化范围大而无规律可循的缺点。例如，大洋拉斑玄武岩 Rb 的丰度范围为 0.5～50 ppm，Sr 的丰度值为 70～150 ppm，其丰度最大值与最小值相差 1～2 个数量级，然而该岩石的 Rb/Sr 值范围仅为 0.029～0.034。因此，这些元素比值可以用来推测岩浆源区。然而，在使用这些元素对时，需要注意特殊矿物相或者流体的影响，其会显著改变元素对中某个元素的性质。比如，Zr 在锆石中是主量元素且具有极高的 Zr/Hf 值，锆石结晶分异会使剩余熔体的 Zr/Hf 值明显降低。此外，岩浆/岩石-流体反应也会造成元素对的解耦，比如岩浆结晶晚期的流体出溶会显著降低残余熔体的 Nb/Ta 值以及升高 K/Rb 值。

利用元素的丰度比值可以区分不同构造环境形成的玄武岩(表 4-1)。尤其可以利用相容性相差较大的两个不活动元素的比值来判断岩浆的源区和地壳混染程度，比如 Zr/Nb 和 La/Nb。有些元素比较活跃，易受蚀变和流体作用的影响，因此在对一些不太新鲜的或者年代较老的样品进行分析时，要小心使用那些带有活泼元素的元素对。

表 4-1　不同储库的不相容元素比值

项目	Zr/Nb	La/Nb	Ba/Nb	Ba/Th	Rb/Nb	K/Nb	Th/Nb	Th/La	Ba/La	参考文献
PM	14.8	0.94	9.0	77	0.91	323	0.117	0.125	9.6	1
N-MORB	30	1.07	4.3	60	0.36	296	0.071	0.067	4	1
大陆壳	16.2	2.2	54	124	4.7	1341	0.44	0.204	25	1
远洋沉积物平均	13.7	3.1	83	97	8.9	1948	0.86	0.28	27.0	2
HIMU	3.2～5.0	0.66～0.77	4.9～6.5	63～77	0.35～0.38	77～179	0.078～0.101	0.107～0.133	6.8～8.7	1
EM-Ⅰ OIB	4.2～11.5	0.78～1.32	11.4～17.8	103～154	0.69～1.41	213～432	0.094～0.130	0.089～0.147	11.2～19.1	1
EM-Ⅱ OIB	4.5～7.3	0.79～1.19	7.3～11.0	67～84	0.58～0.87	248～378	0.105～0.168	0.108～0.183	7.3～13.5	1

注：1 表示 Weaver(1991)；2 表示 Plank(2014)。PM 表示原始地幔；N-MORB 表示 N-型洋中脊玄武岩；HIMU 表示具有高 U/Pb 值的地幔；EM-Ⅰ OIB 表示富集地幔-Ⅰ洋岛玄武岩；EM-Ⅱ OIB 表示富集地幔-Ⅱ洋岛玄武岩。

（二）异常值

某些元素的异常值也可用来反映原始岩浆的特点和岩石成因。异常值常用于定量地描述微量元素标准化值的差异性，其确定方法类似于求稀土元素的异常值 Eu^*。在微量元素中常用到的是 Nb^*、K^*和 Sr^*三个异常值。其通常表示为样品某微量元素的标准化值除以该元素两侧元素的标准化值的和的 1/2。

大陆壳物质和花岗质岩石的 Nb^*值通常小于 1，即 Nb 在标准化曲线上呈现负异常。因此，当地幔来源的基性岩浆混染了大陆壳物质或者花岗质岩石时，其 Nb^*呈现一定程度的负异常。大陆拉斑玄武岩就常常具有此类特征；而大洋拉斑玄武岩和大陆碱性玄武岩通常不具有这些性质，这可能是由于岩浆上升时未通过花岗质地壳，或者是岩浆黏度小、上升速度快而来不及混染花岗质岩石的缘故。另外，在具有加厚地壳俯冲带（>50 km）形成的陆弧岩浆也常常具有 Nb、Ta 的负异常，这则与高压下富 Nb、Ta 的矿物（如金红石等）的分离结晶有关。

K^*值可用于指示大洋消减作用（即俯冲作用）与岩浆成分的关系。例如，K^*值小于 1 的玄武岩的源区与消减作用无关；而 K^*值为正异常的玄武岩的源区则可能受到了消减作用的影响，因为消减作用能携带活动性元素 K 进入地幔楔并交代岩浆岩的源区。

Sr 相对于 Ce 和 Nd 的亏损（即 Sr 的负异常）可能是斜长石分离结晶的缘故，也可能是因交代蚀变作用使 Sr 迁移的结果。因此，Sr^*一方面可以度量分离结晶的程度，另一方面也可以指示岩石抗交代蚀变的能力。

二、微量元素图解

运用微量元素的含量或其比值可以作图来探讨岩石成因和岩浆的结晶演化过程。常用的是比值图解和皮尔斯（Pearce）图解。

比值图解是由两元素丰度所构成的一种直角坐标系，类似于主量元素的哈克（Harker）图解。图中的直线代表两元素丰度的比值。该图解有两种作图方式：一种对两个坐标轴均采用对数坐标，为平行线图解［图 4-6（a）］，此图的横轴和纵轴取的是对数坐标，其原点不

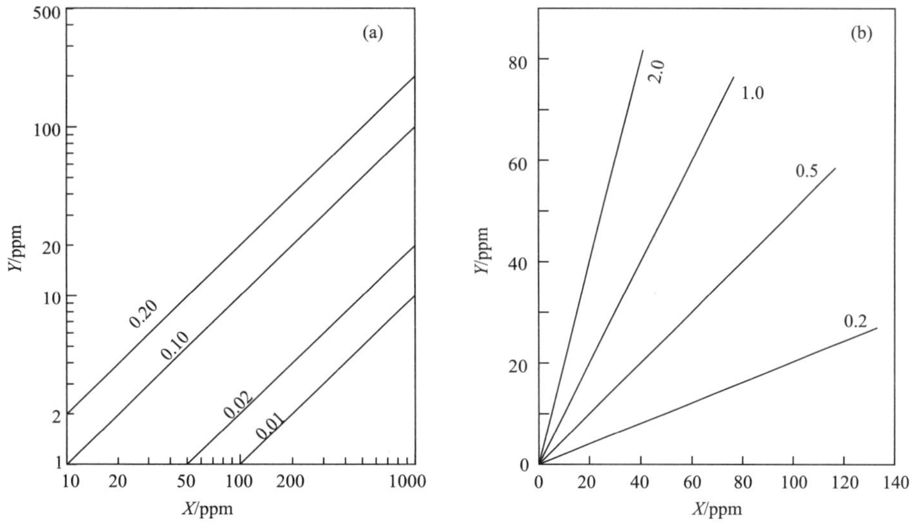

图 4-6　微量元素比值图解

图中的数值代表 Y/X

为零，两元素丰度的比值用平行线表示，各条平行线所代表的两元素的丰度比值因斜率相同而呈一固定的比例关系；另一种为放射线图解[图 4-6(b)]，此图为自然数坐标系，原点可以为零，图内两元素的丰度比值用从原点发射的放射线表示其丰度比值因放射线斜率不同而不呈比例关系。比值图解多选择地球化学性质相似的两元素，其中应用较多的是大离子亲石元素和放射性生热元素，它们较多地运用于太古宙灰色片麻岩、花岗岩的研究。

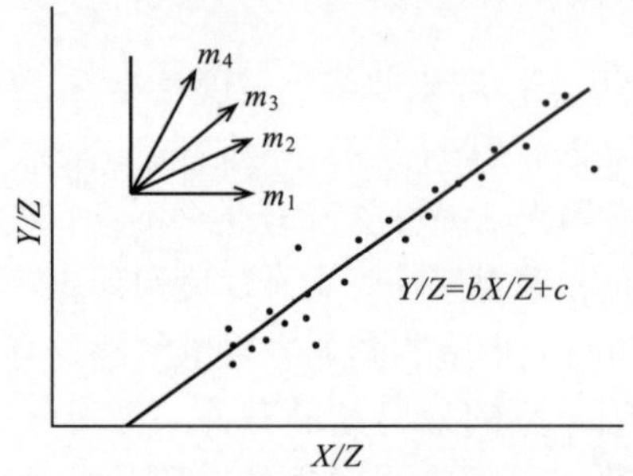

图 4-7　微量元素的 Pearce 图解(李昌年，1992)

X、*Y* 为岩石中组分的丰度或复合式；*Z* 为岩石中组分的丰度，且分别作为 *X* 和 *Y* 的公分母，*b* 和 *c* 为拟合直线的斜率和截距；m_1～m_4 为分离结晶矿物相矢量

Pearce(1968)在讨论岩石的主量化学成分变化趋势与矿物相分离结晶关系时提出一种对地球化学微量元素进行图解的方法，称为 Pearce 图解。该图解(图 4-7)中，两个元素(*X*、*Y*)对同一个公分母 *Z* 元素的比值分别构成坐标系的横轴和纵轴。单一岩浆源区的情况下，各岩石的 *X/Z–Y/Z* 成分点具有较好的线性相关性，且利用最小二乘法可确定其回归方程，在图中空白区还附有矿物分离结晶矢量。

在构作 Pearce 图解过程中，正确选择 *Z* 项十分重要。符合这种条件的元素一般是不相容元素，因为该类元素的分配系数比 1 小得多，在分离结晶作用中主要保存在残余熔体中，所以该类元素在原始熔体中的浓度基本等于残余熔体中该类元素的浓度。如分离结晶的矿物相为橄榄石，可选择 La 或 K 作为 *Z* 项；若讨论蚀变、交代岩石，则选择非活动性元素(如 Ti 或 P)丰度为 *Z*。*X* 和 *Y* 的选择也有一定的限制：它们可以是某一元素在岩石中的丰度，该元素在岩石中的丰度是变化的；也可以是由若干元素丰度表达的算术复合式。

Pearce 图解在岩石学中的应用是多方面的，主要表现如下：

(1)可以判别岩浆的同源性。同源岩浆应呈同一个线性分布，若呈现两条以上不同斜率的直线，则说明是由不同的原始岩浆经分离结晶作用而形成。

(2)可以分析分离结晶作用的特征，研究结晶作用的受控因素。

三、蛛网图

对火成岩微量元素的研究通常会采用一个多元素的标准化图解，又称为蛛网图解(spider diagram)。它基于一组对于典型地幔矿物不相容的元素来进行构图，实际上就是 REE 标准化配分图解的扩展。这种图解可适用于所有的火成岩类，尤其对于描述玄武岩的地球化学特征特别有用。

如同稀土元素利用球粒陨石进行标准化一样，微量元素的蛛网图解可以选择几种不同的典型储库进行标准化，以测量岩石样品对这些典型储库的偏离程度。目前，主要有三种流行的方法来进行岩石样品微量元素数据的标准化：原始地幔、原始洋中脊玄武岩(MORB)和球粒陨石。选择一系列的元素，根据需要采用不同的地幔储库标准化数据进行标准化，并按照它们在地幔低程度部分熔融熔体的相容性增加的顺序排列，作为横坐标，较为常用的排序方式可参考 Rb、Ba、Th、U、Nb、Ta、K、La、Ce、Pb、Pr、Sr、Nd、Zr、Hf、Sm、Eu、Ti、Gd、Tb、Dy、Ho、Er、Yb、Lu。纵坐标为岩石样品的元素含量与相应储库的标准化值，用对数刻度来表示。

一般来说，原始地幔标准化图解适用于基性-超基性火成岩，MORB 标准化微量元素蛛网图解最适用于研究产于洋中脊的蛇绿岩、分异的玄武岩、安山岩和地壳岩石，球粒陨石标准化图解则适用于不同岩类的稀土元素。

四、构造环境判别图解

微量元素在一定程度上可以用来判别火成岩形成的构造背景，这就将岩石的地球化学研究和大地构造以及地球动力学研究有效结合起来。对于此类图解，根据选择的构图元素不同主要分为三类。

1. 选择非活动性元素作图

这类元素(如 Zr、Ti 等)属高场强元素，具较低的离子位能。在岩石风化、蚀变和变质过程中，它们一般不发生迁移，而且它们对分离结晶作用和同化混染作用的反应不灵敏，故可以反映源区信息。

2. 选择活动性差异的元素作图

这种类型图解有 Zr-Ti-Sr 图、Hf-Ta-Th 图等。其中 Sr 和 Th 为活动性较强的元素，其他元素为非活动性元素。在消减作用中，活动性元素因易溶于含水流体相常被携带和迁移，在该构造环境形成的火山岩中较富集。例如，岛弧玄武岩中的大离子亲石元素的丰度较高，故在三元图解中岛弧玄武岩总是表现为接近于活动性元素富集的端元，由此可以与其他构造背景的火山岩相区别。

3. 选择相容性差异的元素作图

这种类型的图解主要利用元素在岩浆结晶过程中的相容性差异，来探讨岩浆的性质和结晶的过程。高度相容元素的含量和不相容元素的比值基本不会受到部分熔融和分离结晶作用的影响，可以反映源区的性质，而不相容元素的丰度变化却与岩浆过程密切相关。由此，可以选择不同相容性的元素比值来研究不同的岩浆作用。

需要强调的是，构造判别图解是在一定量的可靠数据资料的基础上构建的，不具有绝对性，因此使用它们来判别岩石形成的构造环境一定要慎重，若不加分析地将成分进行投影，往往会得到相互矛盾或错误的结论。

第六节　火成岩中同位素的应用

同位素已广泛应用到火成岩研究中，在岩浆过程的识别和源区的示踪等方面发挥了重要作用；尤其是利用放射性同位素又可确定岩石和矿物的形成年龄，在研究壳幔分异、地壳的形成和演化、构造-岩浆演化历史等方面有着重要意义。因此，同位素是岩石成因研究的一个重要手段。同位素的组成及其分馏在“地球化学”和“同位素地球化学”相关教材中都有详述，本节简要介绍几种常见的稳定和放射性同位素在岩石学中的应用。

一、稳定同位素

不具有放射性的同位素称为稳定同位素(stable isotope)。稳定同位素中，一部分是由放射性同位素通过衰变形成的，即放射成因同位素(radiogenic isotope)，如 ^{87}S；另一部分是天然的稳定同位素，是核合成以来就保持稳定，迄今未发现其能自发衰变形成其他同位素，如 ^{1}H 和 ^{2}H、^{16}O 和 ^{18}O、^{12}C 和 ^{13}C 等。稳定同位素可根据研究阶段进一步分为传统稳定同位素和非传统稳定同位素。传统的稳定同位素地球化学主要是早期阶段发展较为成熟的针对利用气体源同位素质谱测试的 C-H-O-N-S 五个同位素体系以及利用热电离质谱进行测试的 B 同位素等。随着 20 世纪 90 年代末 MC-ICP-MS 的问世，同位素的测试精度得到了极大提升，很多原先未受关注的稳定同位素组成在近二十年能够被精确测定，这类稳定同位素被称为“非传统稳定同位素”，如 Fe、Mg、Zn、K、Ti、Cu、Mo 等。这些都是金属元素，因此又称为金属稳定同位素。

稳定同位素比值的度量往往相对一个标准而进行，同位素比值表示为 δ 值，单位是千分率(‰)。以氧同位素为例，其 δ 值按式(4-10)计算：

$$\delta^{18}\mathrm{O}(‰)=\frac{{}^{18}\mathrm{O}/{}^{16}\mathrm{O}_{(\text{样品})}-{}^{18}\mathrm{O}/{}^{16}\mathrm{O}_{(\text{标准})}}{{}^{18}\mathrm{O}/{}^{16}\mathrm{O}_{(\text{标准})}}\times 1000 \tag{4-10}$$

因此，若一个样品的 $\delta^{18}O$ 值为+10.0，意即它相对于标准样品而言，富集 ^{18}O 为 10‰；反之，若该值为负，则相对标准亏损 ^{18}O。

稳定同位素在高温地质过程中的应用主要表现在以下三个方面：①示踪岩浆源区和不同储库之间的物质交换，如岩浆混合、同化混染和沉积物俯冲进入地幔以及相关的部分熔融等；②示踪岩浆演化过程，如流体出溶和结晶分异等；③作为地质过程的温度计，如矿物的结晶温度。明确各个地质储库的稳定同位素组成是将其用来示踪岩浆源区的前提，而示踪岩浆过程和作为温度计需要先确定不同相(如流体-熔体-矿物)之间的同位素分馏系数。

同一元素的不同同位素之间存在质量差异，导致这些同位素在物理-化学过程中的行为不一致，从而以不同的比例分配到两种物质或者两相之中，即同位素分馏。例如，磁铁矿具有更强的 Fe—O 键，岩浆结晶时重 Fe 同位素优先进入磁铁矿，从而导致剩余熔体相对富集轻 Fe 同位素。所分馏的两个同位素之间质量差异越大，其分馏越明显。同位素的分馏是利用稳定同位素来研究地质过程的重要方面。在物理化学上，可将同位素分为热力学平衡分馏、动力学非平衡分馏和非质量相关分馏，前两者属于质量相关/依赖分馏。为了定量地表示同位素分馏大小，引入了同位素分馏系数的概念。

同位素在物质 A 和 B 之间的分馏可用分馏系数 α 来定义：

$$\alpha_{\mathrm{A\text{-}B}}=(\text{物质 A 中的同位素比值})/(\text{物质 B 中的同位素比值}) \tag{4-11}$$

例如，^{18}O 和 ^{16}O 在锆石和石英之间的交换反应，$^{18}O/^{16}O$ 在它们之间的分馏系数可表示为

$$\alpha_{\text{石英-锆石}}=({}^{18}\mathrm{O}/{}^{16}\mathrm{O})_{\text{石英}}\ /\ ({}^{18}\mathrm{O}/{}^{16}\mathrm{O})_{\text{锆石}}$$

式中，$(^{18}O/^{16}O)_{石英}$和$(^{18}O/^{16}O)_{锆石}$分别为实测的共生的石英和锆石的氧同位素比值。

分馏系数 α 的数值非常接近于 1，不同矿物间的分馏系数一般只在小数点后第三位上发生变化。因此，石英和锆石两相之间的同位素分馏值也可以表示为

$$\Delta^{18}O_{石英-锆石}=\delta^{18}O_{石英}-\delta^{18}O_{锆石}\approx 1000\ln\alpha_{石英-锆石}$$

（一）氢、氧同位素

氢有两个稳定同位素（^{1}H-99.985%和 ^{2}H-0.015%），氧有三个稳定同位素（^{16}O-99.763%、^{17}O-0.0375%和 ^{18}O-0.1995%）。氢同位素组成通常表示为 $\delta^{2}H$（或 δD），而氧同位素组成则通常表示为 $\delta^{18}O$。氢、氧同位素分析结果都以标准平均大洋水（standard mean ocean water，SMOW）为标准表示。不同地质储库的氢、氧同位素组成是不同的，在不同类型的火成岩和变质岩中也有较大变化。例如，超基性岩的 $\delta^{18}O$ 值一般为+5.4‰～+6.6‰；而中酸性岩的则为+7‰～+13‰。这主要是因为沉积物非常富集重氧同位素，中酸性岩浆高的 $\delta^{18}O$ 值是有沉积物参与到岩浆中所致。因此，氧同位素是一个有价值的地质过程示踪剂，可以区别地壳和地幔源区，鉴别火成岩浆的地壳混染作用。

地幔的不均一性是岩石学家和地球化学家关注的一个重要问题。总体上，地幔的 δD 值较高，$\delta^{18}O$ 值较低，二者的变化范围均较小，但在一些富集的地幔储库中表现出偏离正常值的情况。另外，同一地幔岩中不同矿物颗粒或同一颗粒的不同部位，也会有较大的同位素不均一性。地幔中 ^{18}O 的富集，可能源于俯冲再循环的低温蚀变洋壳物质或具有高 $\delta^{18}O$ 值的陆壳物质（如高 $\delta^{18}O$ 的沉积物或者下地壳麻粒岩）的混染。相反，^{18}O 亏损的地幔，则可能受到了再循环的高温蚀变洋壳或低 $\delta^{18}O$ 陆壳物质的混染。

在岩浆侵位过程中，由于本身所带来的巨量的热，促使围岩中的水发生对流循环，从而使得围岩中低 δD 和 $\delta^{18}O$ 值的水与岩体发生同位素交换，导致岩石的 δD 和 $\delta^{18}O$ 值显著降低，而受热的地下水中的 δD 和 $\delta^{18}O$ 值相应升高。这个过程称为水-岩相互作用。氢、氧同位素在水-岩相互作用的研究中非常关键。

氧同位素还可用作温度计，基于的原理是：岩浆中平衡的一对矿物之间氧同位素的分馏值是温度的函数。以石英和锆石为例，其标定的同位素分馏值为 $\Delta^{18}O_{石英-锆石}=\delta^{18}O_{石英}-\delta^{18}O_{锆石}=1.56\times10^{6}/T^{2}+1.23\times10^{3}/T$，其中 T 为温度，单位为 K（Vho et al., 2019），同时测得石英和锆石的 $\delta^{18}O$ 值代入式中就可得到两相的平衡温度。

此外，氢和氧同位素在超高压变质、气候变迁、成矿来源等方面都发挥了重要作用。

（二）碳同位素

碳有两个稳定同位素（^{12}C-98.89%和 ^{13}C-1.11%）。碳同位素组成的标记方法与氧相似，以 $^{13}C/^{12}C$ 来计算［公式类似式(4-11)］，用 $\delta^{13}C$ 值来表示。碳同位素的测量标准是美国 Carolina 南部白垩纪 Peedee 建造中的拟箭石，以 PDB 表示。自然界中碳同位素的分馏主要有生物作用过程中的动力学分馏效应和碳同位素交换反应。

由于硅酸盐中碳含量很少，碳同位素在火成岩中应用并不广泛。仅在陨石、火成碳酸岩、金伯利岩以及金刚石的研究中应用相对较多。此外，由于 CO_2 是岩浆热液和变质与成矿流体的重要组分，所以利用碳同位素组成可以有效示踪 CO_2 的来源，研究地幔去气作用、水-岩反应等。

（三）硫同位素

自然界中硫有四种同位素（^{32}S-95.02%、^{33}S-0.75%、^{34}S-4.21%和 ^{36}S-0.02%），在地球化学中常利用两种丰度最大的硫同位素比值 $^{34}S/^{32}S$ 来计算［式（4-11）］硫同位素的组成，表示为 $\delta^{34}S$。计算采用的是 Cannon Diablo 铁陨石中陨硫铁（CDT）标准样。

岩浆中硫的存在形式主要有三种：硫化物、硫酸盐和挥发分硫（SO_2、H_2S 等）。火成熔体中硫同位素的分馏较小，它主要受熔体的硫酸盐/硫化物比值、温度、压力、水含量和氧逸度的影响。岩浆上升过程中的去气作用会导致不同比例的硫丢失，产生硫同位素的分馏。SO_2 的去气能引起熔体亏损 ^{34}S，而 H_2S 的去气能使熔体富集 ^{34}S。

原始地幔的 $\delta^{34}S$ 最佳估计值为 0.5‰（Chaussidon et al., 1989），球粒陨石为 0.2‰±0.2‰，N-MORB 为 3‰±0.5‰（Sakai et al., 1984）。而岛弧钙碱性火山岩通常比 MORB 富集 ^{34}S，具有较宽的 $\delta^{34}S$ 变化范围（–0.2‰～+20.7‰），与俯冲到地幔的地壳物质有关。

（四）铁同位素

铁有四个稳定同位素（^{54}Fe-5.845%、^{56}Fe-91.75%、^{57}Fe-2.119%和 ^{58}Fe-0.286%）。其同位素组成的表示方法与氧同位素类似，一般以样品的 $^{56}Fe/^{54}Fe$ 对国际纯铁标样 IRMM-014 进行标准化，表示为 $\delta^{56}Fe$。

不同地质储库的 Fe 同位素组成差别很大，就地幔岩石而言，辉石岩的 $\delta^{56}Fe$ 值为 0.09‰，而橄榄岩则在–0.02‰左右，前者明显偏高（Johnson et al., 2020）。MORB 的平均值为 0.1‰（Teng et al., 2013），高硅［$SiO_2 > 70\%$（质量分数）］的花岗岩和流纹岩相比 MORB 富集 ^{56}Fe，其 $\delta^{56}Fe$ 具有很宽的变化范围（0.1‰～0.7‰；Du et al., 2017）。这种同位素的差异，可有助于探讨岩浆源区。比如，安纳托利亚造山带中钙碱性岩系平均 $\delta^{56}Fe$ 为 0.05‰，而超钾质岩石的 $\delta^{56}Fe$ 值平均为 0.16‰，显著的同位素差异指示前者的源区可能为橄榄岩，而后者的源区主要为辉石岩（Du et al., 2024）。

在含铁矿物相中，Fe^{3+}相对 Fe^{2+}具有更短的离子半径、更低的配位数（如 Fe^{3+}为Ⅳ配位，而 Fe^{2+}为Ⅴ和Ⅵ配位）和更强的 Fe—O 键，导致高 Fe^{3+}的矿物更倾向于富集重 Fe 同位素。当不同 Fe^{3+}含量的矿物从硅酸盐熔体中分离时，将导致剩余熔体的 $\delta^{56}Fe$ 值朝不同的趋势演化。因此，Fe 同位素也常被用来示踪岩浆演化过程。例如，磁铁矿具有岩浆岩矿物中最高的 $Fe^{3+}/\Sigma Fe$ 值（约 0.67），相对硅酸盐熔体富集重 Fe 同位素，该矿物的结晶分异会导致剩余熔体的 $\delta^{56}Fe$ 显著降低。相比之下，石榴子石非常富集 Fe^{2+}（$Fe^{3+}/\Sigma Fe < 0.1$），相对熔体优先富集轻 Fe 同位素，其结晶分异会导致剩余熔体 $\delta^{56}Fe$ 值明显升高。

此外，Fe 同位素还被用来示踪金属元素成矿、岩浆源区氧化还原性质和俯冲板片脱水等过程。

（五）镁同位素

镁有三个稳定同位素（^{24}Mg-78.99%、^{25}Mg-10.00%、^{26}Mg-11.01%），其同位素组成以样品的 $^{26}Mg/^{24}Mg$ 对标样纯镁溶液 DSM3 进行标准化，表示为 $\delta^{26}Mg$。

与 Fe 同位素相比，各矿物相之间以及矿物相与熔体之间的 Mg 同位素分馏很小，结晶分异不会导致熔体 $\delta^{26}Mg$ 值发生较大的变化。然而，各地质储库之间的 $\delta^{26}Mg$ 存在巨大差异，尤其是碳酸盐岩与亏损地幔，前者的 δ^{26}Mg 值可从–0.25‰变化到–5.57‰，后者的 δ^{26}Mg 集中在–0.25‰左右(Teng, 2017)。因此，Mg 同位素常被用来示踪地表碳在深部地幔的循环过程。例如，中国东部新生代玄武岩的 δ^{26}Mg 明显低于亏损地幔值，指示其下部的地幔经历了显著的再循环碳酸盐岩的交代(Li et al., 2017)。

二、放射性和放射成因同位素

大部分已知的原子核是不稳定的或称为放射性的，它们会自发地衰变或裂变直到成为稳定的核素为止。由于地质历史的长尺度性，岩石学研究所关注的主要是自然存在的具有非常慢衰变速率的(如 ^{238}U、^{235}U、^{232}Th、^{147}Sm、^{40}K 等)和由长寿命放射性母体衰变产生的(如 ^{234}U、^{230}Th、^{226}Ra 等)放射性同位素。下面介绍几种在火成岩研究中常用到的放射性同位素体系。

(一)K-Ar 和 Ar-Ar 同位素体系

K 是ⅠA 族碱金属元素，是地壳中 8 种最丰富的元素之一，是许多造岩矿物(云母、钾长石等)的主要成分。它有 18 个同位素，其中 3 个天然出现的同位素及其丰度是：^{39}K-93.2581%、^{40}K-0.0117%、^{41}K-6.7302%。Ar 是一个惰性气体元素，在地球大气中的含量为 0.93%，大气中的同位素丰度为：^{40}Ar-99.60%、^{38}Ar-0.063%、^{36}Ar-0.337%。

K-Ar 法是最早发展起来并被广泛应用的定年方法之一，尤其在年轻玄武岩的定年方面发挥了重要作用。要使 K-Ar 定年结果有意义，所选矿物和岩石必须含有一定量的 K 且 K-Ar 体系保持封闭。火山岩中的长石、黑云母和角闪石是 K-Ar 定年最有用的矿物。由于全岩抵御热扰动保存 Ar 的能力最差，只有当所有矿物相都太细而无法分离时，才采用全岩样品用于 K-Ar 定年。

Ar 在矿物晶格中不与其他原子键合，因此 Ar 丢失是可能发生的。另外，对 K-Ar 法来说，在矿物形成时和以后的变质事件中不能有外来 ^{40}Ar(通常称为过剩 Ar 或继承 Ar)的加入引发的干扰，并须对测定过程中由于仪器内部不可避免地存在的大气 ^{40}Ar 进行扣除校正来获取准确的值。

^{40}Ar-^{39}Ar 法定年能够克服传统的 K-Ar 法因发生 Ar 丢失或存在过剩 Ar 而产生偏差的缺点。还有一个优点是只需测定 Ar 同位素比值，这就排除了 K-Ar 法因需用两份样品分别测定 K、Ar 的绝对含量以及样品的不均一性产生的误差。^{40}Ar-^{39}Ar 法将样品的 ^{39}K 原位转化为 ^{39}Ar，因此可将矿物或岩石中不同区域的 Ar 分阶段释放出来，并且恢复每一阶段所包含的年龄信息。

(二)Rb-Sr 同位素体系

Rb 也为ⅠA 族碱金属元素，其离子半径与 K^+的离子半径相近，所以 Rb 常存在于一些含 K 的矿物中，如云母、钾长石等。Rb 有 27 个同位素，其中两个是天然存在的同位素(^{87}Rb 和 ^{85}Rb)，其现代同位素丰度分别为 72.1654%和 27.8346%。Sr 是ⅡA 族碱土金属元素，其离子半径接近于 Ca^{2+}，通常通过离子置换出现在含 Ca 的矿物(如斜长石和磷灰石)中。正因为如此，在岩浆分离结晶作用过程中，Sr 富集于斜长石，而 Rb 留在熔体中，结果导致岩浆随着结晶分异程度的增强 Rb/Sr 值也不断增加。Sr 有 23 个同位素，其中 4 个天然存在的同位素为：^{88}Sr、^{87}Sr、^{86}Sr 和 ^{84}Sr，它们都是稳定同位素，其同位素平均丰度分别为 82.53%、7.04%、9.87%和 0.56%。

部分 ^{87}Sr 是通过放射性同位素 ^{87}Rb 衰变而来，这就构成了 Rb-Sr 同位素体系的基本原理：$^{87}Sr = {}^{87}Sr_i + {}^{87}Rb(e^{\lambda t}-1)$。其中，$^{87}Sr$ 为矿物中现今的 ^{87}Sr 的原子数，它包含了矿物中初始的 ^{87}Sr($^{87}Sr_i$)和由 ^{87}Rb 放射性衰变而来的 ^{87}Sr，衰变常数 $\lambda=1.42\times10^{-11}a^{-1}$，$t$ 为矿物形成以来所经历的时间。该方程两边同除以稳定同位素 ^{86}Sr，进一步变化可得

$$t = \frac{1}{\lambda}\ln\left[\frac{{}^{87}Sr/{}^{86}Sr - ({}^{87}Sr/{}^{86}Sr)_i}{{}^{87}Rb/{}^{86}Sr} + 1\right] \tag{4-12}$$

由该式可求得矿物形成的年龄。该年龄的计算要求所测定矿物对于 Rb、Sr 保持封闭以及所给定的($^{87}Sr/^{86}Sr$)$_i$ 值准确。某些富 Rb 矿物(如锂云母)，因其本身很高的 $^{87}Rb/^{86}Sr$ 值，($^{87}Sr/^{86}Sr$)$_i$ 对年龄(t)值的变化不敏感。

用全岩或矿物的 Rb-Sr 等时线法测定同岩浆源火成岩的年龄时，需采集一套 Rb/Sr 值变化范围尽可能大的岩石样品进行分析。对数据点用适当的统计方法采取线性拟合，构作等时线。Rb-Sr 等时线法是测定中酸性岩浆岩年龄的常用手段之一，其在给出岩浆结晶年龄的同时，还给出其初始 Sr 同位素比值，这对于岩浆源区的示踪是非常有帮助的。

（三）Sm-Nd 同位素体系

Sm 和 Nd 均为稀土元素，存在于许多造岩矿物中。Sm 有 26 个同位素，其中 7 个天然存在的同位素的丰度如下：^{144}Sm-3.1%、^{147}Sm-15%、^{148}Sm-11.3%、^{149}Sm-13.8%、^{150}Sm- 7.4%、^{152}Sm-26.7%、^{154}Sm-22.7%，其中 ^{147}Sm 是放射性的，其余是稳定的；Nd 也有 26 个同位素，其中 7 个天然存在的稳定同位素的丰度如下：^{142}Nd-27.13%、^{143}Nd-12.18%、^{144}Nd-23.80%、^{145}Nd-8.3%、^{146}Nd-17.19%、^{148}Nd-5.76%、^{150}Nd-5.64%。Sm-Nd 之间有两对母-子体同位素，即 ^{147}Sm 衰变为 ^{143}Nd，以及 ^{146}Sm 衰变为 ^{142}Nd。

与 Rb-Sr 法类似，Sm-Nd 等时线年龄的测定，通常通过分析单矿物或同源的一套 Sm/Nd 值变化尽可能大的岩石来实现。该方法适合于超基性-基性火成岩的定年。稀土元素在变质作用、热液作用和化学风化作用过程中比 Rb、Sr 要稳定得多，因此，Sm-Nd 法可用来测定那些因 Rb/Sr 值低或对 Rb-Sr 同位素体系不再封闭的岩石的年龄。

地幔的部分熔融是引起岩石 Sm/Nd 值发生变化的主要原因，而地壳岩石在剥蚀、沉积和中低级变质作用过程中，其 Sm/Nd 值一般不发生变化。在此基础上，地壳岩石的 Sm-Nd 同位素可用来计算壳幔分离的时间，即 Nd 模式年龄。模式年龄代表了物质进入地壳以来所经历的时间，故又称为地壳存留年龄。对从球粒陨石均一库(CHUR)或亏损地幔来源的火成岩而言，模式年龄应与成岩年龄(等时线年龄)相一致。对沉积岩而言，由于沉积物可来自不同剥蚀源区，其模式年龄大致代表了剥蚀源区平均地壳存留年龄。对于源区有地壳物质加入的火成岩来说，其模式年龄的意义也类似。

不同地质储库的 Nd 和 Sr 同位素组成有较大差异(图 4-8)，这种差异表明，准确测得火成岩的 Nd 和 Sr 同位素组成，可以为认识岩浆源区和岩石成因提供有效的途径。

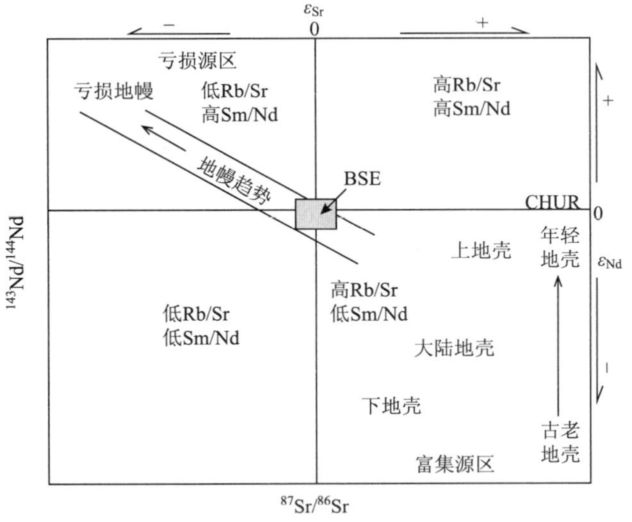

图 4-8　$^{143}Nd/^{144}Nd$ 对 $^{87}Sr/^{86}Sr$（ε_{Nd}–ε_{Sr}）同位素相关图解

（DePaolo and Wasserburg, 1979）

BSE 指全硅酸盐地球

（四）U-Th-Pb 同位素体系

U-Th-Pb 同位素体系在地学中的应用越来越广泛，尤其在地质样品的定年工作上发挥了巨大的作用。U、Th 是锕系元素，在自然界以四价氧化态出现，其离子半径相近，两者可以相互置换。在部分熔融和岩浆结晶分异过程中，U、Th 富集于液相并进入富 Si 产物。因此，花岗岩质火成岩比基性和超基性岩、陆壳岩石比上地幔岩石富集 U 和 Th。^{238}U、^{235}U、^{232}Th 经过长期演化，可分别衰变产生 ^{206}Pb、^{207}Pb、^{208}Pb，其放射性中间子体的半衰期很小，衰变过程可以忽略。这样就构成了 U-Th-Pb 同位素定年的理论基础。

实际上，U、Th 和 Pb 的活动性，使得 U-Pb 全岩等时线定年的应用受到很大限制。而锆石这种富含 U、Th 的矿物由于封闭温度较高（图 4-9）、抗风化、不易受到低级变质作用和流体作用的影响，通常能够保存原始岩浆的年龄信息。根据情况，可以选用稀释法或者微区锆石 U-Pb 定年方法（如本章第一节所述）。前者需注意避免将不同时期、不同成因的锆石混在一起而获得没有确切地质含义的混合年龄；后者则需结合细致的锆石内部结构分析以确定测试的点位。

锆石常见于中-酸性岩中，而在硅不饱和、Zr 含量较低的超基性岩中，很少有原生的锆石结晶，此时可以尝试寻找斜锆石以开展 U-Pb 定年工作。此外，晶质铀矿、独居石、褐帘石、榍石、钙钛矿、金红石、磷灰石和磷钇矿都是合适的 U-Pb 同位素定年对象，关键需结合足够的岩相学观察与颗粒内部结构的了解，并在测试过程中选择合适的标样。

除了同位素定年的功能，全岩和矿物的 Pb 同位素比值在岩石成因研究中也扮演了重要角色，它通常与 Nd-Sr 同位素结合在一起，可以有效地揭示岩浆源区性质（图 4-10）。

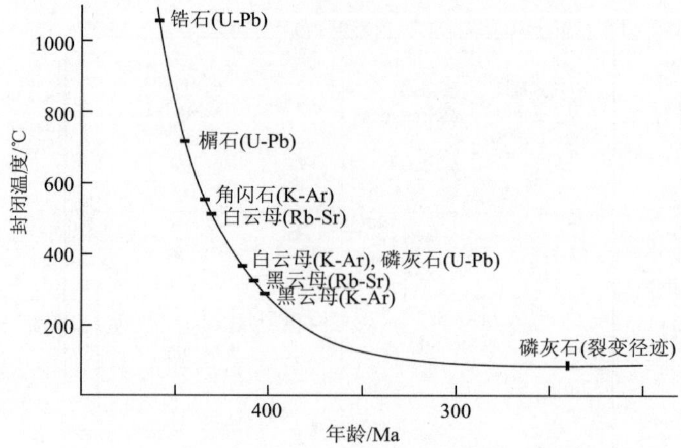

图 4-9　苏格兰 Glen Dessary 正长岩的矿物年龄对封闭温度图解(van Breemen et al., 1979; Cliff, 1985)

矿物年龄给出了侵入体的冷却曲线，同时展示了不同矿物、不同同位素体系的封闭温度

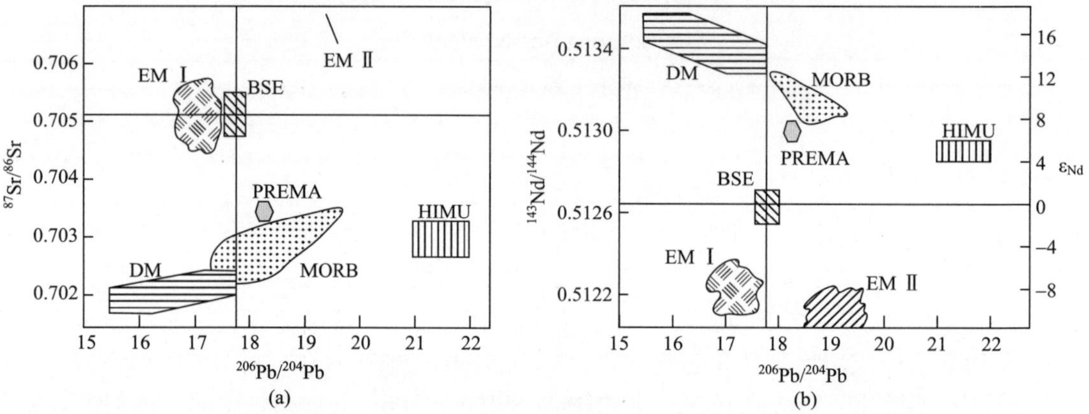

图 4-10　不同储库的 Sr-Nd-Pb 同位素特征(Zindler and Hart, 1986; Allegre et al., 1988)

(a) $^{87}Sr/^{86}Sr$-$^{206}Pb/^{204}Pb$ 同位素相关图解；(b) $^{143}Nd/^{144}Nd$-$^{206}Pb/^{204}Pb$ 同位素相关图解。DM. 亏损地幔，BSE. 全硅酸盐地球，EMⅠ和 EMⅡ. 富集地幔，HIMU. 具有高 U/Pb 值的地幔，PREMA. 经常观察到的普通地幔成分，MORB. 洋中脊玄武岩

(五)Lu-Hf 同位素体系

Lu 是最重的稀土元素，具弱-中等的不相容性，在自然界中有两个同位素(^{175}Lu-97.416%和 ^{176}Lu-2.584%)。Hf 属ⅣB 高场强元素，具中等不相容性，在自然界中有 6 个同位素(^{174}Hf-0.162%、^{176}Hf-5.206%、^{177}Hf-18.606%、^{178}Hf-27.297%、^{179}Hf-13.629%和 ^{180}Hf-35.100%)。部分 ^{176}Hf 可由 ^{176}Lu 母体衰变而来，衰变常数为 $\lambda=1.867\times10^{-11}a^{-1}$。这样，Lu-Hf 同位素体系可成为与 Sm-Nd 和 Rb-Sr 体系类似的同位素定年工具。

除地质事件定年外，Lu-Hf 同位素体系在星体增生过程、地核形成以及地幔和地壳演化等方面也具有重要应用价值。由于 Lu 和 Sm 同为 REE 元素，Lu-Hf 与 Sm-Nd 形成独特的同位素体系对，在原始岩浆事件中，如地幔中熔体的抽取作用，两同位素体系行为类似，形成 Hf 与 Nd 同位素组成之间的正相关性。但与构成 Sm-Nd 同位素体系的两个元素不同，

Lu 和 Hf 之间的地球化学性质存在显著差异。在地壳岩石的变质和深熔作用过程中，Lu 趋于进入石榴子石矿物相中，在地壳熔融作用后趋于存在于耐熔残留相；而 Hf 大部分进入锆石矿物相。这使得锆石一般具有很高的 Hf 含量(HfO_2=0.5%～>1%)和极低的 Lu/Hf 值($^{176}Lu/^{177}Hf<0.0005$)(Kinny and Maas, 2003)，因而其 Hf 同位素组成基本代表了锆石结晶时的初始 Hf 同位素特征。然而，在使用 Lu-Hf 同位素判别岩浆源区性质时需要注意“Lu-Hf 同位素体系不平衡”的影响(Tang et al., 2014)。由于源岩不同矿物之间的 Lu/Hf 值差别很大，经过一段时间的放射性累积，不同矿物具有不同的 Hf 同位素组成。因此，部分熔融过程中熔体的 Hf 同位素组成取决于锆石非放射性成因 Hf 与其他矿物放射性成因 Hf(如石榴子石)之间的竞争，即低程度熔融的熔体相比源岩可能具有更放射的 Hf 同位素组成。

正因为如此，锆石作为中酸性岩浆岩中常见的副矿物，在火成岩岩浆演化、源区分析、岩石成因以及俯冲带流体作用研究等方面发挥了积极作用。此外，碎屑锆石的 Hf 同位素和 U-Pb 年龄资料相结合，在地壳演化的研究中也取得了大量成果。

（六）Re-Os 同位素体系

Re 和 Os 元素分别位于元素周期表中ⅦB 族和Ⅷ族，分别具有亲铜和亲铁的地球化学特征。它们在自然界中主要富集在金属和硫化物相中。Re 有两种同位素：^{185}Re-37.4%和 ^{187}Re-62.6%；Os 有七种同位素：^{184}Os-0.02%、^{186}Os-1.58%、^{187}Os-1.6%、^{188}Os-13.3%、^{189}Os-16.1%、^{190}Os-26.4%和 ^{192}Os-41.0%。在这些同位素中，^{187}Os 由 ^{187}Re 通过 β 衰变形成，衰变常数 λ 为 $1.666\times10^{-11}a^{-1}$(Smoliar et al., 1996)。如同 Sm-Nd 体系，Re-Os 同位素体系也可利用反映放射成因的 Os 同位素比值来求解等时线方程。

Re、Os 都是耐熔元素，主要富集于地幔中。相对而言，Re 是中等不相容元素，而 Os 是强相容元素。因而，当地幔发生部分熔融时，Re 将富集在熔体之中，而 Os 则存在于早期地幔难熔的残余金属合金相和橄榄石、硫化物中。由此导致地壳和地幔 Re/Os 值及有关同位素成分的显著差异。地壳相对富集 Re，其放射性成因的 Os 同位素含量较高，由此导致其具有较高的 $^{187}Os/^{188}Os$ 值。相反，地幔中相对亏损 Re，其放射性成因的 Os 同位素含量就比较低，$^{187}Os/^{188}Os$ 值要较地壳小得多。

Re-Os 同位素体系较为适用于具有古老年龄的超镁铁-镁铁质岩石以及太阳系行星物质的定年研究。但是，Os 同位素给出的年龄一般同时需要有其他方法的年龄资料支持，因为虽然 Re-Os 同位素体系较 Sm-Nd 体系封闭性强，但它可能受到后期热液活动和固相线下元素交换等因素的影响。除了定年，矿物和全岩的 Re-Os 同位素比值还可用来判别物质来源、确定岩石圈地幔的形成时代、了解岩浆和成矿作用机理与过程。一般认为，Os 同位素对地幔交代作用并不敏感。因此，Re-Os 同位素体系在探讨源区上往往能起到非常突出的作用，在壳幔作用、地幔柱-岩石圈的相互作用、地幔柱的起源、陨石撞击事件以及地外星系的研究中越来越受到人们的重视并得到了广泛的应用。

需要指出的是，多元示踪技术显示出越来越巨大的优越性，为了能更深入地了解地球演化，往往需要上述几种具不同特征的同位素示踪剂的联合限定。

第五章　火成岩相平衡和相图

第一节　热力学基础和基本概念

天然的岩浆和变质体系与沉积体系不同，后者的能量和物质流可通过研究现代沉积环境来观测；而前者通常不容易直接观察到。因此，岩石学家转向室内实验和理论模型，通过研究高温、高压条件下矿物及有关的相之间的平衡关系，来了解达到岩石相平衡(petrologic phase equilibrium)所需的温度、压力等条件，以此来增进对岩浆和变质体系成岩过程的理解。这些高温高压实验的进行主要得益于物理学的发展和热力学在地质学中的应用。尤其是热力学的引入，使得岩石学的研究在一定程度上更加理论化和明晰化。热力学是总结物质的宏观现象而得到的理论，主要基于能量转化的观点来研究物质的热性质，揭示能量从一种形式转换为另一种形式时遵从的宏观规律，因此热力学是所有科学中最重要的分支之一，在解决科学问题上具有普适性。经典热力学以三个基本定律为基础：第一定律给出了各种形式的能量之间的关系(能量守恒)，第二定律通过引入熵的概念给出了自然过程的方向，而第三定律约束了熵的绝对值。这些定律可以用简单的数学形式表示，然后将其组合和操作以获得有用的函数，进而可以约束过程或反应的平衡温度、压力、氧逸度条件，确定矿物的熔点、岩浆结晶的矿物组合、矿物在化学风化作用下的相对稳定性以及成矿溶液的组成等。有关热力学基本定律的详细介绍可参见专业教材，本节主要针对与火成岩相平衡和相图相关的热力学基础进行简要介绍。

一、相平衡及其热力学基础

相平衡是用来描述体系中两个或多个相共存(处于平衡状态)的术语。所谓“体系”是指矿物、熔体及其他介质的总体，而“相”则是指体系中任意一个成分、物理、化学性质均一的聚集体。如果体系中的“相”以相同的速率相互转变，即一个(或多个)相转化为另一个(或多个)相的同时，另一个(或多个)相也以相同的速率转化为该相，此时体系的状态保持不变，即处于平衡状态。热力学原理告诉我们，体系总是朝着能量最小的方向转化，而体系能量的总和由吉布斯自由能(G)衡量：

$$G = H - TS，\text{其中} H = E + PV \tag{5-1}$$

式中，H 为焓，代表体系内能(E)和机械能(PV)的总和；S 为熵，是德国物理学家鲁道夫·克劳修斯(Rudolf Clausius)定义的不依赖路径的热力学状态参数，其将可逆过程的热流(ΔQ_{Rev})与过程发生时的温度(T)联系起来，即

$$\Delta S = \frac{\Delta Q_{\mathrm{Rev}}}{T} \tag{5-2}$$

因此，熵(单位为 J/K)与温度的乘积具有能量的量纲。所谓可逆过程是指以无限小的步骤进行的过程，当系统和周围环境都保持不变时所达到的状态。实际上，所有的自然过程都是

不可逆的，因为它需要无限长的时间才能发生。在不可逆过程中，在环境中产生的热量要比在可逆过程中少(即 $\Delta Q_{\mathrm{Irrev}}<\Delta Q_{\mathrm{Rev}}$)，因此，

$$\Delta S = \frac{\Delta Q_{\mathrm{Rev}}}{T} > \frac{\Delta Q_{\mathrm{Irrev}}}{T} \tag{5-3}$$

若使自然过程(不可逆)发生，$\Delta Q_{\mathrm{Irrev}}/T$ 必须小于 ΔS，而对于发生于孤立(封闭)系统中的过程，$\Delta Q_{\mathrm{Irrev}}$ 必须为零，因此 $\Delta S > 0$。也就是说，在孤立系统中发生的反应，熵必须增加，反应将继续进行，直到达到平衡，此时 ΔS 变为零，熵达到最大值。这就是热力学第二定律许多表述方式中的一种，该定律指明了过程的方向。根据方程(5-1)，熵(S)的增加有利于吉布斯自由能(G)的降低，这就解释了为何体系总是朝着能量最小的方向转化。

在岩浆结晶过程中，温度和压力通常不是一成不变的(尤其是温度)，因此在岩浆结晶相平衡的研究中，我们需要了解吉布斯自由能随着温度和压力的变化。为了方便展示原理，我们假设在一定的温度和压力范围内焓和熵的变化不大，可视其为常数，因此，对方程(5-1)进行微分，得到

$$\mathrm{d}G = -S\mathrm{d}T + V\mathrm{d}P \tag{5-4}$$

对方程(5-4)进行全积分，得到

$$\int_{\bar{G}_0^{\alpha}}^{\bar{G}_{T,P}^{\alpha}} \mathrm{d}G = \int_{T_0}^{T} \left(\frac{\partial \bar{G}^{\alpha}}{\partial T}\right)_P \mathrm{d}T + \int_{P_0}^{P} \left(\frac{\partial \bar{G}^{\alpha}}{\partial P}\right)_T \mathrm{d}P$$

对上式再积分，得到任意温度和压力条件下单相体系中 α 相的摩尔吉布斯自由能，

$$\bar{G}_{T,P}^{\alpha} = \bar{G}_{T_0,P_0}^{\alpha} - \bar{S}^{\alpha}(T - T_0) + \bar{V}^{\alpha}(P - P_0) \tag{5-5}$$

式中，$\bar{G}_{T_0,P_0}^{\alpha}$ 为标准状态(标准大气压和室温)下摩尔吉布斯自由能(可从内部一致的矿物热力学数据库获得；Holland and Powell，1998)。我们常常使用摩尔吉布斯自由能($\bar{G}$)，以便于比较等量物质的状态。方程(5-5)描述了吉布斯自由能随温度和压力的变化函数，在 G-T-P 坐标系中，$\bar{G}_{T_0,P_0}^{\alpha}$ 为 G 轴的截距[图 5-1(a)]，$-\bar{S}^{\alpha}$ (α 相的摩尔熵)指示了吉布斯自由能随温度变化的斜率[图 5-1(b)]，而 $\bar{V}^{\alpha}$(α 相摩尔体积)则指示了吉布斯自由能随压力变化的斜率[图 5-1(c)]。压力随温度变化的斜率则为摩尔熵和摩尔体积之商，即

$$\left(\frac{\partial P}{\partial T}\right)_{\Delta G} = \frac{\Delta S}{\Delta V} \tag{5-6}$$

这就是克拉珀龙(Clapeyron)方程，可以帮助理解相图中曲线的斜率[图 5-1(d)]。例如，若变质反应过程释放气体，ΔS 和 ΔV 均具有正值，P-T 相图中曲线的斜率为正。大多数部分熔融过程都伴随着 ΔS 和 ΔV 的正值，因此大多数熔融反应在 P-T 图中也具有正斜率。

在给定的温度和压力条件下，现在我们可以计算并比较不同相的吉布斯自由能，进而可以确定哪个(些)相在该条件下相对更稳定。如图 5-1 所示，将两个不同的相(α 和 β)的吉布斯自由能在 G-T-P 坐标系中表示出来，并分别投影于 G-T、G-P 和 P-T 平面，以便于确定相对稳定存在的相。在 G-T 平面上由于熵为正值，曲线的斜率($-\bar{S}$)总是负的，即吉布斯自由能随温度增加而下降；而在 G-P 平面上，由于体积为正值，斜率($\bar{V}$)总是正的，即吉布斯自由能随压力增加而增加。在指定 P-T 条件下吉布斯自由能更小的相更稳定[图 5-1(b)～(d)]。由于不同相的摩尔熵和摩尔体积存在差异，曲线的斜率也存在差异，当

两条曲线相交时，两相可以共存。

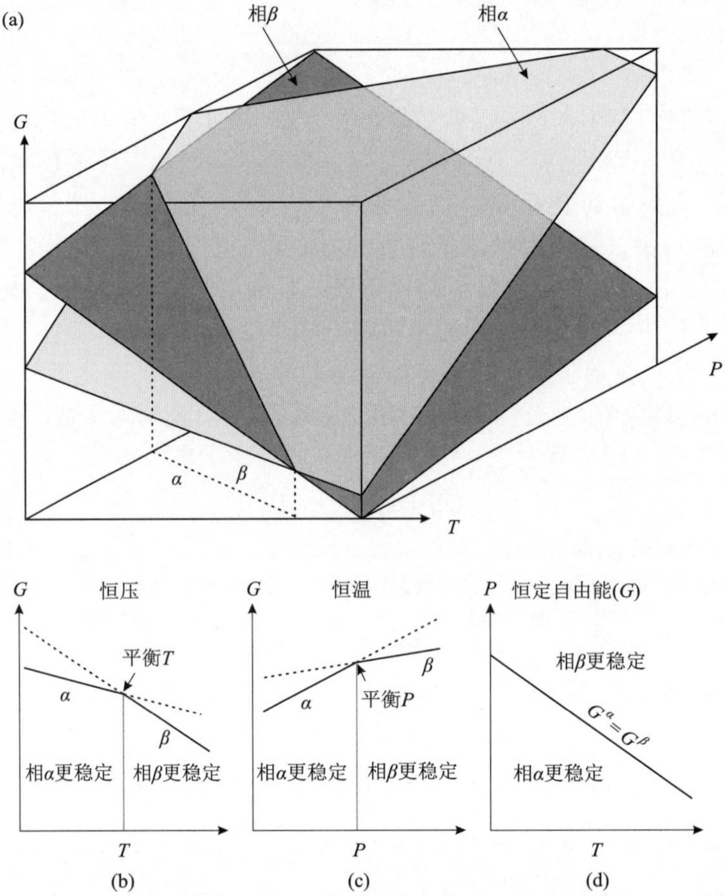

图 5-1　吉布斯自由能随温度和压力变化的关系

(a)三维空间中 α 和 β 相自由能平面(阴影部分)，两相的自由能平面相交于一条直线，代表两相在此温度和压力条件下平衡；(b)，(c)，(d)三维空间在恒定压力、温度和自由能条件下投影于 G-T、G-P 和 P-T 平面

一种有意思的情形是，体系中出现熔体相时，如透辉石(diopside)体系存在如下反应：

$$CaMgSi_2O_{6\ \mathrm{Crystal}} = CaMgSi_2O_{6\ \mathrm{Liquid}}$$

由于熔体的熵总是大于固体，因此透辉石熔体 G-T 曲线更陡峭，指示高温条件下熔体更稳定。两条曲线相交的点，表示透辉石熔体和固体两种相同时存在，即透辉石的熔点(melting point)。

在热力学研究中，通常把表达体系内各相组成的化学成分的最小数目称“组分数”。以上我们了解了单组分体系的相平衡过程，而实际上岩浆体系成分复杂，常常需要描述两个或两个以上的组分。接下来，我们以透辉石-钙长石两组分体系为例，概要介绍相平衡的热力学推导过程。首先需要了解的是化学势这一概念。单组分体系的能量主要涉及机械能(PdV)、内能(E)以及热能(TdS)等，而在多组分体系中不同组分的混合产生额外的化学能。例如，我们将水加入硫酸中，可观察到沸腾、白雾等现象，这是因为 H_2O 和 H_2SO_4 混合后的化学反应释放出能量并转化为热。类似地，在岩石学问题中，岩浆的成分也可以通过新岩浆的注入或围岩捕虏体的同化而改变；当岩浆开始结晶时，熔体成分还会由于矿物结晶而变化；矿物的成分在岩浆结晶过程中也不断变化着。化学成分的改变伴随着体系化学能的变化，热力学理论使用化学势(μ_i)这一概念来衡量体系化学能的变化。我们定义某组分的化学势为吉布斯自由能对该组分(n_i)摩尔数的偏导数，即

$$\mu_i = \left(\frac{\partial G}{\partial n_i}\right)_{T,P,j} \tag{5-7}$$

式中，括弧右下标表示在温度(T)、压力(P)和其他组分(j)含量恒定的条件下。因此，吉布斯自由能表达式可以重新表述为

$$\mathrm{d}G = -S\mathrm{d}T + V\mathrm{d}P + \sum_i \mu_i \mathrm{d}n_i \tag{5-8}$$

式中，右边第三项表示 i 种组分化学能的总和。若体系达到热力学平衡，则 dG 为零，即为吉布斯-杜安(Gibbs-Duhem)方程。

在实际应用中，某一组分的化学势(μ_i)与其摩尔分数(X_i)的关系可以更加方便地反映化学势的变化，

$$\mu_i = \mu_i^* + nRT\ln X_i \tag{5-9}$$

式中，μ_i^*为纯相气体在指定温度和压力条件下的化学势。该表达式同样适用于理想混合的矿物或熔体化学势的计算，此时 μ_i^* 指的是纯相矿物(可根据内部一致性数据库计算；Holland and Powell，1998)。

在图 5-1(b)中，我们定义了矿物的熔点，即在熔融温度(T_m)条件下，透辉石晶体与熔体的吉布斯自由能相同，二者可以平衡共存。而当 T 小于 T_m 时，晶体的吉布斯自由能更小，结晶可降低体系自由能，则体系中的熔体转化为晶体。所以，在平衡条件下，透辉石熔体在低于熔点的温度下永远不可能稳定，除非存在某种方法将熔体的自由能降低到与晶体的自由能相等。这种方法就是通过在透辉石熔体中加入其他组分，从而降低透辉石组分的摩尔分数(X_i)。利用化学势与摩尔分数的关系[方程(5-9)]可以定量约束究竟需要加入多少其他组分。

在任意温度 T 条件下，透辉石熔体和晶体共存意味着体系达到平衡，两相化学势相等，即

$$\mu_{\mathrm{Di}}^{\mathrm{S}} = \mu_{\mathrm{Di}}^{\mathrm{L}} = \mu_{\mathrm{Di}}^{*\mathrm{L}} + nRT\ln X_{\mathrm{Di}}^{\mathrm{L}} \tag{5-10}$$

式中，$X_{\mathrm{Di}}^{\mathrm{L}}$为熔体中加入其他任意组分(如钙长石)后透辉石熔体组分的摩尔分数；$\mu_{\mathrm{Di}}^{\mathrm{S}}$、$\mu_{\mathrm{Di}}^{\mathrm{L}}$和 $\mu_{\mathrm{Di}}^{*\mathrm{L}}$ 分别为透辉石晶体、多组分熔体中透辉石熔体以及透辉石纯相熔体的化学势。式(5-10)经过整理后，得到

$$nRT\ln X_{\mathrm{Di}}^{\mathrm{L}} = \mu_{\mathrm{Di}}^{\mathrm{S}} - \mu_{\mathrm{Di}}^{*\mathrm{L}}$$

由于该式右边项就是在温度 T 条件下，随纯透辉石熔融而产生的摩尔自由能变化的负数(负数表示熔融反应的方向)，因此

$$\mu_{\mathrm{Di}}^{\mathrm{S}} - \mu_{\mathrm{Di}}^{*\mathrm{L}} = -\Delta G_{\mathrm{m}} = -(\Delta H_{\mathrm{m}} - T\Delta S_{\mathrm{m}})$$

式中，下标 m 代表熔点，且$\Delta S_\mathrm{m}=\Delta H_\mathrm{m}/T_\mathrm{m}$。通过重新排列和简化，得到

$$\ln X_{\mathrm{Di}}^{\mathrm{L}} = \frac{\Delta H_{\mathrm{m}}}{R}\left(\frac{1}{T_{\mathrm{m}}} - \frac{1}{T}\right) \tag{5-11}$$

该方程就是所谓的冰点方程(cryoscopic equation)，因为它描述了由熔体稀释而导致的晶体熔点(冰点)下降的过程。透辉石的冰点方程如图 5-2(a)所示，纯透辉石的熔点为 1665 K。若将透辉石稀释至摩尔分数为 0.75，则其熔点降至 1620 K。进一步稀释，熔点温度继续降低。这些随透辉石摩尔分数下降的熔点构成了一条曲线，即透辉石的液相线。当温度和摩尔分数高于某一特定相的液相线时，该相完全处于熔融状态；而在液相线处，熔体达到该相饱和，并随着温度进一步冷却而发生结晶。

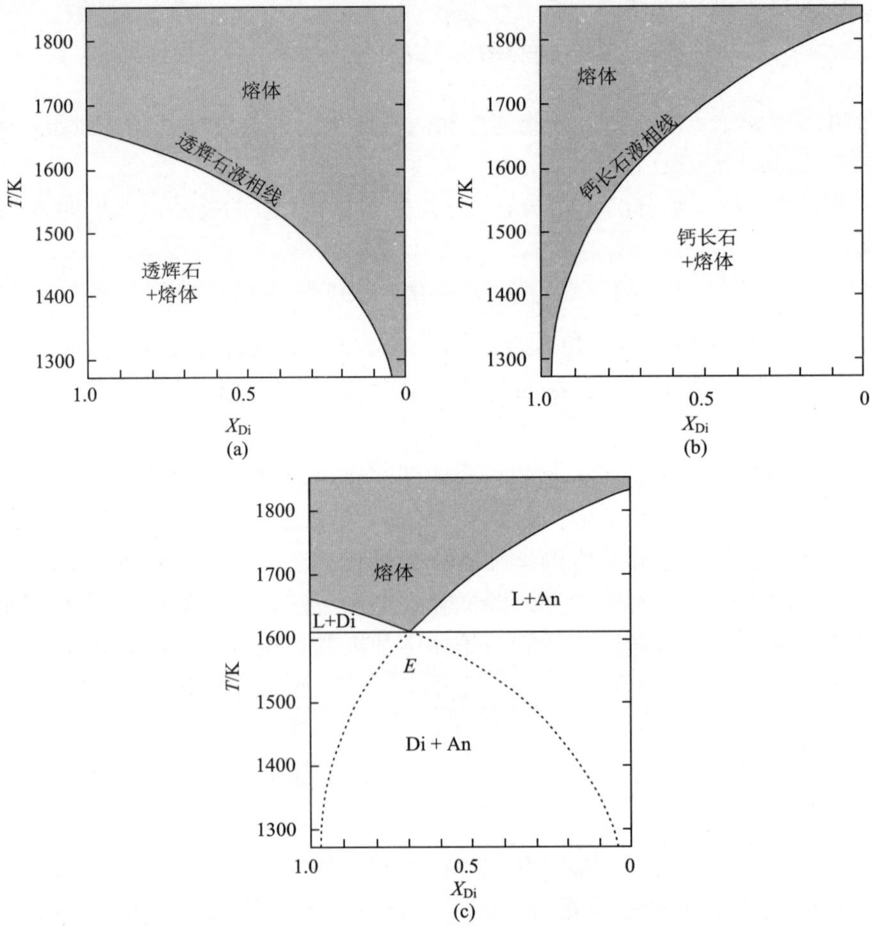

图 5-2 透辉石(a)和钙长石(b)液相线随透辉石熔体摩尔分数的变化曲线

(a)和(b)中液相线同时投影于(c)图，即为透辉石-钙长石二元共结相图。E 表示共结点；Di 为透辉石；An 为钙长石；L 为溶体

假如我们通过加入钙长石组分稀释透辉石熔体，应用同样的方程，可以得到钙长石的液相线，其随着 X_{Di}(X_{Di}+X_{An}=1)下降而上升，这与透辉石的液相线温度趋势相反[图 5-2(b)]。将透辉石和钙长石的液相线均投影于 T-X_{Di} 相图[图 5-2(c)]，两条曲线相交于一点，在该点上透辉石、钙长石和熔体三相共存，我们称为共结点(eutectic point)。在共结点温度以下，熔体不再稳定存在，体系由透辉石和钙长石晶体构成，故液相线上共结点以下的部分表示

为虚线，表示平衡体系中熔体不能出现。

至此，我们以透辉石-钙长石体系为例概要地介绍了如何构建岩浆相图。其他体系相图的构建遵循同样的热力学原理，囿于篇幅，本节不再一一介绍。在第二节中，我们将详细介绍多种体系的相图。这些相图可用来表达平衡状态下实验产物中出现的各种相与实验条件间的相互关系，是解释岩石熔融和岩浆结晶的过程及结果的重要依据。当然，对天然的地质体系来说，室内的实验和理论研究有其内在缺陷。因为整个地球的演化通常都以百万年来计算，而实验研究根本无法重复这样大尺度、大范围的地质过程。然而，岩石学的实验和理论研究至少能说明在一个地质体系中，什么是可能的，什么是不可能的；通常会对岩石成因研究提供重要的思路和有价值的参考信息。

二、吉布斯相律

为了限定体系的某种状态必须加以限定的最小变量(如温度、压力等)数，称“自由度数”。当岩石处于相平衡时，各相之间的平衡关系和达到平衡状态时的温度、压力及组成等变量的自由度可根据“相律”来研究。“相律”是表示物理化学系统中各相之间平衡关系的基本规律，它由吉布斯(Gibbs)于 1876 年由热力学方法推导而出，表示了一个平衡的体系中自由度(F)、组分数(C)与平衡共存的相数(P)三者之间的关系。其数学表达式为

$$P + F = C + 2 \tag{5-12}$$

式中，数字 2 指的是体系受温度和压力两个变量的控制。吉布斯相律说明：当一个平衡体系只受外界温度和压力两个因素的影响时，其自由度数 F 随体系组分数 C 的增加而增加，随相数 P 的增加而减少，与体系中物质的性质无关。

对于凝聚体系，只需研究固、液之间的平衡。此时，由于外压对凝聚体系影响很小，影响相平衡的外界条件只有温度。因此，凝聚体系的相律形式可写为

$$F = C - P + 1 \tag{5-13}$$

这也叫凝聚系相律，是体系内不存在气相或可以不考虑气相存在(即气相对体系平衡没有影响)时的相律。因此，该相律适用于在固定压力下结晶的岩浆过程的模拟。

第二节　单组分体系

一、不含流体的平衡体系

SiO_2是硅酸盐岩石中含量最高的氧化物组分，石英又是SiO_2过饱和岩石中常见的矿物。所以，SiO_2一元系相图(图 5-3)在火成岩的岩石成因研究中有重要地质意义，在耐火材料、陶瓷和玻璃工业中也很有应用价值。

在 SiO_2 一元系相图中存在七个相，即 SiO_2 的六个同质多象变体(α-石英、β-石英、鳞石英、方石英、柯石英、斯石英)加上 SiO_2 熔体。在一元系中组分数 C=1，因此，根据相律，当自由度 F=2 时，稳定存在的相数 P=1。此时，对于任何一个同质多象的矿物相来说，在给定的温度和压力范围内，只要该矿物相稳定存在，其吉布斯自由能都是最低的，这个稳定存在的区域称为该矿物相的“双变区”(divariant area)。例如，在 α-石英的双变区(图 5-3 左下)内温度、压力两个变量可以独立变化，均不会改变该矿物相的稳定性。但是 α-

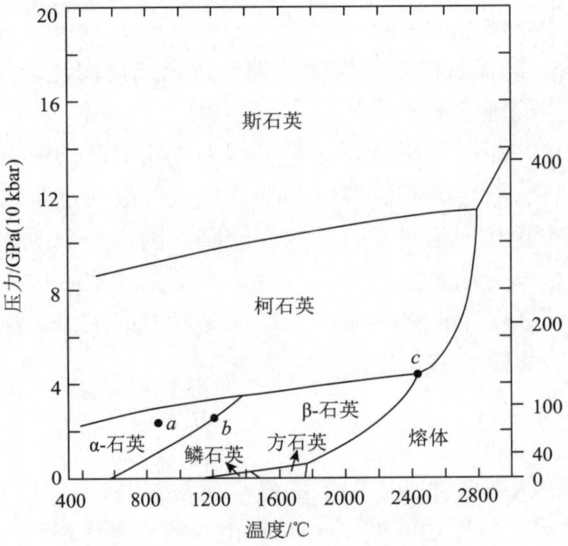

图 5-3 SiO_2 一元系相图(据 Swamy et al., 1994 修改)

石英的某些特性(例如真实的密度)会随着温度和压力有细微变化。

任何两个双变区之间的界线称为“单变线”(univariant line)，根据相律，在该线上 $2+F=1+2$，$F=1$。此时，若两个相邻相能平衡共存，则只能有一个变量可独立变化，确定了温度和压力其中的一个，另外一个的值也就确定了。

三条单变线和三个双变区的交点(图 5-3 中 c 点)是三相可以共存的点。在这一点上，对于式(5-12)来说，$P=3$，$C=1$，即 $3+F=1+2$，得到 $F=0$。因此，c 点是温度、压力固定的“不变点”(invariant point)。依上述几个概念，图 5-3 中的 a 点位于 α-石英的“双变区”内；b 点位于 α-石英、β-石英并存的“单变线”上；c 点是三个固相并存或两个固相与熔体相并存的不变点，此时温度为 2400℃，压力为 44 kbar。

依据 SiO_2 一元系相图，常压(1 kbar)下石英的几个同质多象变体之间的转变温度为

$$熔体 \xrightleftharpoons{1713℃} 方石英 \xrightleftharpoons{1470℃} 鳞石英 \xrightleftharpoons{870℃} β\text{-}石英 \xrightleftharpoons{573℃} α\text{-}石英$$

SiO_2 相图具有如下的岩石学意义：

(1) 不同 SiO_2 同质多象变体均有其各自稳定存在的温压范围，常压下见到的一般是 α-石英，在岩浆结晶速度较快的火山岩和浅成侵入岩中常可以看到 β-石英的假象，这是因为随着温度的降低，β-石英转变为 α-石英。鳞石英和方石英密度较小，仅稳定存在于低压、高温环境，压力升高时，转变为密度大的 α-石英和 β-石英。在超高压条件下，形成 SiO_2 的高压变体——柯石英和斯石英。例如，在苏鲁-大别造山带的超高压榴辉岩中发现有柯石英包裹体。二者还可作为瞬时超高压变质冲击的产物，出现于陨石坑内及核爆炸坑的抛出物中。地幔压力条件下形成的金伯利岩和金刚石包体中也发现有柯石英。

(2) 方石英、鳞石英、β-石英间的转换是十分缓慢的，在温度降低后，方石英、鳞石英因为来不及转换，有时可以作为亚稳相存在，所以在较新的酸性的熔岩中除了会出现 β-石英的假象外，偶尔也会出现鳞石英的假象。但在古老熔岩中，很少见到这种现象，因为它们最终总要转变为 α-石英。

(3) β-石英密度大于 α-石英而小于柯石英和斯石英，所以在超高压岩石或矿物中，保留有柯石英假象的 α-石英由于体积膨胀往往出现放射状的裂纹；相反，β-石英转变为 α-石英时会产生体积的不均匀收缩，加上岩浆氧逸度的变化和热效应，原来在深部生成的石英斑晶变得不稳定，在转变为 α-石英后往往在边缘或裂缝处发生被熔蚀的现象。

二、含流体的纯矿物熔融体系

前述 SiO_2 相图展示的是不含挥发分的纯矿物熔融的平衡态体系。然而，挥发分(尤其是水)总是在岩浆体系中出现，且对岩浆体系中的相关系以及熔融过程都有重要的影响。这里，我们通过单组分体系中挥发分的加入来了解挥发分对天然岩浆熔融的影响。

$NaAlSi_3O_8$-H_2O 体系自从 19 世纪 30 年代起就作为研究花岗质岩浆结晶作用的重要参考。在无水条件下，干的钠长石熔融的温度、压力沿着 *P-T* 图中陡的(具有正斜率)直线(Ab/L)变化(图 5-4)，熔融的温度越高，所需压力越大。

当水加入该体系中并达到饱和时，与干的体系相比，熔融温度可在 2 kbar 的压力下降低 300℃，在 8 kbar 时降低约 500℃(图 5-4)，导致温度-压力坐标图上熔融曲线具负斜率。根据克拉珀龙方程[式(5-6)]可知，*P-T* 相图中矿物熔融曲线斜率的正负与熔融反应的体积变化(ΔV)有关：在干的体系中，钠长石熔融产生熔体必然伴随体积增大(ΔV 为正)，因此斜率为正；在水饱和的体系，水溶解于产生的熔体中，导致体积减小(ΔV 为负)，因此斜率为负。

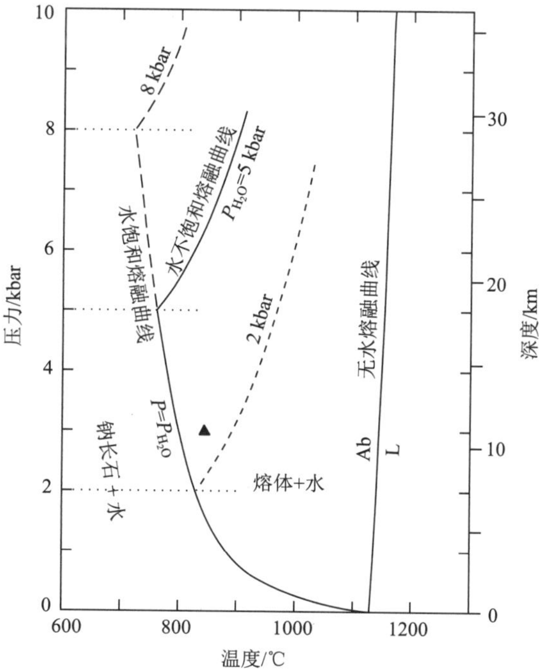

图 5-4　钠长石($NaAlSi_3O_8$)在含水和无水条件下的熔融(Burnham and Davis, 1974；Boettcher et al., 1982)

在干的无水体系中，平直的熔融线 Ab/L 较陡，斜率为正；相反，水压为 5 kbar 的富水钠长石体系的斜率为负，直到压力上升到大于水压(即在 5 kbar 以上)时，转变为水不饱和，斜率变为正。在水压为 8 kbar 时，水饱和曲线一直延伸到 8 kbar 时斜率才由负变为正

图 5-4 中可以看出，水饱和的熔体（实心三角形区域）在 3 kbar 和 850℃下会沿着绝热降压曲线走，只经历轻微的温度降低，最终会在 $P<2$ kbar 时结晶。

进一步来说，假定体系中只有水这一种挥发分且充足的水可使熔体在 5 kbar 压力下饱和，该体系的水压即为 5 kbar。在 $P>5$ kbar 时，该体系的水变得不饱和，熔融曲线就会偏离图 5-4 中的负斜坡曲线，进入水不饱和的区域。在硅酸盐矿物体系中，经常可以见到在压力升高时反而会抑制熔融产生的现象，就是这个原因。

除了水以外，其他流体的存在也会影响矿物的熔融条件。体系中溶解的 CO_2 也可降低熔融的温度，但效果要明显比在同等压力下水的作用小得多。然而，水和 CO_2 的混合物却能显著改变流体饱和体系的熔融曲线，即降低体系的熔融温度和压力。另外，体系中如果溶解有氟，也会比 CO_2 更能降低熔融的温度。

第三节　二组分（二元）体系

在单组分相图中，由于所有的相成分固定，温度 T 和压力 P 这两个变量可以很容易用二维坐标来表示。然而，对于二组分（二元）体系来说，因为 $C=2$，根据相律，当 $P=1$ 时，$F=3$，此时有三个独立变量，通常是指温度、压力和成分。为便于研究，必须明确一个变量相对于其他变量的平衡是不变的。由于所有成岩体系中相的成分都有较大的变化，因此，绝大部分二元体系都在横坐标上来表示二组分的质量或摩尔比，在纵坐标上表示温度或压力。这样，就相应构成等压 T-X 或者等温 P-X 图。对于凝聚体系来说，温度是主要的影响因素，二组分相图通常就以二维的 T-X 图来表示。随着温度和成分的变化，平衡体系内可存在单相区以及多相共存的现象。下面以实例来说明不同类型的二组分体系及其在岩石学研究中的应用。

一、二元共结系

二元共结系又称为二组分低共熔系。

（一）钠长石 $NaAlSi_3O_8$–二氧化硅 SiO_2 体系

钠长石–二氧化硅二元系是一个典型的二元共结体系，其相图如图 5-5 所示。该体系中，随着温度的下降，不同成分的初始熔体在某个点开始结晶出晶体，所有的这些点连接起来即构成“液相线”（liquidus），如图中空心圆所连接成的曲线 FI 和 JI；随着温度的进一步下降，熔体全部凝固，把各种成分的最后一滴熔体固结为晶体的温度点连接起来则构成“固相线”（solidus），如直线 AB。液相线和固相线的交点（图 5-5 中的 I 点），是钠长石和石英两个矿物同时结晶的位置，称为“共结点”。反过来，若固体升温熔化，该点又可称为“低共熔点”，即二矿物可同时熔化的最低温度点。在共结点 I 上，钠长石、鳞石英与熔体三相可平衡共存，此时 $F=2+1–3=0$，为不变点。该体系在压力恒为一个大气压时，自由度公式变成为 $P+F=C+1$，在液相线上，平衡共存的相数和组分数均为 2，这样，自由度 $F=2+1–2=1$，说明这些液相线是单变线。当一定成分的熔体降温达到液相线开始结晶出晶体后，熔体成分点会沿着液相线移向共结点。此时，在温度保持不变的情况下，另一种晶体同时结晶，直到熔体耗尽。反过来，在熔融过程中，假定初始成分在 S 点，升温到固相线(*T* 点)时开始熔融，形成的熔体的成分为共结点(*I*)所对应的成分；进一步加热，体系的温度并不增加，而 *I* 点所对应成分的熔体的量在不断增加，直到钠长石全部熔尽后温度才能进一步上升。无论钠长石与石英按什么比例混合，都在同一温度开始熔化，并产生相同成分的熔体，地壳中的熔化过程实际上为这种低共熔作用所制约，无论地壳岩石(硅铝质)具体成分如何，发生部分熔化形成的熔体都是花岗质。

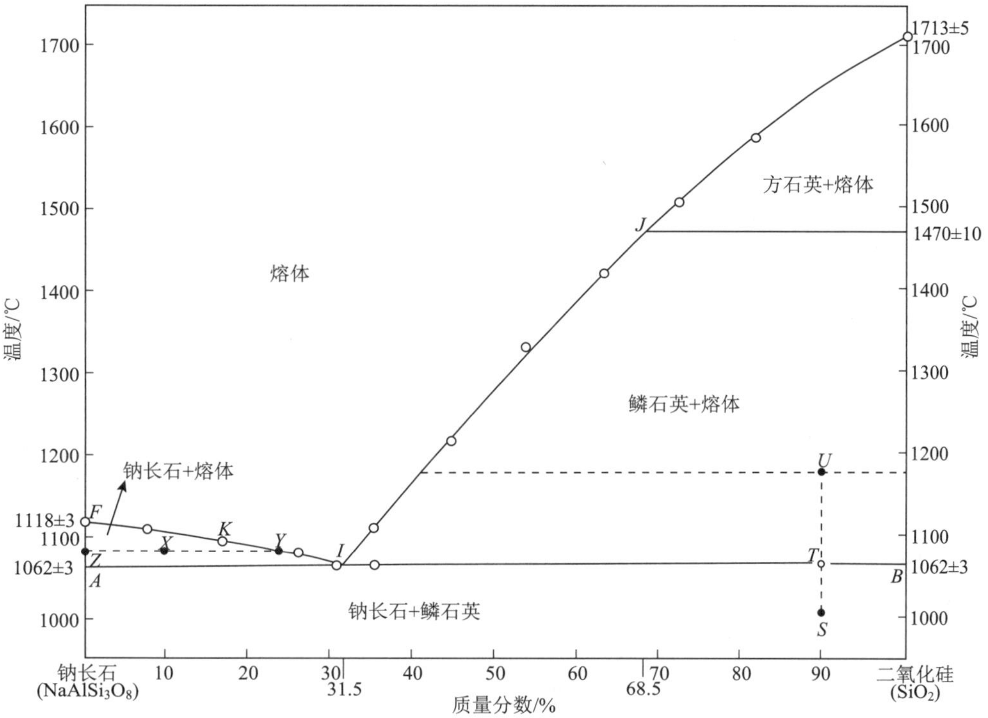

图 5-5 1 atm 下钠长石-二氧化硅二元系相图(Schairer and Bowen, 1956)

(二)透辉石 $CaMgSi_2O_6$–钙长石 $CaAl_2Si_2O_8$ 体系

该体系常压下的相图如图 5-6 所示。图中，*C* 点为纯透辉石(Di)的熔点(1392℃)，*D* 点为纯钙长石(An)的熔点(1553℃)；*CE* 和 *DE* 为液相线；*MEN* 为固相线；*E* 为 Di 和 An 的共结点(1274℃)；*CEM* 和 *DEN* 区分别是 Di-熔体和 An-熔体的两相共存区。现根据相图来讨论不同初始熔体成分时二元共结体的平衡结晶过程。

(1)设熔体原始成分位于单相的熔体(液相)区，在一定范围内可以改变温度和成分而不会使体系内产生新相。

(2)当成分为 x_1 的熔体温度下降到 T_a 时，首先晶出 An 并达到 An 和熔体的两相平衡。此时，$F=1$，温度在一定范围内的变化不会破坏这种平衡关系。随着温度降低，An 的结晶持续，剩余熔体中 Di 的浓度也不断增加，熔体的成分沿液相线 *AE* 逐渐向 *E* 移动。温度下降速度较慢时，晶出的斜长石会较为自形。当温度下降到 T_b 时，熔体的成分点移到 *B*，其成分可在 *H* 点读出。此时剩余熔体与晶出的 An 的质量比可依杠杆规则求出，即熔体/An 晶体=GT_b/GB。

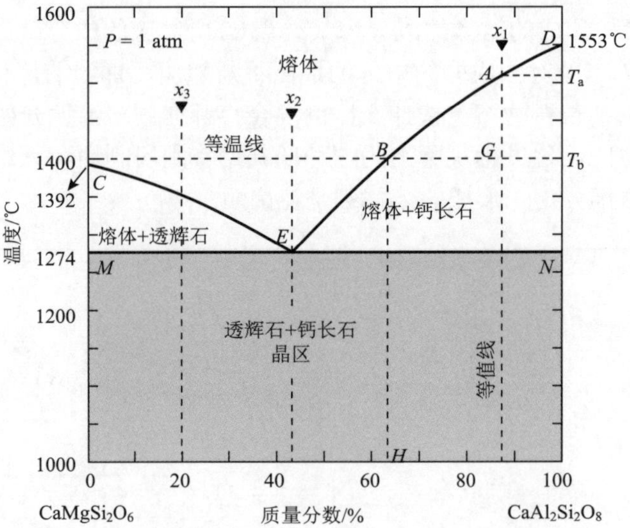

图 5-6　1 atm 压力下透辉石–钙长石二元系相图（Yoder, 1976）

当温度继续下降到共结点 *E* 点时，对应的温度为 *N*，熔体成分为 $Di_{58}An_{42}$，此时 Di 也开始和 An 一起析出。Di 会充填在先结晶的斜长石间隙内，形成间粒结构；或包裹早期的斜长石晶体，形成辉绿结构。体系进入三相平衡共存状态，F=0，体系的温度保持稳定。直到剩余熔体全部按共结点的成分比例结晶成 Di 和 An 的晶体混合物后，体系的 P=2，F=1，体系可继续冷却至常温。如果冷凝较快，剩余熔体来不及结晶就会形成间隐结构或者玻基斑状结构。

(3) 若熔体的最初成分为 x_3，其冷凝结晶过程与 x_1 一致，只不过是 Di 先晶出，最后到共结点完全结晶。这种情况下形成的岩石暗色矿物自形程度要比斜长石好，构成煌斑结构。

(4) 当熔体的原始成分为 x_2 时，随着温度下降，熔体将直接由单相到达共结点 *E*，Di 和 An 同时析出，晶体大小相似，均匀分布，形成辉长结构。

可以看出，在一定程度上，常压下 Di-An 体系的结晶过程相当于简化了的基性岩浆在地表或浅成条件下的冷凝结晶过程。在二元共结体中，只要初始熔体不是纯的端元组分，熔体的结晶必然在共结点结束，初始成分只影响初始结晶的顺序和最终二组分结晶的量比，并制约了最终形成的岩石的结构。

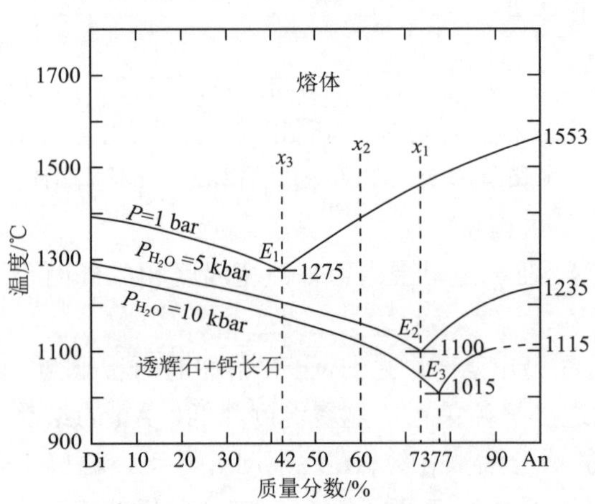

图 5-7　不同水压下的透辉石–钙长石二元系相图（Yoder, 1969）

水压的变化对体系矿物结晶顺序及可能形成的岩石结构构造特征有较大影响。水压增加时，该体系的结晶过程相当于简化了的基性岩浆在地壳深部的结晶作用。此时，体系液相线下降，共结点温度也随之下降，共结物的组成会向 An 方向移动，如图 5-7 所示。

成分为 x_1 的熔体在水压为 5 kbar、温度下降到 1100℃时，辉石和斜长石在共结点 E_2

同时晶出，颗粒大小相似，形成辉长结构。而该成分的熔体在 1 bar 时，An 先结晶，最终形成间粒或辉绿结构。成分为 x_2 的熔体，在低压下同样先晶出 An，而在高水压下先晶出的是 Di。成分为 x_3 的熔体，在低压下透辉石和斜长石在共结点 E_1 同时结晶，而水压升高时则先晶出透辉石。

由此可以看出，岩浆房中水压的波动会导致结晶矿物比例的变化，以至影响所形成岩石的特性。就有可能形成斜长石和辉石交互结晶或共结结晶现象，从而可以解释层状侵入体中辉石岩、辉长岩和斜长岩的共存和互层现象，也可以解释韵律层理和条带构造的成因。

（三）透辉石 $CaMgSi_2O_6$-钠长石 $NaAlSi_3O_8$ 体系

由于钙长石（An）和钠长石（Ab）是斜长石类质同象系列的两个端元，所以 Di-An 体系类似于 Di-Ab 体系，An 可看作是代表了含有 Ab 的斜长石类质同象混晶。

图 5-8 是透辉石（Di）和钠长石（Ab）二元共结系相图。值得注意的是，该二元系共结点偏向 Ab 一侧，共结比为 Di_3Ab_{97}。酸性岩浆的成分点一般均落于共结点左方，但接近于共结点，所以总是暗色矿物先结晶，形成半自形到自形晶；其次是斜长石，为半自形晶。形成典型的花岗结构。

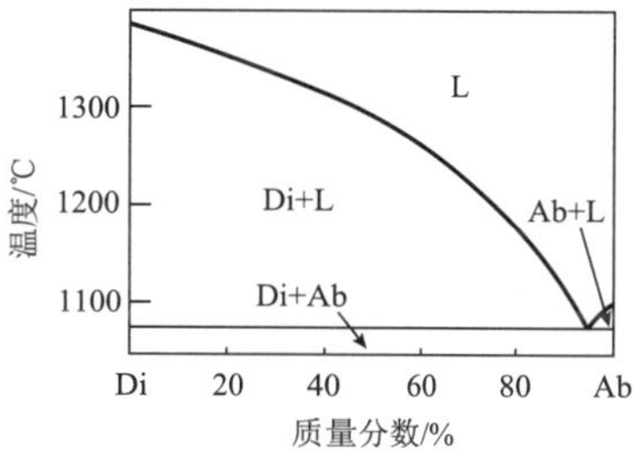

图 5-8　1atm 下透辉石-钠长石二元系相图（Ernst, 1976）

二、二元近结系

上述二元共结系的二端元间无其他中间产物，如果二元系两个端元之间存在一个中间化合物，并且这种中间化合物是“不一致熔融化合物”，这种二元系就称为二元近结系。不一致熔融化合物的特点是，对其加温时，在完全熔化前转变为成分不同的熔体和另一固相，这种熔化过程又称为“不一致熔融”或“转熔”。在相反的降温结晶过程中，上述成分不同的熔体和固相反应，再形成这种“不一致熔融化合物”。下面以两个实例来说明此类二元近结系相图的特点。

（一）镁橄榄石 Mg_2SiO_4-二氧化硅 SiO_2 体系

该体系（Fo-SiO_2 体系）的相图如图 5-9 所示。镁橄榄石和石英在一个大气压时不能平衡共存，但可通过反应形成更加稳定的中间化合物——顽火辉石（$Mg_2Si_2O_6$）。顽火辉石即为该相图的不一致熔融化合物。

假若初始熔体中含有 50%（质量分数）的二氧化硅，其成分类似玄武岩，从 1900℃开始冷却（图 5-9 中的 O 点），温度降到 P 点时，到达液相线，此时镁橄榄石开始晶出，熔体成分沿着液相线变化。进一步冷却到 1558℃时，根据杠杆原理，此时系统中结晶出 60%（质量分数）的镁橄榄石，残留 40%（质量分数）的熔体。在 1557℃时，镁橄榄石和熔体中的二氧化硅反应生成了顽火辉石：

$$Mg_2SiO_4 + SiO_2 \xrightleftharpoons{1557℃} Mg_2Si_2O_6 + \text{潜热}$$

反之，加热时顽火辉石（En）在 1557℃时也可分解成镁橄榄石（Fo）和 SiO_2 熔体。从结晶的角度看，这里的 R 点称“近结点”(peritectic point)，从熔化的角度看又称为“转熔点”。熔体结晶过程进行到这里，镁橄榄石、熔体和刚生成的顽火辉石三个相在 R 点平衡共存。此点上，相律可写为：$F+3=2+1$，得出自由度 $F=0$，说明在三相共存的近结过程中系统的温度保持不变，直到与镁橄榄石反应生成顽火辉石的熔体全部耗尽。由于在该点前后生成的两种矿物的晶体结构和物理性质都发生了质变，鲍温称这种反应为不连续反应。

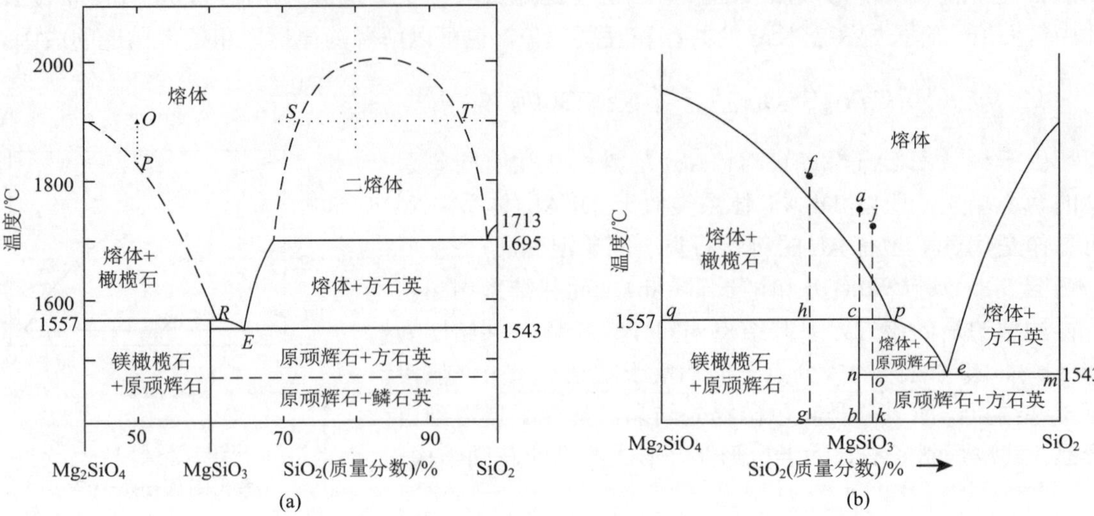

图 5-9　1 atm 压力下镁橄榄石-二氧化硅二元系相图(Bowen and Anderson, 1914; Blatt and Tracy, 1996)

(b)图为(a)图的局部放大；(a)图中的 R 点对应的 SiO_2 值为 61，在(b)图中以 p 点表示

初始熔体中二氧化硅成分含量较高[如 70%～100%(质量分数)]时，富硅高温熔体会在降温过程中分解成为两种不混溶液体，分别沿右边凸起的虚线表示的液相线两侧冷却，各自都会沉淀出方石英。

当初始熔体的二氧化硅成分含量并不特别高时，该相图的平衡结晶过程可用图 5-9(b)来说明。

初始熔体成分在 a 点时，熔体结晶过程在近结点 p 结束，在熔体耗尽时，镁橄榄石恰好全部转换为顽火辉石，最终结晶产物为顽火辉石(最初生成的是原顽辉石，后在冷却过程中转变为顽火辉石，下同)。

初始熔体成分在 f 点时，当温度下降到液相线时，Fo 首先晶出，此时 $P=2$，$F=1$，所以体系进入固、液两相平衡，成分沿液相线运移。随着温度下降，Fo 不断晶出，熔体成分越来越富 SiO_2 组分。当温度下降到近结点 p 时，Fo 变得不稳定，数量较多的 Fo 与数量较少的熔体反应生成顽火辉石。结晶过程也在该点结束，最终产物成分为较多的镁橄榄石+较少的顽火辉石。

若初始熔体成分在 j 点，SiO_2 含量比前两个成分点高，随着温度下降到液相线，镁橄榄石开始晶出，但量较少，熔体成分沿着液相线很快就到了近结点 p。此时，在少量的镁橄榄石与熔体反应完全转化为顽火辉石后，还残留较多富硅熔体。因为这时只有顽火辉石与富硅熔体两相共存，此时体系自由度 $F=1$，温度得以进一步下降，熔体沿顽火辉石液相线继续析出顽火辉石，最终演化到共结点 e[图 5-9(a)中的 E 点]。在共结点有方石英与顽火辉石共结，体系的 P=3，F=0，所剩熔体全部按共结比转变成原顽辉石和方石英的混合物，直到熔体耗尽。所以，j 点熔体的最终结晶产物是顽火辉石与方石英。

以上情况说明，在熔体 SiO_2 含量较低[如超基性岩的 SiO_2 低于 45%(质量分数)]时，处于平衡状态的体系的结晶作用只要时间充分都将在图 5-9(a)中的近结点 R 点[图 5-9(b)中的 p 点]结束，不可能达到共结点 e，也就不会有石英晶出。因此，通常我们会看到，超基性岩中不含石英，Fo 和石英不能共生。

Fo-SiO_2 体系可以解释不同结晶作用过程所形成的岩石类型以及岩石的某些结构。如初始熔体成分在 a 点时，最终形成辉石岩；在 j 点时，形成硅酸过饱和的拉斑玄武岩或石英辉长岩。初始熔体成分在 f 点时，若 f 点靠近顽火辉石，形成辉橄岩，甚至橄榄岩，这时顽火辉石多围绕镁橄榄石的晶体生长，构成特征的反应边结构；而当熔体的成分越偏向原顽辉石，生成的 Fo 数量就越少，最终产物中顽火辉石的量多于橄榄石，形成橄辉岩，最后剩余的少量 Fo 常被反应溶蚀成圆形晶体被包裹在原顽辉石之中，形成包橄结构。

自然条件下，Fo-SiO_2 体系的平衡结晶作用可被两方面因素所破坏：一是分离结晶作用；二是因橄榄石的顽火辉石反应边的阻隔作用。这样，剩余熔体逐渐变得更加富硅，经过 p 点时由于早期结晶的 Fo 矿物都已从熔体中移离，便不会产生 Fo 与剩余熔体反应生成 En，体系最终在共结点 e 结束结晶作用。于是便形成一套酸性程度渐趋增加的岩石组合：自下而上从纯橄榄岩、辉石岩、辉长岩变化到闪长岩、花岗闪长岩等，构成层状火成堆积杂岩体。

熔体结晶过程中残留熔体成分的演化路径，又称为同源液体成分演化线(liquid line of descent)。由以上分析可以看出，同一系统熔体的分离结晶比相同条件下的平衡结晶过程有更宽的成分变化范围。相应地，分离结晶作用产物也比平衡结晶作用产物有更大的成分变化范围[图 5-10(b)]。然而，不论是何种结晶作用，在结晶作用结束后，残留熔体相对初始熔体均更加富集 SiO_2，亏损 MgO[图 5-10(a)]。天然岩浆的结晶行为亦如此。

另外，对于该体系 SiO_2 较低的熔体来说，平衡结晶作用的最终结晶产物为镁橄榄石加顽火辉石，体现了 SiO_2 不饱和的特征。然而，分离结晶作用则可产生另外一个结晶相——方石英，最终结晶出“方石英+顽火辉石”的 SiO_2 过饱和组合。

在 Fo-SiO_2 体系中，镁橄榄石和顽火辉石在近结点构成了一个“反应对”(reaction pair)。在天然岩石中表现为顽火辉石构成镁橄榄石单个颗粒周围的反应边。从更大的尺度上看，该“反应对”还可表现为在一个层状侵入体中，层状含橄榄石的岩石常被含斜方辉石的岩石覆盖的现象[图 5-10(b)的左图]。在演化的中性钙碱性岩浆中，单斜辉石和熔体的反应能产生角闪石。反应不完全时，使闪长岩中单斜辉石四周出现角闪石的反应边。在低温情况下，角闪石会与更加演化的熔体反应生成黑云母。在分异的多组分岩浆中会有两个或者更多的反应对形成，构成一个不连续反应系列。许多不同的反应系列在岩浆中都可能发生，这主要依赖于它们的全岩化学组成和结晶作用的性质。

如前所述，成分为顽火辉石[包含 59.85%(质量分数)SiO_2 和 40.15%(质量分数)MgO]的熔体的结晶过程，可以用来解释“反应关系”的一些规律。反过来看，如果纯的顽火辉石晶体在 1 atm 下熔融，就会发现它们的熔融有意想不到的行为。顽火辉石在 1557℃的熔点温度下发生不一致熔融产生了一个稍富 SiO_2 的熔体加上镁橄榄石的晶体。随着对该体系的进一步加热，镁橄榄石也溶解于硅酸盐熔体中，最终在大约 1600℃时完全熔融，产生了与顽火辉石成分一样的熔体。

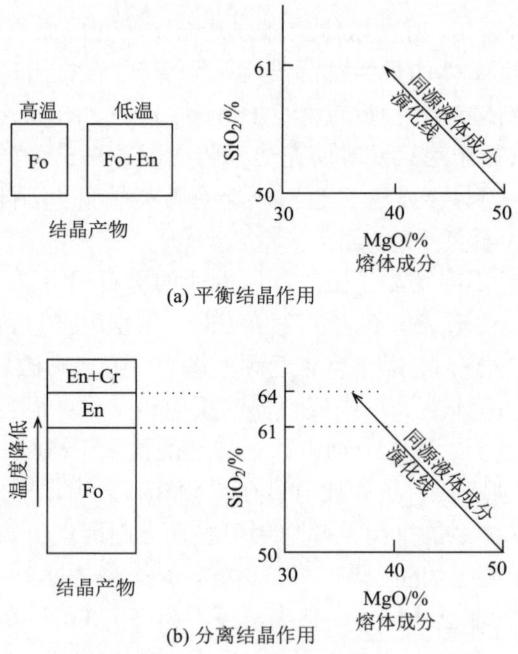

图 5-10　1 atm 压力下镁橄榄石-二氧化硅二元系中含 50%（质量分数）SiO_2 的初始熔体分别在（a）平衡结晶和（b）分离结晶过程中的结晶产物和熔体趋势（Best, 2003）

在平衡结晶过程中，镁橄榄石（Fo）在初始冷却时出现，最终结晶产物为 Fo 加上顽火辉石（En）；在分离结晶过程中，首先晶出 Fo，然后是 En，最后 En 和方石英（Cr）一同晶出

（二）白榴石 $KAlSi_2O_6$–二氧化硅 SiO_2 体系

该体系相图如图 5-11 所示。钾长石（$KAlSi_3O_8$）作为该体系的不一致熔融化合物，在 1150℃±20℃时可由早期结晶出的白榴石（Lc）和剩余熔体中的 SiO_2 反应而生成：

$$KAlSi_2O_6 + SiO_2 \xrightleftharpoons{(1150+20)℃} KAlSi_3O_8$$

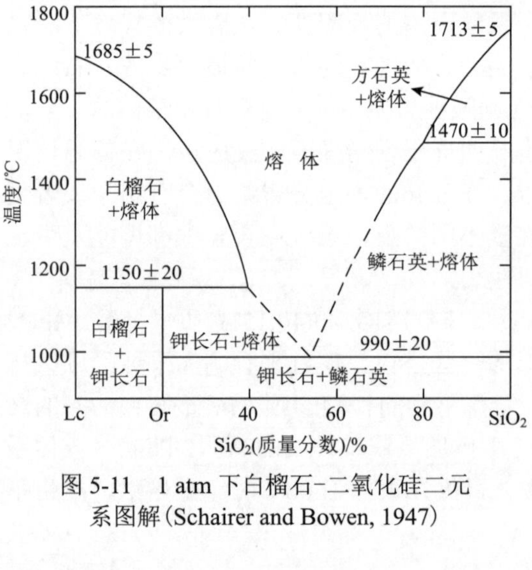

图 5-11　1 atm 下白榴石-二氧化硅二元系图解（Schairer and Bowen, 1947）

这里的钾长石在相图所示的物理条件下为正长石（Or）。它与鳞石英在常压下的共结点温度为 990℃，水压的升高会使得该共结点温度降低。

Lc-SiO_2 体系的结晶作用过程类似于图 5-9 所示的 Fo-SiO_2 体系。从该体系可以得出以下信息：

（1）在平衡结晶作用条件下，当初始熔体成分介于钾长石与白榴石之间时，早期结晶的白榴石在近结点与熔体反应形成钾长石，在熔体耗尽后，还有白榴石残留，最终结晶产物为白榴石和钾长石，相当于喷出条件下的白榴石响岩。在深成条件下，白榴石变得不稳定，并被其他似长石矿物所代替，生成似长石碱性岩。

(2) 当初始熔体的组成在钾长石与近结点之间时，晶出白榴石较少，温度下降到近结点时，白榴石与熔体反应形成钾长石，在白榴石耗尽后，剩余熔体的先晶出白榴石，最终产物是钾长石和少量鳞石英，在喷出条件下形成粗面岩；在深成条件下为正长岩。

(3) 当初始熔体成分在近结点和共结点之间，此时共结点处的成分相当于 73% Or+ 27% SiO_2，类似于酸性岩脉——花岗伟晶岩和细晶岩的成分。随着温度的下降，钾长石先结晶，然后到共结点时石英与钾长石共结，这样，常形成具文象结构的酸性岩。

(4) 在分离结晶作用情况下，由于晶出的白榴石不断析离，剩余的熔体逐渐富 SiO_2，最后可达到共结点，结晶出钾长石和石英。这种情况下，便可形成白榴石斑晶与基质石英共生的矿物组合，也可形成从贫 SiO_2 岩石到富 SiO_2 岩石的一套岩石组合。

三、二元完全固溶体体系：斜长石 Ab-An 体系

二组分形成的固溶体有两类：一类是无限(完全)互溶固溶体；另一类是有限互溶固溶体。斜长石 Ab-An 二元系是一个典型的完全互溶固溶体二元系。此类体系有一个明显的特点：液相线及固相线的变化都是连续的。该体系由一个向上凸的液相线和向下凸的固相线组成，其相图如图 5-12 所示。常压下钙长石(An)的熔点为 1553℃，钠长石(Ab)的熔点为 1118℃。该体系的所有固溶体的熔点均处于两个端元组分的熔点之间。液相线(图 5-12 的实线)以上的区域 Ab 和 An 均为液态；固相线(图 5-12 的虚曲线)以下区域二者则全为固态。液、固相线之间为固、液共存区，在该区内，在压力稳定的平衡状态下，F=1，给定温度、熔体组分或晶体组分中的任意一个变量，就可确定其他两个变量。在任何一个给定的温度下，晶体和熔体的比例都可依据熔体的组成以及杠杆原理来确定。下面分析该体系在不同条件下的冷凝结晶过程。

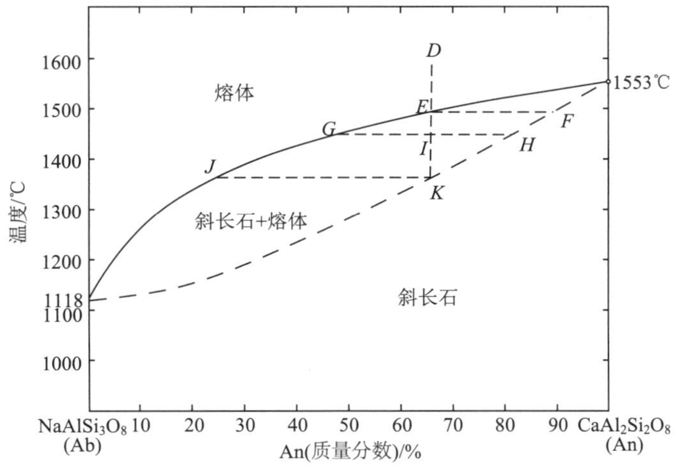

图 5-12　1 atm 下 Ab-An 二元系相图(Bowen, 1913)

（一）平衡结晶作用过程

在单变的两相区域(即图 5-12 的固、液共存区)，斜长石的固溶体总是比共存的熔体更富 An。例如，若初始熔体的成分为 *D*(图 5-12)，当温度下降到液相线上的 *E* 点时，*P*=2，*F*=1，结晶出固相线上更富 An、成分为 *F* 的斜长石。此时由于晶出的斜长石量极少，剩余熔体的成分(以 *E* 表示)与初始熔体的成分几乎相同。随着温度下降，斜长石不断晶出。由于结晶处于平衡状态，早先晶出的富 An 的斜长石变得不稳定，与剩余熔体发生反应，转变成相应温度下与该剩余熔体平衡的斜长石，这种新晶出的斜长石晶体的 An 牌号降低，残留熔体的 An 组分比初始熔体也相应降低。这里斜长石不断晶出的过程实际上是一个连续的晶-液反应过程，是斜长石中 $Ca^{2+}Al^{3+}$不断被 $Na^{+}Si^{4+}$置换的过程。该置换需要这些离子穿过熔体和斜长石间的晶-液界面进行。如果早先形成的晶体越大，熔体的黏度越强，温度下降得越快，平衡就越难达到。因此，理想的斜长石可逆平衡结晶过程很难出现。

当温度继续下降到 *I* 点温度时，晶出的斜长石成分以 *H* 表示，剩余熔体的成分以 *G* 点表示。这时根据杠杆原理，已晶出的斜长石与熔体的质量比为固/液=*GI*/*HI*。当温度下降到 *K* 点，熔体的成分沿液相线调整到 *J* 点，熔体的量为无限小，晶出的斜长石成分位于 *K* 点，与原始熔体成分相同。温度再略降低，则最后一滴熔体也耗尽并结晶，整个体系变为固相。因此，在平衡结晶情况下，最后的固相成分与熔体的初始成分相同。

同时，从该相图中还可以看出，随着温度降低，熔体在结晶过程中，开始结晶时产生的晶体和剩余熔体的 An 组成均逐渐下降。比如初始熔体为 An_{40} 的熔体，在 1400℃时结晶出 $An_{73.6}$ 的斜长石，剩余熔体成分为 $An_{32.3}$；而在体系降温到 1387℃时，结晶出 $An_{70.3}$ 的斜长石并剩余 $An_{29.2}$ 的熔体。总之，无论温度如何变化，熔体和晶体的总成分保持不变，但每个组分的量不同，例如：

$$72.9\%(\text{质量分数})\text{熔体 } An_{29.2} + 27.1\%(\text{质量分数})\text{晶体 } An_{70.3}(1387℃)$$
$$= 80.6\%(\text{质量分数})\text{熔体 } An_{32.3} + 19.4\%(\text{质量分数})\text{晶体 } An_{73.6}(1400℃)$$

反之，在熔融过程中，若体系处于平衡状态下，随着温度升高，熔融产生的熔体以及剩余晶体的 An 组成均在增加，直至熔融结束，全部转变为成分与初始成分相同的熔体。

（二）分离结晶作用过程

分离结晶的过程要复杂一些。初始成分为 *D* 的熔体在温度下降到 *I* 时，由于结晶出的富 An 斜长石与熔体分离，剩余的相对富 Ab 的熔体不能与之发生反应，只能作为新的“原始”熔体开始结晶过程。如果析出的斜长石晶体不断移离，晶-液平衡就一直无法建立，即分离结晶作用是完全的话，则温度可以一直下降直到纯钠长石的熔点 1118℃处，此时熔体的成分变为纯的 Ab 成分，并最终析出纯钠长石而结束整个结晶过程。

如果分离结晶作用过程中伴随有重力的分异，先结晶的 An 组分高的斜长石密度较大，沉降并堆积于岩浆房底部，后期形成的斜长石 An 组分逐渐降低，向上呈层状分布。这种斜长石的成分变化常见于层状堆晶岩中[图 5-13(a)]。

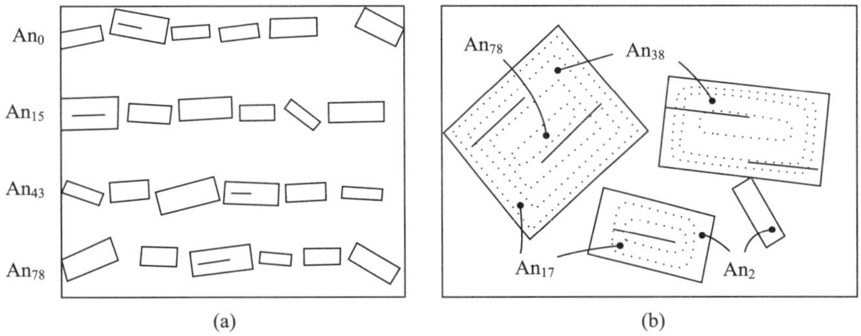

图 5-13　不同分离结晶条件下斜长石的成分分异(Best, 2003)

(a)堆晶岩中斜长石的成分分布(重力分异下的分离结晶作用)；(b)环带斜长石的成分变化(不完全化学反应时的分离结晶形成具环带的晶体)

若冷凝速度较快，则分离结晶作用不完全。先晶出的富 An 的斜长石未完全移离，却也来不及被剩余熔体完全反应掉，这样，后析出的斜长石晶体就会依次包在先析出的斜长石晶体的外围，构成斜长石的环带构造[图 5-13(b)]。显然，随着结晶作用的进行，环带从内到外 An 组分逐渐降低，最后边部晶出的斜长石成分不能达到纯 Ab，而只能是接近。总体上，全部环带的平均成分仍与原始熔体的成分一致。中性斜长石的环带构造最为发育，因为在该成分范围内液相线与固相线间距最大(图 5-12)，即熔体的成分与固相的成分差异最大。所以，斜长石环带构造在中性成分的熔岩和冷凝速度较快的浅成岩中最发育。

在特殊情况下，熔体由于冷却速度特别快而直接达到固相线时，斜长石快速晶出，便会形成与熔体成分相同的斜长石微晶。这相当于熔岩或浅成岩中基质的结晶条件。但往往熔体在地壳深处就已有较富 An 组分的斜长石斑晶(常具环带构造)晶出；这样，由剩余熔体快速结晶生成的基质斜长石其牌号往往只和斑晶环带最外围的成分相近或相同。

与正常环带构造相反，如果核部比外带富 Ab 组分，称为反环带构造。若不同成分的斜长石交替出现组成环带，则称为韵律环带。反环带和韵律环带构造的主要原因有以下三点：

1)体系中水压的变化

水压的升高能显著降低液相线和固相线温度(图 5-14)。从图 5-14 可以看出，同一温度下，成分相同的熔体，水压越大，晶出的斜长石越富 An。例如，在较富水的俯冲带玄武岩岩浆中所结晶出的斜长石(可达 An_{90-100})会比相对“干”的洋中脊玄武岩浆中结晶出的斜长石更富 An。在结晶过程中，若晶体与熔体反应不完全，且水压由大到小变化，将导致正常环带构造的形成；而水压的变化如由小到大则可形成反环带构造；若水压发生周期性变化，就会形成韵律环带构造。

2)过冷却结晶

初始熔体在温度骤降时，体系有可能保持过冷却状态，即当温度下降到液相线时，斜长石还来不及结晶，待温度再继续下降到某一点(如 T_1)，才开始结晶出成分为 C_1 的斜长石(图 5-15)。此时，由于结晶作用释放出的热或其他地质作用的影响，体系的温度上升到 T_2，晶出的斜长石成分变为 C_2。显然，C_2 的 An 组分更高一些。这样便形成核部偏酸性、外部偏基性的反环带构造。假如过冷却结晶与平衡结晶交替发生，也可以生成韵律环带。

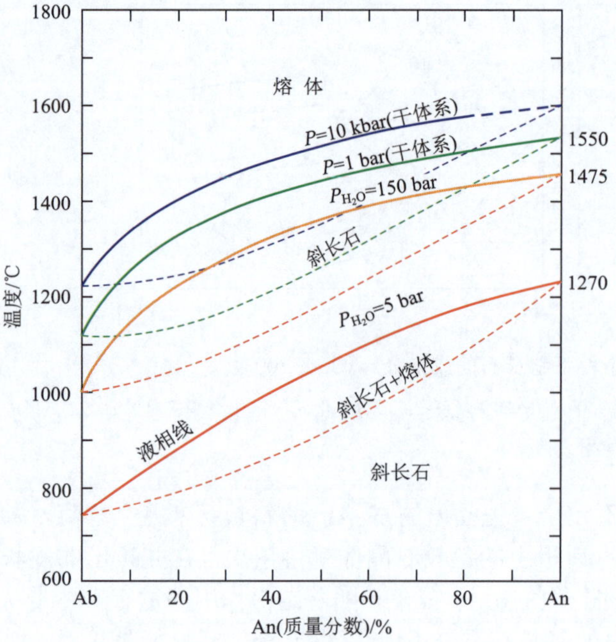

图 5-14　不同水压下 Ab-An 二元固溶系相图(据 Bowen, 1913; Yoder, 1969; Yoder et al., 1957; Johannes, 1978 修改)

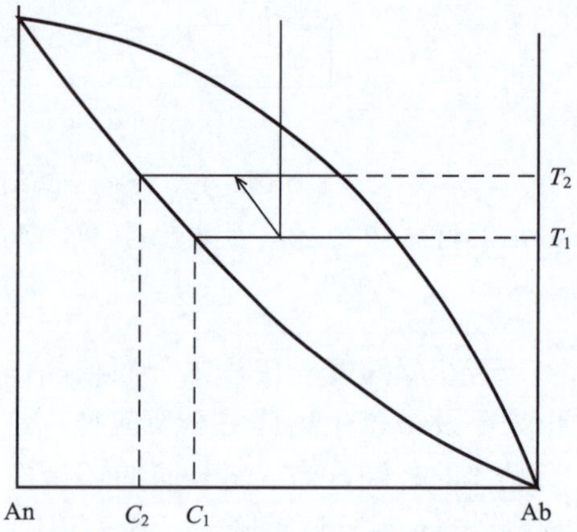

图 5-15　Ab-An 二元系过冷却结晶相图

3) 同化混染作用

自然中的岩浆过程是复杂的。较酸性的岩浆在结晶过程中，如果同化了钙质围岩，岩浆的成分便会随着混染作用的加剧越来越富 An 组分，结果也会形成斜长石的反环带构造。

四、二元有限固溶体体系：Kf-An 体系

该体系如图 5-16 所示。与 Di-An 体系有类似之处，只是在该体系的两端出现了钾长石(Kf)和钙长石(An)两个小的有限固溶体区。“钾长石固溶体”和“钙长石固溶体”稳定区分别位于左右两个纵坐标轴(温度坐标)附近。钾长石、钙长石的固相线及固溶体分离线构成各自的固溶体边界线。固相线和温度轴会聚于钙长石和钾长石的熔点。

当一种成分已知的熔体 $An_{70}Kf_{30}$ 的温度降到 950℃时(图 5-16 中的 *M* 点)，通过成分点画一条等温线，就可了解此时结晶出来的固相 $An_{96}Kf_4$ 与残留液相 $An_{21}Kf_{79}$ 之间的相平衡关系。根据杠杆原理，在这种温度下，该体系中 64%(质量分数)为晶体，为含少量钾长石(Kf)组分的钙长石晶体($An_{96}Kf_4$)；36%(质量分数)为液体，为含较多钾长石组分的钙长石熔体($An_{21}Kf_{79}$)。温度下降到共结点以下并与“钙长石固溶体分离线”相交时，上述晶出的钙长石中的少量钾长石将因“固溶体分离”机制从钙长石中析出，这时，钙长石作为主晶、析出的钾长石作为客晶出现，主客晶的成分可从共结点下低温直线与两个固溶体分离线的交点得到。相反，熔化过程中，随着温度的升高，残留的钙长石(固溶体)晶体中 $KAlSi_3O_8$ 组分的熔解度逐渐降低，从 850℃的 4%(质量分数)降到 1100℃的 2%(质量分数)。

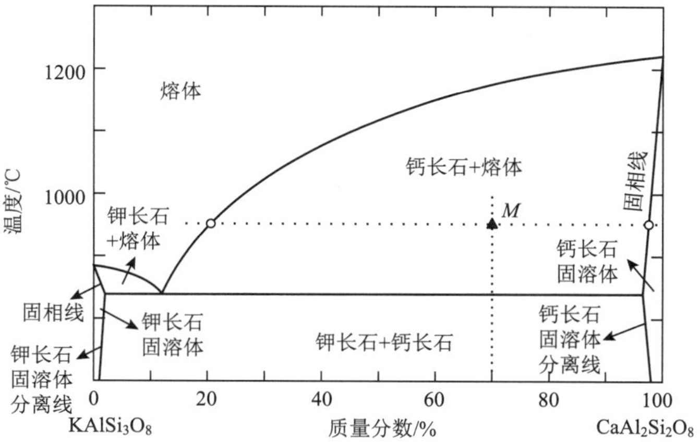

图 5-16　5 kbar 时水饱和 $KAlSi_3O_8$(Kf)-$CaAl_2Si_2O_8$(An)体系(Yoder et al., 1957)

五、碱性长石二元固溶体体系：Or-Ab 体系

Or-Ab 体系在较低水压下，只有少量水的较干体系中，出现白榴石[图 5-17(a)]，增加了该固溶体系列的复杂性。而在水饱和的 2～3 kbar 压力下，白榴石的稳定区域消失[图 5-17(b)、(c)]。该体系又称为碱性长石体系，它在高温下可以形成完全类质同象系列；在低温下则只形成有限固溶体。

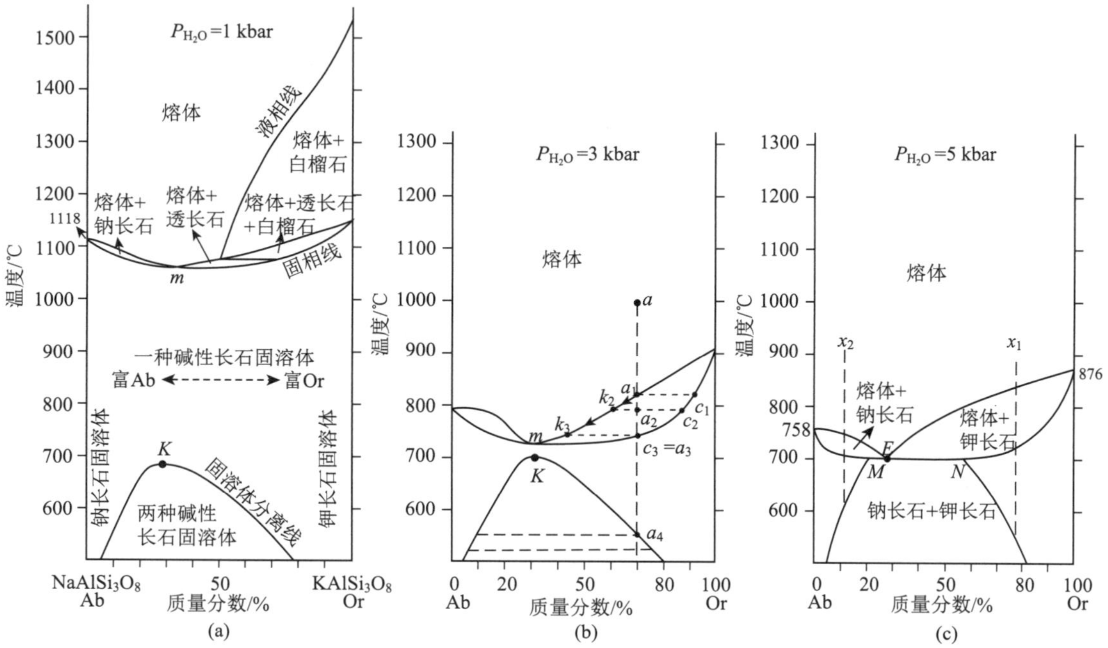

图 5-17　碱性长石的 Ab-Or 二元系相图(Hall, 1987)

从图 5-17 可以看出，该体系可视为由两个完全固溶体系列结合在一起所构成的具有最低点的固溶体系列。在固相线下面存在一条弧形上凸的曲线，称为固溶体分离线(solvus)；当温度降到固溶体分离线以下时，碱性长石固溶体就要发生分解，形成富钾长石固溶体和富钠长石固溶体，两者规则连生，形成条纹构造或反条纹构造。介于固相线和固溶体分离线之间的区域为碱性长石固溶体的稳定区，即完全混溶区，从(a)、(b)、(c)三个图的变化来看，该区随水压增大而缩小(图 5-17)。

下面以水压 3 kbar 时的相图[图 5-17(b)]为例，说明该二元体系的结晶过程。

(一)平衡结晶作用过程

图 5-17(b)中 a 点处熔体的成分为 $Ab_{30}Or_{70}$，当该熔体降温到液相线时，结晶出富 K 碱性长石 c_1(Ab_7Or_{93})；随着温度继续下降，刚晶出的碱性长石晶体与剩余熔体不断作用，其结晶出的固体成分沿着固相线变化(如 c_2 点)；到达 c_3 时，析出的晶体成分恰好等于初始熔体成分($Ab_{30}Or_{70}$)，此时所有熔体耗尽，熔体完全转变为固体。当体系温度继续下降，到达固溶体分离线上的 a_4 时，根据绘出的虚线，该温度下钠长石固溶体从钾长石固溶体主晶中出溶出来，并沿着钾长石主晶的某些结晶学方向分布，这样便构成条纹长石。

相应地，如果初始熔体的成分位于 m 点的左侧(即靠近 Ab 一侧)，则最终从 Ab 固溶体中分离出钾长石固溶体，可形成反条纹长石。

若初始熔体的成分位于固溶体分离线的两侧，结晶出的碱性长石固溶体在温度继续下降时，不会到达固溶体分离线，也就不发生出溶现象。

(二)分离结晶作用过程

初始熔体到达液相线后，如果开始析出的碱性长石晶体由于某种原因，与剩余熔体分离，则剩余熔体的成分沿液相线一直变化，直到达到最低点 m，此时结晶出钠长石与钾长石构成的固溶体。在常压下该点固溶体的组成为 $Ab_{63}Or_{37}$，所对应的温度是 1063℃。如果分离结晶作用不完全，先晶出的固溶体与熔体反应不充分，可造成最终形成的碱性长石固溶体核部与边部成分不同，形成环带构造。如冷却过快，出溶很差或来不及发生出溶，则可形成隐纹长石或不出现条纹长石。

(三)高水压下的结晶作用

从图 5-17 可以看出，体系的最低点 m 随水压的增加而降低，同时 m 点的成分也略向 Ab 一侧移动。相反，固溶体分离线的最高点 K 则随着水压的增加而上升。当水压大约在 3.6 kbar 时(图中未画出)，固相线与固溶体分离线相交切，最低点 m 变成共结点 E[图 5-17(c)]，体系变成具共结点的有限固溶体系列。水压为 5 kbar[图 5-17(c)]时，碱性长石的固相线与固溶体分离线交切于共结点 E 和另外两点 M、N。此时，若初始熔体组分位于 M 和 N 点对应成分之间的任意一点，当温度下降到共结点时，都会有成分分别为 M 和 N 的两种碱性长石直接从熔体中晶出，它们与共结点 E 处的剩余熔体共存，M 和 N 的结晶一直到熔体耗尽时才会停止，此过程中体系温度不变。熔体耗尽后，两种固溶体的量比为 $Or_{SS}/Ab_{SS}=EN/EM$。接下来随着温度继续下降，刚晶出的两种碱性长石再经过固溶体分离作用分别会形成不同成分的条纹长石(即条纹长石和反条纹长石，根据初始熔体成分的位置而定)。所以在深成岩中可以看到两种碱性长石固溶体共生。Tuttle 和 Bowen(1958)利用 Ab-Or 二元系相图区分出“超固溶线”(hypersolvus)花岗岩和“亚固溶线”(subsolvus)花岗岩，前者形成于低压-高温条件下，固相线与固溶体分离线未相接，花岗岩中只有一种碱性长石；后者形成于高压-低温下，固相线与固溶体分离线相接，花岗岩中出现两种碱性长石。

另外，若初始熔体成分为 x_1 和 x_2，它们分别在 *MN* 线的外侧，冷却时从熔体中只能形成一种碱性长石固溶体(Or_{SS} 或 Ab_{SS})，出溶后则形成条纹长石或反条纹长石中的一种。

第五节　多组分体系

自然界中真实的岩浆体系十分复杂，往往不是简单的一元或二元体系，而是多组分或多体系的结合。本节将简要介绍几个常见的与火成岩岩石成因有关的三元系相图，更多的多组分相图可参考“实验及理论岩石学”教材。

根据相律，在三元系中，$F = 3–P+2$，由于在一个体系内至少有一个相，即 P 最小为 1，所以 F 最大为 4。这四个自由度是指温度、压力以及三个组分中的两个。当压力恒定时，相律可表达为：$F = C–P+1 = 4–P$，故三元系中平衡共存的相最多可以有 4 个，最大自由度为 3，即温度和三个组分中的两个，这三个独立变量可以构成立体图解[图 5-18(a)]。该图可看作是三个二元共结体的结合，它们具有一个共同的三元共结点。二元系中的液相线在三元系立体相图中表现为液相面，垂直方向是温度轴。为了表达方便，通常把实验成果投影在等边三角形的底面上，三角形的三个顶点代表三个组分[图 5-18(b)]。三个液相面的交线在底面上的投影构成了三条边界线[图 5-18(a)]，边界线由若干个二元共结点组成，称为“同结线”(cotectic line)，从熔化的角度看，又可称为“共熔线”。沿着同结线相邻两个初晶区中的晶体可以同时结晶。同结线的投影将底边三角形划分出三个端元矿物的“初晶区”，三条同结线交于温度最低的“三元共结点”[投影在底面三角形中为 *m* 点；图 5-18(b)]。*m* 点的组成可利用几何学等边三角形的性质来求得。通过 *m* 点做三条平行于三条边的平行线[图 5-18(b) 中的虚线]，这些平行线在某条边上的截距即代表了三个端元的组成。如图 5-18(b) 所示，*a*、*b*、*c* 分别代表了 *X*、*Y*、*Z* 三端元的组成。

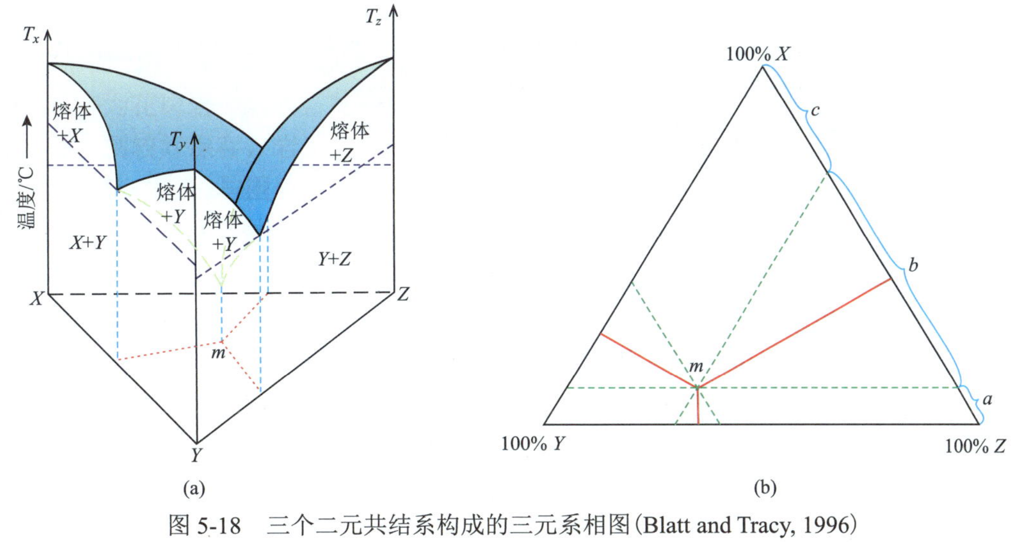

图 5-18　三个二元共结系构成的三元系相图(Blatt and Tracy, 1996)

一、与基性岩结晶有关的三元系相图

透辉石 $CaMgSi_2O_6$ –镁橄榄石 Mg_2SiO_4 –钠长石 $NaAlSi_3O_8$ –钙长石 $CaAl_2Si_2O_8$（Di-Fo-Ab-An）四元系很接近天然基性岩浆的成分。它包含四个三元系：Di-Ab-An、Fo-Ab-An、Di-Fo-An 和 Di-Fo-Ab。现将 Di-Ab-An 和 Di-Fo-An 两个三元系的特征及其应用说明于后。

（一）Di-Ab-An 三元系

该立体三元系模型如图 5-19 所示，它包括了前述 Ab-An 完全固溶体系以及 Di-An 和 Di-Ab 两个二元共结体系，是一个典型的具固溶体的三元系。该三元系相图上有两个液相面：透辉石液相面和斜长石液相面，分别对应于投影区（图 5-20）的左上和右下部分。两液相面以一条曲线相交，称为该三元系的同结线。同结线的两个端点分别是 Di-An 和 Di-Ab 两个二元共结系的共结点，对应温度分别为 1274℃和 1085℃。

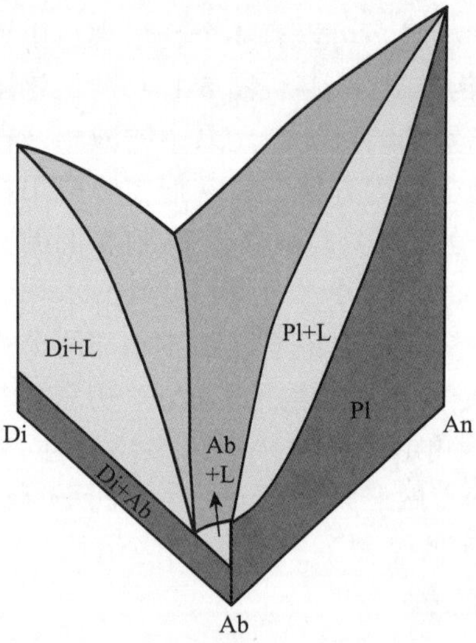

图 5-19　一个大气压下 Di-Ab-An 三元系相图（Bowen, 1915）

Di. 透辉石；Pl. 斜长石；An. 钙长石；Ab. 钠长石；L. 熔体

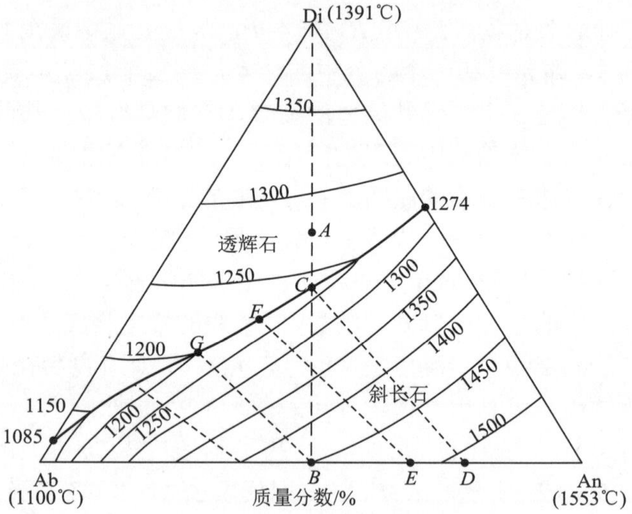

图 5-20　处在透辉石液相面上的成分为 *A* 的熔体结晶过程（孙鼐和彭亚鸣，1985）

斜长石和透辉石初晶区内的曲线为等温线，数字表示的是温度（℃）。Di. 透辉石；An. 钙长石；Ab. 钠长石

由于存在着 Ab-An 连续固溶体，初始熔体成分在该体系内部时，最终结晶产物只会是斜长石固溶体和透辉石两种固相，结晶过程中熔体成分的变化受固溶体晶-液平衡的控制。

如熔体成分在投影图（图 5-20）上透辉石液相面上的 *A* 点，当降低到液相面上对应的温度时，透辉石先晶出，剩余熔体的成分在平面投影图上沿着 Di-*A* 的连线背离 Di 变化，直到同结线上的 *C* 点。此时，斜长石与透辉石同时晶出，形成的斜长石成分对应于 *D* 点。接下来，剩余熔体成分沿着同结线朝温度降低的方向演化，晶出的斜长石在平衡结晶条件下与剩余熔体不断反应，斜长石的成分也不断变化。到达 *F* 点时，斜长石的成分为 *E*。当熔

体成分到达 G 点，斜长石成分相应调整到 B 点，此时剩余熔体完全耗尽。在非平衡结晶条件下，则结晶过程的最后一滴熔体以及最后产生的斜长石的成分都将靠近纯钠长石的位置。

如初始熔体成分位于斜长石的液相面(图 5-21 中的 O 点)上，连接 Di、O，并延长到 Ab-An 边上的 O_1 点。过 O_1 点作垂线与 Ab-An 液相线交于 O_2，该点晶出的斜长石成分为 O_3(即 Ab-An 边上的 O_4)，连接组分点 O 与底边上的 O_4。温度继续下降到 T_1 时，晶出的斜长石成分为 X_3(即 Ab-An 边上的 X_4)，剩余熔体成分为 X_2(即 Ab-An 边上的 X_1)。在三角形内连接 Di 与 X_1、O 与 X_4，并延长 X_4O 与 DiX_1 相交于 X，此时，晶体/液体= XO/OX_4。当温度继续下降到 T_2 时，晶出的斜长石成分为 Y_3(即 Ab-An 边上的 Y_4)，与其平衡的剩余熔体成分为 Y_2(即 Ab-An 边上的 Y_1)。同上，连接 Y_4 与 O、Di 与 Y_1，两线交于 Y 点，此时晶体/液体 = YO/OY_4。这样，$\overset{\frown}{OXY}$ 便构成了平衡结晶时斜长石熔体成分变化的弧形曲线。当 Y 点恰好在同结线上时，为该弧形曲线的终点；在该点上，透辉石开始与斜长石同时结晶。当体系温度继续下降到 T_3，晶出的斜长石成分为 Z_3，相当于初始熔体 O 的斜长石成分。熔体耗尽前最后一滴熔体的成分为 Z_2(即 Ab-An 边上的 Z_1)，Di 与 Z_1 的连线交同结线于 Z，这也是该三元系平衡结晶过程中同源液体成分演化线的末端，该演化线的轨迹在图 5-21 中以箭头表示。如果该初始熔体成分经历的是非平衡结晶作用，与初始成分在透辉石液相面上一样，结晶作用结束的位置也会更接近 Ab。

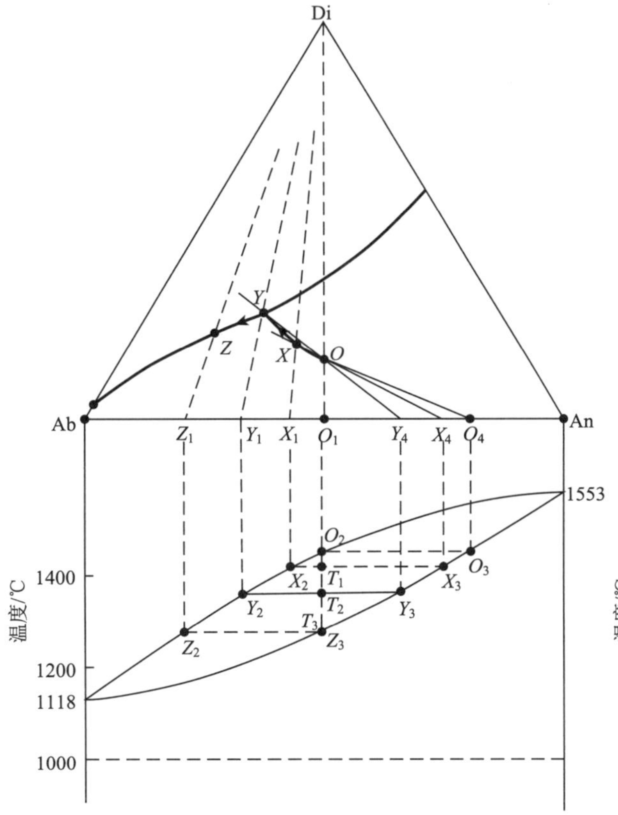

图 5-21 透辉石(Di)-钠长石(Ab)-钙长石(An)三元系内斜长石与透辉石结晶时熔体成分变化轨迹(据 Bowen, 1913 修改)

从以上分析可以看出，由于初始熔体成分点的位置不同，离开共结线的距离不同，产生的辉石的量以及斜长石的成分和量也不同，这样便会形成不同的岩石类型。尤其是在分离结晶作用下，可以形成从基性到中酸性的层状堆积杂岩体。

辉长岩在成分上与 Di-Ab-An 三元系很相似，由于它的辉石和斜长石矿物近乎等量，其初始熔体的成分点应落于相图的中间部位。

（二）Di-Fo-An 三元系

该体系的相图如图 5-22 所示。它包含三个二元系：Di-An、Fo-An 和 Fo-Di。Di-An 和 Fo-Di 是二元共结系，它们的共结点分别为 *f*(1274℃)和 *d*(1387℃)。

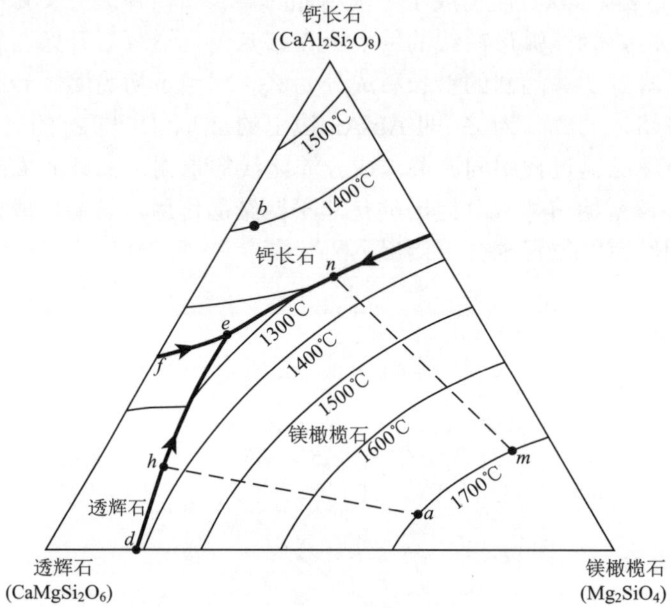

图 5-22　一个大气压下简化的钙长石-透辉石-镁橄榄石三元共结系(Blatt and Tracy, 1996)

图中省略了尖晶石稳定区

在图 5-22 中，*e*(对应温度 1270℃)为 Di、An 和 Fo 三个初晶区的交点，是该三元共结系的共结点，又称三元低共熔点。在该点，钙长石、透辉石和镁橄榄石同时结晶，直至熔体完全耗尽。

在平衡结晶的情况下，当初始熔体成分在 *a* 点时，首先晶出镁橄榄石；剩余熔体成分随温度下降沿着 *a* 与 Fo 端点的连线向同结线上的 *h* 演化。到达 *h* 点时，同时结晶出透辉石与镁橄榄石。剩余熔体成分沿着同结线向三元共结点 *e* 演化。到达 *e* 点时，又有钙长石晶出，这样有三个固相在该点同时结晶，直至熔体耗尽。最终结晶产物的比例就是初始熔体 *a* 处三相的比例：镁橄榄石 60%、透辉石 35%、钙长石 5%(Blatt and Tracy, 1996)。

初始熔体成分在 *b* 点时，熔体的结晶过程与 *a* 点类似。由于 *b* 与 An 端点的连线与同结线的交点在 *e* 点左侧，首先结晶出钙长石，然后熔体成分到同结线时同时晶出钙长石和透辉石，此后剩余熔体成分逐渐演化到 *e* 点，变成三固体相同时共结结晶。

如果发生的是分离结晶作用，因为结晶的过程中不产生固溶体，所以剩余熔体的成分变化方向与平衡结晶作用相同。但是，其晶出的矿物组合是不连续的。若初始熔体成分处于 *m* 点，Fo 首先晶出，熔体成分逐渐变化到 *n*，此过程中镁橄榄石不断晶出并与熔体分离，形成纯橄榄岩。在 *n* 点时，An 和 Fo 同时晶出并分离，且成分以 An 为主，形成橄长岩。剩余熔体成分沿同结线逐渐从 *n* 演化到共结点 *e*，此时同时有 Fo、An 和 Di 三种矿物相晶出，生成橄榄辉长岩。从纯橄榄岩到橄长岩，再到橄榄辉长岩，岩石矿物成分的这种不连续变化叫作“岩石跃迁”。在自然界，有些层状侵入体就存在着这类不连续的岩石组合。

二、与花岗岩浆结晶有关的三元系相图

自然界中花岗岩岩浆的结晶过程可以用钠长石-正长石-二氧化硅-水（Ab-Or-SiO_2-H_2O）四元系来模拟，该体系又叫花岗岩体系。它包含四个三元系：①Or-SiO_2-H_2O；②Ab-Or-H_2O；③Ab-SiO_2-H_2O；④Ab-Or-SiO_2。前面三个三元系去掉 H_2O 以后成二元系，前面已有介绍。下面着重介绍 Ab-Or-SiO_2 三元系。

（一）Ab-Or-SiO_2 三元系基本特征

该体系实际上是霞石 $NaAlSiO_4$(Ne)–钾霞石 $KAlSiO_4$(Kp)–二氧化硅 SiO_2 三元体系的富硅部分，如图 5-23 所示。该相图中同结线 *LD* 隔开了碱性长石和鳞石英两个液相面，*F* 是该同结线上的最低点。若初始熔体成分为 *A*，当温度下降到碱性长石液相面时，首先晶出富含钠的碱性长石 *C*。随着温度继续下降，已结晶的长石不断与剩余熔体反应，导致新生成的碱性长石越来越富钾。当熔体成分到达同结线（交于 *D* 点）时，连接 *AD*，交底边为 *E*，即为此时长石的成分。这时，鳞石英开始与碱性长石同时析出。体系温度继续下降，剩余熔体成分沿同结线逐渐向最低点 *F* 演化，晶出的长石仍不断与熔体反应。到达 *G* 点时，最后一滴液相耗尽，长石的成分最终变为 *B*。

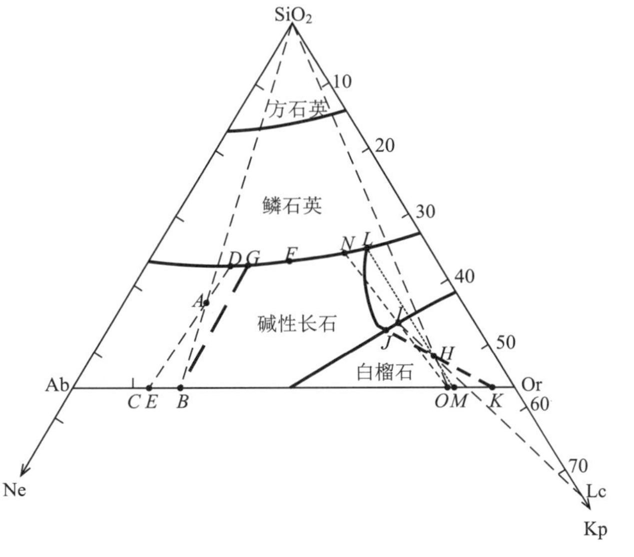

图 5-23　Ab-Or-SiO_2 三元系中的理想的结晶途径（Schairer, 1970）

可以看出，在平衡结晶条件下，原始成分为 A 的熔体的结晶作用常常不能到达最低点 F，而最终距离 F 点的远近则取决于熔体的初始组成。相反，在分离结晶作用下，已结晶的相对富钠的碱性长石来不及与熔体反应平衡，导致剩余熔体越来越富钾，生成的长石也越来越富钾，最终结晶的液相成分就有可能到达 F 点。

另外，必须指出，上述结晶结束形成的成分为 B 的碱性长石固溶体，随着温度的下降，在继续冷却到固溶体分离线以下时，还可在固态下出溶形成两种碱性长石。

若初始熔体成分为 H，当温度冷却到白榴石的液相面时，先晶出白榴石，剩余熔体成分背离白榴石的端点(Lc)移动，一直演化到同结线的 I 点。此时，白榴石与剩余熔体反应析出富钾的碱性长石，熔体成分沿同结线逐渐移动到 J 点。连接 J 点和 H 点，交底边于 K 点。此时，白榴石完全被耗尽，形成成分在 K 点的富钾的碱性长石的固溶体，此时剩余熔体成分如 J 点所示。接下来的结晶过程则与 A 点的情况类似。熔体的成分逐渐向碱性长石与鳞石英的同结线的 L 点演化，已晶出的碱性长石的成分也因不断与熔体反应而发生变化，到同结线上 L 点有石英晶出，连接 L 与 H 交底边于 M，即为此时碱性长石的成分。随着体系温度继续下降，剩余熔体成分沿同结线逐渐向最低点 F 演化。连接 SiO_2 端点与 H 交底边于 O 点，连接 O 与 I 点交同结线于 N 点。在 N 点，最后一滴液相耗尽，熔体的结晶过程结束。

(二) 水对 Ab-Or-SiO_2 三元系的影响

水对 Ab-Or-SiO_2 三元系的影响比较明显，不同水压下的相图如 5-24 所示，它们表明：

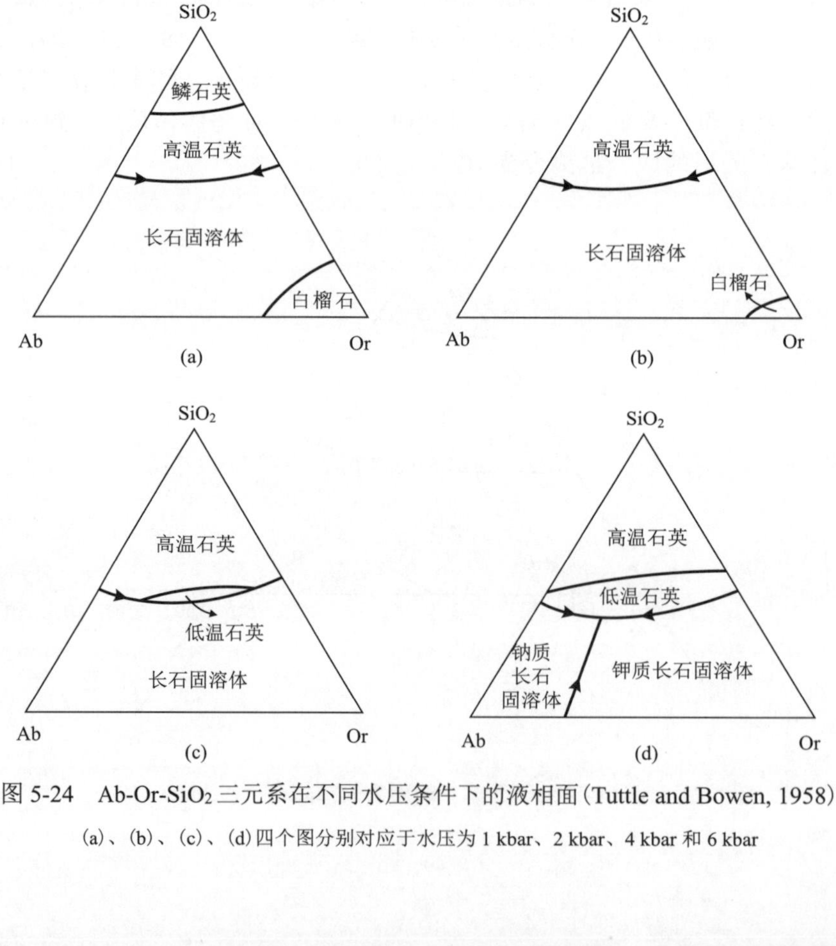

图 5-24　Ab-Or-SiO_2 三元系在不同水压条件下的液相面(Tuttle and Bowen, 1958)

(a)、(b)、(c)、(d)四个图分别对应于水压为 1 kbar、2 kbar、4 kbar 和 6 kbar

(1)随水压的升高白榴石区不断减小，并在水压>2 kbar 时逐渐消失。

(2)同本章前面提到的几个相图一样，水压升高会降低液相面的温度；此外在这里还会影响到 SiO_2 变体的稳定性。由于方石英或鳞石英本身的性质(图 5-3)，在低水压时它们可稳定出现；而在压力进一步升高，达到 2 kbar 时，初始成分位于 SiO_2 区的熔体的冷却便不再析出方石英或鳞石英。这进一步说明，方石英、鳞石英和白榴石通常产生于近地表条件和喷出等低压环境下形成的岩石中，而在大多数水饱和的侵入岩中，都不能出现。

(3)当水压升高到 3.6 kbar 以上时，碱性长石固相线最低点与固熔体分离线相交(图 5-25 的 *C* 点)，并在钠长石和钾长石间产生一条同结线，沿该线两种碱性长石可同时从熔体中析出。

(4)水压为 10 kbar 时，共结点的温度为 625℃，共结点的成分与天然花岗岩的长石和石英含量相符合(图 5-25 的 *D* 点)。

(5)随着水压的增加，共结点(或低熔点)会逐渐向钠长石一侧移动。

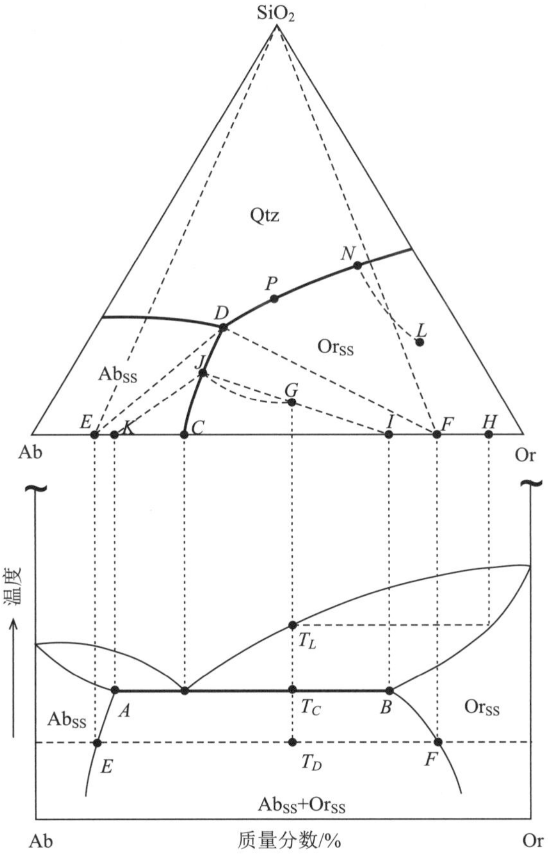

图 5-25　10 kbar 下 Ab-Or-SiO_2 三元系中结晶途径示意图(Tuttle and Bowen, 1958)

T_L 为在 *G* 点处碱性长石液相面温度；T_C 为 Ab-Or 二元系共结点 *C* 的温度；T_D 为三相共结点 *D* 的温度；Ab$_{SS}$ 为钠长石固溶体；Or$_{SS}$ 为钾长石固溶体；Qtz 为石英

图 5-25 中的 *A* 和 *B* 是水压为 10 kbar 时 Ab-Or 系固相线与固溶体分离线的两个交点，原始熔体的成分位于 *A*、*B* 之间时，结晶作用将达到二元共结点 *C*(温度为 T_C)，同时析出

成分为 A 和 B 的两种碱性长石。成分位于 A、B 之外的原始熔体，结晶时不可能到达 C 点，最终只能结晶出一种碱性长石，这种碱性长石在继续冷却时，可能会发生出溶(固溶体分离)现象(如果原始熔体成分的垂线与固溶体分离线相交)，也可能不发生出溶现象(这时原始熔体成分的垂线与固溶体分离线不相交)。在该水压条件下，当温度降低到三元共结点 T_D (与 T_C 相差约 50℃)时，结晶出来的两种碱性长石为 E 和 F。成分点位于 SiO_2-E-F 三角形内的原始熔体 G 冷却到液相线(T_L)时，首先结晶出富钾的碱性长石 H，温度继续冷却时，熔体沿着一条弯曲的轨迹演化到两种碱性长石的同结线上的 J 点，这时富钠碱性长石 K 与富钾碱性长石 I 同时晶出。随着温度继续下降，熔体成分由 J 向 D 演化，两种碱性长石分别由 K 变化到 E 和由 I 变化到 F。在 D 点，石英与两种碱性长石 E 和 F 共结，直到熔体耗尽。位于 SiO_2-E-F 三角形以外的原始熔体，如 L，在平衡结晶条件下，是在 P 点结束结晶作用，而不是在 D 点。

(三) Ab-Or-SiO_2-H_2O 体系的熔化过程

前面讨论了本体系的冷凝结晶过程。冷凝过程受体系初始熔体成分和水压的影响，因而结晶作用结束时的温度和成分可以不同。在低水压(<3.6 kbar)情况下可能在固相线的某一位置(平衡结晶作用时)或在最低点(分离结晶作用时)结束结晶作用；在高水压(>3.6 kbar)时可在三元共结点结束结晶作用。图 5-26 表示在不同水压下，体系最低点(或共结点)在 Ab-Or-SiO_2 面上的投影位置。

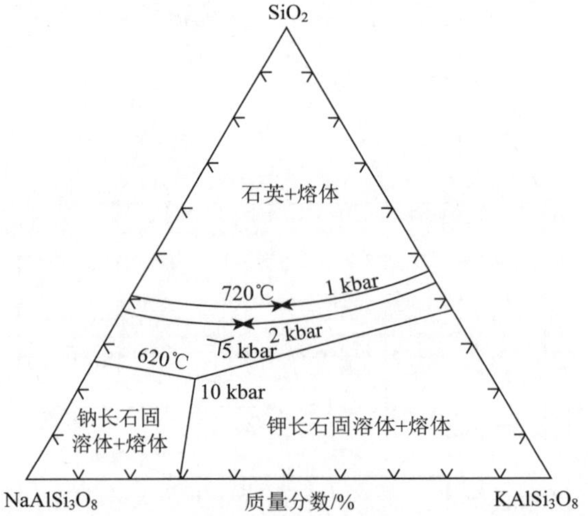

图 5-26 不同水压下 Ab-Or-SiO_2 三元系最低点或共结点的位置(Johannes and Holtz, 1996)

一个体系的熔化过程实际是结晶过程的逆过程，因此本体系熔化所形成的初始熔体成分正如相图上结晶作用结束的位置所表明。也就是说，初始熔体的成分和开始熔融的温度取决于原始物质的成分和水压条件。从图 5-26 可以看出，当水压增加时，体系最低点或共结点更靠近钠长石，则熔化时，初始熔体成分中斜长石含量增加，石英含量降低，成分类似于石英二长岩和花岗闪长岩；在水压降低时，初始熔体成分中石英含量增加，斜长石含量减少，熔体类似于二长花岗岩和花岗岩。这可能说明，花岗岩岩浆的起源深度要小于石英二长岩或花岗闪长岩岩浆。

图 5-27 给出了本体系水压与最低点或共结点的温度之间的函数关系曲线。该曲线也称花岗岩的初始熔融曲线或固相线，它表示本体系在不同水压下熔体能够存在的最低温度。熔体中加入 An 组分，则体系成为 An-Ab-Or-SiO_2-H_2O 体系，它更接近于天然花岗岩类岩石的成分。这样，体系中既出现了碱性长石固溶体区，又出现了斜长石固溶体区(水压为 2 kbar)(图 5-28)。

帕莱登(von Platen)和温克勒(Winkler)研究了水压为2 kbar条件下，不同Ab/An值对An-Ab-Or-SiO_2-H_2O体系的影响。从图5-28中可以看出，该体系固体物质开始熔融的最低温度随 An 组分含量的增加或随 Ab/An 值的减小而增加。例如，无 An 组分时体系的初始熔融温度为 675℃，这要比 Ab/An=1.8 时低 30℃。另外，初始熔体成分随 An 组分增加或随 Ab/An 值减小而逐渐富 SiO_2 和 Or。

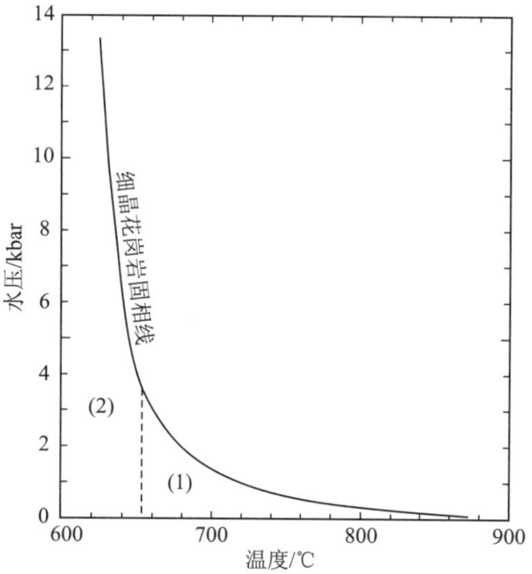

图 5-27　花岗岩的始熔曲线(固相线)
(Luth et al., 1964；Singh and Johannes, 1996)
(1)超溶线花岗岩区；(2)亚溶线花岗岩区

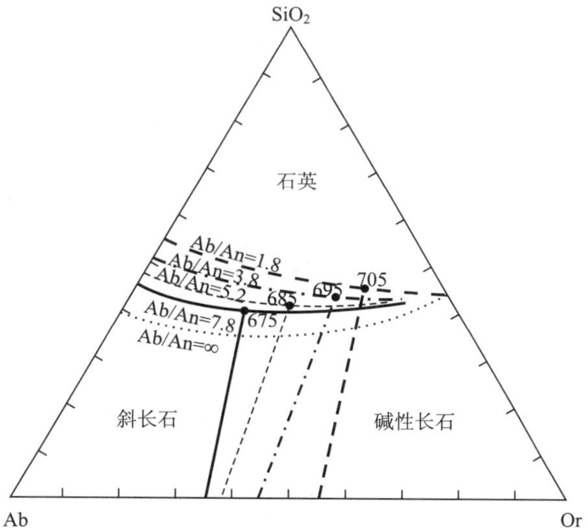

图 5-28　水压为 2 kbar 下不同 Ab/An 值时的始溶温度和边界曲线(von Platen, 1965; Winkler, 1976)

三、自然体系相平衡模拟

自然体系的成分构成更加复杂，如岩浆常常需要十个主量元素以及若干痕量元素来描述，对于这样的自然体系，绘制上述图形表示的相图已经非常困难，即便能够绘制相关相图，也不易阅读和使用。此时就需要利用相平衡模拟计算程序来构建相图。自 20 世纪 80 年代以来，陆续建立了 Theriak/Domino(de Capitani and Brown, 1987; de Capitani and

Petrakakis, 2010)、THERMOCALC(Powell and Holland, 1988; Powell et al., 1998)、Perple_X(Connolly, 1990, 2005)、MELTS(Ghiorso and Sack, 1995; Asimow and Ghiorso, 1998)、pMELTS(Ghiorso et al., 2002)、alphaMELTS(Smith and Asimow, 2005)、Rhyolite-MELTS(Gualda et al., 2012)以及 GeoPS(Xiang and Connolly, 2021)等相平衡模拟方法。这些基于热力学原理的相平衡模拟方法的设计理念和使用方法不尽相同，所解决的岩石学问题也各有侧重，但它们所依据的原理相同，甚至使用相同的热力学数据库(Holland and Powell, 1998；魏春景，2013)。

这些热力学模拟软件利用熔体的全岩成分，可以在 MnO-Na_2O-CaO-K_2O-FeO-MgO-Al_2O_3-SiO_2-H_2O-TiO_2 成分体系计算体系吉布斯自由能变化，以获得在任意温度、压力、氧逸度、水含量条件下平衡的矿物组合。综合热力学模拟以及精细的矿物学、岩石学的研究方法正逐渐成为定量制约火山-侵入岩浆结晶条件和动力学过程的有效手段(Cooper and Kent, 2014; Zhao et al., 2018; Du et al., 2022)。在实际应用中，常常利用热力学模拟软件在多组分体系构建 *P-T* 或 T-H_2O_{melt} 相图，这些相图可以深化对矿物结晶序列和条件以及矿物和熔体演化的理解。例如，在华夏地块钦州湾地区发育的旧州紫苏花岗岩的研究中，基于 Perple_X 软件的 *P-T* 相图揭示，斜方辉石在花岗质岩浆结晶至近固相线条件下不能稳定存在，并与富水的熔体反应生成含水矿物黑云母(Zhao et al., 2017)。如图 5-29 所示，在等压结晶的条件下，斜方辉石在 *A* 点达到饱和并开始析出，随着温度的下降，堇青石、石英和碱性长石等无水矿物陆续结晶析出，导致熔体中水活度上升，岩浆结晶至 *B* 点时，斜方辉石与富水、富钾的熔体反应生成含水矿物黑云母，至 *C* 点，斜方辉石被完全反应，岩浆中不再有斜方辉石结晶。岩相学观察表明，当斜方辉石被石英包裹时保持自形的结晶形态，而当斜方辉石与钾长石接触时，常常反应生成黑云母，即存在如下反应：

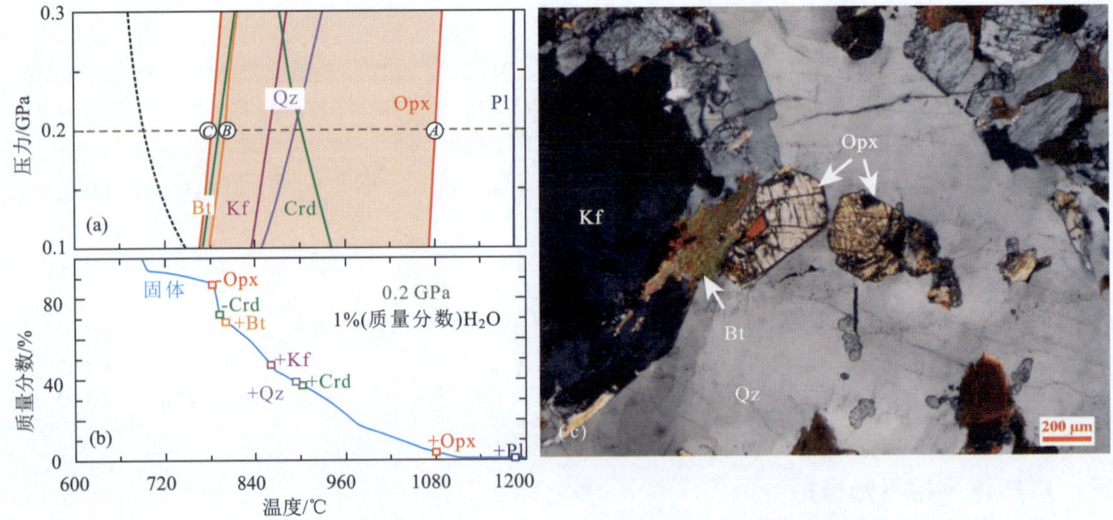

图 5-29 (a)基于热力学模拟的 *P-T* 相图(据 Zhao et al. 2018 修改)；(b)0.2 GPa 等压降温过程中矿物结晶序列；(c)我国华南钦州湾地区旧州紫苏花岗岩显微岩相照片

实线表示矿物稳定场边界；虚线表示岩浆固相线；Opx. 斜方辉石；Bt. 黑云母；Crd. 堇青石；Qz. 石英；Kf. 钾长石；Pl. 斜长石

$$(Fe, Mg)SiO_3+KAlSi_3O_8+L1=K(Mg, Fe)_3AlSi_3O_{10}(OH)_2+SiO_2+L2$$

orthopyroxene + alkali-feldspar + liquid1=biotite+quartz+liquid2

因此，基于热力学模拟的相关系与岩相学观察相一致，表明了岩浆相图在理解岩浆结晶过程中的巨大作用。但是，由于热力学模拟方法存在一系列简化和假设，如体系假设处于完全平衡状态、计算所使用的矿物成分-活度模型仅考虑主要组分而忽略一些次要组分的影响等，当将模拟的结果应用于复杂的自然体系时难免存在一些偏差甚至是错误。因此，我们应当以谨慎的态度，在综合温压计估算以及实验数据的基础上解译热力学模拟结果。

第六章　火成岩的分类和命名

第一节　概　　述

火成岩的形成是一个复杂的地质过程，主要包括岩浆的形成、运移和演化(岩浆分异、同化混染、岩浆混合等)以及最终的固结成岩。在这个过程中，源岩差异、部分熔融程度和岩浆的演化程度等因素都能影响火成岩的成分，造成火成岩在化学成分和矿物成分上的变化。因此，有效的分类和命名是火成岩岩石学的基本内容。

岩浆在地下深处和地表的冷却速率不同，分别形成结晶程度好的侵入岩和结晶程度相对差的喷出岩。纯粹由岩浆在地表冷却形成的喷出岩称为熔岩。如果岩浆中挥发分含量高，或者岩浆在上升过程中混入了大量的地下水，岩浆会以爆发形式喷出地表，形成的岩石具有高的碎屑组分，称为火山碎屑岩。侵入岩既有侵位到地壳深处的深成岩，也有侵位到近地表的浅成岩。由于侵入岩和喷出岩的分类方案不同，喷出岩中的熔岩和火山碎屑岩的分类方案也不同，深成岩和浅成岩由于结构上的明显差异在命名上也有所区别，所以在对火成岩分类命名之前，应该先根据野外产状或手标本的结构判断它们是侵入岩还是喷出岩，是深成岩还是浅成岩，是熔岩还是火山碎屑岩。

通常根据 SiO_2 含量把火成岩分成超基性岩(ultrabasic rock)、基性岩(basic rock)、中性岩(intermediate rock)和酸性岩(acidic rock)四大类，其分类标准和代表性的侵入岩和喷出岩见表 6-1。

表 6-1　火成岩大类命名对比表

SiO_2 含量	大类名称	代表性侵入岩	代表性喷出岩
<45%(质量分数)	超基性岩	橄榄岩	科马提岩
45%～52%(质量分数)	基性岩	辉长岩	玄武岩
52%～63%(质量分数)	中性岩	闪长岩	安山岩
		二长岩	粗面安山岩
		正长岩	粗面岩
>63%(质量分数)	酸性岩	花岗闪长岩	英安岩
		花岗岩	流纹岩

深成岩的矿物颗粒较粗，易于辨认，因而其基本分类方案一般以矿物组成和含量为基础，称为定量矿物成分分类。浅成岩的分类一般参照深成岩，但在命名时突出其结构特征(如××斑岩)。喷出的熔岩由于存在玻璃质或因为矿物颗粒太细难以确定矿物组成，其分类一般以化学成分为基础，如全碱-二氧化硅(total alkali and silica, TAS)分类方案。火山碎屑岩的分类方案见第十二章。

第二节　侵入岩的分类

深成岩定量矿物成分分类一般采用分类三角图进行。在投图前先实测岩石中 3 种矿物(一般是主要矿物)的体积百分含量，然后把 3 种矿物体积百分含量的总和换算成 100%，再把它投到分类三角图中，根据投点位置确定岩石的名称。1972 年在加拿大蒙特利尔召开的第 24 届国际地质大会上，国际地质科学联合会(IUGS)岩石学委员会通过并推荐 QAPF 双三角图方案作为中酸性深成岩的主要分类方案(图 6-1)。目前该方案已被地学界广泛接受。

深成岩的矿物分类首先需要考虑镁铁质矿物及其相关矿物的体积百分含量(*M*)。对于 *M* >90%的岩石，它们属于超镁铁质岩，IUGS 推荐用 Ol-Opx-Cpx 或 Ol-Pyr-Hb 分类三角图对超镁铁质岩进一步分类(图 7-3)。QAPF 分类仅适用于 *M*<90%岩石的分类。在使用该方法对岩石进行分类时，首先统计岩石中斜长石(简称 P，An%>5)、碱性长石(简称 A，包括钾长石和 An%<5 的钠长石)和石英(Q)［或似长石(F)］的含量。由于侵入岩中石英和似长石不共生，同一种岩石只能含这 4 种矿物中的 3 种，因此对于具体的岩石只会用到其中一个三角图。在这个 QAPF 分类方案中，相关参数的具体含义为

Q=石英、鳞石英、方石英；

A=碱性长石，包括正长石、微斜长石、条纹长石、歪长石、透长石、钠长石(An%<5)；

P=斜长石(An%>5)和方柱石；

F=似长石(foid)或者似长石类矿物(feldspathoid)，包括霞石、白榴石、钾霞石、方沸石、方钠石、黝方石、蓝方石、钙霞石和假白榴石；

M=镁铁质矿物及其相关矿物，包括黑云母、角闪石、辉石、橄榄石、不透明矿物、副矿物(如锆石、磷灰石、钛榍石、绿帘石、褐帘石、石榴子石、黄长石、钙镁橄榄石和碳酸盐)。

在富斜长石的几个分区(图 6-1 中的阴影部分)中，均有两个以上可选岩石名称，最终定名还需考虑斜长石的 An 值及暗色矿物的含量和种类。其中辉长岩和闪长岩的区别为前者的 An%>50，且色率大于 40，而后者的 An%<50，色率小于 40。斜长岩是指斜长石含量大于 90%的岩石。

基性侵入岩应根据其暗色矿物的种类和含量进一步分类(详细内容见第八章)。

一方面岩石学研究离不开全岩的主量元素分析，另一方面存在建立化学成分-矿物成分之间联系的需要，因此很多学者尝试用 TAS 分类图作为 QAPF 分类的一个补充(图 6-2)。由于化学成分和矿物成分的联系非常复杂，当化学分类结果和矿物分类结果冲突时，以矿物分类为准。

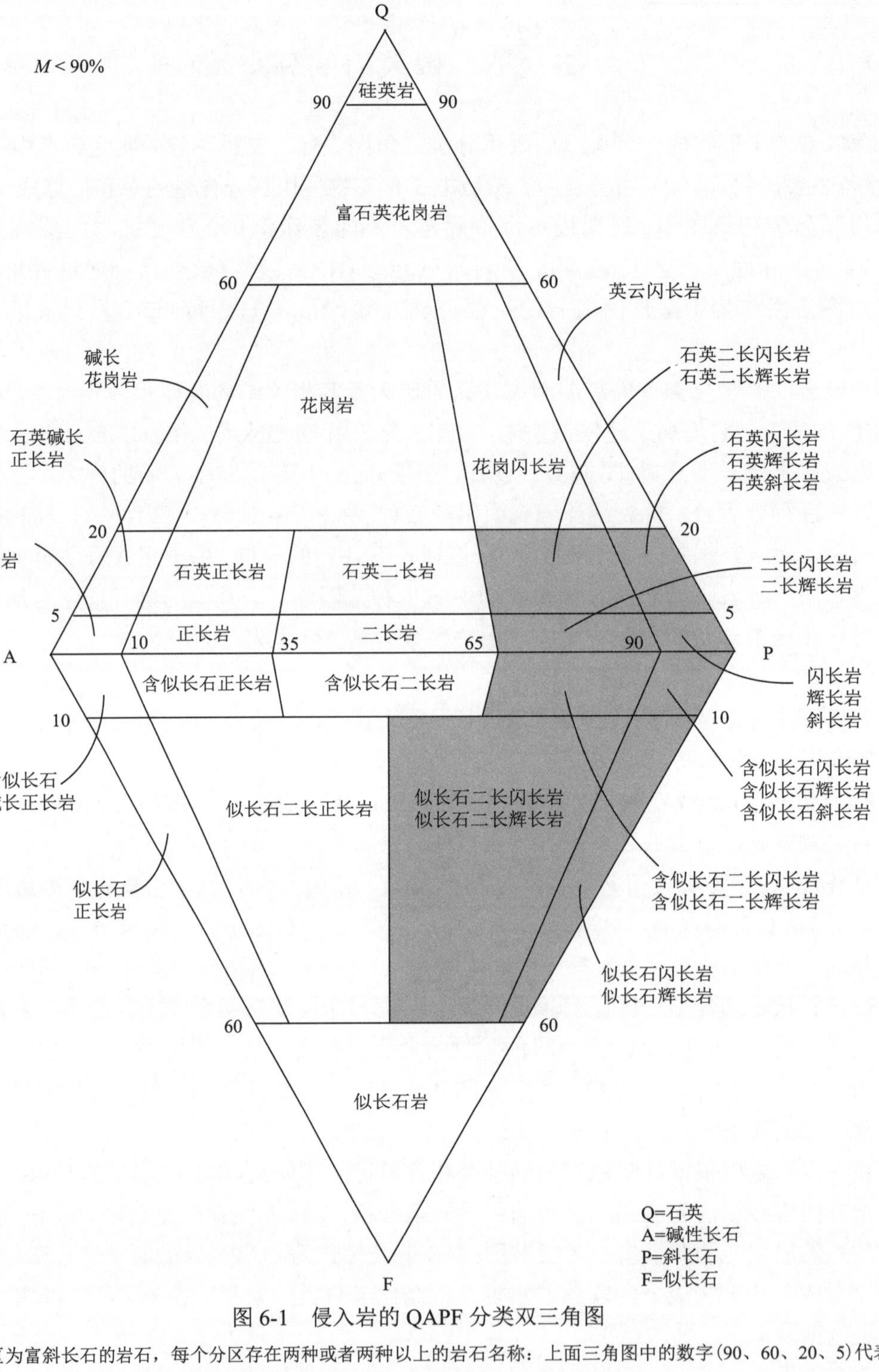

图 6-1　侵入岩的 QAPF 分类双三角图

图中阴影区为富斜长石的岩石，每个分区存在两种或者两种以上的岩石名称：上面三角图中的数字(90、60、20、5)代表石英占总矿物的比例[Q/(Q+P+A)]；下面三角图中的数字(60、10)代表似长石占总矿物的比例[F/(Q+P+A)]；上下三角图连接轴上的数字(10、35、65、90)代表斜长石占总长石的比例[P/(P+A)]

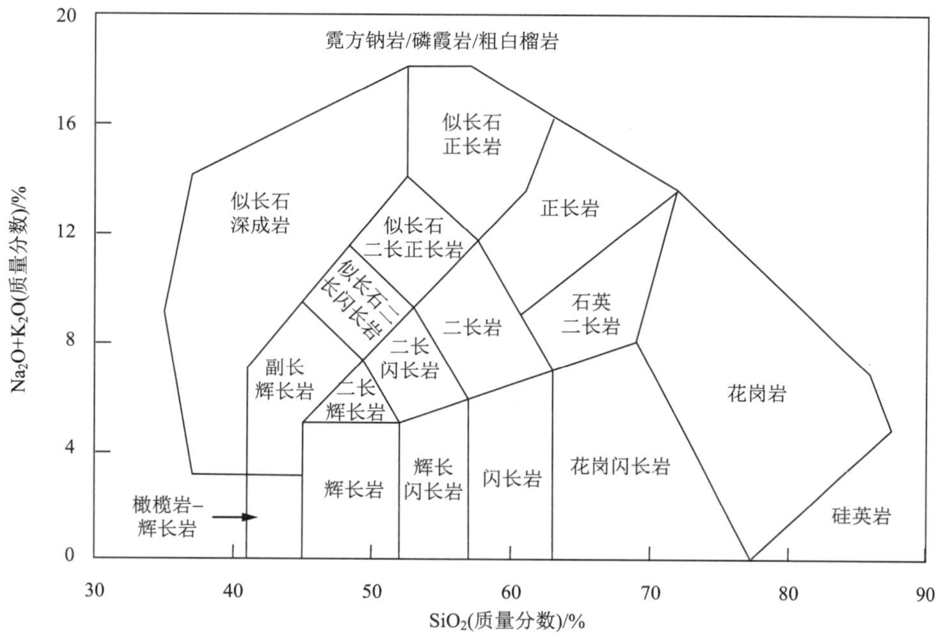

图 6-2　侵入岩的 TAS 分类图(Middlemost，1994)

第三节　火山岩的分类

火山岩的结晶程度远比深成岩差，矿物含量很难测定或无法测定，很难用实际矿物含量进行准确分类。因此大多数岩石学家倾向于化学分类。Le Bas 等(1986)代表 IUGS 火成岩分会提出了火山岩的TAS分类方案，并被IUGS于1989年推荐，目前被广泛使用(图6-3)。

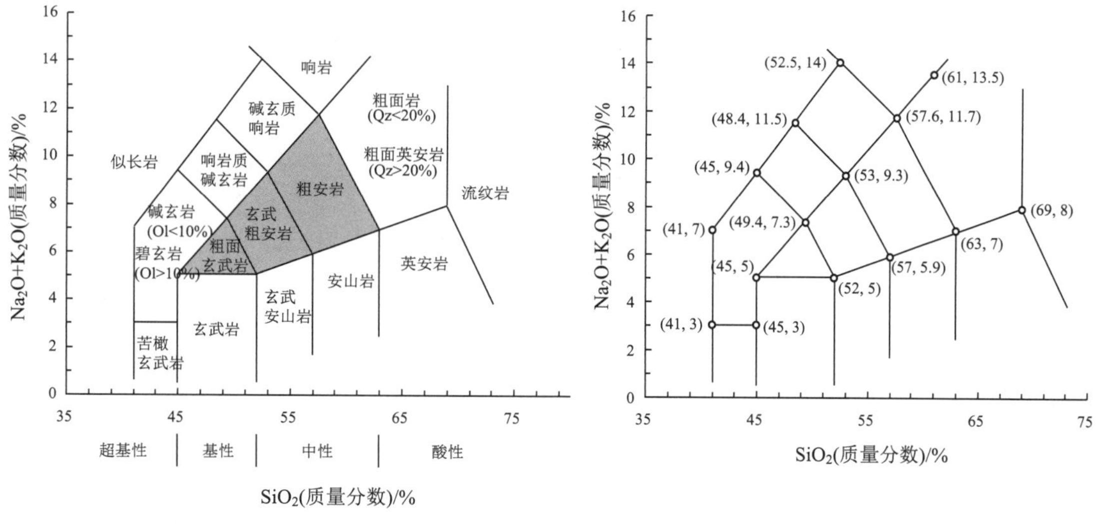

图 6-3 火山岩 TAS 分类图(Le Bas et al., 1986)

左图中各个节点的坐标在右图中标示

对于图 6-3 中的阴影部分，还将根据钾、钠的相对含量进一步区分为钠质和钾质类型，其对应的岩石名称如表 6-2 所示。

表 6-2 图 6-3 中阴影部分的进一步细分

类型	粗面玄武岩	玄武粗安岩	粗安岩
钠质类型 $Na_2O-2 \geqslant K_2O$	钠质粗面玄武岩，也称夏威夷岩(hawaiite)	橄榄粗安岩(mugearite)	歪长粗面岩
钾质类型 $Na_2O-2 < K_2O$	钾质粗面玄武岩	橄榄安粗岩(又称钾玄岩 shoshonite)	安粗岩(latite)

TAS 分类仅适用于未蚀变的岩石，但对许多低级变质火山岩也可使用。对于烧失量高的岩石，分类前应把化学分析结果中 H_2O 和 CO_2 等挥发组分去掉，然后剩余氧化物再换算成 100%。有些化学分析中只有全铁的含量(未区分二价铁和三价铁)，则要用 Le Maitre(1976)法分别计算出 FeO 和 Fe_2O_3 含量。TAS 分类图中其他需要说明的如下。

(1)粗面岩/粗面英安岩：Qz<20%为粗面岩，Qz>20%者为粗面英安岩(Qz 为标准矿物)；

(2)碧玄岩/碱玄岩：Ol>10%为碧玄岩，碱玄岩 Ol<10%为碱玄岩(Ol 为标准矿物)。

特别需要说明的是，高镁火山岩[MgO>8%(质量分数)]中的部分岩石没有包括在 TAS 图中。高镁火山岩的化学分类标准如下。

(1)玻安岩(boninite)：SiO_2>52%(质量分数)，MgO>8%(质量分数)，TiO_2<0.5%(质量分数)；

(2)科马提岩(komatiite)和麦美奇岩(meimechite)：30%(质量分数)<SiO_2<52%(质量分数)，MgO>18%(质量分数)，K_2O+Na_2O<2%(质量分数)，TiO_2<1%(质量分数)时是科马提岩，TiO_2>1%(质量分数)为麦美奇岩；

(3)苦橄岩(picrite)：30%(质量分数)<SiO_2<52%(质量分数)，MgO>12%(质量分数)，K_2O+Na_2O<3%(质量分数)。

一些岩石学家也制定了相应的喷出岩 QAPF 分类图(图 6-4)，作为 TAS 分类图的补充。喷出岩的 QAPF 分类是以岩石中斑晶的矿物组成为依据来分类的。其使用方法为：先统计出斑晶的组成，然后把 Q、A、P 或 F、A、P 的含量换算成总量为 100%时的含量，最后在 QAPF 图上投图。与 TAS 分类图相比，喷出岩的 QAPF 分类要粗略得多，因此，这种方法仅在没有化学成分的前提下使用，利用手标本或者薄片对喷出岩进行初步的定名。

由于火成岩的种类复杂，不同岩性的分类指标差别很大，为了方便，Le Bas(2000)总结了火成岩的分类流程。根据我国学者的使用习惯，本书对该分类流程做了修改(图 6-5)。

此外，还有一些经常出现的岩石名称无法包括在上述侵入岩和火山岩的分类方案中，如埃达克岩(adakite)、赞岐岩(sanukite)，以及紫苏花岗岩(charnockite)。它们往往是一套岩石组合，或以醒目的地球化学特征区别于其他岩石，如埃达克岩和赞岐岩(参见第十四章)，或以不常见的矿物组合为特征，如紫苏花岗岩(参见第十章)。

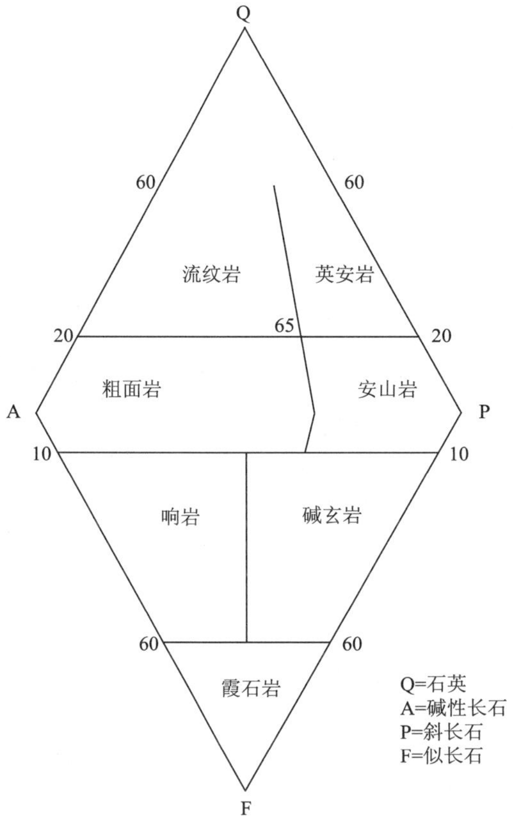

图 6-4　火山岩的 QAPF 分类图(据 Le Maitre，1989 修改)

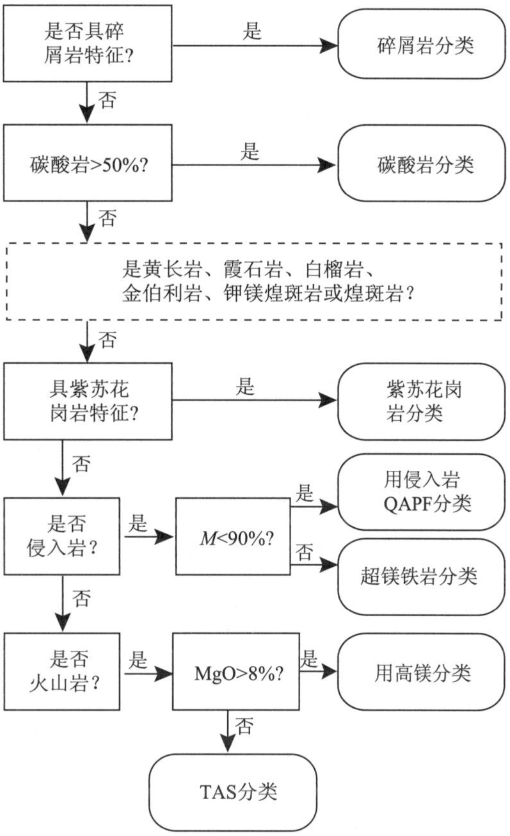

图 6-5　火成岩的分类流程图(据 Le Bas，2000 修改)

第四节　火成岩的命名原则

历史上曾出现过的火成岩的名称很多很乱，随着科学交流的增多，一些名称被淘汰。现在各类岩石的基本名称已固定下来，并被普遍采用。因此在利用上述方法确定各大类岩石的基本名称之后，可按以下原则确定岩石具体种属的名称。

(1)火成岩的进一步命名是以所含次要矿物的名称作为前缀而构成；如有不止一种的次要矿物参与命名时，则按含量多者更靠近根名的原则。如角闪石黑云母花岗岩中黑云母含量比角闪石多。

(2)对于浅成岩，如为微细或细粒结构的岩石，则在相应成分的深成岩名称前加“微晶”作为前缀。如微晶闪长岩，表示相当于闪长岩成分的微晶质或细粒结构的浅成岩。对于具斑状结构的浅成岩，一般根据斑晶成分在对应的深成岩名称之后分别加“斑岩”或“玢岩”作词尾。“斑岩”一般是指含碱性长石和(或)石英斑晶的浅成岩，如正长斑岩、花岗斑岩；“玢岩”一般是指含斜长石和(或)角闪石、辉石斑晶的浅成岩，如闪长玢岩。也有人主张将具斑状结构的浅成岩都称为斑岩。

(3) 对外貌特征上与喷出岩(指熔岩)相同的超浅成岩，因为它们大都具有斑状结构，所以可以用“斑岩”或“玢岩”冠以熔岩名称来命名，如流纹斑岩、安山玢岩等。如果这种超浅成岩属于次火山岩，则可在该名称前加“次”字前缀，如次流纹斑岩。

(4) 对于具斑状结构的深成岩或喷出岩，一般不需要根据结构来命名。因为这样容易把同一种岩石误解为不同的岩石，而且也易与浅成岩相混。

第五节 本书的分类和描述框架

为了便于学习，本书在进行火成岩描述时综合考虑成分、结构和产状进行分类。这种分类主要依据 SiO_2 含量和碱饱和程度，其次是根据所含长石的成分和含量。各类岩石分别如下：

(1) 超基性岩 SiO_2 含量低于 45%(质量分数)，代表性侵入岩为橄榄岩，代表性喷出岩为科马提岩，几乎全部由暗色矿物组成。

(2) 基性岩 SiO_2 含量为 45%～52%(质量分数)，代表性侵入岩为辉长岩，代表性喷出岩为玄武岩，主要由基性斜长石和暗色矿物组成。

(3) 中性岩 SiO_2 含量为 52%～63%(质量分数)，代表性侵入岩为闪长岩、二长岩和正长岩，代表性喷出岩为安山岩、粗安岩和粗面岩，主要由中性斜长石和(或)碱性长石以及少量暗色矿物组成。

(4) 酸性岩 SiO_2 含量大于 63%(质量分数)，代表性侵入岩为花岗岩和花岗闪长岩，代表性喷出岩为流纹岩和英安岩，主要由石英和长石组成。

(5) 碱性岩以碱含量高、出现似长石类矿物为特征。碳酸岩主要由碳酸盐矿物组成。

(6) 火山碎屑岩是主要由火山碎屑物组成的岩石，代表性岩石包括火山集块岩、火山角砾岩和凝灰岩。

各大类火成岩的主要类型及其相关特征列于表 6-3。

本书从第七章至第十二章是岩石的各论部分。其中第七章到第十章分别是超基性岩、基性岩、中性岩和酸性岩，在这些章节中，侵入岩和喷出岩分别进行描述。碱性岩和碳酸岩作为一些特殊的岩石类型放在第十一章。火山碎屑岩列在第十二章。金伯利岩和钾镁煌斑岩由于岩性非常特殊，所以在超基性岩中另列一节专门叙述。煌斑岩的成分虽然变化很大(从超基性岩到基性岩)，但因其普遍富镁铁的特征，所以把它也放在超基性岩中并作为单独一节叙述。地幔岩虽然在矿物组成上与超基性侵入岩非常接近，但在结构构造、地球化学特征和成因上与后者存在本质的区别，因此作为单独一节叙述。

因为基性岩、中性岩及酸性岩中的钙碱性和弱碱性岩具有相似的成分与特征，所以一般合并描述。各类岩石的次火山岩也没有进行单独描述，因为次火山岩的化学成分、矿物成分、结构构造和野外特征等都与同类岩石的熔岩非常接近。

表 6-3　本书所采用的火成岩分类及基本特征表

<table>
<tr><td colspan="3" rowspan="2">岩石类型
特征</td><td>超基性岩</td><td colspan="2">基性岩</td><td>中性岩</td><td colspan="2">酸性岩</td><td colspan="3">碱性岩</td></tr>
<tr><td></td><td>钙碱性</td><td>弱碱性</td><td></td><td>钙碱性</td><td>弱碱性</td><td>超基性</td><td>基性</td><td>中性</td></tr>
<tr><td colspan="3">SiO_2(质量分数)/%</td><td><45</td><td colspan="2">45～52</td><td>52～63</td><td colspan="2">>63</td><td><45</td><td>45～52</td><td>52～63</td></tr>
<tr><td colspan="3">石英(体积分数)/%</td><td>无</td><td><5</td><td>无</td><td><20</td><td colspan="2">>20</td><td colspan="3">无</td></tr>
<tr><td colspan="3">长石</td><td>不含或含少量基性斜长石</td><td>基性斜长石</td><td>基性斜长石及碱性长石</td><td>斜长石/碱性长石比例变化大，斜长石为中性</td><td>碱性长石及酸性斜长石</td><td>碱性长石，不含斜长石</td><td>几乎不含长石</td><td>基性斜长石</td><td>碱性长石</td></tr>
<tr><td colspan="3">似长石</td><td>无</td><td>无</td><td><10%</td><td>无</td><td colspan="2">无</td><td>>50%</td><td colspan="2">10%～50%</td></tr>
<tr><td colspan="3">暗色矿物</td><td>橄榄石
辉石
角闪石</td><td>以辉石为主，橄榄石、角闪石次之</td><td>碱性铁镁矿物</td><td>角闪石为主，辉石、黑云母次之</td><td>以黑云母为主，角闪石次之</td><td>以碱性角闪石及富铁黑云母为主，碱性辉石次之</td><td colspan="3">碱性铁镁矿物</td></tr>
<tr><td colspan="3">色率</td><td>>90</td><td colspan="2">90～40</td><td>40～15</td><td colspan="2"><15</td><td>>90</td><td>90～40</td><td><40</td></tr>
<tr><td rowspan="3">侵入岩</td><td>深成岩</td><td>全晶质等粒结构或似斑状结构</td><td>纯橄岩
橄榄岩
辉石岩
角闪石岩</td><td>辉长岩
苏长岩
斜长岩</td><td>碱性辉长岩</td><td>闪长岩
二长岩
正长岩</td><td>花岗岩
花岗闪长岩</td><td>碱性花岗岩</td><td>霓霞岩
磷霞岩</td><td>霞斜岩</td><td>霞石正长岩</td></tr>
<tr><td rowspan="2">浅成岩</td><td>全晶质细粒等粒结构</td><td rowspan="2">金伯利岩
钾镁煌斑岩</td><td colspan="2">微晶辉长岩</td><td>微晶闪长岩
微晶二长岩
微晶正长岩</td><td>微晶花岗岩</td><td>霓石细岗岩</td><td rowspan="2"></td><td rowspan="2"></td><td>微晶霞石正长岩</td></tr>
<tr><td>斑状结构</td><td>辉绿岩</td><td>碱性辉绿岩</td><td>闪长玢岩
二长斑岩
正长斑岩</td><td>花岗斑岩
石英斑岩</td><td></td><td>霞石正长斑岩</td></tr>
<tr><td>喷出岩</td><td colspan="2">斑状结构、隐晶质结构或玻璃质结构</td><td>科马提岩
麦美奇岩
苦橄岩</td><td>玄武岩</td><td>碱性玄武岩</td><td>安山岩
粗安岩
粗面岩</td><td>流纹岩</td><td>碱性流纹岩</td><td>霞石岩
白榴岩</td><td>碧玄岩
碱玄岩</td><td>响岩</td></tr>
</table>

第七章　超基性(超镁铁质)岩类

第一节　概　述

超基性岩(ultrabasic rock)是指 SiO_2 含量低于 45%(质量分数)的火成岩。超基性岩在地表出露非常少，其出露面积不到火成岩出露面积的 1%。很多超基性岩直接来源于地幔，能够提供地幔深部的信息，因此有关超基性岩的研究是地幔岩石学的重要组成部分。另外，铬、镍和铂族元素等金属矿产主要赋存在超基性岩中，因此超基性岩的研究有助于理解这些金属矿床的成因。

超镁铁质岩(ultramafic rock)是指镁铁质矿物体积百分含量超过 90%的火成岩。由于镁铁质矿物的 SiO_2 含量一般均低于硅铝矿物，所以绝大多数超镁铁质岩也是超基性岩。但也有少数例外，如辉石岩，几乎全由镁铁质矿物组成，但 SiO_2 含量有时高于 45%(质量分数)，它们属于超镁铁质岩，但不是超基性岩。相反，有个别岩石属于超基性岩，但不是超镁铁质岩。如有些产地的斜长岩，SiO_2 含量不到 45%(质量分数)，但镁铁质矿物却不足 10%。本书把辉石岩放在本章中介绍，而把斜长岩放在第八章介绍。

超基性(超镁铁质)岩以侵入岩为主，橄榄岩是本类岩石的代表。地幔岩的矿物组成虽然与超基性侵入岩相近，但在结构特征、地球化学特征和成因上差别明显，因此在本章中单独阐述。超基性(超镁铁质)喷出岩较少见，代表性岩石为科马提岩和苦橄岩。金伯利岩、钾镁煌斑岩和煌斑岩是一些特殊的超基性(超镁铁质)浅成岩或超浅成岩，在本章中也分别单独阐述。

第二节　侵　入　岩

超基性(超镁铁质)侵入岩很少以单独的岩体出现，一般与基性岩伴生，构成基性-超基性杂岩体。如在岩床或岩盆的底部为超基性岩，向上则过渡到基性岩。常见的含超基性(超镁铁质)岩的侵入岩岩体包括：①层状杂岩体，如南非的 Bushveld 岩体、美国的 Stillwater 岩体等；②阿拉斯加型环状杂岩体；③超基性-碱性-碳酸岩杂岩体。

一、矿物组成

本类岩石主要由粒度较大的镁铁质矿物——橄榄石、斜方辉石和单斜辉石组成，因此色率高(大于 90)，密度大。次要矿物有角闪石、黑云母和斜长石。副矿物有尖晶石、铬铁矿、钛铁矿、磁铁矿和磷灰石等。

橄榄石。超镁铁质侵入岩中，橄榄石的 Fo%一般介于 70～80，主要为贵橄榄石，镁橄榄石少见。橄榄石常呈自形晶，也可以呈圆粒状被其他矿物(如辉石、角闪石)包裹。

辉石。在超镁铁质侵入岩中，斜方辉石的成分范围较宽，为顽火辉石、古铜辉石或紫苏辉石。单斜辉石为易剥辉石和透辉石。两种辉石都常见相互的出溶页片。

角闪石。角闪石含量一般较辉石少，多为褐色。橄榄岩中的角闪石一般为韭闪石。

云母。云母为富镁的镁黑云母或金云母。

长石。长石很少或没有，如果有，主要是斜长石而且较基性(常为拉长石或培长石)，多位于橄榄石和辉石的粒间。碱性长石一般没有。

金属氧化物。橄榄岩或辉石岩中常见自形的铬铁矿和磁铁矿。在层状岩体中这些金属氧化物可以在局部富集成矿。

二、结构、构造

超基性(超镁铁质)侵入岩的结构主要有自形-半自形的粒状结构，常见包含结构(如包橄结构)、反应边结构和堆晶结构(图 7-1)，某些富含金属氧化物的岩石具有海绵陨铁结构。蛇纹石化蚀变的橄榄岩具网状结构。超基性(超镁铁质)侵入岩主要为块状构造、条带状构造和层状构造(图 7-2)。

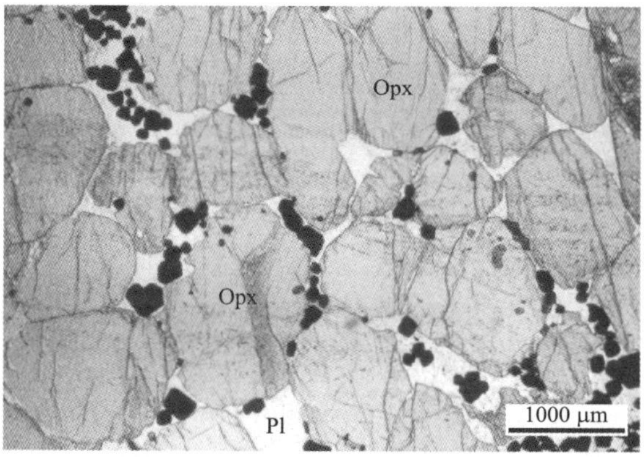

图 7-1　具堆晶结构的斜方辉石岩

细粒的铬铁矿(黑色)和斜长石(无色)位于粗粒斜方辉石粒间。单偏光，南非 Bushveld 岩体

图 7-2　超基性岩的层状构造

南非 Bushveld 岩体露头，为典型的层状杂岩体，其中斜方辉石岩(浅色)和铬铁矿(深色)互层

三、种属划分及主要种属

由于超基性(超镁铁质)侵入岩主要由橄榄石、斜方辉石、单斜辉石组成，有些特殊种类含有角闪石和黑云母，因此分类命名一般用橄榄石(Ol)-斜方辉石(Opx)-单斜辉石(Cpx)定量矿物分类三角图，当角闪石为主要矿物时，换用橄榄石(Ol)-辉石(Pyr)-角闪石(Hb)分类三角图(图 7-3)。当橄榄石含量>40%时称为橄榄岩，当辉石含量>60%时称为辉石岩。以下是主要种属的详细描述。

1. *橄榄岩*(peridotite)

橄榄岩主要由橄榄石和辉石组成，橄榄石含量为 40%～90%，辉石为斜方辉石和单斜辉石。有时可含有少量角闪石、黑云母、铬铁矿等。颜色为浅绿色。粒状结构为主，包含

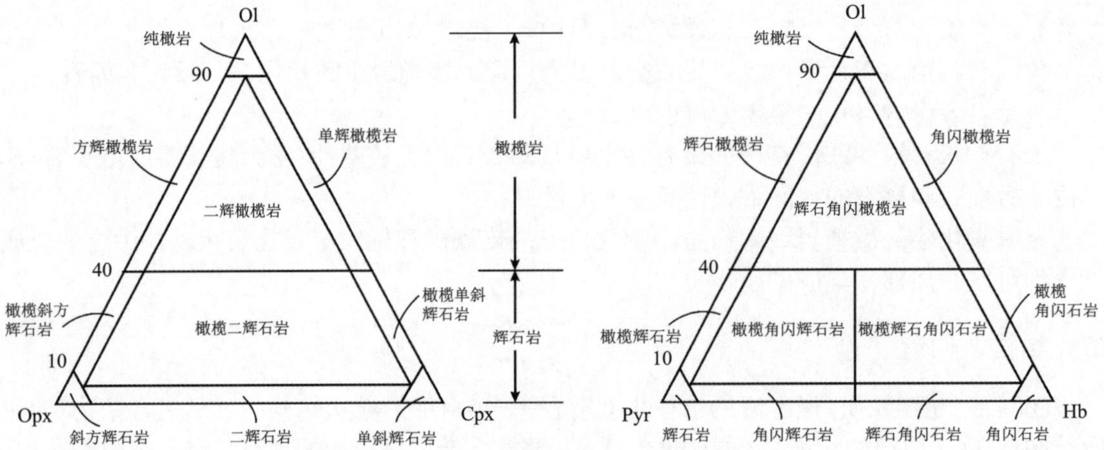

图 7-3　超镁铁质岩的分类三角图

结构、反应边结构及海绵陨铁结构也较常见。橄榄岩又可按其中所含辉石种类的不同进一步划分为二辉橄榄岩、方辉橄榄岩和单辉橄榄岩(图 7-3)。橄榄岩在地表环境下易蚀变为蛇纹岩。

(1) 二辉橄榄岩(lherzolite)。含 40%～90%的橄榄石，其次含单斜辉石以及斜方辉石，每种辉石含量都大于 5%，但两者相加不超过 60%，是介于单辉橄榄岩和方辉橄榄岩之间的岩石。

(2) 方辉橄榄岩(harzburgite)。又称为斜辉橄榄岩、斜方辉橄岩。几乎全部由橄榄石和斜方辉石组成，其中橄榄石含量大于斜方辉石。次要矿物是单斜辉石，副矿物主要是氧化物(铬铁矿、磁铁矿、尖晶石等)，有时含少量斜长石。层状岩体中常见方辉橄榄岩，粗大的晚期结晶的紫苏辉石经常包含早期结晶的圆粒状橄榄石，称为包橄结构。

(3) 单辉橄榄岩(clinopyroxene peridotite)。又称异剥橄榄岩(wehrilite)。主要由橄榄石和单斜辉石组成。单斜辉石含量<60%。还可以含有少量(<5%)的斜方辉石、角闪石和铬铁矿等。

(4) 纯橄岩(dunite)。是一种几乎全部由橄榄石组成的岩石(橄榄石占 90%以上)，以它的最初发现地——新西兰的 Dun Mountain 命名。可含有少量的辉石(<10%)，常见铬铁矿、磁铁矿、钛铁矿等氧化物。向橄长岩过渡时，可含少量基性斜长石。新鲜的纯橄岩呈橄榄绿色、黄绿色或浅绿灰色，全自形或全它形粒状结构，致密块状构造，富含铁氧化物的呈海绵陨铁结构。新鲜的纯橄岩一般很少见，通常多已遭受不同程度的蛇纹石化，称为蛇纹石化纯橄岩，甚至全部被蛇纹石交代而变成暗绿色、具油脂或蜡状光泽的蛇纹岩。在蛇纹石化纯橄岩中，橄榄石部分被蛇纹石交代，同时析出粉末状磁铁矿，构成网状结构。纯橄岩常与其他橄榄岩、辉石岩、辉长岩等构成基性-超基性杂岩体。

2. *橄榄辉石岩*(olivine pyroxenite)

橄榄辉石岩是介于橄榄岩与辉石岩之间的岩石。主要由辉石及橄榄石组成，辉石含量占 60%～90%。根据辉石种类不同，又可分为橄榄斜方辉石岩(olivine orthopyroxenite)、橄榄二辉石岩(olivine websterite)、橄榄单斜辉石岩(olivine clinopyroxenite)等。橄榄辉石岩也是基性-超基性杂岩体的常见组成，发育包橄结构。

3. *辉石岩*(pyroxenite)

主要由辉石(90%～100%)组成，含少量橄榄石、角闪石、黑云母、铬铁矿、磁铁矿、钛铁矿等。SiO_2 含量在 55%～60%(质量分数)。色深，粒状结构。辉石易蚀变为纤维状蛇纹石，并保持辉石假象，这种蛇纹石变种称为绢石。辉石岩根据辉石的不同进一步分为斜方辉石岩(orthopyroxenite)(斜方辉石>90%)、单斜辉石岩(clinopyroxenite)(单斜辉石>90%)和二辉辉石岩(websterite)(两种辉石的含量均大于 10%)等。其中二辉辉石岩常简称为二辉岩，由斜方辉石和单斜辉石共同组成，彼此连生而形成不规则的镶嵌结构。层状岩体中的辉石岩发育典型的堆晶结构(图 7-1)。

4. *角闪石岩*(hornblendite)

主要成分为普通角闪石，其含量>90%，又称为普通角闪石岩，有时含少量辉石、橄榄石或斜长石，还可见到铬铁矿和磁铁矿等。注意避免与角闪岩(amphibolite)相混淆，角闪岩虽然也由普通角闪石组成，但却是由变质作用形成的，具有变质岩的结构构造。

四、化学成分

超基性(超镁铁质)岩在化学成分上都贫 SiO_2 及 K_2O、Na_2O，富 MgO、FeO。辉石岩的 SiO_2、CaO 含量高于橄榄岩。表 7-1 列出了层状杂岩体中橄榄岩和辉石岩的代表性成分。同时列出了相应的地幔捕虏体(见下节)的成分作为对比。

表 7-1　超基性(超镁铁质)侵入岩和地幔岩的代表性化学成分　[单位：%(质量分数)]

岩石类型	SiO_2	TiO_2	Al_2O_3	Cr_2O_3	FeO_T	MnO	NiO	MgO	CaO	Na_2O	K_2O	P_2O_5
橄榄岩堆晶岩①	41.62	2.51	4.37	0.14	19.01	0.26	0.13	22.98	8.20	0.41	0.24	0.12
辉石岩堆晶岩②	44.34	2.11	4.44	0.24	15.63	0.22	0.11	20.85	11.04	0.41	0.36	0.08
地幔橄榄岩捕虏体③	44.67	0.10	2.82	0.37	7.66	0.13	0.29	40.16	2.33	0.28	0.04	0.01
地幔辉石岩捕虏体④	49.38	0.33	7.02	0.37	7.61	0.14	0.10	21.96	11.08	0.93	0.15	0.07

注：①四川新街层状杂岩体中 5 个橄榄岩的平均值(Zhong et al.，2004)；②四川新街层状杂岩体中 5 个辉石岩的平均值(Zhong et al.，2004)；③河北张家口汉诺坝碱性玄武岩中 15 个地幔橄榄岩捕虏体的平均值(Rudnick et al.，2004)；④河北张家口汉诺坝碱性玄武岩中 16 个地幔辉石岩捕虏体的平均值(Xu，2002)。

五、产状与分布

以下是常见的含超镁铁质侵入岩的共生组合。

1. 层状杂岩体(layered complex)

层状岩体多呈岩盆、岩床和岩席产出，规模为几平方千米到数万平方千米不等。世界上最大的层状岩体为南非的 Bushveld 侵入体，分布面积达 6.6 万 km^2，厚达 9 km。我国的层状杂岩体主要分布在四川攀西地区，包括太和、白马、攀枝花、红格和新街岩体，规模小，一般只有几平方千米。

这类岩体分层明显，具清楚的垂向分带，类似于沉积岩的层理构造(图 7-4)。一般底部为深色的超镁铁质岩，如橄榄岩、纯橄岩和辉石岩，向上过渡到辉长岩、苏长岩等基性岩。在岩体的不同层位，岩石的矿物组成、组成矿物的化学成分和粒度都会发生有规律的变化。比如岩体自下而上表现为：①暗色矿物含量逐渐降低，②橄榄石、斜方辉石的 $Mg^{\#}$值逐渐降低，斜长石的牌号逐渐降低，③矿物的粒度逐渐降低等。这种规律由于后期岩浆的持续补给会反复出现。

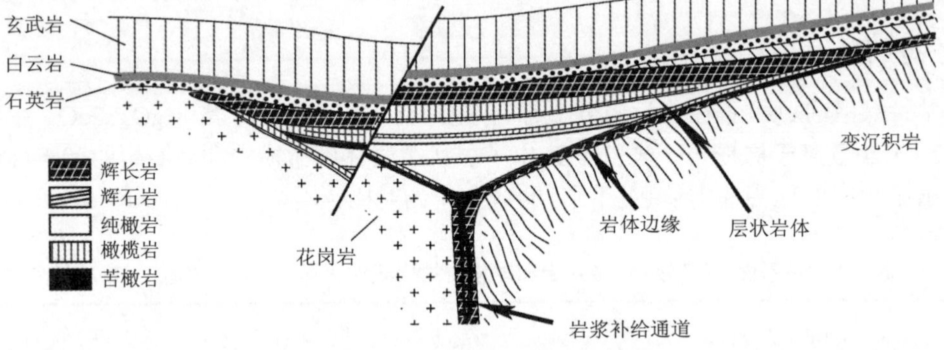

图 7-4　层状杂岩体剖面示意图

加拿大西北部地区 Muskox 侵入体，据 Irvine(1982)简化。该岩体在平面上呈近于南北向的岩墙状，底部为补给岩墙，由辉长岩和苦橄岩组成，相当于侵位岩浆的原始成分；岩体下部主要由纯橄岩组成，中间夹橄榄岩脉体，中部主要由橄榄岩组成，中间夹辉石岩脉体；上部由辉长岩组成，代表演化的岩浆

层状岩体中的镁铁-超镁铁质岩石以各种堆晶结构为特征(图 7-1)。堆晶结构是在粗大的、相互连接的自形、半自形晶体粒间充填其他矿物的一种结构。这些粗大的矿物称作堆晶(cumulus crystals)，主要是岩浆中早期结晶出的晶体由于重力分异作用沉淀到岩浆房底部堆积形成。由于结晶早，有充分的生长空间，所以颗粒粗大，自形程度高。常见堆晶矿物包括橄榄石、辉石、斜长石和铬铁矿。

2. 环状杂岩体(zoned complex)

又称阿拉斯加型(Alaska-type)杂岩体。这类岩体产于造山带中，沿构造方向成群分布。岩体近圆柱形，平面上为近圆形、椭圆形或不规则的环状，各种岩性围绕岩体中心呈环带状分布，如阿拉斯加环状杂岩体，由中心向边缘依次为纯橄岩、二辉橄榄岩、角闪辉石岩和辉长岩(图 7-5)；岩体围岩具热接触变质带。一般认为是基性岩浆深部分异，多次侵位的结果。

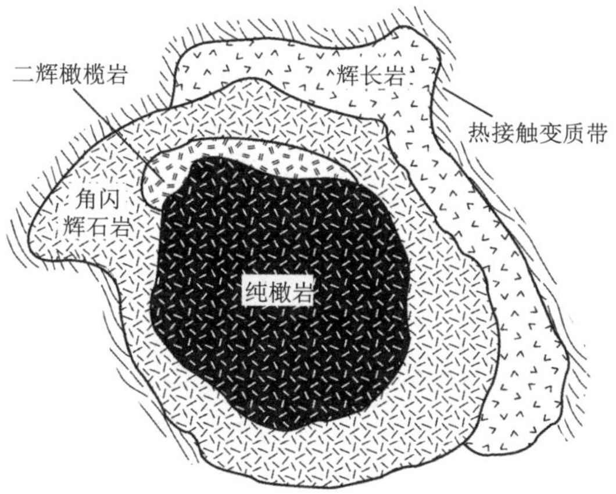

图 7-5　阿拉斯加型环状杂岩体平面示意图

六、成矿关系

基性-超基性层状侵入杂岩体是铬、镍、铂族元素和钒钛磁铁矿的主要赋矿岩石。世界上的典型矿床，如南非的 Bushveld 和加拿大的 Suddbury，我国甘肃金川的铜镍硫化物矿床和四川西昌-攀枝花钒钛磁铁矿矿床均产于基性-超基性岩体中。岩浆中硫的饱和将相关金属元素以硫化物的形式从岩浆中熔离出来，从而成矿。另外，由于铬铁矿结晶早，容易在岩浆房的底部堆积成矿。

橄榄岩熔点高，因此新鲜的橄榄岩常作为耐火材料。绝大多数橄榄岩都发生了以蛇纹石化为主的蚀变，蛇纹石在 CO_2 的作用下，还可进一步反应生成滑石和菱镁矿。橄榄岩蚀变形成蛇纹石石棉、滑石和菱镁矿等一系列重要的非金属矿产，如我国青海茫崖和四川石棉县的石棉矿床是超镁铁质岩经蛇纹石化蚀变形成的典型石棉矿床。蚀变完全的蛇纹岩可作为玉石材料，如产于我国辽宁岫岩的岫玉。

第三节　喷　出　岩

超基性(超镁铁质)喷出岩非常少见。它们富含镁铁质矿物，经常与拉斑玄武岩或碱性玄武岩共生。一般具有斑状结构，由橄榄石、辉石斑晶和微晶以及基性玻璃组成。它们的种属不多，但特征明显，主要有科马提岩、苦橄岩和麦美奇岩等。其中科马提岩是超基性(超镁铁质)喷出岩的代表。它们之间除了岩相学上的明显区别外，还可以用化学成分来区别(图 7-6)。

(1) 科马提岩和麦美奇岩：$30\%<SiO_2<52\%$(质量分数)，$MgO>18\%$(质量分数)，$K_2O+Na_2O<2\%$(质量分数)，$TiO_2<1\%$(质量分数)时为科马提岩，$TiO_2>1\%$(质量分数)时为麦美奇岩；

(2) 苦橄岩：$30\%<SiO_2<52\%$(质量分数)，$MgO>12\%$(质量分数)，$K_2O+Na_2O<3\%$(质量分数)。

以下是各主要种属的详细描述。

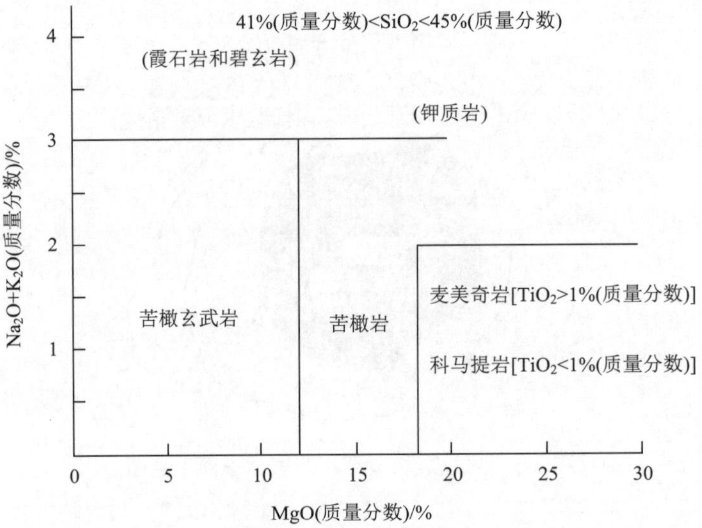

图 7-6　高镁质火山岩的分类方案(Le Bas，2000)

1. 科马提岩(komatiite)

一般是指前寒武绿岩带中枕状岩流顶部的、具鬣刺结构的超镁铁质熔岩。因 1969 年首先发现于南非巴伯顿(Barbeton)山地的科马提(Komati)河流域而得名。以成分特别富镁[MgO>18%(质量分数)]为特征。呈暗灰绿至黑色，块状构造或枕状构造。主要由橄榄石、辉石的斑晶(或骸晶)和少量铬尖晶石以及玻璃基质组成。橄榄石主要是镁橄榄石，Fo%可达 94。它们往往嵌在由单斜辉石和玻璃组成的基质中。单斜辉石是低 Ca、富 Al 的普通辉石。次生矿物主要有蛇纹石、绿泥石、角闪石、碳酸盐矿物以及磁铁矿等。岩石一般具鬣刺结构(图 7-7)。其特点是橄榄石斑晶(或骸晶)呈细长的锯齿状，当这些晶体近于平行丛生时形如鬣刺草。无论是在露头、手标本上或镜下都易于识别，即使受到较强的变质作用，鬣刺结构残迹也能清晰地保存下来。它是熔岩流在快速冷凝条件下形成的，是科马提岩特有的结构。

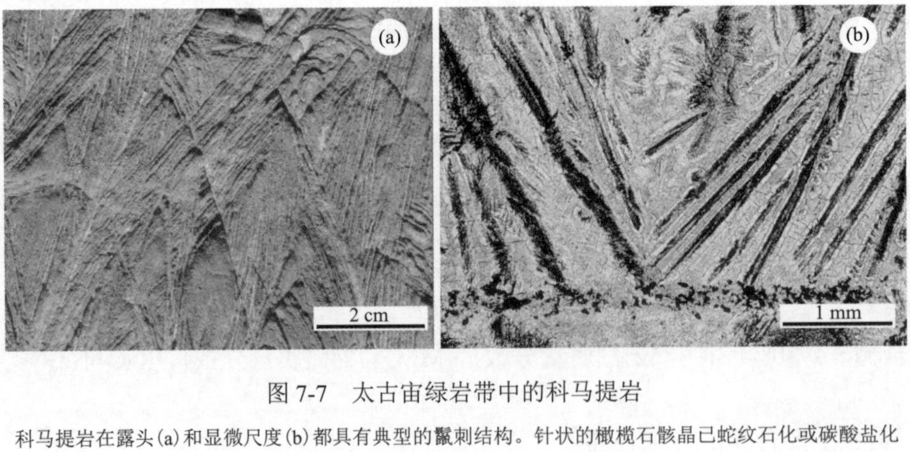

图 7-7　太古宙绿岩带中的科马提岩

科马提岩在露头(a)和显微尺度(b)都具有典型的鬣刺结构。针状的橄榄石骸晶已蛇纹石化或碳酸盐化科马提岩的分布非常少，主要分布于南非、澳大利亚西部、芬兰、美国、加拿大的太古宙绿岩中。我国近年来在山东新泰、蒙阴以及吉林夹皮沟等地的太古宙-元古宙绿岩带中也发现少量科马提岩。显生宙的科马提岩目前仅在哥伦比亚的戈尔戈纳(Gorgona)岛和伊朗的马什哈德(Mashhad)地区有发现(Echeverria, 1980；Mobasheri et al.，2024)。

2. *苦橄岩*(picrite)

富橄榄石的超镁铁质喷出岩。“苦”字是从日文转译而来，是镁的意思，因该岩石中主要造岩矿物为富镁的橄榄石。苦橄岩是富镁、成分接近于辉石橄榄岩的熔岩。岩石呈淡绿至黑色，具无斑隐晶质结构、微晶结构和嵌晶结构。矿物成分为辉石(<40%)、橄榄石(>30%)，并常见有少量的基性斜长石、棕闪石、钛铁矿、钛磁铁矿及磷灰石等，偶见碱性玻璃质(<5%)。在最新的高镁质岩石化学分类方案中，苦橄岩以30%(质量分数)<SiO_2<52%(质量分数)，18%(质量分数)>MgO>12%(质量分数)，K_2O+Na_2O<3%(质量分数)为特征，以相对较低的MgO含量区别于科马提岩和麦美奇岩(图7-6)。

苦橄岩一般分布于与地幔柱(或热点)活动有关的大火成岩省。如南非的Karoo、印度的德干高原、俄罗斯的西伯利亚、巴西的Paraná、东格陵兰、西格陵兰、夏威夷以及我国的峨眉山和塔里木大火成岩省等地。苦橄岩在大火成岩省中一般位于火山岩的底部或下部，与玄武岩呈渐变过渡关系。苦橄岩体积一般较小，最大的苦橄岩岩体在西格陵兰，体积达上千立方千米。

具斑状结构的相应岩石称为苦橄斑岩(picrite porphyry)。苦橄斑岩为幔源基性岩浆重力分异产物。岩体规模小，多为脉体或呈块体产于溢流玄武岩中。

3. *麦美奇岩*(meimechite)

又称玻基纯橄岩，是相当于纯橄岩而具玻基斑状结构的熔岩，仅发现于西伯利亚的麦美加(Meimecha)河流域。斑晶主要是粗粒橄榄石和铬铁矿，基质主要是细粒橄榄石和玻璃，以及少量钛辉石、钛铁矿，一般都有黑云母。在化学成分上SiO_2含量为40%～43%(质量分数)，MgO可以达到40%(质量分数)，K_2O较高，为1%～3%(质量分数)，Na_2O一般稍大于K_2O。麦美奇岩体积小，并与苦橄岩和橄榄岩伴生。

表7-2分别列出了太古宙科马提岩、显生宙科马提岩、苦橄岩和麦美奇岩的代表性化学成分。

表7-2 超基性喷出岩的主量元素成分 [单位：%(质量分数)]

化学成分	科马提岩①	科马提岩②	苦橄岩③	麦美奇岩④
SiO_2	46.47	44.81	44.63	41.23
TiO_2	0.29	0.61	0.68	1.95
Al_2O_3	5.76	10.96	8.83	2.40
Cr_2O_3	0.23	0.46	0.36	—
FeO_T	10.46	11.68	11.70	12.84
MnO	0.19	0.18	0.19	0.20
NiO	—	0.14	0.17	—

续表

化学成分	科马提岩①	科马提岩②	苦橄岩③	麦美奇岩④
MgO	28.31	20.91	23.53	35.98
CaO	7.81	9.50	9.60	4.85
Na_2O	0.21	1.07	0.21	0.05
K_2O	0.06	0.03	0.02	0.26
P_2O_5	—	0.04	0.06	0.26

注：①西澳 Yilgarn 克拉通太古宙绿岩带中的科马提岩(35 个样品的平均值，Barnes et al., 1995)；②哥伦比亚 Gorgona 岛的白垩纪科马提岩(6 个样品的平均值，Brügmann et al., 1987)；③哥伦比亚 Gorgona 岛的白垩纪苦橄岩(6 个样品的平均值，Mamberti et al., 2003)；④俄罗斯北西伯利亚的 Meimecha-Kotuj 地区的麦美奇岩(20 个样品的平均值，Arndt et al., 1995)。

第四节　地　幔　岩

超基性(超镁铁质)岩还可以“构造就位”(或称“冷侵位”)的方式存在于造山带中，如造山带型橄榄岩岩体和位于蛇绿岩套下部的橄榄岩，是来自陆下、弧下或洋下岩石圈地幔的岩石，被称为地幔岩。我国的雅鲁藏布江、秦岭-大别-苏鲁和欧洲的阿尔卑斯等造山带中都有这类超基性岩。另外，碱性玄武岩、金伯利岩和煌斑岩等幔源火山岩(或次火山岩)中常见超基性(超镁铁质)岩捕虏体，它们是岩浆上升过程中在岩石圈地幔中随机捕获的岩石碎块，被称为地幔岩捕虏体(mantle xenolith)。因此地幔岩主要是指地幔的岩石碎块，通过构造作用或者被幔源岩浆捕获并携带，以固态方式来到地表的直接地幔岩石。当然，也可以通过拖网作业或者大洋钻探等人工方式获得大洋岩石圈地幔的样品——深海橄榄岩(abyssal peridotite)。岩体中的超基性岩一般都已蛇纹石化，新生代碱性玄武岩中常见新鲜的超基性(超镁铁质)岩捕虏体。

一、矿物组成

地幔岩中的矿物粒度也较大，组成矿物与超基性(超镁铁质)侵入岩基本相同。主要矿物有橄榄石、斜方辉石和单斜辉石，次要矿物为尖晶石、石榴子石或斜长石。另外，由于流体或者熔体灌入引起的地幔交代作用，地幔岩中还可以见到少量的角闪石、云母、磷灰石、金红石、钛铁矿等交代矿物，其中角闪石一般为韭闪石，云母一般为金云母。

橄榄石。地幔岩中的橄榄石一般更富镁(Fo%一般在 90 左右，最高可达 95)，并以明显偏低的 CaO 含量区别于侵入岩中的橄榄石。地幔岩中的橄榄石有时可以看到扭折带，或称肯克带(kink band)。

辉石。地幔岩中的斜方辉石一般更富镁，主要是顽火辉石。单斜辉石为易剥辉石和透辉石，地幔岩中的单斜辉石 Na_2O 和 Cr_2O_3 含量明显比侵入岩中的单斜辉石高。两种辉石都常见相互的出溶页片。地幔岩中的辉石常见变形解理。

石榴子石。主要是镁铝榴石，是地幔岩区别于侵入岩的常见矿物。例如，造山带橄榄岩和金伯利岩中的橄榄岩捕虏体中常见镁铝榴石，代表橄榄岩来源于相对较深的上地幔。

尖晶石。地幔岩中常见它形的铬尖晶石，并与辉石共生。

长石。在地幔岩中，斜长石仅见于地表来源较浅的地幔样品，如蛇绿岩中的橄榄岩和深海橄榄岩。

二、结构、构造

与超基性（超镁铁质）侵入岩不同，地幔岩主要发育各种变质结构，如反映变形和变质重结晶的碎斑结构[图 7-8(a)]和粒状镶嵌结构[图 7-8(b)]，反映地幔中熔体-岩石反应的反应结构[图 7-9(a)]，代表地幔交代作用的交代结构[图 7-10(b)]等。地幔岩中的单斜辉石常发育海绵边结构，是地幔部分熔融的标志。

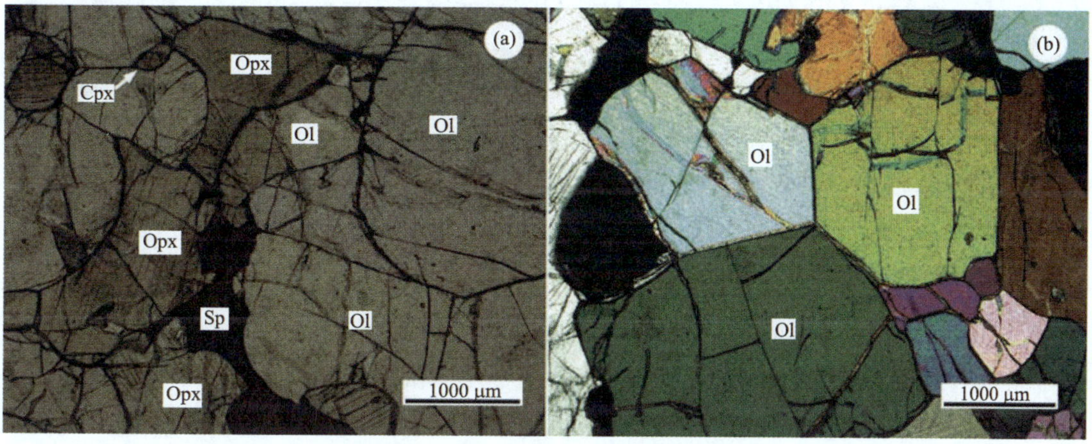

图 7-8　尖晶石二辉橄榄岩

浙江新昌新生代碱性玄武岩中的地幔橄榄岩捕虏体。(a)碎斑结构（右上角的橄榄石粒度明显比其他橄榄石大），单偏光，橄榄石具有宽的裂理，沿裂理容易蛇纹石化或碳酸盐化；斜方辉石常见单斜辉石出溶页片，单斜辉石常发育斜方辉石出溶页片；单斜辉石粒度一般小于橄榄石和斜方辉石；尖晶石常以它形（或蠕虫状）与单斜辉石共生。(b)粒状镶嵌结构，正交偏光，以发育120°三连点为特征

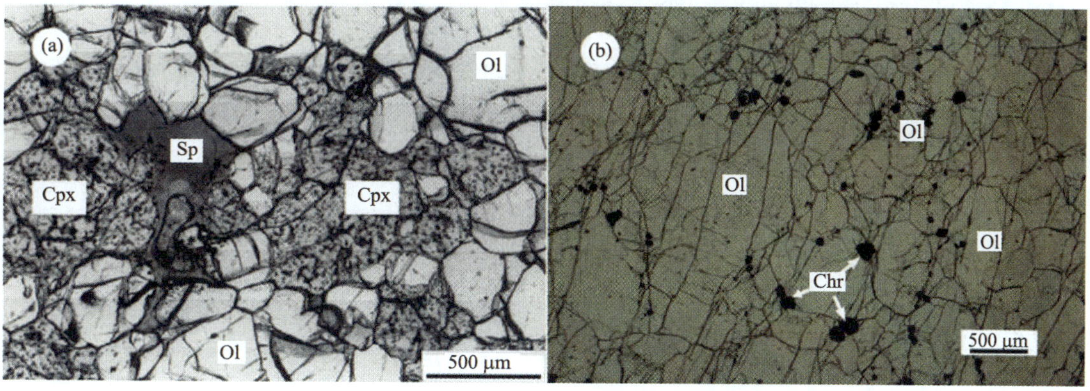

图 7-9　易剥橄榄岩和纯橄岩

(a)吉林伊通新生代碱性玄武岩中的橄榄岩捕虏体（Xu et al.，1996），单偏光，单斜辉石中的麻点为玻璃；(b)山东莱芜铁铜沟岩体中的铬铁矿纯橄岩捕虏体，单偏光，碎斑结构，细粒的铬铁矿比较均匀地分布于橄榄石之间

图 7-10　橄榄辉石岩

浙江新昌新生代碱性玄武岩中的橄榄辉石岩捕虏体。(a)薄片扫描图片，辉石含量明显多于橄榄石，尖晶石分布高度不均匀；(b)显微照片，正交偏光，粗大的斜方辉石斑晶中含有多粒较小的橄榄石包裹体

原生粒状结构(protogranular texture)：粗粒(主要矿物粒径>4 mm)，颗粒之间呈曲线接触，橄榄石中有少量的扭折带。岩石中局部地方发生了重结晶作用，大的颗粒发生了多角化，小的颗粒重结晶具接近相同的方位，在受到重结晶的这部分矿物集合体，矿物颗粒具直线边缘，具镶嵌结构。

碎斑结构(porphyroclastic texture)：岩石由碎斑和碎基组成，碎斑颗粒较大，可达 1 cm，主要为橄榄石和顽火辉石，因应力造成的晶格错位而具强烈的扭折。碎基由粒度较小的新生变晶组成，有橄榄石、顽火辉石、透辉石、尖晶石等，可呈定向排列。

粒状镶嵌结构(equant mosaic texture)：矿物颗粒呈近等轴的粒状，彼此以直线镶嵌接触。理想的情况是，在三个矿物颗粒接触处界线平直，三个交角均为 120°[图 7-8(b)]。

板状等粒结构(equant tabular texture)：橄榄石有时呈拉长状，顽火辉石多为压扁形态，矿物颗粒边界平直。岩石叶理发育，部分橄榄石具扭折带。

部分熔融结构：表现为单斜辉石中出现无光性的深色物质麻点或周边出现海绵边，是橄榄岩经历过部分熔融的证据。海绵边是由细小的辉石、橄榄石和空腔组成的。部分熔融进一步发展，在岩石中可形成熔融囊体。

地幔岩主要为块状构造。

三、种属划分及主要种属

地幔岩也主要由橄榄石、斜方辉石、单斜辉石组成，其分类命名也采用橄榄石-斜方辉石-单斜辉石三角形定量矿物分类方案(图 7-3)。橄榄岩是地幔岩的典型代表，依据副矿物的不同可以进一步命名为斜长石橄榄岩、尖晶石橄榄岩和石榴子石橄榄岩，其来源深度依次递增。造山带橄榄岩往往含石榴子石，代表来源较深；蛇绿岩中的橄榄岩往往含斜长石，代表来源很浅。以下是常见种属的详细描述。

1. 橄榄岩(peridotite)

(1) 二辉橄榄岩(lherzolite)。是地幔岩中最常见的一种岩石类型，代表相对饱满的岩石圈地幔。橄榄石含量最多(40%～90%)，其次为单斜辉石和斜方辉石，含量大致相等且都大于 5%，是介于单辉橄榄岩和方辉橄榄岩之间的岩石。我国东部新生代碱性玄武岩中的橄榄岩捕虏体主要是尖晶石二辉橄榄岩(图 7-8)。而在金伯利岩的橄榄岩捕虏体中，尖晶石二辉橄榄岩和石榴子石二辉橄榄岩捕虏体都很常见。

(2) 方辉橄榄岩(harzburgite)。是地幔岩中比较常见的一种岩石类型，代表非常亏损的岩石圈地幔。几乎全部由橄榄石和斜方辉石组成，其中橄榄石含量大于斜方辉石。在金伯利岩的橄榄岩捕虏体中常见方辉橄榄岩。

(3) 易剥橄榄岩(wehrilite)。是地幔岩中比较少见的类型。主要由橄榄石和单斜辉石组成。单斜辉石含量<60%。易剥橄榄岩常见于造山带橄榄岩体和蛇绿岩中，我国吉林伊通和山东昌乐的新生代碱性玄武岩中也有易剥橄榄岩捕虏体[图 7-9(a)]。

(4) 纯橄岩(dunite)。纯橄岩在地幔捕虏体中少见，但是在造山带橄榄岩和蛇绿岩中比较常见。其是一种几乎全部由橄榄石组成的岩石，橄榄石占 90%以上，常见副矿物为铬尖晶石或者铬铁矿[图 7-9(b)]。地幔岩中的纯橄岩有两种成因：一种是地幔经历高程度熔融的产物，熔融过程中辉石都消耗殆尽，只留下橄榄石，这种纯橄岩代表最亏损的岩石圈地幔。另外一种情况是硅不饱和的玄武质岩浆与地幔岩(如二辉橄榄岩)反应，反应过程中辉石被消耗并生成橄榄石。蛇绿岩中地幔部分的纯橄岩往往是后一种成因，它们以岩脉或者岩墙的形式穿插在方辉橄榄岩或者二辉橄榄岩中，被看成是地幔中的岩浆通道。

2. 橄榄辉石岩(olivine pyroxenite)

橄榄辉石岩是介于橄榄岩与辉石岩之间的岩石。主要由辉石及橄榄石组成，辉石含量占 60%～90%。浙江新昌的新生代碱性玄武岩中的橄榄辉石岩地幔捕虏体常见粗大的斜方辉石包含细粒橄榄石的现象(图 7-10)，这种现象类似于层状岩体中的包橄结构，但在地幔岩中往往与地幔再富集作用(mantle refertilization)有关，即富硅的熔体与亏损的二辉橄榄岩或方辉橄榄岩反应，使辉石含量增加，橄榄石含量减少而成为橄榄辉石岩。

3. 辉石岩(pyroxenite)

辉石岩主要由辉石(90%～100%)组成，根据辉石成分的不同可以进一步分为斜方辉石岩、二辉石岩和单斜辉石岩。辉石岩在造山带岩体中较常见，往往以脉体形式贯穿于橄榄岩体中。在地幔岩捕虏体中相对少见，既可以是单独的捕虏体，也可以脉体存在于橄榄岩为主的捕虏体中，这种捕虏体称作复合捕虏体(composite xenolith)。辉石岩的成因主要有三种解释：熔体-橄榄岩反应、高压变质分异、高压结晶。

4. 角闪石岩(hornblendite)

地幔岩中角闪石岩通常以脉体形式贯穿于橄榄岩中，与含水流体的交代作用有关。

四、化学成分

地幔岩在化学成分上也贫 SiO_2 及 K_2O、Na_2O，富 MgO、FeO。相对于堆晶橄榄岩，地幔橄榄岩含有高得多的 MgO 和较低的铁含量(表 7-1)。

五、产状与分布

以下是地幔岩常见产状。

1. 蛇绿岩(ophiolite)

蛇绿岩是古老洋壳(及其下伏地幔)的代表，通常是古板块缝合线位置的标志。蛇绿岩的岩石组合与现今大洋的岩石圈组成相同，由下到上依次为橄榄岩、辉长岩、辉绿岩、玄武岩和沉积岩。蛇绿岩的详细描述见第十三章。蛇绿岩底部主要由橄榄岩组成的部分属于地幔岩，主体往往为二辉橄榄岩或方辉橄榄岩，其中常含有纯橄岩、易剥橄榄岩或辉石岩脉体。

2. 造山带橄榄岩(orogenic peridotite)

也称为阿尔卑斯型(Alpine-type)橄榄岩，指在造山带出露的以橄榄岩为主的独立的超镁铁质岩体。这些产于造山带中的橄榄岩岩体大小不等，直径在几米到几千米都有，呈透镜状或不规则状，具有变质岩特有的叶理、线理及流动构造，一般不与基性岩伴生，岩体周围一般没有热变质带。除具有与地幔捕虏体相似的结构外，由于岩体在上升过程中经历了强烈的构造应力，岩石的变形和重结晶现象更强烈，包括碎裂化、糜棱岩化、亚晶粒化等。这类岩体最常见的岩石类型为方辉橄榄岩和二辉橄榄岩，其次是纯橄岩、辉石岩。一般都具有四个矿物相——橄榄石、斜方辉石、铬透辉石、尖晶石(或石榴子石)。

3. 地幔捕虏体(mantle xenolith)

有些地幔来源的岩浆上升速度特别快，当它们穿过岩石圈地幔时，可以把刮削下来的岩石圈地幔碎块带走，由于岩浆上升的速度大于这些碎块的下沉速度，这些碎块可以随寄主岩浆被带到地表(或近地表)，称为地幔捕虏体，或者地幔包体(inclave)。地幔捕虏体主要发现于碱性玄武岩、金伯利岩和钾镁煌斑岩中。地幔捕虏体可呈棱角状或浑圆状，一般数厘米到几十厘米大小，产于火山碎屑岩、熔岩流、浅成岩床、岩墙和角砾岩筒中。我国东部新生代碱性玄武岩中广泛分布地幔捕虏体。这些捕虏体以尖晶石二辉橄榄岩为主，少量为纯橄岩、方辉橄榄岩、辉石岩等。捕虏体在熔岩中的含量一般很少(<1%)，但在火山口相中有时会大量集中产

图 7-11　新生代碱性玄武岩中的地幔橄榄岩捕虏体

颜色深的为寄主岩，颜色浅的为橄榄岩捕虏体，地点为河北张家口汉诺坝地区的大麻坪，照片由汤艳杰提供

出。如我国河北汉诺坝大麻坪、吉林蛟河大石河、山东临朐山旺以及江苏南京马山的新生代碱性玄武岩火山口相中的橄榄岩捕虏体含量都非常高，寄主玄武岩仅以“胶结物”的形式出现(图 7-11)，捕虏体直径最大的可达 1 m 左右。

金伯利岩是地幔捕虏体的另一个重要的寄主岩。非洲南部的中生代金伯利岩和我国山东蒙阴、辽宁复县的古生代金伯利岩中都含有大量橄榄岩捕虏体。金伯利岩中的橄榄岩捕虏体以方辉橄榄岩为主，其次为二辉橄榄岩。在金伯利岩中的地幔橄榄岩捕虏体中常见石榴子石。

六、成矿关系

蛇绿岩中的地幔岩部分往往发育豆荚状铬铁矿。橄榄岩熔点高，因此新鲜的橄榄岩常作为耐火材料。我国河北张家口和吉林蛟河两地的新生代碱性玄武岩中含有大量地幔橄榄岩捕虏体，这些橄榄岩捕虏体中常产出宝石级的橄榄石。

第五节　金伯利岩

金伯利岩(kimberlite)是一种偏碱性的超基性超浅成岩(或次火山岩)，仅见于长期稳定的古老大陆(克拉通)，在地球上分布很少。具斑状结构，角砾状构造。金伯利岩常以岩脉、岩筒或岩管产出，规模都很小，岩管直径仅数百米，形成浅成或超浅成相；也可以溢出地表形成火山口相。作为金刚石的主要母岩，它具有重要的经济价值。作为地球上来源最深(可达 200 km 以上)的岩浆岩，它含有大量的深部物质信息，因而还具有重要的科学价值。

含原生金刚石的金伯利岩岩筒最早于 1870 年发现于南非。目前世界上含金刚石金伯利岩岩筒主要发现于南非的 Kaapvaal 克拉通和俄罗斯的西伯利亚克拉通等太古宙克拉通。我国含金刚石金伯利岩主要分布在华北克拉通，包括山东蒙阴和辽宁复县两个含金刚石的金伯利岩岩区。

起初，金伯利岩通常被分为Ⅰ型和Ⅱ型(Smith et al.，1985；Skinner，1989)。Ⅰ型金伯利岩即狭义的金伯利岩，是最早发现原生金刚石的母岩，曾被称为“玄武质金伯利岩”。Ⅱ型金伯利岩，又名橙色岩(orangeite)，因最早发现于南非的奥兰治自由邦(Orange Free State)而得名，曾被称为云母金伯利岩、煌斑岩质金伯利岩。

Mitchell(1995)发现Ⅱ型金伯利岩与钾镁煌斑岩在矿物组成上更具亲缘性。此外，Ⅱ型金伯利岩在化学组成上也与钾镁煌斑岩更为接近。它们的 K_2O/TiO_2 值(通常>2)显著高于原始型金伯利岩(大多数<1)，而与橄榄石钾镁煌斑岩(0.8 至>2)更为接近。因此，Mitchell(2006，2007)修订了这一命名法，认为“Ⅱ型金伯利岩”或“橙色岩”实际上是名副其实的钾镁煌斑岩。然而，Ⅱ型金伯利岩的平均 CO_2 含量[5.8%±4.0%(质量分数)；n=38]要显著高于橄榄石钾镁煌斑岩[0.37%±0.24%(质量分数)；n=91]，并且它们富 CO_2 的特征通常伴随着更高的 CaO 含量[7.4%±3.8%(质量分数)](Pearson et al., 2019)。因此，我们建议使用“富碳酸盐的橄榄石钾镁煌斑岩”这一术语来描述此类岩石。为了避免进一步地混淆和误导性的成因假说，必须摒弃“Ⅰ型和Ⅱ型金伯利岩”这一术语。通常，当我们提到金伯利岩时，应指的是原始型金伯利岩(archetypal kimberlite)，即前面所指的Ⅰ型金伯利岩。

金伯利岩的矿物成分非常复杂，它不仅像其他火成岩一样含有由岩浆直接结晶的矿物，如橄榄石、金云母、钛铁矿、尖晶石(铬铁矿)、钙钛矿、磷灰石、锆石等；而且有岩浆自源区及上升途中携带的地幔物质解体后的捕虏晶(外来的矿物)，如粗晶(macrocrysts)橄榄石、镁铝榴石、铬铁矿、金刚石等；此外，由于金伯利岩岩浆富含挥发分，还会出现碳酸盐及含水的硅酸盐矿物。

金伯利岩与橄榄岩一样属于超基性岩，SiO_2 含量很低，一般小于 40%(质量分数)；相容元素 Cr、Ni、Co 含量高。与橄榄岩不同的是，金伯利岩还富集不相容元素 K、Na、Rb、Ba、Nb 和稀土元素，而且 $K_2O>Na_2O$。此外，金伯利岩还富含挥发分 H_2O 和 CO_2。

一、矿物组成

金伯利岩可能是矿物种类最多的火成岩。到目前为止，在我国复县及蒙阴的金伯利岩中分选出的矿物类型达到 86 种(路凤香和桑隆康，2002)。这些矿物存在的形式多种多样，既有粒度达到厘米级的巨晶(megacrysts)，又有粒度为毫米级的粗晶(macrocrysts)或斑晶，也有粒度仅为几十微米的基质矿物(图 7-12)。

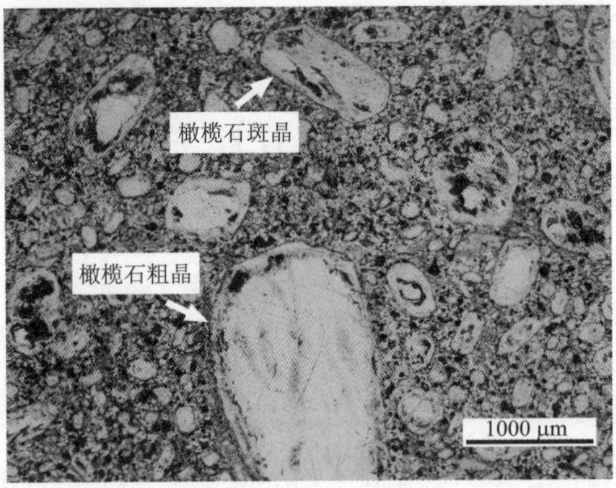

图 7-12　金伯利岩

山东蒙阴，单偏光，粗晶斑状结构，含有多个世代的橄榄石，包括浑圆形或卵圆形的粗晶、自形的斑晶和基质

粗晶：金伯利岩中常见的粗晶包括橄榄石、石榴子石、尖晶石和镁钛铁矿，它们一般呈浑圆形或卵圆形，是被金伯利岩岩浆从地幔中携带出来的地幔捕虏晶。橄榄石粗晶多数为 2～4 mm，最大可达 10 mm，成分为镁橄榄石。石榴子石粗晶经常出现次变边，次变边为褐色、暗绿色至黑色，由单斜辉石、斜方辉石、尖晶石、金云母、蛇纹石及隐晶质组成，被称为次变石榴子石(kelyphite)，这是由于来源于地幔的石榴子石从其稳定区迁移出来后发生了分解和反应。石榴子石成分主要为镁铝榴石-铁铝榴石-钙铝榴石系列，成分有一定的变化范围。Cr_2O_3 高、CaO 低者为紫青色，含 MgO 高者为粉红色，含 FeO 高者为橙色或深红色。石榴子石粗晶多为紫青色-粉红色系列。与金刚石密切伴生的是 CaO<3%(质量分数)、Cr_2O_3>4%(质量分数)的紫青色镁铝榴石。如果在河流重砂中发现了这种类型的石榴子石，就应该引起注意，进行追索。尖晶石粗晶一般为 0.1～0.5 mm，常发育磁铁矿反应边，是由尖晶石与上升的寄主岩浆不平衡导致的。尖晶石的颜色随 Cr_2O_3 含量升高由透明的暗

褐红色变为不透明。含 Cr_2O_3 高[Cr_2O_3>60%(质量分数)]的尖晶石(铬铁矿)粗晶是寻找金伯利岩的指示矿物。

巨晶：巨晶又称为高压巨晶，一般认为是岩浆在高压条件下结晶的产物，也可能来源于与地幔交代作用有关的“地幔伟晶岩”。金伯利岩中常见的巨晶有金云母和石榴子石，其次有锆石。金云母巨晶可达数厘米，有熔蚀和暗化边，也可发现波状消光的现象。石榴子石巨晶主要为富 FeO 的橙色系列。

斑晶和基质：斑晶矿物和基质矿物都是从金伯利岩岩浆中结晶的矿物，自形程度较好，基质矿物粒度较小(<0.1 mm)。斑晶结晶于岩浆上升的途中，基质矿物结晶于岩体侵位之后。金伯利岩中最常见的斑晶矿物有橄榄石和金云母；基质中最主要的矿物有橄榄石、金云母和尖晶石。橄榄石斑晶，粒度一般<2 mm，成分为镁橄榄石。基质中的橄榄石，颗粒最小，成分为镁橄榄石或钙镁橄榄石。金伯利岩中还常见富钛矿物，包括钛铁矿、钙钛矿、金红石等，它们主要是从金伯利岩岩浆中结晶出来的。

蚀变矿物：指受到流体交代形成的矿物。几乎所有的橄榄石都蚀变为蛇纹石或碳酸盐。因此金伯利岩中最常见的蚀变矿物是蛇纹石、碳酸盐、绿泥石等，它们一般呈集合体交代假象。

除上述矿物外还有磷灰石、锆石、硫化物、自然元素(如自然铁、自然银、自然铜、自然锡、自然硅等)、元素互化物(碳化硅、碳化钨、硅铁矿等)。后三类矿物的出现反映了极端还原的结晶环境，这与金刚石形成于还原环境的特征相吻合。

二、结构、构造

如上所述，金伯利岩是由地幔碎屑物质、岩浆及挥发分三种组分固结形成的岩石，这一特征不仅表现在矿物的类型方面，也表现在结构方面。现将常见的结构介绍如下。

粗晶斑状结构：是金伯利岩最常见的结构类型，岩浆在源区捕虏地幔橄榄岩解体的橄榄石形成了这种结构。特点是粗粒浑圆状的橄榄石分散在基质中，手标本尺度观察十分清楚。山东蒙阴胜利 1 号小管粗晶含量高达 40%，金刚石的品位也很高，两者具有明显的正相关关系。橄榄石已蛇纹石化。巨晶有时难与粗晶相区别，但巨晶个体更大，一般大于一厘米，最大可达数十厘米，巨晶在岩石中分布不均匀，且数量很少，因此显示出不等粒结构。

显微斑状结构：在显微镜尺度下观察，自形的斑晶均匀分散于基质之中，斑晶为橄榄石及少量金云母，橄榄石已蛇纹石化。金伯利岩的显微斑状结构与其他浅成相火成岩的这类结构相同。

自交代结构：自交代结构是指岩石受到与金伯利岩岩浆活动相关的流体，而非来自围岩或大气循环水的流体的交代作用所形成的结构。橄榄石或石榴子石受到自交代作用后，随着交代作用的增强，可以依次形成网环结构(沿裂隙交代)、交代残余(交代作用不完全矿物内部仍保留新鲜的)、交代环带(交代产物不止一种并形成环带)及交代假象(完全交代未见残留)结构等。

常见的构造有块状构造、角砾状构造及岩球构造等。角砾状构造的角砾成分有围岩的，也有地幔来源的，它们不均匀地分布于金伯利岩中形成这种构造。岩球构造是指在岩石中有金伯利岩成分的球体，球体大小变化于 2 mm～10 cm，球体的核心为矿物碎屑，外围为细粒金伯利岩，这些球体又被粗晶金伯利岩所胶结。

三、化学成分

金伯利岩的代表性化学成分见表 7-3。金伯利岩以高 MgO[22%～29%(质量分数)]、低 Al_2O_3[2.3%～3.8%(质量分数)]和 SiO_2[33%～37 %(质量分数)]，以及富含 CO_2 为特征。

表 7-3 金伯利岩和钾镁煌斑岩的主量元素(质量分数)(Farmer, 2007)

化学成分	金伯利岩(塞拉利昂)	金伯利岩(全球平均)	富碳酸盐的橄榄石钾镁煌斑岩(南非)	富碳酸盐的橄榄石钾镁煌斑岩(全球平均)	富金云母钾镁煌斑岩(全球平均)	富橄榄石钾镁煌斑岩(全球平均)
SiO_2/%	32.5	32.6	32.5	37	53.63	42.31
TiO_2/%	1.84	1.7	0.88	1.4	6.29	3.75
Al_2O_3/%	2.68	2.7	2.27	3.8	8.13	3.92
MnO/%	0.17	0.2	0.14	0.2		
MgO/%	27.8	29.1	22.1	26.7	7.82	24.42
FeO_T/%	10.9	10.2	7.18	8.9	6.78	8.27
CaO/%	7.49	8.3	5.16	6.9	3.23	5.00
Na_2O/%	0.26	0.3	0.11	0.2	0.49	0.50
K_2O/%	1.63	1.00	2.31	3.3	9.60	4.01
P_2O_5/%	0.59	0.7	0.74	1.00	1.23	1.59
烧失量/%			9.38			
CO_2/%	4.53	5.3		3.6		
H_2O/%	7.63				2.64	6.07
K_2O/Na_2O	6.2	3.3	22	17		

四、产状与分布

根据在南非开采金刚石的过程中对金伯利岩的剥露，Mitchell(1995)提出了金伯利岩岩浆侵位的理想模式(图 7-13)，自下而上划分出了浅成相、火山通道相和火山口相，不同的相出现的岩石类型不同。常见的有粗晶斑状金伯利岩(浅成相)、细粒金伯利岩(浅成相)、金伯利凝灰岩(火山通道相)、岩球金伯利岩及金伯利角砾岩(火山通道相)(路凤香和桑隆康，2002)。若金云母含量>5%，可在名称前冠以金云母。

金伯利岩仅出露于古老的克拉通内部，世界上所有的克拉通，包括南非、澳大利亚、北美、俄罗斯的西伯利亚等地都有金伯利岩发现。一个地区的金伯利岩往往成群出现，但含有金刚石的金伯利岩岩体比例很低。

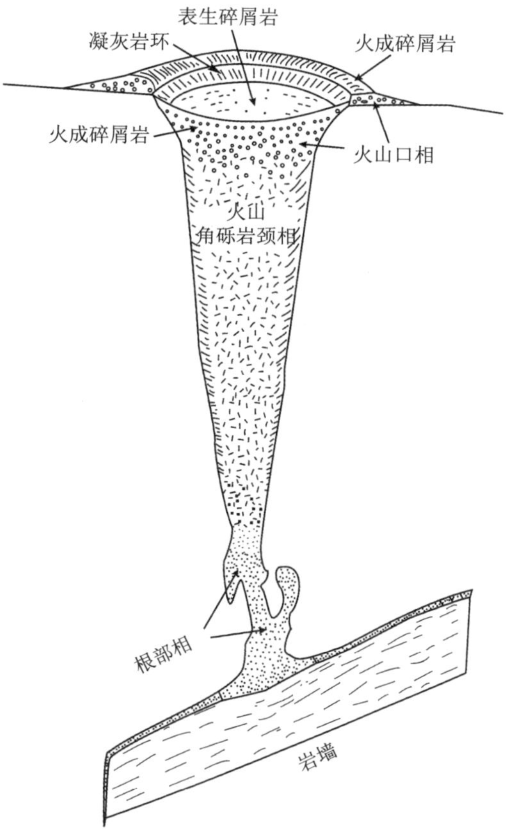

图 7-13　金伯利岩的立体结构模型(据 Mitchell，1995 修改)

第六节　钾镁煌斑岩

钾镁煌斑岩(lamproite)是一类成分介于金伯利岩与煌斑岩之间的超钾质浅成岩。20 世纪 70 年代末，澳大利亚西澳地区发现了含金刚石的橄榄钾镁煌斑岩，因此引起了世人对这类岩石的瞩目。

一、矿物组成

矿物中除含有橄榄石(粗晶及斑晶)和金云母(斑晶及嵌晶)外，还可含钾碱镁闪石(potassium-richterite)、白榴石、透辉石和透长石；副矿物的类型复杂，但以含钛矿物为主，也含有铬铁矿、石榴子石及硫化物等。钾镁煌斑岩的基质中可含有玻璃质，但多数已脱玻化，这也是与金伯利岩不同之处。此外，钾镁煌斑岩中的金云母比金伯利岩中的金云母含 TiO_2 高，这与全岩含 TiO_2 高有关。

钾镁煌斑岩往往含有以下几种特征矿物(Farmer，2007)。

(1)富 Ti 贫 Al 的金云母斑晶[TiO_2 为 2%～10%(质量分数)，Al_2O_3 为 5%～12%(质量分数)]；

(2)基质中含有富 Ti 的“四配铁金云母”(tetraferri-phlogopite)[TiO_2 为 5%～10%(质量

分数)];

(3) 富 Ti 钾碱镁闪石(potassium-richterite)[TiO_2 为 3%～5%(质量分数), K_2O 为 4%～6%(质量分数)];

(4) 自形的、漏斗状或锯齿状的镁橄榄石斑晶或粗晶;

(5) 贫 Al、Na 的透辉石[Al_2O_3<1%(质量分数), Na_2O<1%(质量分数)];

(6) 富 Fe 白榴石[Fe_2O_3 为 1%～4%(质量分数)];

(7) 富 Fe 透长石[Fe_2O_3 为 1%～5%(质量分数)];

(8) 次要和常见的标型副矿物包括柱红石、钾钙板锆石、磷灰石、富锶钙钛矿、含钛的镁铬铁矿、镁铁钛矿、硅铌钛石、钛铁矿和钾钡钛铁矿。

二、化学成分

与金伯利岩相比, 钾镁煌斑岩 SiO_2 高, 但它的 MgO、K_2O 含量又高于一般的镁铁质岩, 而 Al_2O_3 含量低, 因此是一种过钾质的岩类(K/Al>0.8)。钾镁煌斑岩代表性的化学成分列于表 7-3。其化学特征包括:

(1) K/Na 摩尔比大于 3;

(2) K/Al 摩尔比大于 0.8, 一般大于 1;

(3) (K+Na)/2Al 摩尔比大于 1;

(4) FeO 和 CaO 都<10%(质量分数), TiO_2 在 1%～7%(质量分数), Ba 含量大于 2000 ppm(通常大于 5000 ppm), Sr>1000 ppm, Zr>500 ppm, La>200 ppm。

三、主要种属

钾镁煌斑岩的主要种属包括:

(1) 橄榄钾镁煌斑岩(olivine lamproite)。含橄榄石粗晶和/或斑晶, 金云母、透辉石斑晶, 基质颗粒较小, 可以有透辉石、金云母以及副矿物。有些岩石的基质金云母形成嵌晶, 包裹了上述斑晶, 形成嵌晶结构。典型的特征是橄榄石粗晶常被由细小自形的橄榄石集合体组成的边缘所包围, 形成了"犬牙状结构"。基质中可有玻璃质, 但数量较少。这类钾镁煌斑岩可以含金刚石。

(2) 白榴钾镁煌斑岩(leucite lamproite)。斑晶中含白榴石且数量较多, 也可含橄榄石、透辉石及金云母的斑晶, 但没有橄榄石粗晶, 也不含金刚石。

根据其分布的构造背景, 钾镁煌斑岩可以被划分为造山型和克拉通型两种类型。造山型的钾镁煌斑岩, 也被称为地中海或特提斯域钾镁煌斑岩, 主要分布在从西班牙和意大利, 穿过塞尔维亚和土耳其, 再到中国西藏自治区的整个特提斯造山带。而那些位于稳定大陆背景下的被称为克拉通型钾镁煌斑岩, 如分布在澳大利亚的西金伯利岩克拉通、南非的卡普瓦尔克拉通、印度东达瓦尔克拉通、南极洲克拉通、俄罗斯西伯利亚克拉通, 以及中国扬子克拉通等地区的钾镁煌斑岩。

第七节 煌 斑 岩

煌斑岩(lamprophyre)是一种常见的暗色脉岩。多呈岩脉、岩墙产出, 岩体一般规模不大，但分布广泛。云煌岩是煌斑岩的代表性岩石。多数岩石学家主张将煌斑岩作为独立的岩类看待。煌斑岩颜色深，常以含有大量黑云母、角闪石等含水暗色矿物斑晶为特征，因此在野外易于观察。

一、矿物组成

煌斑岩最重要的特点是含有大量自形的暗色矿物，且在斑晶和基质中都有出现，常见的暗色矿物为黑云母、角闪石、辉石，其次为橄榄石。在碱性煌斑岩中则出现碱性暗色矿物，常见的有棕闪石、钛辉石。浅色矿物主要在基质中产出，自形程度较低，成分为碱性长石和斜长石。在碱性煌斑岩中见有似长石(霞石、白榴石、方沸石等)，有时含黄长石。

二、结构、构造

煌斑岩以具煌斑结构为特征，即暗色矿物含量多，且无论在斑晶或基质中均自形(即使蚀变也可见自形假象)，而浅色矿物主要出现于基质中，自形程度较差(图 7-14)。此外，还可见全自形粒状结构，即无论是暗色矿物还是浅色矿物全为自形晶。多数煌斑岩具块状构造，有时可见气孔构造和杏仁构造。

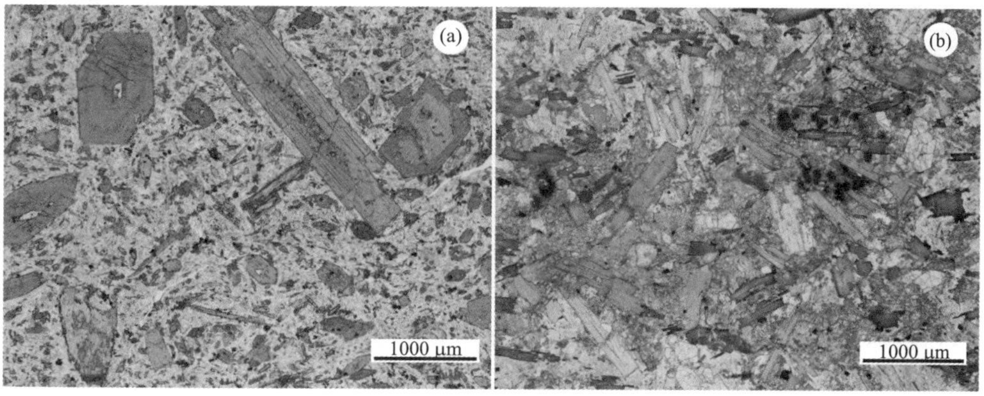

图 7-14　闪斜煌岩和云煌岩

(a) 闪斜煌岩，山东招远，单偏光，煌斑结构，斑晶主要是自形的角闪石，基质由斜长石和角闪石组成；(b) 云煌岩，北京南口，单偏光，煌斑结构，斑晶主要是自形的黑云母，基质主要由钾长石组成

三、种属划分与主要种属

根据国际地质科学联合会(IUGS)分类标准，煌斑岩可划分为超镁铁质煌斑岩(ultramafic lamprophyre)、钙碱性煌斑岩(calc-alkaline lamprophyre)和碱性煌斑岩(alkaline lamprophyre)(Le Maitre et al., 2002)。岩石进一步命名时可根据斑晶的类型及斑晶与基质的主要矿物来确定，并考虑已经应用的名词术语。例如，云煌岩是指以黑云母为主要斑晶的煌斑岩，闪斜煌岩是指以角闪石及斜长石为主要矿物的煌斑岩。在无适合的矿物命名时，则参照上述的化学成分特点进行命名。

煌斑岩类矿物成分复杂，各类矿物如橄榄石、辉石、角闪石、黑云母和长石、似长石都可存在，且其含量变化较大，加之岩石经常蚀变，因此，进行矿物定量分类有一定的难度。各种分类方案较多，或简单或又太复杂，应用不够方便，但总的是根据暗色矿物和浅色矿物种属不同来划分的。IUGS 推荐的分类方案如表 7-4 所示。煌斑岩尽管种类繁多，但总的命名规律是：①岩石中能分辨出浅色变种时，大体可分为正煌岩(以碱性长石为主)、斜煌岩(以斜长石为主)和碱煌岩(含似长石)；若长石种属不能分辨时，可统称煌斑岩。②根据主要暗色矿物种属，大体分为云母煌斑岩、角闪煌斑岩和棕闪煌斑岩。煌斑岩在进一步命名时，主要考虑次要暗色矿物，并按前少后多的原则命名，如橄辉斜煌岩、闪辉正煌岩等。

表 7-4　煌斑岩的矿物分类

浅色组分		主要暗色矿物		
长石	似长石	黑云母>角闪石、普通辉石、橄榄石	角闪石、普通辉石、橄榄石	碱性闪石(棕闪石、钛闪石)、钛辉石、橄榄石、黑云母
碱性长石>斜长石	—	云煌岩	闪正煌岩	—
碱性长石<斜长石	—	云斜煌岩	闪斜煌岩	—
碱性长石>斜长石	长石>似长石	—	—	棕闪正煌岩
碱性长石<斜长石	长石>似长石	—	—	棕闪斜煌岩
—	玻璃或似长石	—	—	沸煌岩

注：含黄长石的岩石，如黄煌岩和橄黄岩不属于煌斑岩类，现列入碱性岩中的含黄长石火成岩一节。

1. *云煌岩*(minette)*和云斜煌岩*(kersantite)

云煌岩和云斜煌岩都为灰褐色。主要矿物均为黑云母，次要矿物有透辉石、橄榄石、角闪石。具煌斑结构或全自形等粒结构。二者不同点是云煌岩中的浅色矿物主要为碱性长石，而云斜煌岩中的浅色矿物主要为斜长石(中-更长石)。两种岩石中的黑云母一般含钛，颜色多为褐红色，并常见环带状分布，一般中心颜色浅，边缘颜色深。

2. *闪斜煌岩*(spessartite)*和闪正煌岩*(vogesite)

闪斜煌岩和闪正煌岩都为灰绿色或灰黑色。暗色矿物以角闪石为主，其次为辉石、黑云母等。除煌斑结构外，经常见自形细粒等粒状结构。两者的主要区别为所含浅色矿物的种类不同，闪斜煌岩中主要为斜长石(中长石)，而闪正煌岩主要为碱性长石。两种岩石中的角闪石一般为绿色或褐绿色，长柱状自形晶。

3. *棕闪正煌岩*(sannaite)、*棕闪斜煌岩*(compotonite)*和沸煌岩*(monchiquite)

岩石一般为褐色、褐黑色，暗色矿物以褐色的角闪石为主。主要由褐棕红色自形的棕闪石组成，其次为铁辉石、钛闪石，有时见少量橄榄石、黑云母。浅色组分以碱性长石为主时，称棕闪正煌岩。浅色组分以斜长石(拉长石)为主时，称棕闪斜煌岩。而沸煌岩的基质中含有较多的玻璃质和隐晶质组分，并含有大量的上述暗色矿物微晶，也可含有似长石的微晶，但很少有长石。

四、化学成分

煌斑岩 SiO_2 含量变化大，超基性-中性都有，以既富 MgO 又富含碱质及挥发分(H_2O 和 CO_2)为特征，并富集大离子亲石元素 Ba、P、Sr、Th 和 LREE。代表性的化学成分见表 7-5。

表 7-5 煌斑岩的代表性化学成分(孙鼐和彭亚鸣，1985) [单位：%(质量分数)]

化学成分	云煌岩	闪斜煌岩	方沸煌岩	拉辉煌岩	方沸碱煌岩
SiO_2	49.45	40.70	45.17	45.83	48.61
TiO_2	1.23	3.86	1.90	1.25	2.34
Al_2O_3	14.41	16.02	14.78	15.93	14.70
Fe_2O_3	3.39	5.43	5.10	4.91	5.22
FeO	5.01	7.84	5.05	4.24	7.01
MnO	0.13	0.16	0.35	—	—
MgO	8.26	5.43	6.26	9.11	8.31
CaO	6.73	9.36	11.06	8.80	11.27
Na_2O	2.54	3.23	3.69	2.63	3.25
K_2O	4.69	1.76	2.73	1.66	1.55
P_2O_5	1.12	0.62	0.51	0.51	0.78
H_2O	3.04	5.59	3.40	2.65	1.93

五、产状与分布

煌斑岩分布很广，既可以在地层中顺层产出，也可以切穿地层产出。在花岗岩地区，煌斑岩经常切穿巨大的花岗岩岩体，并与另一种常见的暗色脉岩——辉绿岩共生(图 7-15)。

图 7-15 花岗岩体中的煌斑岩脉(照片摄于胶东地区，由戴宝章提供)

图中的暗色脉岩除了煌斑岩脉外，还有辉绿岩脉

第八节　超基性(镁铁质)岩的成因

超基性(镁铁质)岩虽然都是幔源岩石或者地幔岩，但其成因差别很大。以下分别对它们进行讨论。

一、超基性侵入岩的成因

超镁铁侵入岩以层状杂岩体最具代表性。大型的层状杂岩体往往与地幔柱活动有关，如我国川滇一带分布的镁铁-超镁铁杂岩体就与峨眉山溢流玄武岩在时空上存在密切的联系，都是峨眉山地幔柱的产物。基性岩浆由于密度大，侵位后往往把下伏围岩往下压，从而使岩体具有中间厚、边上薄的岩盆状形态(图 7-4)。在基性岩浆冷却过程中，橄榄石和辉石结晶较早，斜长石结晶较晚，早期结晶出的橄榄石和辉石等基性矿物因密度大下沉，并堆积在岩浆房底部，从而在岩体的底部形成具堆晶结构的超镁铁质岩，在岩体上部形成基性的辉长岩、苏长岩等。如果岩浆以脉动方式从补给通道补给到岩浆房，就会表现出各种“层理”构造。

二、超基性喷出岩的成因

在岩石学研究的早期，曾认为超基性岩是一种无喷出相的岩石。科马提岩的发现对证实超基性岩的岩浆成因具有重要意义。科马提岩在化学组成上与地幔橄榄岩接近，因此地幔岩只有在很高程度的熔融(甚至几乎全熔)情况下才能产生超基性的科马提质岩浆。科马提岩主要发现于太古宙，而显生宙几乎没有科马提岩，因此普遍认为地球太古宙时期的地温梯度比现在要高得多。

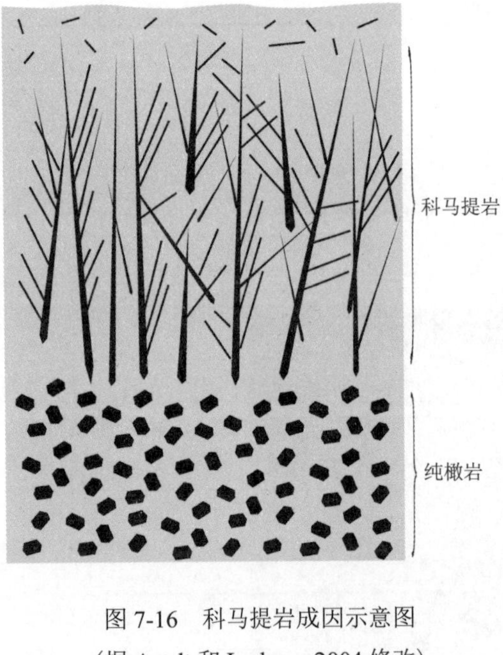

图 7-16　科马提岩成因示意图

(据 Arndt 和 Lesher，2004 修改)

科马提岩一词目前已被扩大使用，广义的科马提岩(或称科马提岩系)中，除上述典型科马提岩外，还包括与之有成因联系和具科马提岩某些特征的玄武岩。因此有人认为在矿物组成和结构上还应包括快速生长的、具细杆状骸晶结构的辉石。有人将广义的科马提岩分为橄榄质科马提岩(典型科马提岩)、玄武质科马提岩和科马提质玄武岩。科马提岩特殊的鬣刺结构曾经长期被认为是超基性岩浆快速冷却的产物。但是近年来的研究说明，这种特殊的鬣刺结构反而更可能是在相对缓慢的冷却条件下形成的。因为快速冷却只能生长出一些细小的晶体(图 7-16 最顶部)，而在温度较高的岩浆内部，只要存在较高的温度梯度(图 7-16 中部和底部的温差大，温度梯度高)，就可以生长出细长的晶体(如橄榄石)。

苦橄岩是超基性喷出岩的另一个典型代表，并常见于显生宙的热点地区，与板内玄武岩共生。在板内环境，苦橄岩往往作为存在地幔柱活动的关键证据，因为只有过高的地幔温度才能产生这种超基性岩浆。

三、地幔岩的成因

地幔岩主要以两种方式从地幔来到地表。一种称为“构造就位”，即指陆下、洋下和弧下地幔的岩石由于构造作用而出露于地表，包括各种地幔橄榄岩岩体，如造山带橄榄岩、蛇绿岩中的橄榄岩。位于我国中部的苏鲁-大别超高压造山带中就分布有造山带橄榄岩岩体，它们往往与各种超高压变质岩如榴辉岩构造接触，一般认为是随其他深俯冲岩石折返回地表的。但是造山带橄榄岩的成因还存在广泛的争议。争议之一是：来自岩石圈地幔还是软流圈地幔？争议之二是：这些石榴橄榄岩是俯冲下去的堆晶橄榄岩经超高压变质后折返形成，还是直接来自地幔的岩石？蛇绿岩则是洋壳通过仰冲拼贴到大陆边缘，代表消失的大洋。

地幔岩另外一种来到地表的重要方式是以捕虏体的形式存在于各种基性-超基性火山岩(或浅成相)中。目前发现地幔捕虏体的寄主岩主要是来自板块内部的火成岩，包括碱性玄武岩(碧玄岩、霞石岩、碱性橄榄玄武岩等)、金伯利岩、钾镁煌斑岩、煌斑岩等。这些来自软流圈或者岩石圈根部的岩浆具有低硅、高碱、高挥发分含量的成分特征，因此岩浆的黏度很低，具备快速上升的能力。岩浆上升过程中，会捕获岩浆通道上的围岩。只要岩浆的上升速度大于地幔捕虏体下沉的速度，地幔捕虏体就有可能在几小时或几天的时间里从地幔被快速带到地表或近地表。

地幔岩岩体和地幔捕虏体都是最直接的地幔岩石样品，是研究地幔组成和演化的主要对象。地幔岩岩体的优点是体积大，可以对地幔进行较大尺度的观察；缺点是样品往往蚀变严重，而且由于岩体的上升过程相对漫长，叠加了各种后期变质作用。地幔捕虏体的优点是容易获得新鲜样品，并且由于捕虏体是极快速上升的产物，地幔的结构、构造和成分信息都得到了很好的保存；主要缺点是样品体积小，一般只有几厘米到几十厘米。另外，这两种产状的地幔岩在空间分布上都是有局限的，地幔岩岩体一般仅分布在造山带或板块边缘，而地幔捕虏体主要分布在板块内部，板块边缘的弧火山岩中很少有地幔捕虏体发现。因此，在地幔岩石学研究中，这两种产状的地幔岩提供的信息是互补的。

无论是地幔岩岩体还是地幔捕虏体，一般认为它们来自岩石圈地幔，能够提供岩石圈地幔的组成和演化信息。例如，金伯利岩仅产于古老的克拉通地区，其中的地幔捕虏体主要是方辉橄榄岩，二辉橄榄岩较少(图 7-17)。由于地幔岩主要由三种矿物组成：橄榄石、斜方辉石和单斜辉石，原始地幔一般认为相当于二辉橄榄岩。在上地幔环境中，这三种矿物的熔点依次是：橄榄石>斜方辉石>单斜辉石，单斜辉石是最容易熔融的矿物。因此，金伯利岩中地幔岩捕虏体的这些岩石学信息说明古老克拉通下的岩石圈地幔曾经经历高程度的熔融。而中国东部新生代碱性玄武岩中的地幔岩捕虏体主要为二辉橄榄岩(图 7-17)，这种相对饱满的成分特征说明中国东部的岩石圈地幔与古老克拉通型地幔存在显著差异。

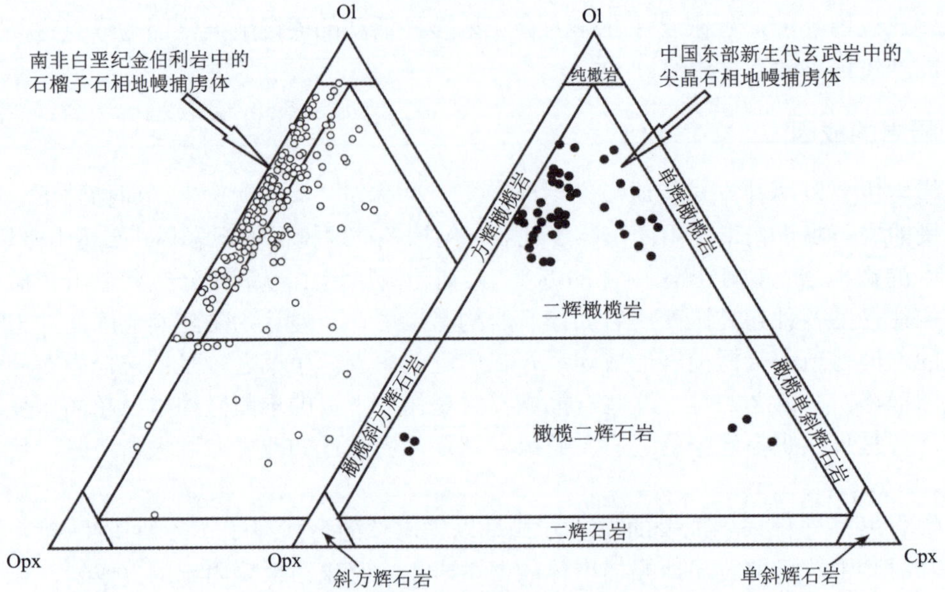

图 7-17　地幔捕虏体的矿物组成(Fan et al., 2000)

南非白垩纪金伯利岩中的石榴子石相地幔捕虏体主要由方辉橄榄岩组成，而中国东部新生代玄武岩中的尖晶石相地幔捕虏体主要由二辉橄榄岩组成

四、 金伯利岩、钾镁煌斑岩和煌斑岩的成因

有关金伯利岩的成因还有很多疑问，比如原始金伯利岩熔体的成分是什么？金伯利岩源区的物质组成是什么？金伯利岩起源于何处？导致金伯利岩岩浆喷发的机制是什么？如何评估金伯利岩是否含有金刚石？

金伯利岩熔体起源的位置可能包括下地幔、地幔过渡带、软流圈，以及软流圈和岩石圈的边界处(图 7-18)。由于金伯利岩中含有镁铁榴石(majorite)这样的高压矿物，这指示了金伯利岩岩浆可能来自地幔过渡带。因此，一般认为金伯利岩熔体代表目前地球上来源最深的岩浆。

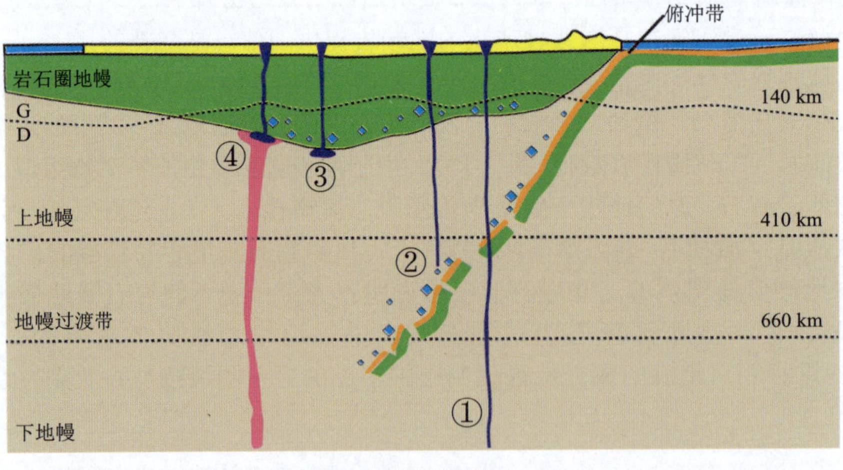

图 7-18　金伯利岩熔体可能起源的位置图(Giuliani and Pearson，2019)

①下地幔；②地幔过渡带；③软流圈-岩石圈的边界处；④软流圈的上部

全球的钾镁煌斑岩在 Sr-Nd 同位素相关图上显示两个主要的趋势(图 7-19)：造山型的钾镁煌斑岩具有高的 $^{87}Sr/^{86}Sr$ 值，而克拉通型的钾镁煌斑岩(西澳大利亚克拉通除外)具有中等的 $^{87}Sr/^{86}Sr$ 值和非放射成因的 Nd 同位素组成(ε_{Nd} 值低至−26.8)。造山型的钾镁煌斑岩通常具有典型的俯冲相关的元素地球化学特征，因而被解释为起源于俯冲板片释放的熔/流体交代的岩石圈地幔。然而，关于克拉通型钾镁煌斑岩的起源却存在两种截然不同的成因观点：第一种观点认为克拉通型的钾镁煌斑岩岩浆也起源于交代的大陆岩石圈地幔(Mitchell and Bergman, 1991)，第二种观点认为其可能来自大陆岩石圈地幔之下的富集地幔组分的熔融(Rapp et al.，2008；Ringwood et al.，1992)。而对煌斑岩而言，不管其形成的环境如何，它们普遍被认为是来自经历了交代的富集地幔源区的部分熔融。

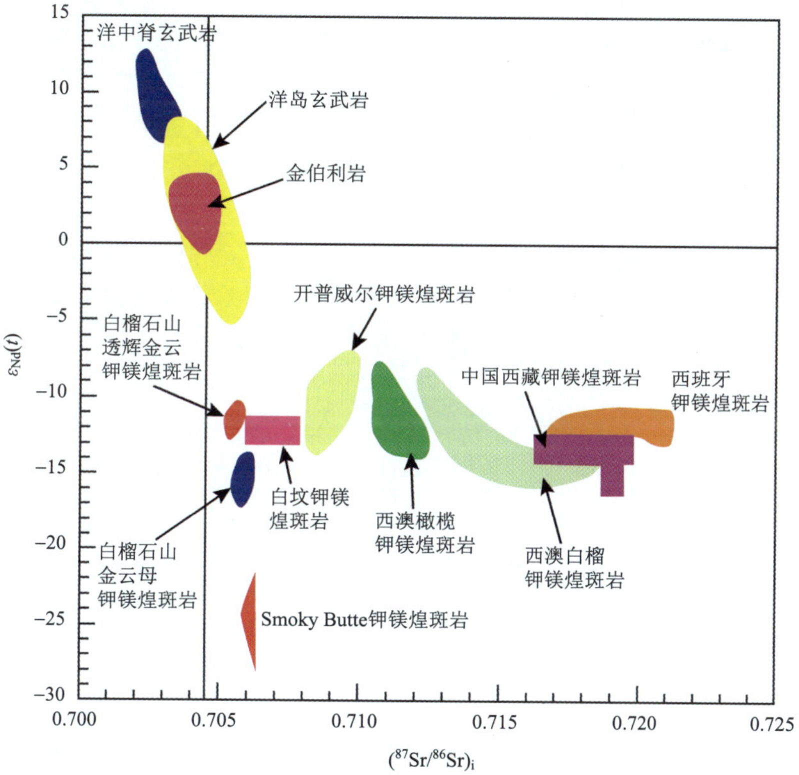

图 7-19　全球代表性钾镁煌斑岩的 Sr-Nd 同位素组成(据 Xiang et al., 2020 修改)

第八章 基性(镁铁质)岩类

第一节 概 述

基性岩类是地球上分布面积最广的一类火成岩，更是月球上最重要的火成岩。基性岩类的代表性喷出岩是玄武岩，代表性侵入岩是辉长岩，在浅成条件下形成的本类代表性岩石是辉绿岩。其岩石化学成分特点是，SiO_2 含量为45%～52%(质量分数)[但喷出的玄武岩成分变化较宽，为44%～53.5%(质量分数)]，高于超基性岩类，低于中-酸性岩类；FeO_T(指全铁)含量为9%～11%(质量分数)，MgO 含量为4%～10%(质量分数)，也介于超基性岩类和中-酸性岩类之间。基性岩类的矿物成分特点是，以辉石和基性斜长石为主要组分，有时含橄榄石、少量碱性长石、石英或霞石。色率一般为 35～65，岩石呈灰黑色，密度较大。

辉长岩可以呈独立的小岩株产出，也可以与橄榄岩等一起构成层状或环状杂岩体。玄武岩可以是面式分布的巨量喷出火成岩，如大洋洋底和许多著名高原都由玄武岩组成，是大火成岩省最主要的岩石类型，也可以沿深大断裂带串珠状产出。

第二节 侵 入 岩

一、矿物组成

辉长岩类的主要矿物组成是斜长石、单斜辉石和(或)斜方辉石，次要矿物组成有橄榄石、角闪石、黑云母、碱性长石、石英或似长石中的一种或几种，副矿物是磷灰石、榍石、钛铁矿、磁铁矿、磁黄铁矿、黄铁矿、铬铁矿、尖晶石(铬尖晶石、镁铁尖晶石)等。如钛铁氧化物大量集中，则可形成含矿辉长岩。

(一)斜长石

通常为基性斜长石(拉长石或培长石)，很少是钙长石(含钙长石的辉长岩称为钙长辉长岩)，但在某些辉长岩中，又可以是中长石。基性斜长石常呈板状，平行(010)延展，但也有近于等轴状者，钠长石律、卡斯巴律和肖钠长石律双晶发育，双晶叶片一般较宽，有时不同类型的双晶相互结合，构成复合双晶，如卡斯巴律-钠长石律复合双晶，简称卡-钠复合双晶。有些斜长石具环带结构，常见的是正常连续环带。斜长石中还经常含矿物包裹体，包括铁、钛氧化物和早结晶的铁镁矿物，当包裹矿物数量较多时，斜长石呈暗色。随着斜长石中钙长石分子含量(An%)由高到低的变化，共生的铁镁矿物由橄榄石变为斜方辉石和单斜辉石。

(二)单斜辉石

通常是普通辉石或透辉石，有时含钛铁矿等钛铁氧化物包裹体，并沿一个或几个方向排列，在肉眼观察时可感觉闪光现象。碱性辉长质岩石中为霓辉石和霓石。如受岩浆反应，辉石边缘被反应矿物角闪石或黑云母环绕或交代。

(三)斜方辉石

一般为紫苏辉石，少数情况下为古铜辉石。它形粒状或短柱状。与单斜辉石一样，也可以包含定向排列的赤铁矿、钛铁矿等矿物包裹体。在斜方辉石中还常见由出溶作用形成的一个方向或几个方向排列的单斜辉石叶片。

(四)橄榄石

镁橄榄石分子(Fo)含量变化较大，但一般为贵橄榄石，在铁辉长岩中为铁橄榄石。早期晶出的橄榄石中的镁橄榄石分子(Fo)显著高于晚期晶出的。一般为自形-半自形粒状，可以包裹磁铁矿、铬铁矿、尖晶石，或出溶作用形成的针状、板状铁质矿物。如受岩浆反应，可以被斜方辉石和(或)单斜辉石、棕色普通角闪石环绕式交代，构成反应边结构。

(五)普通角闪石

具显著的多色性，常呈棕色色调，半自形柱状或它形。有时包裹磁铁矿、橄榄石或辉石，呈反应矿物产出。次生角闪石呈绿色，纤维状，主要由辉石变化产生。碱性辉长质岩石中的角闪石为棕闪石、钛闪石、富铁钠闪石。

(六)黑云母

通常呈棕色色调，有时包裹磁铁矿，在氧逸度变化时呈反应矿物产出。

(七)碱性长石和石英

一般为填隙组分。碱性长石为正长石，有时具细微的显微条纹构造。如长石和石英同时出现，则两者可构成微文象结构。填隙正长石和石英往往出现于辉长岩向石英二长岩或花岗岩过渡的岩石类型中。如见石英呈浑圆状、尖角状，其四周或裂隙中有辉石、方石英、玻璃等成分组成的反应边，则这种石英不是原生石英，而是捕虏晶。

(八)似长石

常见的似长石如霞石、方沸石、方钠石、白榴石等。但岩石中的含量一般不超过岩石体积的10%，它们往往呈它形填隙组分产于弱碱性岩石中。

二、结构、构造

辉长岩和辉绿岩常呈中粒至粗粒状，较少呈斑状。典型的结构是辉长结构、辉绿结构和次辉绿结构(详见第二章火成岩结构的描述)，但这三种结构之间存在连续过渡关系，主要差别在于辉石和斜长石的相对大小及它们之间的包裹关系。在辉长结构中辉石和斜长石大小相近，反映它们是近于同时结晶形成；辉绿结构中，一颗辉石主晶可包裹多个斜长石矿物晶体；次辉绿结构中，呈现辉石可以半包裹斜长石或与斜长石相嵌的现象。此外，如辉石和斜长石含量差别较大，还可形成岛状辉绿结构或基底辉绿结构，其中前者以斜长石为主，后者以辉石为主(详见第二章)。

辉长岩一般呈块状构造，但有时也呈带状构造或球状构造。带状构造有两种情况，一种是成分分层或分带，常见于火成堆积成因的基性杂岩中；另一种是结构分层或分带，常见于蛇绿岩套的辉长岩中。

需要注意的是，有些辉长质岩石的矿物成分、粒度和形态并不均匀，甚至在同一块手标本中存在几种结构。这时，需注意观察结构表现的多数情况和基本趋势。此外，还有一些局部性的结构，如反应边结构、嵌晶结构、聚晶结构、蠕虫状结构(由斜长石和辉石构成，辉石呈筛状、水滴状、蠕虫状嵌于斜长石中)等，它们可以出现于各种辉长质岩石中。

在基性侵入岩中，还有一种火成堆积结构，相应的岩石称为火成堆积岩。

在理想的情况下，早期形成的单矿物晶体(以某种方式)由于堆积而彼此近乎相互接触，而残余熔体则占据晶体间的空隙[图 8-1(a)]。不过，堆积结构并不要求矿物晶体严格地相互接触，只需充分接近即可。堆积岩的主要类型就是根据先于晶体间隙熔体固结的早期晶体的堆积程度进行确定的。大多数岩浆的化学成分都比单矿物成分复杂，因此晶体间隙中的熔体与堆积晶体具不同的化学成分。

如果堆晶间的熔体与岩浆房中的岩浆没有或基本没有成分交换，那么，堆晶间的熔体将晶出一些初始矿物(假定是图 8-1 中的斜长石，但也可以是橄榄石、辉石、铬铁矿等)与其他矿物，对应于堆晶间的熔体成分。因此，堆晶间隙被早期矿物的适度再生长和其他较晚形成的矿物充填。这样的结构称为正堆积结构[orthocumulate texture，图 8-1(b)]。

如果堆晶间隙中的熔体与主岩浆房中的岩浆通过扩散和(或)对流进行物质交换，早期形成的堆晶矿物就可能继续生长，形成一种几乎为单矿物的晶体堆积，仅含少量最后晶出的其他矿物，这样的结构称为补堆积结构[adcumulate texture，图 8-1(c)]。由于补堆积结构可出现在远离开放式岩浆熔体的地方，很难通过有限孔道的扩散作用发生晚期的再生长，Hunter(1987)曾得出某些堆晶间岩浆的压出必然伴随着补堆积岩形成的结论。他同时指出，结构平衡将导致多边形马赛克结构。

如果较晚结晶的矿物成核速率缓慢，则可包裹早期堆晶矿物，结果形成嵌晶结构，但是这种主晶在某些情况下可能非常之大，以至于在小区域的薄片中可能很难鉴别。一个大主晶的形成也要求堆晶间熔体与主岩浆房中岩浆发生成分的交换，以提供足够的组分供其生长并去除能形成其他矿物的组分。这种结构称为异补堆积结构[heteradcumulate texture，图 8-1(d)]。另外，中堆积结构(mesocumulate texture)是介于正堆积结构与补堆积结构之间的过渡性结构。

三、种属划分及主要种属

(一)辉长岩类的分类

辉长岩按碱性程度的不同，可分为两类，即钙碱性辉长岩和碱性辉长岩。自然界产出的辉长岩大多是钙碱性辉长岩。钙碱性辉长岩和碱性辉长岩的矿物组合及矿物成分不同，

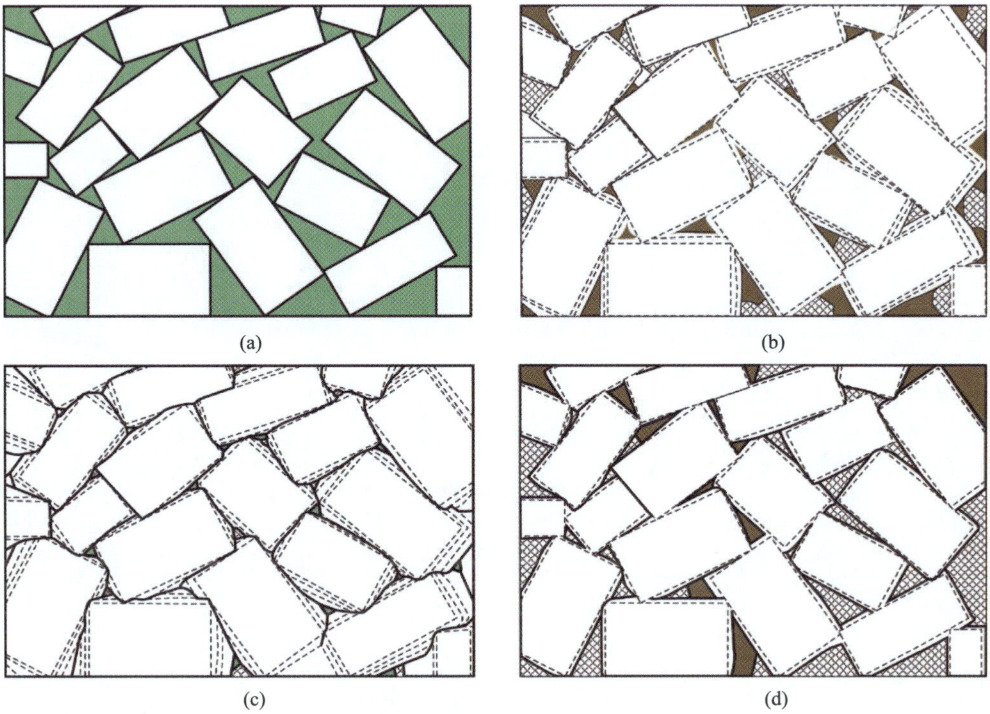

图 8-1　火成堆积岩结构(Winter, 2001)

(a)晶体通过沉降或形成于岩浆房的边缘而堆积。在这种情况下，斜长石晶体(白色)彼此接触堆积，堆积晶体间熔体(绿色)呈填隙状。(b)正堆积岩：堆晶间的熔体结晶形成斜长石再生边和其他矿物相(褐色和格子图案)。堆晶间熔体与主岩浆房岩浆很少或没有发生成分交换。(c)补堆积岩：堆晶间熔体与主岩浆房(外加堆积体的压实作用)之间的开放式交换允许堆晶间熔体组分的丢失，同时这种成分交换使再生斜长石边充填大部分堆晶格架空间。(d)异补堆积岩：堆晶间熔体结晶出再生斜长石边，以及成核速率很慢的大矿物晶体(褐色和格子图案)以嵌晶形式包裹斜长石

特别是只有后者才可以出现似长石和碱性铁镁矿物(表 8-1)。辉长岩的色率一般为 35～65，色率为 10～35 时，可称为浅色辉长岩；色率为 65～90 时，则可称为暗色辉长岩。

表 8-1　钙碱性辉长岩和碱性辉长岩矿物成分比较(据孙鼐和彭亚鸣，1985 修改)

类型	钙碱性辉长岩	碱性辉长岩*
浅色矿物	以基性斜长石为主	除斜长石外，还含正长石和(或)似长石(<10%)
深色矿物	含普通辉石、透辉石 不含霓辉石、霓石、碱性角闪石 可含紫苏辉石、橄榄石	含普通辉石(并往往富 Ti)、透辉石 可含霓辉石、霓石、碱性角闪石 不含紫苏辉石，但可含橄榄石
填隙矿物	石英或正长石，或两者文象状交生体	主要是似长石，如霞石、方沸石等，有时有正长石，不含石英

*碱性辉长岩包括弱碱性的辉长岩和过碱性的霞斜岩，这里所指的是弱碱性的辉长岩。

钙碱性辉长岩，又可根据斜长石、辉石、橄榄石(或角闪石)三者的相对含量进一步分类(图 8-2)。当暗色矿物主要为辉石和橄榄石时，用图 8-2(a)命名；当暗色矿物主要为角闪石和辉石时，用图 8-2(b)命名。同时，可结合辉石中斜方辉石和单斜辉石的比例进一步命名岩石[图 8-2(c)]。基本岩石类型包括辉长岩、苏长岩、橄长岩、斜长岩、角闪辉长岩。

但它们之间在矿物组成上往往存在着连续的过渡，由此出现过渡性种属，如苏长辉长岩、辉长苏长岩、橄榄辉长岩、橄榄苏长岩等。当辉长岩向二长岩和花岗岩方向过渡时，出现正长辉长岩、石英辉长岩。

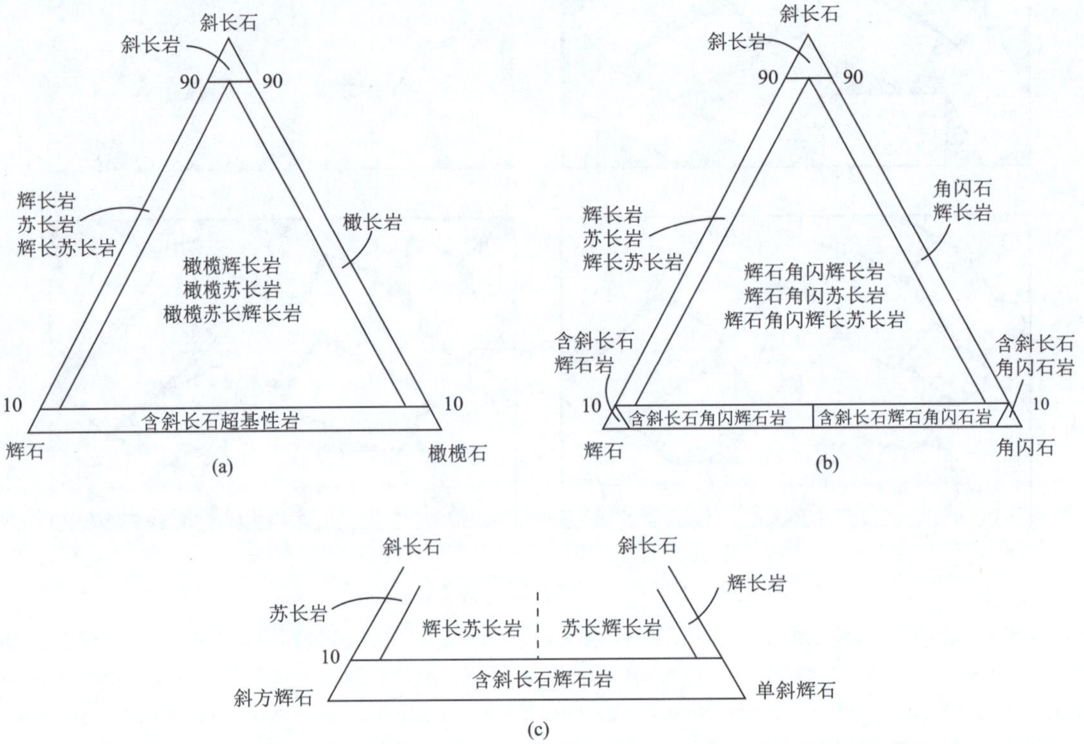

图 8-2　基性侵入岩的分类(据 McBirney, 2007 修改)

碱性辉长岩分布不广，一般根据碱性长石和斜长石数量及似长石和碱性铁镁矿物种属给予进一步命名。

(二)主要种属

1. 辉长岩(gabbro)

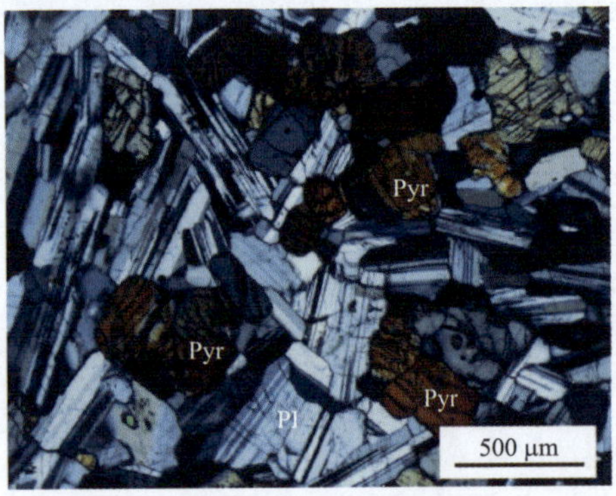

图 8-3　辉长结构

济南苏长辉长岩，正交偏光

主要由基性斜长石和单斜辉石(普通辉石、透辉石等)组成，通常呈辉长结构(图 8-3)，不含或含很少量橄榄石、斜方辉石。具球状构造的辉长岩称为球状辉长岩，以法国科西嘉为著名产地，故又名科西嘉岩。含丰富铁矿物(钛铁矿、磁铁矿等)的辉长岩称铁辉长岩。具斑状结构的辉长岩(以斜长石和深色矿物为斑晶)称辉长斑岩(gabbroporphyry)。

2. 苏长岩(norite)

主要由基性斜长石(培长石、拉长石)和紫苏辉石组成。有时含很少量橄榄石、单斜辉石。苏长岩常与辉长岩、超镁铁质岩石共生。

3. 斜长岩(anorthosite)

主要由斜长石(含量大于 90%)组成的浅色深成岩，因此几乎是单矿物岩(图 8-4)。岩石一般为半自形或它形粗粒结构。斜长石一般为拉长石或中长石，An%为 34～65，有时为反条纹长石，有时又具韵律环带结构(是岩浆成因的一种标志)。深色矿物有斜方辉石、单斜辉石、角闪石、钛磁铁矿以及石榴子石，偶尔有橄榄石，总和不足 10%，往往充填于斜长石间隙中，或分凝成团块。深色矿物种属一般随斜长石成分而变化。例如，与培长石共生的主要是橄榄石，与拉长石共生的主要是普通辉石和(或)古铜辉石、紫苏辉石，与中长石共生的主要是角闪石。此外，还有磷灰石、锆石、方柱石、方解石等。若辉石含量较高，斜长石含量为 78%～90%，称辉长质斜长岩；若斜长石含量仅为 65%～78%，称斜长质辉长岩；若含中长石 90%，可称中长斜长岩(andesinite)；而主要由拉长石组成的斜长岩又可称拉长岩(labradorite)。

图 8-4　典型的斜长岩(正交偏光)

(a) 由超过 90%的拉长石(labradorite)或培长石(bytownite)组成的粗粒斜长岩，含少量辉石和铬尖晶石；产地为苏格兰拉姆(MacKenzie et al., 1982)。(b) 由 90%以上的斜长石($An_{44}Ab_{50}Or_6$)和少量斜方辉石($En_{64}Fs_{35}Wo_1$)组成的斜长岩，斜长石颗粒大小变化由 mm 级至 cm 级不等，个别达 20 cm，斜长石内普遍出溶有钾长石条纹，也称反条纹长石；斜方辉石颗粒相对较小，个别出溶斜长石片晶；产地为河北承德北部大庙斜长岩杂岩体(Zhao et al., 2009b)

4. 橄长岩(troctolite)

粗粒结构，浅色，星散状分布的橄榄石呈现褐、绿、黄、红等杂色。主要由橄榄石和斜长石组成，两种矿物的总含量>90%。含少量辉石、角闪石和黑云母等。橄榄石一般为贵橄榄石和镁铁橄榄石，斜长石一般为培长石和拉长石。橄榄石四周往往有斜方辉石和(或)角闪石单层和(或)双层反应边。如斜长石为钙长石，则称钙长橄长岩。橄长岩常与橄榄辉长岩共生，如福州官山岩体，由主要的橄长岩和少量的橄榄辉长岩组成。

5. 角闪辉长岩(hornblende gabbro)

常见中粒-粗粒结构，主要由基性斜长石和角闪石、辉石组成。角闪石含量可大于辉石的含量，它是在辉长岩岩浆富水时形成的，如福建岱前山层状角闪辉长岩(图 8-5)。又如，出露在福建平潭县北郊莲花山-燕窝一带的平潭角闪辉长岩体，其中心相为典型的角闪辉长岩，由约 60%的基性斜长石、35%的角闪石、3%的单斜辉石、很少量的磁铁矿和石英组成(图 8-6)。

图 8-5　福建岱前山层状角闪辉长岩(Xu et al., 1999)

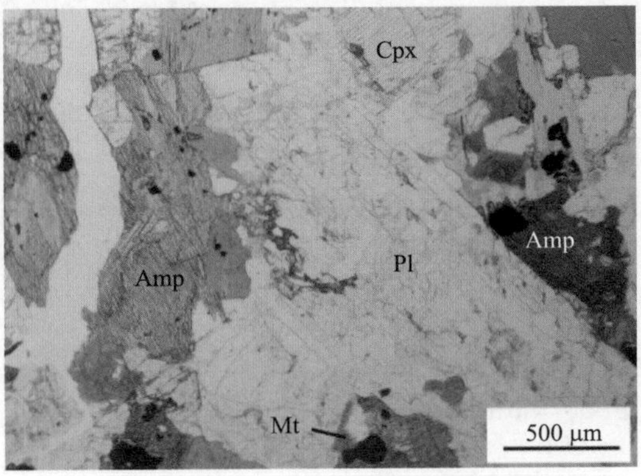

图 8-6　福建平潭角闪辉长岩(单偏光)

钙碱性辉长岩的过渡性种属包括：

(1) 苏长辉长岩(norite gabbro)，是辉长岩和苏长岩之间的过渡性岩石。又可再细分为普通辉石苏长辉长岩和紫苏辉石苏长辉长岩。前者普通辉石含量超过紫苏辉石；后者则相反，故又称紫苏辉长岩(hypersthene gabbro)。

(2) 橄榄辉长岩(olivine gabbro)、橄榄苏长岩(olivine norite)和橄榄辉长苏长岩(olivine gabbro-norite)，指橄榄石含量超过 5%的辉长岩、苏长岩和辉长苏长岩。

(3) 正长石辉长岩(orthoclase gabbro)，含较多填隙正长石的辉长岩，是向二长岩过渡的富钾种属。

(4) 石英辉长岩(quartz gabbro)，含较多填隙石英的辉长岩，是向石英二长岩和花岗岩过渡的较酸性种属。

6. 碱性辉长岩(alkali gabbro)

又名厄塞岩(essexite)。一种含正长石、似长石的辉长岩。基本矿物组分是基性斜长石、正长石、单斜辉石和似长石。结构变化大，如半自形粒状结构、辉长结构、辉绿结构、嵌晶结构。正长石含量变化大，一般少于基性斜长石，并富钠长石分子。常见似长石是霞石，有时有方沸石，它们呈粒状或充填于斜长石间隙中，两者可以同时存在，也可以只有其一，含量不足 10%。辉石主要有普通辉石、钠普通辉石、霓辉石或霓石。有时含少量碱性角闪石。橄榄石含量变化很大，可以不出现，如数量较多，则称橄榄碱性辉长岩(olivine alkali gabbro)。当霞石、方沸石的数量很少或缺失，正长石含量又超过基性斜长石，而且长石总量和深色矿物含量相近时，称为等色岩(shonkinite)；随斜长石的消失和深色矿物的减少，又过渡为辉石正长岩(pyroxene syenite)。如霞石数量显著增加，则过渡为霞斜岩(见第十一章)。

7. 辉绿岩(diabase)

辉绿岩是矿物成分和化学成分与辉长岩相当的浅成岩。常呈岩床、岩墙产出。辉绿结构[图 8-7(a)]和(或)次辉绿结构[图 8-7(b)]是其重要的特征。当含较多填隙石英时称为石英辉绿岩。与辉长岩一样，按照碱性程度的不同，辉绿岩可分为钙碱性辉绿岩和碱性辉绿岩，它们的矿物组合见表 8-2。

图 8-7　辉绿岩典型结构(MacKenzie et al., 1982)

(a)辉绿结构(正交偏光)，两个大的它形普通辉石晶体包裹了许多自由定向的板条状斜长石，大的辉石晶体的干涉色变化由化学成分环带造成；(b)次辉绿结构(单偏光)，斜长石晶体被包裹和半包裹在几个普通辉石晶体中

表 8-2　钙碱性辉绿岩和碱性辉绿岩矿物成分比较

类型	钙碱性辉绿岩	碱性辉绿岩
浅色矿物	斜长石，An%=50～80	主要是斜长石，An%=40～70，有时有正长石
深色矿物	含普通辉石、低钙的普通辉石，不含霓辉石、霓石 可含紫苏辉石或镁质易变辉石，橄榄石可有(<25%)可无	含钛普通辉石、霓辉石、霞石 不含紫苏辉石、易变辉石，一般含橄榄石，约 10%或更多
填隙矿物	石英或正长石，或两者构成的文象交生体	含正长石、沸石，不含石英，也不含石英和正长石构成的文象交生体

四、化学成分

辉长质岩石的 SiO_2 一般为 45%～52%(质量分数)(表 8-3)。但在斜长岩中，特别是以中长石或拉长石为主要成分的斜长岩，可以高达 54%(质量分数)；而在富橄榄石、角闪石、黑云母、铁矿物的岩石(如表 8-3 所示的橄长岩)中，SiO_2 偏低，可以低至 40%(质量分数)。许多基性杂岩中较晚形成的铁辉长岩的 SiO_2 也往往不足 45%(质量分数)，有时低达 40%(质量分数)。

表 8-3　辉长质岩石的化学成分　　[单位：%(质量分数)]

岩石名称	辉长岩	辉长岩	辉长岩	苏长岩	橄长岩	辉绿岩	辉绿岩	斜长岩	斜长岩
样品数	24	16	5			39	17	21	8
样品地点(州)	宾夕法尼亚	南达科他	加利福尼亚			宾夕法尼亚	密歇根	怀俄明	怀俄明
时代	古生代	元古宙	元古宙			侏罗纪	元古宙	元古宙	元古宙
产状	层状体	岩体	岩体			岩席、岩盖	岩墙	岩体	岩体
SiO_2	46.42	48.53	48.68	50.28	40.21	52.40	49.28	53.61	53.80
TiO_2	0.96	0.92	1.22	0.89	0.10	0.86	2.29	0.52	0.90
Al_2O_3	16.39	13.04	18.68	17.67	24.22	12.91	13.81	23.94	24.89
FeO_T	12.17	12.82	8.87	8.76	5.02	10.55	15.44	3.97	3.13
MnO	0.20	0.19	0.14	0.14		0.17	0.21	0.04	0.03
MgO	9.69	8.04	5.90	9.27	9.30	10.13	5.79	1.54	0.72
CaO	9.98	8.24	10.21	9.72	11.41	11.50	9.53	9.46	8.69
Na_2O	0.92	1.99	3.40	1.96	1.92	1.76	2.18	4.53	4.93
K_2O	0.38	0.75	1.07	0.63	0.16	0.43	0.76	0.98	1.11
P_2O_5	0.14	0.09	0.46	0.21	1.03	0.10	0.28	0.22	0.34
总和	97.26	94.60	98.63			100.81	99.56	98.81	98.51

注：据 Geochemistry of igneous rocks in the US (major elements) from the PLUTO database (http://tin.er.usgs.gov/pluto/igneous/) 数据进行平均计算。苏长岩数据据 Nockolds (1954)；橄长岩数据据 Hatch 等(1973)。

全铁含量一般为 9%～13%(质量分数)，但随铁矿物的增加和色率的增高而增大，最大达 20%(质量分数)以上；斜长岩中全铁含量一般<4%(质量分数)。FeO 显著大于 Fe_2O_3。在浅成岩中，Fe_2O_3 可以稍微增大。MgO 含量一般为 4%～10%(质量分数)，随橄榄石含量的增加而增大，随角闪石的增加和辉石的减少而减小。斜长岩中 MgO 含量很少。

Al_2O_3 和 CaO 的含量受斜长石成分和数量的制约。斜长石越基性、数量越多，Al_2O_3 和 CaO 含量越高。因此在斜长岩中，Al_2O_3 达 20%(质量分数)以上，CaO 达 9%(质量分数)以上。此外，CaO 的增加还与富钙单斜辉石的增多和斜方辉石的减少相关。Na_2O 和 K_2O 在钙碱性辉长质岩石中，总和一般不足 4%(质量分数)，而且 $Na_2O>K_2O$；但在碱性辉长质岩石和斜长岩中，总和往往大于 4%(质量分数)，并可能出现 $K_2O>Na_2O$ 的情况。在斜长岩中，总是 $Na_2O>K_2O$。

五、产状与分布

辉长质侵入岩常以不同规模的岩株、岩盆、岩盖产出，有时呈岩墙和岩床状。小型基性岩体往往只有几或几十平方千米。由于不同程度的结晶分异作用，可形成由不同种属岩石构成的一套岩石组合。例如，南京蒋庙基性侵入岩，形成于距今约 118 Ma，有三个分异中心，自内向外由角闪橄榄辉长岩-橄榄辉长岩过渡为闪长岩；斜长石成分的 An 百分含量由 80 连续演变为 30；橄榄石和紫苏辉石逐渐减少，被普通角闪石和黑云母取代。大型基性岩体面积可达上千平方千米，具有显著的成层构造和复杂的岩石组合，它们往往构成火成堆积岩。岩石成分从超镁铁岩变化到斜长岩，但平均成分仍然是辉长质基性岩。著名的例子是南非布什维尔德层状基性杂岩，形成于约 20 亿年前，面积达 7 万 km^2，总厚近

9000 m。其中辉长质侵入岩分上、中、下三带，下带为斜方辉石岩、苏长岩、斜长岩成分的火成堆积岩，中带为苏长岩和斜长岩，上带为铁辉长岩和铁闪长岩。辉绿岩是浅成相的火成岩，呈岩株、岩床、岩墙、岩脉产出。可与辉长岩共生，也可与玄武岩共生，或者为中、酸性侵入岩体的暗色岩脉。辉长质侵入岩可产于岛弧、活动大陆边缘和陆内裂谷带等构造环境。

斜长岩主要有层状型和岩体型两种类型。层状型斜长岩是层状基性杂岩中韵律性火成堆积岩的组成部分，由基性岩浆重力结晶分异作用形成，产出时代不限于前寒武纪。岩体型斜长岩只限于前寒武纪，呈巨大岩体产生于克拉通地区。例如，前寒武纪加拿大地盾的斜长岩体超过 2 万 km^2。这类岩体是地球上最古老的岩体之一，共生岩石有辉长岩、苏长岩以及正长岩、二长岩等，有时还有更长环斑花岗岩。河北承德大庙斜长岩杂岩体是我国唯一的元古宙岩体型斜长岩杂岩体，岩石类型包括 85% 的斜长岩、11% 的苏长岩、辉长岩和少量的纹长二长岩、花岗岩、橄长岩，赋存有丰富的钒钛磁铁矿–磷灰石矿床。

六、成矿关系

辉长质岩石，尤其是与成矿作用相关的岩石，常见的次生变化有钠黝帘石化、纤闪石化、绿泥石化等。钠黝帘石化是一种在含 K_2O、CO_2、Cl 的水气热液作用下的斜长石次生变化，变化的基本产物是黝帘石-绿帘石和钠长石。如斜长石较基性，则缺钠长石。有时还有绢云母、钠云母、石英、方柱石、石榴子石、阳起石、高岭石。纤闪石化是指单斜辉石变化为纤维状角闪石的过程，有时伴生绿泥石。角闪石呈浅绿色或无色，成分上可以是阳起石、普通角闪石，也可以是镁铁闪石。绿泥石化是各种深色矿物经常发生的一种次生变化。绿泥石颜色深浅不一，随含铁量而变化。有些分布于斜长石间隙中的绿泥石(包括颜色较深、蠕虫状的蠕绿泥石)是原生的，不是次生矿物。此外，橄榄石经常变化为蛇纹石和磁铁矿，有时还变化为绿泥石、绿鳞石、滑石。单斜辉石(特别在辉绿岩中)也常变化为绿泥石、绿鳞石。斜方辉石变化为绢石、角闪石、滑石、绿泥石、蛇纹石和磁铁矿。钛铁矿变化为白钛矿。例如，新疆塔尔巴哈台山早奥陶世蛇绿混杂岩中的辉长岩，在后期地质作用过程中受到了严重的蚀变(朱永峰和徐新，2006)。蚀变辉长岩中的斜方辉石已经完全蛇纹石化(保留了斜方辉石假象)，斜长石完全被水钙铝榴石交代(保留斜长石假象)，但单斜辉石保存完好，且发育由尖晶石叶片(棒)构成的出溶结构。

与基性侵入岩体有关的矿种包括 Cr、Ni、Cu、Ti、Fe 等。与斜长岩有关矿种包括 Fe、Ti、Cr、V、P 等。

第三节　喷　出　岩

一、矿物组成

玄武岩是基性喷出岩的代表性岩石，主要由辉石和基性斜长石组成，有些种属(如苦橄玄武岩、碱性玄武岩)含丰富的橄榄石。次要矿物是钛、铁氧化物(磁铁矿、钛铁矿、赤铁矿等)、正长石、石英或似长石、沸石等。

(一)斜长石

通常是拉长石，但斑晶可以是培长石，甚至是钙长石；而在基质中，可以是中长石，甚至更长石。玄武岩中斜长石一般为高温或接近高温型。但细碧岩中一般是钠长石或更长石，接近低温型。斑晶斜长石常具环带结构，通常是正常连续环带或韵律环带。基质斜长石也可以有环带结构，但不如斑晶发育。无论是斑晶斜长石还是基质斜长石，都普遍地发育钠长石律、肖钠长石律、卡-钠复合律聚片式双晶。双晶和环带经常结合出现。有时斑晶斜长石还含有气、液或玻璃质包体。

(二)辉石

玄武岩中的辉石，一类是富钙的普通辉石(单斜辉石)，另一类是贫钙的易变辉石(单斜辉石)和紫苏辉石(斜方辉石)。富含橄榄石的碱性玄武岩中，镁主要或首先参与橄榄石的结晶，不利于形成易变辉石或紫苏辉石，因而经常出现的是普通辉石。但普通辉石总是主要的辉石组分，它既可以呈斑晶产出，也可以存在于基质中。普通辉石斑晶有时含磁铁矿、磷灰石、黑云母和玻璃质包体。

(三)橄榄石

橄榄石斑晶通常含 Fo 90%～60%，而基质橄榄石中则含 Fo 70%～20%。橄榄石斑晶呈自形-半自形，而基质中橄榄石则为半自形-它形。橄榄石一般是早结晶的铁镁矿物，但结晶时间可以很长，一直延续到与基质中斜长石结晶同时结束。

(四)似长石

主要是霞石和白榴石，一般不超过10%。如果似长石类矿物数量大于10%，那就属于碱性岩类的碱玄岩和碧玄岩。

(五)填隙物

在拉斑玄武岩中，可以是酸性玻璃，其 SiO_2 含量可高达70%(质量分数)；也可以是石英或石英和碱性长石构成的文象状交生体，后者主要见于较粗粒的岩石中。在碱性橄榄玄武岩中，也可以有玻璃，但多数情况下填隙物是各种沸石、碱性长石(钠正长石、歪长石、钠长石)和钾质更长石、钾质中长石等。在碱性橄榄玄武岩中，碱性长石不与石英呈文象状交生，更无单独石英填隙物。因此，填隙物在鉴定玄武岩种类时有重要的意义。

(六)玄武玻璃和橙玄玻璃

玄武玻璃是一种暗色玻璃，用显微镜观察，在单偏光镜下呈浅褐色，形状为弯曲的多边形，界线圆滑，可含斜长石、辉石、橄榄石微晶。但玄武玻璃易水化变成橙玄玻璃，并在单偏光镜下呈红、橙、黄等不同色调，有时无色。随含水量增加，折射率降低。水化过程还往往伴随玻璃脱玻化，产生一系列脱玻化矿物，如钙交沸石、菱沸石、方沸石、蒙脱石、蛋白石、镁方解石、石膏等。因此，自然界中橙玄玻璃比玄武玻璃更常见。

二、结构、构造

玄武岩一般呈细粒隐晶质至玻璃质，反映岩浆冷却速率很快，但有些为中粒显晶质结构。常见斑状结构、显微斑状结构和聚斑结构。基质往往具间粒结构、间隐结构和填间结构。在厚的玄武岩岩流的中下部位，由于过冷度相对较小，也可以出现次辉绿结构，甚至局部的辉绿结构。

玄武岩浆含大量的挥发分，因此玄武岩中普遍发育气孔构造和杏仁构造。杏仁构造是指由沸石、玉髓、绿泥石、蒙脱石-绿高岭石、碳酸盐或铁、铜硫化物等充填气孔而成的构造。气孔的多寡、杏仁体的有无、粒度的粗细、层位的高低以及其他特征构造是对玄武岩进行野外工作应注意的。可依此将玄武岩进一步描述为致密玄武岩、杏仁状玄武岩等。

有些玄武岩具球颗结构，即岩石中出现一种小的球状体，一般形状如豌豆，有时达到樱桃那样的大小，主要由斜长石组成的放射状集合体，在斜长石晶体之间或其内部有粒状辉石和不透明矿物分布。这种球颗的色调在手标本上往往较基质浅；在显微镜下，其放射状集合体也非常特征，因此较易识别。具这种球颗结构的玄武岩称为球颗玄武岩(variolite)。

在大陆上喷发的玄武岩常具绳状构造、碎块构造和柱状节理，水下喷发的玄武岩(往往是细碧岩)有时发育枕状构造。绳状构造或枕状构造的枕状体弧面可以指示岩流的顶面。

三、种属划分及主要种属

(一)种属划分

虽然玄武岩的矿物成分和化学成分存在连续的过渡，但习惯上将之分为拉斑玄武岩和碱性玄武岩两大类。它们最显著的差别是，拉斑玄武岩中一般不含橄榄石，如有出现，则在橄榄石四周围绕由紫苏辉石或易变辉石组成的反应边；碱性玄武岩中没有这种反应关系，不存在紫苏辉石、古铜辉石、易变辉石等贫钙的辉石。此外，在碱性玄武岩的基质斜长石之间，往往存在着填隙状钠正长石或歪长石，这是区别于拉斑玄武岩的另一重要特征之一。碱性玄武岩中普通辉石经常富钛，具砂钟构造或环带结构。环带的外带成分比内带富钠、铁，外带有时出现霓辉石、铁透辉石。易变辉石和紫苏辉石不出现于碱性玄武岩中。更为详细的有关拉斑玄武岩和碱性玄武岩的岩相学特征见本章后面部分。

(二)主要种属

1. 拉斑玄武岩(tholeiite)

主要矿物组成为拉长石、单斜辉石(往往是普通辉石和贫钙的易变辉石)和斜方辉石(往往是古铜辉石或紫苏辉石)。SiO_2过饱和时，可出现石英，这时称为石英拉斑玄武岩(quartz tholeiite)[图 8-8(a)]。含少量橄榄石时称为橄榄拉斑玄武岩。如有斑晶，往往是斜长石、普通辉石、古铜辉石或紫苏辉石，较少为橄榄石，基质以填间结构和间粒结构为主。

图 8-8　拉斑玄武岩和碱性玄武岩

(a) 福建牛头山拉斑玄武岩（正交偏光），斑晶为辉石；(b) 江苏六合碱性玄武岩（正交偏光），含许多橄榄石斑晶

2. 碱性玄武岩(alkali basalt)

普遍含有橄榄石，故也常称为碱性橄榄玄武岩，可同时呈斑晶和基质产出[图 8-8(b)]。例如，橄榄石含量较少(<5%)，可称为橄榄玄武岩，不加“碱性”前缀。普通辉石含 TiO_2 较高，不含斜方辉石。碱性长石常与基性斜长石共生。与拉斑玄武岩相比，斜长石 An 含量往往略低。在碱性玄武岩中经常有橄榄石、顽火辉石、普通辉石、尖晶石、歪长石、石榴子石、斜长石等捕虏晶及橄榄岩、辉石岩和榴辉岩捕虏体。

3. 粗面玄武岩(trachy basalt)

成分介于玄武岩与粗面岩之间，属于碱性玄武岩范畴。现常按化学成分在 TAS 图解中确定。其特点是基性斜长石和碱性长石共存，后者占长石总量 10%以上。铁镁矿物为单斜辉石和橄榄石，有时出现少量棕闪石、钛闪石和黑云母。

4. 更长玄武岩(oligoclase basalt)和中长玄武岩(andesine basalt)

更长玄武岩曾称橄榄粗安岩(mugearite)[但需注意与目前广泛使用的橄榄安粗岩(shoshonite)的区别，前者是钠质类型，后者是钾质类型，二者不能混淆]，中长玄武岩又名夏威夷岩(hawaiite)。无论是更长玄武岩中的更长石，还是中长玄武岩的中长石，都具较高的钾长石分子，含量可达 10%～20%。更长玄武岩和中长玄武岩均可含少量碱性长石(通常是钙质歪长石)；深色矿物含量较少，不足矿物总量 1/3，主要是橄榄石，其次是辉石，有时有钛角闪石(斑晶)、棕闪石(基质)和少量黑云母。

5. 苦橄玄武岩(picrite basalt)

又名大洋岩(oceanite)。但不仅见于大洋岛屿，也见于大陆环境，因此大洋岩这个名称不及苦橄玄武岩合适。苦橄玄武岩是一种暗色玄武岩，含丰富的自形橄榄石斑晶，数量几乎占 40%～50%[图 8-9(a)]。长石含量往往不足 30%。基质由基性斜长石、普通辉石、钛铁矿、磁铁矿和尖晶石等组成。

图 8-9　苦橄玄武岩和细碧岩(MacKenzie et al., 1982)

(a)苦橄玄武岩(单偏光)，斑晶主要为自形、半自形的橄榄石，基质由橄榄石、辉石和少量斜长石、含铁不透明矿物组成；(b)细碧岩(正交偏光)，具杏仁构造，杏仁中充填了方解石和绿泥石。细小的板条状钠长石分布在暗色的物相中，暗色的物相主要由很细的绿泥石、方解石和赤铁矿组成，它们是辉石蚀变的产物

6. 粒玄岩(dolerite)

原译名为粗玄岩，因易被误解为粗面玄武岩，故改为粒玄岩较为合适。粒玄岩结晶较粗，无玻璃质，肉眼可以分辨其粒状结构，而一般的玄武岩若用肉眼观察则为隐晶质。因此，粒玄岩是按结构命名的一种玄武岩。它与微晶辉长岩的区别在于粒玄岩具次辉绿结构或辉绿结构；与辉绿岩的区别在于产状不同，喷出者为粒玄岩，侵入者为辉绿岩。

7. 细碧岩(spilite)

细碧岩是以钠质斜长石为主要浅色矿物的基性火山岩[图 8-9(b)]。主要矿物为钠长石或钠更长石，普通辉石或透辉石及其变化产物，如阳起石、绿泥石、绿帘石、赤铁矿等。橄榄石一般缺乏，或已蚀变为蛇纹石。水化和碳酸盐化普遍。基性斜长石常常绿泥石化，有时能见到变余残留。其他矿物成分有绢云母、绿纤石、黑云母、方解石、葡萄石、水榴石、锆石、磷灰石、磁铁矿、钛磁铁矿等。常具填间结构、间粒结构、间隐结构、辉绿结构、次辉绿结构和球颗结构等。细碧岩是海相火山作用产物，因而可具枕状构造。枕状体内的斜长石、辉石微晶常因淬火作用呈燕尾状骸晶。细碧岩一般与角斑岩和(或)石英角斑岩共生。

8. 高铝玄武岩(high-alumina basalt)

高铝玄武岩为拉斑质、钙碱性和碱性岩石组合中的一类玄武岩的集合名称。因此，这是独立于常用岩石分类之外的一类特殊岩石，其 Al_2O_3 一般>16%(质量分数)，斑晶为斜长石、培长石、橄榄石、普通辉石、紫苏辉石。基质由拉长石、普通辉石、橄榄石和石英等组成，有时含碱性长石。矿物组分和化学成分介于拉斑玄武岩和碱性玄武岩之间。主要分布在岛弧和活动陆缘，与钙碱性安山岩、英安岩和流纹岩共生。

四、化学成分

玄武质喷出岩的 SiO_2 含量与辉长质侵入岩相仿，一般为 45%～52%（质量分数）（表 8-4）；但也可因结晶分异或风化蚀变等作用而变化，如富含橄榄石，富钛、铁氧化物或富含玻璃，或发生强烈次生变化的玄武岩，SiO_2 含量可能略低于 44%（质量分数）；而在细碧岩中因出现较富 SiO_2 的斜长石，即钠质斜长石，其 SiO_2 含量可高达 55%（质量分数）。玄武质喷出岩的 CaO、MgO 和全铁含量与辉长岩中含量相仿，但 Fe_2O_3 对 FeO 的比值较高于辉长岩。

表 8-4　玄武质岩石化学成分　　［单位：%（质量分数）］

化学成分	平均大西洋 MORB	岛弧拉斑玄武岩	岛弧钙碱性玄武岩	岛弧高钾钙碱性玄武岩	夏威夷碱性玄武岩	夏威夷拉斑玄武岩	夏威夷更长玄武岩	粗面玄武岩	高铝玄武岩	细碧岩
SiO_2	50.67	49.20	49.40	51.00	44.50	49.20	53.22	48.54	50.19	48.80
TiO_2	1.28	0.52	0.70	0.93	2.15	2.57	1.81	2.98	0.75	1.30
Al_2O_3	15.45	15.30	13.29	13.60	14.01	12.77	17.72	18.00	17.58	15.70
FeO_T	9.67	9.00	10.15	8.11	12.51	11.40	8.72	8.96	10.03	10.40
MnO		0.18	0.20	0.14	0.19	0.17	0.21	0.18	0.25	0.15
MgO	9.05	10.10	10.44	12.50	10.12	10.00	2.79	3.32	7.39	6.10
CaO	11.72	13.00	12.22	7.92	10.63	10.75	5.39	8.49	10.50	7.10
Na_2O	2.51	1.51	2.16	2.67	2.47	2.12	6.00	4.74	2.75	4.40
K_2O	0.15	0.17	1.06	2.37	0.53	0.51	2.28	3.38	0.40	1.00
P_2O_5	0.20	0.06	0.20	0.59	0.42	0.25	1.08	1.18	0.14	0.34

注：据 Wilson（1989）及相关参考文献。夏威夷更长玄武岩、高铝玄武岩和细碧岩数据据孙鼐和彭亚鸣（1985）及相关参考文献。

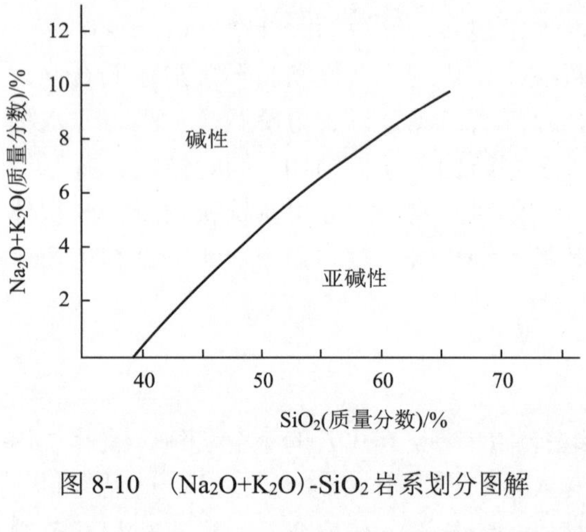

图 8-10　（Na_2O+K_2O）-SiO_2 岩系划分图解

全碱（Na_2O+K_2O）含量对于玄武岩的碱性程度影响较大。随着 SiO_2 减少和全碱增加，岩石由 SiO_2 过饱和或饱和的拉斑玄武岩变化为 SiO_2 不饱和的碱性橄榄玄武岩。大多数玄武岩的 $Na_2O>K_2O$，但在粗面玄武岩中，钾钠含量相近，可以是 $Na_2O>K_2O$，也可以是 $K_2O>Na_2O$。

对包括玄武岩在内的中基性火山岩，往往根据岩石化学成分将它们划分为碱性（alkaline）、拉斑（玄武质）（tholeiite）和钙碱性（calc-alkaline）系列。如根据（Na_2O+K_2O）-SiO_2（图 8-10）可以将岩石划分为碱性和亚碱性系列，然后用 SiO_2-FeO_T/MgO 或 AFM 图解（图 8-11、图 8-12）将亚碱性系列岩石进一步划分为拉斑系列和钙碱性系列。不同岩系的玄武质火山岩产于不同的构造背景，因此玄武岩岩系的确定很重要。

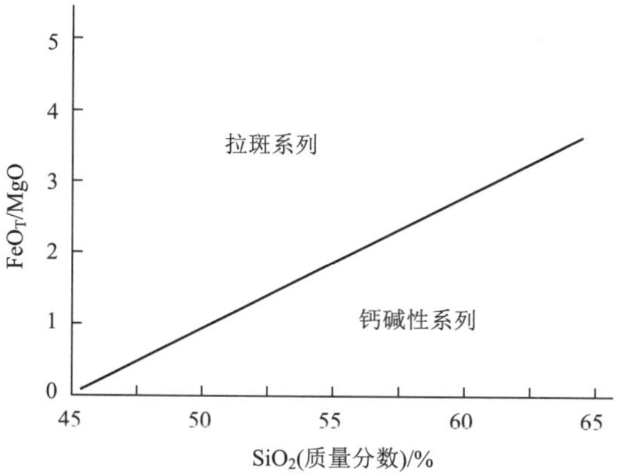

图 8-11　拉斑和钙碱性系列 SiO_2-FeO_T/MgO 图解

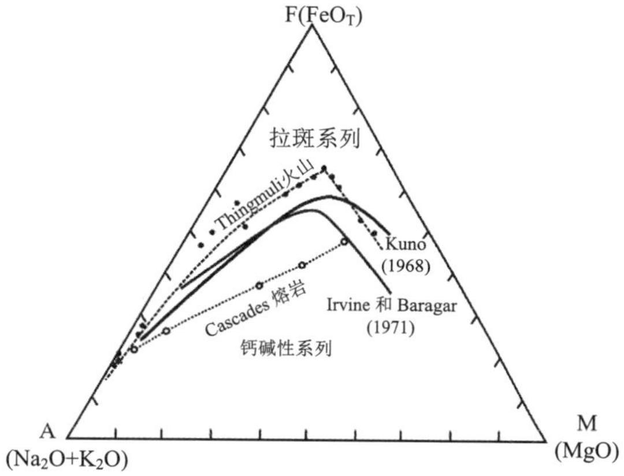

图 8-12　拉斑系列和钙碱性系列 AFM 图解

MacDonald 和 Katsura(1964)以及 MacDonald(1968)利用夏威夷玄武岩资料首先在(Na_2O+K_2O)-SiO_2 图上划出了碱性和亚碱性系列(原来称为拉斑系列)，Kuno(1966)研究东亚古近纪和新近纪火山岩时也给出了相似的图解，Irvine 和 Baragar(1971)也发表了类似的图解，其界线基本位置如图 8-10。

A(Na_2O+K_2O)-F(FeO_T)-M(MgO)三角图解，最初由 MacDonald 和 Katsura(1964)提出，用于区分不同地区火山岩的成分演化，说明分离结晶和矿物组合的不同。现在此图成为区分拉斑系列和钙碱性系列岩石的重要图解(图 8-12)，其界线(图中粗线)据 Kuno(1968)及 Irvine 和 Baragar(1971)。图中冰岛辛格穆利(Thingmuli)火山典型的拉斑系列和 Cascades 钙碱性系列火成岩的成分与演化趋势据 Carmichael(1964)。拉斑系列的 SiO_2 一般变化于 48%～63%(质量分数)，自玄武岩开始，早期结晶阶段 MgO 明显降低，而 FeO 富集，即 FeO_T/MgO 升高，随后有大量富铁矿物结晶，使残余岩浆向富碱(Na_2O+K_2O)方向演化。钙碱性系列火山岩的 SiO_2 变化于 52%～70%(质量分数)，从玄武岩或玄武安山岩开始，FeO 和 MgO 同步下降(FeO_T/MgO 保持相对恒定的值)，Na_2O+K_2O 逐渐升高，演化线近乎为一直线(图 8-12)。原因是：钙碱性岩浆形成于聚敛板块边缘，当岩浆处于高的水压环境，主要结晶富铁橄榄石和单斜辉石，没有长石的结晶，这时岩浆中 FeO 和 MgO 同步下降，Na_2O+K_2O 逐渐升高。而在水压较低的拉张背景下，岩浆首先结晶富镁橄榄石和钙长石，使剩余岩浆中 MgO 含量明显降低，FeO(在橄榄石中)和 K_2O、Na_2O(在斜长石中)成分发生同步变化；当普通辉石开始结晶，而几乎没有斜长石结晶时，岩浆中 FeO 和 MgO 含量一起降低，K_2O 和 Na_2O 则逐渐升高。

需要注意的是，在用 AFM 图解进行系列判别时，要有一组样品，并根据这些样品的成分变化进行判别。

另一个普遍使用的岩石系列划分图解是 K_2O-SiO_2 图解，用于亚碱性火山岩的进一步分类。Le Maitre 等(1989)提出的是低钾、中钾和高钾三分法(以虚线为界)。目前普遍使用的是四分法(图 8-13)，即低钾拉斑玄武岩系列(low-K tholeiite)、钙碱性系列(calc-alkaline)、高钾钙碱性系列(high-K calc-alkaline)和橄榄安粗岩系列(shoshonite series)。Rickwood(1989)总结了众多学者的分类界线，以图中阴影带表示。应当指出，同一系列中的岩石往往具有成因联系，是由同一岩浆经分离结晶形成。

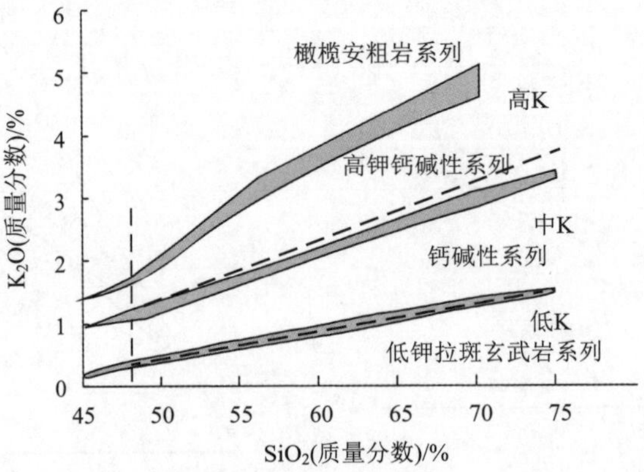

图 8-13　K_2O-SiO_2 亚碱性岩石分类图解

五、产状与分布

玄武岩是分布最广泛的火山岩。主要分布在大洋洋底和大陆上一些著名的大火成岩省。玄武岩主要呈熔岩产出，并经常伴生一些玄武质火山碎屑岩。少数玄武岩呈岩墙、岩床、岩株或其他形式的浅成侵入体。

玄武岩主要有两种喷发方式：裂隙式喷发和中心式喷发。前一种喷发往往构成大面积的泛流玄武岩，与大型的裂谷有关。例如，基威诺(Keweenaw)裂谷，也称中大陆(Midcontinent)裂谷，它位于加拿大太古宙地盾南缘、美国中西(Mid-West)中元古代基底块体以及东部格林威尔造山带之间的三重拼接位上(苏必利尔湖地区)，为三叉裂谷(triple junction rift)，分布有著名的基威诺裂谷大陆溢流玄武岩。又如，西伯利亚贝加尔湖地区大面积的大陆溢流玄武岩、中国西南地区分布的峨眉山玄武岩等。后一种中心式喷发，构成玄武岩火山锥及其邻近的熔岩流和火山碎屑岩。如在中国东部，绵延 4000 多千米的广大地区有大量喷发于新生代古新世至近代的，以中心式喷发为主的火山锥，尤以黑龙江-吉林、内蒙古、集宁-大同、南京地区、云南腾冲、广东雷琼地区和台湾为众多。其中第四纪以前的玄武岩火山锥，往往具塌陷构造，由此伴生环状裂隙、环状岩墙和中央岩株，如江苏六合方山；第四纪(包括近代)的玄武岩火山锥一般没有塌陷构造，保存着较好的原始火山锥地貌，如安徽明光女山火山锥。

六、成矿关系

玄武质岩石在水热作用下很容易发生矿物的次生变化。常见橄榄石变化的产物是伊丁石(低温、氧化条件下形成)、绿泥石-蒙脱石混层矿物(中温、非氧化条件下形成)、蛇纹石、磁铁矿、褐铁矿、方解石、蛋白石等。蚀变首先沿晶体边缘、裂缝发生，完全蚀变时仅保留橄榄石晶形假象。橄榄石斑晶次生变化一般比基质中橄榄石强烈。辉石的次生矿物有绿泥石、绿鳞石、蒙脱石-绿高岭石、阳起石、绿帘石、方解石、磁铁矿、褐铁矿等。相对而言，斜长石次生变化较弱，常见的变化产物包括高岭石、绢云母、方解石、蒙脱石、绿高岭石、绿泥石、绿帘石-黝帘石、石英、铁质氧化物、各种沸石以及方柱石(热变质条件下)等。玄武玻璃则容易在水化作用下变化为橙玄玻璃。例如，山东济阳拗陷古近纪玄武岩，特别是始新世沙河街组玄武岩的蚀变作用较为明显，蚀变类型包括伊丁石化、绿泥石化、帘石化、黏土化和碳酸盐化等，氧同位素研究表明这是由低温雨水热液蚀变(碳酸盐化)作用造成的。

与玄武岩有关的矿产包括铜、铁、钛、钒、钴、铬、冰洲石等。此外，在碱性玄武岩中还有刚玉(蓝宝石)、辉石、锆石巨晶，这些可作为优质的宝石资源。而玄武岩中粗粒状的二辉橄榄岩和榴辉岩包体，其中的橄榄石和石榴子石，也可以是宝石级矿物。玄武岩本身也是高速公路路基、铸石、水泥的理想材料。玄武质岩石在风化作用下变化为黏土矿物、氧化铁矿物、绿泥石和碳酸盐的混合物，随着进一步风化淋滤，可形成有价值的铝土矿。在本章开始就述及，玄武岩在大陆与海洋均有广泛分布，特别是溢流玄武岩(大火成岩省)分布面积巨大，但巨量溢流玄武岩在相对很短时间内喷发，难以产生大的岩浆分异导致成矿物质的富集。往往只是晚阶段喷发的玄武岩岩浆与成矿有关。大陆溢流玄武岩的岩浆分异形成三个成矿体系(朱炳泉，2003)：①与深部岩浆分异形成的富镁侵入相有关的铜、镍(铂、钯)硫化物矿床；②与深部岩浆分异形成的富钛侵入相有关的钒钛磁铁矿床；③与浅部岩浆分异形成的贫钛喷出相有关的自然铜、银矿床。具有这一完整成矿体系的仅有美洲基威诺裂谷大陆溢流玄武岩与中国峨眉山玄武岩两处。

此外，铬铁矿也是与玄武岩有关的重要矿产资源。铬铁矿在全球的分布极不均匀，其中南非拥有全球最大的铬铁矿储量。除了在大型超镁铁-镁铁质岩中产出的层状铬铁矿矿床外(详见第七章描述)，还有一种分布更为广泛的铬铁矿类型，就是与蛇绿岩相关的豆荚状铬铁矿矿床。该类型矿床的成因一直存在较大争议，主要包括(王焰等，2020)：①与层状岩体类似，在岩浆通道中经岩浆结晶分异作用形成；②地幔部分熔融的残余；③熔体-残留地幔橄榄岩的反应成因。近年来，在罗布莎、Ray-Iz 等蛇绿岩中的铬铁矿中陆续发现了金刚石、碳硅石等深部地幔矿物，因而有学者认为铬铁矿可能起源自地幔深部，提出了新的铬铁矿成因模型。一些含金刚石的铬铁矿被认为形成自地幔过渡带，然后由地幔柱或上涌软流圈携带到浅部地幔，再经历部分熔融、熔-岩反应、结晶、富集、沉淀等一系列复杂地质过程，最终形成了铬铁矿矿床(Yang et al., 2021)。另有学者提出，地幔浅部形成的豆荚状铬铁矿，通过俯冲作用被带至地幔过渡带上部滞留，再经俯冲板片回转形成的高速上升通道折返回到莫霍面的深度(Griffin et al., 2016)。又或者是，在角闪岩相与榴辉岩相过渡界面位置，由于俯冲板片的断离，形成了一个板片窗，随后下伏软流圈地幔物质上涌并发生熔融，形成富铬的镁铁质岩浆；这些岩浆在上升过程中混染了俯冲板片，导致岩浆更加富硅、富水，且更氧化，造成铬达到饱和，引发铬铁矿的快速结晶，最终在靠近莫霍面的上地幔岩浆通道中沉淀成矿(Zhou et al., 2014)。

第四节　基性岩成因

一般认为，基性岩是由玄武质岩浆或其演化岩浆结晶的产物，而原始的玄武质岩浆则是由地幔经部分熔融产生。作为蛇绿岩套组分的辉长岩，其成因有特殊的含义，有堆晶辉长岩和分异岩浆结晶的块状辉长岩之分(第十四章)。作为超基性-基性层状杂岩体组分的辉长岩、苏长岩、斜长岩的成因就与岩浆的结晶分异作用有关。例如，著名的南非布什维尔德层状基性杂岩，其成因与岩浆的结晶分异作用密切相关。此外，还有些小规模、呈零星分布的辉长岩体，如分布于中国东南沿海的泉州桃花山、莆田岱前山、平潭莲花山、黄岩黄土岭辉长岩体，它们与活动大陆边缘玄武岩浆的底侵有成因联系。很多辉绿岩，呈岩墙状产出，是玄武质岩浆注入张性裂隙结晶的产物。在基性岩类中，由于玄武岩的分布面积最广，研究资料积累最多，现将玄武岩的成因简要介绍如下，在第十三章和第十四章中将作进一步介绍。

玄武岩的特征，包括岩石类型、岩相学、矿物学和地球化学特征，受两方面因素的制约，一方面是玄武岩源区的成分，另一方面是玄武岩浆在形成直至喷出地表过程中的演化。这两方面都与玄武岩产出的构造背景有密切的关系。玄武岩岩浆由地幔部分熔融产生，这方面的基本知识将在第十三章中介绍。构造背景不同，玄武岩源区的成分就可能不同，玄武岩岩浆的演化过程也会有差异。总体上说，玄武岩产出的构造位置可分为大洋中脊、大洋岛屿、大陆内部、大陆裂谷区、岛弧和活动陆缘。它们的基本特征和典型产地见表 8-5。

表 8-5　各构造环境玄武岩的特征(谢鸿森，1997)

构造位置		玄武岩名称	所属系列	成分特征	典型地区
大洋	大洋中脊	大洋中脊玄武岩(MORB)	拉斑玄武岩系列	低 K、Ti，低 LIL(大离子亲石元素)，低 $^{87}Sr/^{86}Sr$ 值，低 Fe_2O_3/FeO，低 P_2O_5，高 CaO	大西洋中脊，东太平洋隆起
	洋岛	洋岛玄武岩(OIB)	拉斑-碱性玄武岩系列	在时间和空间上均有较大差异	夏威夷群岛，加那利群岛
大陆	大陆内部	大陆溢流玄武岩	以拉斑玄武岩系列为主	较大洋拉斑玄武岩富 K，$^{87}Sr/^{86}Sr$ 值范围宽	美国西部，巴西南部
	大陆裂谷区	大陆深源玄武岩	碱性玄武岩系列	分为一般碱性玄武岩系列和富 K 碱性玄武岩系列	东非裂谷，郯庐断裂
岛弧与陆缘		岛弧拉斑玄武岩	拉斑-碱性玄武岩系列	从大洋至大陆一侧有 SiO_2 减少、K_2O 增加的趋势	阿留申-千岛-堪察加-日本岛弧-菲律宾岛弧

一、大洋玄武岩

大洋玄武岩主要由洋中脊玄武岩和大洋岛屿玄武岩组成。前者形成于板块拉张边缘的洋中脊部位，后者出现在与地幔柱热点有关的大洋岛屿和海底高原。这些板块位置是地球上海底岩浆活动最强烈的地区。因为大洋玄武岩的成分很少受到成分复杂的大陆地壳影响，所以是研究地幔地球化学性质的重要样品。微量元素蛛网图可以清楚地反映洋中脊玄武岩和洋岛玄武岩地球化学成分的差异(图 8-14)。

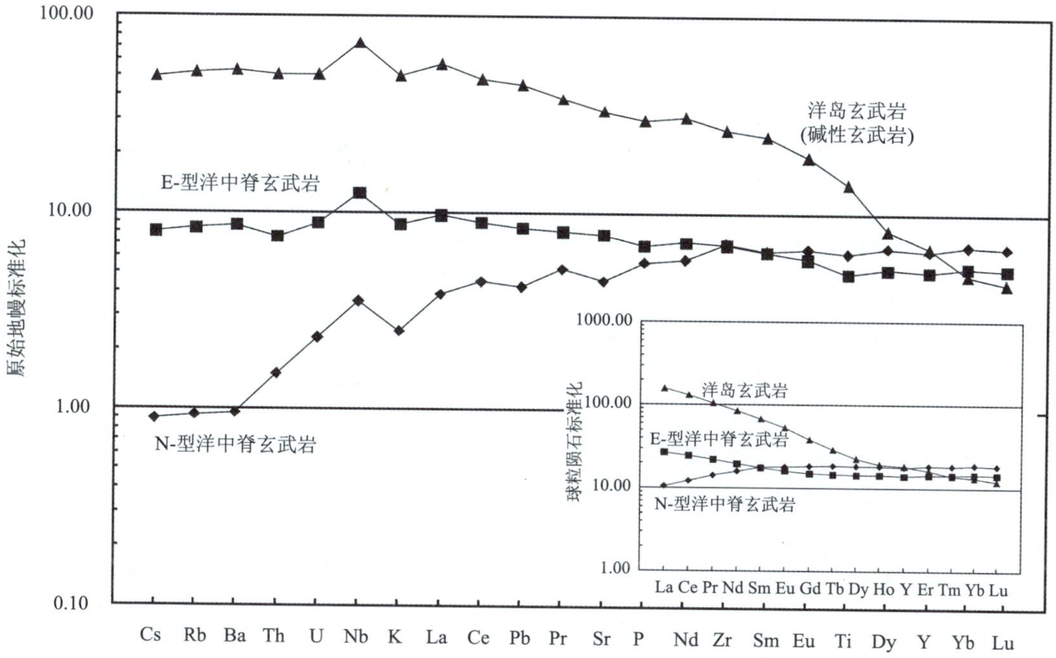

图 8-14　N-型洋中脊玄武岩(N-type MORB)、E-型洋中脊玄武岩(E-type MORB)和洋岛玄武岩(OIB)的原始地幔标准化(mantle normalized)蛛网图及球粒陨石标准化(chondrite normalized)稀土配分曲线

图中数据据 Sun 和 McDonough(1989)；原始地幔和球粒陨石值据 McDonough 和 Sun(1995)

(一)洋中脊玄武岩(MORB)

大洋中脊(mid-ocean ridge)，平均高出相邻洋底 1000～3000 m，穿越了主要的大洋盆地，总长达 60000 km。按照板块构造理论，大洋中脊是新生大洋岩石圈(洋壳＋大洋岩石圈地幔)的构造位置，对应于软流圈呈带状上涌绝热减压熔融引起的岩浆作用(图 8-15)。玄

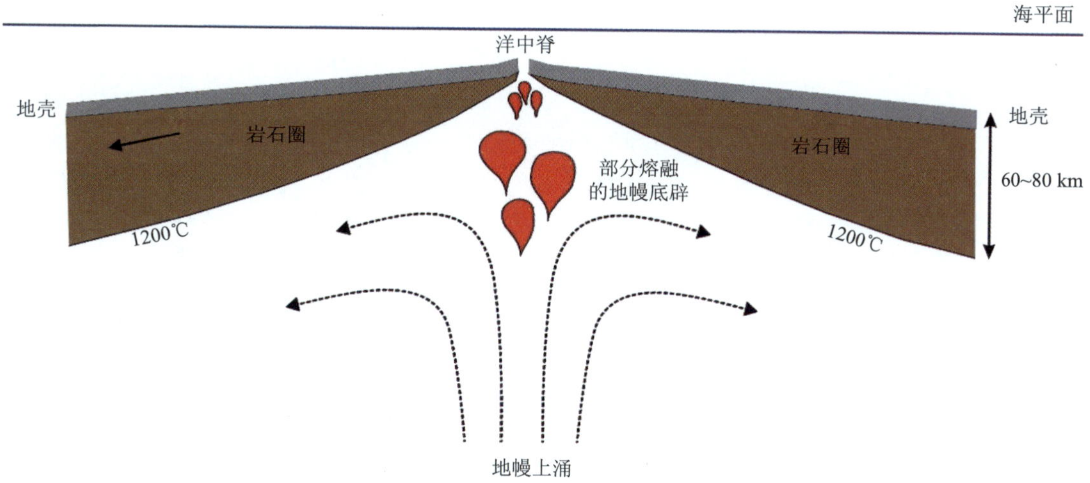

图 8-15　软流圈带状上涌形成板块边界大洋中脊示意剖面图(Wilson，1989)

大洋岩石圈(洋壳＋大洋岩石圈地幔)在洋脊轴部形成，厚度随远离洋脊而增厚。大洋岩石圈的底以 1200℃的热边界层为界

武质岩浆由部分熔融而产生，并注入狭长的张性断裂带，即几千米宽的洋脊轴部。大量的玄武质岩浆呈岩墙或层状侵入体产于深部，少量呈枕状熔岩喷出洋底。新生的大洋岩石圈由于拉张而以每年 1～10 cm 的速度向洋脊两侧移动。

总体上说，洋中脊玄武岩形成于大洋板块分裂边缘的洋中脊部位，是橄榄拉斑玄武岩，主量元素化学成分变化不大，表明有相对稳定的源岩和持续的洋脊扩张。洋中脊玄武岩是地球上规模最大的火山喷发活动的产物，对上地幔的分异有重要的作用。然而，洋中脊玄武岩在微量元素和同位素组成上却显示出较大的不均一性，这种不均一性被归因于源岩的不均一以及岩浆房开放体系的浅部过程(Wilson, 1989)。

典型的洋中脊玄武岩明显亏损轻稀土和其他高度不相容的元素，具有低 La/Sm 值，低 Rb、Sr 含量的特点。这类玄武岩称为 N-型洋中脊玄武岩或正常洋中脊玄武岩(normal mid-ocean ridge basalts)。另一些洋中脊玄武岩产于高重力异常和高地温梯度的海底高原洋中脊(异常洋脊)上，并常与碱性玄武岩伴生，以高稀土含量和轻稀土富集为特征，La/Sm 值高，轻稀土明显富集，这类玄武岩称为 E-型洋中脊玄武岩(图 8-14)或幔柱型(P-型)洋中脊玄武岩(enriched or plume mid-ocean ridge basalts)。地球化学性质介于其间的称为 T-型或过渡型洋中脊玄武岩，它们所产出的洋中脊在地形和地球物理性质上也处于正常洋中脊和异常洋中脊之间。但这三种玄武岩的主量元素较为一致。表 8-6 中列出了大西洋中脊这三种玄武岩的主量元素和微量元素成分。

表 8-6　大西洋中脊产出的三种玄武岩的主量元素和微量元素成分

(原始数据据 Schilling et al.，1983；转引自 Wilson，1989)

化学成分		N-型洋中脊玄武岩		P-型洋中脊玄武岩		T-型洋中脊玄武岩	
主量元素(质量分数)/%	SiO_2	48.77	50.55	49.72	47.74	50.30	49.29
	Al_2O_3	15.90	16.38	15.81	15.12	15.31	14.69
	Fe_2O_3	1.33	1.27	1.66	2.31	1.69	1.84
	FeO	8.62	7.76	7.62	9.74	8.23	9.11
	MgO	9.67	7.80	7.90	8.99	7.79	9.09
	CaO	11.16	11.62	11.84	11.61	12.12	12.17
	Na_2O	2.43	2.79	2.35	2.04	2.24	1.93
	K_2O	0.08	0.09	0.50	0.19	0.20	0.09
	TiO_2	1.15	1.31	1.46	1.59	1.21	1.08
	P_2O_5	0.09	0.13	0.22	0.18	0.14	0.12
	MnO	0.17	0.16	0.16	0.20	0.17	0.19
	H_2O	0.30	0.29	0.42	0.42	0.26	0.31
微量元素/ppm	La	2.10	2.73	13.39	6.55	5.37	2.91
	Sm	2.74	3.23	3.93	3.56	3.02	2.36
	Eu	1.06	1.12	1.30	1.29	1.07	0.92
	Yb	3.20	3.01	2.37	2.31	2.91	2.33
	K	691	822	4443	1179	1159	572
	Rb	0.56	0.96	9.57	2.35	3.50	1.02
	Cs	0.007	0.012	0.123	0.025	0.042	0.013

续表

化学成分		N-型洋中脊玄武岩		P-型洋中脊玄武岩		T-型洋中脊玄武岩	
微量元素/ppm	Sr	88.7	106.4	243.6	152.5	95.9	86.0
	Ba	4.2	10.7	149.6	36.0	39.8	14.3
	Sc	40.02	36.47	36.15	39.49	42.59	41.04
	V	262	257	250	320	281	309
	Cr	528	278	318	330	383	374
	Co	49.78	40.97	44.78	57.73	45.70	54.94
	Ni	214	132	104	143	94	146
	$(La/Sm)_N$	0.50	0.60	2.29	1.28	1.27	0.85
	K/Rb	1547	869	475	498	465	560

(二)大洋岛屿玄武岩(OIB)

大洋岛屿玄武岩的碱度变化极大,在岩性上可分为洋岛拉斑玄武岩(OIT)和洋岛碱性玄武岩(OIA)两个系列,但以前者为主。大洋岛屿玄武岩显著的碱度变化表明可能存在不同地幔源区。Wilson(1989)总结了这两个系列玄武岩的岩石学特征如下。

一般而言,洋岛拉斑玄武岩(OIT)和 MORB 是相似的,但是矿物组成除了橄榄石、尖晶石、富钙单斜辉石和 Fe-Ti 氧化物之外,可能还含有斜方辉石。有些情况下,橄榄石具斜方辉石反应边。尖晶石在拉斑和碱性玄武岩中都属常见矿物。但尖晶石的成分变化很大,早期结晶的尖晶石具高的 MgO、Cr_2O_3 和 Al_2O_3 含量,稍晚结晶的尖晶石 Cr_2O_3 和 Al_2O_3 含量较低,而 Fe 含量则更高。尖晶石的 Cr_2O_3 含量对 f_{O_2} 很敏感(Hill and Roeder,1974),高的 Cr_2O_3 含量与还原的结晶环境相对应。拉斑和碱性玄武岩中的尖晶石之间有系统的成分变化,前者 Cr_2O_3 含量更高。橄榄石在拉斑玄武岩中只以斑晶出现且本身成分变化范围很窄(Fo_{90-70})。相反,在碱性玄武岩中,橄榄石可以斑晶和基质两种形式出现,其成分变化范围也更大(Fo_{90-35})。拉斑玄武岩中的辉石矿物学特征很复杂,可包括富钙单斜辉石(普通辉石)和斜方辉石(紫苏辉石)斑晶,有时橄榄石斑晶还可见低钙单斜辉石(易变辉石)反应边。上述三种辉石相也可在基质中共存。而在碱性玄武岩中,只存在一种辉石相,即红褐色富钛普通辉石。斜长石作为斑晶在拉斑玄武岩中更常见,它结晶稍早,成分变化范围很大(An_{85-50})。在碱性玄武岩中,斜长石的 K_2O 含量更高。含水相矿物如角闪石和黑云母,在拉斑质火山岩组合中显然不存在,可能也说明了其岩浆中的流体含量较低。而在很多碱性玄武岩中,含钛角闪石是较为常见的矿物。

这两个系列玄武岩的岩石学特征还可从表 8-7 清楚地得到比较。

与洋中脊玄武岩相比,大洋岛屿玄武岩明显富集不相容元素,如大离子亲石元素 K、Rb、Cs、Ba、Pb 和 Sr,以及高场强元素 Th、U、Ce、Zr、Hf、Nb、Ta、Ti 等。两者的 Sr-Nd-Pb 同位素组成也有明显的区别。Zindler 和 Hart(1986)较早认识到它们的区别及其与亏损地幔(DMM)、富集地幔(EMⅠ、EMⅡ)和高 $^{238}U/^{204}Pb$ 值地幔(HIMU)这几个地幔端元的关系,认为这些地幔端元是实际存在的,地幔源区的同位素组成变化是由于不同地幔端元以不同比例混合的结果。流行地幔(prevalent mantle,PREMA)则被认为是未经分异的地幔端元。几个地幔端元的基本含义如下。

表 8-7　拉斑玄武岩和碱性玄武岩的岩相学特征(Hughes，1982；Wilson，1989)

项目	拉斑玄武岩	碱性玄武岩
斑晶	橄榄石：无或少量大斑晶，通常无环带，并具辉石反应边 斜方辉石：可能出现 长石：出现在早期结晶序列中 橄榄石<斜长石<普通辉石 普通辉石：淡褐色	橄榄石：中等大小斑晶常见，经常有显著环带，并有富铁边 斜方辉石：无 长石：不常见，出现在较晚的结晶序列中 橄榄石<普通辉石<斜长石 普通辉石：富钛，具明显环带结构和紫褐色边
基质	颗粒相对较细，间粒结构 橄榄石：无 辉石：可变的，亚钙普通辉石或普通辉石±易变辉石 碱性长石或方沸石：无 粒间玻璃：相对常见	相对粗粒，间粒至辉绿结构 橄榄石：有 辉石：只含富钙单斜辉石(钛普通辉石) 碱性长石或方沸石：可存在 粒间玻璃：很少或无
相关岩石	超基性包体：很少 堆积岩：苦橄岩，富橄榄石斑晶	超基性包体：相当常见，以纯橄岩、异剥橄榄岩为主 堆积岩：富辉橄玄岩，富橄榄石和普通辉石斑晶

(1) 亏损地幔(DMM)：对地壳的形成做出过贡献，易熔组分被明显消耗的地幔物质，亏损不相容元素。其是洋中脊玄武岩(MORB)的主要源区。

(2) Ⅰ型富集地幔(EMⅠ)：相对富集非放射性成因的 Sr、Nd 和 Pb 同位素，可能起源于陆下岩石圈地幔或再循环的沉积物。其成因可能与俯冲物质的再循环作用或下地壳的拆沉作用有关。

(3) Ⅱ型富集地幔(EMⅡ)：Nd 同位素成分类似于 EMⅠ，具有较高放射性成因 Sr 和 Pb 同位素成分，特征与陆源沉积物相似，是俯冲和再循环的大陆物质与地幔岩发生混合作用的产物，与消减作用和大陆物质再循环有关。

(4) 高 $^{238}U/^{204}Pb$ 值地幔(HIMU)：也称高 μ 值地幔，其特征是具有非常高的放射性成因 Pb 同位素成分，来源于再循环洋壳。在俯冲前洋底热液作用或俯冲期间的脱水作用，可造成部分铅丢失而形成高 μ 值特征，它也可以由地幔交代作用产生。

地幔存在显著的化学不均一性，因此，由地幔部分熔融所形成的玄武岩，往往是两个甚至更多地幔端元源岩混合起源。如图 8-16 所示，我国东北地区新生代钠质和钾质玄武岩，其成分与皮特凯恩(Pitcairn)洋岛玄武岩相当，呈现出较低的 ε_{Nd} 和 $^{206}Pb/^{204}Pb$，指示存在 EMⅠ组分的参与。

地幔的不均一性除了体现在化学成分上，在岩性特征上同样存在不均一性，且地幔在岩性上的改变，很大程度上被认为与地表物质的深部循环密切相关，如板块俯冲作用、岩石圈拆沉作用等。上述循环进入地幔的表层物质，会在地幔中形成多种复杂的岩性(Sobolev et al., 2005; Pilet et al., 2008; Herzberg, 2011)，如榴辉岩或者辉石岩、角闪石岩等。同时，二氧化碳等挥发分也可能随着俯冲作用进入地幔，改变地幔的挥发分特征，并在局部形成一些富挥发分的组分(Zeng et al., 2010; Dasgupta et al., 2013)，如碳酸盐化的橄榄岩等，从而对地球不同圈层之间的循环过程产生深远影响。

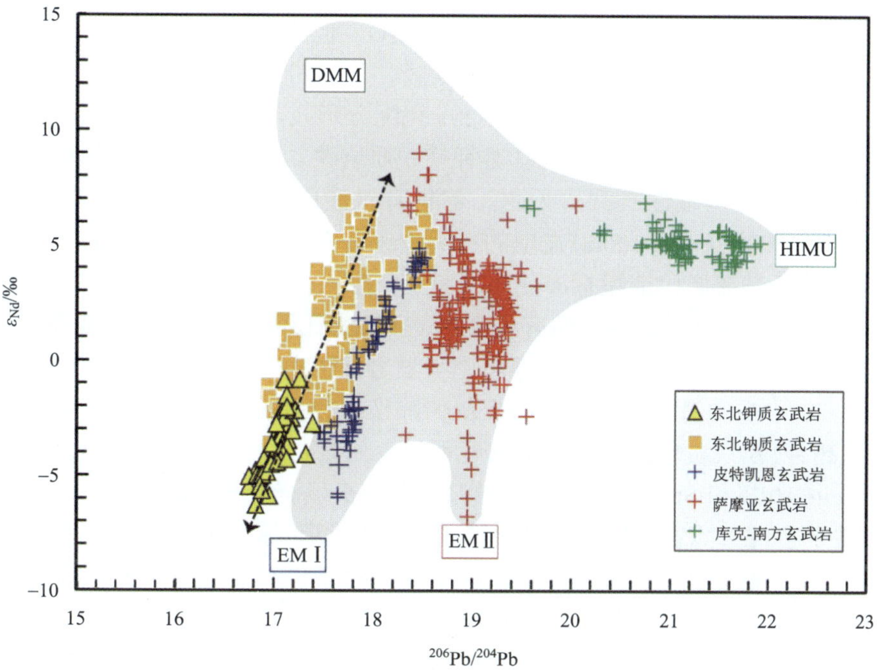

图 8-16　中国东北新生代钠质和钾质玄武岩的 ε_{Nd}-$^{206}Pb/^{204}Pb$ 图解(陈立辉等，2022)

图中阴影区为全球洋岛玄武岩和洋中脊玄武岩的范围；代表性的洋岛玄武岩包括皮特凯恩(Pitcairn)群岛、萨摩亚(Samoa)群岛以及库克-南方(Cook-Austral)群岛；东北钾质玄武岩指五大连池、科洛、二克山和诺敏河等地的新生代火山岩，东北钠质玄武岩指广泛分布在松辽盆地东侧的新生代玄武岩以及分布在大兴安岭哈拉哈-柴河地区的新生代玄武岩

近年来，大洋岛屿玄武岩的研究已得到广大地质地球化学家和构造地质学家的关注。有关大洋岛屿玄武岩的成因模式将在第十四章中介绍。

二、大陆玄武岩

同大洋玄武岩相比，大陆玄武岩显示了更为复杂的地球化学特征(Leeman and Fitton, 1989; Johnson et al., 1989; Menzies and Kyle, 1990; Fitton et al., 1991)。这在很大程度上是由于大陆区有不同年龄、不同成分、不同厚度的岩石圈。大洋岩石圈形成于大洋中脊，因俯冲作用而不可能存在很长时间。大陆岩石圈是上地幔唯一能够长期(>1 Ga)且大尺度(>1 km)保存富集组分的地质单元(Dan, 1989; Menzies, 1990)。因此，大陆玄武岩可能代表了成分相对均一的软流圈熔体和相对富集的岩石圈地幔的混合物。当然，地壳物质也可能是影响大陆玄武岩性质的重要因素，这大大地增加了大陆玄武岩研究的难度。

Wilson(1989)按岩浆产出的构造背景将大陆玄武岩浆作用划分为大陆活动边缘玄武岩、大陆溢流玄武岩和裂谷系玄武岩。本节着重介绍后两类，即大陆板内玄武岩。

大陆板内玄武岩无论在岩石类型还是地球化学组成上都很复杂。除了大洋玄武岩中常见的拉斑玄武岩和碱性玄武岩外，大陆区还有强碱性的碧玄岩、霞石岩、黄长岩、金伯利岩、钾镁煌斑岩和钾质煌斑岩(这些岩石在第七和十二章中有详细介绍)。这充分说明大陆玄武岩的地幔源区要比大洋玄武岩更为复杂，而且上地幔发生部分熔融的机制、浅部岩浆的演化过程也有差异。

通常大陆板内岩浆中 Na_2O 的含量要高于 K_2O，但富钾和超钾镁铁质岩浆也有发现，如在东非大裂谷西支、中国东北的五大连池地区、美国的 Leucite Hills 和 Smoky Butte 等地。根据岩石的微量元素含量和原始地幔标准化配分形式，大致可以总结出 3 种类型大陆玄武岩浆：①OIB 型，②非 OIB 型，③富钾镁铁质岩浆。OIB 型岩浆在世界上许多大陆裂谷系均有发现。一般以碱性玄武岩为主，但也有过渡的拉斑玄武岩，如里奥格兰德(Rio Grande)裂谷埃斯帕诺拉(Espanola)盆地的石英拉斑玄武岩(Gibson et al., 1993)。非 OIB 型岩浆最明显的特征是在原始地幔标准化蛛网图上，K、Sr、Ba 呈峰，而 Nb、Ta 呈低谷。玄武岩亏损 Nb、Ta 通常暗示在地幔源有一富 Ta、Nb 的残留矿物，或者有地壳混染(Dungan et al., 1986)。Nb、Ta 亏损是板块俯冲环境中喷发岩浆的典型特征(Gill, 1981)，因此对大陆区岩浆 Nb、Ta 亏损的另一种解释是因板块俯冲作用改造的岩石圈地幔参与了岩浆的形成过程。富钾(超钾)镁铁质岩浆强烈富集高度不相容元素(如 Ba、Rb、Th、K)。有些超钾岩(如美国 Leucite Hills 和 Smoky Butte 的超钾岩)亏损高场强元素(HFSE：Ti、Nb、Ta、Zr、Hf)和 Sr。基于富钾玄武岩独特的微量元素和 Pb-Mg 同位素特征，也有学者认为，在板片俯冲所引发的沉积物深部循环过程中，富钾矿物钾锰钡矿在浅部地幔的分解可能是引发富钾玄武岩形成的又一潜在成因机制(Wang et al., 2017)。

因此，大多数大陆玄武岩的地球化学性质不同于大洋玄武岩，关键的原因是大陆岩石圈(包括大陆地壳和地幔)不同于大洋岩石圈。图 8-17 显示了大陆玄武岩和大洋玄武岩源岩的 Sr-Nd 同位素差异。通常情况下，在玄武质岩浆穿越厚的大陆岩石圈时，熔体与岩石圈之间的相互作用会改变玄武岩的地球化学组成，从而增强玄武岩的化学不均一性。

三、岛弧与大陆边缘玄武岩

与大洋玄武岩相比，岛弧与大陆边缘玄武岩产出的数量较少，化学成分更分散且更富硅。岛弧与大陆边缘玄武岩与俯冲作用有关，与俯冲作用有关的火山作用是大陆地壳物质增生的主要机制(详见第十四章)。本节着重介绍与俯冲作用有关的岛弧玄武岩的基本特征。

岛弧岩浆可分为三个岩浆系列，即低钾拉斑、中钾钙碱性和高钾(钙碱性)系列。但也有学者将其分为四个系列，即增加一种橄榄安粗岩系列，但橄榄安粗岩系列岩石的产出较少。Winter(2001)综述了岛弧岩浆的特征。这三种岛弧岩浆系列的玄武岩在成分上都与 MORB 相似，但 Al_2O_3 和 K_2O 含量比 MORB 高，而 MgO(以及 $Mg^{\#}$)较低。Al_2O_3 含量比洋岛玄武岩(OIB)高，但也是变化的，有时可低至 13%(质量分数)，而与 MORB 相同。尤其是与钙碱性岩浆系列有关的玄武岩，经常出现高的 Al_2O_3 含量[17%～21%(质量分数)]，可称为高铝玄武岩。高铝玄武岩的形成限于俯冲带环境，但它的起源仍有争议。有些研究者认为高铝玄武岩浆是相关钙碱性系列的母岩浆，但也有研究者认为高铝玄武岩浆和其他钙碱性岩浆不是由单一岩浆演化形成的。

岛弧火山岩通常是斑状的(斑晶>20%)，但拉斑玄武岩斑晶含量可能少些。斜长石是岛弧火山岩中的常见斑晶。斜长石斑晶具典型的复杂环带、回吸(resorption)或反应(reaction)边，有时甚至在同一块薄片中不同颗粒也会有这种变化。环带可能表现为正常环带、反环带或振荡环带，其 An 含量可能渐变或突变。斜长石成分可以有很大的变化，但明显比 MORB 或 OIB 中的斜长石更富钙，通常 An%在 50～70，但可以达到 An%=90 甚至更高。高的 An%

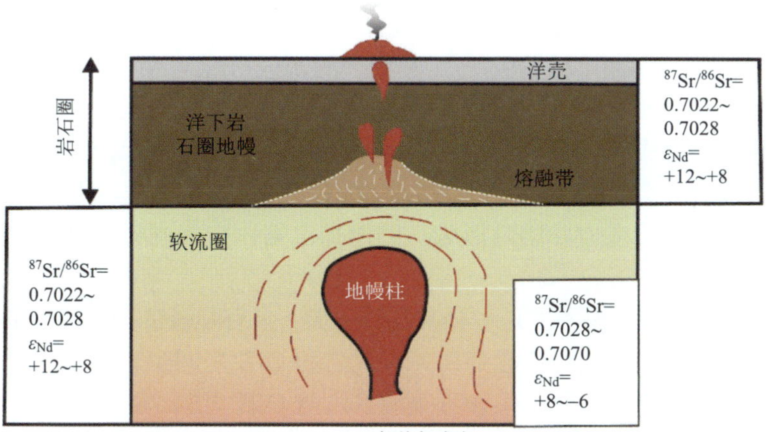

(a) 大洋玄武岩

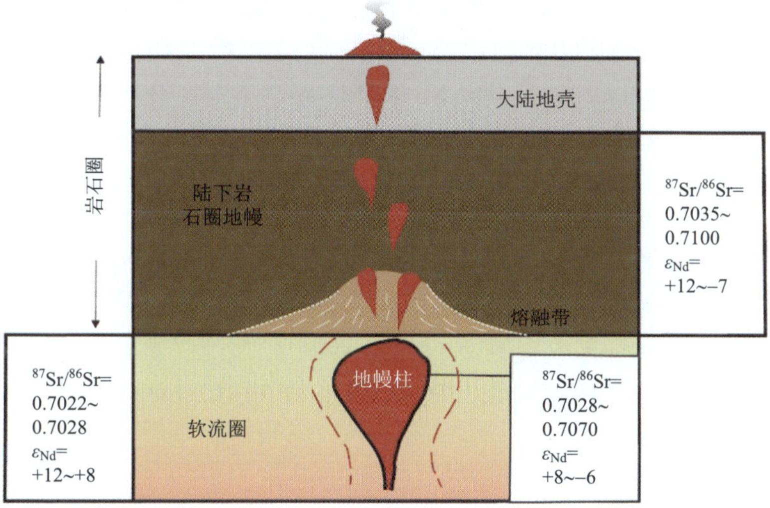

(b) 大陆玄武岩

图 8-17　不同地幔储库的 Sr-Nd 同位素组成(McDonough et al., 1985; Wilson, 1989)

含量经常是由岛弧岩浆高的水含量造成的。在所有三种岛弧岩浆系列的基性岩部分和低钾系列的安山岩中，斜长石通常与橄榄石和普通辉石斑晶伴生。

在 REE 配分曲线图上，低钾拉斑系列的 REE 配分曲线稍为左倾，与 MORB 相似，但不如其陡。因为球粒陨石类型地幔(无倾斜)的任何部分熔融过程都不可能造成 LREE 亏损，低钾拉斑系列岩浆的源区必然是和 MORB 相似的亏损地幔。低硅样品的 REE 丰度甚至比 MORB 还低，说明这种岛弧岩浆的源区甚至比 MORB 的源区更亏损。中钾和高钾系列的 LREE 含量逐渐增加。LREE 的富集与其他高度不相容元素(如 K)是相似的，并且可以由原始地幔低程度部分熔融而产生。另一个可供选择的解释(Thompson et al., 1984)是岛弧岩浆的源区是亏损 MORB 和富集 OIB 地幔类型的不均匀混合体。石榴子石富 Y 和 Yb 等重稀土元素，而岛弧岩浆在蛛网图上无 Y-Yb 负异常，证明岩浆的地幔源区并不深，且不含石榴子石。

岛弧玄武岩最重要的地球化学特征之一，就是富集大离子亲石元素(如 Rb、Ba、Sr)，而这一特征多被归因于俯冲板片物质的加入。但相对平坦的高场强元素配分图，表明这些元素的富集程度与 MORB 相似，暗示岛弧玄武岩的源区可能与 MORB 相似，即亏损地幔。因此，通常认为板块俯冲过程中，板片释放的流体交代上部地幔楔，并发生部分熔融是产生岛弧岩浆作用的主要成因机制(徐义刚等，2020)。但是，有部分岛弧玄武岩还具有富 Nb 的特征，被称为富 Nb 或高 Nb 玄武岩(Defant et al., 1992)。这些岩石被认为是由俯冲洋壳产生的熔体交代地幔楔橄榄岩并熔融形成，因而提出熔体交代同样对岛弧玄武岩的地幔源区具有重要影响。

岛弧岩浆的另一个显著特征，是亏损高场强元素，具有显著的 Nb 以及 Ta 的负异常槽，其成因有多种解释。有些研究者注意到岛弧玄武岩和 OIB 之间全岩微量元素配分图总体上是相似的，提出岛弧岩浆应该源于某种富集源区，与 OIB 类似。他们将 Nb-Ta 的低丰度归因于含 Nb-Ta 矿物的残留。由于 Nb-Ta 的化学行为与 Ti 较为相似，所以金红石、钛铁矿、榍石甚至角闪石都是可能的含 Nb 和 Ta 的残留矿物相(Morris and Hart, 1983; Saunders et al., 1991)。McCulloch 和 Gamble(1991)注意到，与许多其他更相容的，且不存在于富含 Nb-Ta 矿物相中的元素相比，Nb 和 Ta 有类似 MORB 的丰度。因此，Nb 明显的亏损槽更可能是由于在 MORB 源区基础之上，Nb 两侧相邻元素的增加造成的，而不是真正的 Nb 亏损。也就是说，这个亏损槽可能是由于 Nb(和 Ta)在横坐标所处位置造成的假象，而不是源区的 Nb 负异常。

活动大陆边缘岩浆作用过程与岛弧岩浆作用很相似，然而由于大陆边缘作用产生的岩浆经过了较厚的大陆地壳而变得更复杂。大陆岩石圈地幔往往经受了多次交代和富集事件的影响而使其成分更复杂和更不均匀(Xu et al., 2008)。俯冲洋壳上覆沉积物脱水变质产生的流体进入大陆岩石圈地幔楔并诱发其部分熔融产生玄武岩岩浆，可以想象其微量元素和同位素地球化学是很复杂的。

第五节 月球基性岩

月球表面有月海和高地之分，分别占月表面积的 17%和 83%。根据人类从月球采回的月岩、月壤和月尘样品的研究，月球岩石主要有四大类(欧阳自远，2005)：①月海玄武岩，②克里普岩，③高地斜长岩，④角砾岩。其中月海玄武岩，又可依据 Ti 的含量划分为高 Ti 玄武岩[TiO_2>6%(质量分数)]、低 Ti 玄武岩[TiO_2＝1.5%～6%(质量分数)]和极低 Ti 玄武岩[TiO_2<1.5%(质量分数)]。与高地斜长岩伴生的侵入岩还有纯橄岩、橄长岩、辉长岩和苏长岩。角砾岩是由撞击形成的岩石，成分较为复杂，主要由下覆岩石及玻璃质等组分组成。图 8-18 是阿波罗 17 号采回的月球高 Ti 玄武岩(样品号 70017, 216)，在单偏光镜下可鉴别出该岩石主要由辉石、斜长石和钛铁矿组成。图 8-19 是阿波罗 17 号采自两个月海洼地之间山区的受冲击变质影响的粗粒苏长岩(样品号 78235, 100)，属高地侵入岩。除直接暴露于月球表面的月海玄武岩外，一些撞击坑揭露了隐伏的玄武岩，特别是在月球远边，这些玄武岩被称为前月海玄武岩或隐月海玄武岩，可能代表早期(前雨海)的玄武岩喷发事件，而后被大撞击的抛射物覆盖。月面上酸性岩非常少，主要是基性岩，它们的基本特征如下。

(1)月海玄武岩(mare basalt)是月海洼地最主要的岩石，主要矿物组成为斜长石、辉石和橄榄石，少量氧化物为钛铁矿和尖晶石等。矿物中的铁都是以 Fe^{2+}的形式存在，不存在

图 8-18 月球高 Ti 玄武岩(单偏光)(MacKenzie et al., 1982)

突起较高且具裂纹的矿物为辉石，无色透明且具细密平直解理的矿物(如底部中间)为斜长石，黑色不透明的矿物为钛铁矿

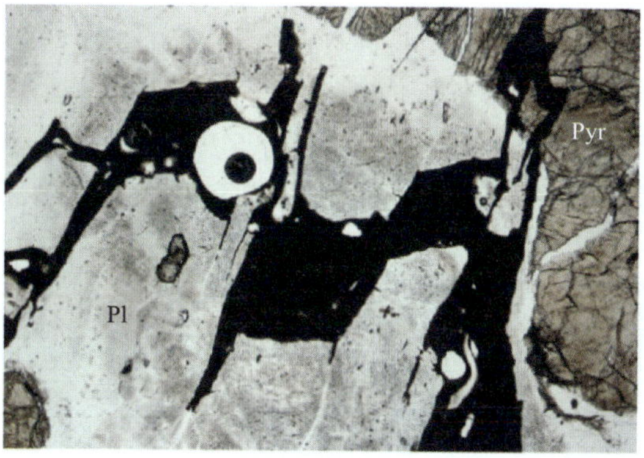

图 8-19 月球苏长岩(单偏光，底边长 8 mm)(https://muse.union.edu/hollochk/kurt-hollocher/moon-rocks/shocked-norite/)

主要由斜长石和突起较高的斜方辉石组成，不规则裂隙内充填了冲击玻璃，并有一气泡

Fe^{3+}，表明矿物是在还原条件下形成的。其中辉石主要是单斜辉石，常见普通辉石和易变辉石；斜长石一般具钠长石律双晶，An%＝60～90；橄榄石中镁橄榄石的含量一般为 80%～30%。该岩石一般被认为来自月球内部月幔的部分熔融。2021 年，我国科研人员通过对嫦娥五号返回样品中玄武岩岩屑的系统研究，尤其是对其中 51 颗含锆矿物的定年分析[图 8-20(a)]，精确限定了这些玄武岩的喷发时代为 20 亿年，这也是迄今为止获得的最年轻的月球岩石样品(Li et al., 2021; Che et al., 2021)。随后，通过对嫦娥五号返回样品中火山玻璃珠的精细研究，又发现了形成于 1.2 亿年前的玻璃珠，暗示了月球上可能存在更为年轻的火山活动(Wang et al., 2024)。

图 8-20 (a)嫦娥五号返回样品(编号：CE5C0400YJFM00103)中的玄武岩岩屑及其中主要定年矿物的背散射图像(Li et al., 2021)和(b)月球陨石 SaU300，角砾状高地斜长岩(最大宽度为 17 mm；拍摄者：Randy Korotev)

陨石发现自阿曼沙漠，岩屑主要由钙长石质斜长石组成(75%～99%，体积分数)，含少量辉石和橄榄石，深红色斑点为生锈的铁镍金属。Bdy. 斜锆石；Zrl. 钙钛锆石；Ol. 橄榄石；Cpx. 单斜辉石；Pl. 斜长石；Ap. 磷灰石；Crs. 方石英；Ilm. 钛铁矿；Tro. 陨硫铁

(2) 克里普岩 (KREEP) 最早在 Apollo-12 样品 (12013 号样品) 中发现，见于月壤和角砾岩中。因富含元素钾 (K)、稀土 (REE) 和磷 (P) 而命名。其是富斜长石的岩石部分熔融产生的，岩石中 Th、U、Ba、Sr 和稀土元素的含量至少比球粒陨石高 5 倍。这种岩石的主要化学成分是玄武质的，组成矿物包括斜长石和辉石 (斜方辉石、易变辉石和高钙辉石)，有时含钾长石和石英，副矿物包括独居石、锆石和磷灰石。

(3) 高地斜长岩 (highland plagioclasite) 是高地月岩的主要岩石类型。主要矿物为钙长石，副矿物有透辉石质的普通辉石及微量的紫苏辉石、钛铁矿和氧化硅。因此，化学成分上富钙和铝。高地斜长岩常呈碎块出现在角砾岩中 [图 8-20 (b)]。斜长岩形成的时代最老，同位素年龄为 41 亿～45 亿年。

第九章　中 性 岩 类

第一节　概　　述

中性岩的化学成分介于基性岩和酸性岩之间，SiO_2 含量为 52%～63%(质量分数)。矿物成分的主要特点包括：浅色矿物与暗色矿物之比约等于 2∶1，浅色矿物以长石为主，石英没有或很少。色率小于 40，一般为 20～35。由于全碱(Na_2O+K_2O)含量变化较大，本类岩石中斜长石与碱性长石的相对比例变化大。代表性的深成侵入岩为闪长岩/二长闪长岩、二长岩和正长岩，相应的喷出岩分别为安山岩、粗面安山岩和粗面岩，相应的浅成侵入岩分别为闪长玢岩/二长闪长玢岩、二长斑岩和正长斑岩(表 9-1)。

表 9-1　中性岩代表性岩石

斜长石/(斜长石+碱性长石)	>2/3	1/3～2/3	<1/3
深成岩	闪长岩、二长闪长岩	二长岩	正长岩
浅成岩	闪长玢岩、二长闪长玢岩	二长斑岩	正长斑岩
喷出岩	安山岩	粗面安山岩	粗面岩

本类岩石较少单独产出，一般与基性岩、酸性岩或碱性岩共生，而且往往伴有过渡关系。虽然大多数中性岩分布不广，但是安山岩却是地球上除了玄武岩之外分布最广的火山岩，尤其以环太平洋火山带中大量分布的安山岩最为典型，又称为“安山岩线”。而这些产于板块汇聚部位的安山岩，也是探讨“大洋板块俯冲导致地表物质向地球深部传输”这一过程的主要研究对象之一。另外，大陆地壳的平均成分整体上相当于中性岩(表 9-2)，因此，对以安山岩为代表的中性岩的成因研究，也有助于了解大陆地壳的生长和演化过程。

表 9-2　大陆地壳的平均化学成分(Rudnick and Gao，2003)　　[单位：%(质量分数)]

化学成分	Taylor (1964)	Holland 和 Lambert(1972)	Shaw 等 (1986)	Rudnick 和 Fountain(1995)	Gao 等 (1998)	Rudnick 和 Gao(2003)
SiO_2	60.4	62.8	64.5	60.1	64.2	60.6
TiO_2	1.0	0.7	0.7	0.7	0.8	0.72
Al_2O_3	15.6	15.7	15.1	16.1	14.1	15.9
FeO_T	7.3	5.5	5.7	6.7	6.8	6.71
MnO	0.12	0.1	0.09	0.11	0.12	0.10
MgO	3.9	3.2	3.2	4.5	3.5	4.66
CaO	5.8	6.0	4.8	6.5	4.9	6.41
Na_2O	3.2	3.4	3.4	3.3	3.1	3.07

续表

化学成分	Taylor (1964)	Holland 和 Lambert (1972)	Shaw 等 (1986)	Rudnick 和 Fountain (1995)	Gao 等 (1998)	Rudnick 和 Gao (2003)
K_2O	2.5	2.3	2.4	1.9	2.3	1.81
P_2O_5	0.24	0.2	0.14	0.2	0.18	0.13
$Mg^{\#}$	48.7	50.9	50.1	54.3	48.3	55.3

第二节　侵　入　岩

一、矿物组成

中性侵入岩的浅色矿物含量多，主要组成矿物为斜长石和(或)碱性长石，可含少量石英；有一种或几种暗色矿物，常见暗色矿物为角闪石、黑云母和辉石。

(一)浅色矿物

长石。长石在闪长岩中以斜长石为主，碱性长石的数量很少，它常充填在其他矿物颗粒之间；在二长岩中，碱性长石与斜长石的含量大致相等；在正长岩中，以碱性长石为主(表 9-1)。斜长石通常为中-更长石，多发育环带结构。碱性长石主要是正长石，有时可见微斜长石，常具条纹构造。钠长石一般没有或较少，但在正长岩类中的特殊岩石——钠长岩中是主要矿物组分。

石英。石英在中性侵入岩中没有或含量很少，一般不超过 5%，呈它形充填在其他矿物颗粒间。向酸性岩过渡的岩石类型，如石英闪长岩、石英二长岩、石英正长岩，其中的石英含量较高(5%～20%)。

(二)暗色矿物

角闪石。角闪石是中性侵入岩中最典型的暗色矿物，一般为绿色或褐色的普通角闪石，呈它形或半自形柱状，有时作为辉石的反应边。

黑云母。黑云母常与角闪石同时存在，常呈褐色。绿色的黑云母主要见于蚀变的岩石。

辉石。辉石在中性侵入岩中主要为透辉石或普通辉石，与苏长岩共生的闪长岩中可见紫苏辉石。与辉长岩共生的某些闪长岩或二长岩中，辉石是主要的暗色矿物，数量多于角闪石和黑云母。

橄榄石。橄榄石少见，但在较基性的二长岩中，如橄榄二长岩，可含有较多的橄榄石。

(三)副矿物

在本类岩石中，分布最多的副矿物是榍石、磷灰石、磁铁矿、钛铁矿等，锆石、独居石和褐帘石等含量较少。

二、结构、构造

本类侵入岩主要为半自形粒状结构(图 9-1)，有时也可见到似斑状结构［图 9-2(b)］和斑状结构[图 9-3(b)]。斜长石和暗色矿物的自形程度高于碱性长石和石英。一般情况下斜长石的自形程度比暗色矿物低。在二长岩中，一般具有典型的二长结构。这时斜长石自形程度高于碱性长石，自形板状的斜长石晶体嵌在大块的它形钾长石晶体中，或者它形钾长石晶体位于自形斜长石晶体粒间(图 9-2)。此外，在正长岩中有时见到碱性长石晶体半定向排列，构成似粗面结构。

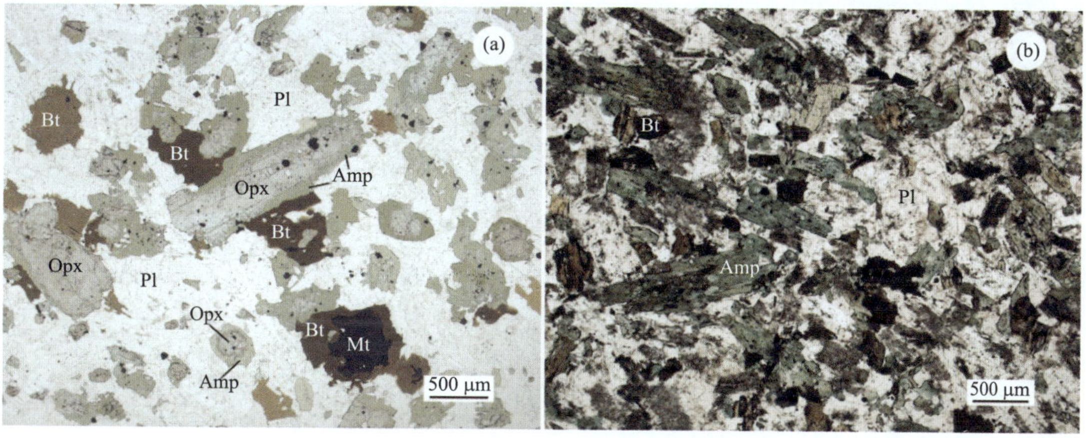

图 9-1　辉石闪长岩和角闪闪长岩

(a)辉石闪长岩，山东莱芜，单偏光，半自形粒状结构，深色矿物是斜方辉石、角闪石和黑云母，浅色矿物主要是斜长石，其中角闪石常围着斜方辉石生长，黑云母常伴生金属氧化物；(b)角闪闪长岩，山东莱芜，单偏光，半自形粒状结构，深色矿物是角闪石和少量黑云母，浅色矿物主要是斜长石。辉石闪长岩和角闪闪长岩都产自山东莱芜的铁铜沟岩体，其中辉石闪长岩为岩体的主体，而角闪闪长岩位于岩体的边缘

图 9-2　石英二长岩和二长斑岩

(a)石英二长岩，福建平和钟腾，正交偏光，二长结构，以斜长石和钾长石为主，石英和暗色矿物(角闪石和黑云母)较少，斜长石较自形，钾长石它形，石英充填于长石之间，斜长石蚀变程度明显比其他矿物高；(b)辉石二长斑岩，山西临县，正交偏光，似斑状结构，斑晶主要是斜长石(如图中左上角)，基质为二长结构，主要由斜长石、钾长石组成，其次是角闪石和辉石

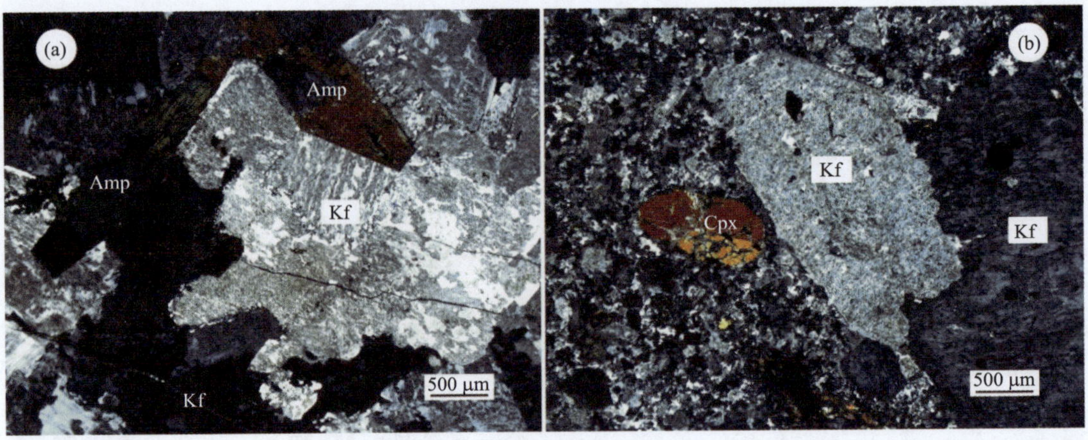

图 9-3　正长岩和正长斑岩

(a) 正长岩，江西全南黄埠岩体，正交偏光，粗粒结构，主要由钾长石组成，其次是角闪石和辉石；(b) 石英正长斑岩，浙江雁荡山，正交偏光，斑状结构，斑晶主要是钾长石，其次是辉石，基质主要是钾长石和斜长石，其次是石英和辉石

本类侵入岩的构造常为块状构造，有时可见带状构造(浅色矿物和暗色矿物分别组成条带)和斑杂状构造。斑杂状构造的形成往往与同化混染作用有关。

三、种属划分及主要种属

中性侵入岩常见种属包括闪长岩、二长岩和正长岩。向酸性岩过渡的种属有石英闪长岩、石英二长岩、石英正长岩，向基性岩过渡的种属有辉长闪长岩。浅成岩有微晶闪长岩、闪长玢岩、二长斑岩、正长斑岩等。

(一) 闪长岩(diorite)

石英<5%，暗色矿物 20%～35%，斜长石占长石总量的 90%以上，常为更-中长石，多具环带结构；不含或仅含少量碱性长石；最常见的暗色矿物为角闪石，也有以黑云母或辉石为主者。据暗色矿物种类的不同，可进一步细分为辉石闪长岩[图 9-1(a)]、黑云母闪长岩和角闪闪长岩[图 9-1(b)]等。斜长石环带结构发育。角闪石主要为绿色的普通角闪石，它常被绿色的黑云母部分交代。原生黑云母为褐色。辉石一般以透辉石为主，在 MgO 含量高的闪长岩中以古铜辉石为主[图 9-1(a)]。碱性长石一般为正长石，与石英一起呈填隙物方式充填于其他矿物所构成的空隙中。辉石闪长岩和辉长岩的判别依据是斜长石的牌号，当 An%<50 属于闪长岩，An%>50 为辉长岩。

(二) 石英闪长岩(quartz diorite)

石英含量占 5%～20%的闪长岩，暗色矿物含量在 15%左右，斜长石(中长石)占一半以上。它是闪长岩向花岗岩过渡的种属。例如，安徽铜官山产出的石英闪长岩，其中斜长石为中长石(70%～75%)，具明显的环带结构；此外，含有绿色角闪石(10%)、普通辉石(5%)以及少量石英(10%)。岩石结构为半自形粒状结构。

（三）辉长闪长岩(gabbro diorite)

辉长闪长岩是闪长岩向辉长岩过渡的种属，暗色矿物以单斜辉石为主，可含角闪石和斜方辉石，斜长石为中长石。

（四）二长岩(monzonite)

二长岩是正长岩向闪长岩或辉长岩过渡的岩石，英文名由阿尔卑斯山蒂罗尔(Tyrol)的Monzoni地区而得名。二长岩由An%为30～50的斜长石、微斜长石以及普通辉石、普通角闪石、黑云母等一种或数种暗色矿物组成。有时可出现少量橄榄石，有些则出现少量石英或似长石类矿物。据暗色矿物种类，细分为黑云母二长岩、角闪石二长岩和辉石二长岩。

（五）石英二长岩(quartz monzonite)

矿物组成与二长岩基本相同，石英含量较二长岩多(5%～20%)，呈填隙状。其是二长岩向花岗岩过渡的类型[图9-2(a)]。

（六）正长岩(syenite)

指钙碱性正长岩。主要由碱性长石和暗色矿物组成。碱性长石(为正长石)占长石总量的2/3以上，斜长石一般为更-中长石，不含或含少量(<5%)石英，暗色矿物为普通角闪石、普通辉石或黑云母，不出现似长石类矿物和碱性暗色矿物。据暗色矿物种类不同，进一步命名为角闪正长岩[图9-3(a)]和辉石正长岩。

（七）石英正长岩(quartz syenite)

石英含量为5%～20%，也可分为黑云石英正长岩、角闪石英正长岩及辉石石英正长岩。石英正长岩是正长岩向花岗岩过渡的种属。

（八）微晶闪长岩(microdiorite)和闪长玢岩(diorite porphyry)

是与闪长岩相当的浅成或超浅成岩，矿物成分与闪长岩相似，但结构不同。微晶闪长岩为微晶或隐晶质无斑结构，常产于闪长岩体边部或呈浅成侵入体出现。闪长玢岩具斑状结构，斑晶为具环带结构的中长石，以及角闪石、黑云母、辉石等，有时也可出现少量石英斑晶。

（九）二长斑岩(monzonite porphyry)和石英二长斑岩(quartz monzonite porphyry)

为二长岩和石英二长岩对应的浅成岩，矿物成分分别与相应的深成岩相同，只是结构不同，为斑状结构。二长斑岩的斑晶有时为更-中长石和正长石或条纹长石[图9-2(b)]；有时只有斜长石，但在斜长石边缘常被正长石所包围。基质往往是细粒状钠长石或更长石与正长石的互结连晶，并出现细小分散状的暗色矿物。石英二长斑岩斑晶除斜长石和钾长石外，还有少量石英。

（十）正长斑岩(syenite porphyry)

正长斑岩是常见的浅成岩，多呈岩墙产出。矿物成分与正长岩相似。岩石具斑状结构。斑晶主要是正长石[图 9-3(b)]，也可出现透长石斑晶。基质为似粗面结构或交织结构。

四、化学成分

中性侵入岩各类岩石的代表性化学成分见表 9-3。

表 9-3　中性深成岩的代表性化学成分　[单位：%(质量分数)]

化学成分	闪长岩	石英闪长岩	二长岩	石英二长岩	正长岩
SiO_2	58.70	65.52	59.29	65.23	64.89
TiO_2	0.61	0.48	0.61	0.30	0.32
Al_2O_3	14.58	15.62	15.81	17.12	17.21
FeO_T	7.09	4.25	6.93	3.86	3.29
MnO	0.10	0.06	0.10	0.05	0.05
MgO	6.51	1.93	3.51	1.46	1.10
CaO	6.39	4.58	5.31	2.05	1.76
Na_2O	3.59	4.69	4.90	5.45	5.67
K_2O	2.23	2.62	3.16	4.27	5.57
P_2O_5	0.21	0.28	0.37	0.21	0.14

数据来源：闪长岩来自山东莱芜的铁铜沟岩体(Xu et al.，2008)，石英闪长岩来自南京附近的安基山岩体(Xu，2002)，二长岩和石英二长岩来自河北武安的武安岩体(Chen et al.，2004)，正长岩来自河北武安的洪山岩体(Chen et al.，2004)。

中性侵入岩的各类岩石在化学成分上的主要区别体现在全碱的含量和 K_2O/Na_2O 值。闪长岩 K_2O+Na_2O=5%～7%(质量分数)，二长岩 K_2O+Na_2O=7%～9%(质量分数)，正长岩 K_2O+Na_2O=9%～10%(质量分数)。闪长岩 $K_2O/Na_2O<1$，二长岩 $K_2O/Na_2O\approx1$，正长岩 $K_2O/Na_2O>1$。

五、产状与分布

中性侵入岩分布较少，独立产出的中性岩岩体几乎没有，一般与基性岩、酸性岩或碱性岩伴生。常见的闪长岩、二长岩、正长岩地质产状包括以下几种。

（一）以中性岩为主的岩体

这类岩体规模很小，常出现在区域性断裂带上，如宁芜地区和鲁西地区的中生代闪长岩(以闪长岩为主，有时其核部有少量的辉长岩)。常侵入安山质岩石中，但在时间上二者应该是准同时的，闪长岩稍晚。二者在化学成分、地球化学特征上一致，因此一般被认为是一次岩浆事件不同阶段的产物。这类岩体一般以高镁为特征，其 MgO 含量与基性岩相当，被称为高镁闪长岩或赞岐岩(sanukite)。

(二) 与辉长岩共生

这类岩体以基性岩为主，中性岩一般位于岩体的边缘。例如，山东济南的辉长岩体，向南端逐渐过渡到闪长岩；南京附近的蒋庙岩体，从中心到边缘的岩性变化为橄榄辉长岩-辉长岩-闪长岩；新疆喀拉通克 2 号岩体从中心到边缘的岩性变化为苏长岩-辉长岩-闪长岩（图 9-4）。在四川会理，正长岩经常出露于基性-超基性岩体的上部或边部，或以岩脉形式侵入其中。这类中性岩的形成一般被认为与基性岩浆的演化有关。

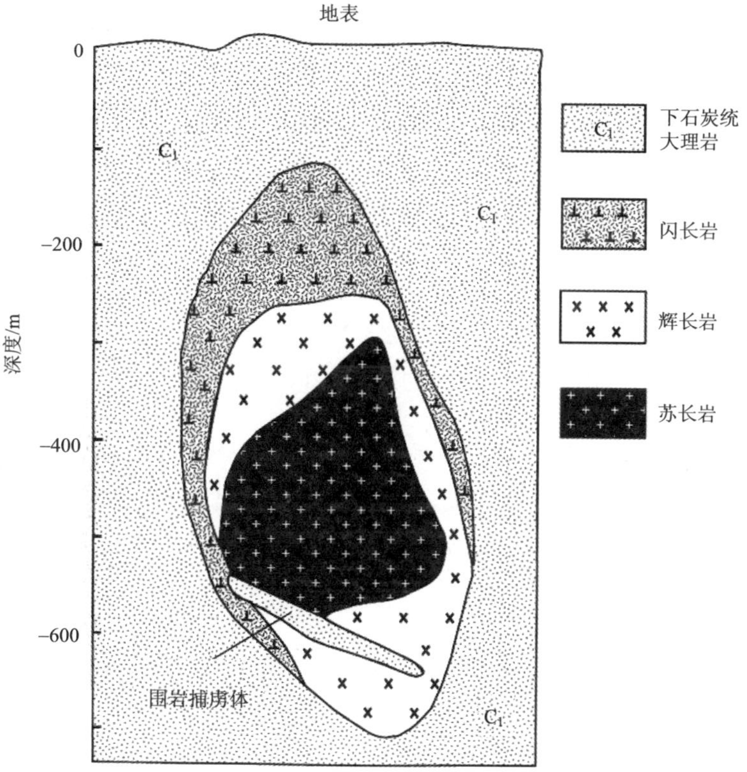

图 9-4 新疆喀拉通克 2 号岩体的剖面图(邹海洋等，2001，修改)

(三) 与花岗岩共生

闪长岩有时产于花岗岩体的边缘部分。例如，广西大宁及粤东和平岩体，中心部分是花岗闪长岩，向边缘则变成石英闪长岩。在安徽铜陵一带的中生代中-酸性小岩体中，围岩为石灰岩的则为闪长岩或石英闪长岩，围岩为硅质岩的则为花岗岩。正长岩有时作为大的花岗岩体的边缘相出现，这种情况在瑞典的乌普萨拉(Uppsala)和美国的佛蒙特(Vermont)等地均可见到。

(四) 与碱性岩共生

主要是正长岩。如云南永平碱性杂岩体中的辉石正长岩、安徽金寨罗鼓山正长岩等均属这类岩体。这类岩石的成因与共生的碱性岩存在密切的成因联系，其原始岩浆可能来自岩石圈地幔或者新生下地壳。

六、成矿关系

本类深成岩常与夕卡岩型铁矿、铜矿有关，即在与碳酸盐岩围岩的接触带上产出的金属矿产，是岩浆与碳酸盐岩接触交代变质作用的产物，如河北邯邢铁矿、湖北大冶铁矿、山东莱芜铁矿、安徽铜官山铜铁矿等。此外，由于闪长岩的稳定性要高于基性辉长岩，抗风化能力也更强，常被用作建筑材料。

本类岩石中的偏酸性浅成岩，如石英闪长玢岩、石英二长斑岩等，常是世界上许多大型、超大型斑岩铜矿床的成矿母岩，我国的主要斑岩型铜矿，如江西德兴、黑龙江多宝山和西藏玉龙等大型-超大型斑岩铜矿都与中酸性斑岩有关。

第三节　喷　出　岩

中性喷出岩的代表性岩石是安山岩、粗面安山岩和粗面岩，它们分别相当于深成相的闪长岩、二长岩和正长岩。一般为斑状结构，基质的结晶程度比玄武岩差，往往具气孔构造、杏仁构造。安山岩、粗面安山岩颜色较深，为灰、灰褐、淡红色；粗面岩颜色较浅，为浅灰、灰黄及粉红色。

在中性喷出岩中，安山岩是分布最广泛的一种熔岩，其分布面积在火山岩中仅次于玄武岩，常常形成典型的火山锥或呈岩流、岩穹、岩钟产出，它主要产于板块汇聚部位，如活动大陆边缘、造山带和岛弧，常与玄武岩、英安岩、流纹岩相伴生。

一、矿物组成

中性喷出岩的矿物成分与相应的深成岩基本一致，但由于喷出岩形成于高温低压环境，其矿物组合特征与侵入岩的矿物组合存在显著区别。

(一)浅色矿物

斜长石。斜长石是安山岩和粗面安山岩的主要矿物组分，在粗面岩中也有少量存在，它们往往呈斑晶和基质出现。斜长石斑晶一般为板状，常具正常环带和韵律环带结构。安山岩中斑晶常见为拉长石和中长石，环带核心可至培长石(明显比闪长岩中的斜长石牌号高)；粗面安山岩斑晶常为中长石，环带核心可至拉长石；在粗面岩中斑晶为更长石。基质斜长石偏酸性，往往与具环带结构的斜长石斑晶的边缘成分相当，常为更-中长石，基质中斜长石一般缺乏环带结构。

碱性长石。是粗面岩的主要矿物，在斑晶和基质中都大量存在。主要是正长石和透长石。在粗面安山岩中碱性长石主要赋存于基质斜长石微晶的间隙内，有时组成斜长石斑晶的外壳。在安山岩中没有或仅有少量充填于斜长石微晶间。

石英。在一般的中性喷出岩中，不出现石英斑晶。但有时在某些偏酸性的种属中，如石英粗面岩中可见少量石英斑晶，它有时存在于基质中呈填隙或微嵌晶结构，在喷出岩的气孔中有时有鳞石英和方石英等充填。

（二）暗色矿物

角闪石。在安山岩中常为褐色的普通角闪石，但在蚀变和变质安山岩中变为绿色角闪石；在粗面岩和粗面安山岩中，除有褐色普通角闪石外，有时还可能出现绿色普通角闪石。角闪石主要构成斑晶，为长柱状自形晶，但常受到熔蚀而呈不规则的形状，在其晶体边缘往往镶了一圈暗色不透明的边，称为暗化边。基质中一般不含原生角闪石。

辉石。辉石在中性喷出岩中较常见，有斜方辉石和单斜辉石两类。前者一般为紫苏辉石；后者为透辉石、普通辉石和易变辉石。紫苏辉石常构成斑晶，在基质中罕见；易变辉石仅见于基质中；而普通辉石和透辉石在斑晶和基质中都有。辉石常呈环带结构，在普通辉石和紫苏辉石中，外带成分比内带富铁；在易变辉石中，外带成分比内带富钙。辉石在喷出岩中很少被熔蚀，但会因为低温蚀变而分解成绿泥石、绿帘石和方解石的混合物。

黑云母。在安山岩和粗面安山岩中黑云母比角闪石和辉石少见，但在粗面岩中较常见。黑云母常与角闪石或辉石共生，它和角闪石相似，呈斑晶产出，在基质中少见。黑云母斑晶具六边形横切面和褐色的多色性，常见熔蚀和暗化边现象。

橄榄石。在较基性的安山岩和粗面安山岩中，橄榄石可以作为斑晶或在基质中少量存在。橄榄石常被熔蚀或被伊丁石所交代。

（三）副矿物

副矿物主要有磁铁矿、钛铁矿、赤铁矿、榍石、磷灰石等，锆石数量很少。

二、结构、构造

在中性喷出岩中，岩石一般为斑状结构（图 9-5）。基质的结晶程度比玄武岩差，结构种类较多，如在安山岩和粗面安山岩中有交织结构、玻基交织结构（安山结构）；在粗面岩中常有粗面结构、正斑结构和球粒结构等。在本大类喷出岩的基质中有时还可见到玻璃质和隐晶质结构。常见气孔构造、杏仁构造和流纹构造等。

三、种属划分及主要种属

中性喷出岩的主要种属有以下几种。

（一）安山岩（andesite）

安山岩名称渊源于南美洲西部的安第斯山脉。它是钙碱性中性熔岩的典型代表，相当于闪长岩成分的喷出岩。肉眼观察为暗色的细粒或隐晶质岩石，发生蚀变后则呈不同色调的绿色。色率小于 35～40，常具斑状结构。斑晶为中-拉长石以及辉石、角闪石、黑云母等一种或数种铁镁矿物组成，角闪石和黑云母斑晶常具熔蚀现象和暗化边。暗化边的形成，多是由岩浆喷出地表后压力降低，矿物在高温氧化条件下不稳定而发生熔蚀、分解所造成。基质主要由更-中长石及辉石等矿物组成，有时可见玻璃质。碱性长石和石英少见，如存在则常充填于斜长石微晶间隙内。基质以交织结构和玻基交织结构为主，有时为玻璃质结构。

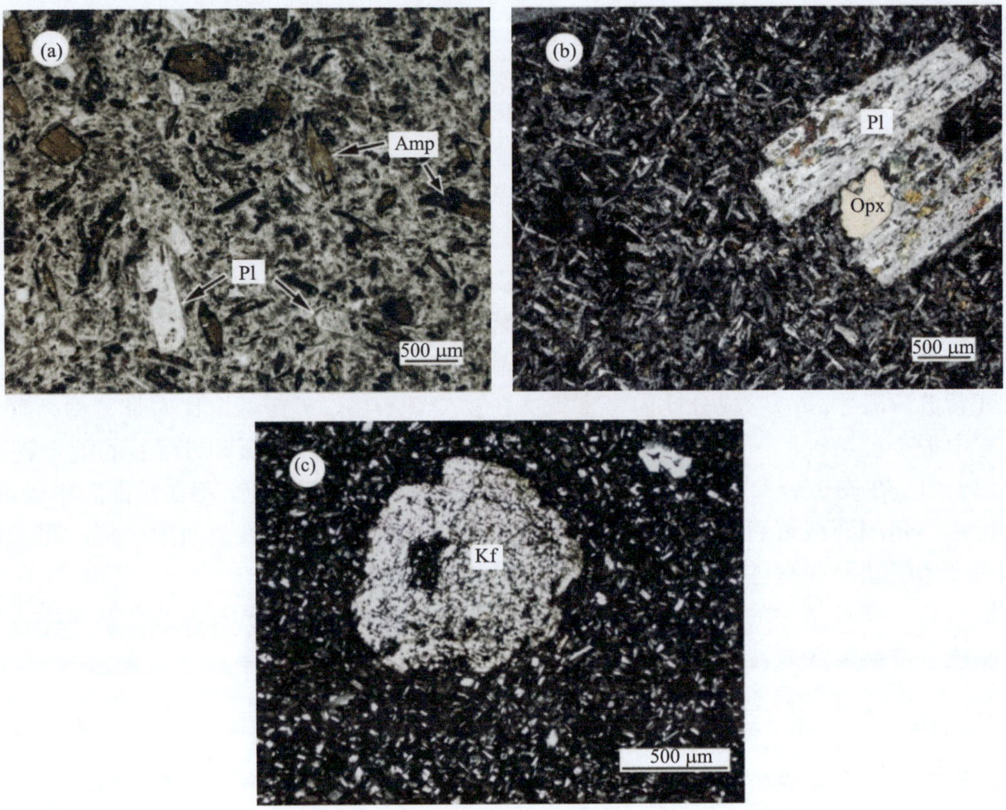

图 9-5　角闪安山岩和粗面安山岩

(a)角闪安山岩，北京十三陵，单偏光，斑状结构，斑晶为普通角闪石(暗色)和斜长石(浅色)，基质具玻基交织结构，微晶斜长石呈半定向排列，可见褐色玻璃；(b)粗面安山岩，山东邹平，正交偏光，斑晶为斜长石、碱性长石和少量斜方辉石，基质具玻基交织结构，主要由斜长石、碱性长石和玻璃组成；(c)粗面岩，山西阳高，正交偏光，斑晶有歪长石、透长石、斜长石和普通辉石，均有熔蚀现象，基质为玻基微晶结构，透长石和歪长石微晶分散在玻璃质基质中

安山岩进一步命名的依据是斑晶暗色矿物的种类和特征的结构构造。据斑晶暗色矿物种类的命名如辉石安山岩、角闪安山岩[图 9-5(a)]及黑云母安山岩等，据特征的结构构造命名如玻基安山岩、杏仁安山岩等。

大多数辉石安山岩具较低的 SiO_2 含量[52%～56%(质量分数)]，亦称为玄武安山岩，是向玄武岩过渡的种属。其矿物组成与玄武岩较接近，一般不出现钾长石和石英。以 SiO_2>52%(质量分数)、色率(CIPW 标准矿物计算)<40%与玄武岩区别。

黑云母安山岩一般具较高的 SiO_2 含量[63%～66%(质量分数)]，是安山岩向英安岩过渡的类型，基质中可出现少量的钾长石和石英，因此也称为石英安山岩。角闪安山岩 SiO_2 一般在 56%～63%(质量分数)，是安山岩类的常见种属。

(二)低铝安山岩(low-alumina andesite)

低铝安山岩又称冰岛岩(icelandite)，仅见于大洋岛屿。它的 SiO_2 含量范围与安山岩相同，以特别低的 Al_2O_3 含量及 FeO 含量远高于 MgO 为特征。斑晶为易变辉石、普通辉石、拉长石和少量橄榄石。基质中常见骸晶状磁铁矿。

(三)玄武安山岩(basaltic andesite)

玄武安山岩是玄武岩和安山岩之间的过渡性岩石。斑状结构或无斑隐晶质结构，斑晶为拉-培长石、普通辉石、易变辉石、紫苏辉石，有时有少量褐色角闪石和橄榄石。基质为更-中长石、辉石、橄榄石等，有时含火山玻璃。基质常具交织和玻基交织结构，有时具填间或辉绿结构。

(四)玻安岩(boninite)

玻安岩又译为玻镁安山岩，是一种成分非常极端的弧火山岩，因发育在日本南部的伊豆-小笠原(Izu-Bonin)弧前区域而命名，一般形成于洋壳俯冲的早期阶段。它既富硅，又富镁，还特别贫钛。SiO_2>52%(质量分数)[一般为57%～60%(质量分数)]，MgO含量与科马提岩相当[>8%(质量分数)，一般在 8%～15%(质量分数)]，TiO_2<0.5%(质量分数)。主要由斜方辉石和橄榄石斑晶以及玻璃质的基质组成。

(五)粗面安山岩(trachyandesite)

粗面安山岩是介于安山岩和粗面岩之间的过渡岩石，相当于二长岩的喷出岩。在实际和计算的矿物成分中，斜长石和碱性长石的含量接近，不含或含少量石英。岩石呈斑状结构或无斑隐晶质结构。斑晶主要为斜长石(更-中长石)[图9-5(b)]，少量为角闪石、黑云母或辉石等暗色矿物。在一般情况下，斑晶中仅出现斜长石和暗色矿物，而不出现碱性长石，有时碱性长石构成斜长石斑晶的“外壳”或充填斜长石微晶的间隙，该特点常作为鉴定粗面安山岩的重要标志。基质具交织结构或玻基交织结构。基质中常见玻璃质，矿物主要有斜长石(更长石)、碱性长石(透长石)和普通辉石。粗面安山岩在北美西部和我国山东的邹平、莱芜等地的中生代火山岩中常见。根据 Na_2O 和 K_2O 的相对富集程度，粗面安山岩又可以进一步划分为钠质和钾质两个亚种。钠质的 $Na_2O-2 \geqslant K_2O$，称为粗安岩(benmoreite)；钾质的 $Na_2O-2 \leqslant K_2O$，称为安粗岩(latite)。

(六)粗面岩(trachyte)

成分相当于正长岩的喷出岩。呈浅灰、浅灰黄和粉红等色，具粗糙的断口。常具斑状结构，斑晶常见碱性长石(正长石或透长石)[图 9-5(c)]，其次是斜长石(主要是更长石)，斜长石斑晶含量变化较大，它可以多于碱性长石斑晶，这时碱性长石主要存在于基质中。暗色矿物主要是角闪石、黑云母，它们常同时存在，普通辉石和透辉石有时可出现，偶见紫苏辉石。基质常具粗面结构、玻璃质结构等。粗面岩可根据所含暗色矿物种属进一步命名为黑云母粗面岩、角闪石粗面岩、普通辉石粗面岩等。

(七)石英粗面岩(quartz trachyte)

成分相当于石英正长岩的喷出岩。与上述粗面岩的区别是出现少量石英斑晶，有时石英仅在基质中存在，呈半自形或它形粒状存在于长石的颗粒之间或包裹长石微晶呈微嵌晶结构，有时石英与碱性长石呈微文象状交生。

（八）角斑岩（keratophyre）

呈致密角岩状，通常为斑状结构，有时为无斑隐晶质结构。斑晶主要为钠长石或钠-更长石，有时还有钾长石；暗色矿物斑晶很少，主要是黑云母，其次是角闪石、普通辉石。基质为隐晶质，具霏细结构、微晶结构、粗面结构，有时为凝灰结构，主要由钠长石或钠-更长石组成，其次有钾长石、绿泥石、方解石等。随着斑晶和基质中钾长石含量增加过渡为钾质角斑岩，它以不含碱性暗色矿物和似长石区别于碱性粗面岩。它由海底火山作用形成，并与细碧岩及石英角斑岩一起和沉积岩共生。

四、化学成分

安山岩、粗面安山岩和粗面岩的化学成分特点（表 9-4），分别与相应的深成岩——闪长岩、二长岩和正长岩的成分非常相似。它们之间的差异主要表现在钙、碱的含量以及钾与钠之比：

安山岩　　$CaO>6\%$（质量分数），$K_2O+Na_2O<6\%$（质量分数），$Na_2O \gg K_2O$

粗面安山岩　　$CaO>6\%$（质量分数），$K_2O+Na_2O=6\%\sim8\%$（质量分数），$Na_2O \approx K_2O$

粗面岩　　$CaO=5\%\sim4\%$（质量分数），$K_2O+Na_2O=8\%\sim13\%$（质量分数），$Na_2O<K_2O$

表 9-4　中性喷出岩的代表性化学成分　　［单位：%（质量分数）］

化学成分	安山岩	粗安岩	粗面岩	高镁安山岩
SiO_2	57.94	58.15	61.21	56.25
Al_2O_3	17.02	16.70	16.96	15.69
FeO_T	7.31	6.47	5.28	6.47
MnO	0.14	0.16	0.15	0.09
MgO	3.33	2.57	0.93	5.15
CaO	6.79	4.96	2.34	7.69
Na_2O	3.48	4.35	5.47	4.11
K_2O	1.62	3.21	4.98	2.37
TiO_2	0.87	1.08	0.70	1.49
P_2O_5	0.21	0.41	0.21	0.66

注：高镁安山岩据 Martin 等（2005），其他据 Le Maitre（1976）。

安山岩本身的化学成分与岩浆来源深度有一定关系。从岛弧到大陆边缘以至大陆内部，随着岩浆来源深度的增加安山岩逐渐富碱，特别是富钾。高镁安山岩是安山岩中的一种特殊类型（代表性成分见表 9-4），斑晶以斜方辉石和角闪石为主，MgO 含量与玄武岩相当，其 $Mg^{\#}$通常大于 0.45，并富集 Cr、Ni 等相容元素。

五、产状与分布

安山岩往往是中心式喷发的产物，它可构成层火山。如果安山质岩浆黏度较大则形成岩钟和岩针，著名的马提尼克岛培雷火山的岩针就是由辉石安山岩所组成。粗面岩也可形成岩钟和岩针等熔岩穹，但也有呈规模不大的岩流。

安山岩分布很广，常常形成典型的火山锥或呈岩流、岩穹、岩钟产出。在活动大陆边缘、造山带及现代岛弧地区广泛分布，因此被认为是板块聚敛边缘的典型岩石，多伴生有玄武岩、英安岩、流纹岩和其他火山岩。环太平洋新生代火山的喷发产物主要是玄武岩-安山岩-流纹岩组合，其中安山岩占优势，因此有“安山岩线”之称，如南美洲的安第斯山脉，北美洲的喀斯喀特山脉，亚洲的爪哇、印度尼西亚、日本、菲律宾等地均有分布。

在我国，安山岩的分布也十分广泛，在各个地质时期均有出露。例如，在山西五台山、四川会理、河南熊耳山、东秦岭北段等地的前寒武系地层中均发现了安山岩的存在。而在北祁连山地区，则分布有古生代的安山岩。中生代时期，安山岩的分布在东部地区尤为发育，如北方的髫髻山组、山东的青山群，以及长江中下游地区等。此外，在我国东北地区牡丹江、大兴安岭的五岔沟以及小兴安岭的逊克等地，在新生代时期还出露有高镁安山岩。

粗面岩和粗面安山岩的分布远不如安山岩广泛，它们主要分布在大洋内部岛屿以及大陆内部的深大断裂带附近。在太平洋、大西洋和印度洋的一些岛屿内，粗面岩和粗面安山岩都与玄武岩、响岩共生。而在某些岛屿内，如大西洋的阿森松(Ascension)岛，石英粗面岩常与玄武岩、流纹岩共生。在大陆内部如东非裂谷带粗面岩分布较广，它常与玄武岩和响岩共生；在西欧如意大利，粗面岩和粗面安山岩往往与碱性熔岩共生。

我国粗面岩主要形成于中生代，在东北辽西、长白山天池、河北张家口、长江中下游宁芜与庐枞地区均有出露，多数与安山岩、流纹岩共生。在宁芜地区，粗面岩、粗面安山岩与安山岩及碱性熔岩共生。在山东邹平，粗面岩与粗面玄武岩共生。

六、成矿关系

安山质岩浆的形成通常与大洋板块的俯冲作用有关，而地幔楔富水、高氧逸度的环境也为金属在岩浆热液作用下的迁移富集成矿提供了有利条件。安山岩、粗面安山岩和粗面岩往往是许多金属矿床的围岩，如斑岩铜矿、金矿、钼矿等。与安山岩有关的各种热液矿床主要是铜、金，其次是铅、锌、银、汞、碲等，它们都是低温脉状矿床，产在安山岩相关蚀变带的裂隙内，其中又以热液蚀变作用下的青磐岩化最为典型，如墨西哥的银矿、中国台湾的金瓜石金矿的生成均与此有关。同时，在一些古老的青磐岩中亦有类似的黄铁矿床或黄铜矿床，如我国山西五台龙须沟附近的青磐岩中的铜矿。

此外，安山岩、粗面安山岩、粗面岩由于其较好的抗压强度及耐酸碱特性，可用作建筑材料以及在化学工业上用作耐酸耐碱材料。明矾石化和高岭石化的粗面岩还可作为陶瓷原料。近年来，在我国某些地区的粗面岩中发现了可提取的可溶性钾成分，因而被人们用来制作钾肥。

第四节 中性岩的成因

中性岩的形成主要包括以下几个主要的作用：结晶分异、重熔、岩浆混合和同化作用，或者是其中两个或几个因素的共同作用。由于中性岩以安山岩为主，下面以安山质岩浆的形成为主线，探讨中性岩的成因。

安山岩主要分布于环太平洋地区，因此普遍认为安山岩的形成与大洋板块的俯冲作用密切相关。随着板块的俯冲，俯冲的洋壳和沉积物被加热，并发生脱水、脱碳和其他变质反应，产生富含 H_2O 和 CO_2 等挥发分的流体或熔体。析出的流体或熔体上升到上覆地幔楔并交代地幔楔中的橄榄岩，形成交代地幔。因此板块汇聚部位的上地幔与板内上地幔的岩性组成存在明显的差别，即除了亏损的橄榄岩外，还有正在俯冲的玄武质洋壳(此时已经相变成石榴角闪岩或榴辉岩)以及交代成因的地幔岩，如富含金云母、角闪石、辉石的橄榄岩或辉石岩。与亏损地幔相比，玄武质洋壳和交代地幔不仅具有较低的熔点，而且含有较高的易熔组分，如含有较高的硅和碱含量，因此具备直接熔出安山质岩浆的条件。归纳起来，安山质岩浆的成因主要包括如下几种。

1. 交代地幔的部分熔融

一些岛弧背景的安山质岩石，不仅具有异常高的 MgO 含量，而且相容元素 Ni、Cr 的含量也很高。玻安岩为其中的典型代表，被认为是交代地幔直接熔融形成的岩浆，并没有经历明显的岩浆演化。有部分学者认为，玻安岩的形成可能与板块的起始俯冲密切相关。在稀土元素的球粒陨石标准化图上，玻安岩以典型的 U 形曲线为特征(图 9-6)，且稀土含量显著亏损，反映其源区可能经历了两阶段过程：①先经历高程度的部分熔融，导致源区高度亏损；②然后被俯冲洋壳释放出的流体交代。由于地幔橄榄岩直接熔融形成的岩浆主要是玄武质的，所以一般认为这种成因的安山质岩石相对较少。

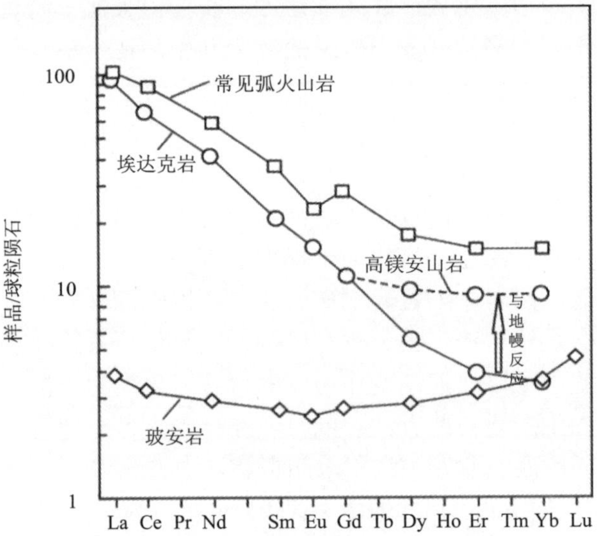

图 9-6　板块汇聚部位代表性中性火山岩的稀土元素球粒陨石标准化图

玻安岩数据参考 Taylor 等(1994)，其他参考 Martin(1999)。用于标准化的球粒陨石参考值来自 Anders 和 Grevesse(1989)

2. 俯冲洋壳(及其沉积物)的直接熔融

洋壳熔融后源区会残留石榴子石，而重稀土元素极易相容于石榴子石中，因此，这种岩浆以轻重稀土元素的强烈分馏、重稀土元素极度亏损为特征(图 9-6)，从而具有偏高的 Sr/Y 值和 La/Yb 值。典型代表为埃达克(Adak)岛的英安岩，被称为埃达克岩(adakite)。在岩浆上升过程中，由于这种洋壳熔融来源的熔体与周围的地幔橄榄岩在化学上不平衡，两者会发生反应，引起岩浆的 SiO_2 含量降低，MgO 和 Cr、Ni 含量升高，最终演化成高镁安山岩。相对于埃达克岩，高镁安山岩的重稀土元素含量明显升高，但仍以无 Eu 异常区别于常见弧火山岩

(图 9-6)。需要注意的是，高镁安山岩的成因机制争议较大，亦有学者认为其可能经历过岩浆混合作用以及超镁铁质矿物的混入，它的化学组成不能代表原始岩浆的特征(Streck et al., 2007)。

3. 基性岩浆的结晶分异

“鲍温反应系列”认为，随着玄武质岩浆结晶分异作用的进行，其剩余岩浆的 SiO_2 含量将逐渐增加，形成岩石将由玄武岩依次演化为安山岩、英安岩和流纹岩。在岛弧背景下，玄武岩、安山岩、英安岩和流纹岩在时间、空间上经常为紧密联系的一套岩石组合(代表性化学成分见表 9-5)，它们之间往往就存在这种演化关系。弧环境和大洋中脊是地球上两个主要的岩浆生成区，而陆弧部位地壳厚度较大，为地幔楔来源的巨量玄武质岩浆提供了足够的演化空间。因此，陆弧背景的安山质岩石更多的是基性岩浆结晶分异的产物。由于 Eu 相容于斜长石，当这种成因的岩石发生斜长石的分离结晶作用，就会具有明显的 Eu 负异常特征(图 9-6)。需要注意的是，实验研究(Grove and Donnelly-Nolan, 1986)发现，当含水玄武质岩浆达到中下地壳的深度时(图 9-7)，分离结晶的主要矿物由橄榄石、单斜辉石、斜长

表 9-5　岛弧火山岩中代表性岩石的平均化学成分(Winter, 2001)　[单位：%(质量分数)]

化学成分	低钾拉斑玄武岩质系列				中钾钙碱性系列				高钾钙碱性系列			
	B	A	D	R	B	A	D	R	B	A	D	R
SiO_2	50.7	58.8	67.1	74.5	50.1	59.2	67.2	75.2	49.8	59.4	67.5	75.6
TiO_2	0.8	0.7	0.6	0.4	1.0	0.7	0.5	0.2	1.6	0.9	0.6	0.2
Al_2O_3	17.7	17.0	15.0	12.9	17.1	17.1	16.2	13.5	16.5	16.8	16.0	13.3
Fe_2O_3	3.1	3.0	2.0	1.4	3.4	2.9	2.0	1.0	3.9	3.6	2.0	0.9
FeO	7.4	5.2	3.5	1.7	7.0	4.2	1.8	1.1	6.4	3.0	1.5	0.5
MgO	6.4	3.6	1.5	0.6	7.1	3.7	1.5	0.5	6.8	3.2	1.1	0.3
CaO	11.3	8.1	5.0	2.8	10.6	7.1	3.8	1.6	9.4	6.0	3.0	0.9
Na_2O	2.0	2.9	3.8	4.0	2.5	3.2	4.3	4.2	3.3	3.6	4.0	3.6
K_2O	0.3	0.6	0.9	1.1	0.8	1.3	2.1	2.7	1.6	2.8	3.9	4.5
P_2O_5	0.1	0.2	0.2	0.1	0.2	0.2	0.2	0.1	0.5	0.4	0.2	0.1

注：B.玄武岩，A.安山岩，D.英安岩，R.流纹岩。

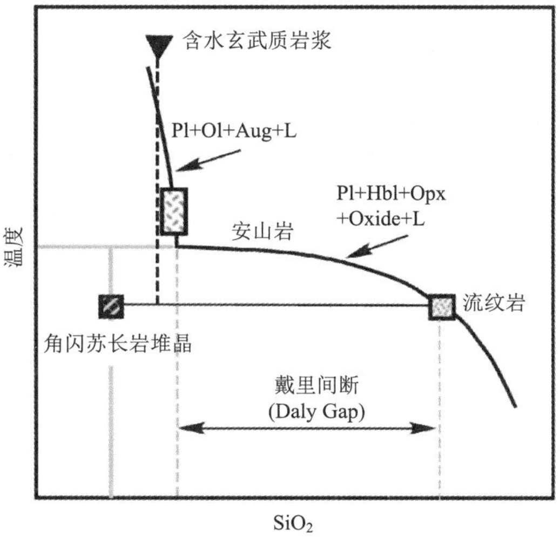

图 9-7　含水玄武质岩浆的液相线(Grove and Donnelly-Nolan, 1986)

Ol. 橄榄石；Pl. 斜长石；Aug. 普通辉石；Opx. 斜方辉石；Hbl. 角闪石；Oxide. 氧化物

石转变为斜长石、角闪石、斜方辉石和氧化物(磁铁矿、钛铁矿等)，这时液相线会变得相对平缓，直至岩浆成分演变为酸性岩浆。这一热力学过程导致安山质熔体只能在非常有限的温度范围内形成，且在此期间必须从基性岩浆中分离出大量的矿物晶体。在这种情况下，从玄武质岩浆房中分异并喷发出的安山岩数量将会非常稀少，而大量矿物的结晶也会导致流纹岩的体量同样很小。

4. 基性岩浆和酸性岩浆之间的混合

有很多证据说明安山岩的成因与基性岩浆和酸性岩浆之间的混合有关。例如，①英安岩中的玄武质熔体包裹体；②安山岩中的镁橄榄石和石英斑晶；③斜长石斑晶成分(如 An 值，见图 9-8)尤其是同位素组成变化大，且核部经常发育熔蚀构造。Reubi 和 Blundy(2009)的统计表明，全球弧火山岩中熔体包裹体表现出双峰式的成分特征，主要是基性的和酸性的，中性的成分很少，这与全球弧火山岩全岩的成分特征明显不同(图 9-9)。因此，他们提出中性的弧火山岩主要是由基性岩浆和酸性岩浆混合形成的。

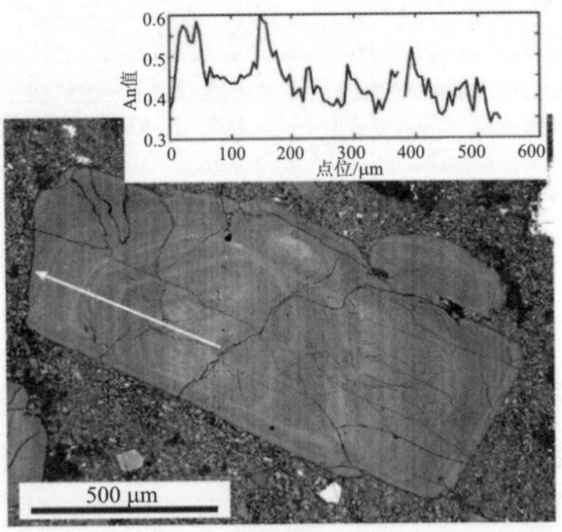

图 9-8　墨西哥埃尔奇琼安山质火山中的斜长石斑晶，具复杂成分环带，An 值显著变化，暗示曾发生多次岩浆混合过程(Andrews, 2021)

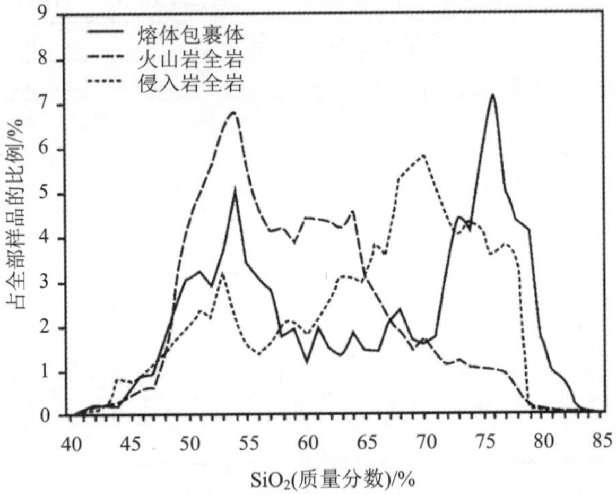

图 9-9　弧火山岩中熔体包裹体的 SiO_2 含量(Reubi and Blundy, 2009)

5. 同化作用

部分安山岩可以通过酸性岩浆在上升过程中同化周围的碳酸盐岩围岩，逐渐向中性岩浆转变而形成。

第十章　酸　性　岩

第一节　概　　述

酸性岩类的化学成分特点是：SiO_2 含量高，大于 63%（质量分数），一般为 63%～78%（质量分数），属 SiO_2 过饱和岩石；富碱，全碱（K_2O+Na_2O）含量平均为 6%～8%（质量分数）；FeO、Fe_2O_3、MgO、CaO 含量低。矿物成分以浅色矿物为主，石英、碱性长石和斜长石（钠-更长石）三类矿物总量超过 90%，其中石英含量大于 20%，铁镁矿物含量低于 10%，种属主要为黑云母，因此岩石色调浅、色率低、密度小（一般为 2.54～2.74 g/cm^3）。

本类岩石的深成岩为花岗岩，浅成岩为花岗斑岩，喷出岩为流纹岩，其中花岗岩分布极广，是自然界中分布最广的侵入岩，它们主要产在大陆地壳，约占陆壳所有火成岩的 50%以上，在大洋中只有少量分布，因此花岗岩被看作是陆壳的主要组分和分异演化的产物。酸性的喷出岩分布较少，主要原因是酸性岩浆的黏度大，活动能力较低，导致它们上侵的速度小，加之酸性岩浆的结晶温度区间小而容易固结，因此这类岩浆常常形成深成岩而不是喷出岩。

第二节　侵　入　岩

酸性侵入岩的共同特点是石英含量>20%，它包括碱性花岗岩、碱长花岗岩、正长花岗岩、二长花岗岩、花岗闪长岩和英云闪长岩（或斜长花岗岩）等岩石类型，其中以正长花岗岩、二长花岗岩和花岗闪长岩分布最为广泛。随着石英含量的减少，岩石向中酸性岩过渡，如石英闪长岩、石英二长岩和石英正长岩等。自然界中石英含量>20%的典型酸性岩经常和石英含量为 5%～20%的中酸性岩密切共生，为了强调这种共生关系，一般将石英含量为 5%～20%的中酸性岩与石英含量>20%的典型酸性岩合在一起，统称为花岗岩类岩石（granitoid）。

花岗岩类岩石是构成陆壳的主要岩石，其形成与大地构造环境和地球动力学条件密切相关，蕴含着有关大陆岩石圈的结构、组成和演化的丰富信息，加之这类岩石又与众多的金属和非金属矿产密切相关，因此，历来是地质学界的重要研究对象。传统的观点认为，花岗岩有两种成因类型，即岩浆花岗岩和交代花岗岩。岩浆花岗岩是花岗质岩浆冷凝结晶的产物，而交代花岗岩则是源岩在富硅、富碱热液作用下经花岗岩化作用形成的。现在越来越多的研究资料表明，绝大多数花岗岩均经历了岩浆作用阶段，花岗岩交代成因的观点已基本被废弃。

半个世纪以来，国际上关于花岗岩研究的一个重要方面是以源岩为基础对提出的各种花岗岩成因分类，这些分类中最具影响的首推澳大利亚学者 Chappell 和 White 于 1974 年基于澳大利亚东南部拉克伦（Lachlan）褶皱带花岗岩研究提出的 I 型和 S 型分类，他们认为 I

型花岗岩是由未经地表风化作用的火成岩部分熔融的产物，而 S 型花岗岩则是由经历过地表风化作用的沉积物质部分熔融形成。Loiselle 和 Wones(1979)注意到 I 型和 S 型分类并不能解释所有的花岗岩，还有一些花岗岩远离造山带，并具有较高的碱性，提出了 A 型花岗岩概念，A 是指：碱性(alkaline)、贫水(anhydrous)和非造山(anorogenic)。目前 I、S 和 A 型花岗岩的分类得到了广泛应用，在花岗岩研究历史上具有里程碑式的研究意义。但是这一分类方案也有很大的局限性，认为每种花岗岩都是来自单一的岩浆源区，但实际上，花岗质岩浆的来源非常复杂，经常有地幔和各种成分的地壳物质的不同程度的贡献(Frost et al., 2000)。

其他较有影响的花岗岩分类还包括：①日本学者 Ishihara(1977)提出的磁铁矿系列(magnetite series)和钛铁矿系列(ilmenite series)，他认为磁铁矿系列花岗岩是在高氧逸度条件下，由下地壳或上地幔物质衍生岩浆结晶形成，由于成岩过程中未受到沉积地层中碳质还原作用的影响，因而磁铁矿类的氧化矿物含量高；而钛铁矿系列花岗岩是在低氧逸度条件下，由中、下部地壳物质衍生岩浆形成，在成岩过程中受到沉积地层中碳质还原作用的影响，岩石中铁质不透明矿物含量少(<0.1%)，且主要是钛铁矿。②我国学者徐克勤等(1983)提出的同熔型(syntexis type)和改造型(transformation type)，他们认为同熔型花岗岩类主要由上地幔衍生岩浆或下部地壳部分熔融形成的岩浆，在上升过程中同化混染了硅铝物质或与由硅铝层熔融的岩浆混合而形成，从物源上看，属壳幔混合型；改造型花岗岩类为地壳重熔再生岩浆结晶的产物。③花岗岩中还有很少部分可能直接来自地幔，是由地幔岩浆经长期分异演化的产物，称为幔源(mantle-derived)花岗岩，即 M 型花岗岩，一般出现在洋壳。④吴福元等(2017)提出了根据结晶分异程度，花岗岩可划分为低分异花岗岩、高分异花岗岩以及与之伴生的堆晶花岗岩。

一、矿物组成

花岗岩的组成矿物主要为石英、碱性长石和酸性斜长石，三者约占岩石中矿物总量的 90%以上；铁镁矿物含量少，一般小于<10%，矿物种属主要为黑云母，其次为角闪石和辉石；常见的副矿物有锆石、榍石、磷灰石和钛铁氧化物等。

(一)石英

花岗岩中石英的含量一般为 20%～40%，主要为低温的 α-石英，通常是岩浆中最晚结晶的矿物，但在碱性花岗岩中，碱性铁镁矿物的结晶往往晚于石英，它们多呈它形晶充填于其他矿物颗粒之间。在浅成相的花岗斑岩或次火山花岗岩中，常见石英与碱性长石呈文象交生，且有时还可见高温 β-石英的六方双锥假象，以及石英斑晶的各种熔蚀现象。

(二)碱性长石

在深成相的花岗岩中，碱性长石多为条纹长石，它是在相对低温的条件下，由混溶在钾长石晶体内的钠长石组分出溶形成，称为分解成因的条纹长石，这类条纹长石中的钠长石嵌晶多呈细脉状或发辫状，个体小、宽度窄，主要沿近于平行主晶的(100)方位分布。与交代成因条纹长石中的钠长石嵌晶相比，分解成因条纹长石中的钠长石嵌晶形态相对规则，交代成因条纹长石中的钠长石嵌晶多呈树枝状、火焰状、补片状或叶脉状等不规则形态。

钾长石巨晶(megacrysts)。许多花岗岩中富含自形的钾长石晶体，呈粉红色或白色，粒径明显较大，通常为几厘米，其成因被认为是交代作用的产物或者是早期结晶的斑晶。

(三)斜长石

花岗岩中的斜长石主要为钠-更长石或更-中长石，An%多变化于15～35，主要呈半自形板条状产出，自形程度好于碱性长石和石英。花岗岩中的斜长石一般不出现环带结构，但在花岗闪长岩中斜长石环带结构则较发育，主要为核部富钙、边部富钠的正常环带，有时也发育韵律环带。

(四)铁镁矿物

花岗岩中铁镁矿物的含量多低于10%，种属主要为黑云母，其次为角闪石、辉石等。花岗岩中的黑云母多呈暗褐色或褐绿色，常含各种副矿物包体，如磷灰石、锆石、榍石以及铁质不透明矿物等。角闪石多出现于花岗闪长岩中，其含量一般随斜长石的增加、黑云母的减少而增加。与黑云母一样，花岗岩中的角闪石也常含副矿物包体。辉石在花岗岩中较少见，如出现则一般为普通辉石或透辉石，紫苏辉石是紫苏花岗岩的特有组分。在碱性花岗岩中，常出现钠闪石、钠铁闪石、霓石和霓辉石等碱性铁镁矿物，黑云母常富铁，偶见铁橄榄石，如我国广东龙口南昆山和湘南西山碱性花岗岩岩体中均发现有铁橄榄石。

(五)副矿物

花岗岩中含有种类繁多的副矿物，常见的有锆石、榍石、磷灰石、褐帘石、独居石和钛铁氧化物等，在S型花岗岩中还常出现刚玉及石榴子石(多为铁铝榴石)等富铝矿物，在A型花岗岩中常见萤石。副矿物在岩石中的含量虽少(一般低于1%，有时可达3%)，但它们的组合类型、晶形、光性及化学组成特征对示踪岩石的成因具有重要意义，其中锆石以其物理和化学性质稳定，普通铅含量低，富含U、Th及封闭温度高等特点，成为花岗岩U-Pb定年的最理想对象，锆石的微量元素及Hf、O同位素组成特征已广泛用于探讨岩浆演化及示踪壳幔相互作用过程等岩石成因研究中。

I型、S型和A型三类花岗岩往往有不同的矿物组合特征，如I型花岗岩中普遍出现角闪石，副矿物常出现榍石；S型花岗岩由于其具富铝的化学组成特征，所以矿物组合中常出现过铝的矿物，如原生白云母、堇青石、红柱石、石榴子石(多为铁铝榴石)和刚玉等；A型花岗岩中的角闪石和辉石多为富钠的变种，如钠闪石、钠铁闪石、霓石、霓辉石等，云母多富铁，为铁质黑云母或羟铁云母，偶尔还可出现铁橄榄石，副矿物中常见萤石。目前认为角闪石、堇青石和碱性暗色矿物是判断I型、S型和A型三大类花岗岩的最重要矿物学标志。

二、结构、构造

花岗岩典型的结构类型主要为花岗结构，花岗结构依粒度大小又有粗粒、中粒和细粒之分。在浅成相的花岗斑岩或次火山花岗岩中，常见斑状结构，其中基质中的碱性长石和石英呈文象交生，形成微文象结构或花斑结构(图2-16和图2-17)，在中深成相的花岗岩中可出现蠕英结构(图2-18)。在更长环斑花岗岩中，可见钾长石斑晶呈卵圆形，边缘镶嵌一

图 10-1　秦岭沙河湾岩体中的更长环斑结构

圈白色的更长石，这种结构称为更长环斑结构(图 10-1)。环斑结构的形成主要是岩浆结晶过程中物理化学条件的变化所致，它可以通过交代作用、出溶作用、岩浆混合作用及同化混染作用等多种机制形成。

酸性侵入岩的构造主要为块状构造，特别是中心相岩石中这类构造尤为常见，在岩体的边缘由于常含围岩捕虏体而易出现斑杂构造。除围岩捕虏体外，花岗岩中还常含各类暗色包体，概括起来有以下类型。

(1) 淬冷包体(quenched enclave)。这些岩石包体的成分富镁铁质，成因多半是由于长英质岩浆受镁铁质岩浆注入、层状岩浆房的双扩散对流或两岩浆接口上的发泡作用以及长英质岩浆中镁铁质岩墙的肢解等(徐夕生和周新民，1988)，主要发育于 I 型花岗岩中。

(2) 残留体(restite)。为部分熔融作用形成花岗质岩浆时，耐熔矿物的集合体所组成的岩块被岩浆挟带上升而形成的岩石包体。

(3) 冷凝边包体(chilled basic-border inclusion)。是指较早的岩浆脉动上升定位时，在岩体与围岩的接触部位冷却较快形成冷凝边，当岩浆再次脉动侵位时，先前形成的冷凝边被挤碎，其碎块混入岩浆中上升形成的包体。

(4) 同源堆积包体(cognate cumulate)。为岩浆早期结晶相因重力分异作用而堆积形成的基性矿物集合体在岩浆上升过程中被破碎形成的团块。

(5) 析离体(schlieren)。为花岗质岩浆中早期结晶的矿物(主要是黑云母)经凝聚作用所形成，其与寄主花岗岩的界限不清，且多呈椭圆形，而围岩捕虏体与寄主花岗岩界线明显，且多呈不规则的棱角状。

花岗岩中当含有上述暗色包体时也常常形成斑杂构造，这些暗色包体蕴涵有丰富的岩石成因信息，对于了解花岗质岩浆的起源、定位机制与成因演化具有重要意义，特别是淬冷包体，它们主要通过基性岩浆和酸性岩浆的混合作用形成，因而成为探索壳幔相互作用深部过程的重要研究对象。

在浅成相的花岗岩中还常发育晶洞构造，晶洞内常充填石英、长石等晶簇。

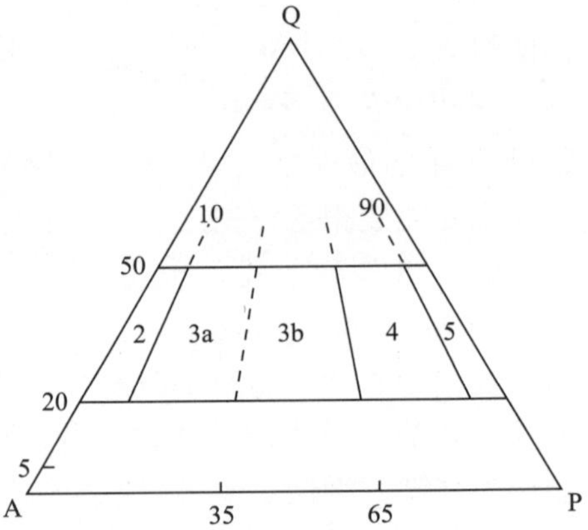

图 10-2　酸性岩定量矿物分类(Streckeisen，1976)

Q. 石英；A. 钾长石+钠长石(An%<5)；P. 斜长石(An%>5)。2. 碱性或碱长花岗岩/碱性或碱长流纹岩；3a. 正长花岗岩/流纹岩；3b. 二长花岗岩/英安流纹岩；4. 花岗闪长岩/流纹英安岩；5. 英云闪长岩或斜长花岗岩/英安岩

三、种属划分及主要种属

按 QAP 定量矿物成分分类方案，花岗岩的种属按斜长石含量的增多依次为碱长花岗岩、正长花岗岩、二长花岗岩、花岗闪长岩、英云闪长岩(或斜长花岗岩)(图 10-2)，其中分布在 2 区的岩石当含有碱性铁镁矿物时，称为碱性花岗岩，它们在自然界

中分布很少，其余为钙碱性花岗岩，以不出现碱性铁镁矿物但含有不等量的斜长石为特征，它们是自然界中花岗岩的主要类型。

(一)常见花岗岩种属特征

1. 碱性长石花岗岩(alkali feldspar granite)

又称碱长花岗岩，长石类矿物以碱性长石为主，斜长石含量小于长石总量的 10%，碱性长石多为微纹长石，斜长石多为更长石，属弱碱性花岗岩，与碱性花岗岩的区别在于不出现碱性铁镁矿物[图 10-3(a)]。当岩石几乎全由碱性长石和石英组成时，称为白岗岩(alaskite)，是碱长花岗岩的浅色变种。

图 10-3 典型花岗质岩石的显微照片

(a)碱性长石花岗岩，福建福鼎南镇，岩石主要由石英和微纹长石组成，斜长石极少或缺乏，石英和微纹长石呈微文象交生，表现出花斑结构特征，指示岩体定位深度较浅(一般小于 3 km)，正交偏光；(b)正长花岗岩，福建龙海程溪，岩石主要由石英、微纹长石和少量斜长石组成，微纹长石占整个长石 2/3 以上，正交偏光；(c)二长花岗岩，福建漳浦旧镇，岩石主要由石英、微纹长石、斜长石和少量黑云母组成，微纹长石和斜长石含量相近，正交偏光；(d)花岗闪长岩，广东紫金龙窝，岩石主要由石英、斜长石、少量碱性长石和铁镁矿物(黑云母、角闪石，照片视域未显示)，斜长石数量多于碱性长石，且斜长石多发育环带构造，正交偏光

2. 花岗岩(granite)

石英含量多介于 20%～40%，根据碱性长石和斜长石含量可进一步划分为正长花岗岩(syenogranite)和二长花岗岩(monzogranite)，正长花岗岩碱性长石占整个长石总量的65%～90%[图 10-2 中的 3a 和图 10-3(b)]，而二长花岗岩中两种长石的含量相近[图 10-2 中的 3b 和图 10-3(c)]，二者在 QAP 分类中合并为花岗岩，它们是自然界中分布最广的岩石。

3. 花岗闪长岩(granodiorite)

主要由石英、斜长石和少量碱性长石组成，并含少量普通角闪石和黑云母，岩石中斜长石一般为中长石，常发育明显的环带结构[图 10-3(d)]。这类岩石多与花岗岩伴生，见于花岗岩体中心或构成岩体的边缘相，也可呈单独的大岩基产出，如美国内华达山脉的大岩基主要由花岗闪长岩组成，我国江苏镇江的高资岩体也主要由花岗闪长岩组成。

4. 花岗斑岩(granite porphyry)和花岗闪长斑岩(granodiorite porphyry)

是浅成相的花岗岩类岩石，其矿物成分与相应的深成岩相同，但它们具有斑状结构，其中花岗斑岩常发育微文象结构(图 10-4)。

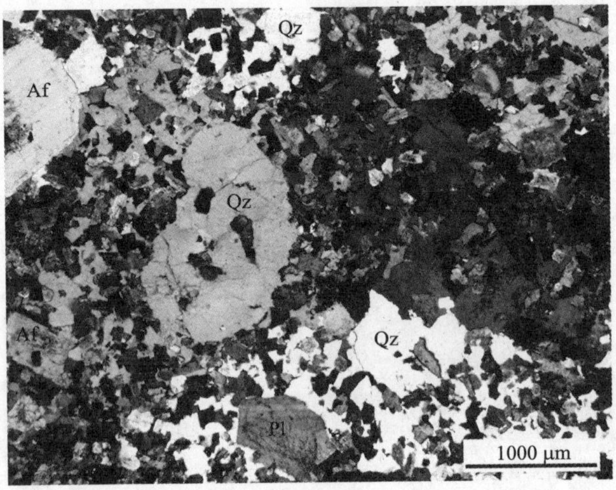

图 10-4　花岗斑岩

样品采自北京南口，岩石具斑状结构，斑晶主要为石英和碱性长石，此外尚有少量斜长石，基质主要由石英和碱性长石组成，二者呈微文象交生，构成花斑结构，正交偏光

上述花岗岩类的各种岩石，在矿物定量分类基础上，根据其所含的次要矿物及结构、构造特征可进一步划分为不同的种属，如粗粒黑云母花岗岩、中细粒角闪石黑云母二长花岗岩、中粒二云母花岗岩等。

(二)特殊花岗岩种属特征

除上述常见种属外，花岗岩还有一些特殊的种属，如碱性花岗岩、更长环斑花岗岩、紫苏花岗岩和斜长花岗岩等，它们多有明确的构造和成因意义，因而备受关注。

1. 碱性花岗岩(alkali granite)

组成碱性花岗岩的矿物主要为石英、碱性长石和碱性铁镁矿物，偶见铁橄榄石，缺乏斜长石或含量很少，其中碱性铁镁矿物的结晶常晚于浅色矿物或与其同时结晶，因此它们常呈它形晶充填于浅色矿物的间隙中或包裹长石和石英。岩石中石英与碱性长石多呈文象交生，常发育微文象结构和晶洞构造，并可见熔蚀状 β-石英晶体，指示它们的定位深度较浅。我国东部燕山晚期有一条呈 NNE 向延伸很长的碱性花岗岩带，它南起闽粤交界的诏安、云霄一带，沿 NNE 方向经闽浙沿海、下扬子、苏鲁沿海、河北山海关一直延至黑龙江碾子山，长达几千千米。该岩带并非呈 NNE 走向带状连续分布，而是由若干条呈雁行排列的次级岩带所构成，由南至北，依次可划分为闽浙带、下扬子带、苏鲁带、山海关带和碾子山带(王德滋等，1995)，其中闽浙沿海岩带还可能跨越东海延伸到韩国佛国寺一带(洪大卫等，1987)。我国碱性花岗岩最典型的岩体为福州的魁歧岩体，其他较典型的岩体还有浙江苍南的瑶坑岩体和舟山的桃花岛岩体，以及青岛的崂山岩体等。碱性花岗岩常与拉张的构造背景有关，产于造山晚期、造山期后或板内裂谷构造环境。

2. 环斑花岗岩(rapakivi)

这类岩石于 300 多年前最初发现于芬兰南部，1891 年芬兰学者 J. J. Sederholm 首次将 rapakivi 一词引入地质文献，它是一种主要发育于前寒武纪的特殊花岗岩类型，绝大多数形成于元古宙(通常为 10 亿～18 亿年)，少数可形成于太古宙和显生宙。岩石的最主要特征是发育环斑结构(rapakivi texture)，按 Nekvasil(1991)的意见，这类结构泛指钾长石巨晶具斜长石外壳，钾长石巨晶可以是卵圆形，也可以是自形的，斜长石外壳可以从钠长石(An_6)到中长石(An_{35})。Haapala 和 Rämö(1992)对环斑花岗岩重新进行了定义，他们认为环斑花岗岩不仅在岩相学上具有环斑结构特征，而且在化学组成上还应具 A 型花岗岩的特点，因此，目前已普遍将环斑花岗岩归为广义的 A 型花岗岩范畴。

环斑花岗岩主要产于元古宙的稳定大陆地区，除芬兰外，目前已在乌克兰、瑞典、波罗的海各国、格陵兰南部、加拿大的拉布拉多、美国中部和西部、委内瑞拉、巴西、博茨瓦纳的一些前寒武纪地盾区相继发现了这类岩石。我国环斑花岗岩的典型产地是北京密云沙厂，此外，在秦岭地区也发现有众多的环斑花岗岩体，如沙河湾、老君山及秦岭梁等(卢欣祥等，1999)。这类岩石常与镁铁质岩石(如斜长岩和苏长辉长岩等)构成双峰式岩石组合，指示它们形成于拉张的构造背景，因此，人们将环斑花岗岩的一般特征总结为产于非造山的拉张环境、形成于元古宙和发育环斑结构。

3. 紫苏花岗岩(charnockite)

也是一种较特殊的花岗岩，最早发现于印度南部，最初被定义为含斜方辉石的花岗岩，随后紫苏花岗岩泛指含有紫苏辉石的任何长英质岩石(Pichamuthu，1969)。其主要组成矿物为石英、钾长石、斜长石和紫苏辉石，副矿物中常出现磁铁矿。钾长石多为微纹长石，其中的条纹嵌晶一般不是钠长石而是更长石或中长石，有时出现反条纹长石，斜长石在岩石中的含量较少，成分多为中长石。紫苏花岗岩较一般花岗岩的颜色偏深，既可呈块状构造，也常发育片麻状构造。这类岩石常与麻粒岩相变质岩共生，主要出现于前寒武纪陆核区，其次是产于古元古代造山带的根部，在印度马德拉斯、斯里兰卡中部、挪威南部、乌克兰均有广泛分布，我国内蒙古武川、吉林桦甸和河北迁安等地的古老变质岩中也发现有紫苏花岗岩。据研究，花岗岩中辉石的产出最主要受岩浆中流体相成分的控制，当岩浆中H_2O活度足够低，而CO_2活度高时，斜方辉石几乎可形成于任何成分的花岗质熔体中(Frost et al., 2000)。因此，低H_2O环境下地壳岩石的部分熔融是紫苏花岗岩形成的主要方式。此外，熔体抽离使得斜方辉石与“低温富水”熔体物理隔离，避免了斜方辉石被完全反应消耗，也是紫苏花岗岩形成的可行机制(Zhao et al., 2023a)。另外，当花岗质熔体Fe/(Fe+Mg)值高时，也有利于斜方辉石的形成，因而绝大多数紫苏花岗岩表现出A型花岗岩的特征，这类岩石也主要产于非造山或后造山的引张构造背景。

4. 斜长花岗岩(plagiogranite)

主要由石英、斜长石和铁镁矿物组成，这类花岗岩常作为蛇绿岩岩石组合中的少量组分产出，主要发育于洋壳中，因此多称为大洋斜长花岗岩。它的形成与大洋扩张有关，常以小的岩脉或囊状体产出，也有小规模的块状或网脉状产出。从剥露的蛇绿岩套剖面上看，它们主要发育在下部洋壳的块状辉长岩和席状岩墙过渡层位。Coleman 和 Peterman(1975)将蛇绿岩中的浅色侵入岩(包括钠长花岗岩、石英闪长岩、更长花岗岩、英云闪长岩和角斑岩)统称为大洋斜长花岗岩，并认为它们是大洋玄武质岩浆直接结晶分异的产物，因而一直被作为幔源(M 型)花岗岩的典型，但随后的研究发现，蛇绿岩中发育的少量花岗岩还可以由洋壳本身在含水条件下部分熔融形成。在洋内弧环境，玄武质岩浆结晶分异和先存弧岩浆岩低压熔融也可以形成俯冲型斜长花岗质岩浆。如斐济维提(Viti)岛出露有多个面积较大的斜长花岗质侵入体，其中 LREE 弱亏损和轻微富集的低钾岩石具有从辉长岩到斜长花岗质岩石的连续变化，被认为是由玄武质岩浆经过高达 80%分离结晶作用形成，结晶并分离的矿物主要包括斜长石、单斜辉石和磁铁矿/钛铁矿；而 LREE 富集的斜长花岗质岩石是由岛弧拉斑玄武质岩石发生 10%～20%脱水熔融形成，残余相中大量的角闪石使得熔体具有低中稀土含量和高 Nb/Ta 值特征(Marien et al., 2022)。

5. 英云闪长岩(tonalite)

主要由钠质斜长石、石英和铁镁矿物组成。浅色的英云闪长岩，主要由斜长石、石英构成，斜长石主要为更长石，称为更长(或奥长)花岗岩(trondhjemite)。更长花岗岩、英云闪长岩和花岗闪长岩常构成具密切成因联系的花岗岩组合，称 TTG 岩石组合，它们多产于太古宙高级变质正片麻岩地体中，是早期大陆地壳的主要组成部分，如在西格陵兰地区、南非、澳大利亚西澳地区、芬兰、加拿大、印度、俄罗斯科拉半岛及我国冀东、清原、登封等古老太古宙地体中均有广泛分布。此外，沿各地质时代(元古宙、古生代、中生代和新生代)的大陆边缘也有产出，但规模相对较小。TTG 岩石组合在化学组成上常富钠和硅，常具有较高的 La/Yb 值和 Sr/Y 值，类似于现代埃达克岩。多数学者认为 TTG 主要形成于板块俯冲环境，最可能的成因机制是石榴子石角闪岩或角闪榴辉岩在高压(1.6～3.2 GPa)下经较高程度部分熔融形成，在熔融过程中石榴子石和角闪石常作为残留相(Rapp et al., 1991)。

6. 球状花岗岩(orbicular granitoids)

指具特殊球状构造的广义花岗岩，其全岩成分可从闪长岩到花岗岩不等。球状构造，即同心分带球状构造，组成辐射状和同心壳状的物质，主要是角闪石和斜长石，它们围绕着不同的核构成球状结构。较大并复杂的球状体在其外层可发育黑云母和铁钛氧化物，基质为粗粒的花岗质成分。

澳大利亚西部芒特马格尼特郡(Mount Magnet) Boogardie 附近的太古宙球状花岗岩，是已知的世界上最古老的球状花岗岩(图 10-5)。它是由岩浆结晶形成的，球状体的类型和结构差异可以用多阶段岩浆结晶过程来解释。最初小的球状体是由富含流体的过冷闪长质岩浆结晶而成的，其成核中心稀少。一些球在子晶上成核，另一些球在角闪岩捕虏体上成核，或者在先前形成的球粒碎片上成核。球粒碎片的存在证实了这些小球粒在熔体中是可移动的。

图 10-5　澳大利亚西部地区芒特马格尼特郡(Mount Magnet)球状花岗岩-闪长岩(2.7 Ga)

7. 淡色花岗岩(leucogranite)

淡色花岗岩是基于岩相学特征分类的一种花岗岩类型，相对“普通”花岗岩，淡色花岗岩含有较低(<5%)的镁铁质矿物含量和低的 FeO、MgO 含量。一般认为淡色花岗岩是大陆地壳岩石(包括泥质岩、杂砂岩、花岗质片麻岩或角闪岩等)深熔作用的产物；也有学者指出，原始花岗质岩浆经高程度分离结晶作用也可以形成淡色花岗岩(吴福元等，2015)。淡色花岗岩在世界上广泛分布。例如，喜马拉雅造山带、北美 Trans-Hudson 造山带、阿巴拉契亚造山带、海西造山带等。

四、化学成分

花岗岩化学成分总的特征是富硅、富碱，贫钙、镁、铁，但不同类型的花岗岩具不同的成分特点，花岗岩类型的确定除了矿物学标志外，很大程度上依赖于化学组成。Shand(1951)引入了铝饱和指数和过碱指数，将花岗岩根据主量元素特征分为过铝质(peraluminous)、准铝质(metaluminous)和过碱性(peralkaline)[图 10-6(a)]。

铝饱和指数：A/CNK = $[Al_2O_3]$mol / ($[Na_2O]$mol + $[K_2O]$mol + $[CaO]$mol)。

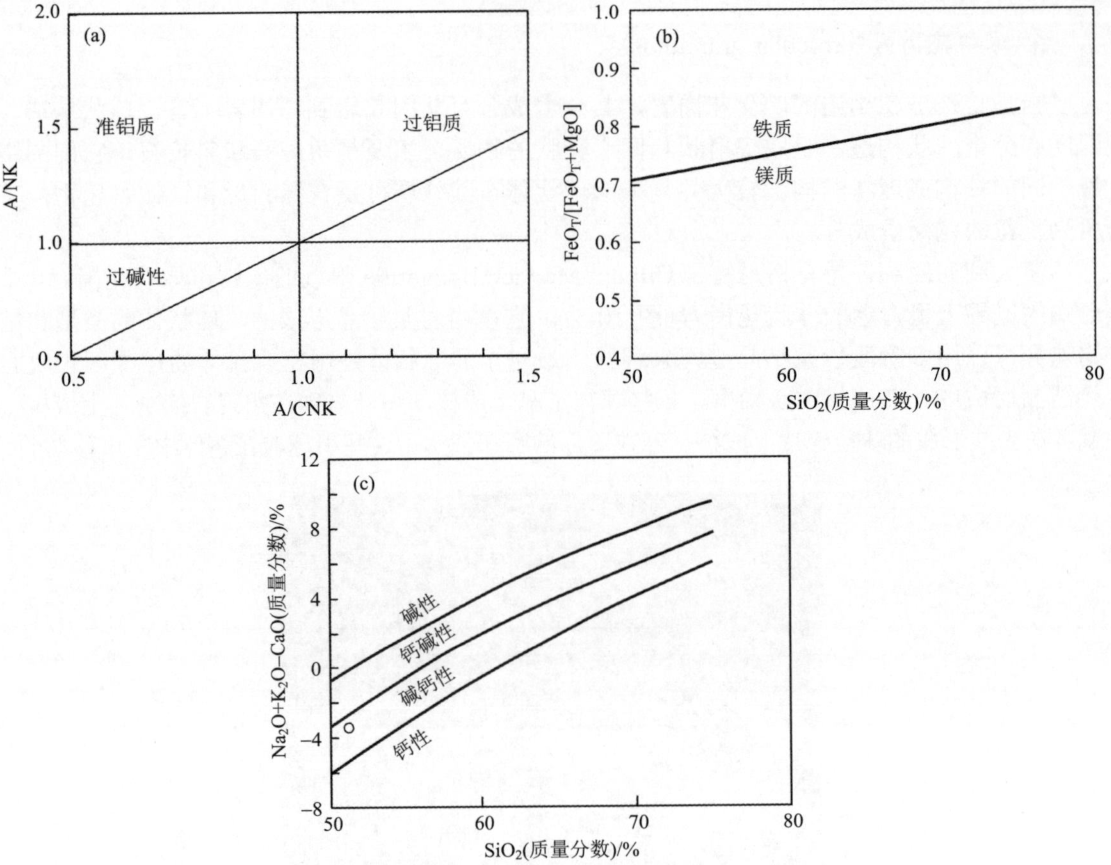

图 10-6 花岗岩分类图解

(a) 引自 Maniar 和 Piccoli(1989)；(b) 和 (c) 引自 Frost 等(2001)

过碱指数：A/NK = $[Al_2O_3]$mol / ($[Na_2O]$mol + $[K_2O]$mol)。

过铝质：A/CNK > 1，即$[Al_2O_3]$mol > $[Na_2O]$mol + $[K_2O]$mol + [CaO]mol。

准铝质：A/CNK < 1，A/NK > 1，即$[Na_2O]$mol + $[K_2O]$mol < $[Al_2O_3]$mol < $[Na_2O]$mol + $[K_2O]$mol + [CaO]mol。

过碱性：A/NK < 1，即$[Na_2O]$mol + $[K_2O]$mol > $[Al_2O_3]$mol。

Frost 等(2001)进一步提出了 Fe 指数[ΣFeO/(ΣFeO + MgO)]将花岗岩分为镁质花岗岩和铁质花岗岩，以及修改的碱钙指数[MALI：Na_2O+K_2O-CaO]，将花岗岩分为钙性、钙碱性、碱钙性和碱性[图 10-6(b)、(c)]。

表 10-1 列出了 Whalen 等(1987)统计的各成因类型花岗岩的平均化学组成。根据 Chappell 和 White(1974)对澳大利亚东南部拉克伦(Lachlan)褶皱带 I 型和 S 型花岗岩化学成分的统计，I 型花岗岩的 Na_2O 含量相对 S 型花岗岩较高，在演化程度较高的长英质种属中，Na_2O 的含量一般大于 3.2%(质量分数)，在演化程度较低的相对富铁镁的种属中，Na_2O 的含量一般也在 2.2%(质量分数)以上。岩石的 K/(K+Na) 值较低，CaO 含量较高，铝饱和指数(A/CNK 值)一般小于 1.1[图 10-7(a)]，CIPW 标准矿物一般不出现刚玉分子或其含量小于 1%(质量分数)。岩石的 $Fe_2O_3/(Fe_2O_3+FeO)$ 值也较高，铁质不透明矿物以磁铁矿居多，反映岩浆在相对较高的 f_{O_2} 环境结晶。

表 10-1　不同类型花岗岩的平均化学组成(Whalen et al., 1987)

类型		M型		I型		S型		F-I型①	F-S型②	A型		
统计数		17		991		578		421	205	148		
		x	1σ	x	1σ	x	1σ	x	x	x	1σ	变化范围
主量元素(质量分数)/%	SiO_2	67.24	4.34	69.17	4.47	70.27	2.83	73.39	73.39	73.81	3.25	60.4～79.8
	TiO_2	0.49	0.16	0.43	0.19	0.48	0.18	0.26	0.28	0.26	0.18	0.04～1.25
	Al_2O_3	15.18	1.12	14.33	1.06	14.10	0.70	13.43	13.45	12.40	1.40	7.3～17.5
	Fe_2O_3	1.94	0.77	1.04	0.60	0.56	0.37	0.60	0.36	1.24	1.13	0.14～8.7
	FeO	2.35	1.02	2.29	1.12	2.87	1.09	1.32	1.73	1.58	1.07	0.33～6.1
	MnO	0.11	0.04	0.07	0.03	0.06	0.03	0.05	0.04	0.06	0.04	0.01～0.24
	MgO	1.73	1.68	1.42	1.00	1.42	0.76	0.55	0.58	0.20	0.24	<0.01～1.6
	CaO	4.27	1.15	3.20	1.65	2.03	0.85	1.71	1.28	0.75	0.60	0.08～3.7
	Na_2O	3.97	0.57	3.13	0.58	2.41	0.46	3.33	2.81	4.07	0.66	2.8～6.1
	K_2O	1.26	0.41	3.40	0.92	3.96	0.64	4.13	4.56	4.65	0.49	2.4～6.5
	P_2O_5	0.09	0.03	0.11	0.06	0.15	0.05	0.07	0.14	0.04	0.06	<0.01～0.46
微量元素/ppm	Ba	263	121	538	234	468	182	510	388	352	281	2～1530
	Rb	17.5	4.5	151	62	217	89	194	277	169	76	40～475
	Sr	282	108	247	178	120	42	143	81	48	52	0.5～250
	Pb	5	2	19	8	27	5	23	28	24	15	2～141
	Th	1.0	0.3	18	7	18	5	22	18	23	11	<1～87
	U	0.4	0.2	4	3	4	3	5	6	5	3	<1～23
	Zr	108	32	151	46	165	44	144	136	528	414	82～3530
	Nb	1.3	0.4	11	4	12	4	12	13	37	37	11～348
	Y	22	10	28	12	32	25	34	33	75	29	9～190
	Ce	16	4	64	19	64	17	68	53	137	58	18～560
	Sc	15	8	13	7	12	6	8	8	4	5	<1～22
	V	72	49	60	43	56	30	22	23	6	10	<1～79
	Ni	2	2	7	9	13	9	2	4	<1	1	<1～11
	Cu	42	62	9	14	11	8	4	4	2	3	<1～19
	Zn	56	29	49	19	62	20	35	44	120	101	11～840
	Ga	15.0	1.5	16	2	17	2	16	17	24.6	6.0	14.0～49.5
有关参数	K/Rb	598		187		151		177	137	229		
	Rb/Sr	0.06		0.61		1.81		1.36	3.42	3.52		
	Rb/Ba	0.07		0.28		0.46		0.38	0.71	0.48		
	$10^4\times$Ga/Al	1.87		2.1		2.28		2.25	2.39	3.75		
	AI	0.52		0.62		0.59		0.74	0.71	0.95		

注：x. 平均值，σ. 标准偏差，①分异的I型，②分异的S型，$AI=n(Na_2O+K_2O)/n(Al_2O_3)$。

S型花岗岩化学成分的主要特征是富铝，其铝饱和指数(A/CNK值)一般大于1.1[图10-7(b)]，CIPW标准矿物中刚玉分子含量常大于1%(质量分数)，特别是当S型花岗岩中铁镁含量偏高时，其过铝特性表现更趋明显，因为富铁镁的岩石中更富含堇青石和石

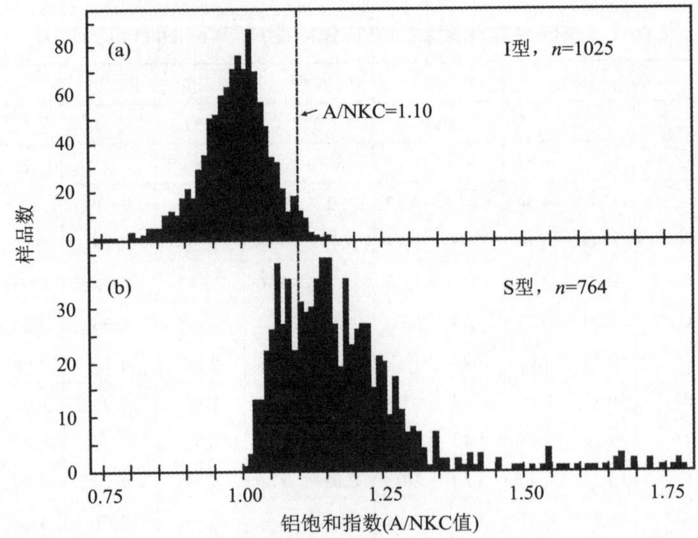

图 10-7 Lachlan 褶皱带 I 型与 S 型花岗岩铝饱和指数(A/NKC 值)频数分布直方图(Chappell, 1999)

图中 I 型花岗岩为 Lachlan 褶皱带除 Boggy Plain 超级岩套(Supersuite)之外的 1025 件样品统计结果，S 型花岗岩为 764 件样品统计结果，I 型和 S 型花岗岩 A/NKC 值的变化范围分别为 0.774～1.154 和 1.001～1.882

榴子石等富铝矿物。在分异的 S 型花岗岩中，其 A/CNK 值一般也在 1.0 以上。岩石的钠含量较 I 型花岗岩相对偏低，当岩石中 K_2O 含量为 5%(质量分数)左右时，Na_2O 含量一般小于 3.2%(质量分数)，当 K_2O 近于 2%(质量分数)时，Na_2O 含量减少到<2.2%(质量分数)。S 型花岗岩的 K/(K+Na)值较高，CaO 含量较低。需要指出的是，有时 S 型花岗岩的过铝特性并不是由于岩石中含有很高的铝，而是钙和钠含量偏低所致，如据 White 和 Chappell (1988)统计，具过铝特征的 S 型堇青石花岗岩和白云母花岗岩的 Al_2O_3 含量平均约为 14.3%(质量分数)，而准铝的 I 型角闪石花岗岩 Al_2O_3 平均含量为 14.5%(质量分数)，与前者相近或稍高，但由于前两种花岗岩的钙、钠含量偏低，使得它们的 A/NKC 值反而偏高，因而表现出过铝特征。过铝的 S 型花岗岩低钠和钙的特征极可能是源岩遭受风化作用导致斜长石分解而使钙、钠流失所致，其源岩即具富铝特征，来源于这类源岩经部分熔融形成的 S 型花岗岩必定是过铝、低钠和钙，且 K/Na 值和 Rb/Sr 值均较高。S 型花岗岩的 $Fe_2O_3/(Fe_2O_3+FeO)$值较低，铁质不透明矿物以钛铁矿为主，反映岩浆结晶的 f_{O_2} 相对较低。

I 型和 S 型花岗岩某些氧化物的演化趋势也存在较明显的区别，如 Chappell(1999)对 Lachlan 褶皱带花岗岩的研究发现，在 I 型花岗岩中，其 P_2O_5 随 SiO_2 增加而降低，特别是当 SiO_2>75%(质量分数)时，绝大多数样品的 P_2O_5<0.05%(质量分数)；而在 S 型花岗岩中，其 P_2O_5 随 SiO_2 的增加而增高或基本不变，且大多数酸性 S 型花岗岩的 P_2O_5>0.1%(质量分数)(图 10-8)。这是因为磷灰石在准铝-弱过铝(A/CNK<1.1)的 I 型花岗质岩浆中溶解度很低，它们总是优先结晶，从而使得残余岩浆 P_2O_5 越来越低；而在强过铝的 S 型花岗质岩浆中，磷灰石的溶解度随 A/NKC 值的增加呈线性增长，高的溶解度使得磷灰石在熔体中主要呈不饱和状态，因而导致 S 型花岗岩的 P_2O_5 随 SiO_2 的增加而增高或基本不变(Wolf and London，1994)。此外，I 型花岗岩 Th 和 Y 含量高，且与 Rb 之间常呈正消长演化关系，

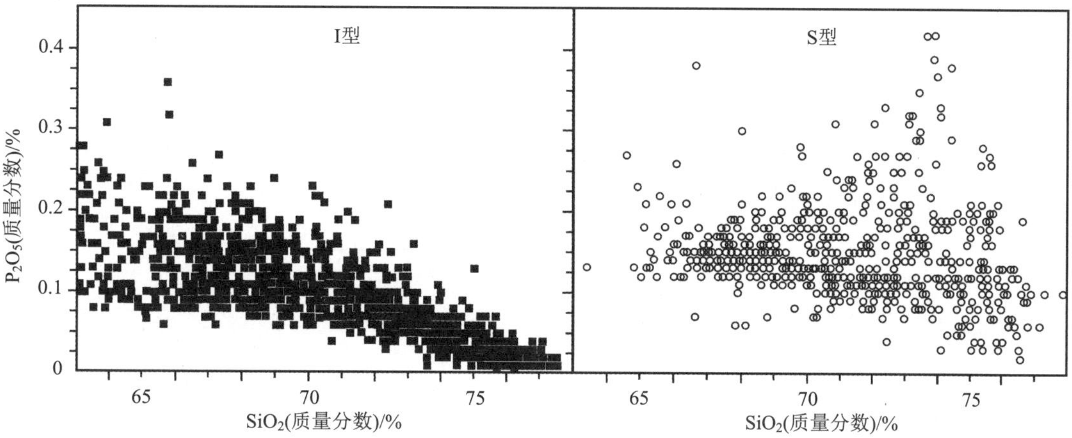

图 10-8　Lachlan 褶皱带 I 型与 S 型花岗岩 SiO_2-P_2O_5 变异图(Chappell，1999)

而 S 型花岗岩中 Th 与 Y 的含量较低，随 Rb 含量的增高而降低或变化不大。我国华南 I 型和 S 型花岗岩也具有类似的成分演化特点(李献华等，2007)。

A 型花岗岩化学组成的显著特点是 SiO_2 含量一般高于同一地区的其他类型花岗岩，对于给定 SiO_2 含量的岩石而言，A 型花岗岩还具有较高的 K_2O+Na_2O 含量，较低的 MgO、CaO 含量和高的 FeO_T/MgO 值，如 Eby(1990)指出，当 $SiO_2=70\%$(质量分数)时，其 $Na_2O+K_2O=7\%\sim11\%$(质量分数)，$CaO<1.8\%$(质量分数)，$FeO_T/MgO=8\sim80$。与 I 型花岗岩一样，A 型花岗岩也具有低 P_2O_5 的特点。A 型花岗岩还具较高的卤族元素含量，特别是 F[变化于 0.05%～1.7%(质量分数)]。微量元素组成上，A 型花岗岩富 Rb、Th、Ga、Y、Zn 及 Nb、Ta、Zr、Hf，稀土元素(除 Eu)的含量也较高。Ga/Al 值高是判别 A 型花岗岩的重要指标，Whalen 等(1987)提出了一系列以 Ga/Al($\times10^4$)值为基础的判别图解，用于区分 A 型花岗岩和其他类型的花岗岩(图 10-9)。由图 10-9 可看出，A 型花岗岩的 Ga/Al($\times10^4$)>2.6，Zr>250 ppm，Nb>20 ppm、Ce>100 ppm、Y>80 ppm、Zn>100 ppm，且一般 Zr+Nb+Ce+Y 含量>350 ppm。

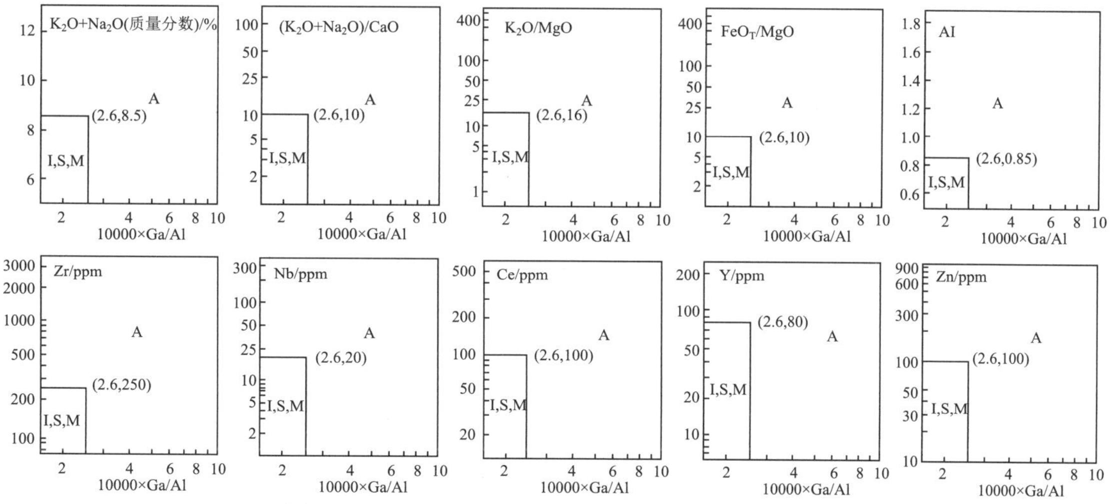

图 10-9　以 Ga/Al 值为基础的 A 型花岗岩判别图解

AI 为过碱指数，I、S、M、A 分别代表 I 型、S 型、M 型和 A 型花岗岩，分界点坐标据 Whalen 等(1987)

由于高分异的其他类型花岗岩的某些地球化学特征与 A 型花岗岩相似，如 Eby(1990)注意到当 SiO_2>74%(质量分数)时，A 型花岗岩的 K_2O+Na_2O 和 CaO 含量与其他类型花岗岩基本重叠，在这种情况下，如何利用地球化学资料来正确判定岩体的成因类型成为备受关注的问题。Eby(1990)认为，采用 SiO_2-FeO_T/MgO 关系图，可以有效地将 A 型花岗岩与分异的其他类型花岗岩相区分(图 10-10)。

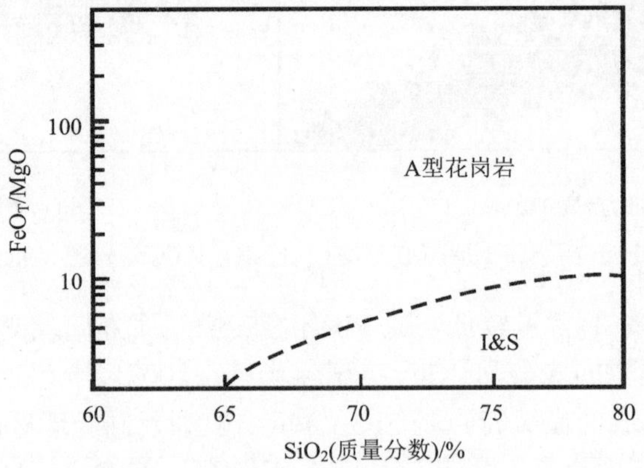

图 10-10　SiO_2- FeO_T/MgO 关系图(Eby，1990)

图中 I、S 和 A 分别代表 I 型、S 型和 A 型花岗岩

五、产状与分布

花岗岩的产状多种多样，但主要呈岩基和岩株产出，其规模从小于 10 km^2 到大于 1000 km^2。岩基的规模一般很大(>100 km^2)，可达数千甚至数万平方千米，如海南岛琼中岩体出露面积达 5661 km^2。与岩基相比，形成岩株的花岗质岩浆侵位能力较强，可以运移较远距离，定位于岩基顶部的凸起部分或其他部位，一般为中深成侵入体。除岩基和岩株外，花岗岩也可呈岩盖、岩瘤、岩脉、环状岩墙产出。对于规模较大的花岗岩体，它们多是由岩浆多次侵位形成，形成复杂的侵入关系，由不同时代形成的花岗岩组成复式岩体，如华南的诸广山岩体，出露面积达 4000 km^2，据研究该岩体可区分出加里东、印支和燕山三个时期至少 11 次以上的岩浆活动(王联魁等，1975)，足见其为多次岩浆作用形成的复式花岗岩体。

花岗岩是构成大陆地壳的主要组成部分，其分布十分广泛，特别是钙碱性的花岗岩和花岗闪长岩，它们总体产于各构造活动带上，且主要分布于陆壳增厚并经历较强烈剥蚀的地区，而碱性花岗岩的分布则较少，主要沿深大断裂带产出。我国是世界上花岗岩类岩石分布最多的国家之一，出露面积达 86 万 km^2，约占全国陆地面积的 9%。花岗岩的成岩时代延续漫长，从太古宙到新生代均有分布，其中以中生代花岗岩的出露面积最大，约占总面积的 40%，而新生代花岗岩出露面积较小，约占 12%(张德全等，2002)。中生代花岗岩主要分布在大兴安岭—太行山—武陵山一线以东的中国东部和西南三江(金沙江、澜沧江、怒江)地区，新生代花岗岩仅分布于西藏和滇西地区。大致以贺兰山—龙门山一线为界，中国东、西部花岗岩的空间展布具有明显差异，西部的花岗岩多沿刚性地块之间的结合带出露，呈明显的带状分布，多受板块俯冲、碰撞作用的控制；而东部大面积出露的中生代花岗岩以面状分布为主，多发育于板内构造体制下，伸展构造起了重要作用(洪大卫等，2007)。

华南广泛发育不同时代的花岗岩类，其中尤以燕山早期(侏罗纪)花岗岩最为发育。该区是我国花岗岩研究程度最高的地区，且区内花岗岩与大规模稀有金属(钨、锡、锂、铍、铌、钽、铀等)成矿作用存在密切关系，因而长期以来备受关注，被誉为中国花岗岩与成矿作用研究的摇篮。据研究(周新民，2003；孙涛，2006)，该区前寒武纪花岗岩在出露面积上以新元古代晋宁期为主，典型岩体如湖北的黄陵、江西的九岭、安徽的休宁与许村、广西的三防和元宝山等，空间上主要沿扬子地块南缘的皖南、赣北、鄂南、鄂西和桂北地区分布，大多呈岩基产出，以强过铝质为主(占 78.4%)，与它们共生的是一套略早生成的新元古代岛弧型火山-沉积岩系。加里东期花岗岩主要分布于湘-赣、湘-桂和桂-粤交界地区，以武夷山和云开地区最为集中，其中强过铝质岩体占同期花岗岩面积的 58.6%。与新元古代花岗岩不同，加里东期花岗岩缺少相匹配的大规模同期火山岩系，不具备洋-陆俯冲活动大陆边缘的特征，主要表现为板内性质的岩浆活动。海西期花岗岩在华南总量较少，分布零星。印支期花岗岩主要分布于桂东南大容山—六万大山—旧州、台马一带，以含堇青石为特点，在云开大山、湖南、赣南、粤北、闽西也有广泛分布，但以不含堇青石而含白云母为特点，这些花岗岩主要为强过铝质，占印支期花岗岩的 72.7%。燕山早期花岗岩在华南花岗岩中出露面积最大，以粤、闽、湘、赣为主要分布区域，主体呈北东向分布，在南岭地区呈东西向分布。与印支期花岗岩相比，准铝和弱过铝质钙碱性花岗岩的比例增加，面积上强过铝花岗岩已不再占有优势。燕山晚期花岗岩的出露面积超过 50300 km^2，由于另有大约近 2 倍于花岗岩面积的同期流纹质岩石出露，因此燕山晚期岩浆活动比燕山早期的更强烈。该期花岗岩分布区域以浙、闽、粤沿海地区和长江中下游地区为主。在沿海地区呈北北东向展布，在长江中下游地区呈北东东向展布，二者交会于浙北、皖南和苏沪地区，岩性主要以准铝和弱过铝质的钙碱性为主，在闽浙沿海地区广泛分布 A 型花岗岩。在宏观上，华南燕山期岩浆活动具有随时代变新从内陆向沿海方向迁移的特征，它们的展布方向总体呈北东向，与太平洋板块同期向北西方向的俯冲相耦合，表明华南燕山期的岩浆活动与太平洋板块的俯冲之间具有内在的成因联系，正是太平洋板块的俯冲诱发了中国东南大面积花岗质岩浆的活动。

六、成矿关系

花岗岩类岩石与许多重要的内生金属矿产，如钨、锡、铍、铌、钽、稀土、铜、钼、铅、锌、金、银等具密切的时空和成因联系。我国南岭分布有多时代形成的花岗岩类，其中许多岩体与稀有多金属矿床密切相关，使得该区成为一个举世瞩目的盛产钨、锡及其他多种稀有金属矿产(如铍、铌、钽、铀、钍、稀土等)的重要成矿区。研究表明，不同类型的花岗岩往往有不同的成矿专属性，S 型花岗岩多与钨、锡矿化有关，如我国赣南地区的钨矿和东南亚地区的锡矿，它们的成矿母岩主要为 S 型；I 型花岗岩多与铜、钼、铅、锌、金、银等矿床有关，如我国赣东北地区的德兴铜矿和冷水坑铅-锌-银矿、胶东地区的金矿和东秦岭地区的钼矿，它们的成矿母岩多为 I 型。这些矿产多赋存在花岗岩类岩石与围岩的内外接触带附近，或有规律地发育在花岗岩体内部的裂隙中，矿床的形成与花岗质岩浆演化后期的气化-热液蚀变作用密切相关，这些蚀变可以作为良好的找矿标志，如钠长石化强烈的花岗岩类多富铌、钽，而云英岩化强烈的花岗岩类则常与钨、锡矿化密切相关。对华南花岗岩类与稀有多金属矿床成矿关系的研究发现，在多旋回形成的复式岩体中，成矿多发生在晚期形成的岩体中，且从岩体规模而言，大矿、富矿也与小岩体关系最密切，在大岩基内部或内外接触带尽管形成的矿床数量较多，但绝大部分是小矿、贫矿(徐克勤等，1982)。就我国不同时代的花岗岩而言，与成矿关系最密切的花岗岩主要集中在中生代，而且不同地区花岗岩的成矿作用各具特色，如南岭花岗岩主要与钨、锡、铍、铌、钽、铀、稀土有关，秦岭花岗岩主要与钼、金有关，长江中下游花岗岩主要与铜、铅、锌有关等。

近年来，与A型花岗岩有关的成矿作用不断得到重视，这类岩石多与锡、铌、钽、锆、稀土等的成矿密切相关，如与锡成矿有关的花岗岩以往多认为其成因类型主要为S型(Lehmann，1990)，但人们发现许多锡矿床与A型花岗岩有关，典型矿如尼日利亚乔斯(Jos)高原的锡(铌、钨、锌)矿床、巴西北部Pitinga锡(锆、铌、钽、钇、稀土)矿床和巴西中部戈亚斯(Goiás)州的锡(铟)矿床等。我国也陆续报道了与A型花岗岩有关的锡矿床，如新疆贝勒库都克锡矿带中的萨惹什克锡矿床，此外，对江西会昌岩背锡矿、湖南芙蓉锡矿和柿竹园超大型钨(锡、钼、铋)多金属矿床的成矿岩体，近年来也被认为可归为A型花岗岩。与A型花岗岩有关的锆、铌、钽、稀土矿在我国也有发育，如内蒙古巴尔哲大型稀土-铌、锆矿床，该矿以铌、钇为主，伴生锆、铍、钽等有用元素，其矿石矿物主要赋存在岩体上部的钠闪石花岗岩中。苏州钽、铌矿床规模属特大型，其钽、铌品位高于目前国内开采的花岗岩型矿床，与该矿成矿有关的岩体主要为偏碱性的A型花岗岩。最近在新疆南部拜城县发现的特大型铌、钽矿床也与碱性花岗岩有关。此外，澳大利亚Olympic Dam超大型铜-铀-金-银矿床其赋矿围岩也为A型花岗岩。

除形成金属矿产外，花岗质岩石通过风化和热液蚀变作用还可形成一系列重要的非金属矿产，如花岗岩经风化残积作用可形成重要的高岭土矿床，这类矿床的母岩以白云母花岗岩为主，闻名世界的江西景德镇高岭村的高岭土即是由中粒白云母花岗岩风化而成，该类矿床普遍存在明显的垂直分带，自地表往下一般可分为红土带、铁质污染高岭土带、全风化的土状矿石带、半风化的高岭土化母岩带及未风化母岩(陶维屏等，1994)。花岗岩经热液蚀变还可形成钠长石及萤石等非金属矿床，另外，许多花岗岩本身可以作为饰面花岗石材开采。

第三节　喷　出　岩

酸性喷出岩的代表性种属为流纹岩和英安岩，其相应的深成岩分别为花岗岩和花岗闪长岩。酸性喷出岩的矿物成分与侵入岩基本相同，但结构、构造有明显差别，酸性喷出岩常具斑状结构，基质为隐晶质或玻璃质，酸性熔岩的黏度很大，所以经常见到与其伴生的火山碎屑物质，多具流纹构造。

一、矿物组成

酸性喷出岩的主要矿物成分为石英、碱性长石和斜长石，含少量铁镁矿物。由于喷出岩形成于高温氧化条件，所以其矿物成分上也表现出高温氧化的特点，但随着岩石形成后时间的增长，矿物的同质多象高温变体会逐渐向低温变体转变。

（一）石英

石英可呈斑晶产出，但较广泛分布于基质中，斑晶可呈六方双锥状的高温β-石英假象，但常见因高温熔蚀形成的浑圆状、港湾状形态[图 10-11(a)]，基质中可出现鳞石英或方石英。

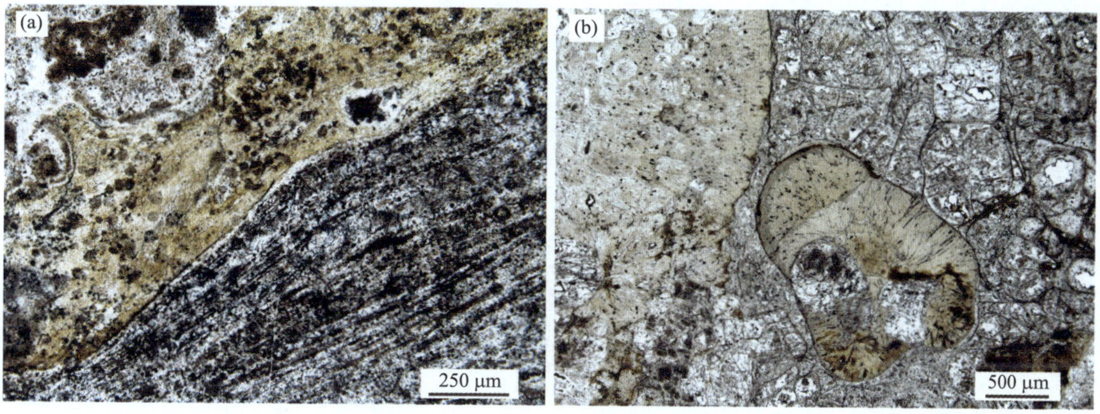

图 10-11　流纹岩显微照片

(a)典型的流纹构造，并呈现不同的成分条带，单偏光；(b)球粒流纹岩，岩石具典型的球粒结构，基质发育珍珠构造，样品采自浙江雁荡山，单偏光

（二）碱性长石

碱性长石是酸性喷出岩斑晶和基质的主要组分，斑晶多为高温钾长石——透长石，富钠的岩石种属中可出现歪长石或钠透长石，这些高温变体随着时间的增长会向正长石转变，酸性喷出岩中的碱性长石一般不出现微斜长石和条纹长石。

（三）斜长石

斜长石主要呈斑晶产出，基质中较少，且多见于相对偏基性的英安岩中，在典型流纹岩中少见，斜长石成分主要为更-中长石。在时代较新的酸性喷出岩中斜长石多为无序结构的高温变体，时代较老的火山岩中斜长石会逐渐向有序结构转化。

（四）铁镁矿物

铁镁矿物主要为黑云母和角闪石，只呈斑晶产出，且因高温氧化，矿物中的 Fe^{2+}转变为 Fe^{3+}而呈褐色多色性，并常发育暗化边[图 10-11(a)]。在碱性流纹岩中可出现富钠铁镁矿物，如霓石、霓辉石、钠闪石、钠铁闪石等，我国福建永泰云山破火山的过碱性流纹岩就含有这些碱性铁镁矿物。流纹岩中也可出现铁橄榄石，在福建永泰云山破火山的过碱性流纹岩中，以及美国黄石国家公园的流纹岩中曾有报道，但罕见。

（五）副矿物

副矿物主要为赤铁矿、磁铁矿、磷灰石、锆石、榍石等。

二、结构、构造

酸性喷出岩主要呈斑状结构，基质多发育玻璃质结构、球粒结构和霏细结构等。霏细结构由细小的长石、石英集合体和分散的玻璃组成，有原生和次生之分，原生霏细结构是由高黏度岩浆经骤冷结晶形成，其碱性长石和石英微粒之间界线清晰，且较规则，而次生霏细结构则为脱玻化作用形成，颗粒之间界线多模糊且不规则。

酸性喷出岩中出现的较典型构造为流纹构造，它是由黏度较大的岩浆在流动过程中经冷凝固结形成的。此外，还可见珍珠构造、球粒构造、石泡构造等。酸性喷出岩中也常出现气孔构造，但其气孔多不规则，这主要是由酸性岩浆黏度较大，气体不易逸出所致。

三、种属划分及主要种属

酸性喷出岩按斜长石的有无及碱性长石和铁镁矿物的性质，可区分为碱性和钙碱性两类。碱性流纹岩缺乏斜长石或含量很少，出现碱性铁镁矿物，碱性长石为钠透长石、歪长石或钠长石，而钙碱性流纹岩则含有不等量的斜长石，缺乏碱性铁镁矿物，碱性长石为透长石或正长石，常见种属特征分述如下。

（一）碱性流纹岩(alkali rhyolite)

碱性流纹岩指含有碱性铁镁矿物的流纹岩，一般多称为过碱性流纹岩。岩石具斑状结构或无斑隐晶质结构，斑晶主要为钠长石、钠透长石、歪长石、双锥状石英和碱性铁镁矿物(霓石、霓辉石、钠闪石、钠铁闪石)，按化学组成可进一步区分为钠闪碱流岩(comendite)和碱流岩(pantellerite)两种类型，前者为一种浅色斑状过碱性流纹岩，含有石英、碱性长石、霓石、钠铁闪石或钠闪石和少量黑云母斑晶，化学组成上过碱指数[$AI=n(K_2O+Na_2O)/nAl_2O_3$]略大于 1，$Al_2O_3>1.33\times FeO_T$(全铁)+4.4；后者颜色较深，呈绿色至黑色，化学组成上过碱指数较高(1.6～1.8)，$Al_2O_3<1.33\times FeO_T+4.4$，矿物组成上碱性长石斑晶为歪长石，石英斑晶一般较少，铁镁矿物含量较高，种类包括透辉石、霓辉石、霓石、钠铁闪石等，该岩石以其最初发现于意大利的潘泰莱里亚(Pantelleria)岛而得名。

（二）流纹岩(rhyolite)

流纹岩成分相当于普通花岗岩，多呈灰色或灰红色，通常为斑状结构，斑晶主要为石英和透长石，石英斑晶多被熔蚀[图 10-11(a)]，斑晶含量一般在 30%以下，如斑晶含量>30%，有时被称为斑流岩(nevadite)；基质结构不一，可见霏细结构、球粒结构和玻璃质结构等，无斑或少斑并发育霏细结构的流纹岩称霏细岩(felsite)，具球粒结构的流纹岩称为球粒流纹岩[图 10-11(b)]。岩石常见流纹构造、气孔构造，有时可见石泡构造，发育石泡构造者称为石泡流纹岩。我国浙江雁荡山和方山产有典型的石泡流纹岩，沿球泡内壁充填有高温蒸汽相结晶的矿物，如玛瑙、石英等。

由于流纹岩的岩浆是高硅的熔体，抑制了化学扩散和晶体生长，流纹岩熔岩通常呈玻璃质。玻璃质的流纹岩按含水量高低及物理性质的不同，又可区分为下列类型。

(1) 黑曜岩(obsidian)：以具玻璃光泽、发育贝壳状断口、含水量低[<2%(质量分数)]为特征。多呈黑色致密块状，也可呈深褐、褐红等颜色，岩石中常含磁铁矿、辉石成分的

微晶和雏晶，并常见因脱玻化作用形成的球粒。黑曜岩颜色较深主要是含有细小而分散的磁铁矿微晶所致，但其色率却很低，因磁铁矿含量一般不足5%。有的黑曜岩为强熔结的熔结凝灰岩，玻屑熔结成致密的玻璃质。

(2)松脂岩(pitchstone)：以具松脂光泽、贝壳状断口、含水量较高[为4%～10%(质量分数)]为特征。可呈黑、灰、橄榄绿、褐等颜色，颜色有时均匀，有时呈斑点状或条带状，主体为酸性玻璃，有时也可有少量斑晶，受脱玻化作用的影响，玻璃基质中往往有较多雏晶(多于黑曜岩)。

(3)珍珠岩(perlite)：以发育珍珠状裂纹构造、呈玻璃光泽、含水量中等[为2%～4%(质量分数)]为特征。多呈淡灰、红或褐色，可含少量透长石和石英斑晶，基质脱玻化首先沿珍珠状裂纹发生。

(三)英安岩(dacite)

英安岩相当于花岗闪长岩的喷出岩，多呈深灰、灰绿色，常具斑状结构，斑晶以斜长石(主要为中-更长石)为主，此外尚有石英、少量黑云母、角闪石和辉石等，碱性长石斑晶少见。基质以玻基交织结构为主，也可为霏细结构。与安山岩的区别在于含有较多石英斑晶，与流纹岩的区别在于含有较多的斜长石斑晶，当斑晶只有石英和斜长石而无钾长石时，可定名为斜长英安岩(plagiodacite)。

(四)流纹英安岩(rhyodacite)

流纹英安岩与英安岩的区别在于含有更多的钾长石斑晶，斜长石斑晶的成分相对偏酸性，化学组成上流纹英安岩的$Na_2O+K_2O>6\%$(质量分数)，$CaO<4\%$(质量分数)，而英安岩的$Na_2O+K_2O<6\%$(质量分数)，$CaO>4\%$(质量分数)。与流纹岩的区别在于SiO_2略低[一般<72%(质量分数)]，在缺少化学组成数据的情况下，一般难以将流纹英安岩与流纹岩和英安岩相区分。

(五)石英角斑岩(quartz keratophyre)

石英角斑岩是一种浅色的海相钠质酸性火山岩，岩石一般具有斑状结构，基质呈霏细结构、玻璃质结构、球粒结构和凝灰结构等。斑晶主要由钠长石或石英和钠长石组成，而歪长石、微斜长石和透长石则少见。深色矿物呈斑晶者极少，尤其不含碱性深色矿物，据此可将其与化学成分类似的碱性流纹岩相区分。随着斑晶和基质中钾长石含量增高则过渡为钾质石英角斑岩。该岩石常发生强烈蚀变，主要蚀变类型有绿泥石化、绿帘石化、黝帘石化和钠长石化等。

四、化学成分

与花岗质岩石相对应，流纹质岩石也有I型、S型和A型之分，表10-2列出了各类型流纹岩的化学组成，可以看出，A型流纹岩富碱贫铝，过碱指数(AI值)多在0.95以上，而铝饱和指数(A/NKC值)一般小于1，CIPW标准矿物中多出现锥辉石(Ac)分子；S型流纹岩以铝含量较高为特征，A/NKC值多大于1，CIPW标准矿物中常有刚玉(Crn)分子。由于酸性岩浆的黏度较大，它们向上运移喷出的能力较差，其中特别是S型酸性岩浆，它们多形成原地或准原地的花岗岩，以致Chappell和White最初认为S型花岗岩没有相应的同源火山岩。尽管随后在澳大利亚东南部、秘鲁及我国赣东北和武夷山西坡相继发现有 S 型流纹质火山岩，但从数量上来看远不及 I 型流纹质火山岩多。而 A 型酸性岩浆本来就少，因此，自然界中分布的酸性喷出岩就成因类型而言多属于 I 型，主要岩石类型包括流纹岩、英安流纹岩、流纹英安岩和英安岩，各岩石类型之间化学成分的区别主要体现在 SiO_2、CaO、K_2O、Na_2O 等氧化物含量上(表 10-3)。一般而言，自流纹岩→英安流纹岩→流纹英安岩→英安岩，SiO_2 含量逐渐降低，CaO 含量逐渐升高，而 K_2O/Na_2O 值逐渐降低，如流纹岩 CaO<2%(质量分数)，K_2O 显著大于 Na_2O，英安流纹岩 CaO>2%(质量分数)，K_2O 略大于 Na_2O，流纹英安岩和英安岩 SiO_2 含量较低，CaO>2%(质量分数)，Na_2O 大于 K_2O。

表 10-2　酸性喷出岩化学成分

类型		I 型			S 型			A 型		
序号		1	2	3	4	5	6	7	8	9
岩性		流纹岩	英安流纹岩	碎斑熔岩	流纹岩	英安流纹岩	碎斑熔岩	碱性流纹岩		
产地		浙江桐庐			江西相山			福建永泰	澳大利亚	巴布亚新几内亚
统计数		5	8	11	15	22	20	5	14	9
化学组成(质量分数)/%	SiO_2	71.54	67.78	68.18	75.20	68.34	73.92	76.66	74.28	70.72
	TiO_2	0.28	0.52	0.51	0.13	0.40	0.15	0.12	0.21	0.30
	Al_2O_3	13.75	14.76	14.76	12.15	14.52	12.50	11.63	12.17	12.92
	Fe_2O_3	1.04	1.07	1.00	0.84	2.78	1.01	1.50	2.37	1.97
	FeO	1.83	2.76	2.57	1.50	1.51	1.60	0.35	0.97	1.96
	MnO	0.07	0.07	0.08	0.12	0.10	0.14	0.09	0.04	0.11
	MgO	0.56	1.00	0.92	0.30	0.68	0.32	0.09	0.04	0.20
	CaO	1.47	2.51	2.37	0.97	1.53	1.09	0.28	0.13	0.36
	Na_2O	3.38	3.64	3.59	2.96	3.00	2.74	3.77	5.10	6.03
	K_2O	4.48	4.21	4.30	4.97	4.95	4.89	4.65	4.67	4.72
	P_2O_5	0.08	0.14	0.14	0.06	0.18	0.10	0.02	0.01	0.03
主要 CIPW 标准矿物(质量分数)/%	Qz	30.5	22.8	23.7	36.0	28.8	36.3	36.6	27.5	19.6
	Or	26.9	25.3	25.8	29.6	29.8	29.4	27.7	27.6	28.1
	Ab	29.0	31.3	30.9	25.2	25.9	23.5	32.2	36.6	40.5
	An	6.9	11.7	11.0	4.5	6.6	4.9	1.1	0.0	0.0
	Ac	0.0	0.0	0.0	0.0	0.0	0.0	0.0	5.8	5.7
	Crn	0.9	0.0	0.2	0.3	1.9	1.0	0.0	—	—
主要岩石化学参数	ALK	7.86	7.85	7.89	7.93	7.95	7.63	8.42	9.77	10.75
	AI	0.76	0.71	0.72	0.84	0.71	0.78	0.97	1.10	1.16
	A/NKC	1.05	0.98	0.99	1.01	1.11	1.06	0.99	0.89	0.82
	K/Na	1.33	1.16	1.20	1.68	1.65	1.78	1.23	0.92	0.78

注：Qz.石英；Or.正长石；Ab.钠长石；An.钙长石；Ac.锥辉石；Crn.刚玉。$ALK=K_2O+Na_2O$；$K/Na=K_2O/Na_2O$；$AI=n(K_2O+Na_2O)/n(Al_2O_3)$；$A/NKC=n(Al_2O_3)/n(Na_2O+K_2O+Al_2O_3)$。桐庐和相山资料据王德滋等(1993)，永泰资料据邱检生等(2000)，澳大利亚资料据 Ewart(1981)；巴布亚新几内亚资料据 Smith 和 Johnson(1981)。

表 10-3　流纹岩、英安岩及其过渡岩石化学成分(Nockolds, 1954)　[单位：%(质量分数)]

岩石名称	SiO_2	CaO	K_2O	Na_2O
流纹岩	73.66	1.13	5.35	2.99
英安流纹岩	70.15	2.15	4.50	3.65
流纹英安岩	66.27	3.68	3.01	4.13
英安岩	63.58	5.53	1.40	3.98

五、产状与分布

酸性岩浆主要通过中心式火山喷发方式喷出地表，常见熔岩产状为岩钟、岩流。由于酸性岩浆黏度大、挥发组分含量高，火山喷发时伴随有强烈的爆炸作用，因此酸性喷出岩主要形成各类火山碎屑岩，熔岩相对较少，这与基性岩浆喷发常形成大规模的岩流和岩被明显不同。环太平洋周边中、新生代分布有许多以酸性、中酸性火山碎屑岩(主要是熔结凝灰岩)为主体构成的长英质大火成岩省(felsic large igneous province)，如南美洲南端的巴塔哥尼亚(Patagonia)及与之毗邻的西南极(West Antarctica)存在一巨大的长英质大火成岩省，火山岩以流纹质熔结凝灰岩为主，时代为晚侏罗世，总面积超过 200000 km^2，如果按平均厚度为 1 km 计算，估计总体积达 235000 km^3，是全球最大的长英质火山岩省之一(Pankhurst et al.，1998)。类似的例子还有墨西哥的 Sierra Madre Occidental 地区广泛分布的流纹质熔结凝灰岩，面积超过 250000 km^2，时代为新近纪(Cameron et al.，1980)。我国东南沿海也广泛分布晚中生代酸性、中酸性火山岩，占基岩出露面积的 80%，火山岩层厚度达 2000～3500 m(熊绍柏等，2002)，总体积在 50 万 km^3 以上(陶奎元，1991)。该区火山喷发呈现出线环复合的分布特征(图 10-12)，

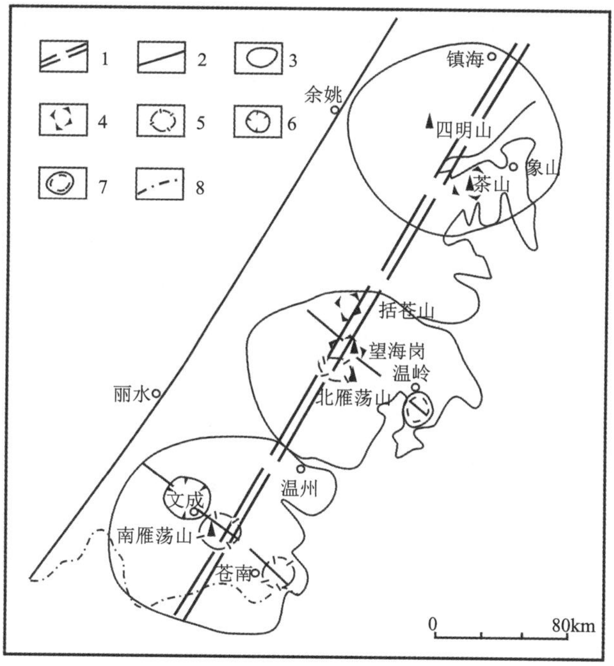

图 10-12　浙江东南沿海地区酸性－中酸性火山构造分布模式图(杜杨松等，1989)

1. 一级主干区域断裂；2. 二级区域断裂；3. 一级环状火山构造；4. 二级火山穹隆；5. 二级破火山口；6. 二级火山洼地；7. 二级层状火山；8. 省界

环指火山作用呈中心式喷发，形成火山锥、破火山或环形火山洼地，线指这些中心式火山机构受区域性断裂控制，这种线环复合的火山喷发分布模式在酸性-中酸性火山作用地区，特别是在环太平洋中生代火山岩中普遍存在(杜杨松等，1989)。

从产出构造环境上，酸性的流纹质岩石主要分布在大陆弧地区，典型例子如北美阿拉斯加和喀斯喀特(Cascade)山脉，以及我国东南沿海等地；其次为大洋弧地区，如巴布亚新几内亚新不列颠岛弧、印度尼西亚的巽他(Sunda)和桑义赫(Sangihe)弧，以及加勒比海的安的列斯(Antilles)岛弧等；此外，在地幔柱(热点)地区和裂谷带也有流纹岩分布，大洋热点地区的流纹岩见于冰岛和夏威夷，但数量相当少，而大陆热点地区的流纹岩相对较多，典型例子如美国黄石国家公园，在该区发育三期流纹质火山作用，形成了数千立方千米的流纹质凝灰岩和熔岩(Hildreth et al., 1991)。大陆裂谷区流纹岩分布较普遍，如美国里奥格兰德(Rio Grande)裂谷、东非裂谷和红海裂谷，在这些地区，流纹岩常与玄武质岩石构成双峰式火山岩组合。

六、成矿关系

酸性喷出岩最常见的蚀变是泥化、绢云母化和碳酸盐化，在高温气液影响下常发生硅化作用形成次生石英岩，它是一种浅色细粒致密块状岩石，多发育在火山口或其附近，主要由细粒石英组成(含量一般为 70%～75%)，此外尚有刚玉、红柱石、明矾石、叶蜡石、高岭石、水铝石等。

与酸性喷出岩有关的矿产主要是一些非金属矿产，如我国闽浙沿海地区晚中生代广泛发育酸性火山岩，它们经次生蚀变形成了一系列的非金属矿床，其中最具工业意义的为叶蜡石矿床和明矾石矿床。由酸性火山岩通过次生蚀变形成的叶蜡石矿床规模较大，质量也较好，是叶蜡石工业矿石的主要来源，典型矿例如福建福州峨嵋、浙江上虞梁岙和青田山口等。我国的明矾石矿床也主要由酸性火山岩次生蚀变形成，典型矿例如浙江苍南矾山，它是我国目前发现的规模最大的明矾石矿床。此外，由酸性火山岩次生变化形成的高岭石-迪开石矿床及伊利石矿床也有一定的工业意义。

酸性喷出岩除通过次生变化可形成一系列非金属矿产外，在酸性火山喷发、火山物质沉积以及酸性火山玻璃水解过程中也可形成一系列的非金属矿产。酸性火山喷发-沉积成岩作用形成的重要矿产是珍珠岩矿床，它主要由珍珠岩构成，部分松脂岩和黑曜岩也可构成具有重要工业意义的珍珠岩矿床。珍珠岩具加热膨胀性能，且密度小、导热系数低、耐酸、耐碱和不易燃烧，因而广泛应用于冶金、化工、建筑及污染控制等领域。酸性火山玻璃经水解作用主要形成沸石矿床，这类矿床多产于离火山口有一定距离的湖盆中，矿层由火山玻璃空落淬水脱玻而成，规模较大，质量稳定，矿石成分以斜发沸石为主，其次为丝光沸石，并伴有少量方沸石、蒙脱石、方解石、石英、长石及岩屑，这类沸石矿床是国内外最主要的沸石矿床类型(陶维屏等，1994)。此外，酸性喷出岩经水解作用还可以形成膨润土矿床。

第四节 酸性岩的成因

一、花岗岩的成因

(一)花岗质岩浆的形成

花岗岩的成因有悠久的研究历史，James Hutton 最早提出了花岗岩是由岩浆凝结而成，即火成论的主导思想。但是，关于花岗岩的岩浆究竟是由地壳熔融产生还是玄武质岩浆结晶分异为主仍是当前持续争议的问题。以鲍温为代表的“一元论”观点认为自然界只有玄武质岩浆，花岗质岩浆是由玄武质岩浆经分异演化形成。一些古大洋弧和现代成熟大洋弧中的花岗岩通常具有岛弧型微量元素配分型式和亏损的放射性成因同位素组成，因此经常被解释为幔源玄武质岩浆结晶分异的产物(Moyen et al., 2021)。其主要驱动力是地幔的熔融与基性母岩浆注入地壳。这些岩浆在MASH带[MASH为熔融(melting)、混染(assimilation)、储存(storage)、均质化(homogenization)的简写](Hildreth and Moorbath, 1988)或深部地壳热带(deep crustal hot zones)(Annen et al., 2006)中边分异、边与下地壳岩石(或其熔体)反应，产生分异的中-酸性熔体。这些分异的熔体能够借助浮力上升，穿透上覆的下地壳至浅部地壳位置，冷却和固结形成深成岩体。

同时，人们注意到花岗岩主要分布于大陆地壳，在大洋中极少，而玄武岩在大陆和大洋区均有广泛分布，因而在大陆环境下，如大陆边缘俯冲带和大陆碰撞带中的花岗质岩浆主要来自内部古老/新生地壳的部分熔融。

实验岩石学研究表明，地幔橄榄岩的部分熔融不能直接产生花岗质岩浆，只能形成玄武质岩浆，而地壳岩石在温度升高的条件下，经不同程度的熔融则可以产生不同成分的花岗质岩浆，如Winkler(1976)以硬砂岩为原料，在 $P_{H_2O}=2\times10^8$ Pa 条件下进行了熔融实验(图 10-13)，发现当对硬砂岩加热时，它先转变成片麻岩的矿物组合，其组成为(质量分数)：石英 36%，斜长石(An%=19)33%，钾长石 9%，堇青石 12%，黑云母 3%，夕线石 3%，金属矿物 4%。当温度升高到(685±10)℃时开始熔融，到(687±10)℃时熔出的低熔熔浆组分为石英：钠长石：钾长石=41：28：31，相当于二长花岗岩的成分；700℃时体系中的碱性长石全部转入熔浆中，此时熔体数量达 30%。温度进一步升高，熔体成分沿斜长石和石英的同结线向富斜长石方向演化，直到 740℃(由于定量鉴定有误差，故图 10-13 中 720℃、740℃时熔浆成分点稍偏离同结线，但总的演化方向与相图中的同结线一致)，其间 720℃时熔体数量达 45%，740℃约为 75%，熔体的成分相当于花岗闪长岩，740℃时，体系中的斜长石全部转入熔浆。T>740℃后由于斜长石全部消失，熔浆离开同结线进入石英首晶区，T=770℃时，熔浆数量达约 80%，

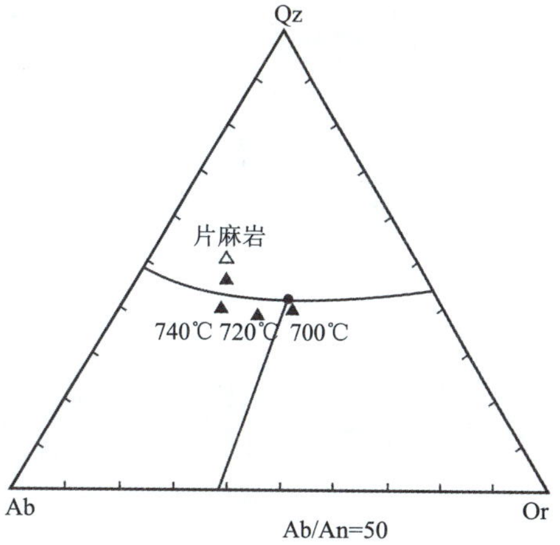

图 10-13 不同温度下由硬砂岩熔融产生的熔浆之成分($P_{H_2O}=2\times10^8$ Pa) (Winkler, 1976)

△-源岩；▲-不同阶段熔融产生的熔浆

此时难熔的残余物组成为：石英 8%，堇青石 8%，金属矿物 4%。

上述实验说明，大陆地壳物质部分熔融可以产生花岗质岩浆，且花岗质岩浆的形成是一个渐进过程，即当温度升高到源区岩石发生部分熔融的临界温度时，其易熔组分就会进入熔体，随着温度的升高，相对难熔的组分也相继进入熔体，且熔体的比例也随之增加。前述以及其他许多实验均表明，长英质片麻岩或泥质岩在存在自由水的条件下，温度升高到 650℃左右，源岩中的低熔组分即可熔融，形成最初的熔体；温度大于 700℃，则会造成白云母的脱水熔融，许多过铝质花岗岩(如高喜马拉雅淡色花岗岩)可能就是这样形成的；温度升高到大于 850℃，则可以造成黑云母的分解熔融或导致低熔组分在无水条件下的部分熔融，温度升高到 900℃或 950℃以上时，会使角闪石分解熔融(Thompson and Connolly, 1995)，可见相同成分的源岩在不同的温度条件下熔融可以形成不同类型的花岗岩。同样，不同源岩在相同条件下部分熔融也可以产生差异的岩浆成分(详见第十三章)。

促使地壳物质发生熔融的热源是花岗岩成因研究中关注的焦点，早期的观点认为造山作用导致地壳加厚引起的地温增加可以促使地壳物质发生熔融形成花岗质岩浆，现在人们普遍认为诱发地壳物质发生熔融的热源主要来自地幔，幔源岩浆以底侵方式(underplating)囤积在地壳底部附近形成岩浆池，这种囤积作用带来的地幔热源引起下部地壳大规模变质作用和深熔作用(肖庆辉等，2003)，进而诱发巨量花岗质岩浆的形成。此外，挥发组分(主要是水)的加入及压力的降低也被认为是控制花岗质岩浆形成的重要因素，因为水的加入可降低岩石的熔点，这是俯冲带岩浆作用强烈发育的重要原因之一。压力的降低也有利于岩石的熔融，由于挤压构造背景是升压环境，不利于岩浆活动的发生，而拉张的构造背景是减压环境，非常有利于岩石的熔融，同时，地壳的拉张减薄还可伴随深部软流圈地幔的上涌和幔源岩浆的底侵作用，从而使地壳升温而进一步发生部分熔融，这就是后造山的伸展垮塌会产生大量花岗岩的重要原因(Sylvester，1989；Bonin et al.，1998)。近年来的研究表明，花岗岩主要在拉张环境中形成，挤压环境下形成的花岗岩可能非常有限，即使是在俯冲带，花岗岩的形成也多是与其上方的拉张和底侵作用有关(吴福元等，2007)。

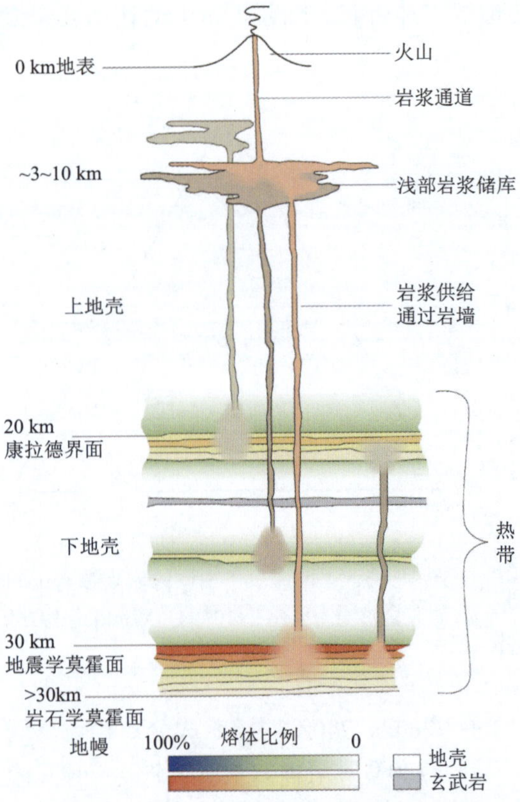

图 10-14　深部地壳热带模式(Annen et al., 2006)

地幔物质在花岗质岩浆的形成过程中除提供热的贡献外，还不同程度地提供物质贡献。如一些新的研究成果表明，花岗质岩浆的形成不仅仅是地壳物质重熔再生的结果，还有不同程度幔源物质的参与，最常见的就是幔源基性和壳源酸性岩浆的混合(Pitcher，1997)，这种混合可以形成无数多个不同的花岗岩类型，犹如连续光谱(Leake，1990)。因此，将壳幔相互作用与花岗岩的成因紧密联系起来成为 20 世纪 90 年代以来花岗岩研究的热点。目前，壳幔相互作用在花岗岩成因过程中的重要性和普遍性已越来越多地得到证实，现代花岗岩成因理论认为，大多数花岗岩均是壳幔相互作用的产物。例如，Annen 等(2006)基于实验数据和数值模拟工作提出的深部地壳热带模式就很好地阐述了这一过程(图 10-14)。主要内容如下：幔源含水玄武岩的底侵会在下地壳形成一个深位的“热带”，深度大约为 20 km 至莫霍面之间，侵位到下地壳中的幔源岩浆可以长时间地维持液态，并进一步产生两种岩浆：一种是玄武质岩浆分离结晶形成的富水残余熔体，另一种是玄武岩底侵诱发地壳物质部分熔融产生的熔体。这两种熔体的混合作用会形成同位素和微量元素成分多样的岩浆。

综上所述，花岗质岩浆的形成受到源区物质组成和熔融时的物理化学条件(主要是温度、压力和挥发组分含量)等多种因素的制约，升温、降压和加水是控制花岗质岩浆形成的主要机制。源区组成的不均一及熔融与演化过程的复杂性是导致花岗岩成分及类型多样性的主要原因。

(二)花岗质岩浆的演化

花岗质岩浆在其形成后至固结成岩前的演化是花岗岩成因研究中关注的重要话题之一。花岗质岩浆的黏度大，在很大程度上表现为晶粥体(Pitcher，1997)，因此，其发生分离结晶作用的能力远较基性的玄武质岩浆弱。张旗等(2008)认为花岗质岩浆不大可能发生结晶分离作用，其主要原因在于花岗质岩浆的黏度大，它不仅阻滞了矿物的结晶作用，而且阻止了密度大的矿物(如角闪石)下沉，同时花岗质岩浆中主要造岩矿物(如斜长石)的密度与岩浆本身的密度相近，使结晶分离作用难以进行。花岗质岩浆中副矿物(如锆石、磷灰石、钛铁氧化物等)也很难发生分离结晶，因为这些矿物的晶体太小，通常呈“浮尘状”漂浮在黏稠的岩浆中。但是，近年来提出的晶粥(crystal mush)模型(Hildreth, 2004; Bachmann and Bergantz, 2004)认为酸性岩浆在大部分时间里的储存状态以高结晶度的“晶粥”为主，在晶体含量为 40%～50%时，大量矿物相互接触形成格架阻碍了岩浆对流，矿物间隙内的高硅熔体通过矿物晶体的压实、微沉降和受阻沉降等过程实现晶体-熔体分离和熔体抽取、汇聚，以及实现岩浆的分异演化(图 10-15)。该模型较好地解释了高分异花岗质岩浆和高硅流纹质岩浆的成因，以及低分异花岗岩、高分异花岗岩、堆晶花岗岩的成因和相互之间的成因联系问题(吴福元等，2017)。

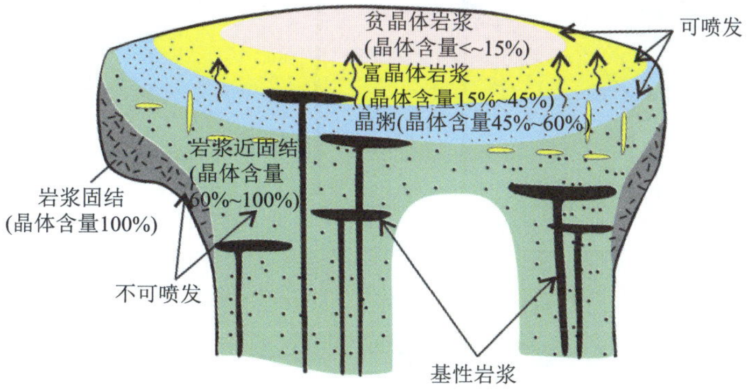

图 10-15 “晶粥”岩浆房模型(Hildreth, 2004)

岩浆混合作用是花岗质岩浆演化研究中另一个备受关注的问题。花岗岩中常发育淬冷包体(也称暗色微粒包体)，它是指示其演化过程中存在岩浆混合作用的最重要证据。此外，花岗岩中存在的非平衡矿物组合或结构现象及岩石组分之间的线性变异关系等特征，也是说明岩浆演化过程中存在岩浆混合作用的有力证据。Fernandez 和 Barbarin(1991)认为，当镁铁质岩浆注入不同程度结晶的长英质岩浆时，可区分出四阶段的混合作用(图 10-16)：①当镁铁质岩浆注入少量结晶的长英质岩浆时，可以发生完全的混合，产生均一的岩浆，形成钙碱性花岗岩类岩石；②当镁铁质岩浆注入进一步结晶的长英质岩浆，这时长英质岩浆的黏度还小，但是两种共存岩浆的黏度差已经相当大，其相差程度致使两者之间发生机械混合，囊状镁铁质岩浆形成暗色微粒包体，对流作用或其他驱动力使包体分散在整个寄主岩体中，或者分离作用使包体局部集中形成包体群[图 10-17(a)]；③当长英质岩浆已接近于固态时，可以形成裂隙，这时镁铁质岩浆可以沿花岗质岩石的裂隙贯入，并与其发生局部反应，形成角砾状或复合的同深成岩墙(synplutonic dikes)，随着黏度差的增大，形状更多样化，从具有锯齿状边界的斑块状到角砾状都有[图 10-17(b)]；④在晚期阶段，镁铁质岩浆侵入固态花岗质岩石形成连续的岩墙，至此，任何岩浆混合作用都不会发生[图 10-17(c)]。罗照华等(2007)按照混合均匀程度(以温度下降或黏度升高为序)将岩浆混合作用区分为狭义的混合(mixing)、混杂(mingling)和注入(injection)三种形式，狭义的岩浆混合作用指岩浆均匀混合，所形成的花岗岩宏观上具均一性，岩石表现为块状构造，其混合作用的证据一般只能从元素和同位素组成之间的变异关系来发现；混杂作用指岩浆之间的不均匀混合，宏观上均有明显的不均一性，常含大量暗色微粒包体，岩石多呈斑杂构造；注入作用是指两种同时形成的岩浆同空间侵位，相互之间不发生任何组分交换，主要表现是形成同深成岩墙。

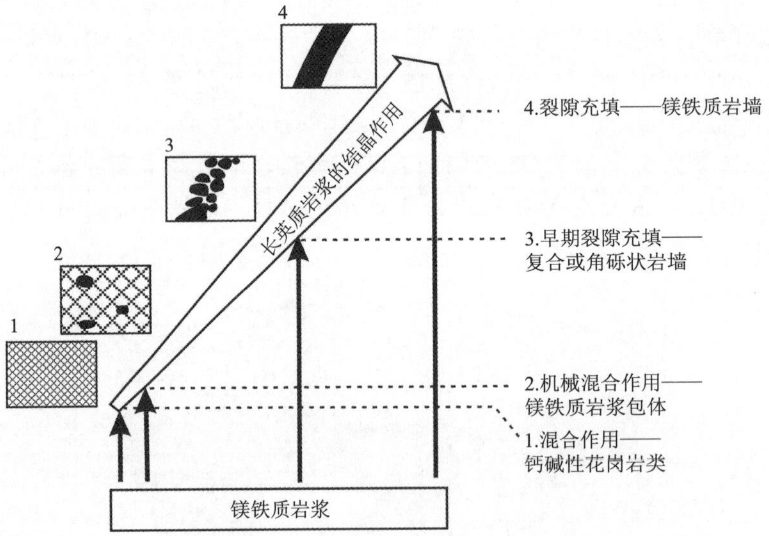

图 10-16　镁铁质岩浆注入不同结晶阶段长英质岩浆时所产生的不同类型的混合作用(Fernandez and Barbarin, 1991)

图 10-17 镁铁质岩浆注入不同结晶阶段长英质岩浆时，所产生的不同类型混合作用的野外照片

(a)镁铁质岩浆注入有一定程度结晶的长英质岩浆中，两者发生机械混合，未完全混合的镁铁质岩浆形成大量暗色微粒包体，摄于日本 Kitakami；(b)镁铁质岩浆注入已接近于固态的长英质岩浆产生的裂隙中，形成角砾状或斑块状的同深成岩墙，摄于西藏(莫宣学等, 2009)；(c)镁铁质岩浆侵入固态的花岗质岩石形成连续的岩墙，两者不发生岩浆混合作用，摄于浙江东极岛(董传万等，2010)

(三)花岗质岩浆的上侵与定位

花岗质岩浆形成以后，通过上侵与定位形成花岗岩体，提出的主要侵位机制包括穹隆作用、底辟作用、气球膨胀作用、岩浆顶蚀作用、破火山口陷落和岩脉扩展作用等。花岗质岩浆的侵位机制与岩浆的流变学性质和近侵入体围岩的流变学性质有关，主要因素是密度差和内压力。花岗质岩浆与源区残留岩石相比具有较低的密度，因此会产生向上运动的浮力从而导致岩浆上侵。另外，断裂导致的减压作用也是诱发花岗质岩浆上侵的重要因素。岩浆的定位主要受控于围压，当岩浆的压力大于围岩，则岩浆可以克服围岩的阻力上升；当围岩的压力大于岩浆，则岩浆将受阻而滞留在地下深处形成岩浆房。和玄武质岩浆相比，花岗质岩浆温度较低，且黏度较大，因此其向上侵位的能力远较玄武质岩浆弱。据研究，含地幔捕虏体的碱性玄武岩浆上升 100 km 仅需 0.6～12 天，而花岗质岩浆则需 3.2～32 ka，因此，花岗质岩浆很难运移到地表，主要在地下不同深度结晶。处于地下深处的岩浆冷却速度缓慢，如通过以热传导为基础的计算估计，2 km 厚的花岗岩岩席完全结晶需 64 ka，8 km 厚的花岗岩基完全固结需 10 Ma，由于有充分的结晶时间，花岗岩常呈中粗粒结构。

21 世纪以来，越来越多的研究表明大型花岗岩体的形成是一个逐渐累积的过程，由不同批次规模较小的岩浆多次补给、聚集和组装形成，即岩浆储库的累积生长(incremental growth)模型(Coleman et al., 2004, 2016)。Coleman 等(2004)对美国内华达地区图奥勒米(Tuolumne)岩套精细的年代学研究发现，该岩套中不同侵入体的锆石 U-Pb 年龄变化在 85～95 Ma，并具有从外向内年龄渐新的变化规律(图 10-18)。由于单个侵入体从岩浆形成到锆石 U-Pb 同位素体系封闭的时间不超过 1 Ma(Petford et al.，2000；Glazner et al., 2004)，也就否定了该侵入单元曾经作为一个独立岩浆房的假设。Coleman 等(2004)进而认为 Tuolumne 岩体的生长是由不同批次岩浆在 10 Ma 内持续汇聚而成的。近十年来，在高精度定年手段、热力学模拟和扩散模拟等研究方法的支持下，单一批次岩浆冷凝的时限被限定在几千年至几十万年之内(Schoene et al., 2012)，这些研究进一步支持了长寿命大型花岗岩

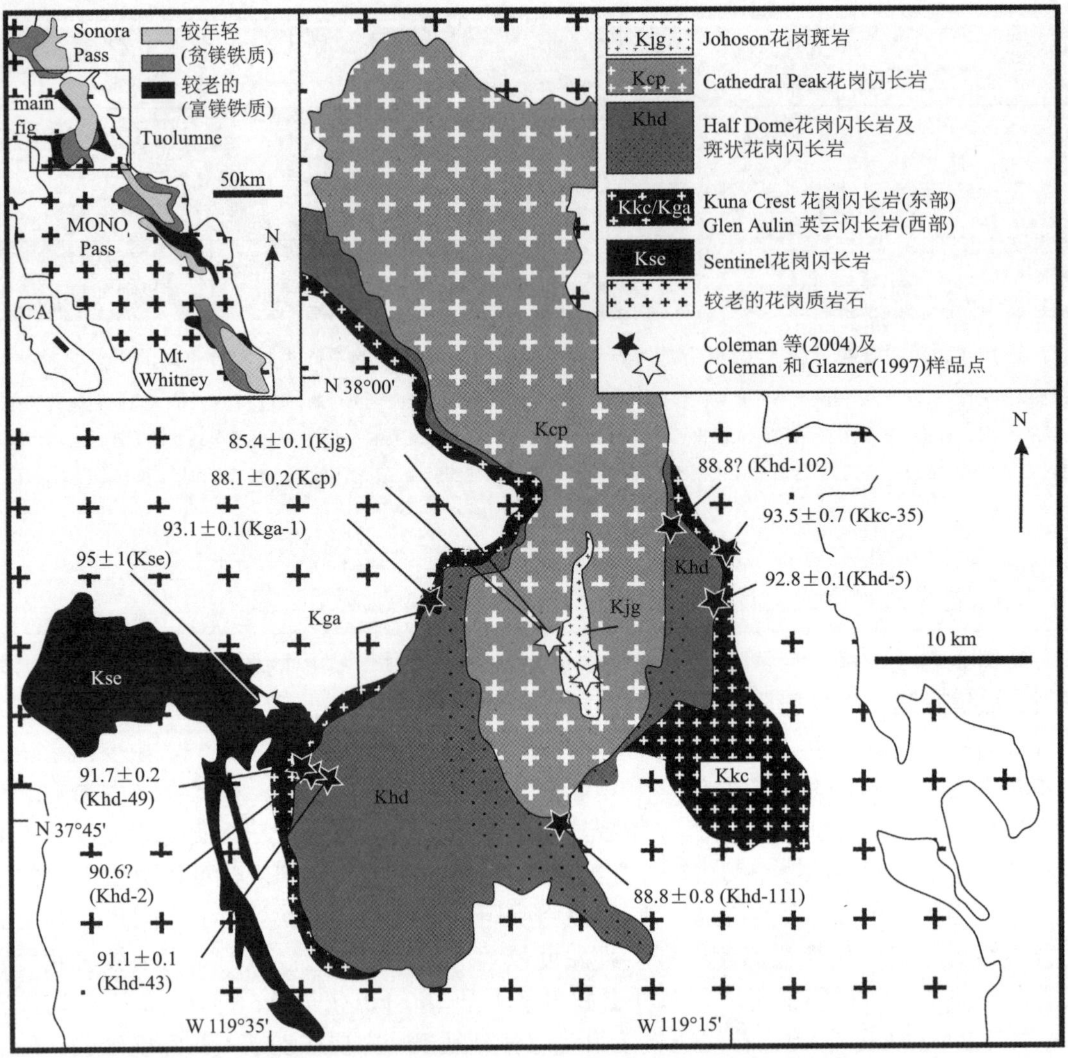

图 10-18　内华达 Tuolumne 不同侵入体就位年龄(据 Coleman et al.，2004 修改)

体的生长是多次累积组装的观点。花岗岩体的累积生长模型能够较合理地解决大型花岗岩体在地壳中侵位所需要的空间从何而来的问题，而小规模、多期次岩浆的汇聚可以通过小规模的构造应变实现，长时间的累积生长即可形成大型花岗岩体。

二、流纹岩的成因

与花岗质岩浆一样，流纹质岩浆也主要起源于地壳岩石的深熔作用，它们可以通过富硅质岩石重熔再生或相对偏基性岩石的部分熔融形成，这一过程最可能发生在下地壳内部或其底部，诱发熔融的因素主要是玄武质岩浆的底侵作用(图 10-19)，这一成因模式已得到实验岩石学资料的支持。自然界中常发育玄武岩-流纹岩共生的双峰式火山岩组合，流纹岩常具有相似于富硅质基底岩石的高 Sr 同位素初始比值等特点，表明玄武质岩浆底侵诱发地壳岩石熔融是形成流纹质岩浆的主要方式。

基性岩浆（如玄武质岩浆）的分离结晶同时伴随富硅质围岩的同化混染作用（assimilation-fractional crystallization，即 AFC 过程）也是产生流纹质岩浆的重要方式。Hildreth（1981）认为液态条件下的热重力扩散（thermogravitational diffusion）可以形成带状岩浆房及其顶部的富硅质流纹岩，这一过程主要由于深部热流的不断注入引起岩浆房内部发生对流作用，进而导致成分分层及顶部流纹质岩浆的形成（图 10-20）。岩浆喷发时总是顶部岩浆先喷出，它构成火山岩层的底部，因此，我们在野外观察火山岩剖面常可见到自底部至顶部岩石渐趋偏基性（如自流纹岩→流纹英安岩→英安岩）的演化特点。前述“晶粥”模型（图 10-15）也是流纹质岩浆尤其是贫晶体高硅流纹岩岩浆的可行机制（Bachmann and Bergantz, 2004; Hildreth, 2004）。Cashman 等（2017）基于晶粥模型提出了穿地壳岩浆系统（transcrustal magmatic system）模式（图 10-21），描述了从幔源玄武质岩浆底侵到流纹质岩浆喷出地表过程中涉及的熔体生成、集聚、抽离、上升、侵位、累积、分异、再活化和喷发等一系列物理机制，建立了垂向上贯穿地壳的岩浆作用统一框架。穿地壳岩浆系统整体处于晶粥状态，粒间熔体通过机械压实作用可以在岩浆储库的上部集聚并从晶粥中分离出来，借助自身浮力上升至不同深度的地壳中形成岩浆房。穿地壳岩浆系统着重强调了地幔对地壳内岩浆系统的重要贡献，正是幔源岩浆的持续补给造成了地壳内部不同深度中岩浆储库的形成与中-酸性岩浆的演化分异。值得说明的是，也有研究认为“晶粥”模型并不具有普适性，提出有些高硅火山岩浆不是通过浅部晶粥岩浆房中熔体抽取、汇聚形成的，而是在岩浆通量较大的时期，幔源岩浆在下地壳分异以及与地壳岩浆混合形成，相对侵入岩则形成于岩浆通量较弱的时期（如 Glazner et al., 2004）。

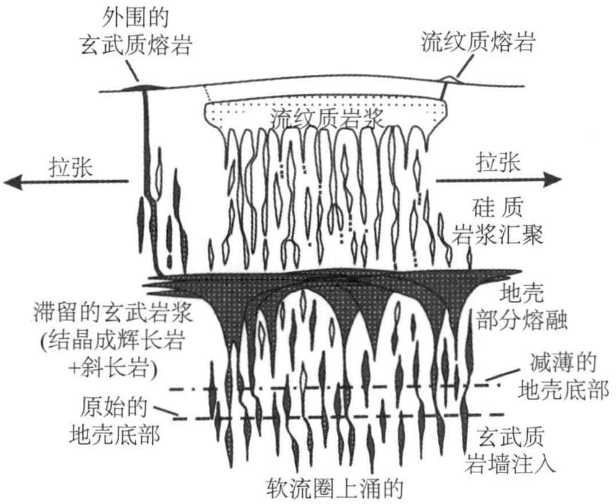

图 10-19 流纹岩的地壳深熔模式图（Hildreth，1981）

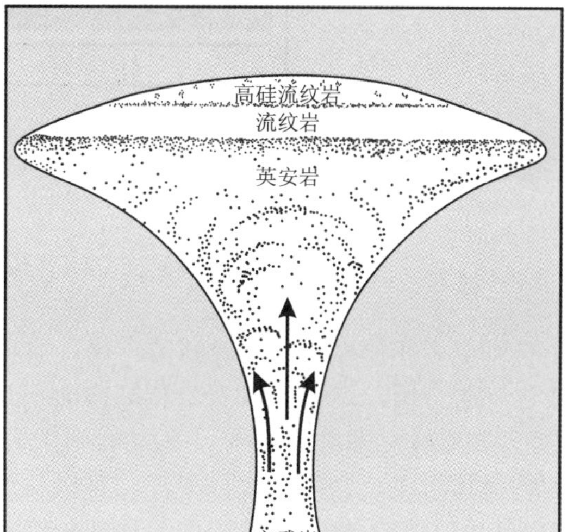

图 10-20 由热重力扩散形成的带状岩浆房示意图（Hildreth，1981）

图 10-21　穿地壳岩浆系统模型(Cashman et al., 2017)

第五节　细晶岩与伟晶岩

细晶岩和伟晶岩多呈脉状体产出，且深色矿物含量很少，因此一般教科书将它们归为浅色脉岩介绍。这两类岩石是从结构而不是从成分角度来命名的，细晶岩具有典型的细粒它形粒状结构(即细晶结构)，伟晶岩则指岩石由粗粒(粒径一般都在 1 cm 以上)甚至是巨粒矿物晶体组成，它们的成分多样，可以从辉长质变化到花岗质，岩石的进一步命名是以其成分相似的侵入岩为前缀构成，如辉长细晶岩、正长细晶岩、花岗细晶岩、正长伟晶岩、霞石正长伟晶岩、花岗伟晶岩等。由于自然界中分布最多的细晶岩和伟晶岩其成分均为花岗质，如不特别指明其成分，即指花岗细晶岩和花岗伟晶岩，下面细晶岩和伟晶岩特征的介绍均是针对花岗细晶岩和花岗伟晶岩。

一、花岗细晶岩

花岗细晶岩(granitic aplites)几乎全部由浅色矿物组成，呈灰白色或浅肉红色，主要矿物为石英和碱性长石，偶见少量云母，岩石具典型的细粒它形粒状结构。细晶岩脉的宽度一般不大，多产于深成岩体的裂隙或附近围岩中。从成分和产状来看，细晶岩显然是由大部分岩浆结晶之后的残余岩浆沿岩体及附近围岩中的裂隙充填冷凝而成。细晶岩颗粒细小并非由岩浆迅速冷却所致，因为骤冷结晶往往会产生玻璃质，形成霏细结构，因此更可能是围岩破裂、压力骤降，导致残余岩浆中水和挥发组分快速逸散的缘故。残余岩浆中挥发组分逸散，降低了石英和长石在岩浆中的可溶性，使相应组分趋于过饱和，效果相当于快速过冷，于是结晶中心大量出现，即成核密度大，而压力骤降致使残余岩浆上升到地壳浅部位置的过冷度较之深成环境要大，这时晶体生长速度较小，从而形成细粒结构。细晶岩中黑云母、白云母和角闪石等含羟基矿物贫乏，也说明其岩浆中挥发组分(主要是水)的含量很低。需要说明的是，尽管压力骤降导致挥发组分逸散、残余岩浆快速结晶是细晶岩形成的主要方式，但某些细晶岩也可以通过其他途径形成，如一些伟晶岩体中经常发育一些呈不规则状或层状形态产出的富钠长石的细晶岩，它们构成伟晶岩体的一部分，没有证据表明这些细晶岩的形成与围岩破裂导致挥发组分逸散有关，Jahns 和 Tuttle(1963)认为这些细晶岩可能是由于分离结晶作用从花岗质熔体中选择性提取某一组分，进而使得熔体中剩余组分饱和并结晶形成。细晶岩与成矿的关系不大，但在有些地区的细晶岩脉中发育有铌钽矿化，特别是钽的品位较高。

二、花岗伟晶岩

(一)一般特征

许多花岗岩岩体包含透镜状、脉状或层状的明显粗粒相花岗岩，这种花岗岩被称为花岗伟晶岩(granitic pegmatites)。一般具有以下特点：①有粗大的相互镶嵌的矿物晶体，颗粒大小一般都在 1～5 cm，有的可以大至几米甚至几十米，如我国新疆阿尔泰某伟晶岩矿床，一个绿柱石晶体重达 50 t 左右，一个铯榴石晶体重达 9 t；俄罗斯乌拉尔伊门山某采石场就建在一个巨大的天河石晶体上，可见伟晶岩晶体之粗大。②具特殊的结构构造，最常见的是各种规模的文象结构(图 10-22)，若无文象特点，只是一般长石、石英的块状伟晶集合体，则称为伟晶结构。③常见晶洞构造，岩体内部则往往发育伟晶岩特有的带状构造。④矿物共生组合复杂，除石英和碱性长石等主要矿物之外，还出现大量含稀有元素和富挥发组分的矿物。

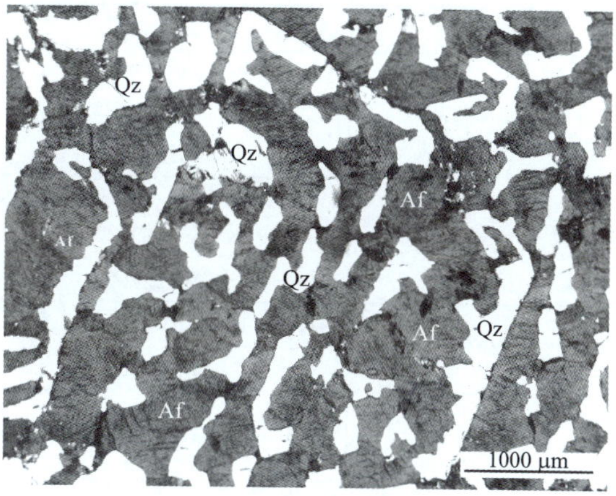

图 10-22　伟晶岩显微照片

岩石由石英和碱性长石组成，且两者呈文象交生，构成文象结构(样品采自安徽大别山，正交偏光)

（二）矿物成分和化学成分

简单的伟晶岩的主要矿物成分与花岗岩基本相似，即主要由石英、长石和云母组成，可能含有电气石，这些造岩矿物占伟晶岩总体积的 90%～95%。伟晶岩是晚期富水和挥发组分的残余岩浆结晶的产物，因此其化学成分除有与花岗岩相似的主要元素外，还富含 Li、Be、B、Cs、Nb、Ta、Zr、Hf、REE、Sc、Ti、Th、U、W、Sn、Mo 等多种元素，这些元素在伟晶岩中的含量可达到它们在花岗岩中含量的几百倍，甚至几千倍，因而一些伟晶岩的矿物组合十分复杂，常出现大量富含稀有元素和挥发组分的矿物，如锂云母、锂辉石、绿柱石、硅铍石、铌铁矿、钽铁矿、细晶石、烧绿石、电气石、黄玉、铯沸石、方钍石、曲晶石等，世界上绝大部分的 Cs、Be、Li、Ta 都是从伟晶岩中开采出来的，据统计，花岗伟晶岩中可能出现的矿物有 300 多种，因此伟晶岩的矿物组合与花岗岩相比要复杂得多，这使得花岗伟晶岩具有较大的矿床学研究价值。

（三）分类

在过去几十年里，许多地质学家尝试通过多种方法，如矿物学特征、化学成分、形成深度以及其他因素，来对花岗伟晶岩进行分类（Müller et al., 2022）。例如，许多学者注意到伟晶岩中云母类矿物种类的变化对其所含稀有元素矿化有重要的指示意义，将伟晶岩区分为黑云母伟晶岩（可产 REE-Nb-U-Th-Zr）、二云母伟晶岩（可产 Be）、白云母伟晶岩（可产 Li-Rb-Cs-Be-Nb-Ta-Hf）和锂云母伟晶岩（可产 Li-Rb-Cs-Ta-Hf）等（邹天人和徐建国，1975）。当前使用最广泛的花岗伟晶岩分类方案是形成深度分类（Černý and Ercit, 2005），该方案结合了侵位深度、围岩变质环境、矿物学和稀有元素含量、估算的寄主岩石的压力和温度条件（表 10-4；图 10-23）。

表 10-4　按形成深度划分的各类型伟晶岩的主要特征（Černý and Ercit, 2005）

类型	成矿元素	围岩变质环境	与花岗岩体的关系
晶洞伟晶岩	Be、Y、Nb、REE、F、Ti、U、Th、Zr、Li、Be、B、F、Ta、Nb 经济价值高	3～1.5 kbar 500～400℃	花岗岩气相出溶 花岗岩体内部、边缘至外部
稀有金属伟晶岩	Li、Rb、Cs、Be、Ga、Sn、Hf、Nb、Ta、B、P、F、Y、REE、U、Th、 经济价值高	4～2 kbar 650～450℃	花岗岩分异形成 花岗岩体内部至边缘
白云母-稀有金属伟晶岩	Be、Y、REE、Ti、U、Th、Nb、Ta 经济价值高	7～3 kbar 650～520℃	偶尔显示与花岗岩的分异关系 其围岩变质面理不一致
白云母伟晶岩	Ca、Ba、Sr、Fe、Mn 经济价值低	8～5 kbar 650～580℃	无 其围岩变质面理一致 变质深熔产物
深成伟晶岩	U、Th、Zr、Ti、Nb、Y、LREE、HREE 经济价值低	9～4 kbar 700～800℃	无 其围岩变质面理一致 深熔产物或混合岩浅色体

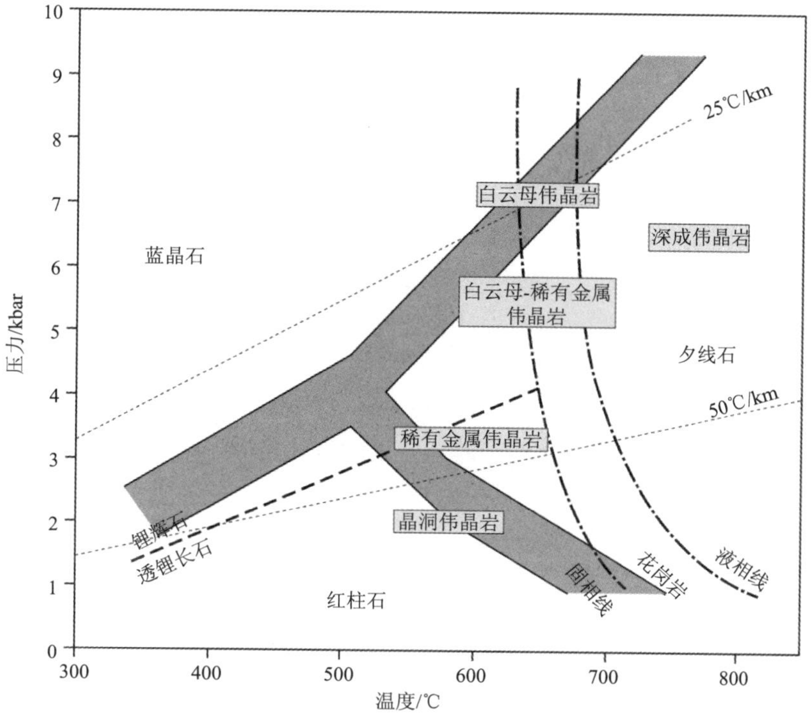

图 10-23　不同类型伟晶岩的压力-温度场，以及与含水花岗岩固相线、红柱石-夕线石-蓝晶石和锂辉石-透锂长石相变的关系图(Černý and Ercit, 2005)

对于由花岗岩分异作用产生的伟晶岩(晶洞伟晶岩和稀有金属伟晶岩)，Černý 和 Ercit (2005)进一步将花岗伟晶岩分为三种成因类型：锂-铯-钽(LCT)型、铌-钇-氟(NYF)型和混合(LCT + NYF)型，从而将伟晶岩的成因与母岩花岗岩的成因联系起来(表 10-5)。LCT 型伟晶岩主要与 S 型花岗岩有关，而 NYF 型主要与 A 型花岗岩有关。混合(LCT + NYF)型的研究实例较少，其成因可能性也比较宽泛，可能是 NYF 型岩浆受到表壳物质的混染或者岩浆来自一个混合的地壳源区。需要指出的是，LCT 和 NYF 这两种类型代表了稀有元素的富集趋势，三种典型元素并不会等量富集，且在一类中富集的元素在另一类型中也可能存在。LCT 型伟晶岩群中较早、分异程度较低的端元通常含有一些 NYF 型伟晶岩典型的矿物(如稀土磷酸盐、独居石)，而高度演化的 NYF 型伟晶岩可能含有一些 LCT 型家族典型的矿物(如锂云母、绿柱石)。

表 10-5　花岗伟晶岩成因类型分类(Černý and Ercit, 2005)

类型	地球化学特征	伟晶岩全岩成分	相关的花岗岩类型
锂-铯-钽(LCT)类	Li、Rb、Cs、Be、Sn、Ga、Ta>Nb、(B、P、F)	过铝质至弱过铝质	过铝质 S 型和 I 型花岗岩
铌-钇-氟(NYF)类	Nb>Ta、Ti、Y、Sc、REE、Zr、U、Th、F	弱过铝质至准铝质	弱过铝质至准铝质 A 型和 I 型花岗岩
混合(LCT + NYF)类	兼有以上特征	准铝质至弱过铝质	弱过铝质花岗岩

（四）产状

伟晶岩多呈脉状体产出，故常称为伟晶岩脉，它们在空间上常成群出现，成千上万条伟晶岩脉常常聚集构成一个大的伟晶岩区，如新疆的阿尔泰地区是我国著名的宝石伟晶岩产区，区内已知有伟晶岩脉两万条以上，盛产海蓝宝石、碧玺及长石类宝石。一个伟晶岩区又可分出若干伟晶岩带，一个带可由几十至几百条伟晶岩脉组成。

伟晶岩脉的规模变化很大，一般长数米至数十米，宽度从数厘米到数十米，个别可达百米以上，形状有板状、透镜状、串珠状及不规则状等，岩脉的产状有的近于陡立，有的较平缓。伟晶岩脉的形态和产状对稀有元素的富集有重要影响，一般稀有元素矿物多聚集在厚大的伟晶岩体中，且据研究，当脉体倾角在 45°～90°时对稀有元素的富集最有利，因为岩脉陡倾斜时，有利于挥发组分和富稀有元素的流体/熔体向上运移，从而易形成稀有元素的局部富集地段。

（五）伟晶岩的带状构造

按内部构造，伟晶岩可区分为简单伟晶岩和带状构造伟晶岩。简单伟晶岩主要由长石、石英和少量云母组成，仅因晶粒大小与寄主花岗岩不同。带状构造伟晶岩，从边缘到核心，矿物的晶体大小、成分和结构构造都呈有规律的带状变化，通常以同心状排列，有时核心部位会形成大型空洞。

带状构造发育完整的伟晶岩脉从外到内可划分出四个带（图 10-24）：①边缘带，主要由细粒的长石和石英组成，成分相当于细晶岩，故又称细晶岩带。该带厚度较小，形状不规

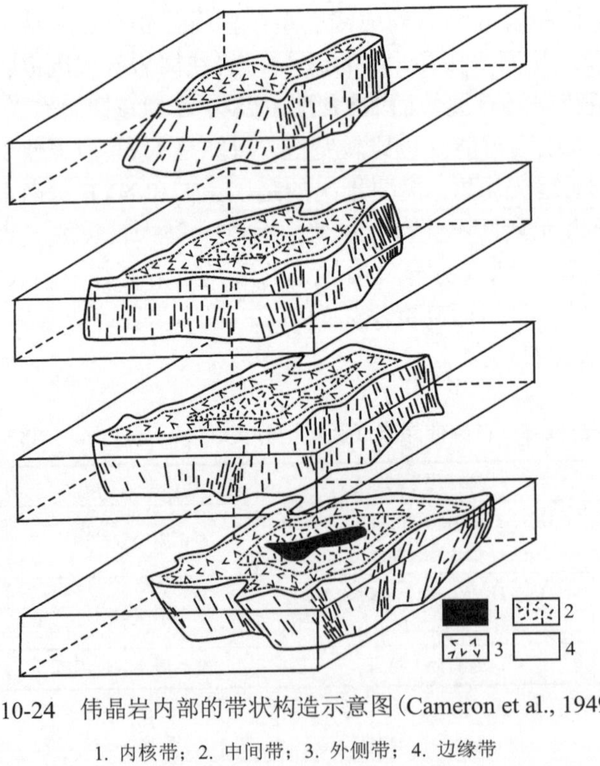

图 10-24　伟晶岩内部的带状构造示意图（Cameron et al., 1949）

1. 内核带；2. 中间带；3. 外侧带；4. 边缘带

则，与围岩接触界线清楚，但在花岗岩和花岗片麻岩中常呈渐变接触关系。②外侧带，位于边缘带的内侧，颗粒较粗，主要由文象花岗岩及斜长石、微斜长石、石英和白云母等粗粒矿物组成，该带厚度较边缘带大，且较稳定，可见绿柱石等矿物伴生。③中间带，位于外侧带和内核带之间，颗粒更加粗大，主要由微斜长石和石英构成，厚度也更大，伴生矿物种类较多，有锂云母、锂辉石、黄玉、绿柱石、电气石、钽铁矿等。④内核带，位于伟晶岩中心，主要矿物是石英，故又称为石英核，该带伴生矿物也较复杂，颗粒特别粗大。当伟晶岩形成深度相对较浅时，石英内核常出现晶洞，洞壁上常生长完好的黄玉、绿柱石和电气石等晶体，形成晶簇构造。

(六)成矿关系

与花岗伟晶岩有关的矿产主要是稀有金属(如 Li、Be、Cs、Nb、Ta 等)和宝玉石矿产，如伟晶岩型锂矿床一直是我国锂矿的主要开采对象，矿床规模多为大中型，矿床有用元素以锂为主，其次为铍，此外还伴生有铌、钽、铷、铯等，锂矿物主要为锂辉石、锂云母和铁锂云母等。我国最主要的铍矿工业开采类型也为花岗伟晶岩型，约占国内铍矿总储量的一半，含铍矿物主要为绿柱石。花岗伟晶岩型钽矿也是重要的工业开采类型，如澳大利亚的格林布希斯(Greenbushes)伟晶岩型钽矿床是目前国外最大的钽矿床，拥有 Ta_2O_5 储量达 9600 t，此外，还伴生有铌、锂和锡等有用元素；我国新疆阿尔泰可可托海和福建南平西坑都产有重要的伟晶岩型钽(铌)矿床。花岗伟晶岩多为富含挥发组分的残余岩浆结晶形成，易形成粗大的矿物晶体，因此常形成重要的宝玉石矿床，产出的宝玉石矿种常见的有绿柱石、电气石、石榴子石、水晶、天河石、黄玉等。伟晶岩中还常形成重要的白云母矿床，如我国四川丹巴和内蒙古土贵乌拉都产有重要的伟晶岩型白云母矿床。

我国新疆阿尔泰地区产有数万条伟晶岩脉，它们集中分布在各岩体与围岩的内外接触带，形成十多个伟晶岩密集区。按矿种分有白云母矿化伟晶岩、稀有金属矿化伟晶岩、稀土矿化伟晶岩、水晶矿化伟晶岩和无矿伟晶岩，其中可可托海 3 号脉是最重要的稀有金属和宝石伟晶岩。据研究，阿尔泰地区的伟晶岩经历了加里东、海西、印支和燕山多阶段的演化过程，不同阶段的伟晶岩具有不同的矿化特征，加里东期伟晶岩以白云母为主要矿种，稀有金属含量低、规模小，矿种较单一；海西期形成的伟晶岩中稀有金属的种类和规模均有所扩大；印支期开始出现大型的伟晶岩型稀有金属矿床；燕山期稀有金属矿化达到鼎盛阶段，形成了可可托海 3 号脉等超大型稀有金属和宝玉石矿床，矿床规模达到最大，元素及矿种组合最复杂，伟晶岩本身的结构与成分分带也最完善(王登红等，2002)。朱金初等(2000)提出可可托海 3 号脉伟晶岩的形成包括岩浆阶段→岩浆-热液过渡阶段→热液阶段的全过程，Li、Rb、Cs、Nb、Ta 等稀有金属主要富集形成于过渡阶段。

(七)岩石成因

对伟晶岩的成因前人曾提出多种观点，概括起来主要有以下几种。

(1)岩浆成因说：认为伟晶岩是花岗质岩浆演化到晚期，由富含挥发组分的残余熔浆沿裂隙贯入相对封闭的围岩中结晶而成。

(2)交代成因说：认为伟晶岩的原岩为细晶岩或普通花岗岩脉，后来在深部上升的热液影响下发生重结晶和交代作用形成。伟晶岩形成于一个开放系统，深部热液可带有成矿物质，伟晶岩中的矿化便是热液交代作用的产物。

(3)变质分异说：认为伟晶岩是在超变质作用和变质分异作用下形成的。

目前变质分异说的支持者甚少，交代作用在伟晶岩中的确普遍存在，但它们是在成岩之后局部叠加的，伟晶岩本身一般不可能通过交代作用形成，目前这一观点基本被放弃。因此，伟晶岩主要是花岗质岩浆演化晚期，由富挥发组分的残余熔体结晶形成。伟晶岩中发育典型的文象结构，它们是碱性长石和石英从熔体中共结的产物，证明伟晶岩的形成经历过岩浆阶段；伟晶岩颗粒粗大，且出现大量含水和F、Cl、B等挥发组分的矿物，说明其母岩浆是花岗质岩浆演化到晚期水过饱和以及富含各种挥发组分的残余岩浆，这些特征均给予岩浆成因说以有力支持。

第十一章　碱性岩及其相关岩石

第一节　概　　述

尽管碱性岩在地球上的分布相对较少，但是其矿物种类和化学组成变化多样，因此在岩浆岩中种类相当丰富，已报道的碱性岩浆岩超过数百种(Best，2003)。碱性岩的概念由Iddings 于 1892 年率先提出，他最早将岩浆岩划分为碱性岩和亚碱性岩，并以此来描述两类广泛发育的岩浆岩系列：即玄武岩-粗面岩-响岩系列和玄武岩-安山岩-流纹岩系列。在随后的研究中，不同学者对碱性岩赋予不同的内涵。概括起来，对碱性岩的定义主要可归为三种观点(曾广策和邱家骧，1996；任康绪，2003)。

第一种观点以 Harker(1909)、Niggli(1920)等为代表，认为碱性岩是一种与区域地理条件有关的成因类型。他们将 Iddings 二分法的碱性岩石系列和亚碱性岩石系列分别对应于大西洋型和太平洋型岩石系列，其中大西洋型岩石系列又被进一步区分为富钠的大西洋型岩石系列和富钾的地中海型岩石系列。

第二种观点以 Shand(1922)等为代表，他们认为碱性岩是一种岩相学类型，其基本特征是硅酸不饱和、富碱，化学成分中分子数量比表现为 $6(Na_2O+K_2O)>SiO_2$、$(Na_2O+K_2O)>Al_2O_3$；矿物成分上出现似长石和碱性铁镁矿物，不含石英。这一定义具有明确的化学和矿物组成判别标志，因而成为碱性岩的经典定义，并得到广泛的认同。例如，Rosenbusch(1923)归纳碱性岩的特征为：碱性岩含碱性长石，常见似长石，辉石和角闪石常是钠质的，无斜方辉石，常伴生异性石、黑榴石、锆钽矿和星叶石等。

第三种观点也承认碱性岩是一种岩相学类型，但他们不过分强调化学成分上硅酸不饱和、矿物成分上出现似长石和碱性暗色矿物及不出现石英等特征，而是根据岩石化学成分或根据由化学成分计算出的各种指数和标准矿物，结合各种图表，将岩浆岩划分成碱性岩和非碱性岩，它们可以有不同的酸度，也可以出现石英。因为岩石中碱的过量既可由硅不足引起，也可由铝不足形成。当硅不足时，岩石中会出现似长石和碱性铁镁矿物；当铝不足时，岩石中就可能出现石英，过量的碱主要体现在出现碱性铁镁矿物上。因此，国际地质科学联合会(International Union of Geological Sciences，IUGS)火成岩分类学会在 1989 年对碱性岩进行定义时，不仅考虑了 Shand(1922)的定义，还突破了 Shand 等学者认为碱性岩不含石英的观点，提出除了在 APF 三角图解内的岩石归为碱性岩外，在 QAP 三角图解中只要出现碱性辉石和(或)碱性角闪石的岩石，也归为碱性岩，即根据化学尺度划分出的碱性岩中既有含碱性铁镁矿物和似长石的经典碱性岩，又有含碱性铁镁矿物和石英而不出现似长石的非经典碱性岩。

Le Bas 等(1992)首次发表了 IUGS 推荐的依据 SiO_2-全碱(Na_2O+K_2O)含量对火山岩进行岩石大类分类的 TAS 图解，其中对粗玄岩、玄武粗面安山岩、粗面安山岩，进一步地根据 Na、K 相对含量划分(如对于粗玄岩来说，$Na_2O-2\%\geq K_2O$ 者为夏威夷岩，反之则为钾质粗面玄武岩）。此外还在收集汤加、安第斯、特里斯坦–达库尼亚群岛等地大量岩石样本的基础上，在 TAS 图解中画了一条不规则的曲线对碱性岩和次碱性岩进行划分（图 11-1）（Le Bas et al., 1992）。该划分曲线随后由 Le Maitre 等（2002）完善为一条平滑的曲线。该分类方案基于其简明高效的特点应用至今（周秋石和王瑞，2024）。

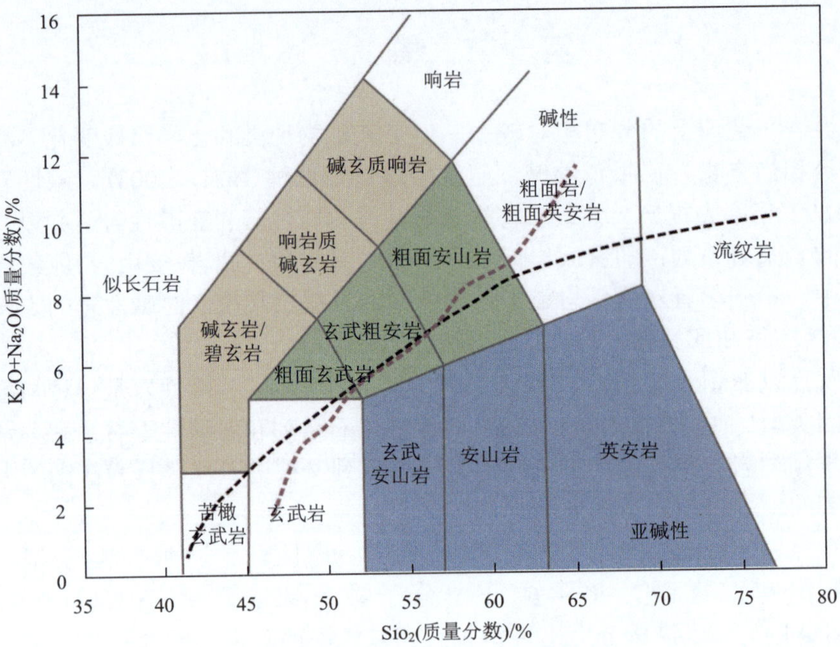

成分特征	粗面玄武岩	玄武粗安岩	粗面安山岩
Na_2O–2.0%≥K_2O	夏威夷岩	橄榄粗安岩	歪长粗面岩
Na_2O–2.0%<K_2O	钾质粗面玄武岩	钾玄岩	安粗岩

图 11-1　全碱–二氧化硅（TAS）分类图解

粉色虚线代表最初由 Le Bas 等（1992）提出的碱性与亚碱性岩划分线，黑色虚线代表 Le Maitre 等（2002）的划分线

在大西洋型系列中除碱性岩外，还存在其他岩石类型，因此，这种以地理名称代表岩系的方法目前已基本被废弃，现在已经没有人再坚持碱性岩是与地理区域有关的成因类型。但如果将碱性岩仅仅定义为硅酸不饱和、碱质含量高、含碱性暗色矿物和似长石的岩石，则会大大地限制碱性岩的范围。目前大多数学者强调用岩石化学方法，结合碱性暗色矿物或似长石矿物学特征，来判别和命名碱性岩。

尽管运用化学尺度来判别碱性岩是当前的一种普遍趋势，但矿物成分上出现似长石和碱性暗色矿物这一标志性特征依然受到岩石学家们的重视。考虑到根据化学尺度划分的一些非经典碱性岩（如碱性花岗岩、碱性玄武岩等）已在前面有关章节介绍，加之经典碱性岩具有明确的化学和矿物组成判别标志，对于初学者来说更容易掌握。因此，本章介绍的碱性岩仅限于经典的碱性岩，这类岩石在化学组成上的显著特征是硅酸不饱和，富碱，化学成分中氧化物分子数具有 6（Na_2O+K_2O）>SiO_2、（Na_2O+K_2O）>Al_2O_3 的计量关系，其过碱指数（AI 值）多在 1.0 以上，因此又称为过碱性岩。矿物成分以出现似长石（含量一般>10%）

和碱性铁镁矿物、缺乏石英为特征。根据 SiO_2 含量，可将它们分为三个亚类。

(1)中性碱性岩亚类。代表性岩石为霞石正长岩-响岩，其 SiO_2=52%～63%(质量分数)，岩石主要由碱性长石、碱性铁镁矿物和似长石类矿物组成。

(2)基性碱性岩亚类。代表性岩石为霞斜岩-碧玄岩/碱玄岩，其 SiO_2=45%～52%(质量分数)，岩石主要由基性斜长石、碱性铁镁矿物和似长石类矿物组成。

(3)超基性碱性岩亚类。代表性岩石为霓霞岩-霞石岩，其 SiO_2<45%(质量分数)，岩石主要由碱性深色矿物和似长石矿物组成，几乎不含长石。

此外，火成碳酸岩和黄长石火成岩在空间分布及成因上与碱性岩密切相关，因此将它们也放在本章介绍。

碱性岩类分布很少，常常沿大陆内部的深大断裂或裂谷带分布，如著名的东非裂谷、贝加尔裂谷和我国的攀西裂谷等地均发育有种类繁多的碱性岩。碱性岩尽管分布很少，但这类岩石主要起源于地幔，研究这些岩石可以获取深部地幔的重要信息，加之碱性岩常和一些重要的稀土、稀有和放射性元素矿产有密切联系，因此这类岩石长期以来一直是岩石学研究的热点。考虑到碱性岩在自然界中分布很少，其中碱性喷出岩更少，它们绝大部分是新生代以后的火山喷发物，有些甚至是近代火山熔岩，因此将这类岩石的侵入岩和喷出岩合在一起介绍。

第二节　碱　性　岩

一、矿物组成

碱性岩中的矿物主要有四类，即斜长石、碱性长石、铁镁矿物和似长石。斜长石主要出现在基性碱性岩中，一般为基性斜长石。碱性长石主要出现在中性碱性岩中，其中在深成岩中，种属主要为正长石、微斜长石和条纹长石，而在浅成岩、次火山岩和火山岩中，则可出现透长石和歪长石等高温变体。碱性岩中的铁镁矿物主要是一些富钠和富铁的种属，其中以富钠的碱性角闪石(如钠闪石、钠铁闪石、棕闪石)和碱性辉石(如霓石、霓辉石)最常见，此外也出现透辉石-钙铁辉石系列的辉石及富钛的普通辉石或钛辉石，且辉石常发育环带构造，即自中心向外依次为透辉石→霓辉石→霓石；橄榄石多出现在基性碱性岩亚类中；碱性岩中的云母类矿物主要为富铁黑云母或铁锂云母。碱性岩中的似长石主要为霞石和白榴石，此外尚有黝方石、蓝方石和方钠石等。霞石主要出现在富钠质碱性岩中，新鲜霞石常呈肉红色，断口为油脂光泽，以此可和长石相区别，且霞石很易风化，常为方沸石和钙霞石所取代；白榴石是高温低压矿物，多出现在火山岩和次火山岩中，且大部分均已变为由正长石或透长石以及霞石和方沸石组成的粒状或纤维状、放射状集合体，而仅保留白榴石的晶形，因此称为假白榴石，它主要见于富钾质的碱性火山岩中。

碱性岩除含上述四类主要矿物外，还含有丰富的副矿物，它们主要是一些含 Ti、Zr 的硅酸盐矿物和富含挥发组分与稀土元素的矿物，如独居石、褐帘石、锆石、黑榴石、榍石、异性石、星叶石、闪叶石和磷灰石、萤石等，这些副矿物在某些情况下可富集形成有工业意义的矿产。

二、结构、构造

碱性侵入岩常见的结构有它形或半自形粒状结构、嵌晶结构、似粗面结构等，嵌晶结构表现为长石与霞石、方钠石及霓石等呈嵌晶连生，似粗面结构表现为碱性长石略呈定向排列，在长石晶体之间充填霞石或霓石，多见于霞石正长岩中。碱性喷出岩主要为斑状结构，有时呈无斑隐晶质结构。碱性岩常见的构造主要有块状构造、斑杂构造和条带构造等。

三、种属划分及主要种属

如前所述，碱性岩根据 SiO_2 含量的高低可进一步区分为中性碱性岩(即霞石正长岩-响岩)、基性碱性岩(即霞斜岩-碧玄岩/碱玄岩)和超基性碱性岩(即霓霞岩-霞石岩)三个亚类，各亚类典型岩石种属的特征简述如下。

(一) 中性碱性岩亚类

中性碱性岩亚类主要由碱性长石及各种似长石(以霞石为主)和少量碱性铁镁矿物组成，这一亚类岩石的种属较多，其中侵入岩可进一步区分为以正长石为主的正霞正长岩、流霞正长岩和暗霞正长岩，以钠长石为主的钠霞正长岩，以及以其他似长石为主的钙霞正长岩、方沸正长岩和方钠正长岩等，而喷出岩主要为各种类型的响岩，如霞石响岩、白榴石响岩、黝方石响岩等。

(1) 正霞正长岩(juvite)：是一种浅色的霞石正长岩，常具半自形粒状结构，主要由正长石(约 50%)、霞石(约 30%)和少量碱性铁镁矿物组成，一般不含钠长石，副矿物主要为磷灰石、榍石和磁铁矿等。若铁镁矿物为富钛铁的黑云母，则称为云霞正长岩(miaskite)；若铁镁矿物以富铁钠闪石为主，则称为角闪云霞正长岩。

(2) 暗霞正长岩(malignite)：是一种深色的霞石正长岩，常呈墨绿色、暗灰色，碱性铁镁矿物含量高，可达 50%左右，主要为霓石和霓辉石，正长石和霞石含量相近，并可出现许多其他铁镁矿物，如角闪石和黑云母等，它是霞石正长岩与霓霞岩之间过渡的岩石类型。

(3) 流霞正长岩(foyaite)：是一种由板状碱性长石晶体所构成的具似粗面结构和半自形粒状结构的霞石正长岩，矿物成分主要为碱性长石和霞石，其次为碱性铁镁矿物和富铁黑云母。其中碱性长石含量约 60%，且多为正长石和条纹长石，霞石占 25%左右，碱性铁镁矿物约占 10%。

(4) 异性霞石正长岩(lujavrite)：是一种暗色钠质霞石正长岩，岩石中霞石含量达 40%～50%，富含异性石、钠铁闪石和霓石等铁镁矿物，含量可达 20%，此外，还常有富含 REE、U、Th、Li 等元素的副矿物，典型产地见于俄罗斯西北的科拉半岛，我国辽宁赛马岩体中也有此类岩石。

(5) 歪碱正长岩(larvikite)：由菱形三方长石(具特殊的闪光或变彩)、棕闪石、钛辉石和铁黑云母组成，可出现少量霞石和富铁橄榄石。以产于挪威奥斯陆裂谷拉尔维克(Larvik)地区而得名，因其特殊的闪光或变彩在世界各地广泛用作高档饰面石材。

(6) 响岩(phonolite)：岩石名称源自希腊语 phone，意为声响。其矿物成分主要为碱性长石、似长石及碱性辉石、碱性角闪石，常呈斑状结构，有时为无斑隐晶质结构，呈斑状结构时，斑晶大多为钠正长石或透长石及霞石、黝方石、白榴石等似长石类矿物。根据所含似长石的种类不同，可进一步分为霞石响岩[图 11-2(a)]、白榴石响岩[白榴石多被其他矿物取代而仅保留假象，因此多称为假白榴石响岩，图 11-2(b)]和黝方石响岩等[图 11-2(c)]。如果响岩不特别指明其所含似长石矿物种类，一般是指霞石响岩，而其他类型响岩则一般要求用所含似长石矿物作前缀。

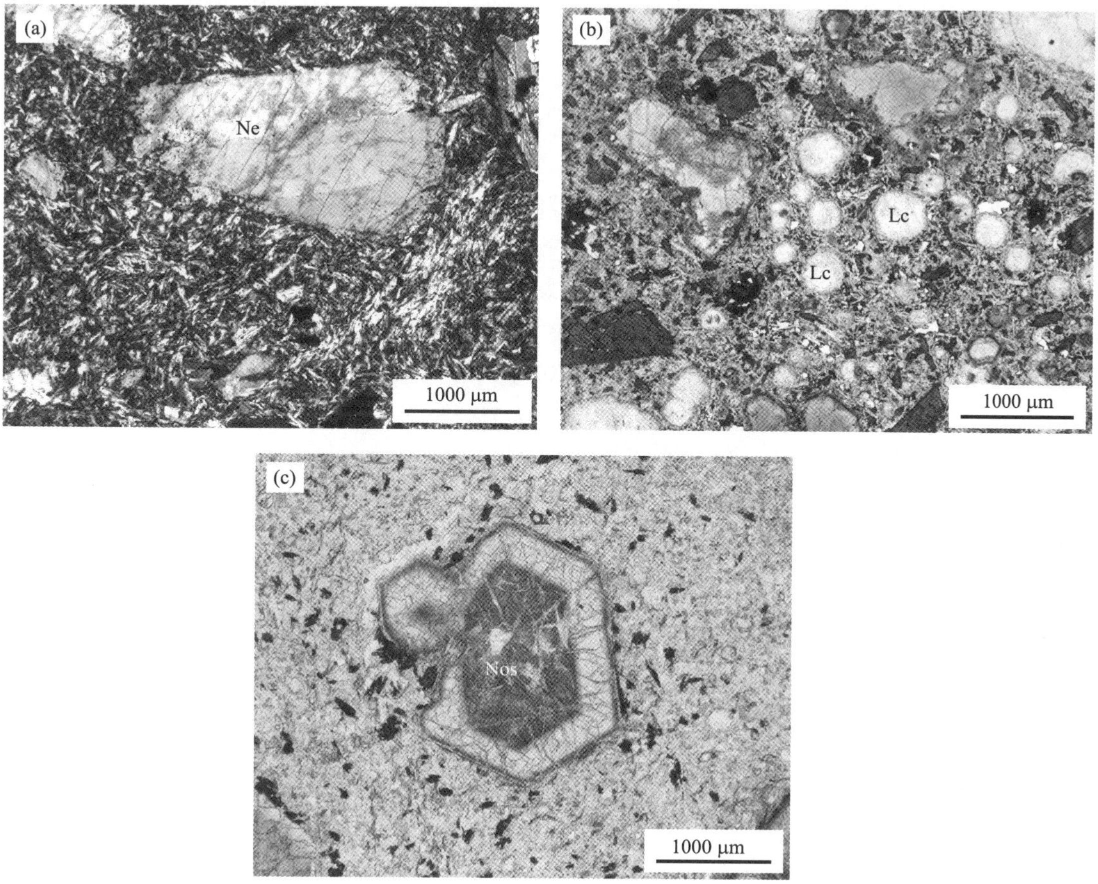

图 11-2　典型响岩的显微照片

(a)霞石响岩，斑状结构，斑晶主要为霞石(Ne，以发育不规则裂理为特征)，基质主要由呈弱定向排列的碱性长石柱状微晶组成，构成似粗面结构，正交偏光；(b)假白榴石响岩，斑状结构，斑晶主要为白榴石(Lc)、碱性长石和霓辉石，白榴石呈八边形或圆粒状，因其多被碱性长石或霞石、方沸石取代而仅留假象，故称假白榴石，基质由碱性长石微晶、假白榴石及不透明铁质矿物组成，单偏光；(c)黝方石响岩，斑状结构，斑晶主要为黝方石(Nos)，其横切面常呈六边形，颗粒内常含呈格状排列的铁质不透明矿物，基质由碱性长石微晶、细小霓辉石及铁质不透明矿物组成，单偏光

(二)基性碱性岩亚类

基性碱性岩亚类主要由碱性铁镁矿物、基性斜长石和似长石类矿物组成，常见的种属有霞斜岩、沸绿岩及喷出的碧玄岩、碱玄岩等。

(1)霞斜岩(theralite)：又名企猎岩，为霞石辉长岩的变种，主要由钛辉石、拉长石和霞石组成，有时含有蓝方石、黝方石、方沸石、方钠石等，铁镁矿物除钛辉石外，也可有少量角闪石、黑云母和橄榄石，铁镁矿物总量可达 50%，因此，岩石常呈深灰至黑色，如果含橄榄石较多，则称为富橄霞斜岩(kylite)，其特征是橄榄石的含量超过钛辉石、拉长石和少量霞石三种矿物的总和，典型产地位于苏格兰达尔梅灵顿(Dalmellington)附近的凯尔(Kyle)地区；如含棕闪石、钛辉石、方沸石较多，且具斑状结构时，称为沸基辉闪斑岩(lugarite)，其主要特征是含有明显的钛辉石和钛闪石斑晶，拉长石含量少而方沸石含量多，典型产地位于苏格兰的 Lugar 地区。

(2) 沸绿岩(teschenite)：为含方沸石的基性碱性侵入岩，即方沸石辉长岩的变种，主要由钛辉石、拉长石、碱性长石和方沸石组成，辉石类矿物含量为 40%～45%，斜长石矿物含量约 25%，方沸石矿物含量为 10%～15%，往往含棕闪石，有时还含少量黑云母，橄榄石一般较少，如数量较多时则称为橄榄沸绿岩(olivine teschenite)。如橄榄石数量较多，而方沸石数量很少(2%左右)，并充填于斜长石间隙中，则称为橄沸粒玄岩(crinanite)。

(3) 碧玄岩(basanite)：岩石名称源自希腊语 basanos，意为试金石。主要由单斜辉石、基性斜长石、似长石和橄榄石组成，按 QAPF 分类方案，碧玄岩中橄榄石含量大于 10%。根据所含似长石种类的不同，可区分为霞石碧玄岩和白榴石碧玄岩。霞石碧玄岩常呈全晶质斑状结构，斑晶主要为橄榄石和辉石，其次为基性斜长石，而霞石很少呈斑晶，主要作为基质中的填隙物形式产出。斜长石也主要呈微晶形式出现在基质中，在数量上超过霞石。单斜辉石富钛和钠，常具砂钟构造，并发育环带结构，表现为核心为淡紫色的钛辉石，而边缘为绿色的霓辉石或霓石。如果存在角闪石，则主要是棕闪石和钠铁闪石。白榴碧玄岩中的白榴石既可呈斑晶，也可呈基质产出。斑晶白榴石多呈圆形轮廓，常含放射状或同心环状包体，包体成分为玻璃和辉石微晶，说明白榴石的结晶晚于辉石。铁镁矿物主要是橄榄石、含钛普通辉石、霓辉石或霓石，有时也可见核心为霓辉石、边缘为霓石的环带构造。

(4) 碱玄岩(tephrite)：岩石名称源自希腊语 tephra，意为灰，因此又称为灰玄岩。主要由基性斜长石、单斜辉石和似长石组成，与碧玄岩的区别在于缺乏橄榄石或含量很少(<10%)。根据所含似长石的种类，也可区分为霞石碱玄岩和白榴石碱玄岩。

(三) 超基性碱性岩亚类

超基性碱性岩亚类主要由霞石等似长石类矿物和碱性铁镁矿物组成，几乎不含长石。根据霞石和碱性铁镁矿物的相对含量，侵入的霓霞岩类可划分出磷霞岩、霓霞岩、霓霞钠辉岩和钛铁霞辉岩等种属(图 11-3)，超基性碱性喷出岩主要有霞石岩和白榴岩。

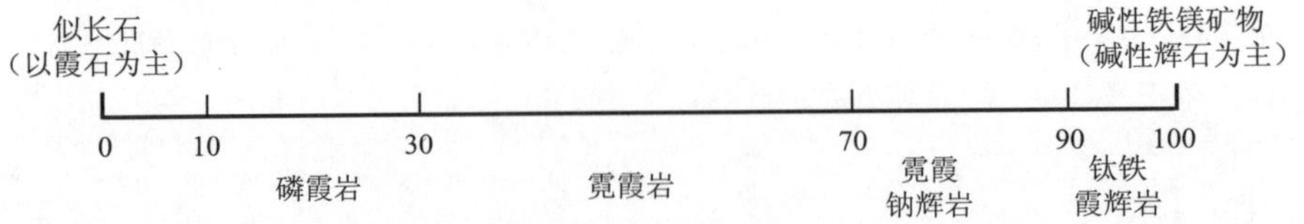

图 11-3　霓霞岩类岩石种属划分图

(1) 磷霞岩(urtite)：由 90%～70%的霞石和 10%～30%的钛辉石、霓石、霓辉石组成，岩石中不出现长石，典型岩石产于俄罗斯科拉半岛的洛沃泽罗(Lovozero)杂岩中。

(2) 霓霞岩(ijolite)：主要由霞石和霓石、霓辉石或钛辉石组成，典型岩石产于芬兰库萨莫(Kuusamo)的伊河(Iijoki)，即现在的Iivaara地区。

(3)霓霞钠辉岩(melteigite)：又称暗霓霞岩，主要由霓石、霓辉石、钛辉石和霞石组成，其中铁镁矿物含量为70%～90%，霞石含量为10%～30%，次要矿物有钙霞石、榍石、磷灰石和黑榴石等，典型岩石产于挪威泰勒马克(Telemark)的Fen杂岩中，我国山西临县紫金山碱性杂岩体中也有这种岩石产出。

(4)钛铁霞辉岩(jacupirangite)：是色率最高的一种碱性岩，几乎不含或只含极少量霞石等浅色矿物，主要由钛辉石组成，含量常在80%以上，其次为霓石，钛磁铁矿含量很高，此外尚有磷灰石、钙钛矿和黑榴石等。岩石常具自形-半自形粒状结构，有时可见钛辉石周围被褐绿色镁铁闪石交代，构成反应边结构。典型岩石产于巴西圣保罗的雅库皮兰加(Jacupiranga)。

(5)霞石岩(nephelinite)：岩石呈浅灰至暗色，隐晶或斑状结构，主要由霞石和碱性辉石(包括钛辉石)或普通辉石组成，可出现少量其他似长石矿物及透长石。

(6)白榴岩(leucitite)：指基本上由白榴石、单斜辉石和数量不等的橄榄石组成的火山岩。岩石多呈全晶质斑状结构，白榴石既可呈斑晶也可出现在基质中，当岩石中同时含有白榴石和霞石时，霞石多呈基质出现，且含量很少。辉石主要是含钛普通辉石、霓辉石和霓石。有时含金云母，称为金云母白榴岩。

四、化学成分

前面已述，本章介绍的经典碱性岩以矿物组合中出现似长石为特征，它们化学组成的最主要特点是硅不饱和，全碱(K_2O+Na_2O)含量高，$n(Na_2O+K_2O)>n(Al_2O_3)$。按照岩石的化学性质，碱性岩有钾质和钠质之分，钾质碱性岩以富碱且$K\gg Na$为特征，微量元素组成的显著特点是不谐和性(林景仟，1987)，即在略饱和的熔岩中，亲铁元素Cr、Ni含量较高，而在SiO_2强烈不饱和的过碱性熔岩中，则富含大离子亲石元素(LILE)(如Rb、Sr、Ba、Th等)、HFSE(如Ti、Nb、Ta、Zr、Hf)和P、F等元素。钠质碱性岩在化学组成上富碱且Na>K，FeO_T/MgO值高，富稀土和Ti、Nb、Zr等稀有元素。钠质和钾质碱性岩除K_2O/Na_2O值有明显区别外，CaO的含量也有显著差别，一般而言，钾质碱性岩相对富钙，而钠质碱性岩钙含量则较低，反映在铁镁矿物组合上，钠质碱性岩常含有碱性铁镁矿物，而钾质碱性岩中则缺乏，其中的铁镁矿物常为透辉石、普通辉石和钙质闪石和富镁黑云母-金云母。

五、产状、分布与典型实例

本类岩石的侵入体规模通常较小，常与基性、超基性及碳酸岩等组成各种杂岩体。其产状多样，其中以小岩株和同心环状杂岩体最为常见。碱性喷出岩的产状主要为小规模的岩流、火山锥或次火山岩体等。

碱性岩在地球上分布较少，其体积不足火成岩总体积的1%(Fitton and Upton，1987)，空间上主要分布于具有古老结晶基底的板块内部，形成时代跨度很大，可以从前寒武纪一直到现代。目前世界上发现的最古老的碱性岩是加拿大柯克兰(Kirkland)湖地区的粗面岩-白榴石响岩(27亿年，Blichert-Toft et al., 1996)，其他各地质时代都有碱性岩分布，但比较集中在元古宙和中、新生代，据研究可能与这两个时期地球主要处于裂解阶段有关(阎国翰等，1989)。

碱性岩可以在多种构造环境下产出，但主要产于伸展拉张背景，其最典型的产出构造环境为大陆裂谷，如东非裂谷、奥斯陆裂谷、莱茵裂谷、美国西南部的盆地与山脉省，以及我国的攀西裂谷等均发育有种类繁多的碱性岩。其中钾质碱性岩以东非裂谷的西支分布较为典型，此外，在美国落基山脉、澳大利亚西澳地区、我国黑龙江五大连池及山东平邑-费县、安徽庐枞盆地等均有产出，岩石类型主要有白榴玄武岩、白榴碧玄岩、白榴黄长岩、橄辉钾霞斑岩和白榴岩等。钠质碱性岩在奥斯陆裂谷和莱茵裂谷有广泛分布，如挪威奥斯陆裂谷中的钠质碱性侵入岩沿宽约 40 km 的 NE 向断裂带分布，产出的岩石类型主要有霞石正长岩、歪霞正长岩和歪碱正长岩等，此外还伴生英碱正长岩和碱性花岗岩。德国莱茵裂谷古近-新近-第四纪的钠质火山岩主要有碧玄岩、霞石岩和响岩等。下面以东非裂谷和我国攀西裂谷为例，介绍其中碱性岩的有关特征。

（一）东非裂谷的碱性岩

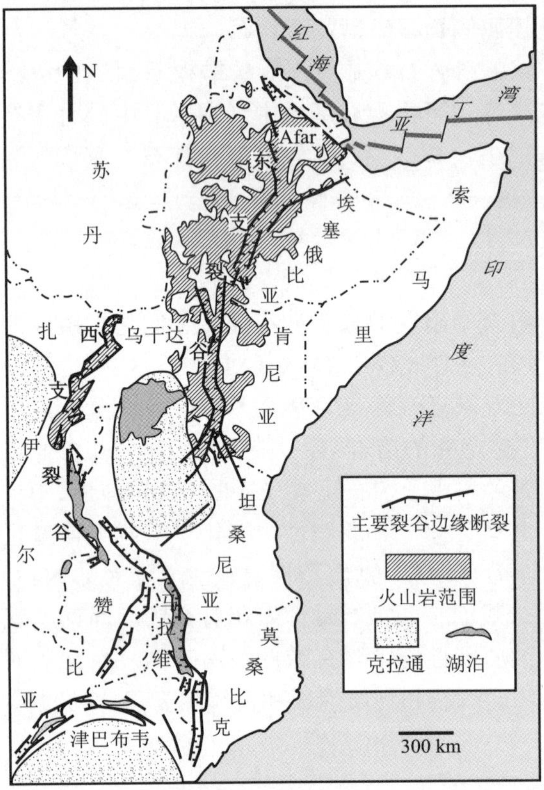

图 11-4　东非裂谷系简图(Kampunzu and Mohr, 1991)

东非裂谷是大陆裂谷的典型代表，该裂谷由东、西两条裂谷分支组成，东支裂谷自埃塞俄比亚向南经肯尼亚至坦桑尼亚，西支裂谷自乌干达西部向南经扎伊尔东部至坦桑尼亚西部和马拉维(图 11-4)。在形成时代上，东支裂谷自北向南年龄渐新，如在北部埃塞俄比亚一带裂谷始于晚始新世，至肯尼亚中部始于中新世，而在肯尼亚东部和坦桑尼亚北部则始于晚中新世至上新世；西支裂谷比东支裂谷年轻，形成时代均晚于中新世。东支裂谷以发育钠质火山岩为特征，裂谷带北端的埃塞俄比亚出露宽广的玄武岩台地，主要由碱性橄榄玄武岩、橄榄粗面岩和拉斑玄武岩组成，伴生少量碱性流纹岩和响岩，往南在肯尼亚和坦桑尼亚一带，则以粗面岩和响岩为主，伴生碱性玄武岩，同时还有霞石岩和碳酸岩出露。西支裂谷则以发育钾质火山岩为特征，岩石碱含量高，钾超过钠，由南向北岩石中 SiO_2 越来越低，以至出现 SiO_2 强烈不饱和的超钾质岩石，岩石组合包括两类：一类为 SiO_2 不饱和的强碱性岩，如暗橄白榴岩(又称乌干达岩)、白榴霞石岩、橄辉钾霞斑岩和白榴黄长岩等；另一类为 SiO_2 饱和的弱碱性岩，如白榴碧玄岩、粗面玄武岩、粗面岩等。在钾质火山岩之上出现碱性玄武岩和拉斑玄武岩。西支裂谷的拉张程度、火山活动强度及火山岩的碱性程度均较东支裂谷大。

据 Kampunzu 和 Mohr(1991)研究，东非裂谷的火成岩可归为四个系列：①过碱性岩(ultra-alkaline rocks)及伴生的碳酸岩，②碱性玄武岩，③过渡玄武岩，④拉斑玄武岩。裂谷带中的过碱性岩主要为 SiO_2 强烈不饱和的火山岩和浅成岩，如霞石岩、黄长岩和响岩等，因此属于本章介绍的经典碱性岩，它们主要分布于西支裂谷及东支裂谷中肯尼亚的南端，这一系列的岩石无论在基质还是斑晶中，都富含似长石类矿物(主要是霞石和白榴石)，此外，它们还可能含有一种或多种下述矿物，如方钠石、钙霞石、黄长石、石榴子石、钙钛矿、钾霞石和钙镁橄榄石等。

在化学组成上，东非裂谷典型碱性岩显著贫硅富碱，CIPW 标准矿物中缺乏石英(Qz)，普遍出现霞石(Ne)和/或白榴石(Lc)等(表 11-1)。不相容元素(包括轻稀土)含量具有随岩石碱性程度(或 SiO_2 不饱和程度)增强而增高的趋势，如图 11-5 所示，自拉斑系列→过渡系列→碱性系列→过碱性系列，岩石轻稀土元素的富集程度明显增高，Norry 等(1980)认为这一相关趋势可能由原来亏损的陆下岩石圈地幔被富 CO_2 的流体交代富集所致。

表 11-1　东非裂谷系过碱性系列代表性岩石化学组成　[单位：%(质量分数)]

	样号	1	2	3	4		样号	1	2	3	4
氧化物	SiO_2	46.20	33.10	44.10	55.40	CIPW 标准矿物	Qz	0.0	0.0	0.0	0.0
	TiO_2	1.60	2.60	2.80	0.50		Or	27.5	0.0	31.0	34.2
	Al_2O_3	18.60	11.30	17.00	20.80		Ab	8.0	0.0	0.0	30.2
	FeO_T	8.90	12.40	10.00	4.60		An	0.0	7.3	6.5	0.0
	MnO	0.20	0.30	0.20	0.20		Lc	0.0	20.7	13.2	0.0
	MgO	2.30	7.30	3.70	0.50		Ne	39.1	18.2	18.2	22.2
	CaO	7.30	17.20	8.40	2.90		Di	13.7	15.0	16.7	2.8
	Na_2O	9.30	3.20	4.30	9.20		Wo	5.7	0.0	0.0	4.1
	K_2O	4.20	3.60	7.20	5.50		Ol	0.0	10.9	1.8	0.0
	P_2O_5	0.50	1.90	1.20	0.10		Ap	1.3	5.5	3.1	0.2
	总量	99.10	92.90	98.90	99.70		Ilm	0.5	0.8	0.5	0.4

注：1. 肯尼亚响岩平均值；2. 西支裂谷黄长岩平均值；3. 西支裂谷白榴岩平均值；4. 乌干达 55 件响岩平均值。1 和 4 引自 Baker(1987)，2 和 3 引自 Kampunzu 和 Mohr(1991)。

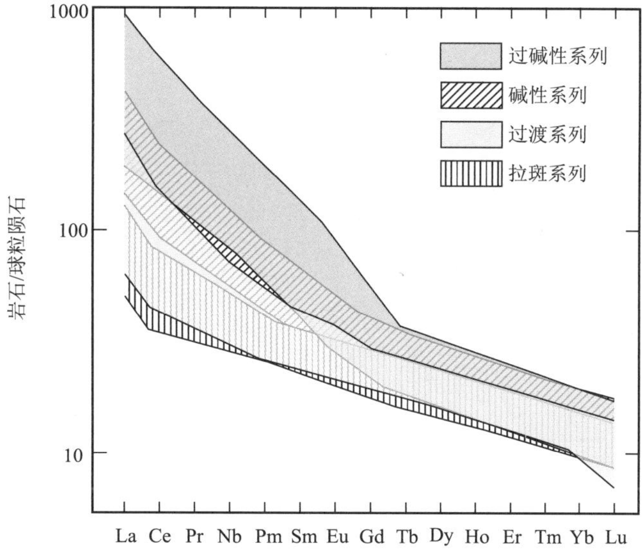

图 11-5　东非裂谷四个系列火成岩的稀土元素球粒陨石标准化曲线(Kampunzu and Mohr, 1991)

（二）我国攀西裂谷的碱性岩

攀西裂谷是位于我国四川西南部的一条呈南北向展布的构造岩浆活动带，它北起四川冕宁，南延经西昌、德昌、米易和攀枝花，直至云南元谋一带，绵延超过 300 km（图 11-6），东西两侧为甘洛-小江及箐河-程海边界断裂带所围限，宽数十至数百余千米，构成“两堑夹一垒”的基本构造型式(骆耀南，1985；图 11-7)。

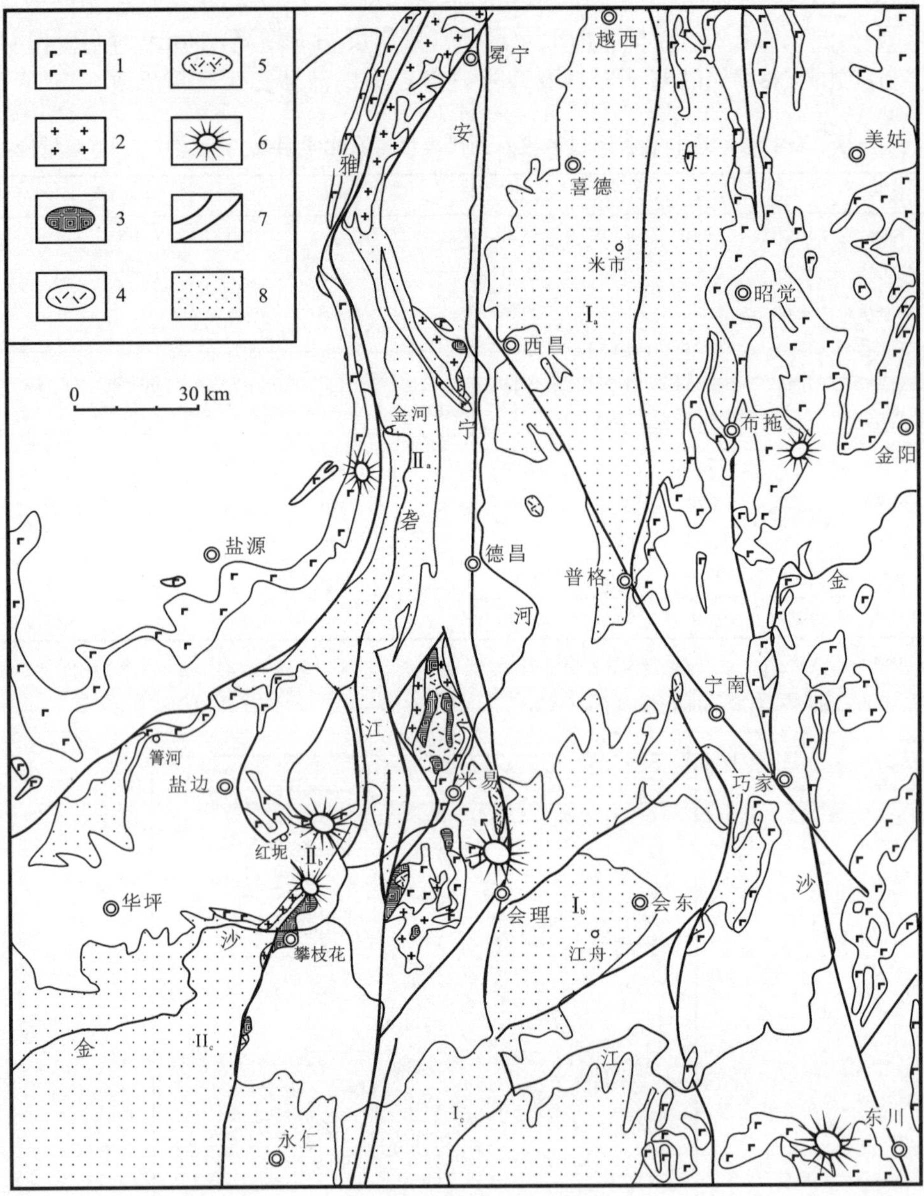

图 11-6　攀西裂谷构造略图(骆耀南，1985)

1. 峨眉山玄武岩；2. 正长岩；3. 层状侵入体；4. 碱性杂岩；5. 碱性花岗岩；6. 古火山口；7. 断裂；8. 中生代裂谷盆地（Ⅰ$_{a}$. 米市盆地；Ⅰ$_{b}$. 江舟盆地；Ⅰ$_{c}$. 姜驿盆地；Ⅱ$_{a}$. 金河盆地；Ⅱ$_{b}$. 红坭盆地；Ⅱ$_{c}$. 宝鼎盆地）

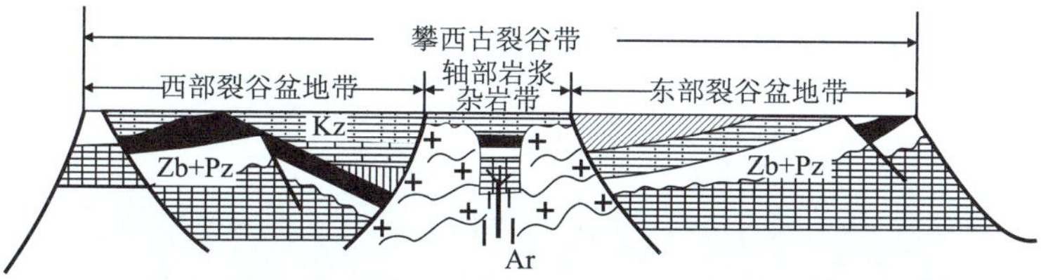

图 11-7　攀西裂谷构造剖面示意图(据骆耀南，1985 简化)

Ar. 太古宙基底；Zb+Pz. 新元古–古生代构造层；Kz. 中生代构造层

轴部基底隆起带上的断裂谷中发育多种火成岩组合，其中以层状堆晶杂岩及环状碱性杂岩体最为典型，它们无疑是深层伸展拉张构造背景下岩浆活动的产物。中心型环状碱性杂岩体的岩石组合包括霓霞岩、霓霞钠辉岩、霞石正长岩和霓霞正长岩等，并伴有火成碳酸岩。例如，云南禄丰鸡街超基性碱性环状杂岩体，其环状核心为斑状霞辉岩，外围为基质较细且具少许斑晶的霞辉岩，中部和南部为霓霞钠辉岩，它们构成鸡街杂岩体的主体，此外，在霓霞钠辉岩中或边缘还有细粒霓霞岩呈脉状、透镜状产出，在岩体西侧和北部有多期脉状碳酸岩与之紧密共生(施泽民等，1985；图 11-8)。

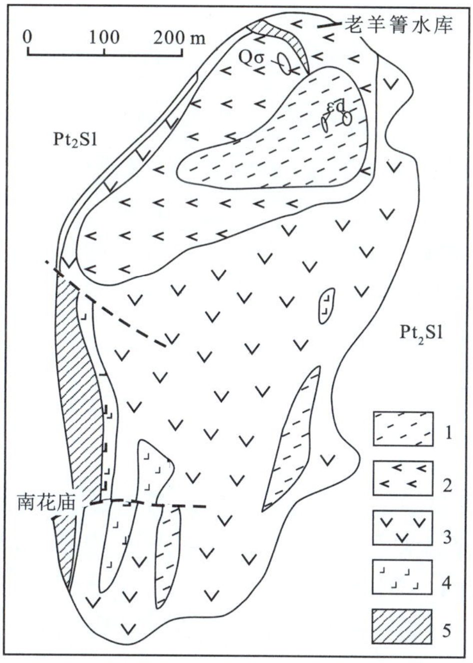

图 11-8　云南禄丰鸡街环状碱性杂岩地质略图(据施泽民等，1985 简化)

Pt_2Sl. 昆阳群板岩；εd. 霓霞岩脉；Qσ. 橄榄岩；1. 斑状霞辉岩；2. 细粒霞辉岩；3. 霓霞钠辉岩；4. 霓霞岩；5. 碳酸岩

在化学组成上，攀西裂谷环状杂岩体中的碱性岩均表现出贫硅、低钙、富碱特征，Na_2O/K_2O 值显著大于 1(表 11-2)，富轻稀土，V、Ti、Zr、Hf 等元素含量高。从超基性碱性岩到中性碱性岩，Rb、Cs、Zr、Hf、Ba 及轻稀土元素的含量显著升高(施泽民等，1985)。

表 11-2 攀西裂谷典型碱性环状杂岩中代表性碱性岩的化学成分(施泽民，1985) [单位：%(质量分数)]

产地	鸡街			大向坪			流沙乡			猫猫沟		
编号	Ⅰ	Ⅱ	Ⅲ	Ⅳ	Ⅴ	Ⅵ	Ⅶ	Ⅷ	Ⅸ	Ⅹ	Ⅺ	Ⅻ
SiO_2	39.86	40.61	40.41	45.59	40.27	40.47	48.49	54.89	54.3	56.37	55.33	56.90
TiO_2	2.45	2.17	2.17	3.11	1.55	0.89	0.82	0.48	0.30	0.25	0.72	0.25
Al_2O_3	12.29	12.44	14.20	13.46	17.41	24.04	21.25	18.79	20.73	20.17	19.50	21.92
Fe_2O_3	7.60	6.87	7.39	2.43	4.40	2.81	3.39	3.03	3.88	4.33	2.78	2.35
FeO	6.74	6.07	5.98	11.39	4.59	3.42	3.06	2.26	1.35	1.07	3.84	1.50
MnO	0.163	0.12	0.21	0.217	0.16	0.083	0.125	0.084	0.11	0.17	0.18	0.10
MgO	7.23	6.25	6.39	4.65	3.85	1.97	1.03	1.09	0.43	0.33	1.25	0.26
CaO	12.22	10.05	11.75	7.63	11.77	6.84	4.21	2.75	1.41	0.83	3.71	1.02
Na_2O	4.22	3.40	5.22	4.04	9.16	11.01	10.45	9.11	10.00	9.51	8.82	10.58
K_2O	1.45	1.68	1.44	3.04	2.22	2.42	3.28	3.99	4.26	4.89	2.88	4.20
P_2O_5	0.55	0.64	0.77	0.841	0.66	0.30	0.215	0.104	0.14	0.07	0.27	0.09
Na_2O/K_2O	4.42	3.07	5.82	2.02	6.26	6.91	4.83	3.47	3.57	2.95	4.65	3.82
统计数	4	3	4	1	8	3	2	5	1	3	2	1

注：Ⅰ. 斑状霞辉岩；Ⅱ. 细粒霞辉岩；Ⅲ. 霓霞钠辉岩；Ⅳ. 霞辉岩；Ⅴ. 霓霞岩；Ⅵ. 磷霞岩；Ⅶ. 暗霞正长岩；Ⅷ. 霓霞正长岩；Ⅸ. 流霞正长岩；Ⅹ. 霓霞正长岩；Ⅺ. 角霞正长岩；Ⅻ. 富霞正长岩。

除环状碱性杂岩体之外，裂谷带中还发育有多种碱性火山岩组合，如碧玄岩-碱玄岩、碱性橄榄玄武岩、石英粗面岩-菱长斑岩-碱流岩等，它们均属于碱性系列的钠质类型火山岩，化学组成上普遍富钛、铁，碱质含量高，且 Na>K。自早至晚，火山岩的成分具有从 SiO_2 不饱和的强碱性系列→SiO_2 弱饱和的弱碱性系列→SiO_2 过饱和的碱酸性系列的演化趋势，构成裂谷带特征的双峰式火山岩组合的岩石化学组成(骆耀南，1985)。所有碱性火山岩均富轻稀土，基性碱性火山岩中亲铁元素(如 V、Cr、Co、Ni 等)含量较高，而 SiO_2 较高的碱性火山岩则富 Nb、Ta、Zr、Hf、U、Th 等。

六、成矿关系

与碱性岩有关的矿产主要是稀有、稀土和放射性元素，如 Zr、Nb、Th、U 和 REE 等，世界上几乎所有的内生 Zr 矿床均与碱性岩有关。我国辽宁赛马以正长岩和霞石正长岩为主的碱性杂岩体赋存有大型的 U、Th 和 REE。与碱性岩有关的磷矿也具重要工业意义，如俄罗斯希宾碱性杂岩体产有巨大的磷灰石-霞石矿，矿体产于霓霞岩带(图 11-9)，矿石类型主要是磷霞岩，矿物组合主要为霞石-霓石-磷灰石-榍石组合，该矿磷储量达 27 亿 t，可供综合利用的矿产还包括磁铁矿、稀土、钒、锶、钡等。

七、岩石成因

碱性岩来源较深，蕴涵有丰富的地幔性状与演化信息，加之常和稀有(Nb、Ta)、稀土及放射性元素(Th、U)矿产有密切的成因联系，因此，这类岩石的研究日益引起人们的广泛重视，已成为当前岩石学研究中的一个热点。

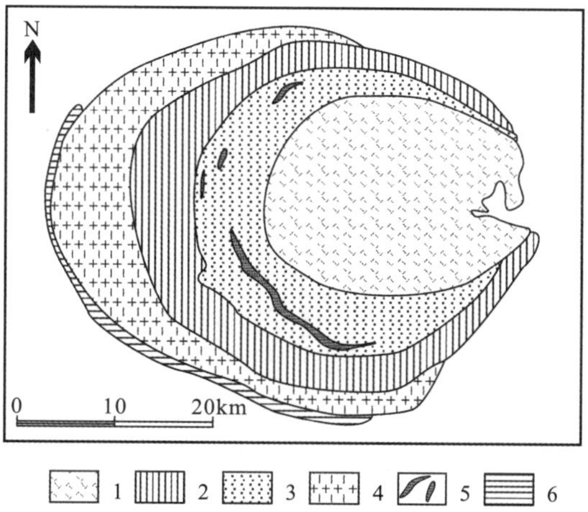

图 11-9 俄罗斯希宾碱性杂岩地质简图

转引自东野脉兴(2004)

1. 霞石正长岩(包括流霞正长岩); 2. 霓霞岩、磷霞岩及暗霞正长岩; 3. 磷灰石-霞石矿; 4. 似粗面状霞石正长岩; 5. 块状霞石正长岩; 6. 角页岩

前人对这类岩石的成因已进行过广泛研究。Werle 等(1984)认为碱性玄武岩浆很可能是各类碱性火成岩杂岩体的母岩浆，其中镁铁质碱性岩浆是深部地幔物质在高压下经低程度部分熔融形成的，而富挥发分的长英质碱性岩(如正长岩、粗面岩等)则可能是原始镁铁质碱性岩浆在深部储源中分离结晶的产物。也有学者主张碱性玄武岩浆在分异过程中同化顶板石灰岩，或花岗质岩浆同化石灰岩可生成霞石正长岩，因为石灰岩中的钙、镁与岩浆中的 SiO_2 结合可形成钙镁硅酸盐矿物(单斜辉石、石榴子石等)，这一反应会不断消耗岩浆中的 SiO_2，同时新生成的钙镁硅酸盐矿物由于密度大而下沉至岩浆房深部，上部岩浆不断向贫硅、钙、镁，而富钾、钠方向演化，另外，由于受岩浆带来热的影响，石灰岩中的方解石分解释放 CO_2，它有利于携带碱质上升到岩浆房上部，从而也可以促进 SiO_2 不饱和的碱性岩浆形成，这一观点在早期研究碱性岩的成因时曾得到许多学者的支持。然而，碱性岩最显著的地球化学特征是富含大离子亲石元素，而正常或亏损地幔则亏损这些元素，这一现象要求产生碱性岩浆的地幔应具有有别于正常或亏损地幔的特殊化学组成。随着微量元素和同位素地球化学资料的不断积累，目前人们普遍认为碱性岩浆的起源与地幔交代作用或地幔柱活动有关。

地幔交代作用(mantle metasomatism)这一概念最初由 Bailey(1970)提出，用以解释大陆区的上隆现象及断裂带的高碱岩浆作用，其含义是指在有 H_2O 和 CO_2 等活动性流体的参与下，原始地幔的化学组成(特别是微量元素和同位素)发生富集，形成富轻稀土和大离子亲石元素的富集地幔，并最终导致地幔化学不均一性的过程。一些碱性火山岩中赋存的超镁铁岩包体含有角闪石、金云母、磷灰石和碳酸盐等富挥发分的矿物，为地幔交代作用的存在提供了最直接的证据，这种交代作用被称为显性地幔交代作用(Dawson，1984)。另外，还有一些交代作用不出现上述富挥发分矿物，而主要表现在元素-同位素组成的富集，称为隐性交代作用。研究表明，导致地幔交代作用发生的介质包括俯冲板片脱水产生的流体和地幔岩低程度部分熔融产生的熔体，流体/熔体的渗滤作用被认为是诱发地幔交代作用的最有效机制(Harte，1987)。

碱性岩浆源于遭受交代作用的富集地幔部分熔融的观点已被大量的研究所证实，如 Varne 和 Graham(1971)的研究表明，具有交代成因的角闪石二辉橄榄岩的部分熔融可以产生 REE、U 和 K_2O 含量相当于霞石岩的熔体；Roden 和 Rama Murthy(1985)认为由地幔交代作用形成的富集地幔可能是地球内部不相容元素的重要储源。Sørensen(1974)认为形成碱性岩需要地幔的高压环境，且这种地幔应该是富集的，深度要比形成拉斑玄武质熔浆的上地幔更深，部分熔融程度更小，其中富钾的碱性熔浆比富钠的碱性熔浆形成于更深位置。Edgar(1987)也认为涉及 K 和 Na 的地幔交代作用很可能与深度有关。Faure(2001)指出碱性岩浆是由含流体的交代地幔低程度(<5%)部分熔融形成，其源区以具有高 $^{87}Sr/^{86}Sr$ 值、存在钛闪石和金云母为特征。碱性岩石的 Sr、Nd、Pb 同位素组成变化范围很大，指示它们的岩浆源区具有高度不均一性。例如，前面所述东非裂谷东支主要为钠质类型，西支主要为钾质类型，除主量元素有明显差别外，两支裂谷碱性火山岩的同位素组成也具明显差别，西支裂谷较东支裂谷的碱性火山岩更富放射成因 Sr 和 Pb(Kampunzu and Mohr，1991)，指示它们应有各自独立的富集地幔源区。

碱性岩源于富集地幔部分熔融的观点可以解释这类岩石的许多特征，如富大离子亲石元素及常具富集的 Sr、Nd、Pb 同位素组成，碱性岩浆作用常和大范围的区域性隆起有关，这也与遭受过交代作用的富集地幔具较低密度的特点一致。因此，这一观点目前已得到广泛认同。

最近的研究表明，霞石岩的初始熔体可能源自地幔过渡带(深度在 410～660 km)中的碳酸盐化榴辉岩，并且这一熔体后期经历了熔体-岩石反应。Zeng 等(2021)发现全球的霞石岩和 I 型金伯利岩具有极低的 K/U 值和 Ba/Th 值，以及低于典型地幔值的 $\delta^{26}Mg$ 特征。这些特点可以通过地幔过渡带中再循环的含碳酸盐沉积物的部分熔融来解释，在此过程中，钾锰钡矿(K-hollandite)作为一种稳定的残留相保留了更多的 K 和 Ba(相对于 U 和 Th)。因此，部分熔融产生的熔体显示出低的 K/U 和 Ba/Th 值。在克拉通之上，碳酸盐化的硅酸盐熔体与周围橄榄岩发生反应可形成金伯利岩，在克拉通之外，初始熔体与橄榄岩的相互作用则产生霞石岩(Zeng et al., 2021)。这些霞石岩中的橄榄石斑晶表现出极高的 Ca、Mn 含量和极低的 Fo 值(71～85)，明显不同于贫 CO_2 地幔源区(橄榄岩或辉石岩地幔)来源岩浆结晶的橄榄石斑晶，同样指示霞石岩源自碳酸盐化榴辉岩熔融形成的熔体(Zhang et al., 2023)。

第三节　碳　酸　岩

一、概述

碳酸岩是一种浅灰至灰白色的富含碳酸盐矿物的火成岩，按 Woolley 和 Kempe(1989)建议，碳酸岩中碳酸盐矿物(如方解石、白云石、菱铁矿等)的体积分数应大于 50%，而 SiO_2 的质量分数应低于 20%(Le Maitre et al., 2002)。碳酸岩既有侵入的，也有喷出的，其地质地球化学特征与沉积成因的石灰岩和白云岩明显有别，为了区别起见，通常将沉积成因的主要由碳酸盐矿物组成的岩石称为碳酸盐岩(carbonate rock)，而将岩浆成因的主要由碳酸盐矿物组成的岩石称为碳酸岩(carbonatite)。

二、矿物组成

组成碳酸岩的矿物种类繁多，且成分变化大，目前在碳酸岩中发现的矿物种类已超过400种，其中主要为碳酸盐矿物，如方解石、白云石、铁白云石等，有时还含有铁、锰甚至钠的碳酸盐；其次为硅酸盐矿物，如碱性长石、霓(辉)石、透辉石、钠闪石、橄榄石、黑云母、金云母和霞石等；常见的副矿物有磷灰石、独居石、榍石、磁铁矿、黑榴石、烧绿石和萤石等(图 11-10)。

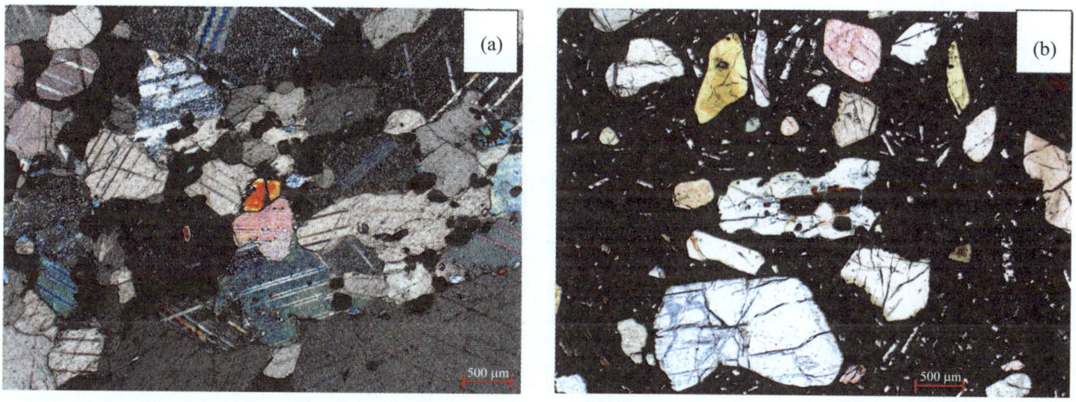

图 11-10　坦桑尼亚凯里马西(Kerimasi)全晶质粒状结构的碳酸岩和斑状结构的碳酸岩(李敏提供)

(a)主要矿物为方解石(约 90%)，次要矿物为霓辉石(约 5%)，副矿物为磁铁矿等；(b)由霓辉石(大斑晶)、金云母、方解石(细长条)和隐晶质基质组成

三、结构、构造

侵入的碳酸岩多为中、粗粒结构，而白云石碳酸岩则常为细粒结构，喷出的碳酸岩多为它形粒状，有时具有斑状结构。按岩石的结构，碳酸岩有粗粒和细粒之分，前者以粗粒方解石碳酸岩(sövite)为代表，其矿物组合为方解石＋磷灰石＋磁铁矿＋烧绿石；后者以细粒方解石碳酸岩(alvikite)为代表，其矿物组合为方解石＋磁铁矿＋氟碳铈矿＋独居石。当细粒结构碳酸岩的组成矿物主要为白云石时，则称为白云石碳酸岩(beforsite)。对于演化完整的单个碳酸岩杂岩体来说，其岩石演化序列通常是：粗粒方解石碳酸岩→细粒方解石碳酸岩+白云石碳酸岩→铁质碳酸岩→细脉/网脉状钙质碳酸岩(杨学明等，1998)。

碳酸岩多呈块状构造，有时为瘤状或条带状构造，后者主要是由于浅色的方解石和白云石等碳酸盐矿物与深色的辉石、角闪石、黑云母等硅酸盐矿物呈相间排列形成。喷出的碳酸岩可出现气孔构造。

四、种属划分

按 IUGS 的建议，碳酸岩中方解石、白云石和铁白云石等碳酸盐矿物的含量应大于 50%。对于碳酸盐矿物含量在 10%～50%的岩石，则在其基本名称前冠以“碳酸”或“方解石”“白云石”等前缀，如碳酸霓辉岩、方解石霓辉岩等。当原生碳酸盐矿物含量<10%，但又要强调其与碳酸岩类有亲缘关系时，则在岩石名称前冠以“含碳酸”“含方解石”或“含白云石”等前缀，如含方解石霓霞岩等。

对于碳酸岩可根据其所含方解石和白云石的多少做进一步划分(图 11-11)。如果碳酸岩粒度太细以至于无法准确地测定其实际矿物含量时，则采用化学成分进行分类(图 11-12)，这时要求碳酸盐质量分数>50%(质量分数)、SiO_2<20%(质量分数)，由此将碳酸岩区分为钙质碳酸岩(calciocarbonatite)、镁质碳酸岩(magnesiocarbonatite)和铁质碳酸岩(ferrocarbonatite)。如果 SiO_2>20%(质量分数)，则称为硅质碳酸岩(silicocarbonatite)。

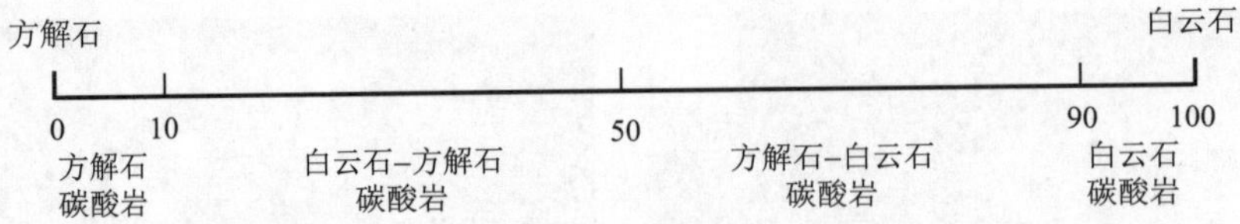

图 11-11　碳酸岩的矿物成分分类(IUGS，1979)

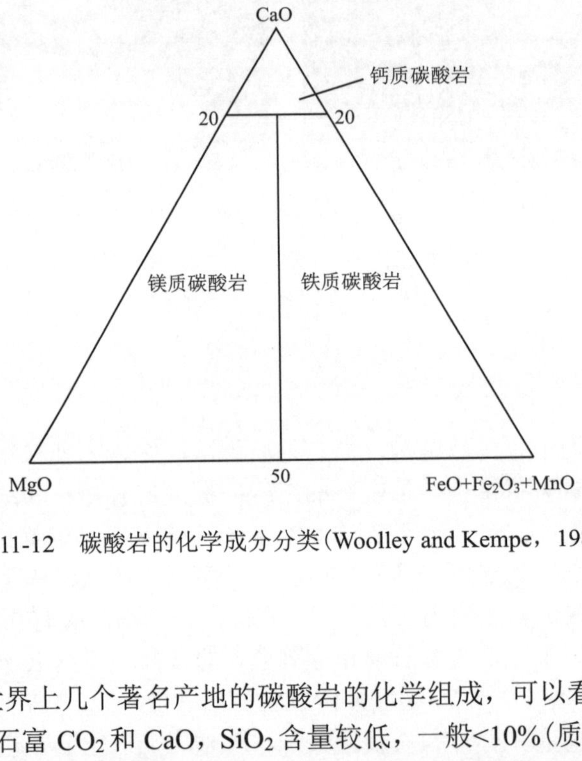

图 11-12　碳酸岩的化学成分分类(Woolley and Kempe，1989)

五、化学成分

表 11-3 列出了世界上几个著名产地的碳酸岩的化学组成，可以看出，碳酸岩的化学成分变化很大，多数岩石富 CO_2 和 CaO，SiO_2 含量较低，一般<10%(质量分数)，少数岩石含较高的 MgO、Fe_2O_3、Na_2O 和 K_2O，甚至 MnO。前面已述，根据全岩化学成分可将碳酸岩区分为钙质碳酸岩、镁质碳酸岩和铁质碳酸岩等，有时也称主要含 Na、K、Ca 的碳酸岩为钠质碳酸岩(natrocarbonatite)，这种岩石目前仅在坦桑尼亚的伦盖火山(Ol Doinyo Lengai)发现。Le Bas(1989)认为造成碳酸岩化学成分变异的主要因素有：①上地幔源区成分的不均一性；②母岩浆成分的差异；③母岩浆-热液演化过程的差异；④围岩混染的影响。

表 11-3　世界上典型碳酸岩的化学成分(Le Bas, 1987)　[单位：%(质量分数)]

化学成分	1	2	3	4	5	6
SiO_2	0.05	0.88	016	6.12	3.24	0.83
TiO_2	0.01	0.18	0.07	0.68	0.00	0.07
Al_2O_3	0.11	0.37	0.17	1.31	0.20	0.65
Fe_2O_3	0.41	2.62	4.04	7.55	11.50	11.00
MnO	0.48	0.39	0.41	0.75	5.18	5.53
MgO	0.48	0.31	0.67	12.75	10.74	0.36
CaO	14.43	53.60	51.20	29.03	25.85	43.60
Na_2O	33.89	0.09	0.25	0.14	—	0.05
K_2O	8.39	0.03	0.01	0.79	—	0.06
P_2O_5	0.93	3.18	1.52	2.66	1.27	0.42
CO_2	30.53	38.38	39.50	37.03	32.62	30.42
F	2.71	0.06	—	0.09	—	—
Cl	3.81	—	—	—	—	—
SO_3	2.88	—	—	0.89	0.49	—
SrO	1.35	0.23	0.10	0.01	0.73	0.07
BaO	1.26	0.08	0.17	0.11	2.48	>4.0
REE	0.10	0.05	0.30	n.d	2.82	1.50

注：1. 坦桑尼亚北部伦盖火山(Ol Doinyo Lengai)地区 1960 年喷发的钠质碳酸岩熔岩；2. 马拉维 Tundulu 地区呈岩墙产出的粗粒方解石碳酸岩；3. 肯尼亚西部霍马(Homa)山锥状岩席中的细粒方解石碳酸岩；4. 瑞典阿尔讷(Alnö)地区呈岩脉产出的白云石碳酸岩；5. 马拉维 Kangangkunde 地区的铁质碳酸岩(高镁)；6. 肯尼亚西部 Homa 山的铁质碳酸岩(低镁)。n.d. 未测定。

火成碳酸岩有别于沉积的碳酸盐岩的最特征标志就是在其岩浆通过上部地壳围岩时常发生霓长岩化作用(fenitization)，形成一套以含有霓石、霓辉石、钠(铁)闪石、钠长石、金云母、钾长石等为特征的霓长岩蚀变晕。霓长岩是碳酸岩浆脱碱而引起围岩发生碱质交代作用所形成的，并且存在一定的分带性，即碳酸岩体的深部围岩以钠质霓长岩化作用为特征，而较浅部以钾质霓长岩化作用为特点(Le Bas，1981)。

图 11-13　坦桑尼亚伦盖火山

白色的是碳酸岩，红色的是正在喷发的岩浆，凸起来的是熔岩丘；摄于 2023 年 6 月(李敏提供)

碳酸岩围岩常发生霓长岩化的特点说明碳酸岩浆形成时可能富含碱质，如坦桑尼亚北部的现代活火山 Ol Doinyo Lengai(图 11-13)，最近一次喷发是在 2023 年 6 月。其喷出的碱质碳酸岩熔岩的 Na_2O 含量达 27%～34%(质量分数)，K_2O 含量达 5%～14%(质量分数) (Dawson et al., 1994)，证实碳酸岩浆富含碱质。目前我们所观测的古老碳酸岩的 Na_2O+K_2O 含量一般低于 3%(质量分数)，这极可能是碳酸岩浆在上侵至地壳的过程中，与围岩发生了碱质交代作用(即霓长岩化作用)脱碱所致。

火成碳酸岩与沉积碳酸盐岩在微量和稀土元素组成上也具显著差异，主要表现在火成碳酸岩具有明显偏高的 Sr、Ba、Nb、Th 和 LREE 含量，以及低的 K、Rb 和 HREE 含量(表 11-4)，其 Zr/Nb 值、La/Nb 值、Ba/Nb 值、Ba/Th 值、Rb/Nb 值、K/Nb 值、Th/Nb 值、Th/La 值和 Ba/La 值与洋岛玄武岩十分相似，暗示它们具有相似的地幔源区(杨学明和杨晓勇，1998)。全球碳酸岩的 Sr-Nd 同位素组成变化较大(图 11-14)，这表明它们源自高度不均一的地幔源区，这种不均一性可由交代作用改造的陆下岩石圈地幔或者不同类型的再循环沉积物来解释。

表 11-4　火成碳酸岩与沉积碳酸盐岩微量和稀土元素含量对比　　(单位：ppm)

化学成分	钙质碳酸岩		镁质碳酸岩		铁质碳酸岩		沉积石灰岩
	平均	范围	平均	范围	平均	范围	平均
Sc	7	0.6～18	14	10～17	10	9～14	1
V	80	0～300	89	7～280	191	56～340	20
Cr	13	2～479	55	2～175	62	15～135	11
Co	11	2～26	17	4～39	26	11～54	0.1
Ni	18	5～30	33	21～60	26	10～65	20
Cu	24	4～80	27	4～94	16	4～45	4
Zn	188	20～1120	251	15～851	606	35～1800	20
Rb	14	4～35	31	2～80	—	—	3
Y	119	25～346	61	5～120	204	28～535	30
Zr	189	4～2320	165	0～550	127	0～900	19
Nb	1204	1～15000	569	10～3000	1292	10～5033	0.3
Pb	56	30～108	89	30～244	217	46～400	9
Th	52	5～168	93	4～315	276	100～273	1.7
U	8.7	0.3～29	13	1～42	7.2	1～20	2.2
La	608	90～1600	764	95～3655	2666	95～16883	1～9
Ce	1687	74～4152	2183	147～8905	5125	1091～19547	11.5
Nd	883	190～1550	634	222～1755	1618	437～3430	4.7
Sm	130	95～164	45	33～75	128	30～233	1.3
Eu	39	29～48	12	3～20	34	11～78	0.20
Gd	105	91～119	—	—	130	31～226	1.3
Tb	9	9～10	4.5	0.9～8	16	4～36	0.2
Yb	5	1.5～12	9.5	1～52	15.5	1～16	0.5

注：据杨学明等(1998)统计资料简化，“—”表示缺乏数据。

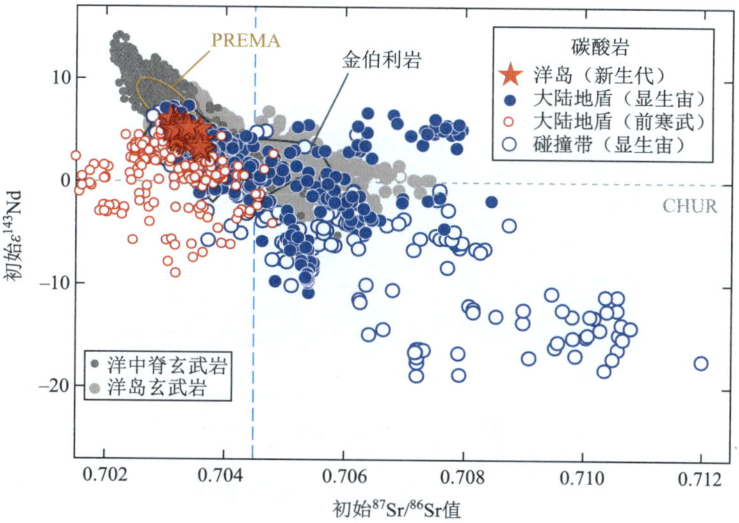

图 11-14　全球碳酸岩的 Sr-Nd 同位素组成(Yaxley et al., 2022)

六、产状、分布与产出构造环境

碳酸岩体的规模通常很小，侵入的碳酸岩常呈岩株、岩颈、岩墙(环状、锥状、放射状)、岩床和岩筒产出，喷出的碳酸岩常呈中心式喷发，形成熔岩或火山碎屑岩。世界上目前已发现的碳酸岩产地约 609 处(Yaxley et al.，2022)，遍布于各大洲及部分洋岛中，但有近一半产于非洲，其中大多数的年龄小于 200 Ma，与东非裂谷有关。时代最老的碳酸岩产于格陵兰西部的 Tupertalik 碳酸岩，年龄约为 3.01 Ga(Bizzarro et al.，2002)，最年轻的碳酸岩当属 2023 年 6 月在坦桑尼亚北部 Ol Doinyo Lengai 地区喷发的钠质碳酸岩。这些碳酸岩体大多与碱性岩在空间上密切共生，形成碳酸岩-碱性岩杂岩体，其中碳酸岩的体积相对较小，通常占杂岩体体积的 10%或更少(Woolley and Kjarsgaard，2009；范宏瑞等，2020)。我国也陆续发现多处碳酸岩体，如四川南江与超基性-碱性杂岩体有关的碳酸岩主要呈脉状或透镜状产于霓霞岩中，种属包括黑云母辉石碳酸岩和黑云母石墨碳酸岩等，山西临县紫金山同心环状碱性杂岩体中的碳酸岩呈脉状或透镜状分布在杂岩体的中心，在湖北竹山、山东淄博-莱芜一带发现有呈脉状、透镜状或似层状产出的碳酸岩，在甘肃天水-礼县新生代火山盆地中发现有喷出的碳酸岩，此外，对于我国最大的 Fe-Nb-REE 矿床——内蒙古白云鄂博西矿区的碳酸盐脉状体，也有学者认为是碳酸岩岩浆侵入体。

碳酸岩可以出现在不同的构造背景中，如大陆板内环境、造山带或洋岛环境。大陆板内环境下的碳酸岩主要形成于张性的大地构造背景，其中最主要的是产于大陆裂谷环境，产于这一环境的碳酸岩常与超基性岩和碱性岩共生，构成同心环状杂岩体(图 11-15 和图 11-16)，它们在平面上呈圆形或椭圆形，自中心到边缘岩性依次为碳酸岩→霓霞岩→辉石岩，或碳酸岩→碱性辉石岩→霓霞岩/橄榄岩→霓长岩，或碳酸岩→霓霞岩/辉石岩→霞长岩→霓长岩化带，由此可见，碳酸岩总是分布在杂岩体的中心部位，杂岩体中心也常是破火山口所在地。碳酸岩也可以产于大陆内部的深断裂带，形成单一的透镜状、条带状和似层状碳酸岩体，这时它们往往不与碱性杂岩共生，典型实例如巴基斯坦的 Loe Shilman 及我国山东淄博-莱芜一带的碳酸岩。

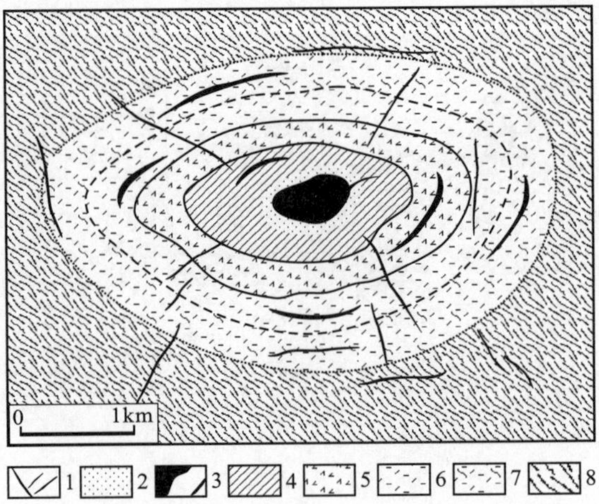

图 11-15　超基性-碱性-碳酸岩环状杂岩体理想平面图(Heinrich，1966)

1. 煌斑岩岩墙；2. 接触变质晕；3. 碳酸岩；4. 超基性-基性碱性岩；5. 霞石正长岩；6. 正长长霓岩；7. 含霓石花岗片麻岩；8. 花岗片麻岩

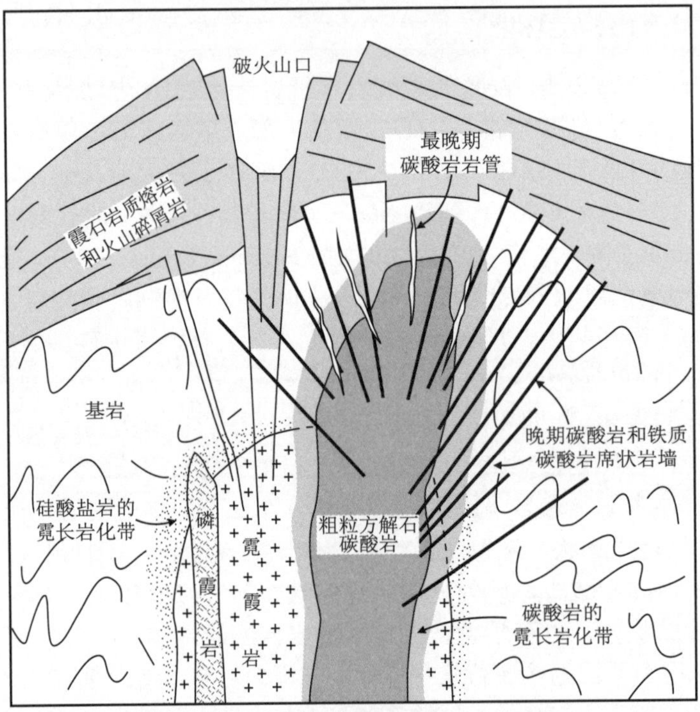

图 11-16　超基性-碱性-碳酸岩环状杂岩体理想剖面图(Le Bas，1987)

碳酸岩(大多数通常为方解石碳酸岩)侵入硅酸盐岩中，其本身又被晚期碳酸岩和铁质碳酸岩席状岩墙截穿，许多这类杂岩体最晚期常形成豆荚状富集铁和稀土的碳酸岩，在碳酸岩及碱性硅酸盐岩周围常发育霓长岩化带

在碰撞造山环境中，碳酸岩可能形成于伸展构造向挤压构造过渡之前，也可能形成于碰撞造山后伸展期间。主要的例子包括受印度-欧亚板块碰撞作用控制的特提斯-喜马拉雅造山带中的碳酸岩、受乌拉尔造山带控制的加里东-海西期的碳酸岩以及受太平洋板块-美

洲板块碰撞作用控制的北美科迪勒拉地区的碳酸岩等。洋岛环境下的碳酸岩主要分布在非洲西部[如加那利(Canary)、Cape Verse 和 Kerguelen 岛]、新西兰以及南印度洋地区，这些碳酸岩被认为与洋岛玄武岩的火山活动有关(Humphreys-Williams and Zahirovic, 2021)。

七、成矿关系

与碳酸岩有关的矿产主要是一些稀有、稀土元素和磷灰石、金云母、蛭石等非金属矿产。国外铌矿的主要工业类型即为碳酸岩风化壳型，占铌资源总量的 90%以上，主要产于巴西、俄罗斯、加蓬、澳大利亚等国，含铌矿物为烧绿石。我国碱性岩-碳酸岩型铌矿床的典型代表是湖北竹山的庙垭正长岩-碳酸岩型铌、稀土矿床，主要含铌矿物为铌铁矿，多富集于杂岩体内的黑云母碳酸岩中。内蒙古的白云鄂博铁-铌-稀土矿床是我国最大的铌矿床，该矿集中了我国的主要铌储量(张玲和林德松，2004)。与超基性-碱性-碳酸岩杂岩体有关的磷灰石矿床也具重要工业意义，世界大多数这类杂岩体都含磷，且多伴生有金云母、蛭石、铁、铌、钽等可供综合利用的矿物和元素(东野脉兴，2004)，统计资料表明，这类矿床中磷主要富集于早期方解石碳酸岩中，晚期碳酸岩中磷很少，铁白云石碳酸岩中磷更少。碳酸岩与稀土元素的成矿具密切关系，许多碳酸岩体本身就是大、中型的稀土矿床，如我国山东微山的脉状碳酸岩和湖北竹山碱性-碳酸岩杂岩体；内蒙古白云鄂博方解石型碳酸岩脉平均含稀土 8.36%(杨学明等，1998)，已构成富稀土矿石，其主要矿石类型为铌稀土铁矿石。根据稀土元素在硅酸盐熔体和碳酸盐熔体之间液态不混溶分配关系的研究，稀土元素(尤其是铈族稀土)更倾向于在碳酸岩中富集。与碳酸盐岩相关的富含碱碳酸盐+硫酸盐+氯和 CO_2，但贫 H_2O 的流体，可携带>1600 ppm 的稀土元素(Mororó et al.，2024)。在与碳酸岩有关的矿床中，碳酸岩岩浆释放的富碱流体与围岩反应形成的霓长岩具有重要的找矿价值(Elliott et al.，2018；刘琰和舒小超，2021)。

有些碳酸岩体虽然不含铌和稀土，但富含铜的硫化物，构成独特的铜矿床，如南非的帕拉博纳(Palaboro)碳酸岩杂岩体。在俄罗斯科拉半岛科夫多尔碳酸岩型铁矿中有伴生的斜锆石矿床。

八、岩石成因

对于碳酸岩的成因，曾存在两种具有明显分歧的观点，一种观点认为碳酸岩是由碳酸盐熔体(碳酸盐岩浆)通过结晶作用形成，另一种观点认为碳酸岩是岩浆期后热液交代早期硅酸盐岩的产物。坦桑尼亚北部 Ol Doinyo Lengai 活火山 1967 年发生火山爆发，经过 15 年的平静后，陆续在 24 年喷发了钠质碳酸钠岩，年喷出量基本保持在 10^6 m^3/a。2023 年再次喷溢钠质碳酸岩熔浆，因此，碳酸岩为岩浆结晶的观点得到普遍认同。实验岩石学研究表明，碳酸岩浆形成于深度约大于 70 km 的地幔，H_2O 和 CO_2 在碳酸盐岩浆的形成过程中起到非常重要的作用，碳酸盐岩浆的形成主要与含 H_2O 和 CO_2 流体的地幔交代作用和地幔岩石的部分熔融作用有关。碳酸盐岩浆的成因观点归纳起来主要有三种：①直接来源于含 CO_2 和 H_2O 的软流圈地幔或者岩石圈地幔的部分熔融(部分熔融程度<1%)(Wallace and Green，1988；Sweeney，1994)；②含 CO_2 和 H_2O 的地幔岩石在高温高压条件(P>2.0 GPa)下，经部分熔融先形成富含 CO_2 的碱性超基性岩浆，如霞石岩岩浆、黄长岩岩浆等，然后这种岩浆再经过结晶分异作用形成(Lee and Wyllie，1997)；③含 CO_2 和 H_2O 的地幔岩石在高温高压条件(P>2.0 GPa)下，经部分熔融作用所产生的碳酸盐熔体与硅酸不饱和的硅酸盐熔体发生液态不混熔作用(即熔离作用)形成(Baker and Wyllie，1990)。研究表明，产于裂谷环境、与硅酸不饱和过碱性岩构成的环状碳酸岩-碱性杂岩，主要由起源于软流圈地幔的霞石质超基性-基性岩浆经液态不混溶作用形成；而产于大陆内部深断裂带附近呈单一的透镜状、条带状和似层状产出的碳酸岩岩体，则可能主要由岩石圈富集地幔直接低程度部分熔融产生的碳酸盐岩浆侵入或喷发所形成。此外，在碳酸岩中发现富 Fe^{3+}超硅石榴子石包体，表明碳酸岩熔体还可能起源于地幔过渡带(Xu et al., 2017)。Nd 和 Hf 同位素数据显示，较年轻的碳酸岩(年龄小于 1 Ga)含有再循环地壳的成分，这可能与俯冲过程中大洋板块向地幔的转移有关，这一过程将挥发分和沉积物带入了地球深部。

第四节　黄长石火成岩

一、概述

黄长石火成岩是一种特殊的贫硅富碱(富钾)超基性岩，其铁镁矿物含量在 90%以上(在分类时，将黄长石视为铁镁矿物)，且黄长石的实际矿物含量要求在 10%以上。黄长石的分子式为 $Ca_2(Mg,Al)[(Si,Al)SiO_7]$，它是铝黄长石 $Ca_2Al[SiAlO_7]$和镁黄长石 $Ca_2Mg[Si_2O_7]$的连续类质同象系列。黄长石在薄片中无色透明，但常带淡黄或浅褐色调，中正突起，平行消光，干涉色 I 级灰，往往有类似蓝墨水颜色的灰暗异常干涉色。它有一种特征的构造——钉齿构造，表现为在条状切面的边缘具有与延长方向呈正交的许多短的裂缝。这类岩石在侵入岩中统称为黄长石岩(melilitolite)，在喷出岩中称为黄长岩(melilitite)。

二、主要特征

黄长岩类的矿物成分主要为黄长石、辉石和橄榄石，其次为各种似长石(如白榴石、霞石、钾霞石等)和黑云母等，此外还可见钾长石、金云母、碱镁闪石、方解石，副矿物主要为钙钛矿和磷灰石等。黄长岩类岩石中的辉石多为富钙的透辉石和次透辉石，橄榄石有时出现钙镁橄榄石，斑晶和基质中一般均不含斜长石。化学组成上，黄长岩类贫硅、富钾，其 K_2O>3%(质量分数)，K_2O/Na_2O>2，属超钾质岩石(ultrapotassic rocks)，此外，岩石的 MgO>3%(质量分数)，K_2O+Na_2O 与碱性基性-超基性岩相近，但 Al_2O_3 偏低。岩石普遍具斑状结构，斑晶多为辉石，而黄长石主要出现在基质中。基质常呈交织结构、粗面结构，组成基质的矿物主要为单斜辉石和黄长石，黄长岩也常具玻基斑状结构。

三、分类

黄长石火成岩进一步的种属划分采用如图 11-17 所示的三角图解进行，侵入岩主要种属包括黄长石岩、橄榄黄长石岩、辉石黄长石岩、橄榄辉石黄长石岩和辉石橄榄黄长石岩等，喷出岩种属有黄长岩、橄榄黄长岩等。2002 年，IUGS 对该方案又进行了如下补充：一是当黄长石火成岩中含有长石，长石含量多于黄长石，且长石含量>10%，表明岩石的铁镁矿物含量(M)<90%，因此，它已不属于典型黄长岩类，这时以 QAPF 分类图中的深成岩或喷出岩为根名，再与黄长岩或黄长石岩匹配使用，如某一岩石中的黄长石含量大于 10%，

且该岩石落在火山岩 QAPF 分类图中的霞石岩区内，则该岩石称为黄长霞石岩。二是除黄长石外，若其他主要矿物(包括钙钛矿、橄榄石、辉石、蓝方石和霞石)之一的含量>10%，且黄长石<65%时，分别采用下列名称：①当钙钛矿>10%时，称钛黄云橄岩(afrikandite)；②当橄榄石>10%时，称橄黄岩(kugdite)；③当辉石>10%时，称辉石黄长石岩(uncompahgrite)；④当蓝方石>10%，且黄长石>霞石时，称蓝方黄长石岩(okaite)；⑤当霞石>10%，且黄长石>霞石时，称云霞黄长石岩(turjaite)。此外，当黄长石>65%时，IUGS 建议命名为“超黄长石岩”(ultramelilitolites)。

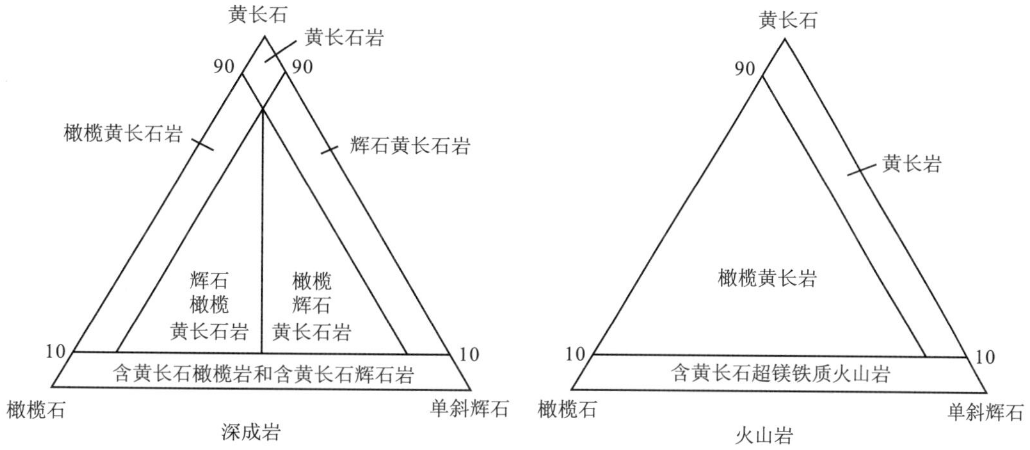

图 11-17　黄长石火成岩分类图解(Streckeisen, 1978)

四、主要种属

(一)橄黄岩(kugdite)

橄黄岩即橄榄黄长石岩，与 olivine melilitolite 同义。岩石色深，多呈暗灰、深灰色，半自形粒状结构，主要由橄榄石和黄长石组成，此外，也可含辉石、钙钛矿、钛磁铁矿、似长石、金云母、钙镁橄榄石和磷灰石等。当岩石中含霞石等似长石矿物时，可作为前缀加在基本名称前，如霞石橄黄岩、白榴橄黄岩；当黄长石含量<10%，且矿物成分以橄榄石为主时，称为含黄长石橄榄岩。

(二)辉石黄长石岩(uncompahgrite)

辉石黄长石岩是一种粗粒的含辉石和黄长石的侵入岩，最初发现于美国科罗拉多州的安肯帕格里(Uncompahgre)。主要矿物成分为黄长石、辉石，此外尚有磁铁矿、方解石、钙钛矿、金云母，副矿物主要为磷灰石和黑榴石等。当岩石中黄长石含量<10%，且主要矿物为辉石时，称为含黄长石辉石岩。

(三)白橄黄长岩(katungite)

白橄黄长岩为橄榄黄长岩的暗色钾质变种，最初发现于乌干达的 Katunga 地区，是一种富含黄长石、橄榄石的钾质超基性喷出岩。岩石多呈黑灰、褐灰色，斑状结构，基质呈微晶结构或似玻基交织结构(即基质中呈交织状排列的不是斜长石而是黄长石)。主要矿物成分为橄榄石和黄长石，二者含量可达 70%，它们既可呈斑晶产出，同时也是基质的主要成分。次要矿物有白榴石、钾霞石、霞石、金云母和钙钛矿、磷灰石等，分布于玻璃基质中。

(四)钾霞橄黄长岩(kamafugite)

当白橄黄长岩中钾霞石增多时，称为钾霞橄黄长岩。但现在该词一般用来表示由白橄黄长岩、橄辉钾霞岩和暗橄白榴岩构成的一组岩石，该岩石的英文单词即是由白橄黄长岩(KAtungite)、橄辉钾霞岩(MAFurite)和暗橄白榴岩(UGandite)三种岩石英文单词的前二三个字母组成。

(五)辉云黄长岩(coppaelite)

辉云黄长岩是一种含有辉石和黄长石的富钾超基性喷出岩，典型产地为意大利的 Coppaeli di Sotto 地区。岩石由几乎等量的辉石和黄长石加上数量不等的金云母所组成，不含橄榄石。斑状结构，斑晶主要为辉石和金云母，基质由黄长石、辉石、金云母、钾霞石和火山玻璃组成，基质常呈似粗面或似玻基交织结构。

五、产状、分布及成因

黄长石岩岩体多呈小岩墙、岩脉，常与侵入相的碳酸岩体共生，产于大陆裂谷环境。喷出的黄长岩常与碳酸岩、白榴岩和碧玄岩等共生。

黄长石火成岩岩浆起源深度大，常富含幔源包体、高压巨晶和捕虏晶，因而是了解地球深部信息的重要研究对象。钾霞橄黄长岩是当前火成岩石学中一个新的研究热点，它是一种非常稀少的超钾质火山岩，迄今为止，只在乌干达、意大利、德国、巴西、中国等极少数几个国家报道有这类岩石(喻学惠，2004)。这类岩石构成一个岩石系列，包括黄长煌斑岩、橄榄黄长岩、白橄黄长岩、橄辉钾霞岩和暗橄白榴岩(ugandite，为白榴岩的暗色变种，又称乌干达岩)等多种岩石类型，它们常和火成碳酸岩紧密共生，著名岩石学家 P. J. Wyllie 认为钾霞橄黄长岩是火成碳酸岩真正的母岩。在地球化学组成上，钾霞橄黄长岩与金伯利岩和钾镁煌斑岩相似，高度富集大离子亲石元素(特别是 Sr、Ba)、高场强元素和轻稀土元素，而且相容元素 Cr 和 Ni 的含量也很高。意大利中南部的罗马岩省是世界上钾霞橄黄长岩的典型产地，Stoppa 等(1997)根据钾霞橄黄长岩总是与碳酸岩共生等特点，提出意大利罗马省的钾霞橄黄长岩是板内被动裂谷岩浆作用的产物，并认为钾霞橄黄长岩的原生岩浆起源于热边界层底部被交代了的软流圈地幔内，源区可能是含金云母和碳酸盐的二辉橄榄岩地幔；碳酸岩的成因与原生钾霞橄黄长岩岩浆的液态不混溶作用和结晶了的 $CaCO_3$(方解石)的分离作用有关。我国的钾霞橄黄长岩主要出露在甘肃西秦岭地区的礼县–宕昌一带，时代属新生代，它们富集高场强元素(Nb、Zr、Ta)和放射性元素(Th、U)，亏损到富集的$(^{87}Sr/^{86}Sr)_i$和$\varepsilon_{Nd}(t)$值，其成因可能与地幔柱(或热点作用)有关，原生岩浆起源深度至少在 90 km 以下，与该区岩石圈底部热边界层的位置相当。地幔柱的活动和/或软流圈物质的上升，不仅使地幔发生 CO_2 的交代富集作用，同时还提高了地幔的 P_{CO_2} 分压，从而导致钾霞橄黄长岩与碳酸岩紧密共生(喻学惠，2004)。

第十二章　火山碎屑岩

第一节　概　　述

火山碎屑岩(pyroclastic rock)是由爆炸式火山活动所产生的各种碎屑物堆积后通过成岩作用固结而形成的岩石。由于火山碎屑岩这种特殊的形成方式，其中除含有火山碎屑以外，还可能含有一定数量的来自火山基底、火山通道围岩或堆积时沉积环境的正常沉积物。火山碎屑岩多见于地表，呈层状，不仅见于陆上，还可见于水下，常与熔岩、次火山岩(或超浅成侵入岩)和正常沉积岩共生，构成一定的地质剖面，或成为火山机构的重要组成部分；亦可在超浅成条件下，呈小的侵入体、岩墙、岩脉或岩筒产出，见于火山通道和次火山岩体中，无成层性。

火山碎屑岩在形成方式上介于熔岩和沉积岩之间。一方面，它起源于地下深处的岩浆源，具有内生的成因特征；另一方面，由于火山碎屑物被喷出后，在空中或水下经历了搬运、降落和沉积的过程，又具有沉积岩的某些特征。因此，火山碎屑岩是介于火山岩和沉积岩之间的过渡岩石，甚至常常被归为沉积岩的一种特殊类型，但两者又有较多差别，如火山碎屑岩中岩石和矿物的碎屑多呈棱角状，碎屑物的分选性一般较差，成分和结构上变化很大，常缺乏稳定的层理等。一般来说，含有火山碎屑物 10%～90%的岩石，可广义地定为火山碎屑岩，而典型的火山碎屑岩则通常含火山碎屑物在 90%以上。

类似于熔岩的成分变化，火山碎屑岩的成分可以是玄武质、安山质、英安质、流纹质，也可以是粗面质、响岩质。如有大量外源碎屑混入，则成分变化更大。火山碎屑岩的成岩方式不同于其他火成岩。向熔岩过渡的火山碎屑岩中，火山碎屑物主要由熔浆胶结、凝固；向沉积岩过渡的火山碎屑岩，碎屑物为正常沉积物、化学沉积物及火山灰及其次生变化产物等胶结；而正常的火山碎屑岩主要通过火山碎屑物的压紧固结或高温熔结形成。

火山碎屑岩常具有特殊的颜色，如黑色、浅红、紫红、暗绿、灰绿、黄褐色等，它是野外鉴别火山碎屑岩的重要标志之一。颜色主要取决于物质成分。中基性火山碎屑岩色深，为暗紫红、墨绿色等；中酸性者则色浅，常为灰白色、浅绿色等。其次也取决于次生变化，如绿泥石化则显暗绿色，蒙脱石化则显白色或浅红色。

我国火山碎屑岩分布相当广泛。尤其在我国东部，广泛发育的中生代火山岩系中有大量火山碎屑岩，特别是流纹质凝灰岩和熔结凝灰岩；而新生代火山岩系因主要为玄武岩类，岩浆的黏度较小，所以火山碎屑岩分布较少。研究火山碎屑岩，可以帮助我们了解该区域整个地质发展史中的火山活动情况，帮助确定火山喷发和沉积的环境，也可了解火山喷发的类型和规模。另外，夹在沉积岩中较细的火山灰成层比较稳定，可作为地层划分对比的标志层，在限定地层年代上也具有非常重要的作用。

第二节　火山碎屑物的类型及特征

爆炸性火山活动产生的各种碎屑物质，统称为火山碎屑物(pyroclasts)。其来源主要有三种：一种为新生碎屑，包括直接由喷发岩浆冷凝形成的玻屑，以及喷发前结晶形成的矿物晶体的碎屑(晶屑)和火山通道形成的火山岩经爆炸形成的岩石碎屑(岩屑)；第二种为同源碎屑，是同一个火山口早期喷发过程中在地下形成的同源火山岩/次火山岩在新的火山喷发事件中，被粉碎或破碎而成各种岩石或晶体碎屑；第三种是外来碎屑，来自构成火山通道和基底的岩石，因而成分多样。火山碎屑的分类，首先从大小和形态等方面，分出火山弹、火山块、火山砾和火山灰四种基本类型及相关产物(表 12-1)，分别介绍如下。

表 12-1　火山碎屑的分类(据孙鼐和彭亚鸣，1985 修改)

大小(平均直径)/mm	形状	喷发状态	碎屑名称
>64	圆-次棱角	塑性	火山弹(包括面包壳状火山弹，纺锤形火山弹，饼状、牛粪状、不规则状火山弹)
	次棱角-棱角	刚性	火山块(包括岩屑、火山渣、浮岩屑等)
64～2	圆-棱角	塑性或刚性	火山砾(包括岩屑、火山渣、浮岩屑等)
<2	常棱角，也可圆	塑性或刚性	火山灰(包括岩屑、晶屑、玻屑等)

注：该分类不包括浆屑，浆屑是一种特殊形式产出的岩浆喷发物，没有确切的粒级界限，具体见熔结凝灰岩的描述；粒度的分类根据 IUGS 火成岩分类委员会建议(Schmid, 1981)；塑性指半凝固或未凝固的液体状态。

一、火山渣与火山弹

火山渣(scoria)是多气泡岩浆的碎片，爆炸形成的岩浆团块在空气中快速冷却，气泡被凝固在岩石中，在成分上为玄武质或玄武安山质岩浆。通常是深色，几厘米至几十厘米大小多孔的碎块，气孔大小为毫米或厘米级别，具有较大的变化范围。较大的(>64 mm)且具塑性特征的火山渣称为火山弹(volcanic bomb)，如表面具有绳状的或纤维状的结构，呈纺锤形、面包壳状、饼状、牛粪状、草帽状或其他不规则形状的形态(图 12-1)。火山渣和火

图 12-1　火山弹

(a)来自阿尔山，可见同心状气孔构造；(b)来自广西涠洲岛(徐夕生摄)

山弹是斯通博利式喷发(Strombolian eruptions)和夏威夷式喷发(Hawaiian eruptions)最常见的产物，其分布受火山喷发类型、火山大小、岩浆类型、风力条件和爆炸强度等因素控制，可以分布在火山附近或者几千米远的位置。

溅落熔岩团(spatter)通常是玄武岩火山弹，几乎完全由熔融状态的岩浆构成，在落地时互相焊接(黏结)在一起，常形成溅落锥。

二、火山块

火山块(volcanic block)的粒径也大于 64 mm[图 12-2(a)]，与火山弹相当。但与火山弹的区别有二：一是火山块自喷发到着地都是固态的岩石碎块，形态一般呈次棱角状至棱角状，有时也呈圆状或次圆状；二是其成分复杂，主要是火山通道附近早先形成的同源火山岩/次火山岩的碎块，以及外源的基底岩石碎块。从火山块的形态及大小可以看出，它主要见于强烈爆发的火山活动中，堆积于火山口附近，因此是鉴别火山口的重要标志。有时，火山块表面也会出现类似火山弹的面包壳状裂缝，但其内部往往不发育气孔，尤其是同心状气孔构造不会出现。

图 12-2 火山块和火山砾的形态

样品均采自温岭长屿火山；(a)为火山集块岩，火山块主要为流纹岩，同源成因；(b)为火山角砾岩，其中的火山砾包括同源角砾和来自火山基底岩石

三、火山砾

火山砾(lapillus)是粒径介于 2～64 mm 的塑性或刚性火山碎屑物[图 12-2(b)]。它在岩浆喷发时可以是液态，也可以是固态。若为前者，则是新生的火山碎屑，如火山渣和浮岩碎屑；若是后者，则既有可能是同源的火山碎屑，也有可能是外来的碎屑。

图 12-3 火山泥球(浙江新昌)

火山泥球(accretionary lapillus)，其大小类似于火山砾，是一种略呈球形的细粒火山灰黏着物集合体，主要由玻屑和火山尘组成，也可含少量晶屑和磨圆度较好的细粒陆源碎屑物，常见于中酸性陆相散落成因的凝灰岩岩层中(图 12-3)。其形成过程一般认为是：

当大气中的水滴(包括雨水)穿过火山灰云时，黏附了一些细粒火山灰，在降落到地面上松散的火山灰层后，又随风力或斜坡滚动，类似滚雪球，黏附的火山灰越滚越多，使球体不断增大，但结构疏松，在以后的脱玻化和重结晶过程中得以坚固，有时具有同心层状构造。

四、火山灰

粒径小于 2 mm 的火山碎屑物统称为火山灰(ash)。依碎屑物粒径大小，可进一步划分为粗火山灰和细火山灰(火山尘)两种，其间的界线是 1/16 mm。按照成分可以进一步分为岩屑、晶屑和玻屑。岩屑和晶屑呈固态喷发，玻屑可以呈固态或可塑性状态喷发。与晶屑(原斑晶)相比，玻屑的成分相对富硅，少镁、铁、钙。在酸性岩浆喷发时，一般表现为高度爆炸性，火山灰的主要成分一般是玻屑和火山尘，岩屑和晶屑居次要地位；而在中基性岩浆喷发中，岩屑和晶屑含量相对增加。不同粒级的火山灰在火山口的分布亦会依其比重和大小而呈现一定的规律。下面分别对岩屑、晶屑、玻屑和火山尘做进一步的描述。

(一) 岩屑(lithic clasts)

岩屑是岩石碎屑[图 12-4(a)～(c)]。岩屑的成因和形态变化大。它可以是新生或同源碎屑，由早先结晶的岩石经爆炸、破碎而成；也可以是外源碎屑，由火山通道围岩和基底岩石破碎而成。岩屑的成分主要取决于原岩的成分，可以是早先形成的细粒状火山岩，也可以是外源的细粒沉积岩、火成岩和变质岩；形态多呈不规则棱角状，内部结构要素常被岩屑轮廓切断。

(二) 晶屑(crystal fragments)

晶屑是晶体碎屑。在火山通道中，由于岩浆体系周围环境的压力骤减，气体膨胀和析出，岩浆中早先结晶的斑晶崩碎为晶体碎屑，即构成晶屑[图 12-4(c)、(d)]。崩碎作用可发生在喷发物离开火山口抛往空中的瞬间，也可发生在火山通道中近地表的超浅成条件下，还可发生在熔岩流的内部。因此，晶屑的来源和成分也有多样性。一般来说，晶屑主要是新生的，形成于熔浆喷发之前，其成分与相当熔岩的斑晶一致。中酸性岩浆黏度大，易于爆炸性喷发，因此中酸性火山碎屑岩的晶屑[图 12-4(c)、(d)]由石英、斜长石、碱性长石及少量的黑云母、角闪石、辉石等组成；而由于黏度小，基性火山碎屑岩中辉石、橄榄石等的晶屑较少见。晶屑外形不完整，有的沿解理裂开[图 12-4(c)、(d)]，呈不同程度的尖角状或弧面状碎屑形态。有时又与斑晶一样，有时因熔蚀而呈港湾状[常见于石英；图 12-4(c)]。另外，有些晶屑可能是外源的，比如火山基底或火山通道围岩的岩石(如粗粒花岗岩、片麻岩、砂砾岩等)炸碎后的晶体碎屑，或者是岩浆源区部分熔融的残留矿物。

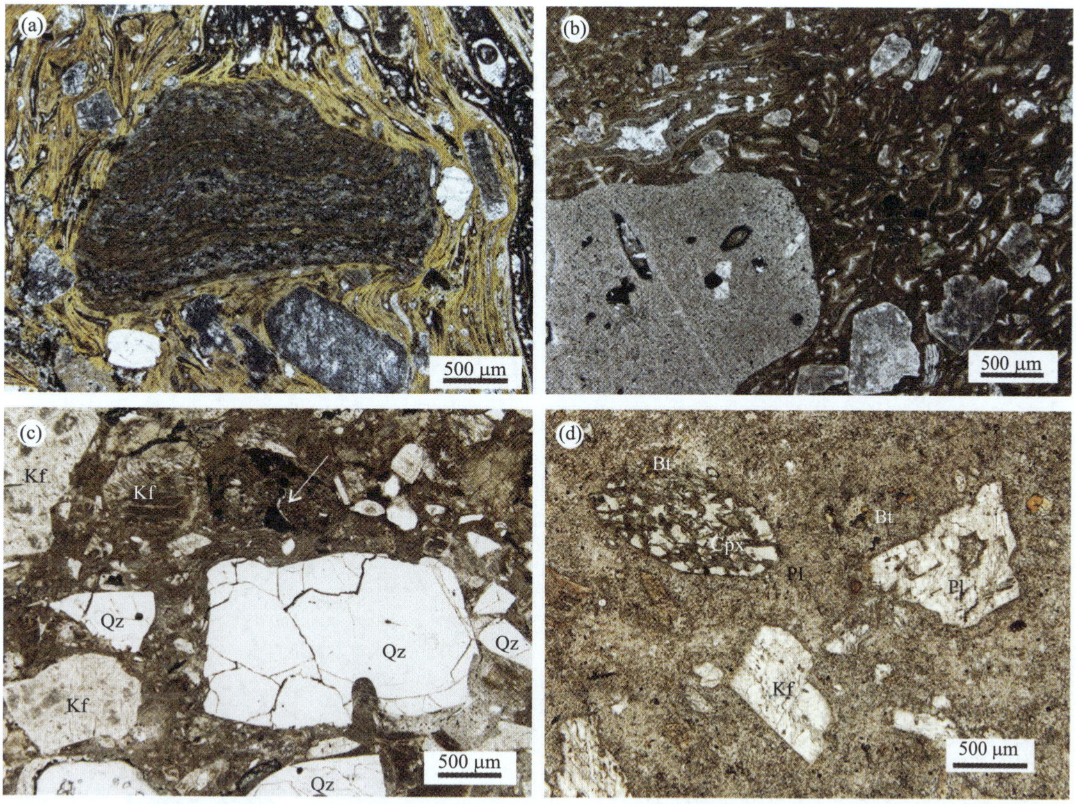

图 12-4　火山碎屑岩中岩屑、晶屑形态

(a)凝灰岩中的流纹岩岩屑(浙江温岭长屿，单偏光)；(b)凝灰岩中的安山岩岩屑(左下部，浙江温岭长屿，单偏光)；(c)熔结凝灰岩中的石英晶屑(Qz，浙江芙蓉山，上部箭头所指是岩屑，单偏光)；(d)熔结凝灰岩中的单斜辉石(Cpx)、黑云母(Bt)、钾长石(Kf)和斜长石(Pl)晶屑(浙江雁荡山，单偏光)

(三)玻屑(glass shards)

玻屑是玻璃质碎屑。在火山喷发时，压力骤降，气体骤然膨胀，由富含气孔的半凝固态玻璃破碎所形成(图 12-5)。因此，玻屑的边缘通常为破碎前的气孔壁，一般呈各种形状的弧面多角形。在酸性火山碎屑岩中，由于岩浆黏度大，玻屑基本呈“Y”形和“U”形，往往出现三个以上的凹面，无色；在中性岩中，一般为“I”形，也有不规则形或扁平形；在基性岩中，常见不规则多角形、网格状、小水滴状、纤维状，略带橙褐色。如果爆炸的强度不够，气孔壁就保存得较为完整，呈小的蜂窝状的浮岩碎屑(图 12-6)。在凝灰岩中，由于火山灰堆积温度较低，冷却速度快，玻屑的外形可以较好地保存；而在熔结凝灰岩中，由于堆积温度高于玻璃的软化温度，再加上上覆堆积物的重量，玻屑易发生塑性变形。玻屑的粒度一般在 0.5 mm 以下。包含有多个气孔的玻屑颗粒较大，有的可达 1～2 mm。

浮岩(pumice)是白色至灰白色高度气孔化的玻璃质碎屑(图 12-6)，通常为角砾大小，由泡沫化的中性或酸性岩浆冷却形成，具有泡沫状的表面和高的气孔含量，可含有深部携带的斑晶，气孔较小，岩石密度低，形成于高度爆炸性的火山喷发。

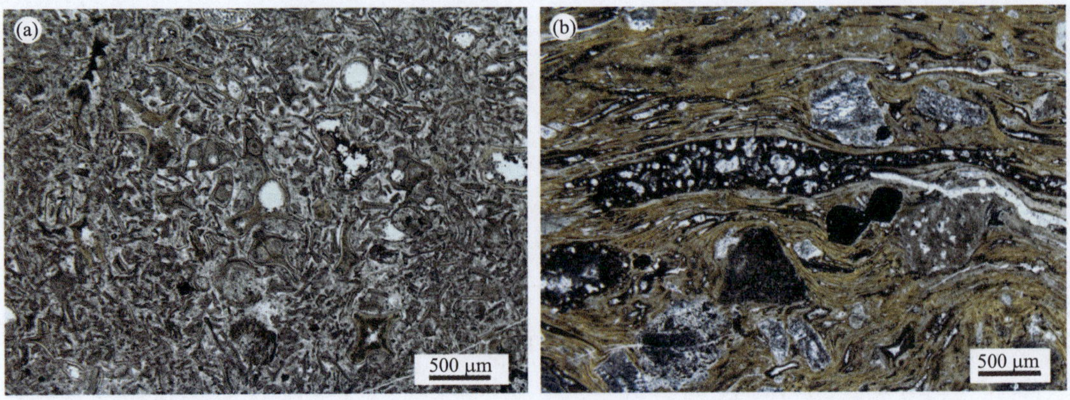

图 12-5　玻屑的形态

(a) 凝灰岩中的枝状、弧面棱角状玻屑及完整的气泡壁（浙江芙蓉山，单偏光）；
(b) 熔结凝灰岩中的塑变玻屑和浆屑（浙江温岭长屿，单偏光）

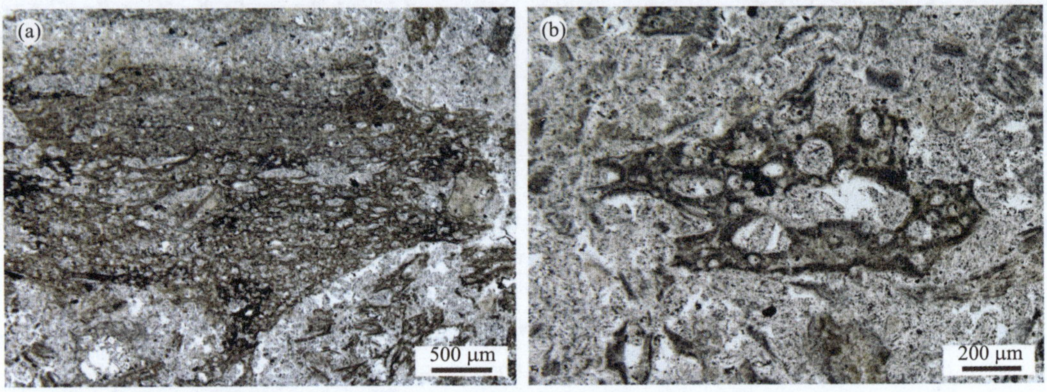

图 12-6　浮岩碎屑的显微形态（浙江温岭方山，单偏光）

（四）火山尘（volcanic dust）

火山尘是镜下难以辨认个体形态的微小火山灰。粒径小于 1/16 mm，没有玻屑那样清晰的弧面多角形，常呈尘点状。在扫描电镜下呈多棱角的碎屑状，并相互重叠嵌连。主要为玻璃质成分，一般作为较粗的岩屑、晶屑和玻屑的胶结物出现，易脱玻化。

第三节　岩石类型及特征

火山碎屑岩作为火山岩的一大类别，在分类上需考虑五个因素：①火山碎屑物的成因和数量；②胶结类型和成岩方式；③向熔岩和正常沉积岩的过渡；④碎屑的粒径和各粒级碎屑的相对含量；⑤岩浆的成分。火山碎屑岩中火山碎屑物含量在 90%以上，很少有正常沉积物混入，同时亦没有被熔岩物质所胶结。按照前面两个因素，可将火山碎屑岩从成因上分为三类：正常火山碎屑岩、熔结火山碎屑岩和自碎火山碎屑岩。按照第三个因素，可以分出两类过渡性岩石：火山碎屑熔岩和火山碎屑沉积岩。在前面三个因素的分类基础上，可以再按照第四个因素对每个岩类进一步细分，分为集块岩、角砾岩和凝灰岩。通常再进一步根据岩浆的成分予以命名，如玄武质集块岩、安山质集块岩和流纹质集块岩等。详细的火山碎屑岩的分类如表 12-2 所示。下面对常见的火山碎屑岩亚类岩石进行简要描述。

表 12-2　常见火山碎屑岩及相关岩石的分类

<table>
<tr><td colspan="2" rowspan="2">大类</td><td rowspan="2">火山碎屑熔岩类</td><td colspan="3">火山碎屑岩</td><td rowspan="2">沉积火山碎屑岩类</td><td rowspan="2">火山碎屑沉积岩类</td></tr>
<tr><td>熔结火山碎屑岩类</td><td>正常火山碎屑岩类</td><td>自碎火山碎屑岩类</td></tr>
<tr><td colspan="2">火山碎屑含量/%</td><td>10～90</td><td colspan="3">>90</td><td>90～50</td><td>50～10</td></tr>
<tr><td colspan="2">成岩方式</td><td>熔岩胶结</td><td>熔结状</td><td>以压结为主，部分为火山灰分解物质</td><td>压结为主</td><td colspan="2">化学沉积及黏土物质胶结</td></tr>
<tr><td colspan="2">结构构造</td><td>一般无定向结构</td><td>具明显的似流动构造</td><td>层状构造不明显</td><td>层状，或不明显</td><td colspan="2">一般层状构造明显</td></tr>
<tr><td rowspan="3">粒度/mm</td><td>>64</td><td>集块熔岩</td><td>熔结集块岩</td><td>火山集块岩</td><td>自碎集块岩</td><td>沉集块岩</td><td rowspan="2">凝灰质砾岩（或角砾岩）</td></tr>
<tr><td>64～2</td><td>角砾熔岩</td><td>熔结角砾岩</td><td>火山角砾岩</td><td>自碎角砾岩</td><td>沉火山角砾岩</td></tr>
<tr><td><2</td><td>凝灰熔岩</td><td>熔结凝灰岩</td><td>凝灰岩</td><td>自碎凝灰岩</td><td>沉凝灰岩</td><td>凝灰质砂岩、粉砂岩、泥岩</td></tr>
</table>

一、正常火山碎屑岩类

由于爆炸式火山活动而产生的刚性和塑性的碎屑，在降落后经压实和水化学胶结而成的岩石，称为正常火山碎屑岩。其胶结物多为火山细碎屑的分解物，通常由蛋白石和黏土矿物(如蒙脱石)构成，重结晶后变成玉髓和水云母集合体。火山碎屑多为同源的，也可来自深部基底或岩浆源区物质。火山碎屑的降落和堆积方式受颗粒大小、风力、重力、水流和冰川等的影响。根据占优势的火山碎屑的粒径，可将火山碎屑岩分为火山集块岩、火山角砾岩和凝灰岩(图 12-7)。

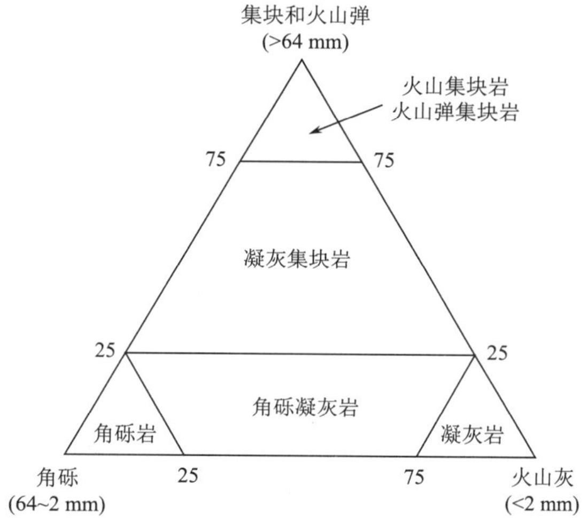

图 12-7　火山碎屑岩分类图(Fisher, 1966)

（一）火山集块岩（volcanic agglomerate / volcanic breccia）

粒度大于 64 mm 的火山碎屑物数量占岩石总体积的 1/2 以上，或至少不少于 1/3 的火山碎屑岩，称为火山集块岩[图 12-2(a)]。岩石分选性差。集块由火山弹、火山渣、火山块等组成。在集块之间为角砾级和凝灰级的火山碎屑，也常见到数量不定的来自火山基底的异源碎块。酸性火山集块岩中比较常见的是形状不规则的多孔状或致密状火山块。基性的集块岩中，集块以火山弹和火山渣为主。中性集块岩中，较少见到纺锤形火山弹，而常出现火山块和面包壳状火山弹。集块岩一般堆积于火山口附近，是识别和圈定火山口的主要标志之一。

（二）火山角砾岩（volcanic lapillistone）

粒度介于 64～2 mm 的火山碎屑物数量占岩石总体积的 1/2 以上，或至少不少于 1/3 的火山碎屑岩，称为火山角砾岩。角砾分选性差，主要为棱角明显的渣状或块状火山砾，有时有粒度大于 2 mm 的浮岩碎屑。角砾之间通常为细的岩屑、晶屑以及玻屑充填。火山角砾岩一般堆积在火山斜坡或火山四周，也是寻找火山口的标志之一。

（三）凝灰岩（tuff）

凝灰岩是分布最广、最常见的一种细粒火山碎屑岩。占主导地位的碎屑粒径小于 2 mm，属火山灰级。碎屑主要为岩屑、晶屑、玻屑等。它们在火山爆发时被抛入空中，经过一定距离运移后堆积，再经压结和水化学胶结固结成岩。如在空中经分选时，近火山口的岩屑和晶屑的比例较高，粒径粗于远离火山口的。凝灰岩一般层理较差，但某些凝灰岩（特别是中基性成分的凝灰岩）由于空中分选较好，或水下喷发等原因，也具有较明显的层理，称为层状凝灰岩。通常，根据凝灰岩中晶屑、玻屑和岩屑的相对含量，可将凝灰岩分为以下几种类型（图 12-8）。

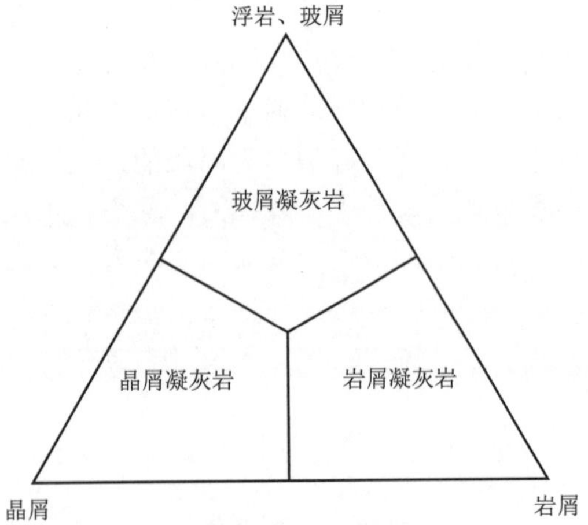

图 12-8　根据碎屑主要成分的凝灰岩分类命名图（Schmid, 1981）

(1) 玻屑凝灰岩（vitric tuff）：以玻屑为主要组分，可以含少量的岩屑和晶屑，其岩石结构如图 12-5(a) 所示。玻屑凝灰岩由于颗粒细小，容易搬运，往往分布于距火山口较远的位置。其成分多属流纹质；其他如英安质、安山质、粗面质和玄武质的玻屑凝灰岩，并不常见且其中所含晶屑和岩屑的数量比流纹质玻屑凝灰岩中多。由于玻屑和火山尘为非晶质，不稳定，在一定的水分和温度下容易发生脱玻化而结晶。

(2) 晶屑凝灰岩（crystal tuff）：以晶屑为主要组分，并含有相当数量的岩屑、玻屑和火山尘，但总和仍少于晶屑[图 12-4(c)]。晶屑凝灰岩往往分布在火山口附近或不太远的地方。其中的晶屑常呈尖角形，有时发生弯曲、碎裂和熔蚀。晶屑是破碎了的斑晶，其成分与熔浆的化学组成有一定关系。如晶屑凝灰岩为玄武质，晶屑的主要成分是暗色矿物和斜长石；

如为酸性流纹质，则成分主要为石英和长石，有时含少量黑云母、角闪石；如为安山质，则可兼有镁铁质和长英质矿物晶屑。

(3)岩屑凝灰岩(lithic tuff)：以岩屑为主要组分，晶屑、玻屑和火山尘作为次要组成。常分布于火山口附近，与火山角砾岩、集块岩共生。岩屑主要为新生或同源岩屑，可有少量外源成因。凝灰岩中所见的岩屑通常具有细粒结构。当玻屑(+火山尘)、晶屑、岩屑三者含量相近时，则泛称为凝灰岩。

二、熔结火山碎屑岩类

在一些凝灰岩中，浮岩碎屑呈透镜状而非等轴状且通常呈近平行排列(图 12-9)，这表明在沉积时以及沉积后的某段时间内，它们仍然具有足够的塑性以发生变形。塑变较强的浮岩在露头上呈火焰状外观，被称为火焰石或熔结条带(fiamme)。这类凝灰岩被称为熔结凝灰岩(welded tuff)。强烈熔结的凝灰岩非常坚硬，通常具有一些熔岩的特征，例如柱状节理发育。熔结火山碎屑岩是一类由火山灰流形成的火山碎屑岩。按照碎屑的粒级，熔结火山碎屑岩可分为熔结凝灰岩、熔结角砾岩和熔结集块岩，前者分布最普遍，后二者出露较少。

图 12-9　熔结凝灰岩

(a)透镜状浮岩碎屑(浙江温岭长屿)；(b)熔结条带(浙江雁荡山)

熔结凝灰岩最早由马萨尔于 1932 年在新西兰北岛发现。熔结凝灰岩是一种典型的陆相火山碎屑岩，以酸性的多见，中酸性次之，中基性的少见。典型的熔结凝灰岩外貌与熔岩相似，呈块状，由变形玻屑、浆屑、晶屑、岩屑和火山尘等组成。火山尘在熔结凝灰岩中最易脱玻化和熔结。浆屑是火山爆炸式喷发时形成的一种多孔的发泡熔岩，在坠落压扁后呈饼状体，平面上近于等轴状，纵切面上呈透镜状，上下表面较平滑，两头可以圆滑，也可呈撕裂状、火焰状[图 12-9(b)]。浆屑中的气泡在压扁过程中可全部消失而呈致密状，也可保留为部分气孔，并被石英、长石等矿物充填。

有时喷发的体积巨大，构成超级喷发，如美国黄石国家公园中的哈克贝利山(Huckleberry Ridge)(25000 km^3，2.0 Ma)、梅萨瀑布(Mesa Falls)(280 km^3，1.3 Ma)以及熔岩溪(Lava Creek)(1000 km^3，0.6 Ma)等地的熔结凝灰岩。在熔结凝灰岩的露头和手标本上常可见到透镜状、焰舌状以及其他压扁拉长状的变形玻屑和浆屑(图 12-9)。这类岩石往往被误认为是流纹岩，但其差异在于熔结凝灰岩中火山碎屑的“流动性”是在一定温压条件下变形的结果。主要表现为玻屑被压扁；玻屑的弧面多角形棱角逐渐变圆，以至于消失；玻屑弧面逐渐变为平滑线状，并绕晶屑、岩屑呈假流纹构造[图 12-4(a)、(b)和图 12-5(b)]，以此与流纹岩的流纹构造相区别(表 12-3)。相对常见的未变形玻屑，这种变形玻屑常称为塑变玻屑[图 12-4(a)、(b)和图 12-5(b)]。这是因为高温的状态使得这些火山碎屑物在堆积的时候易发生塑性变形。根据熔结的强度，凝灰岩还可进一步分为极强熔结、较强熔结、弱熔结至不熔结等六个级别(表 12-4)。

表 12-3　假流纹构造与流纹构造的区别(据孙善平等，1978 修改)

项目	流纹构造	假流纹构造
成分	由岩浆流动过程中形成的微晶体、长条状斑晶及拉长的气孔或杏仁体呈定向排列而成	由压扁的玻屑、浆屑和更细的火山碎屑填隙物呈定向排列而成
形态	微晶体细密、延伸很长，但无分叉现象	火山碎屑宽窄不一，断续延伸，具有不同程度的弧面多角形外形
气孔及杏仁体	较多	无或很少，有时在塑变岩屑中见到
斑晶及晶屑	较完整、单一，斑晶长轴平行流纹分布	晶屑破碎复杂，可有几种长石同时存在，有时晶屑长轴垂直假流纹分布
岩屑	无，或很少	常见，岩屑种类复杂
塑变岩屑	无	常见，较多
基质结构	玻璃质、球粒、霏细和显微嵌晶等结构	具熔结凝灰结构，细小的火山碎屑物，常脱玻化为隐晶质长石和石英的集合体
流纹特性	延续性好，纹层厚度较均匀	延续性差，纹层厚度变化大
分布	熔岩或浅成岩体的边缘，尤以酸性熔岩中最为常见	酸性、中酸性熔结火山碎屑岩中所特有

表 12-4　熔结程度分级及相应岩石学特征表(Quane and Russell, 2005)

等级	玻屑	浮岩碎屑
I 不熔结	无变形、之间无焊接	未变形、无定向排列
II 弱熔结	轻微变形、之间无焊接	未变形、随机定向排列、未见熔结条带
III 中等熔结	轻微变形、之间部分焊接	轻微压扁拉长
IV 较强熔结	明显变形、之间部分焊接	中度或完全压扁变形、可见熔结条带
V 强熔结	强烈变形、定向、完全焊接在一起	强烈压扁变形、可见清晰的熔结条带
VI 极强熔结	完全压扁拉长，并焊接在一起	熔结条带与玻璃基质融为一体，岩石呈玻璃质

熔结凝灰岩可以作为火山颈、破火山口、火山洼地的组成部分，也可构成巨大的火山碎屑岩流。通常认为，巨量熔结凝灰岩的形成与破火山有直接或间接的关系(Lipman, 1984)。尤其是破火山塌陷所产生的环状断裂与熔结凝灰岩的形成密切相关。我国浙江东南沿海乐清雁荡山、长屿等破火山即为典型实例。

一些火山碎屑流形成的凝灰岩经历了强烈的熔结作用，形成了类似熔岩的岩石，这导致有学者认为可能存在熔岩和火山碎屑流的喷发方式之间的过渡类型，并产生了一些相关专业术语，如泡沫熔岩(froth lava)、凝灰熔岩(tuff lava)等。但是目前并没有确切证据表明这一过渡类型的存在，这些强熔结的“过渡型”岩石都可以解释为高温的火山碎屑流的产物(Fisher and Schmincke, 1984)。

三、自碎火山碎屑岩类

火山碎屑可在火山爆炸式喷发中形成，前文提到的火山集块岩、角砾岩等便是如此；也可由火山岩的风化和破裂产生，类似于沉积碎屑的产生过程，经历搬运和沉积，产生主要由火山破碎物构成的沉积类型。另外一种需要注意的是自碎过程(autobrecciation)，即在有限的空间内，由于岩流中软硬部分相互摩擦或富水的射气流隐爆而产生火山碎屑物，经压紧固结而形成火山碎屑岩。这类岩石往往压结不紧，孔隙较大，一般分布在中心式或裂隙式火山口附近，或在火山穹隆，或在破火山口内。

按照碎屑的形成过程，自碎火山碎屑岩可分为两种类型：岩流自碎碎屑岩和侵入自碎碎屑岩(Fisher, 1960)，分别介绍如下。

(一)岩流自碎碎屑岩

岩流自碎碎屑岩(flow autobreccia)主要分布于熔岩流的顶部、底部和前锋，由大小不等、成分与下伏熔岩一致的碎块组成，呈现集块岩、角砾岩和凝灰岩的外貌。岩流自碎碎屑岩往往在火山喷出的岩浆黏度较小时产生于熔岩流的边部，因此碎块的搬运距离通常较短，岩性成分单一，分选性差，多为体量相对小的棱角状的新生集块(图 12-10)。

图 12-10 岩流自碎碎屑岩

(a)浙江温岭长屿；(b)浙江雁荡山方洞

岩流自碎碎屑岩的形成机制大致为：在流动的熔岩中，熔岩流内部和边缘的热状态不同，边缘为变冷的刚性结壳，而内部较热且呈液态，内部的熔浆继续流动，导致顶缘的结壳破碎且这些自碎的碎屑会在熔岩流前进过程中翻转，这样导致熔岩流的底部也呈现自碎状态；或者当熔岩流静止后，出溶的气体不断膨胀，将顶部的结壳炸碎，这也是一种自碎作用。另外一个成因方式是，熔岩流经潮湿的地面，与水或冰雪接触，产生大量蒸汽，蒸汽不断上升膨胀，也会使迅速冷凝着的熔岩底层炸裂，不过这种方式形成的自碎火山碎屑岩一般量较少(王德滋和周新民，1982)。

根据碎块的大小和相对含量，岩流自碎碎屑岩可分为集块、角砾和凝灰三个级别，分别称为岩流自碎集块岩、岩流自碎角砾岩和岩流自碎凝灰岩。岩流自碎碎屑岩经常分布在火山口附近，并常与绳状熔岩共生，主要见于中基性熔岩，一般呈层状，但厚度变化较大。

（二）侵入自碎碎屑岩

在近地表处的封闭条件下，有时也会产生由于隐爆而形成的自碎火山碎屑岩。自碎碎屑岩形成以后，往往有一定位移，形成岩墙、岩床、岩株、岩筒等侵入产状，因而具有较好的火山碎屑岩外貌和结构，称为侵入自碎碎屑岩(intrusion autobreccia)。其可能的形成机制如下。

在火山作用的晚期，火山通道被堵塞，早期喷发过程使得大量挥发分散失，内部继续上涌的岩浆黏度相对增大，同时较深处岩浆房内的残余岩浆继续分异，产生的气体组分以富水射气流形式上升，在超浅成条件下，围压骤然降低，引起气体急剧膨胀，在火山通道内发生爆炸，使得围岩和岩浆中早先结晶的斑晶大量被崩碎。若隐爆作用产生了新的火山通道，则黏稠的、温度较低的岩浆夹杂着火山碎屑沿着新的通道挤出地表，从而在火山口附近形成产状很陡的火山碎屑岩，构成侵出相。若隐爆作用不强，没有产生新的火山通道，则岩浆无法穿透上覆的火山岩层，而是侵入其中，或稍微顶起围岩，在超浅成环境下形成次火山岩。因此，自碎火山碎屑岩既可以构成火山的管道相，也可表现为侵出相。这种形式形成的自碎火山碎屑岩在我国东南部中生代盆地中较为发育，被称为碎斑熔岩或自碎二长花岗斑岩，岩石为碎斑结构，碎斑含量 30%～40%，有时能见到钾长石、角闪石的“珠边结构”，基质常为微花岗结构和霏细结构，可以呈岩穹状侵出相，也可为次火山岩相产出(图 12-11；王德滋和周金城，1983)。

图 12-11　碎斑流纹英安岩(浙江桐庐)

(a)野外露头照片；(b)显微照片，正交偏光，显示钾长石和角闪石的珠边结构

四、火山碎屑熔岩类

火山碎屑熔岩是介于火山碎屑岩和熔岩之间的过渡性岩石，其特点是火山碎屑物被熔岩胶结。根据火山碎屑物和熔岩胶结物两者之间的关系存在两种类型：一种是火山碎屑物与熔岩胶结物之间在成分甚至结构构造上都基本一致，由同期熔浆胶结自生的火山角砾所形成；另一种是火山碎屑物与熔岩胶结物在岩性和结构构造上都不同，由晚期熔浆胶结早期火山碎屑物形成。类似于正常火山碎屑岩的划分，依火山碎屑粒径的不同可分为：集块熔岩(碎屑粒径大

于 64 mm)、角砾熔岩(碎屑粒径为 2～64 mm)和凝灰熔岩(碎屑粒径小于 2 mm)。

集块熔岩和角砾熔岩由于粒度较粗，在空间分布上往往局限于火山口附近，是由火山猛烈爆发抛入空中的熔岩团和火山块在落地后被熔岩胶结而成，因而它们的结构构造主要取决于碎块和胶结物的成分与结构构造。富挥发分的中性和酸性熔岩在陆上或水下喷发时，强烈爆炸形成的凝灰级碎屑颗粒为熔岩胶结则形成凝灰熔岩。凝灰熔岩中的火山碎屑是由近地表浅处、火山通道或地表岩流中气体的爆炸产生的，较少来自空中坠落。凝灰熔岩中的火山碎屑物主要是晶屑和岩屑，不含玻屑，以晶屑凝灰熔岩最为常见。晶屑呈不同程度的棱角形，成分一般与相当熔岩的斑晶相同，常见熔蚀和裂纹，有的周围具再生边。构成基质的熔岩物质多呈雏晶或微晶，可具有典型的熔岩结构构造，如流纹构造、霏细结构、球粒结构、交织结构等。此外，根据化学成分可对凝灰熔岩进一步命名，如流纹质凝灰熔岩、英安质凝灰熔岩等。

五、火山碎屑沉积岩类

火山碎屑岩向沉积岩过渡，即为火山碎屑沉积岩。该类岩石成层性好，形成于沉积作用和火山作用的双重作用之下，产出于水相环境。有时，又可依据岩石中火山碎屑和沉积碎屑的相对含量，将该大类岩石分为两种类型：第一种，火山碎屑物含量在 90%～50%，称沉积火山碎屑岩类，又简称为沉火山碎屑岩；第二种，火山碎屑物的含量占 50%～10%，为狭义的火山碎屑沉积岩类。这两类岩石通常都由沉积物质胶结，具有一定的成层性，在此一并进行描述。

火山碎屑沉积岩类中，火山碎屑物的含量一般少于沉积碎屑且越是靠近火山机构，火山碎屑的含量越多。火山碎屑的粒径往往属于凝灰级，主要是一些比较细小的玻屑、晶屑和岩屑；沉积碎屑则包括一般的陆源碎屑、生物碎屑和一些化学沉积物。狭义的火山碎屑沉积岩类的命名，基本上采用沉积岩的名称，前面加上“凝灰质”三个字。例如，根据沉积碎屑物的粗细可分为凝灰质粗砾岩、凝灰质细砾岩、凝灰质砂岩[图 12-12(a)]、凝灰质粉砂岩[图 12-12(b)]和凝灰质泥岩等。而沉火山碎屑岩则在其岩石名称前加一个“沉”字(表 12-2)。如火山碎屑在数量上明显超过沉积碎屑，粒径又为凝灰级，则称沉凝灰岩，此类岩石常见于离火山口稍远的地方。

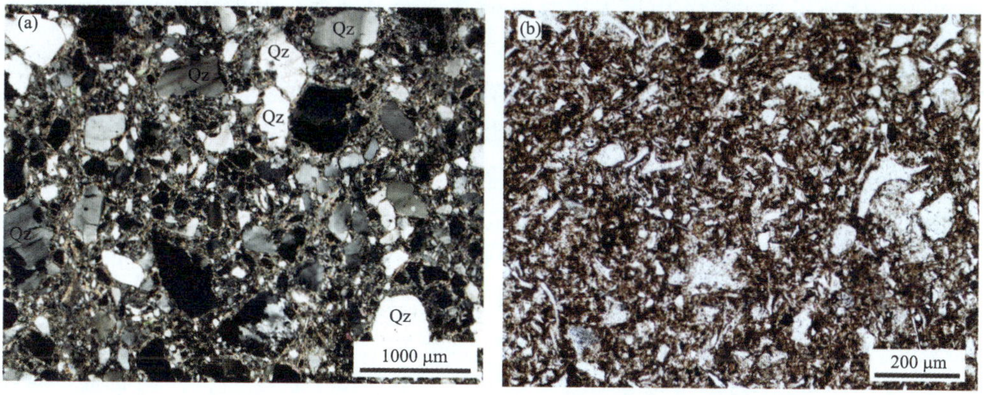

图 12-12　凝灰质砂岩(a)和凝灰质粉砂岩(b)的显微照片

样品采自浙江余杭，照片均在正交偏光下拍摄鉴别火山碎屑和沉积碎屑往往比较困难。相对来说，前者成分较单一，棱角明显；后者可出现较复杂的成分，磨圆度好。对于新鲜的火山碎屑沉积岩标本，如果出现玻屑，或晶屑新鲜并呈棱角形，则无疑是火山碎屑；如果有的晶屑磨圆度好，则可能是陆源碎屑。另外，假如石英、长石碎屑内含玻璃质包体，黑云母、角闪石晶屑具暗化边，则它们也应属火山碎屑。而对于不太新鲜的火山碎屑沉积岩，由于蚀变等因素的影响，则难以将二者区分开。

由于此类岩石形成于水介质中，黏土、粉砂和化学沉积物常作为主要的胶结物，但并不排除有空中降落的火山尘参与的可能。尤其在近火山口的地区，富含玻屑的大量火山碎屑物迅速降落于水介质中，火山碎屑的量显著超过沉积碎屑，此时火山尘成为主要的胶结物质。不过，极细小的火山尘很容易脱玻化或水化为玉髓或硅质凝聚体，在显微镜下难以鉴别或被忽略。

第四节　产状、分布与成因

火山碎屑岩是爆炸式火山活动的产物。火山是溢流式喷发还是爆炸式喷发，取决于岩浆的黏度和挥发分含量。如果岩浆的黏度较高，它可能无法顺畅地流动并释放内部的压力，而且高黏度的岩浆中的气体难以逃逸，导致岩浆在地下积聚并突然爆发，形成剧烈的爆炸式火山喷发。

图 12-13 展示了上升岩浆中溶解气体含量的影响，以及岩浆从上升到喷发过程中，从岩浆房的顶部到喷出的火山口之间的“岩浆柱”。在深处，气体会完全溶解在熔体中，但在某个点上，上升岩浆会穿过一个饱和边界[在图 12-13(a)中的 y 点]。此时，一个独立的气相的气泡将开始出现。随着继续上升和解压，超过“气体析离面”后，现有气泡会膨胀并形成新的气泡，气体驱动的膨胀不可避免地会加速岩浆的上升。随着岩浆上升，由于压力继续降低，析出的气泡发生爆炸的面称为“气泡破裂面”。这两个面将岩浆柱分为三个部分：最底部是压力较高的深部带，其中挥发分全部都溶解于岩浆中；往上是中部带，气泡从岩浆中析出，并与岩浆混合在一起，此时，从下往上气泡逐渐由小变大；最上面是顶部带，由炸碎的晶屑、其他液态到塑性火山碎屑和释放出的气体组成。气泡破裂面上破碎的碎屑与释放出的气体处于热平衡。由于岩浆从气泡破裂面到地表上升的速度特别快，这种平衡可基本保持到地表。

火山通道中岩浆上升的速度与气体的量有关，在一定时间内上升的气体的量越大，喷发速度越快，火山碎屑物喷发到空中的高度越高。有时喷发柱的高度可能达到 55 km(Fisher and Schmincke, 1984)。火山碎屑的搬运和沉积有两种基本过程：降落型火山碎屑沉积(pyroclastic fall)和火山碎屑流沉积(pyroclastic flow)。

降落型火山碎屑沉积是火山喷发物在大气中，经风力分异而形成的火山碎屑沉积[图 12-14(a)、(c)]。在普林尼式喷发的早期阶段，喷发柱可以达到很高的高度，如达到 55 km(Fisher and Schmincke, 1984)。之后火山碎屑从喷发柱和顶部的伞状区降落，呈毯状覆盖在地表。由于碎屑颗粒的粒度和密度不同，当随着风力搬运时，碎屑颗粒会依降落速度不同而分离，造成分异。风向、风速、扰动性以及碎屑物的喷射高度也都是控制散落形态的重要因素。在理想情况下，在某个固定的方向上，火山碎屑的成分、粒度及沉积的厚度

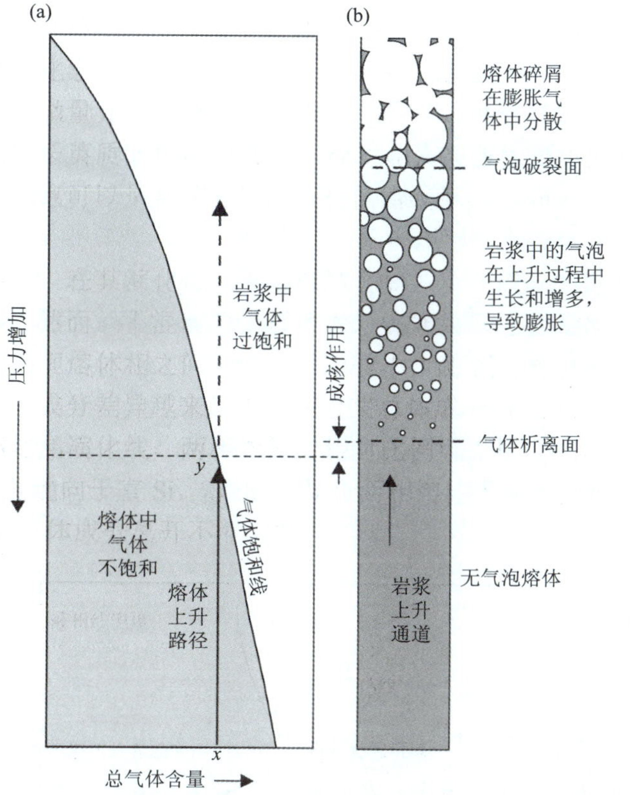

图 12-13　沿火山通道岩浆上升和喷发过程简图(Gill, 2010)

(a)气体在熔体的溶解度与压力的关系；(b)火山通道中岩浆从不含气泡到气泡析离不同阶段的状态变化

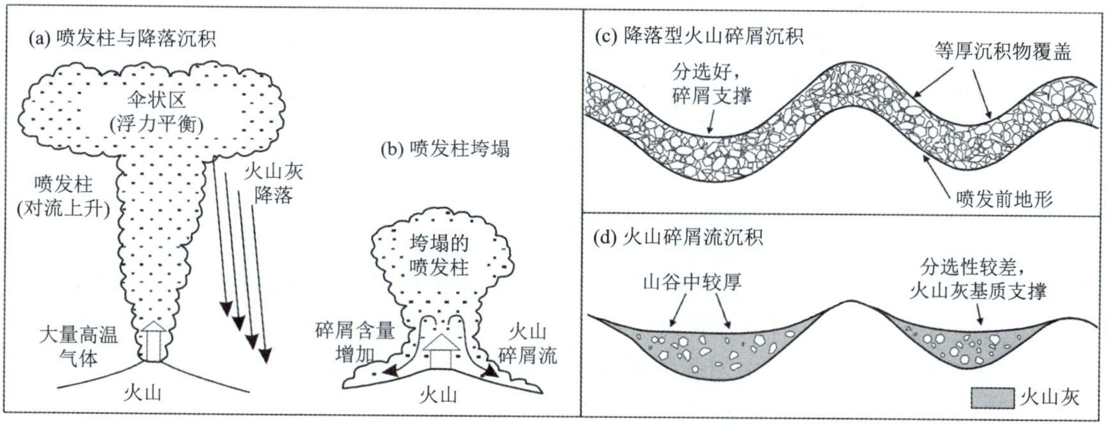

图 12-14　普林尼式喷发降落型沉积和火山碎屑流沉积示意图(Gill, 2010)

会有系统的变化。通常来说，降落型火山碎屑沉积的厚度往下风方向逐渐减薄，粒度也相应减小。大量火山灰可在空中长距离搬运，然后降落在陆上或水中。降落在水中的火山灰物质，还可被水流继续搬运很远的距离，尤其是很细的火山尘，质轻多孔，可像浮石般漂流很远。这样，就可为海洋沉积物提供重要的物质来源。

火山碎屑流是一种高密度层流，由于普林尼式喷发柱的垮塌，火山碎屑物呈热的悬浮物混杂于火山气体之中，沿着山坡向四周运移，其堆积产物称为火山碎屑流堆积，对于起伏地貌的低洼处具有填平的作用[图 12-14(b)、(d)]。它包含各种熔结和未熔结的火山碎屑岩，并按照粒级可进行详细分类。对于中心式早期爆发式火山活动，粗粒径的集块岩和火山角砾岩一般分布在火山口附近或火山斜坡上；细粒的凝灰岩则分布较广，其中岩屑凝灰岩和晶屑凝灰岩较靠近火山口，而玻屑凝灰岩可分布在距火山口很远的地方，甚至相距几千千米。如果组成火山碎屑流的碎屑物质的粒度 2/3 以上都属于凝灰级，则称之为“火山灰流”，此过程形成的熔结凝灰岩可构成广阔的盾形山或熔结凝灰岩平原和台地，在我国东南部浙闽一带中生代火山岩中即有大面积分布的流纹质熔结凝灰岩，如温岭方山是典型的由平缓的流纹质熔结凝灰岩层构成的台地。

火山碎屑涌流是一种低密度湍流，在空间上常形成于火山碎屑流的下部。在普林尼式火山爆发的初始阶段，热的岩浆蒸汽携带细粒火山碎屑沿火山斜坡运移，同时又将地面的陆源碎屑卷入其中，随着能量消耗，碎屑物逐渐沉积，便构成火山碎屑涌流堆积。此类火山碎屑岩距离火山口一般不远，分布范围小，厚度薄，成分变化大，岩性从下到上可从凝灰质碎屑岩、沉凝灰岩到晶屑玻屑凝灰岩。另外，由于涌流在运移时有较高的前峰，堆积时可发育明显的层理构造，并且常有低角度斜层理或交错层理构造。

从喷发环境来看，火山碎屑岩可以在陆相和水相环境中喷发，在水相环境中，其搬运和沉积特点如下。

(1) 水下火山碎屑流。水下火山碎屑流指的是主要由火山喷发碎屑物组成的高密度底流，当在水下流动时，由于流速降低，形成沉积。这种沉积类型的特点是成层性较好，粒序构造明显；分选性较好，熔结性差，具明显“基质”支撑结构；浮石和火山渣气孔少；在剖面上粒序层之上为流动层，可表现为明显的水携沉积特点，如可见交错层理、波痕、叠瓦构造及颗粒定向排列等。

(2) 水携型火山碎屑沉积。此类沉积具明显的水携沉积特点。火山喷发的碎屑物经过流水搬运可在海岸平原、海滩、浅海陆棚甚至深水盆地上沉积，分布也相当广泛。随着搬运距离加大，离火山口渐远，正常沉积物质也增多。因此，水携型火山碎屑沉积物的外貌类似岩屑砂岩或长石砂岩，也常具正常碎屑沉积岩的各种构造。它的成分主要受同期火山作用控制，碎屑的成熟度较低，分选性和磨圆度都较差，可见到玻屑、暗化的黑云母和角闪石等矿物，熔岩碎屑中残存着玻基斑状结构、交织结构或玻璃质结构等火山碎屑岩的特征结构，明显不同于由陆源火山岩剥蚀形成的碎屑沉积岩。

第五节　次生变化及成矿关系

火山碎屑岩的胶结一般比较疏松，有一定空隙度，便于流体和热液进出，因此容易发生次生变化。其中，最易发生变化的是火山尘、玻屑、浆屑，其次是晶屑和岩屑。晶屑的变化与熔岩中相当的斑晶的变化相同，如暗色铁镁质矿物常变化为绿泥石、蛇纹石和绿帘石等；长石常变化为高岭石、方解石和蒙脱石等。

在水气热液作用下，酸性玻屑和火山尘发生脱玻化产生碱性长石和石英，它们呈霏细结构、球粒结构、梳状结构；与此同时，还会伴生一些次生矿物，常见的有方解石、蒙脱石、水铝英石、水铝石、叶蜡石、沸石、方石英、蛋白石等。斑脱岩化就是一种以蒙脱石、方石英为主要组分的水热变化，在手标本上呈白色或黄色粉末状，常具残余的火山灰和相应的凝灰结构。沸石化也是酸性玻屑和火山尘的重要次生变化，蚀变后的岩石一般色浅，常具贝壳状断口，土状、白垩状和玻璃状光泽；次生变化产生的主要矿物是斜发沸石、丝光沸石、石英，其次是蒙脱石、透长石、玉髓、蛋白石、方石英等。此外，绿泥石化也是常见的次生变化。

基性玄武玻璃可风化和水化为橙玄玻璃，呈土褐色、黄色或灰色多边形。此外，还可以脱玻化形成三种产物：非均质暗橙色至橙色的隐晶物质、绿泥石质物质以及沸石。三者可以共存，也可以出现其中的一二种，并在玻璃质中呈带状分布。

火山碎屑岩的孔隙也是含矿溶液运移、交代和成矿的有利场所。特别是在破火山口边缘及内部的火山碎屑岩中，又往往伴生后期侵入活动，常常产出许多有价值的非金属、金属和特种矿产，而且有时规模较大。常见的矿种有明矾石、叶蜡石、沸石、硫、铜、铅、锌、铁、汞、铀和铍等，蚀变类型有青磐岩化、次生石英岩化、绢英岩化、碳酸盐化、云英岩化、长石化等。此外，火山碎屑岩还可作为油气储集层，是我国中、新生代陆相含油气盆地重要的油气储集层类型之一。

第十三章　影响火成岩多样性的因素

第一节　概　述

岩浆的起源和演化可以造就火成岩的多样性，从而也有原始岩浆(primitive magma)、原生岩浆(primary magma)、母岩浆(parent magma)和派生岩浆(derivative magma)之分(路凤香和桑隆康，2002)。

1. *原始岩浆*

由原始地幔岩石经熔融或部分熔融作用产生的岩浆称为原始岩浆。原始地幔岩石是指在它形成以后，从未遭受过熔融和交代作用，其成分没有发生过演变。

2. *原生岩浆*

由原先已存在的地幔或地壳岩石经熔融或部分熔融作用发生的成分未遭受变异的岩浆。与原始岩浆不同的是，它不强调源区的岩石是否已经遭受过熔融作用或成分的变异，但强调岩浆形成后未发生成分的变化。因此，原始岩浆一定是原生岩浆。

3. *母岩浆和派生岩浆*

能够通过各种岩浆作用(如结晶分异作用、同化混染作用、岩浆混合作用、岩浆液态不混溶作用)产生派生岩浆的独立的液态岩浆称为母岩浆。因此原始岩浆和原生岩浆都可以是母岩浆。母岩浆与派生岩浆具有成因联系，它们是母体与子体的关系，在成分上可形成同一演化系列。例如，玄武质岩浆可通过分异作用产生安山岩和英安岩，从而形成了玄武岩—安山岩—英安岩系列。经分异作用产生的派生岩浆也可称为进化岩浆(evolved magma)。

在地球上由部分熔融产生的原生岩浆只有几种，但已知的火成岩种类在数百种以上，由全球火成岩数据库(igneous database，IGBA)列出的岩石名称就有 412 种，在文献中还有其他岩石名称(http://www.geoscience.cn/igba/)。为什么少数几种原生岩浆能形成如此种类繁多的火成岩呢？岩浆喷出或侵入、侵位深浅不同、岩浆体积大小不同等都会影响火成岩的矿物组合和结构构造，因此，岩浆的侵位机制和结晶条件是控制火成岩多样性的重要因素。此外，控制火成岩多样性(尤其是化学成分变化)的重要因素包括：原岩成分和部分熔融条件、岩浆演化、岩浆混合等。

美国岩石学家鲍温(N. L. Bowen, 1887—1956)在 1928 年就提出岩浆的结晶分异作用是导致火成岩多样性的主要原因，并提出了亚碱性岩浆的矿物反应原理(鲍温反应系列)。他的著作《火成岩演化》(*The Evolution of Igneous Rocks*)以及他与塔特尔(O. F. Tuttle)合著的《据 $NaAlSi_3O_8$-$KAlSi_3O_8$-SiO_2-H_2O 体系的实验研究论花岗岩成因》已成为火成岩演化研究的经典之作。随着火成岩岩石学研究的不断深入，人们认识到火成岩的多样性不仅取决于包括岩浆结晶分异作用在内的多种岩浆作用过程，还取决于岩浆的形成过程。本章将着重简要综述影响火成岩化学成分变化的原因。

第二节　源岩成分、部分熔融与火成岩成分变化

岩浆的产生是源区岩石部分熔融的结果，因而火成岩的化学成分首先取决于源区成分、熔融温度和压力、挥发分以及熔融程度。尽管人们早就认识到岩浆作用过程对火成岩的成分具有重要影响，但影响岩石成分的关键因素是源岩的部分熔融作用。原始岩浆主要由地幔或地壳的部分熔融作用形成，但同样的温度、压力条件，使不同的源岩部分熔融，或者同一种源岩在不同的熔融温度、压力条件下，均可形成不同成分的岩浆。

一、地幔部分熔融

玄武质岩浆主要是由地幔橄榄岩部分熔融形成的，这一认识既有大量高温高压实验成果，也有地质、岩相及岩石化学资料支持。前一方面的工作有从 SiO_2-Mg_2SiO_4 简单的二组分体系到 Mg_2SiO_4-$CaMg_2Si_2O_6$-$CaAl_2O_8$-Mg_2SiO_4-SiO_2 的多组分复杂体系，以及天然橄榄岩的高温高压熔融实验成果；后一方面的资料有诸如玄武岩中含地幔岩捕虏体、地幔橄榄岩中见玄武质的囊状熔体、某些亏损的地幔岩捕虏体的岩石化学成分与寄主岩之间存在互补关系等。

导致地幔橄榄岩部分熔融的原因是多方面的，压力的降低、温度的升高和挥发分的加入（尤其是 H_2O 的加入）都可能使位于固相线附近的橄榄岩发生部分熔融。图 13-1 给出了上地幔发生部分熔融的三种方式。第一种情况是，上地幔由于挥发分的加入，固相线向低温方向移动，并与地温线相交，使上地幔物质发生部分熔融。第二种情况是，地幔热柱或软流圈上涌加热岩石圈地幔，使其地温线升高并与固相线相交，导致上地幔物质发生部分熔融。第三种情况往往出现在伸展构造背景下，由于软流圈上涌或底辟上升，压力减小，其地温线与固相线相交，地幔物质发生绝热减压部分熔融。

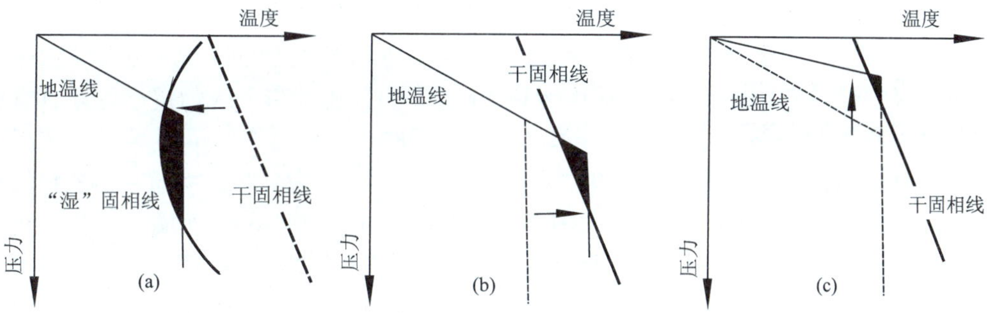

图 13-1　上地幔发生部分熔融的方式(Menzies and Chazot, 1995)

(a)挥发分的加入导致固相线降低；(b)地幔温度上升(如热柱)；(c)地幔物质的绝热减压(底辟上升)

不过在不同的构造背景下，诱发部分熔融的因素是不同的，也可以是多种因素复合的结果。例如，大洋中脊和大陆裂谷，深切地幔的张性断裂和高温地幔的对流及上涌导致降

压熔融，压力为熔融发生的主导因素；在消减俯冲带，俯冲板块会由于温度快速上升而发生部分熔融，此时温度上升是主导因素；在俯冲带，俯冲板块及其携带沉积物中含水蚀变矿物受热脱水产生流体，流体上升渗入上覆地幔楔并诱发其部分熔融，这时流体的加入成为主导因素。地幔楔为俯冲板片之上、上覆板块地壳之下的楔形地幔区域，在厚度上可以从≤200 km（小地幔楔）到≤500 km（大地幔楔）。如果上覆板块的平均厚度为100 km，那么小地幔楔的上部属于岩石圈地幔、下部属于软流圈地幔，大地幔楔的顶部属于岩石圈地幔、主体属于软流圈地幔。但是，大陆岩石圈的厚度可以从平均 100 km 变化到古老克拉通的 300 km，这时大地幔楔的上部是岩石圈地幔、下部才是软流圈地幔（图 13-2，郑永飞，2022）。

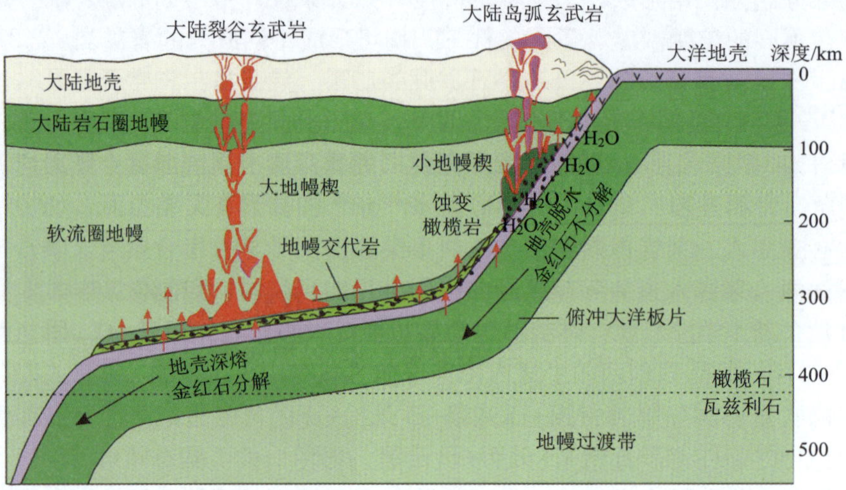

图 13-2　俯冲大洋板片在大陆岩石圈之下不同深度分别形成小的和大的地幔楔（据郑永飞, 2022 修改）

小地幔楔受到弧下深度俯冲带流体交代成为岛弧型岩浆岩的源区；大地幔楔受到后弧深度俯冲带熔（流）体交代成为洋岛型岩浆岩的源区。

郭锋（2016）也做过综述，认为在大洋俯冲带，幔源岩浆的形成主要通过富水流体/熔体改造地幔楔的熔融作用，这些富水流体/熔体主要来自俯冲的大洋岩石圈（包括地幔橄榄岩蚀变形成的蛇纹岩和蚀变洋壳）和沉积物的脱水作用。实验岩石学的研究显示，含水橄榄岩比无水橄榄岩的熔点低 200℃以上，甚至达到 400℃，因此俯冲带形成的幔源岩浆具有相对低温和富水的特征（Hirose and Kawamoto，1995），同时也相对富 SiO_2，主要为拉斑至钙碱性系列玄武岩；如果熔融的源岩既包含橄榄岩也有辉石岩，熔体将变为 SiO_2 不饱和的高钾钙碱性-碱性玄武岩（Sorbadere et al.，2013）。在弧后盆地，强烈的岩石圈伸展和拉张导致贫水的对流软流圈也会发生熔融，从而形成类似于洋中脊玄武岩的高温贫水岩浆。在东北亚地区，地震层析成像的研究结果显示在上地幔中存在大量的滞留板片，形成巨大的地幔楔结构（Zhao et al.，2009a）。

对玄武岩物质成分的详细研究表明，其成分差别具成因意义，如 Na_2O、K_2O、Al_2O_3、TiO_2 含量的差别和稀土、微量元素丰度及配分曲线的差别以及岩浆演化趋势的差别等。造成这些差别的原因包括：源区的部分熔融条件、部分熔融程度、源区流体组成及其含量的差别和源区地幔岩成分上的差异（地幔不均一性）等。起源于上涌软流圈的大洋中脊玄武岩

(MORB)与起源于富集的陆下岩石圈地幔(EMⅠ或EMⅡ)的玄武岩的地球化学成分，特别是微量元素和同位素地球化学成分有明显区别(见第八章)。

在亚固相和部分熔融作用条件下，主量元素(如Si、Al、Fe、Ca等)的行为主要受化学平衡和相平衡制约。因此，主量元素成分变化可以反映地幔部分熔融作用过程。图13-3表明，安徽女山石榴子石二辉橄榄岩、尖晶石-石榴子石二辉橄榄岩和大多数尖晶石二辉橄榄岩具较高的 Al_2O_3 和 CaO 含量，反映它们所受的部分熔融程度很低，是饱满型岩石样品(fertile samples)；少量尖晶石橄榄岩包体具较低的 Al_2O_3 和 CaO 含量，是亏损型岩石样品(depleted samples)。福建明溪含石榴子石的二辉橄榄岩包体和少量尖晶石二辉橄榄岩包体与女山饱满型岩石样品相似，具较高的 Al_2O_3 和 CaO 含量；而大多数尖晶石橄榄岩包体是亏损型岩石样品，具较低的 Al_2O_3 和 CaO 含量。广东麒麟的尖晶石橄榄岩包体为中等程度亏损的岩石样品，而福建牛头山的尖晶石橄榄岩包体全部为饱满型岩石样品。

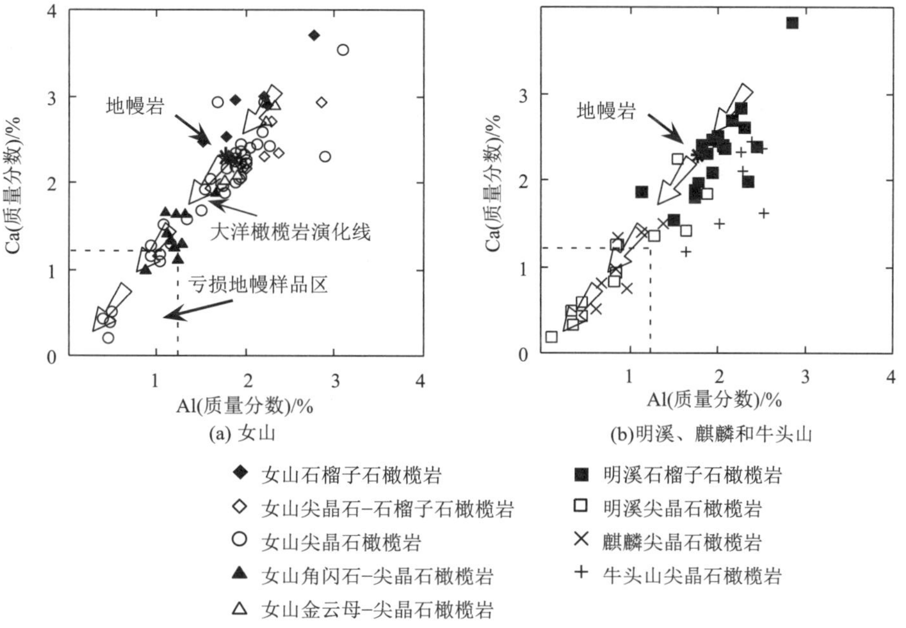

图13-3　中国东南部橄榄岩全岩Ca-Al图解(Xu et al., 2000)

Boyd(1989, 1997)利用大量不同亏损程度的大洋橄榄岩的橄榄石矿物百分含量及其化学成分，以及对这些橄榄岩原始化学成分的估算，勾画了“大洋橄榄岩演化线”(oceanic peridotite trend)，并认为这种不同的亏损程度是由低压下不同程度的部分熔融作用引起的(图13-4)。这一演化线与太古宙地体和元古宙地体上产出的地幔橄榄岩包体的成分演化有明显的区别(Griffin et al., 1998)。大多数中国东南部新生代玄武岩中的地幔橄榄岩包体，包括几乎所有的女山和牛头山橄榄岩包体、明溪石榴子石橄榄岩包体，具较低的 $Mg^{\#}$ 值 [$Mg^{\#}=Mg/(Mg+Fe)$]，并位于大洋橄榄岩演化线附近。少量地幔橄榄岩包体，特别是麒麟和明溪的尖晶石橄榄岩包体，具较为镁质的橄榄石，投影点偏于元古宙橄榄岩区域。此外，女山和明溪含石榴子石的包体投影点近于原始“地幔岩”(pyrolite)，具较低的 $Mg^{\#}$ 值和较低的橄榄石矿物百分含量；而女山的一些含角闪石的橄榄岩包体由于地幔交代作用降低了橄榄石的 Mg 含量而使投影点位于大洋橄榄岩演化线的下方。

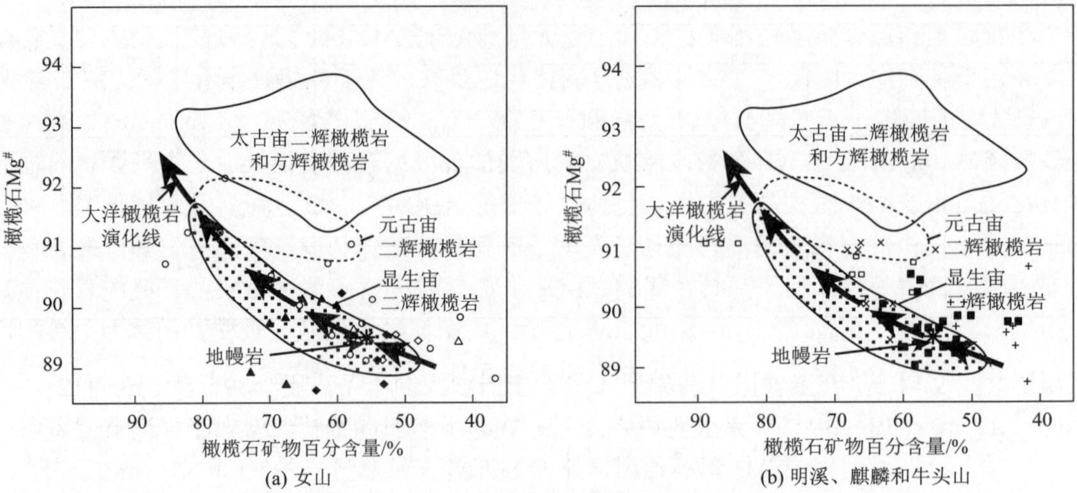

图 13-4　橄榄石矿物百分含量与橄榄石 Mg#值图解

大洋橄榄岩演化线据 Boyd (1989, 1997)；显生宙 (Phanerozoic)、元古宙 (Proterozoic) 和太古宙 (Archean) 区域 (Griffin et al., 1998)，图中其他图例同图 13-3

地幔部分熔融的程度常利用全岩或矿物的微量元素含量来模拟。如 Johnson 等(1990)和 Niu(1997)就对大洋橄榄岩的部分熔融程度进行了模拟估算。Johnson 等(1990)提出了尖晶石二辉橄榄岩和石榴子石二辉橄榄岩的批式熔融(batch melting)和分离熔融(fractional melting)模拟估算方式。这一估算方式考虑了多相矿物的成分，所用的两个重要的元素是 Ti 和 Zr。但地幔橄榄岩中这两个元素的含量往往会受到地幔交代作用的影响，因此不适合对受到交代作用的地幔进行部分熔融程度的模拟估算。地幔交代作用对重稀土含量的影响不大，因此地幔岩中重稀土含量变化基本受部分熔融作用的控制。对尖晶石二辉橄榄岩常用的部分熔融程度估算模式是单斜辉石的 Y 和 Yb 配分模式(Johnson et al., 1990; Niu, 1997; Norman, 1998)。应该注意的是，这个模式不适合石榴子石二辉橄榄岩，因为石榴子石是地幔岩中最主要的重稀土元素携带矿物。一个改进的模式(Xu et al., 2000)是根据反应式：0.17 橄榄石+石榴子石→0.47 单斜辉石+0.53 斜方辉石+0.17 尖晶石(Hauri and Hart, 1994)，对单斜辉石的 Y 和 Yb 含量进行校正，并用校正的单斜辉石的 Y 和 Yb 含量进行地幔部分熔融程度模拟。

更为复杂的是，近年来对玄武岩起源的研究表明，玄武岩的源区并非单一的橄榄岩，而是包括了一些非橄榄岩组分：①板内玄武岩偏低的 CaO 含量以及橄榄石斑晶的 Ni 含量过剩表明其源区是辉石岩源区(Sobolev et al., 2007; Herzberg and Asimow, 2008)；②部分熔融实验表明，角闪石岩的低程度部分熔融能够形成碱性玄武质熔岩(Pilet et al., 2008)，地幔中也确实存在角闪石岩(角闪石＋单斜辉石)；③重循环的地壳组分(通过深俯冲或拆沉作用)可以榴辉岩(石榴子石＋单斜辉石＋金红石)的形式存在于地幔源区。这些非橄榄岩组分的熔融温度比橄榄岩的熔融温度低，因此，对由较低程度部分熔融产生的熔体贡献较大，如碱性玄武岩。

碱性玄武岩和拉斑玄武岩可以在时间和空间上密切共生，如福建牛头山、河北汉诺坝、河北阳原和山西大同新生代碱性玄武岩与拉斑玄武岩共生，但两者的成因关系在各地可能并不一样。大同碱性玄武岩的地球化学特征暗示其主要受软流圈地幔源区控制，而拉斑玄武岩可能经历了较为强烈的岩石圈–软流圈相互作用(马金龙和徐义刚，2004)。

二、地壳部分熔融

花岗质岩浆的温度比玄武岩浆低很多，部分学者认为，在地壳条件下的地热异常区，完全能达到这样的温度。但另一些学者认为，在正常的地温梯度下，地壳很难熔融，地壳的熔融需要地幔上涌、地壳减薄、镁铁质岩浆的底侵提供热量(Clemens, 2003)。因此，很多的实验岩石学家们进行了各种地壳岩石的熔融实验，以探讨花岗质岩浆的生成条件。

Winter(2001)综述了在增厚的造山带中，由典型的富铝沉积源岩部分熔融形成的壳源花岗岩类的情况。例如，在图13-5(a)中，水饱和的云母片岩或片麻岩沿着40℃/km的地温线，在0.45 GPa和640℃(点 *a*)处开始熔融；或沿着25℃/km的地温线，在0.7 GPa和620℃(点 *b*)处开始熔融；或是沿着15℃/km的地温线，在1.1 GPa和610℃(点 *c*)处开始熔融。在所有情况下，高级变质的温度和缓慢的加热驱逐了岩石中自由流体相的过剩水，因此地壳深熔主要是在水不饱和的情况下进行的。下地壳中的水主要存在于含水矿物中，特别是云母和角闪石中。水饱和的熔融曲线对多数深部岩石的熔融来说并不重要，脱水反应使水被释放出来并促使岩石熔融。

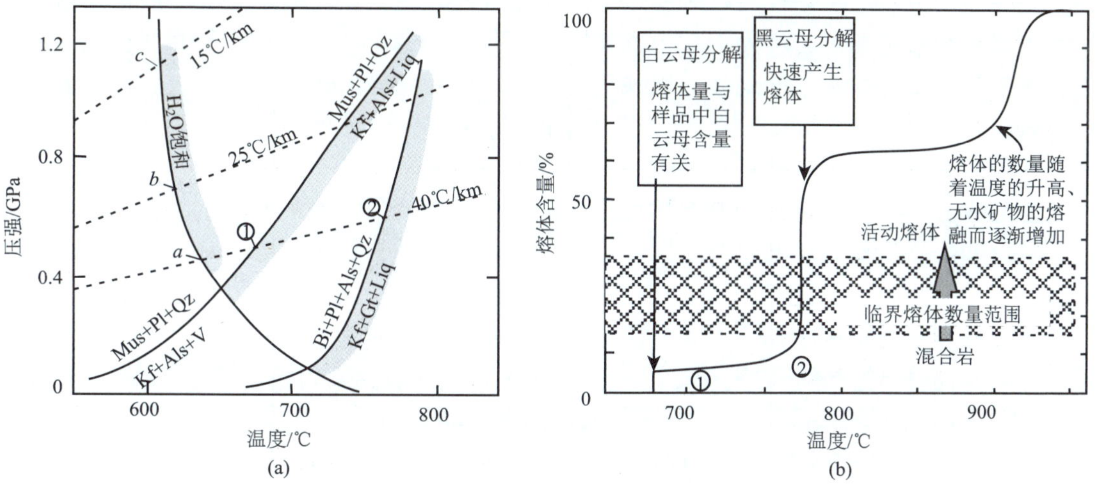

图13-5　花岗质熔体的形成(Winter, 2014)

(a) *P-T*简图(阴影表示熔体发生区)；(b)含白云母、黑云母地壳物质熔融时熔体数量(Clarke, 1992; Vielzeuf and Holloway, 1988)

我们以沿着图13-5(a)中40℃/km的地温线，富云母片麻岩被加热为例。在640℃，与水饱和固相线相交。Wyllie(1983)认为由于少量自由水的存在，此处会有少量的水饱和熔体形成，但是随着温度升高岩石很快会变得水不饱和。熔体的数量远低于临界熔体数量，在680℃、0.5 GPa(图中点①)白云母开始分解，释放出水。因为这一脱水反应在水饱和熔融线之上，水立刻导致熔体增加，可能的反应是 Mus+Pl+Qz=Kf+Sil(夕线石)+Melt。此时花岗质熔体的数量取决于反应物的数量(特别是白云母，因为石英和长石在高级变质的沉积岩中含量很多)。对常见的变质沉积片麻岩，白云母含量低于10%并在这个温度分解熔融。熔体相的成分变化很小，脱水反应在这一不变点温度下完成(所有的白云母被消耗掉)。图13-5(b)点①处的垂线，表示少量熔体的逐渐产出。熔体的数量仍然低于可活动的临界熔体数量，所以还滞留在源岩中。

只有当黑云母在760℃(图中点②)开始分解时，才有足够多的花岗质熔体产生并可以运移上升成为真正的岩浆。此处熔体迅速并大量产生，多达60%的岩石在这个温度被熔融[图13-5(b)]。固体残余包括钾长石、石榴子石、斜长石和夕线石，可能还有石英及一些难熔的副矿物。残留的岩石是无水的，要求更高的温度才能被熔融。如此高的温度较难达到，这就形成了后来剥露的深部地壳麻粒岩的铝质部分。

位于喜马拉雅造山带核部的高喜马拉雅结晶岩系，是高级变质及部分熔融的产物，它经历了麻粒岩相到榴辉岩相变质作用和深熔作用，形成了大量高级变质岩、深熔混合岩和淡色花岗岩。研究表明，在造山带中段亚东地区，含蓝晶石夕线石片岩经历了>1.2 GPa和>800℃的高温、高压麻粒岩相变质作用和部分熔融，且部分熔融主要发生在增温、增压的进变质过程中，以白云母和黑云母脱水熔融为主，局部发生在近等温或增温降压过程中，以黑云母脱水熔融为主。部分熔融形成的熔体结晶为淡色花岗岩(张泽明等，2018)。

部分熔融可能是一系列的反应导致的，表现为一些含水相在高于水饱和熔融温度之上的脱水反应。这里只阐述了白云母和黑云母的脱水反应，其他的含水矿物(如角闪石)可在其他的体系中分解产生熔体。这种通过含水矿物分解发生的不一致熔融称为脱水熔融。另一种方式是水致熔融，将优先消耗无水矿物(如石英、长石)，而含水矿物相对稳定，在相对较低的温度下形成大量的熔体。以往研究认为，地壳花岗岩熔体主要通过脱水熔融产生(Brown, 2013；Clemens et a1., 2020)。近年来的研究则表明，水致熔融广泛存在于角闪岩相深熔成因的许多岩石中(Schwindinger et al., 2019；Collins et al., 2021)。

岩浆成分的差异可由不同源岩的部分熔融所致。与变质泥质岩起源的熔体相比，由变质玄武岩和安山岩部分熔融起源的熔体具低$Al_2O_3/(MgO+FeO_T)$、高$CaO/(MgO+FeO_T)$的特征。在由实验岩石学资料建立的相应的判别图解(图13-6)上，佛冈花岗岩主体基本上落入变质杂砂岩区，但其中花岗闪长岩落入变质杂砂岩和变质玄武岩或变质英云闪长岩重叠区，乌石闪长岩-角闪辉长岩则明显落入变质玄武岩或变质英云闪长岩区。因此，佛冈花岗岩主体和乌石闪长岩-角闪辉长岩的源区成分是有明显差别的。

部分熔融，意味着岩石中一部分而不是全部矿物参与熔融过程，低熔点矿物组分优先熔融，因此部分熔融程度的不同将影响熔体的化学成分。在第十章中介绍的关于由硬砂岩形成的片麻岩的部分熔融实验结果(图10-13)就清楚地说明了这一点。因此，熔体成分随着部分熔融程度而发生改变。如果岩浆从源区批式萃取并分别侵位于地壳浅部，就可以形成具有成因联系的一系列岩石。White和Chappell(1977)提出了一个解释花岗岩类岩套化学成分变化的理论，即残留不混合模式，并在后续的研究(Chappell et al., 2004)中多次强调花岗岩中残留体的作用。他们认为许多花岗岩岩浆是花岗质熔体与源岩耐熔残留体的混合，残留体不混合是控制花岗岩化学成分变化的主要因素。

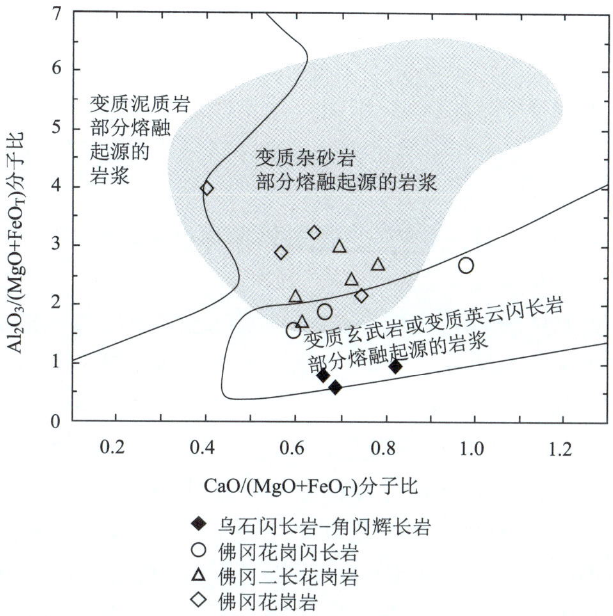

图 13-6　不同成分岩浆的源岩判别图解(Altherr et al., 2000)

同样成分的源区岩石，在不同的熔融条件下将形成不同成分的岩石。因此，岩浆成分还受熔融条件的控制。罗照华等(2007)总结了很多实验岩石学的研究成果，并以基性岩石源区为例，阐述在不同深度条件下部分熔融形成的岩浆成分会有很大区别(图 13-7)。在粗虚线所示的地温条件下，①区形成的岩浆将具有高 Sr、低 Yb、富 Ti，同时富 Nb、Ta 的特点；②区位于金红石稳定区，熔出的岩浆将会贫 Nb、Ta、Ti，如果源区岩石具富钾的特征，

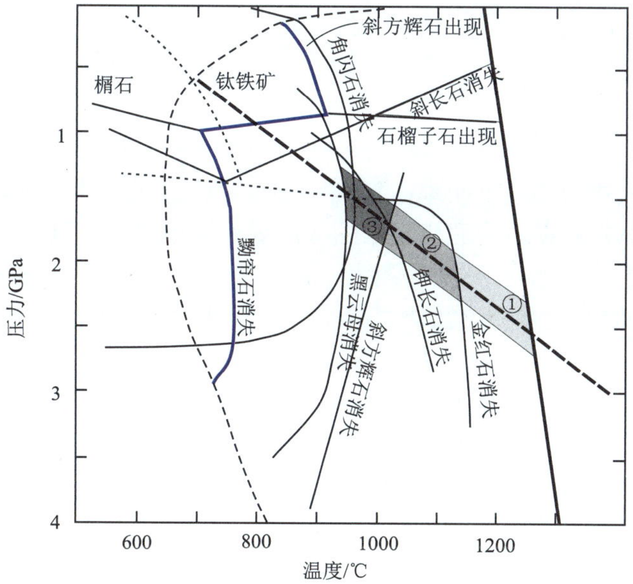

图 13-7　不同深度条件下变质基性岩的部分熔融(罗照华等，2007)

所形成的岩浆可能是钾质埃达克岩成分；③区是金红石、石榴子石、钾长石稳定区，黑云母、斜长石和角闪石不稳定，熔体将具有富钠的特点，痕量元素方面也是贫 Nb、Ta，但可能富 Ti。因此，即使源区岩石成分完全相同，在不同的部分熔融条件下形成的岩浆成分也可以有较大的差别。

第三节　壳幔相互作用

地幔的熔融和地壳的熔融还会相伴产生，并造成岩浆成分复杂的变化。20 世纪 60 年代中后期，贝尼奥夫带存在的地震学证据、Armstrong(1968)重循环学说的提出和岛弧火山岩中 ^{10}Be 的检出，从理论到实验上确证了目前广泛接受的俯冲消减-重循环(subduction-recycling)这一形式的壳幔相互作用。随着人们对重循环概念和大陆地壳生长方式的深入研究，逐步形成了对另一种壳幔相互作用形式的认识，即底侵作用(underplating)和拆沉作用(delamination)。因此，壳幔相互作用是随着现代板块构造理论诞生而形成的概念，其内容和含义在不断的发展和更新中，壳幔相互作用和岩石圈演化已成为当前地质学研究中的热点。特别是近年来，人们十分注重岩石圈深部行为对浅部地质的制约，注重壳幔边界的底侵作用，注重岩石地球化学和地球物理学交叉结合研究。壳幔相互作用研究的突破将有利于解决长期困扰人们的地球科学研究中的一些基本问题，包括大陆地壳的形成演化以及与之密切相关的矿产资源分布规律、成因机制等。不同形式的壳幔相互作用，会造成岩浆源岩物质成分的复杂性，以及岩浆演化过程中成分的变异性，因此壳幔相互作用与火成岩多样性密切相关。例如，我国苏鲁超高压榴辉岩带的存在说明大陆下地壳曾俯冲到地幔深度，位于该带的中新世安峰山玄武岩的元素地球化学和 Sr-Nd-Pb-Hf 同位素地球化学特征，反映源岩为碳酸盐化地幔橄榄岩和榴辉岩组分的混合。而同时代分别起源于地幔和地壳的两种岩浆，在它们的演化过程中相互影响，有很多实例。下面就简要介绍壳幔相互作用的两种重要形式：底侵作用和拆沉作用。

一、底侵作用

岩浆底侵作用，也称板底垫托作用，是指上地幔的部分熔融作用或软流圈上涌减压熔融作用所产生的玄武质岩浆从下面添加到陆壳底部的过程，它是大陆垂向增生的一种重要方式，特别是在太古宙时期。玄武质岩浆的底侵导致区域热流值升高，进而使地壳岩石部分熔融，侵入上覆中、上地壳(黄宋理和张良弼，2005)。因此，具体地说，岩浆的底侵作用是指高温(约 1200℃)的幔源玄武质岩浆呈岩床形式横向二维伸展侵入下地壳和/或地壳底部，并可能使上覆中-下地壳物质发生部分熔融形成花岗质岩浆的一种岩浆作用。在稳定的克拉通或地盾区，底侵作用规模相对较小，而在拉张性活动带，底侵规模较大。底侵物质的加入会明显改变下地壳地震波速度和物质组成，包括矿物组合、岩石类型和元素及同位素组成等。因此，岩浆底侵作用往往发生在莫霍面附近。如果高温的幔源岩浆呈岩床状侵位于地壳内部，可称为内侵作用(intraplating)。

大面积分布的花岗岩可以是多次幔源岩浆底侵或内侵，促使上覆的地壳物质发生部分熔融形成花岗质岩浆的结果。图 13-8 为基于锆石 Hf-O 同位素研究，提出的澳大利亚东部玄武质岩浆诱发上覆地壳物质深熔形成 I 型花岗质岩浆的模式图。富硅的熔体起源于深部（<35～40 km），由玄武质岩浆结晶后的残留熔体与上覆地壳深熔产生的熔体混合（混染）形成。这些混染的岩浆上升并积聚在地壳浅部，结晶出锆石，而这些锆石的同位素特征记录了深部上覆地壳物质（熔体）逐步加入岩浆的进程。在浅部岩浆房中，不同批次岩浆的混合将具不同同位素特征的锆石混在一起。

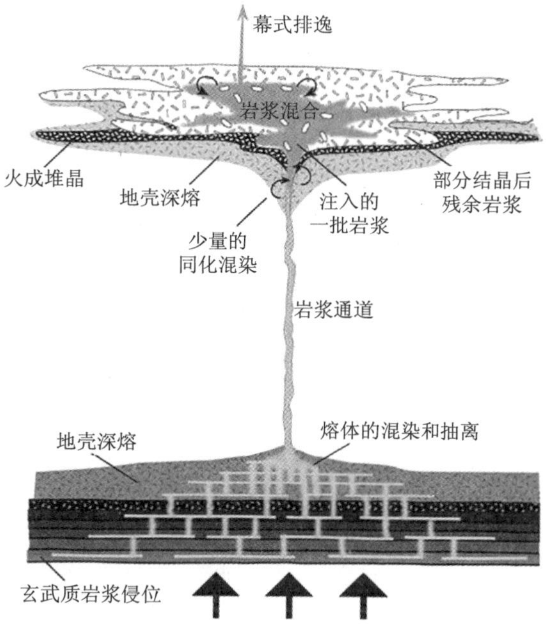

图 13-8 澳大利亚东部 I 型花岗岩的成因模式
（Kemp et al., 2007）

中国东南沿海晚中生代时期，在地壳底部至地表的不同深度，曾普遍存在来自地幔的玄武质岩浆。特别是白垩纪时期，底侵的玄武质岩浆给中-下地壳带入了高热，是地壳部分熔融和产生花岗质岩浆的主要热源（Xu et al., 1999）。广东麒麟玄武质角砾岩筒中辉长岩质麻粒岩包体，即是岩浆上升过程捕获的下地壳岩石碎块，它代表了下地壳的基性麻粒岩相岩石组分，是由上地幔部分熔融产生的基性岩浆底侵于地壳底部，后又经变质作用形成（Xu et al., 1996）。这一玄武质岩浆的底侵作用与古太平洋板片向欧亚大陆的俯冲消减有关。

由玄武岩浆底侵作用诱发形成的长英质岩浆，可喷出地表形成流纹岩。通过岩石学、地球化学研究建立的成因模式（图 13-9）：①浙东地区的早白垩世中性火山岩是由底侵的基性岩浆和陆壳物质来源的酸性岩浆发生岩浆混合作用而形成的。②在浙东早白垩世火山岩形成过程中，若基性岩浆和酸性岩浆在地壳深处共存的时间较短，则在它们喷出地表前来不及发生主量元素的交换，从而形成双峰式火山岩组合。③若基性岩浆和酸性岩浆在地壳深处共存的时间较长，则两种岩浆的主量元素进行了充分的交换，可以在两种岩浆的接触带附近形成典型的安山质岩浆，从而形成含中性岩的火山岩组合；若基性和酸性岩浆在地壳深处共存的时间不足以使主量元素发生充分交换，则形成含偏基性中性岩和偏酸性中性岩的火山岩组合。

二、拆沉作用

拆沉作用首先由伯德（Bird, 1979）在解释科罗拉多高原岩浆作用的机制时提出，原意是指岩石圈地幔因软流圈侵入而与上覆地壳剥离的过程。一般理解为在板块汇聚地区岩石圈因挤压而缩短、增厚，使等温面下移。岩石圈根部较冷而重于周围地幔，导致在重力上失稳、拆离并沉陷到下伏热地幔中（黄宗理和张良弼，2005）。但目前普遍接受的拆沉作用概念包括了地壳和岩石圈地幔的下沉。

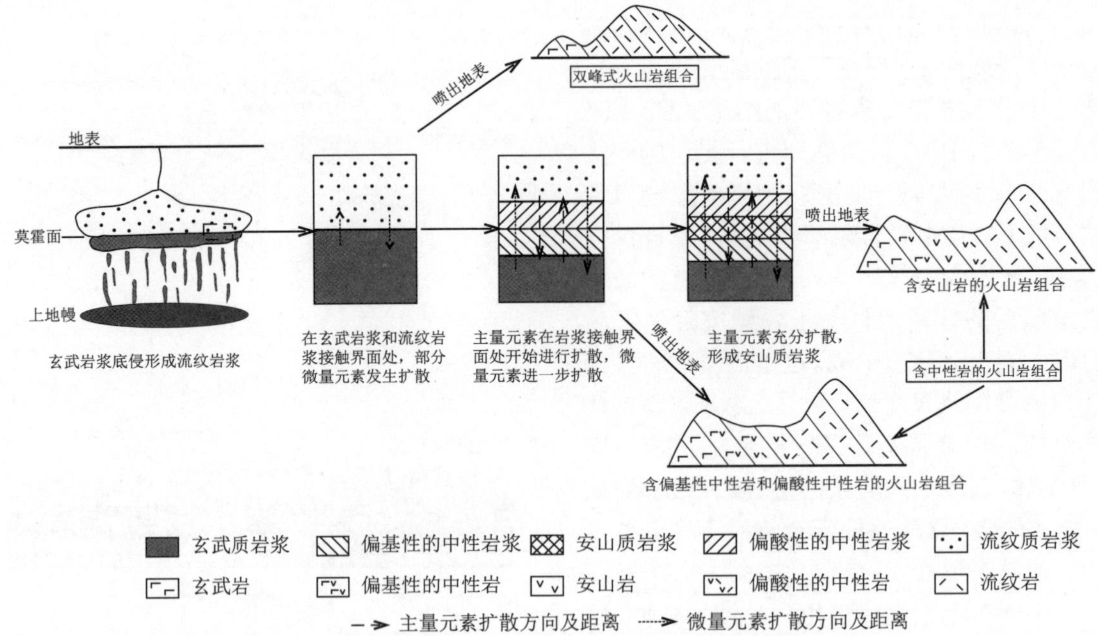

图 13-9　浙东早白垩世火山岩组合的成因模式(谢昕等，2003)

Arndt 和 Goldstein(1989)等提出的拆沉作用主要是指：①当来自地幔的苦橄质岩浆被圈闭到陆壳底部时，通过一系列成岩过程，形成上部的辉长岩层和下部由橄榄石+辉石组成的堆积体，堆积体由于其高密度而沉入地幔；②壳内熔融产生花岗质岩浆之后形成的残留体也可以由于其高密度而沉入地幔。Kay 和 Kay(1993)认为岩浆作用是记录拆沉作用的最佳证据，提出引起岩石圈密度倒转而大于软流圈，需要热、物质成分和相的转变。他们研究了南美洲普纳(Puna)高原岩浆作用的例子，证明与消减带有关的镁铁质岩片熔融出中酸性岩浆而残留榴辉岩，并以此解释拆沉作用的发生。高山和金振民(1997)综述了拆沉作用的概念，认为拆沉作用应泛指由于重力的不稳定性导致的岩石圈地幔、大陆下地壳或大洋地壳沉入下伏软流圈或地幔的过程。其中，重力不稳定性是拆沉作用的驱动力，其直接结果是造成岩石圈地幔和下地壳沉入软流圈，热的软流圈物质相应上涌并置换冷的上地幔。这一综述较为全面，为目前普遍接受的概念。

岩石学、地球化学和地球物理学研究表明，大多数地区下地壳是镁铁质的，或至少下地壳底部是镁铁质的。下地壳拆沉作用的结果是导致镁铁质的下地壳返回地幔，造成壳幔物质再循环。镁铁质下地壳可以在底侵作用和地壳深熔作用下形成，其密度可大于地幔物质。由于重力的不稳定性，镁铁质下地壳通过拆沉作用沉入地幔，造成壳幔再循环。但有关陆壳拆沉作用的证据大部分是间接的。如果在下地壳拆沉作用过程中，有花岗岩岩浆产生并分凝、上升和侵入地壳浅部，所形成的花岗质岩石可能会显示特征的微量元素痕迹。例如，在高压条件下部分熔融体的分凝过程中，由于石榴子石、角闪石(或单斜辉石)的残余，岩浆的 La/Yb 和 Sr/ Yb 值较高。

第四节　岩浆演化过程与火成岩成分变化

影响火成岩成分变化的因素，除了上述有关源区物质组分差异、部分熔融程度和岩浆形成时的物理化学条件不同外，各种复杂的岩浆演化过程也可能是岩浆成分发生变化的主要因素。我们知道，很少有地幔或地壳岩石经部分熔融作用形成的岩浆在后期未遭受成分变异。原始岩浆或原生岩浆可以通过各种岩浆作用(如岩浆混合作用、岩浆液态不混溶作用、结晶分异作用和同化混染作用)产生派生岩浆。各种不同的岩浆作用是造就岩浆岩化学成分多变的重要因素，现将它们的基本概念分述如下。

一、岩浆混合作用

岩浆混合作用(magma mixing 或 magma mingling)是指两种不同成分岩浆(可以由同一源区形成，也可以由不同源区形成)之间的混合，它是造成火成岩多样性的主要原因之一。在英文术语中，mixing 是指均匀化混合，在两种岩浆之间发生了明显的化学成分交换，参与混合的端元岩浆完全混合在一起形成均一的岩浆；而 mingling 意指不均匀混合，是指两种岩浆的机械混合，可理解为两种岩浆的混杂。因此，两者含义不尽一致。岩浆混合的程度取决于岩浆的物理和化学性质(特别是岩浆的黏度)，以及水和其他挥发分的含量。岩浆混合作用在地质上可表现为复合岩流(composite lava flows)、复合岩墙(composite dikes)、网脉状杂岩(net-veined complexes)，但最为普遍的是含岩石包体的岩石(enclave-bearing rocks)。一些学者(Vernon et al., 1988；Collins et al., 2000)认为岩浆混合作用是引起花岗岩化学成分变化的主要原因。因此，在研究花岗质岩浆成分变化时，需要注重暗色微粒包体，特别是淬冷包体的仔细研究。岩浆混合作用能较好地解释众多造山带钙碱性岩浆岩中，小体积的镁铁质岩石和长英质岩石主体之间的时间和空间关系。

岩浆混合作用的特点还往往表现在岩石的结构构造上，如乳浊液状构造(emulsion-like structure)、玄武岩包裹在流纹岩中并呈现细褶状边界或暗色基性玻璃包裹在浅色酸性玻璃中、矿物(如磷灰石、长石、角闪石、辉石、云母等)的各种骸晶状淬火结构(quenched texture)、蠕英石结构(myrmekite texture，见于均匀化混合岩中)和各种吸回结构(resorbed texture)及云雾状(dusty)、海绵状(spongy)、筛状(sieve-like)、蜂窝状(honey-comb)和指纹状(fingerprint-like)结构。侵入岩中吸回结构常见于长石捕虏晶(周新民，1998)。

产生岩浆混合作用的两种不同岩浆的起源是多种多样的。①岩浆房和岩浆通道中均一成分的岩浆由于结晶作用或液态分离作用形成两种不同成分的层状岩浆(见下述)。这一机理与岩浆房几何形态、定位岩浆的边界层效应、岩浆冷却过程中大规模液态不混溶使自由能降低等因素有关，并已有详细的实验资料(Turner and Campbell, 1986)作为依据。显然，这两种岩浆是同源的，由它们结晶形成的岩石具相同的锶钕同位素初始值和相仿的矿物组合。②地幔起源的玄武质岩浆上侵，与壳源的长英质岩浆混合(Dorais et al., 1990；Frost and Mahood, 1987)，前者混入后者发生淬冷结晶作用。此外，深部地壳岩石的批式熔融也可能形成两种不同成分的岩浆。

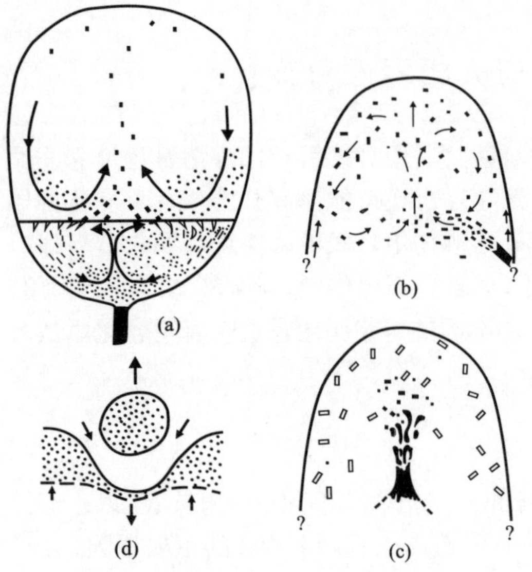

图 13-10　岩浆混合作用的成因机制

(a) 层状岩浆房对流机制 (Vernon, 1983)；
(b) 岩浆喷泉机制 (Frost and Mahood, 1987)；
(c) 岩浆喷泉机制 (浙江大衢山花岗岩体)；
(d) 富气岩浆上浮机制 (Eichelberger, 1980)

岩浆混合的成因机制主要有：①层状岩浆房对流机制[图 13-10(a)]。岩浆房中较长英质的和较镁铁质的上下两层岩浆，由于成分、温度的不均衡性发生大规模对流作用，上部长英质岩浆层的对流使下层镁铁质岩浆团被带上并淬火冷凝；下部镁铁质岩浆层对流拖下条纹状长英质岩浆并很快均一化混合。这就是淬冷包体通常比寄主岩色暗且富镁铁组分的原因。②岩浆喷泉机制[图 13-10(b)]。一股新的较镁铁质的岩浆以射流 (jet) 或喷泉 (fountain) 形式注入长英质熔体中，两者的混合程度主要与温度、黏度差及注入熔体的流动速率有关。镁铁质岩浆可呈近于圆形的点源或长条状的线源注入。因此，包体可呈蜂窝状局限于岩体的某一部位，并常伴有成分类似的脉状体和岩墙产出，如浙江大衢山花岗岩体[图 13-10(c)]，面积为 9.2 km^2，包体和成分类似的脉岩仅产于约 0.04 km^2 的范围内。③富气岩浆上浮机制[图 13-10(d)]。Eichelberger (1980) 在研究安山岩和英安岩中的包体后提出了这一机制。他的研究表明：当较镁铁质的岩浆作为补给岩浆与长英质岩浆接触时，由于热平衡作用远易于化学平衡作用，会在接触界面附近形成富气的低密度镁铁质岩浆，这种低密度镁铁质岩浆分离形成球形液滴，上浮进入长英质岩浆中并结晶形成包体。他认为，这一机制同样可应用于花岗质深成岩及其包体的成因解释。

早期对岩浆混合作用的研究主要通过野外地质、岩相学观察和矿物成分研究，随着分析实验技术水平的提高，年代学、微区原位矿物化学、同位素地球化学 (包括非传统同位素地球化学) 的应用，使岩浆混合作用研究不断深入；实验岩石学和岩浆数值模拟 (Laumonier et al.，2014，2015；Bergantz et al.，2015；Carrara et al.，2020) 研究则进一步揭示了岩浆混合作用的机理，使岩浆混合作用成为解释岩石成因和火成岩多样性的重要理论。

二、液态不混溶作用

液态不混溶作用 (liquid immiscibility)，又称熔离作用，是指原来混溶的熔体因物理或化学的原因分离为不混溶或混溶程度低的两种熔体的过程。它是导致火成岩多样性的一个重要机制。从热力学的观点看，液态不混溶作用就是较高温条件下热动力不稳定的液相，分离成两个共轭的不混溶相，它们有着不同的成分和黏度，从而使整个系统的吉布斯自由能降低到一个极小值，以保持稳定。有多种类型的两相不混溶，如：①硅酸盐熔体与硅酸盐熔体之间的不混溶；②硅酸盐熔体与硫化物熔体之间的不混溶；③硅酸盐熔体与碳酸盐熔体之间的不混溶；④硅酸盐熔体与氟化物熔体之间的不混溶。

硅酸盐熔体的液态不混溶作用特点是 (徐夕生和周新民，1988)：①一般发生于较大深度和较高压力下；②两不混溶相的主要元素落在 Greig 图解的“两液区”；③从两不混溶相中晶出的同名矿物的化学成分，有部分重叠；④两不混溶相的 Sr、Nd 同位素初始值基本一致；⑤两不混溶相的微量元素配分与实验资料一致，即两相的 REE 配分曲线平行一致，但富铁的中基性液相比长英质液相富含 REE、Zr、Nb、P、Y；⑥两不混溶相可以分别结晶成独立而邻接的岩体，也可以是基性液相以岩石包体或眼斑(ocelli)形式，包在长英质液相结晶的岩石中。

对于一个岩浆体系，在其演化进入不混溶域之后，单一成分的熔体发生分解产生两种成分不同的共轭熔体。然而，不混溶的两相熔体的成分并不是固定的。如图 13-11 所示，不混溶作用起始时，共轭熔体相之间的成分差距较小，随后的不混溶两相成分分别沿着拱形分解线的两边扩展，成分差异越来越大，而岩浆总体成分(富 Fe 熔体和富 Si 熔体)的演化等效于单一的分离结晶演化线，两相熔体的相对比例可以根据杠杆原理来确定。随着温度降低，岩浆总体成分趋向于富 Si，富 Si 熔体在两相熔体中的比例也不断地升高，最终只剩下富 Si 熔体，岩浆总体成分离开不混溶域。

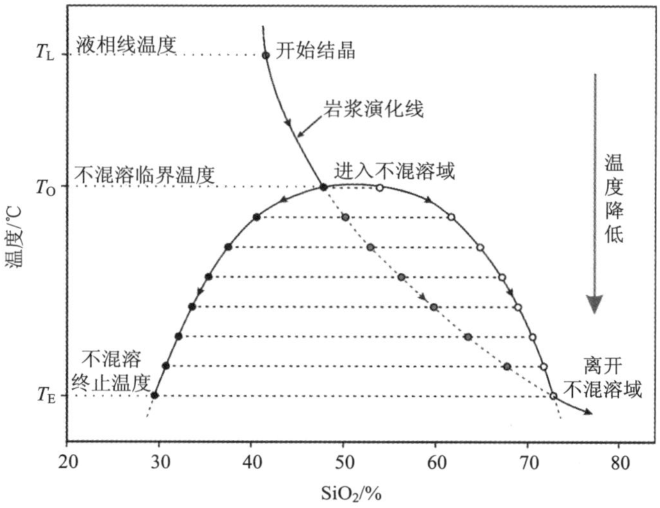

图 13-11　玄武质岩浆演化穿过不混溶域示意图(王坤等，2017)

有关硅酸盐熔体与碳酸盐熔体之间不混溶的一个具体实例，是庙垭碳酸岩-正长岩杂岩体。该杂岩体是中国最大的富集稀土元素的碳酸岩-正长岩杂岩体之一。研究表明(图 13-12，Xia et al.，2024)：碳酸岩与正长岩具有共同的富集地幔源区；在碳酸岩中，有斜长石出现；在正长岩中有细小的方解石。因此，在碳酸盐熔体与硅酸盐熔体的液态不混溶过程中，硅酸盐熔体或碳酸盐熔体成分被对方熔体所捕获，没有完全分离。相比于正长岩，庙垭碳酸岩富集 Ca、Mn、Sr、REE 等元素，而亏损 Na、K、Al、Si 及高场强元素(如 Nb、Ta、Zr、Hf)，与关于液态不混溶作用的实验岩石学研究结果相似，进一步表明液态不混溶作用在庙垭碳酸岩-正长岩杂岩体的形成中起到了关键的作用。

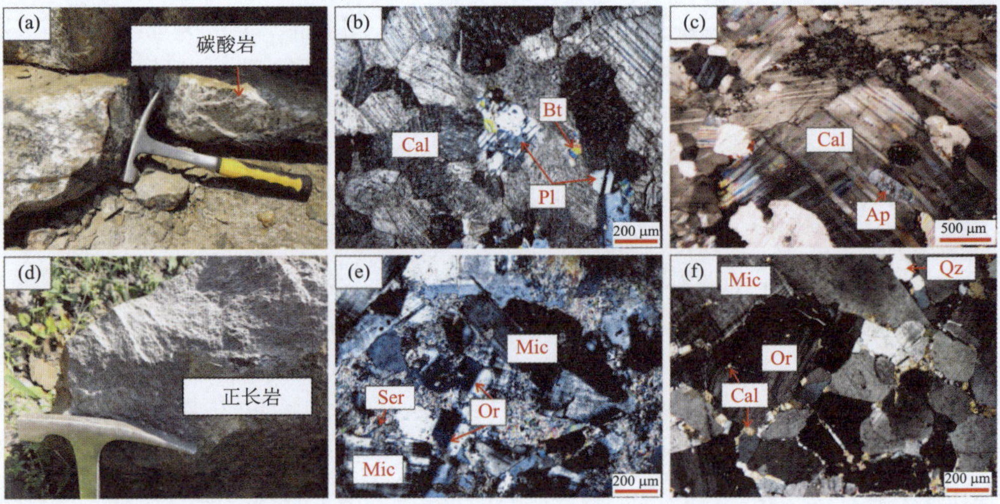

图 13-12　庙垭碳酸岩-正长岩杂岩体野外和显微岩相特征(Xia et al., 2024)

Ap. 磷灰石；Bt. 黑云母；Cal. 方解石；Mic. 微斜长石；Or. 正长石；Pl. 斜长石；Qz. 石英；Ser. 绢云母

三、结晶分异作用

结晶分异作用(crystallization differentiation)，又称分离结晶作用(fractional crystallization)，发生于岩浆结晶作用阶段，是指早期晶出的高熔点矿物由于某种原因在岩浆不同部位中呈不同程度的聚集，甚至发生分离，而形成各种成分岩浆岩的作用。显然，结晶分异作用会使残余岩浆的成分发生连续的变化。实验资料证明，结晶分异的趋势是越向晚期，岩浆成分越向富 SiO_2、K_2O、Na_2O 和 FeO_T/MgO 值高的方向演化。分异程度越大，残余岩浆酸性程度越大。

分离结晶作用的主要方式包括重力分异、流动分异和压滤分异作用。重力分异作用是指早结晶的矿物由于其与岩浆的密度差下沉到岩浆房的底部，或上浮到岩浆房顶部。流动分异作用是指悬浮于岩浆中的矿物由于岩浆流动而聚集的现象。压滤分异作用是指早期结晶矿物颗粒间的残余熔体由于压榨挤出的分离作用。

Bowen(1928)首先提出了重力结晶分异作用的概念，并指出从岩浆中早期晶出的矿物会在岩浆体的某部位发生堆晶作用(accumulation)。事实上，世界上许多大型超基性-基性杂岩体呈现的垂向分层就是堆晶作用的结果。因此，层状侵入体的堆晶作用是一种结晶分异作用过程。在硅酸盐熔体中，不同矿物先后晶出已得到很多实验岩石学相图的证实。当然，在不发生重力结晶分异作用的情况下，先晶出的矿物晶体可与剩余熔体发生反应，并遵守鲍温反应原理(Bowen reaction principle)。

南非布什维尔德杂岩体(Bushveld igneous complex，BIC)是世界上最大的镁铁质层状侵入体(东西长 450 km，南北宽 250 km)，其中的勒斯滕堡(Rustenburg)镁铁质-超镁铁质层状岩套(Rustenburg layered suite，RLS)赋存全球最大的铂族元素(PGE)、铬、铁-钛-钒矿床和低品位铜镍硫化物矿床。RLS 有一个复杂的多重侵入和分离结晶的历史(吕林素等，2011)。岩石类型包括纯橄岩、辉石岩、斜方辉橄岩、苏长岩-斜长岩、辉长苏长岩、辉长岩和闪长岩。岩性从下部的纯橄岩逐渐演变到上部的闪长岩，具有层状特征，是结晶分异作用形成的层状超基性-基性岩的典型代表。

中酸性岩浆同样可以发生结晶分异作用。中国东南沿海一系列白垩纪火山-侵入岩的岩相学、岩石地球化学特征均表明在其形成过程中发生了明显的结晶分异作用，造成了岩石类型和岩石成分的多样性(Xu et al., 2021)。例如，浙江大莱石英二长闪长岩和流纹英安质凝灰岩，它们在年龄(100～99 Ma)、空间、源区物质(由 Sr-Nd-Hf 同位素表征)上的一致性表明两者演化自同一岩浆储库。石英二长闪长岩的显微照片和 TIMA 矿物相图显示了充分的代表堆晶的显微岩相学证据，如斜长石的局部优选取向与“叠瓦”状排布、填隙结构、斜长石“聚晶”，以及斜长石的韧性变形等(图 13-13)，结合共存的火山岩和侵入岩两者具有“互补”的地球化学特征，可以认识到大莱火山-侵入杂岩在浅部地壳岩浆储库经历了由斜长石堆晶主导的晶体-熔体分离过程，抽离熔体喷出并形成了流纹英安质凝灰岩，而石英二长闪长岩则是由以斜长石为主的堆晶体和约 30%的未抽离填隙熔体固结而成。压实作用是该晶体-熔体分离的主要机制，包括晶体重排伴随的机械压实和晶体韧性变形伴随的黏性压实。此外，多批次的岩浆补给作用也助力了晶体-熔体分离过程。斜长石堆晶显著提高了大莱石英二长闪长岩的 Sr 含量和 Sr/Y 值，而抽离出的流纹英安质熔体则具有低的 Sr 含量和 Sr/Y 值。

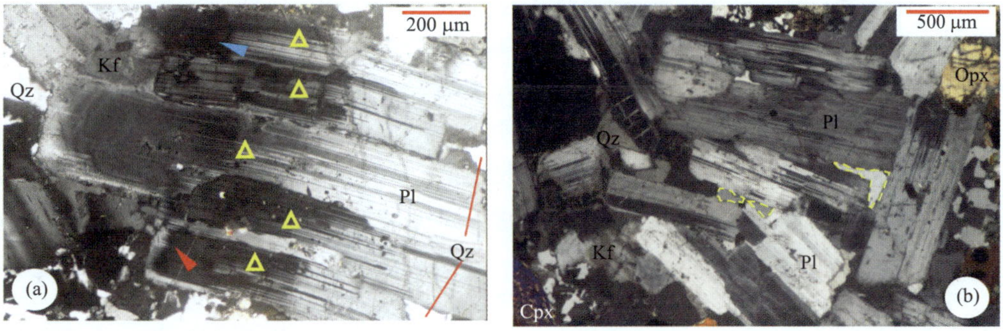

图 13-13　斜长石叠瓦状堆积、定向排列和斜长石变形双晶(a)和填隙状石英(b)(Shi et al.，2022)

多个自形的斜长石颗粒近乎平行紧密接触呈“叠瓦”状；变形双晶(红色箭头)、波状消光(蓝色箭头)和晶体弯曲(黄色三角)显示了斜长石的韧性变形；填隙状石英充填在斜长石骨架低两面角空隙中(黄色虚线)

在中国东南部，还有一些高分异花岗岩，它们是经历了强烈的结晶分异作用，形成的暗色矿物含量很低的浅色花岗岩，常与伟晶岩和细晶岩相伴；这类花岗岩的演化程度较高，与稀有金属成矿作用关系密切。高分异花岗岩主要由石英和碱性长石组成，向富钠的方向演化，最终可形成钠长花岗岩。

在 AFM 图(图 13-14)上，钙碱性系列的安山岩-英安岩-流纹岩组合与拉斑玄武岩系列岩石的明显不同，在于前者没有富铁的演化趋势，此组合中不同岩石的 MgO/FeO 值较为一致。Ringwood(1975)用不同矿物的分离结晶作

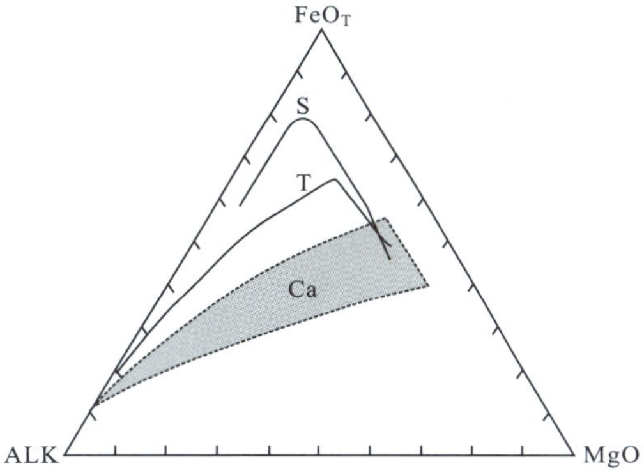

图 13-14　钙碱性系列和拉斑玄武岩系列岩石的演化趋势(Ringwood, 1975)

$ALK=Na_2O+K_2O$；$FeO_T=FeO+0.998\times Fe_2O_3$

用对此进行了解释。在图13-14中，S为著名的斯卡尔加德(Skaergaard)层状岩体，T为冰岛的辛格穆利(Thingmuli)火山岩，它们均为非造山环境下形成的拉斑系列岩浆岩。在它们的早期和中期演化阶段(相当于安山岩阶段)有一个明显的富铁演化趋势，这是富Mg的橄榄石和辉石的结晶分离作用的结果。这两种矿物的结晶分离使剩余岩浆的Fe/Mg值增高，在分异的晚期向富碱的方向演化。对于没有富铁演化过程的钙碱性岩系演化趋势，会结晶出Fe/Mg值较高的铁镁矿物——角闪石。因此，角闪石矿物的产出常作为钙碱性岩浆作用的矿物学标志。

四、同化混染作用

同化混染作用(assimilation-contamination)有两个方面：一是同化作用(assimilation)，即岩浆对围岩或捕虏体的熔化和反应，从而引起岩浆成分改变的作用；二是混染作用(contamination)，即如果熔化、反应进行得不完全，使部分围岩或捕虏体残留于岩浆中，造成对岩浆成分的污染。同化混染作用在岩浆岩石学研究中应用较多。

同化混染作用的主要方式有三种(刘春华和刘雅琴，1995)：①岩浆与围岩或捕虏体简单混合的同化作用，如岩浆通过顶蚀或火山口沉陷方式上升时，造成大小不等的岩石碎块散落到岩浆中，使岩浆成分改变。该方式与两种岩浆的简单混合很相似。②部分熔融的同化作用，岩浆房顶部和边部的岩石受岩浆热流及围岩中水等活动组分的影响，促进了岩浆成分的变异。③选择性同化作用，进入岩浆中的地壳碎块不能全部与岩浆混合，而是通过扩散-交代作用使某些组分对岩浆发生选择性同化混染，形成具有环带状构造特征的捕虏体。

岩浆与围岩发生同化混染作用的过程，除了受深度、压力、温度等因素影响之外，还和岩浆产出的地质环境及上升速度有关。

热的岩浆同化冷的围岩需要消耗大量的热能，这将会使岩浆的温度快速下降，导致结晶作用，同时结晶作用又会释放出结晶潜热，为同化作用补充热能。因此，同化混染作用和结晶分离作用往往是同时进行的，这就是岩浆的同化混染-结晶分离作用，即同化混染与分离结晶(assimilation-fractional crystallization，AFC)作用，它是岩浆开放体系中成分变异机理的重要作用，是岩浆起源、演化和岩浆岩成岩成矿作用的重要基础理论之一。

AFC作用所引起的地球化学变化具有同化混染和分离结晶双重作用的特点，与单一作用引起的变化不同。同化混染作用一般对主量元素化学成分变化的影响较小，但Foland等(1985)的研究表明，某些同化作用也可以改变岩浆的演化方向，使硅不饱和岩浆演化形成硅饱和至过饱和岩浆，如某些石英正长岩的形成。Taylor(1980)指出，虽然由AFC作用产生的分异程度较高的各种岩浆的主量元素组成只受到很小的影响，但微量元素，尤其是同位素组成却可能受到大的影响。因此，在理论上可能的是：在一个火成岩岩套中主量元素的变化可以主要用封闭体系的分离结晶作用来解释，而同位素体系的变化却明确地要求开放体系性质。

封闭条件下的结晶作用是存在的，这时岩浆成分沿着液体同源演化线演化，Nd、Sr同位素初始比值基本不变。开放条件下的分离结晶作用似乎更为常见，如岩浆对围岩的同化作用。这时，Nd、Sr同位素初始比值均发生相应的变化。因此，岩石的同位素体系是了解AFC作用最有效的工具。近年来，国内外许多学者常用Nd、Sr同位素研究岩浆演化的AFC过程(DePaolo, 1981；陈江峰等，1993)。

华南沿海新生代火山岩中的麻粒岩捕虏体都是镁铁质的，它们可以分为岩浆麻粒岩和堆晶麻粒岩，是晚中生代玄武质岩浆底侵于壳幔边界结晶-变质形成的。Sr-Nd 同位素特征显示麻粒岩母岩浆受到了陆壳物质混染，它们的变化可用 AFC 成岩模式来解释。微量元素和常量元素的变化主要受结晶分异控制。从堆晶麻粒岩到最演化的岩浆麻粒岩，其同位素组成构成了一条相关性较好的演化曲线[图 13-15(a)]。该演化线位于澳大利亚昆士兰查德利(Chudleigh)和 McBride 火山岩中捕虏体的同位素变化曲线之间[图 13-15(b)]，这种演化趋势被认为是底侵玄武质岩浆 AFC 成岩作用的结果(于津海等，2002)。

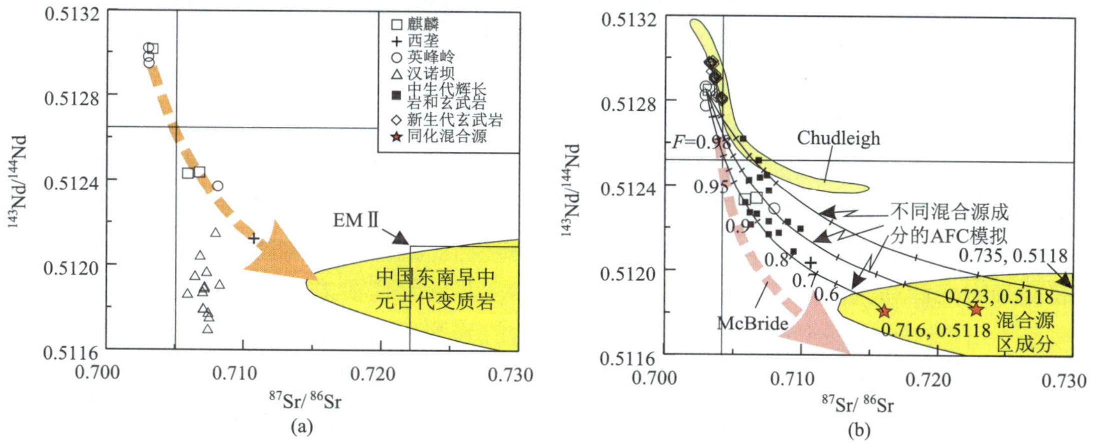

图 13-15　华南沿海新生代火山岩中麻粒岩捕虏体的 $^{87}Sr/^{86}Sr$-$^{143}Nd/^{144}Nd$ 变异图

主量元素比值-同位素比值图和 I_{Sr}–1/Sr 图能有效地区别结晶分异、简单二元混合和 AFC 混合(Foland et al.，1985)。单纯的结晶分异，ε_{Nd} 或 I_{Sr} 基本保持不变，在图上表现为一条平行 X 轴(同位素比值坐标)的水平线；简单的二元混合，主量元素比值与 ε_{Nd} 或 I_{Sr} 协变，或 I_{Sr} 与 1/Sr 协变，呈良好的线性关系，表现为一条与同位素比值坐标斜交的斜线(自然也斜交主量元素比值坐标)；如果投影点比较分散，不呈线性关系，分布在分离结晶和同化混染两种趋势线之间，则显然受两者的共同制约，表明是一种 AFC 混合关系。

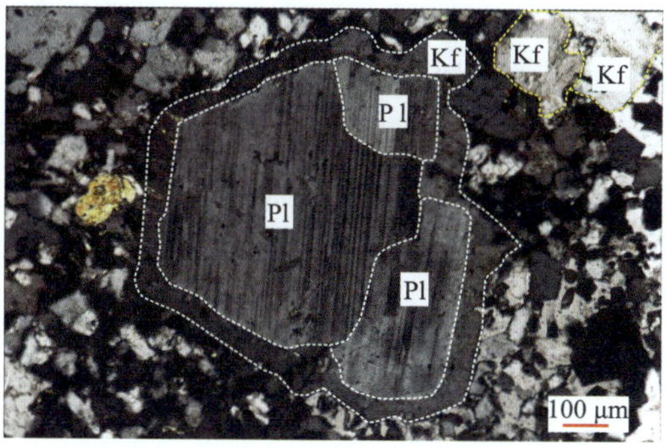

图 13-16　福建石牛山斑状石英二长岩中斜长石(Pl)的聚晶和钾长石(Kf)膜(Xu et al.，2024)

世界上许多表现出明显 AFC 混合趋势的花岗岩出露在拉张构造环境，可能是由于拉张构造环境允许幔源岩浆迅速上升到浅部地壳，在这种条件下发生 AFC 过程时，其同位素变化趋势最易辨认。

需要注意的是，几种不同的岩浆作用(如岩浆混合作用、结晶分异作用和同化混染作用)可联合发生并影响岩浆岩的化学成分。例如，福建石牛山斑状石英二长岩中斜长石的聚晶表明了晶体堆积分异，而被钾长石包裹记录了岩浆混合作用(图 13-16)。

又如，浙江桐庐火山-侵入杂岩形成过程中发生的联合岩浆作用过程。岩相学观察、锆石 U-Pb 定年和 Sr-Nd 同位素分析表明，该杂岩体中的边缘相(流纹岩)、过渡相(流纹英安岩)和中心相(侵入岩：闪长岩和二长岩)岩石，在形成时代、空间展布和物质来源上具有非常好的一致性，说明两者具有明显成因联系。Griffin 等(2002)通过暗色包体和寄主岩中锆石 Hf 同位素的研究，进一步证明了该火山-侵入杂岩体形成中的岩浆混合作用。Yu 等(2018)主要从单矿物尺度定性地揭示了岩浆混合与同化混染过程，镁铁质微粒包体和长英质寄主岩均在 130 Ma 同时形成，岩相学特征和 Sr-Nd-Hf 同位素组成表明，镁铁质微粒包体是热的镁铁质岩浆和冷的长英质岩浆不完全混合淬冷形成的镁铁质凝块。杂岩体中围岩捕虏体为绿色角岩，其富黑云母的暗色边表明围岩捕虏体受到了来自寄主岩的富 K 熔/流体改造，并发生崩解，部分被寄主岩同化，指向了同化混染过程。杂岩体中斜长石显示复杂的核-幔-边变化 Sr 同位素变化($^{87}Sr/^{86}Sr$= 0.7073～0.7137)，可分为四种类型。第一类斜长石 Sr 同位素均一，显示正常的结晶分异。第二类和第三类斜长石的成分环带分别记录了镁铁质岩浆注入长英质岩浆房和上地壳同化混染。第四类斜长石有着清晰的核-幔-边成分变化，完整记录了岩浆混合和地壳同化混染事件。从核部到幔部，An 值急剧增加，$^{87}Sr/^{86}Sr$ 值减小(低至 0.7075)，而边部又有极高的 $^{87}Sr/^{86}Sr$ 值(高至 0.7117)，这些环带记录了岩浆演化的时间顺序，即岩浆混合事件早于同化混染事件。热的镁铁质岩浆注入原先存在的长英质岩浆房不仅增加岩浆房温度，同时可能引起围岩的强烈破碎并进入岩浆，两者结合又加强了同化混染过程。Du 等(2022)则进一步通过显微岩相结构、地球化学、热力学模拟和质量平衡计算等深入剖析，揭示了火山喷发之前岩浆房内发生的两阶段晶体-熔体分离过程。第一阶段：岩浆房内早期结晶的角闪石+斜长石+磷灰石+磁铁矿等矿物在重力的作用下沉降到底部，形成早阶段的堆晶。第二阶段：黑云母+钾长石+锆石等新的矿物也达到了饱和结晶，同样在重力作用下沉降到早阶段的堆晶之上，而残余的熔体则在岩浆房的顶部聚集。来自地幔的基性(低硅)岩浆在这一过程中提供了热量，在一定程度上延长了高硅岩浆房的寿命，促进了晶体-熔体的分离。最终，岩浆房顶部富集熔体的部分喷出地表形成流纹岩和流纹英安岩，而中下部富集晶体的部分由于黏度太高而残留在火山下部的地壳中，冷凝形成二长岩和闪长岩。

第十四章　不同构造背景的火成岩组合

第一节　火成岩构造组合的概念及分类

早在 20 世纪初期，岩石学家就开始注意到不同类型的火成岩具有显著的地域分布规律。20 世纪 60 年代，随着板块构造学说的建立，火成岩成因和成分变化规律被赋予了全新的地质构造含义。Ringwood(1969) 提出了岩浆产生与板块构造关系的示意图。Dikinson(1971) 首次提出了“岩石构造组合”(petrotectonic assembleges) 的概念。20 世纪 80 年代以来，把火成岩岩石学与大地构造学密切结合的研究有了迅速的发展。

岩石的形成受构造背景的制约，因此运用岩石成因研究反过来指示不同地质历史时期的构造背景成为当今岩石学和大地构造学重要的学科交叉研究方向。火成岩构造组合(igneous petrotectonic assemblage) 的概念也逐步得到完善。

Condie(1982) 把岩石构造组合 (petrotectonic assemblage) 定义为表征板块边界或特定板块内部环境特征的岩石组合，并划分出 5 种岩石构造组合：①大洋组合；②俯冲带相关组合；③克拉通裂谷组合；④克拉通组合；⑤与碰撞相关的组合。

大洋组合，是指蛇绿岩套岩石组合，它代表古洋壳残片，但可因构造作用而定位于大陆造山带中。与俯冲相关的岩石组合包括海沟、弧前盆地、岛弧和弧后区的岩石组合。克拉通裂谷组合，以东非裂谷为例，其特征是不成熟的陆相碎屑沉积 (以长石砂岩、长石石英砂岩和砾岩为主) 和双峰式火山岩 (玄武岩-流纹岩组合)。克拉通组合，主要为成熟的碎屑岩 (石英岩和页岩) 和碳酸盐岩。与碰撞相关的组合，发育于板块碰撞边界，那里是陆壳阻止板块俯冲消减的地方，沉积物堆积于前陆盆地中，长石质砂岩和硬砂岩为前陆盆地特征。显然，Condie 的岩石构造组合包括火成岩、沉积岩和变质岩岩石组合。邓晋福等 (1996, 1999) 把表征大地构造环境与板块或大陆块体边界性质的火成岩组合称为火成岩构造组合。

火成岩构造组合，体现了构造环境与岩浆作用之间的内在联系。不同的构造环境具不同的动力学条件、不同的岩浆源区特征和不同的热状态，影响着岩浆的起源和演化，因而对火成岩组合和化学特征有制约作用，同时还可能制约着内生成矿作用。但由于构造作用和岩浆作用的复杂性，火成岩组合特点与构造环境之间的对应关系也会复杂化。同一构造环境中可出现多种火成岩组合，而不同构造环境中出现类似的火成岩组合也不乏其例 (莫宣学，2004)。因此，在火成岩组合与构造环境的研究中，需要融合岩石学、地球化学、地球动力学等方面的研究成果，以获取正确的认识。

关于火成岩构造组合的分类，特别是花岗岩构造环境分类，有多种方案，下面列举几种。

(1) Condie(1982) 提出的岩浆板块构造分类见表 14-1。他按照板块构造模式将火成岩的形成环境分为板块边缘和板块内部两大类，并进一步细分为聚敛边缘、离散边缘、边缘盆地、大洋盆地、裂谷系、克拉通和碰撞带等不同构造环境及相应的火成岩岩石构造组合。

表 14-1　岩浆的板块构造分类

构造背景	板块边缘		板块内部				
			大洋		大陆		
	聚敛(消减带)	离散(洋隆)	边缘盆地	大洋盆地(岛屿及海山)	裂谷系	克拉通	碰撞带
岩浆系列	钙碱性岩(拉斑玄武岩)	拉斑玄武岩(低钾)	拉斑玄武岩、(低钾)钙碱性岩	拉斑玄武岩、碱性岩	双峰系列拉斑玄武岩、碱性岩	碱性岩、双峰系列	双峰系列、钙碱性岩、碱性岩
应力状态	压应力	张应力	张应力	较小的压应力	张应力	较小的压应力	压应力

(2) Pearce 等(1984)提出了不同大地构造背景下形成的花岗岩组合(表 14-2)，并提出了一种鉴别花岗岩形成构造背景的地球化学方法，认为根据元素 Y、Yb、Rb、Ba、K、Nb、Ta、Ce、Sm、Zr 和 Hf 的含量能最有效地区分不同构造环境的花岗岩。

表 14-2　花岗岩的大地构造环境类型(Pearce et al., 1984)

花岗岩类型	大地构造环境类型
洋脊花岗岩(ORG)	与正常洋脊有关的花岗岩 与异常洋脊有关的花岗岩 与弧后盆地洋脊有关的花岗岩 与弧前盆地洋脊有关的花岗岩
火山弧花岗岩(VAG)	以拉斑玄武岩为主的大洋弧中的花岗岩 以钙碱性玄武岩为主的大洋弧中的花岗岩 活动大陆边缘花岗岩
板内花岗岩(WPG)	陆内环状杂岩中的花岗岩 减薄的陆壳(裂谷)内的花岗岩 洋岛花岗岩
碰撞花岗岩(COLG)	陆-陆碰撞的同构造(syn-tectonic)花岗岩 陆-陆碰撞的构造后(post-tectonic)花岗岩 陆-弧碰撞的同构造(syn-tectonic)花岗岩

(3) Barbarin(1990)对花岗岩成因分类和构造背景进行了一次综述，在 1999 年又根据花岗岩的矿物组合、野外地质及岩相学、化学和同位素特征提出了花岗岩类型与地球动力学环境的关系(表 14-3)。

表 14-3　花岗岩类型、成因及地球动力学环境之间的关系(Barbarin, 1999)

花岗岩类型		起源	地球动力学环境
含白云母过铝花岗岩	MPG	地壳起源 过铝花岗岩	大陆碰撞
含堇青石过铝花岗岩	CPG		
富钾钙碱性花岗岩 (富钾-低钙)	KCG	混合起源 地壳+地幔 准铝的、钙碱性花岗岩	过渡体制

续表

花岗岩类型		起源	地球动力学环境
含角闪石钙碱性花岗岩 (低钾-高钙)	ACG	混合起源 地壳+地幔 准铝的、钙碱性花岗岩	俯　冲
岛弧拉斑质花岗岩	ATG	地幔起源 拉斑质、碱性和过碱性花岗岩	
洋中脊拉斑质花岗岩	RTG		大洋扩展或大陆隆起断裂
过碱性和碱性花岗岩	PAG		

(4) Pitcher(1983, 1997)较早提出了花岗岩构造环境分类组合，并提出了不同构造环境下花岗岩及相关岩石的起源和地球化学特征，Winter(2001)在 Pitcher 的研究基础上进行了修改，见表 14-4。

表 14-4　不同构造环境下形成的花岗岩类岩石

	造山的			过渡的	非造山的	
	大洋岛弧	活动大陆边缘	大陆碰撞	造山后抬升/垮塌	大陆裂谷，热点	洋中脊，洋岛
花岗质岩浆  底侵地幔熔体	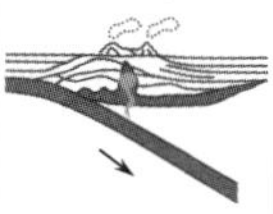	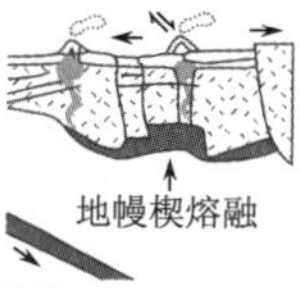	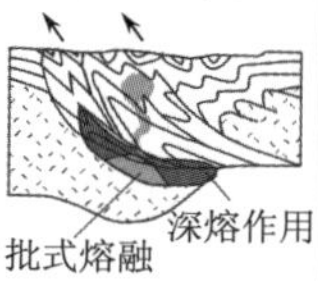	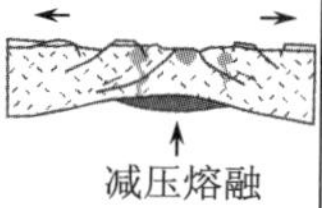	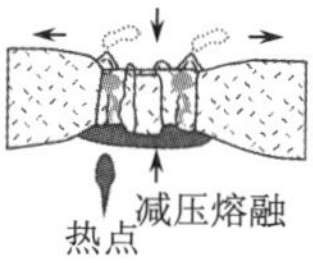	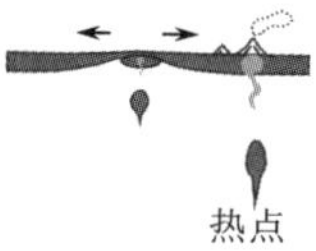
实例	布干维尔岛；所罗门群岛；巴布亚新几内亚	美洲西部中生代科迪勒拉岩基；甘德地体	尼泊尔的马纳斯卢峰；中国的洛子峰；布列塔尼 Amorican 地块	英国加里东晚期侵入岩；盆地地区，海西晚期	尼日利亚环形杂岩体；奥斯陆裂谷；英国新近纪火山岩省；黄石热点	阿曼和特鲁多斯蛇绿岩；冰岛、阿森松岛及留尼汪岛侵入岩
地球化学特征	钙碱性系列>拉斑系列；M 型和 I-M 混合型；准铝质	钙碱性系列；I 型>S 型；准铝质至弱过铝质	钙碱性系列；S 型；过铝质	钙碱性系列；I 型>S 型(A 型)；准铝质至过铝质	碱性系列；A 型；过碱性	拉斑系列；M 型；准铝质
岩石类型	石英闪长岩(成熟岛弧环境)	云英闪长岩+花岗闪长岩>花岗岩或辉长岩	混合岩；浅色花岗岩	双峰式花岗闪长岩+闪长岩-辉长岩	花岗岩，正长岩+闪长岩-辉长岩	斜长花岗岩
副矿物	普通角闪石>黑云母	普通角闪石，黑云母	黑云母，白云母，普通角闪石，石榴子石，铝硅酸盐，堇青石	普通角闪石>黑云母	普通角闪石，铁橄榄石，霓石，钠闪石，黑云母，亚铁钠闪石	普通角闪石
伴生火山作用	岛弧玄武岩-安山岩	大量安山岩和英安岩	多数情况缺失	玄武岩和流纹岩	碱性熔岩，凝灰岩，火山口充填物	MORB，洋岛玄武岩
起源	幔源镁铁质底侵体的部分熔融	幔源镁铁质底侵体的部分熔融及地壳物质参与	循环地壳物质的部分熔融	下地壳的部分熔融+部分地幔和中地壳物质参与	地幔和(或)下地壳的部分熔融(无水)	地幔的部分熔融和分异结晶
熔融机制	俯冲能量：(1)俯冲板块产生流体和可溶物进入楔状体；(2)楔状体熔融并向上传递热量		构造加厚及地壳的放射性加热	陆壳加热及地幔加热(由于软流圈和岩浆上升)	热点和(或)绝热地幔上升	

第二节　大洋中脊火成岩组合(蛇绿岩套)

大洋中脊是最重要的离散型板块边缘，是大洋中火成岩产出量最大的地方，也是新生洋壳产生之处，洋壳不断在洋中脊形成，并向洋中脊两侧移动。在大洋中脊产出的火山岩以拉斑玄武岩为特征，缺乏安山岩。在大洋中脊产出的侵入岩，主要为辉长岩和橄榄岩。辉长岩可分为两类：一类是早期结晶分异形成的辉长堆晶岩；另一类是直接由分异岩浆结晶形成的块状辉长岩。橄榄岩也有两类：一类是地幔岩部分熔融后的残留物；另一类是层状堆积橄榄岩，是结晶分异作用的产物。

与其他的拉斑玄武岩相比，产于大洋中脊的拉斑玄武岩具如下元素含量特征：K_2O 含量低[一般 0.1%～0.4%(质量分数)]，Na_2O 含量高[1.7%～3.1%(质量分数)]；P_2O_5[一般<0.25%(质量分数)]和 TiO_2[0.8%～2.0%(质量分数)]的含量也较低；大离子亲石元素和稀土元素的含量也较低。详见第八章中关于大洋中脊玄武岩(MORB)的描述。

既然大洋中脊是新生洋壳的地方，洋壳的成分就与拉斑玄武岩、辉长岩和橄榄岩密切相关。而在岩石学中，一种非常重要的火成岩组合就是蛇绿岩套，简称为蛇绿岩。

从 19 世纪初地质学界含糊地使用 Ophis 描述带绿色蛇纹石质岩石，经 Steinmann 提出三位一体的蛇绿岩，到 1972 年美国彭罗斯会议，蛇绿岩的概念逐渐明确。1972 年的彭罗斯会议以特罗多斯蛇绿岩为代表，把蛇绿岩定义为具有特定成分的镁铁-超镁铁岩组合，它不是一个岩石名称，不作为填图的岩石单元。一个发育完整的蛇绿岩从下向上出现以下岩石序列(Coleman, 1977)。

超镁铁质杂岩，由不同比例的方辉橄榄岩、二辉橄榄岩和纯橄岩组成，具变质构造组构(或多或少发生蛇纹石化)；

辉长质杂岩，通常具堆晶结构，常见橄榄岩和辉石岩，与超镁铁质杂岩比较，堆晶岩变形较弱；

镁铁质席状岩墙杂岩；

镁铁质火山杂岩，常具枕状构造。

伴生的岩石有：①上覆的沉积岩系，包括条带状硅质岩、薄层页岩夹层和少量灰岩；②与纯橄岩相伴的豆荚状铬铁矿；③富钠的长英质侵入岩和喷出岩(Coleman, 1977)。

因此，蛇绿岩是一组岩石的术语，而不是单一的岩石名称，蛇绿岩即等于“蛇绿岩套”(ophiolite suite)。蛇绿岩套又称蛇绿岩建造(ophiolite formation)，或直接音译为奥菲奥岩建造。蛇绿岩套往往代表了古洋壳的残余，理想的大洋中脊新生洋壳结构及其对应的岩浆作用过程见图 14-1 和图 14-2。

根据彭罗斯会议的定义，深海沉积物覆于蛇绿岩之上，为蛇绿岩的伴生岩石。深海沉积物在蛇绿岩研究中有重要的意义：深海沉积物与蛇绿岩常相伴产出，深海沉积物的形成环境与下伏蛇绿岩的形成环境是相关的；此外，深海沉积物中的微体化石还是确定蛇绿岩形成的上限时代及洋盆演化的重要依据。

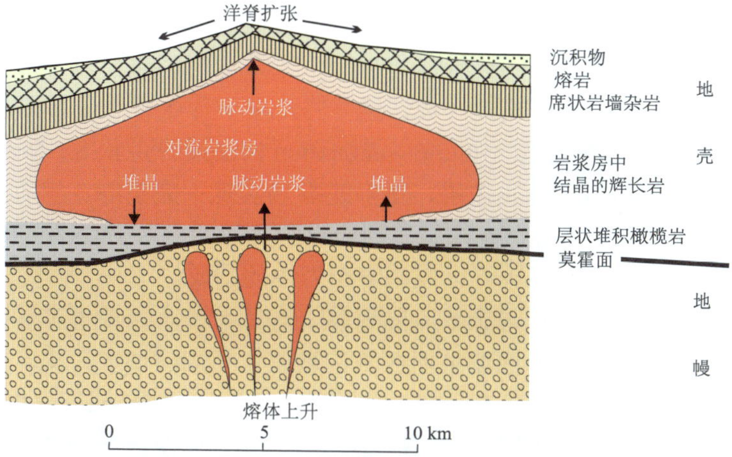

图 14-1　大洋中脊岩浆作用和新生洋壳结构模式图（Brown and Mussett, 1981；转引自 Wilson, 1989）

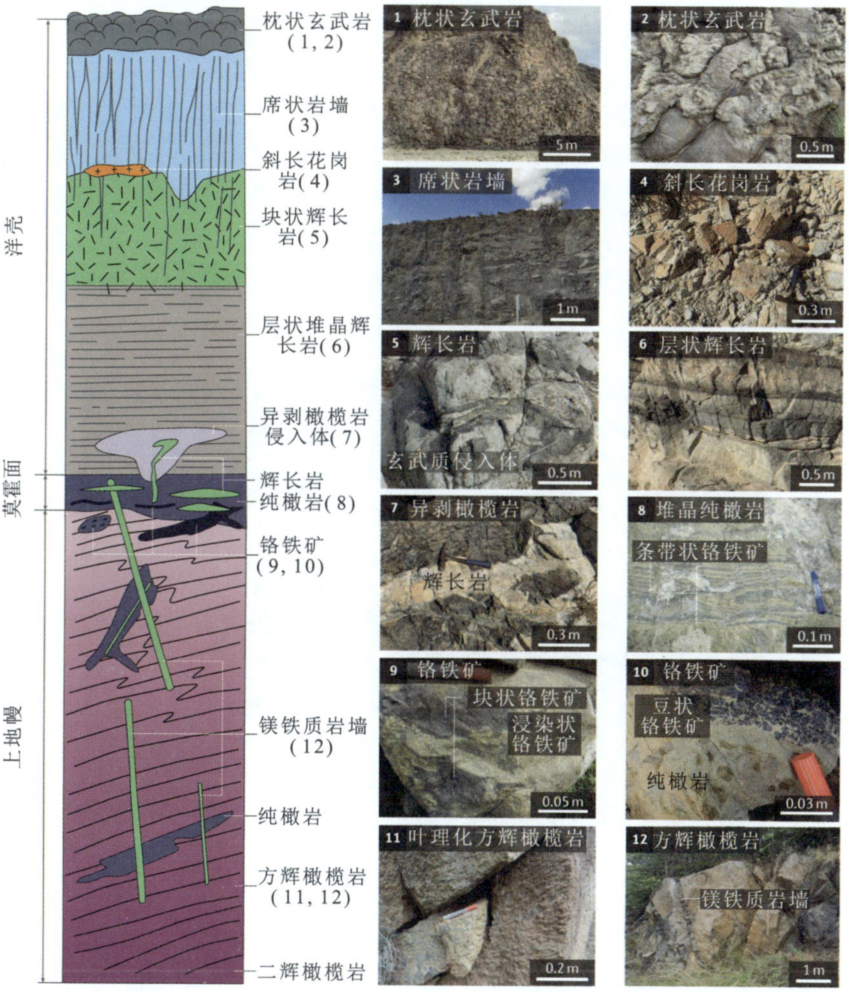

图 14-2　典型的蛇绿岩层序剖面图（Yang et al.，2021）

对蛇绿岩长期的研究积累了很多实际资料(张旗和周国庆，2001)，对蛇绿岩的组成、成因和分类研究取得了重要进展。蛇绿岩可以形成于洋中脊，也可以形成于弧后盆地、弧前盆地、岛弧或活动大陆边缘等构造环境。通常将形成于洋中脊(mid-ocean ridge) 的称为MOR 型蛇绿岩，将形成于俯冲带上(supra-subduction zone)的称为 SSZ 型蛇绿岩。

实际上，由于复杂的构造地质作用，很多蛇绿岩套是不完整的，岩石序列也可能是混乱的。通常将混杂堆积组分中含有蛇绿岩套的岩石称为蛇绿混杂岩(ophiolitic melange)，蛇绿岩既可以在外来岩石中出现，也可以成为混杂岩中的基质。

蛇绿岩代表古洋壳的残余，记录了大陆漂移、海底扩张、俯冲消减和碰撞造山的威尔逊旋回地质历史，并借此可追溯地球早期板块构造演化和大陆形成历史。虽然蛇绿岩这一概念自提出至今已有 200 余年的研究历史，但仍有诸多争议，如早期的原位/异位来源之争，板块构造理论体系下形成构造环境(洋中脊/俯冲带)之争，以及最新的浅部及深部起源争论(Wu et al.，2021)。

世界著名的蛇绿岩有祁连山蛇绿岩、雅鲁藏布江蛇绿岩、塞浦路斯特罗多斯(Troodos)蛇绿岩、古巴东部马亚里-巴拉科阿(Mayarí-Baracoa)蛇绿岩、法属新喀里多尼亚岛屿蛇绿岩，以及阿曼塞迈尔(Semail)蛇绿岩及马西拉(Masirah)蛇绿岩等。

阿曼塞迈尔蛇绿岩是特提斯造山带蛇绿岩的典型代表，也是世界上出露规模最大、保存最完整的蛇绿岩之一。自 1960 年被发现以来，阿曼山成为中东乃至世界最经典的地质研究区之一。阿曼塞迈尔蛇绿岩套沿北西-南东(NW-SE)向呈带状展布，西起阿联酋东北部，一直延伸到阿曼东海岸，全长近 500 km。塞迈尔蛇绿岩自下而上包括：变质底板、地幔橄榄岩、层状辉长岩、均质辉长岩、席状岩墙以及枕状玄武岩(图 14-3)，其壳幔岩石厚度可达 20 km。

图 14-3　阿曼塞迈尔蛇绿岩的枕状熔岩(连东洋、薄容众提供)

雅鲁藏布江蛇绿岩(图 14-4)位于特提斯喜马拉雅与拉萨地块之间，岩带宽不足 15 km，长度超过 2000 km，是青藏高原南部最重要的大地构造界线、印度板块与欧亚大陆的最后一条缝合带，代表新特提斯洋盆的残余(熊发挥等，2015)。已提出的雅鲁藏布江蛇绿岩的构造环境包括洋中脊、弧后和弧前盆地，其中段的日喀则蛇绿岩形成于缓慢扩张的洋中脊环境，与彭罗斯型海洋岩石圈相比，其地壳剖面要薄得多(Zhang et al.，2020)。

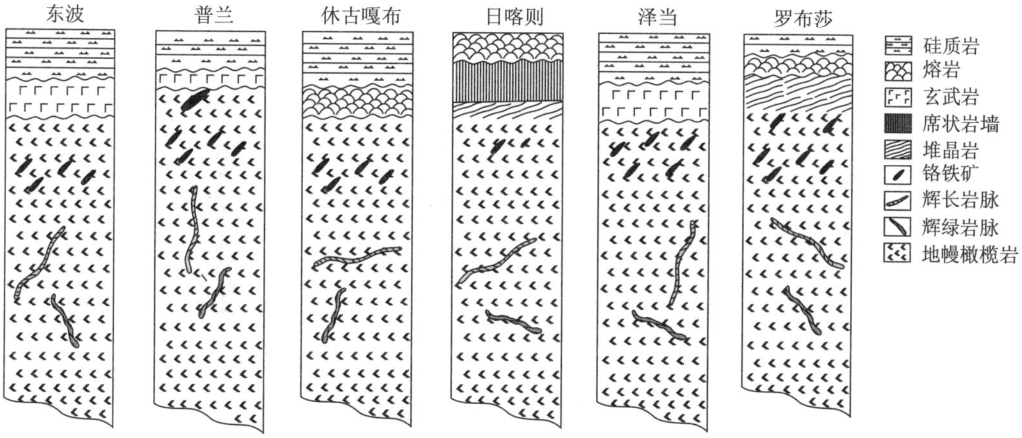

图 14-4　雅鲁藏布江蛇绿岩及其豆荚状铬铁矿剖面图(熊发挥等，2015)

第三节　与大洋俯冲有关的火成岩组合(岛弧、活动大陆边缘)

与大洋板块俯冲有关的岩浆作用的岩浆源是复杂多样的，涉及洋壳、上覆的楔形地幔和楔形地幔上方的地壳。大洋俯冲带岩浆作用的另一重要特征是有流体(主要是水)的参与。

经过半个多世纪的研究，目前形成的一个基本的共识是：俯冲带镁铁质岩浆岩的形成与俯冲板片来源流体(包括富水溶液、含水熔体乃至超临界流体)对地幔楔的交代作用及俯冲带温压结构变化密不可分(郑永飞，2022)。作为俯冲带岩浆体系中最重要的岩石类型，镁铁质岩浆岩是揭示俯冲带壳幔相互作用、地幔楔富集机制、地壳物质循环及深部动力学过程最重要的岩石类型。

根据大洋板块是向大洋板块或大陆板块俯冲的差异，可将岩浆作用的构造背景进一步划分为岛弧(island arc)和活动大陆边缘(active continental margin)或陆缘弧(continental marginal arc)。横穿岛弧或活动大陆边缘，自海沟向大陆方向，随俯冲带深度的增加，拉斑系列、钙碱性系列和碱性系列火山岩依次排列；同时，火山岩系列中的化学成分也发生相应的有规律的变化。这种反映岛弧或活动大陆边缘岩石组合的水平分带性、化学成分变化规律的特性，称为成分极性(composition polarity)。因此，这种成分极性是判断古岛弧、古海沟、古俯冲带的重要标志，同时也是指示俯冲带倾斜方向的重要依据。

Miyashiro(1974)对岛弧和活动大陆边缘弧火山岩进行了详细的研究，认为随着俯冲作用的发生、发展与演化，有不成熟岛弧、成熟岛弧和成熟的大陆边缘弧之分。①不成熟岛弧，以岛弧拉斑玄武岩系列岩石为主，其中钙碱性系列岩石占 0%～40%，岛弧由小的火山岛组成，地壳为洋壳类型，厚 12～17 km，如克马德克(Kermadec)、汤加(Tonga)、马里亚纳北部(Northern Mariana)和千岛中部(Central Kuril)；②成熟岛弧，钙碱性系列岩石占 40%～80%，为大的火山岛，有大陆型地壳，17～35 km 厚，如日本北海道(Hokkaido)和俄罗斯堪察加地区；③成熟大陆边缘弧，钙碱性系列岩石占 80%～100%，陆壳厚 30～70 km，如

Cascades 和 Central Andes。这样，随着从岛弧向一个较厚的大陆型地壳的演化，钙碱性系列岩石的比例增加。就岩石类型而言，不成熟岛弧以玄武岩和玄武安山岩为主，成熟岛弧以安山岩和英安岩为主，成熟大陆边缘弧以安山岩、英安岩和流纹岩为主(邓晋福等，2004，2015)。

因此，不成熟岛弧地壳较薄且是铁镁质的，与大洋型地壳相似；成熟岛弧的地壳较厚且是相对富长英质的，可出现大陆型地壳；大陆边缘弧具更厚的大陆型地壳。

根据俯冲带火山岩的化学成分极性，Condie(1973，1982)注意到在 SiO_2 含量为 60%(质量分数)时，K_2O 随俯冲带深度(CZ)的增大而增加，并获得经验性回归方程：

$$CZ(km)=89.3\times C_{K_2O}-14.3$$

同时还获得火山岩成分变化与地壳厚度变化的关系，即当 SiO_2 含量为 60%(质量分数)时，K_2O 百分含量与地壳厚度(C)成正比：

$$C(km)=18.2\times C_{K_2O}+0.45$$

需要指出的是，这仅仅是粗略的统计回归方程，虽然变化趋势是正确的，但对不同的岛弧而言，上述两回归方程具不同的线性变化斜率。

另外，通过对岛弧环境埃达克质岩石的研究，很多学者提出可以用中酸性岩的 Sr/Y 值和 La/Yb 值推算古地壳厚度(Chapman et al., 2015; Chiaradia, 2015; Profeta et al., 2015)，如 Profeta 等(2015)提出的适用于岛弧中酸性岩的 Sr/Y 值和 La/Yb 值与地壳厚度的公式：

$$Dm(km)=1.11\times Sr/Y+8.05$$

$$Dm(km)=21.27\times 7ln[1.0204(La/Yb)_N]$$

式中，Dm 为地壳厚度，参与计算的样品需满足一定的条件[SiO_2=55%～68%(质量分数)，MgO<4%(质量分数)，Rb/Sr=0.05～0.2]。但火成岩的地球化学指标具有多解性，这些基于地球化学特征的地壳厚度计算公式往往建立在大量数据的统计结果之上，在应用于具体的岩体时应注意排除其他的影响因素，才能得到可靠的结果。

一、岛弧火成岩构造组合

洋内岛弧(intra-oceanic island arc)常常是不成熟岛弧，是指大洋岩石圈板块俯冲到另一大洋板块之下所形成的火山岛弧或岛链，代表初始俯冲作用的产物，典型的火成岩岩石组合包括岛弧拉斑玄武岩和高镁安山岩。随岛弧成熟度的增加，钙碱性玄武岩增多，地壳厚度增加。

当洋壳俯冲至 70～100 km 深处时，洋壳中的由基性岩变质形成的角闪岩大量脱水转变为石英榴辉岩，水进入地幔楔引起部分熔融，产生橄榄拉斑玄武质岩浆，它在上升过程中还可由于橄榄石、铬尖晶石的结晶分异而派生出岛弧拉斑系列的玄武安山岩[SiO_2 约为 53%(质量分数)]。显然，这种岩浆与洋脊拉斑玄武岩浆的起源相似，都是由地幔橄榄岩熔融产生的。但是，岛弧拉斑玄武质岩浆源岩的熔融是在含水条件下发生的，而洋脊拉斑玄武质岩浆源岩的熔融是在基本无水的条件下发生的，因而两者的地球化学成分有一定的区别。大洋岛弧玄武岩与洋中脊玄武岩的地球化学区别见第八章。

图 14-5 是一个典型俯冲带岛弧的截面示意图。图 14-5 中位于左侧的大洋板块包括洋壳和刚性的岩石圈地幔，俯冲于右侧的大洋板块之下。一条深的海沟(深度通常>11 km)正是这两个板块的边界。火山前锋至海沟的部分称之为弧前(fore-arc)，由来自火山弧的火山碎屑和流体物质、从生长火山弧侵蚀下的不成熟沉积物和俯冲洋壳上铲刮下来的大洋沉积物

组成。由于板块聚合，弧前呈现出典型的变形和逆冲推覆叠瓦状构造。洋壳和地幔碎片可以被逆冲推覆作用所捕获，成为叠瓦的一部分。这种堆积物常被称为增生柱或增生楔。在弧后，典型地发育弧后盆地(back-arc basin)，这就是受控于弧后拉张构造环境，发育类似MORB火山作用并形成薄的大洋型地壳的位置。

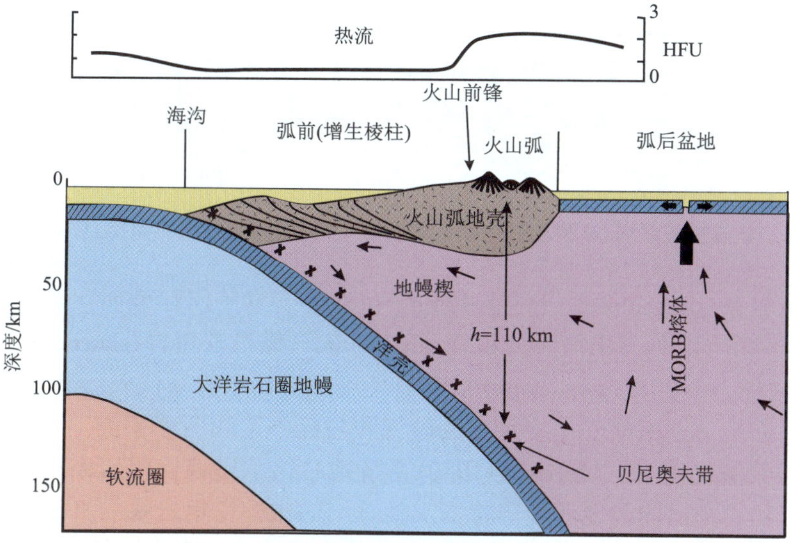

图 14-5　俯冲带岛弧的截面示意图

岛弧岩浆可分为三个岩浆系列，即低钾拉斑、中钾钙碱性和高钾(钙碱性)系列，但目前普遍使用的 K_2O-SiO_2 哈克图解分为四个系列，即低钾拉斑玄武岩系列(low-K tholeiite)、钙碱性系列(calc-alkaline)、高钾钙碱性系列(high-K calc-alkaline)和橄榄安粗岩系列(shoshonite series)，但橄榄安粗岩系列岩石的产出较少。在传统的俯冲模型-高角度俯冲作用中，形成完整的海沟-岛弧-弧后俯冲体系，对应着拉斑-钙碱性-碱性系列玄武岩的出现，以及由玄武岩分异作用形成的大量安山岩系(Tatsumi and Eggins，1995)。

图 14-6 显示了岛弧拉斑系列和岛弧钙碱系列中玄武岩、安山岩、英安岩和流纹岩的产出频率。高钾钙碱性系列中各种不同岩石产出的频率与钙碱性系列相似；橄榄安粗岩系列，属于碱性系列，主要是玄武质岩石，但成分变化较大。因此，岛弧拉斑系列火山岩主要有拉斑玄武岩、安山岩和少量英安岩、流纹岩。与洋脊拉斑系列的主要区别是：成分变化较大，铁镁比较高，SiO_2 较高[53%(质量分数)]，K、Rb、Sr、Ba 较高，Ni、Cr 低，稀土元素含量总体偏低(如汤加岛弧拉斑玄武岩)。

钙碱系列火山岩主要有安山岩、玄武岩(有时称高铝玄武岩)、英安岩和少量流纹岩。与岛弧拉斑系列相比，铁镁比较低，没有铁的富集趋势(见第十三章中 AFM 图解)，当 SiO_2 为 57.5%(质量分数)时，FeO_T/MgO 小于 2.3(Gill, 1981)。该系列火山岩明显富集大离子亲石元素，略富集轻稀土元素。K_2O 随 SiO_2 的增加而增加。高钾钙碱性系列岩石的岩石地球化学特性与钙碱系列相似，但 K_2O、大离子亲石元素和轻稀土元素含量更高。

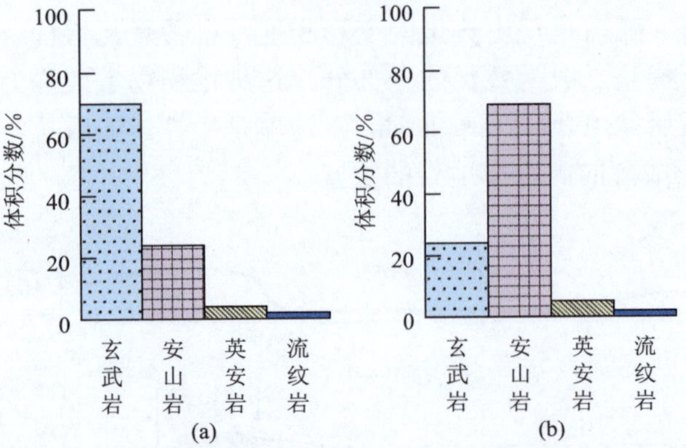

图 14-6　岛弧拉斑系列(a)和岛弧钙碱系列(b)中各种岩石的产出体积比(Wilson，1989)

橄榄安粗岩系(shoshonite)一词是 Iddings(1895)研究美国怀俄明州黄石国家公园含正长石的玄武岩时所创。他提出橄辉安粗岩(absarokite)-橄榄安粗岩(shoshonite)-橄云安粗岩(banakite)系这样一个岩石系列。Joplin(1968)使用橄榄安粗岩系代表一套玄武岩-粗面岩的富钾岩系，后来她又把橄榄安粗岩系分为硅饱和与硅不饱和两个亚类，并提出它们不可能由一种碱性岩浆演化而来。Morrison(1980)系统地总结了橄榄安粗岩系的命名原则、地球化学特征、矿物、产出的构造环境等特征，他总结的橄榄安粗岩系的 9 点特征是：①基性岩中 SiO_2 接近饱和，很少有标准矿物霞石和石英。②铁的富集程度低，在 AFM 图上显示平缓的曲线。③全碱高[$Na_2O+K_2O>5\%$(质量分数)]。④高的 K_2O/Na_2O 值，$SiO_2=50\%$(质量分数)时，该值>0.6；$SiO_2=55\%$(质量分数)时，该值>1.0。⑤K_2O-SiO_2 图解在低 SiO_2 的区域，呈现陡的正倾斜；$SiO_2>57\%$(质量分数)时，斜率为零或负。⑥富集 P、Rb、Sr、Ba、Pb 和轻稀土元素，与钾的富集一致。⑦低的 TiO_2[<1.3%(质量分数)]。⑧高且多变的 Al_2O_3，含量为 14%～19%(质量分数)。⑨高的 Fe_2O_3/FeO(>0.5)。橄榄安粗岩系火山岩的斑晶矿物主要有橄榄石、单斜辉石、斜长石，在一些玄武岩中也可见白榴石斑晶，在一些安山岩和英安岩中可见紫苏辉石、角闪石、金云母、方石英斑晶，其中橄榄石很少有单斜辉石反应边，单斜辉石富钙且有环带结构，斜长石具有透长石的反应边，多为拉长石。基质矿物颗粒很细，常为玻璃质，主要有透长石、斜长石、单斜辉石，橄榄石很少见，一些安山岩和英安岩基质中可见黑云母、斜方辉石、角闪石。

弧后盆地(back-arc basin)或边缘海盆(marginal basin)是半封闭的盆地，或处在岛弧体系火山链后面的一系列小海盆(Karig, 1971)。一般认为它们的产出环境与大洋中脊的海底扩张相似，但在岛弧后面。

大洋中脊玄武岩(MORB)的地球化学资料很多，但弧后盆地玄武岩的地球化学资料较少。从已有资料的对比可以看出，这些弧后盆地中拉斑玄武岩的主量元素地球化学特征与 MORB 相似，但亚碱性玄武岩具较高的碱含量。弧后盆地玄武岩的微量元素、同位素地球化学特征与 MORB 不同，这是因为在弧后盆地玄武岩形成过程中有俯冲板块派生流体的参与。另外，一种特殊的高镁安山岩，称为玻安岩(boninites)，有时因弧后扩张而发育于弧前(Cameron et al.，1979)。关于弧后盆地玄武岩的岩相学资料也很少，其岩石结构与大洋中脊玄武岩相仿，橄榄石和斜长石为斑晶，但常具反应边，基质为斜长石、橄榄石、富 Ca

单斜辉石、铬铁矿、钛磁铁矿微晶和玻璃质基质。斜长石的 An%＝67～90，但基质中的斜长石 Na 含量较高。橄榄石的成分很均一，Fo%＝86～88。

汤加弧是近代发育的典型的洋内岛弧，Troodos 则代表已成为蛇绿岩的过去的洋内岛弧组合。汤加弧前和 Troodos 的高镁安山岩的 MgO 很高[19 %～24%(质量分数)]，需要难熔残余的方辉橄榄岩为源岩。在伊豆-小笠原-马里亚纳(Izu-Bonin-Mariana，IBM)弧(Flower et al., 2001)的小笠原群岛还发育 MgO 含量较低的高镁安山岩[MgO=11.57%(质量分数)]，它们的源岩可能是二辉橄榄岩。高镁安山岩主要发育于弧前，除此之外，MgO 较低的高镁安山岩也可发育于成熟岛弧，与岛弧拉斑玄武岩、高铝玄武岩、钙碱性系列，甚至碱性橄榄玄武岩共生，如日本本州岛弧(邓晋福等，2004)。此外，在岛弧带还可发育由俯冲洋壳部分熔融形成的埃达克岩(adakite)和赞岐岩(sanukite)。

埃达克岩最早由 Defant 和 Drummond(1990)定义：是指一套火山岩或侵入岩，形成于岛弧地区，是由年轻(25 Ma)的热俯冲洋壳熔融形成的。埃达克岩以 SiO_2≥56%(质量分数)、Al_2O_3≥15%(质量分数)(很少低于此值)和 MgO 通常小于 3%(质量分数)[极少大于 6%(质量分数)]为特点，Y 和重稀土元素含量低(Y<18 ppm、Yb≤1.9 ppm)，Sr 含量高(很少小于 400 ppm)，$^{87}Sr/^{86}Sr < 0.7040$；其主要矿物组合是斜长石和角闪石，可以出现黑云母、辉石和不透明矿物。张旗(2008)则认为，埃达克岩不只形成在岛弧环境，加厚的下地壳底部的部分熔融也可以形成埃达克岩，贫 Y 和 Yb 暗示部分熔融时石榴子石在残留相中稳定存在，富 Sr、无 Eu 亏损则说明熔融时斜长石在源区是不稳定的，几乎全部进入了岩浆。除了俯冲洋壳熔融之外，目前提出的埃达克岩的成因可大致总结为四种(Xu and Chen, 2023)：①加厚下地壳直接部分熔融；②拆沉下地壳部分熔融；③高压下镁铁质岩浆分异演化；④岩浆混合。

赞岐岩是指发现于日本四国北部的一种富 Mg 的火山岩，是一种黑色玻璃质的火山岩，其化学成分以富 Si(安山英安质)、具很高的 $Mg^{\#}$值(>0.6)、高的 Cr、Ni 丰度和 K/Na 值(0.33～0.52)为特征。Shirey 和 Hanson(1984)把类似日本赞岐岩的太古宙二长闪长岩和粗面安山岩称为赞岐岩类(sanukitoid)。赞岐岩的形成与菲律宾海板块年轻的热的岩石圈俯冲和四国盆地的张开有关，产于岛弧的弧前或弧后盆地环境。赞岐岩与埃达克岩具有大体类似的地球化学特征，但前者更富 Mg、Cr 和 Ni，表明赞岐岩可以直接由地幔岩部分熔融形成，而埃达克岩只能由玄武岩部分熔融形成(张旗等，2005)。

二、活动大陆边缘火成岩构造组合

活动大陆边缘(active continental margin)岩浆活动是指大陆边缘弧岩浆活动，与洋内岛弧不同的是，仰冲在俯冲洋壳之上的不是洋壳板片，而是大陆岩石圈板块。这样的大地构造背景引发了复杂的岩浆起源和演化过程。

首先，陆下岩石圈地幔(subcontinental lithospheric mantle，SCLM)(大陆板块的地幔部分)与大洋岩石圈地幔相比，有很大的差别。由玄武岩和金伯利岩带到地表的大陆岩石圈地幔捕虏体表明，部分大陆岩石圈地幔从形成后在相当长的时期内保持稳定，但很多陆下岩石圈地幔，经历了复杂的破坏和富集过程(Xu et al., 2003)。如果这种富集地幔是俯冲带地幔楔的一部分，那么由此部分熔融产生的初始岩浆，同样应是富集的。在俯冲带的地幔楔还会因俯冲作用产生流体的交代而更富集大离子亲石元素。

其次，由地幔楔或俯冲板块产生的岩浆在喷出地表之前，必然要经过厚的硅铝层及不相容元素富集的地壳；同时，由于地壳的密度较小，会明显阻碍基性-中性岩浆的上升运移，从而在岩浆滞缓的上升过程中发生同化混染和岩浆分异作用；另外，由于大陆地壳物质的熔点较低，由俯冲带岩浆提供的热量足以引起其部分熔融产生相当数量的酸性岩浆。

因此，富集地幔和不均一地幔以及厚的硅铝层地壳，使得活动大陆边缘岩浆活动比岛弧岩浆活动更加复杂，构成了地球上最复杂的构造-岩浆作用。沿着活动大陆边缘，常见层状火山熔岩和火山碎屑岩，以及由于剥蚀作用而暴露地表的复杂的链状岩体或基岩带(batholith belt)。由于后期的板块碰撞作用或者大陆增生，曾经的活动大陆边缘已经不再位于现今大陆边缘的位置，这些火山活动及相关的基岩带常作为古老活动大陆边缘的标志。在这样的古老活动大陆边缘，由于后续地质作用的叠加，变形作用、变质作用、火山作用和岩浆侵入作用极其复杂，这对广大地质学家们来说，是长期的挑战。正是由于这样的复杂性，以及各种各样的可能性，将某个单独例子看作典型来代表活动大陆边缘构造-岩浆作用过程是不明智的(Winter, 2001)。

活动大陆边缘岩浆作用是一个多来源、多期次的岩浆作用过程。可能的物质来源包括俯冲洋壳和沉积物、地幔楔(它本身可能是亏损的，也可能是与多种富集的橄榄岩不均匀的混合)、不均一的大陆地壳。俯冲板块脱水所产生的富集 LILE 的流体(或熔体)加入地幔楔并引起地幔楔的部分熔融，所产生的初始岩浆可能是橄榄拉斑玄武岩，但是由于其上覆地壳较厚、密度较轻，初始岩浆就可能被阻挡在地壳底部，经历广泛的结晶分异和同化混染，并可能诱发下地壳岩石的熔融，大量的幔源岩浆在壳幔边界处结晶，垂向增生到地壳中，这个过程被称为底侵作用，是壳幔相互作用的重要形式。只有在活动大陆边缘的伸展时期，更多的初始岩浆才有可能沿着断裂通过变薄的地壳喷出地表。在活动大陆边缘岩浆作用中，硅铝质地壳扮演了重要的角色。地壳和上升岩浆之间的同化混染，地壳熔融和岩浆混合都有可能在幔源岩浆中加入地壳物质，使岩浆更富硅、K_2O、Rb、Ba、Cs、Th 和 LREE。

活动大陆边缘岩浆活动往往以钙碱性系列岩石为主。Pitcher(1997)总结了太平洋东岸科迪勒拉(包括安第斯)活动大陆边缘弧火成岩组合及其成因。向洋一侧分布辉长岩-闪长岩-英云闪长岩-花岗闪长岩组合，岩浆源区主要包括洋壳和楔形地幔；内陆一侧主要为花岗闪长岩-花岗岩组合，岩浆源区主要是前寒武纪陆壳基底，地幔的贡献小。Jakeš 和 White(1972)及 Miyashiro(1974)指出，由大洋一侧向内陆，由早期不成熟弧到晚期成熟弧，岩浆成分的时空变化规律是从岛弧拉斑玄武岩系列→钙碱性系列→钾玄岩系列。岩石类型以玄武岩-玄武安山岩占优势→安山岩占优势→安山岩-英安岩-流纹岩组合，地壳厚度逐渐加大。

事实上，活动大陆边缘岩浆作用过程与岛弧岩浆作用有相似之处，但由于陆缘作用产生的岩浆经过了较厚的大陆地壳而变得更复杂。图 14-7 显示了安第斯中部火山岩带的活动大陆边缘横切面简图。冷的大洋岩石圈向下俯冲，由于摩擦和传导热的作用而加热，结果是洋壳层经历绿片岩相、角闪岩相和榴辉岩相一系列的变质作用。由于变质反应脱水，含水流体释放并进入地幔楔降低其固相线，导致地幔部分熔融。如果温度超过俯冲洋壳的固相线温度，则可形成含水的中酸性熔体并上升交代地幔楔诱发地幔部分熔融。因此，与大洋岩石圈不同，大陆岩石圈地幔，特别是长期稳定的大陆岩石圈地幔受到了交代和富集事件的影响。俯冲洋壳产生的流体激发了大陆岩石圈地幔的部分熔融，增加了其微量元素和同位素地球化学的复杂性。Pearce（1983）就认识到，不同于对流的软流圈，富集的大陆岩石圈地幔在活动大陆边缘各类玄武岩的成因中起着主导作用。因此，在研究活动大陆边缘岩浆作用时，需要考虑 AFC 作用过程。

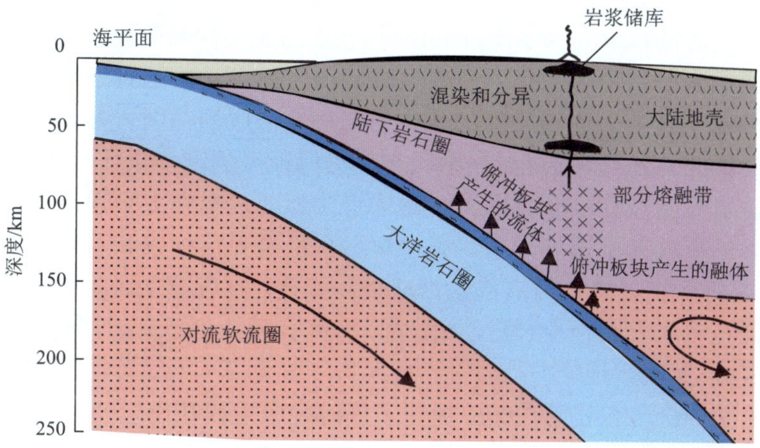

图 14-7 活动大陆边缘横切面简图（Wilson, 1989）

活动大陆边缘岩浆作用的复杂性还与俯冲板块的俯冲角度、大陆边缘岩石圈的应力状态等因素有关。由太平洋洋壳板块俯冲形成的活动大陆边缘可进一步分为东太平洋型（安第斯型）和西太平洋型（日本型）两种（王德滋和舒良树，2007）。前者称沟-弧系，山高（近 7000 m）沟深（近 7000 m），地壳厚度大（60～70 km），弧后盆地不发育，为低角度快速俯冲的产物（Uyeda, 1983）；后者习惯称为沟-弧-盆系，经历了早期低角度、晚期高角度俯冲的转变（Maruyama and Send, 1986）。

东太平洋型活动大陆边缘以南美的智利-秘鲁一带为典型。太平洋岩石圈板块的低角度快速俯冲使整个沟弧体系处于挤压应力状态，导致弧前增生杂岩体和推覆断层广泛发育，并形成宽阔而高耸的安第斯火成岩山脉。大陆弧后缘没有边缘海。安第斯型活动陆缘火成岩组合属于斜长花岗岩-英云闪长岩-花岗闪长岩，即 TTG 组合，具有典型的钙碱性岩浆岩地球化学特征；其对应的钙碱性火山岩系列以安山岩为主，形成时代为中生代-新生代；朝东向大陆方向变化为闪长岩-二长岩以及偏碱性火山-侵入岩系。

西太平洋型活动大陆边缘，随着几十年的研究积累，该活动大陆边缘的应力状态由早期挤压转变为晚期伸展这一特色越来越明显。在西南日本海沟一带，发育由浊积岩和蛇绿岩碎块组成的增生楔。在晚中生代聚敛板块边界上，存在典型的双变质带：三波川低温高压变质带和领家低压高温变质带。领家变质带中有大量 I 型花岗岩与酸性、中酸性火山岩类；在片岩、片麻岩中出现红柱石、夕线石、堇青石等特征矿物。中酸性火山岩类主要由安山岩和流纹岩组成，在深部变化为 I 型钙碱性花岗闪长岩-花岗岩组合。日本边缘海是大陆弧后扩张的产物，主要由拉斑系列的玄武岩-辉长岩组成，其形成时代为 70～15 Ma（Ichikawa et al., 1990）。

在日本三波川低温高压变质带南延的琉球群岛的石垣岛及其附近岛屿也出露蓝闪石片岩。在中国台湾中央山脉，出露大南澳杂岩（玉里带），含蛇纹岩、蓝闪石片岩、石英闪长岩，其蓝闪石 Ar-Ar 年龄为 110 Ma(Lo and Yui, 1996)，可看作中国东南部晚中生代低温高压变质带的代表。而中国东南部位于大陆边缘弧后区，由于强烈减薄，该区岩石圈厚度仅 70～80 km，地壳厚度为 28～32 km，发育了与晚中生代太平洋板块俯冲及玄武岩浆底侵作用密切相关的、大陆边缘弧后伸展环境下形成的花岗质火山-侵入杂岩带。

中国东南部广泛发育走向为 NE、NNE 或 NEE 的盖层褶皱与推覆构造。构造运动时间可以确定为三叠纪之后和晚中生代大规模火成活动之前。从内陆到沿海花岗岩类型总体上由 S 型向 I 型和 A 型转变。中国东南部晚中生代早期形成的花岗岩多为 S 型花岗岩，它们主要是陆壳重熔形成的岩石。而分布在中国东南沿海地区的晚中生代大规模花岗岩浆活动，则与弧后拉张、岩石圈减薄、软流圈上涌作用直接相关，早期太平洋板块向欧亚大陆板块俯冲对大陆边缘的裂解起了诱导作用。其中早白垩世是弧后扩张和花岗质岩浆活动的鼎盛期，晚白垩世-古近纪则是陆内伸展红盆形成的高峰期。在强烈的伸展减薄作用下，形成了一系列典型的构造火成岩组合(双峰式火山岩、双峰式侵入岩、A 型花岗岩、花岗质穹隆型变质核杂岩)和伸展断陷盆地。

Zhou 和 Li (2000)、Zhou 等(2006)提出了华南晚中生代花岗岩-火山岩成因模式，该模式的基本点是：消减作用与底侵作用、断裂-深熔作用相结合，受消减的陆壳整体上处于伸展应力环境下。具体地说，从中侏罗世开始，古太平洋板片向欧亚大陆的消减，导致上覆华南刚性陆壳处于板内伸展构造环境，由此发生断裂减压，并引起部分熔融，加之局部地区的玄武质岩浆底侵，从而形成早燕山期花岗岩-火山岩。白垩纪时期，在消减带之上的地幔楔，在含水条件下部分熔融产生大量玄武质岩浆，它们的底侵和上侵作用，导致中国东南沿海形成大规模晚燕山期的活动大陆边缘型花岗岩-火山岩(图 14-8)。

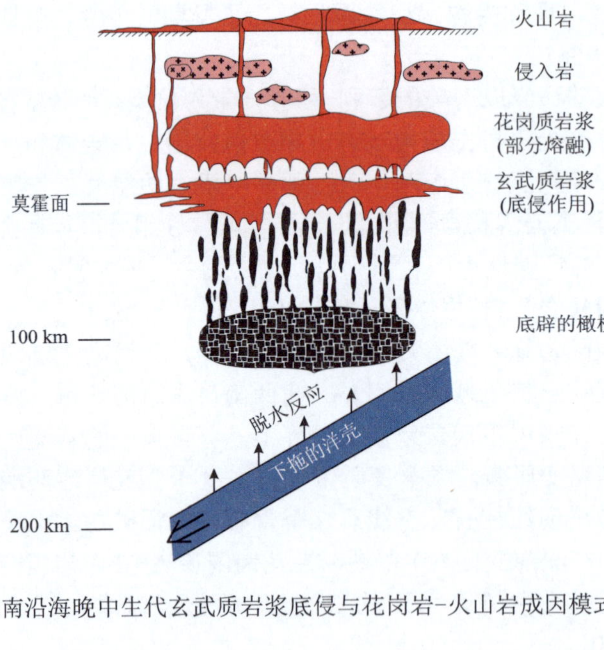

图 14-8　中国东南沿海晚中生代玄武质岩浆底侵与花岗岩-火山岩成因模式(Zhou and Li, 2000)

第四节　与大陆碰撞有关的火成岩组合(陆-陆碰撞)

岛弧与大陆或大陆与大陆的碰撞并形成碰撞造山带是俯冲作用进一步发展的结果。传统观点认为，陆壳主要在大洋俯冲带中产生(Hawkesworth et al., 2010, 2013; Cawood et al., 2013)，但是 Niu 等(2013)提出，大陆碰撞带可能更有利于陆壳的产生与保存。这是由于俯冲带中陆壳的增长量(幔源物质添加至陆壳)与消耗量(陆壳物质俯冲进入地幔)基本相等(Stern and Scholl, 2010)，所以总体而言，俯冲带并没有陆壳的净增长。但是在碰撞带中，陆壳物质能够更好地保存，从而有利于陆壳的净增长(Stern and Scholl, 2010；Niu et al., 2013)。

大陆碰撞带包括大陆俯冲带下盘和上盘两个岩石构造单元(Zheng, 2021)，其中下盘代表被动大陆边缘，上盘代表主动大陆边缘。被动大陆边缘地壳俯冲到不同的岩石圈深度后发生折返，形成以变质岩为主体的碰撞造山带(如大别-苏鲁造山带和喜马拉雅造山带)，在这个过程中只形成少量同折返岩浆岩。主动大陆边缘(如华北克拉通南缘和冈底斯造山带)在大陆俯冲/碰撞过程中受到改造，可产生少量同碰撞长英质岩浆岩。无论是下盘还是上盘，在碰撞后阶段都会受到构造拉张发生部分熔融，形成大量的长英质岩浆岩(郑永飞，2022)。

通过对碰撞带火成岩的研究，可以将火成岩分为碰撞前、同碰撞期、碰撞晚期和碰撞期后不同的类型。反之，可以通过不同时期火成岩的准确厘定，认识碰撞造山过程。

岛弧与大陆的碰撞发生在岛弧与被动陆缘之间，被动陆缘前的洋壳在岛弧之下反极性俯冲，当洋壳完全消失时，大陆地壳因密度轻而不能进一步俯冲，于是大陆与岛弧碰撞发生缝合。与陆-陆碰撞不同的是，蛇绿岩、蓝片岩、混杂堆积等俯冲组合位于大陆与岩浆弧之间。

大陆碰撞是岩石圈的汇聚过程，地壳加厚作用与双倍陆壳常常是这一过程的必然结果，岩石圈则在早期由于构造作用的加厚，重力不稳定性导致拆沉，而中期减薄，晚期软流圈冷却导致岩石圈加厚。加厚作用有两种极端机制：①两个陆壳或岩石圈的叠置；②推土机式的水平缩短导致的分布增厚(distributed thickening)。青藏-喜马拉雅大陆碰撞造山带是讨论这种环境下发育的火成岩构造组合最典型的地区，高原边缘的钾玄岩和高钾钙碱性火山岩系列与南缘的二云母花岗岩系列的发育形成鲜明对照，前者代表分布增厚，后者则代表印度与亚洲大陆壳的叠置，相对于印度大陆向北、向亚洲的压入来说，高喜马拉雅弧为反向的(向南)凸出，是陆内俯冲的结果，帕米尔弧为同向的(向北)凸出，是推土机式分布增厚的结果(邓晋福等，2004)。高钾钙碱性和钾玄岩火成岩系列被认为是大陆碰撞造山带典型的岩石组合。

大陆碰撞带也发育大量的花岗岩。Condie(1982)认为大陆碰撞带中的花岗岩主要为碱性-钙碱性系列。Pearce 等(1984)进一步提出，同碰撞(syn-collisional)花岗岩主要是含白云母过铝质(ASI >1.0)花岗岩，并显示 S 型花岗岩的特征，而后碰撞(post-collisional)花岗岩通常为含黑云母±角闪石准铝质(ASI <1.0)至弱过铝质(ASI = 1.0～1.1)花岗岩，属于钙碱性系列，并显示 I 型花岗岩的特征。Barbarin(1990, 1999)则认为大陆碰撞环境主要产生壳源的含白云母(MPG)或堇青石(CPG)的过铝质花岗岩(表 14-3)。而 Winter(2001)在

Pitcher(1983, 1997)的研究基础上认为，大陆碰撞过程中循环地壳物质的深熔作用产生了钙碱性过铝质花岗质岩浆，主要是S型花岗岩，有少量I型花岗岩，岩石中分别含S型(白云母、石榴子石和堇青石)或I型(角闪石)特征矿物(表14-4)。

Sylvester(1998)提出了强过铝花岗岩类及其形成机制(图14-9)。图14-9(a)显示了高压型碰撞造山的强过铝花岗岩的形成机制，如欧洲的阿尔卑斯山脉和亚洲的喜马拉雅山脉。阿尔卑斯山脉在强过铝花岗岩深成作用之前广泛分布高压变质作用，西藏地壳现今厚约70 km，均表明同碰撞的地壳加厚作用已达到极限，过厚的地壳在碰撞后剥露(exhumation)过程中，由于放射性产热元素(钾、铀、钍)的蜕变，在深部经过“孕育”(“incubation”)期之后，伴随剥露而发生的减压熔融可能导致小到中等体积的强过铝花岗岩的形成。需要注意的是，图14-9(a)中热的软流圈对地壳只有传导热(conductive heat)的供给，地幔物质对强过铝花岗岩的形成贡献极小。高温型碰撞造山带的强过铝花岗岩，估计其地壳厚度约50 km。大体积的海西造山带强过铝花岗岩伴随广泛分布的碰撞后的高温/低压变质条件，这在阿尔卑斯和喜马拉雅是没有的，由于原地放射性加热不可能产生高温/低压变质作用和厚度小于50 km地壳的熔融作用，需要在地壳底部有大量来自软流圈上涌的地幔热的供给，估计软流圈上涌和岩石圈拆沉有关，图14-9(b)展示了热从软流圈通过对流和平流(advective)对地壳进行加热。南澳大利亚的拉克伦带(LFB)是高温型碰撞造山的另一个例子。英国的加里东造山可能代表一个中间状态，那里没有广泛分布的同碰撞高压变质作用，也没有碰撞后的高温变质作用(邓晋福等，2004)。

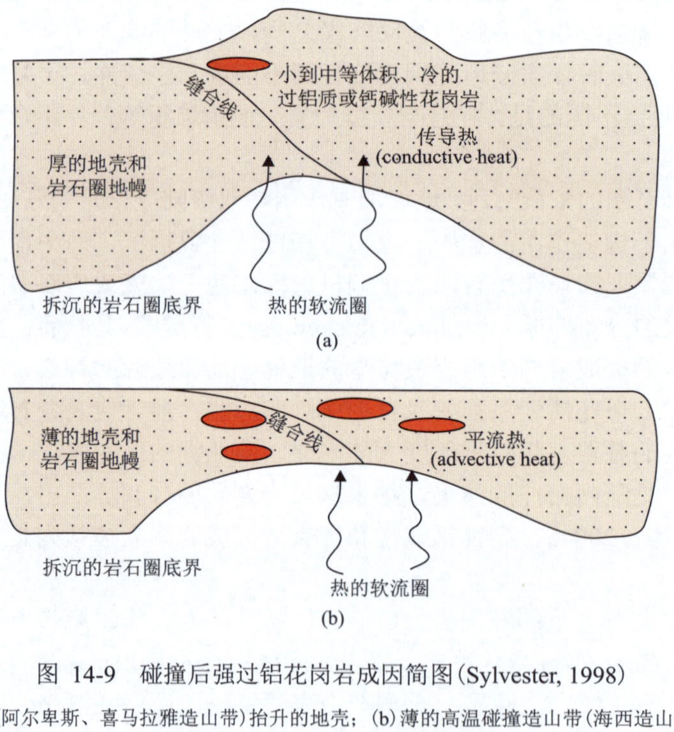

图14-9　碰撞后强过铝花岗岩成因简图(Sylvester, 1998)

(a)厚的高压碰撞造山带(阿尔卑斯、喜马拉雅造山带)抬升的地壳；(b)薄的高温碰撞造山带(海西造山带、拉克伦造山带)大体积的、热的过铝质及钙碱性花岗岩

McBirney（2007）通过对阿尔卑斯和喜马拉雅山造山带花岗质岩石的总结发现，阿尔卑斯造山带中分布的酸性岩浆岩主要为钙碱性系列，包括二长花岗岩、二长岩和英云闪长岩。在喜马拉雅造山带内部，花岗质岩浆作用主要分为两个时期：同碰撞花岗岩显示 S 型特征，主要来自变沉积岩的含水部分熔融；而后碰撞花岗岩则表现为 S 型和 I 型共存，其分别来自变沉积岩和变岩浆岩的减压熔融。Pitcher（1997）在其著作中特别介绍了在喜马拉雅造山带广泛出露的淡色花岗岩（leucogranite）。淡色花岗岩是一种暗色矿物含量小于 5%的花岗岩，往往是高硅、高钾和过铝质的，并含有白云母、石榴子石和电气石等特征矿物（吴福元等，2015）。传统观点认为这些不同时代的喜马拉雅淡色花岗岩（44～7 Ma；吴福元等，2015）是变沉积岩（变泥质岩或变杂砂岩）低程度部分熔融的产物，主要涉及白云母脱水部分熔融（Patiño Douce and Harris, 1998；Patiño Douce, 1999）。Zeng 等（2009, 2011, 2015）根据全岩 Sr-Nd 同位素特征指出，下地壳石榴角闪岩是渐新世喜马拉雅淡色花岗岩的重要源岩之一。而吴福元等（2015, 2017）根据野外观察和地球化学成分特征认为，喜马拉雅淡色花岗岩中有相当一部分经历了高度结晶分异作用。近期的研究则发现，藏南同碰撞和碰撞后花岗岩带中出露的淡色花岗岩和高钾花岗岩具有 Sr/Y 值增加和锆石 $\varepsilon_{\mathrm{Hf}}(t)$ 值由正转负的趋势（Hou et al., 2015; Zhu et al., 2022, 2023），这可能暗示随着大陆碰撞的进行，地壳逐渐加厚，同时源区中富集组分的比例逐渐增加。

印度-亚洲大陆碰撞是青藏高原地区中、新生代以来最重要的地质事件，对于青藏高原的形成起了决定性的作用。莫宣学等（2005）将冈底斯花岗岩带大致分为 3 个亚带。

北带：大致位于班公湖—东巧—怒江缝合带（BNSZ）以南，狮泉河—申扎—嘉黎一线以北。岩石类型有英云闪长岩、花岗闪长岩、黑云母二长花岗岩、石英二长岩、黑云母花岗岩及强过铝质二云母花岗岩。侵位时代大致在 170～75 Ma，但主要集中在 130～100 Ma。产状主要是岩基和岩株，侵位于古生代至中生代的不同地层中。一般认为，北带花岗岩的形成与班公湖-怒江洋向南俯冲消减以及羌塘-拉萨陆块碰撞有关。

中带：大致位于革吉—措勤弧后盆地带和隆格尔—工布江达断隆带上，主要分布晚喜马拉雅期花岗岩类小岩体（＜40 Ma），岩石类型以黑云母正长花岗岩、二长花岗岩为主，伴有后碰撞期钾质-超钾质火山岩（＜25 Ma）。

南带：位于隆格尔—工布江达断隆带以南地区，是冈底斯花岗岩带的主体，主要由岩基及大的复合岩体构成，并有同时代大规模中酸性火山岩带相伴，二者共占冈底斯岩浆岩带总面积的 60%以上。南带岩石又可分为 4 类，俯冲型花岗岩类（127～70 Ma）、同碰撞花岗岩类（65～45 Ma）、同碰撞-后碰撞强过铝花岗岩（56～8 Ma，主要在该带北侧及东、西段）、含铜斑岩（18～12 Ma）。其中，同碰撞花岗岩类是近年来冈底斯带研究最多的花岗岩，以展布于谢通门—南木林—尼木—曲水一带的曲水岩基为典型代表。岩石类型多样，从中基性到酸性都有，以花岗闪长岩、石英闪长岩、石英二长岩、二长花岗岩为主，含有丰富的暗色镁铁质微粒包体及其他岩浆混合作用标志。

莫宣学等（2005）还以印度-亚洲大陆碰撞事件为标尺，将青藏高原构造-岩浆作用划分为碰撞前、碰撞期、后碰撞期三大阶段（图 14-10）。

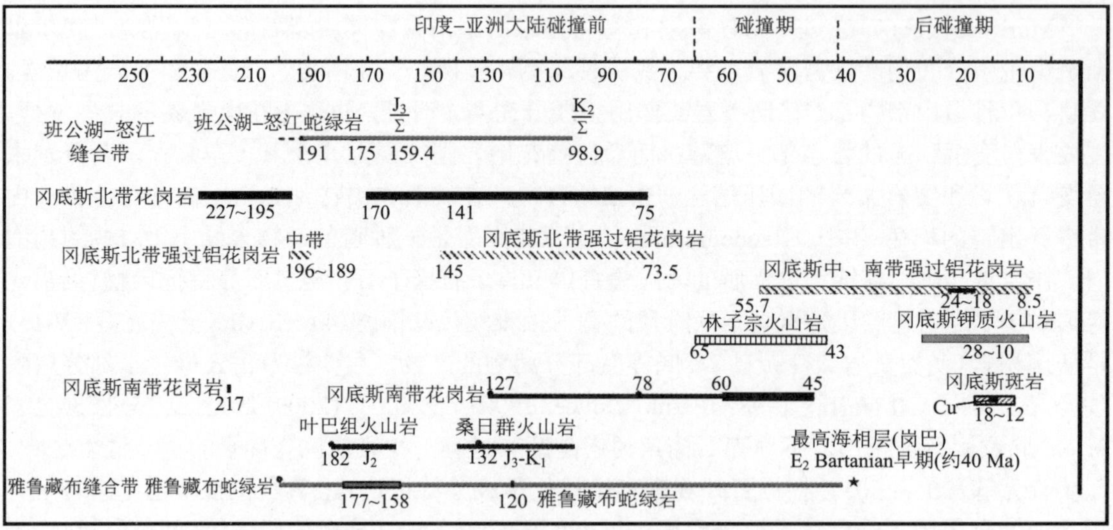

图 14-10 冈底斯带构造-岩浆事件序次示意图(莫宣学等，2005)

70 Ma 以后时段的比例尺放大了 1 倍；横坐标表示时间(Ma)，纵坐标表示空间相对位置，上北下南

第五节 板内火成岩组合(包括洋岛、大陆裂谷)

一、洋岛

虽然目前地球上约 90%的火山活动位于汇聚或离散板块边界，但在远离板块边界的大洋盆地中有许多海山(seamounts)和大洋火山岛屿(oceanic volcanic island)，其成因很难用板块构造理论来解释，最方便的解释是用 Wilson(1963)提出的热点或地幔柱模式，这一模式后来由 Morgan(1971，1972)等很多地质、地球物理学家进一步完善。

大洋板内的岩浆喷发是少量的，它们呈火山岛链或孤立火山产出。夏威夷群岛、澳特腊尔-马绍尔-吉尔伯特群岛是典型的火山岛链。火山岛链可能是当大洋岩石圈在相对固定的地幔柱或热点上方运移时，由地幔柱或热点产生的岩浆喷出形成的。

大洋岛屿玄武岩的碱度变化极大，在岩性上可分为洋岛拉斑玄武岩(OIT)和洋岛碱性玄武岩(OIA)两个系列，但以前者为主，如在夏威夷群岛的火山岩中，拉斑玄武岩占 85%。大洋岛屿玄武岩显著的碱度变化表明可能存在不同地幔源区。洋岛拉斑玄武岩与大洋中脊玄武岩(MORB)相似，但在相同 $Mg^{\#}$时，洋岛拉斑玄武岩具较高的 K_2O、TiO_2 和 P_2O_5 含量，较低的 Al_2O_3 含量。橄榄石(Fo_{90-70})是洋岛拉斑玄武岩中主要的斑晶，铬尖晶石其次；斜长石和单斜辉石往往限于基质中。洋岛碱性玄武岩(OIA)的特点是高碱、低硅，但成分变化较大。由于低硅，橄榄石同时以斑晶和基质两种形式产出，且成分变化范围大(Fo_{90-35})。洋岛碱性玄武岩中的辉石，常仅有一种富钛普通辉石。有关大洋岛屿玄武岩的岩石学和地球化学特征见第八章中的阐述。

大洋岛屿玄武岩的地球化学和岩石学特征具复杂多样性，因此，大洋岛屿玄武岩与洋中脊玄武岩物源区的地球化学性质有明显的区别。不同的大洋岛屿玄武岩记录了变化很大的 Sr、Nd 和 Pb 同位素比值，表明其物源一定与富集地幔和再循环的俯冲大洋岩石圈组分有关。

详细的大洋岛屿玄武岩成因模式见图 14-11。地幔物质底辟上涌引起地幔柱组分和亏损软流圈组分的部分熔融，它们在上升过程中相遇，并在 50～60 km 的深度产生集聚和混合，这种混合后的岩浆会带有两种物源组分的同位素和微量元素特征，具体取决于两种组分的相对含量，这种原始岩浆在继续上升到火山岩浆高位储库(<15 km)前，一定会通过冷的大洋岩石圈，包括下凹的洋壳层。在岩浆储库中，结晶分异和岩浆混合作用使喷出岩浆的成分发生变化。此外，岩浆还会受到海水蚀变洋壳、海洋沉积物和洋岛火山物质的混染，这些混染可进一步改变岩浆的地球化学性质，特别是 Sr、O 同位素的比值。

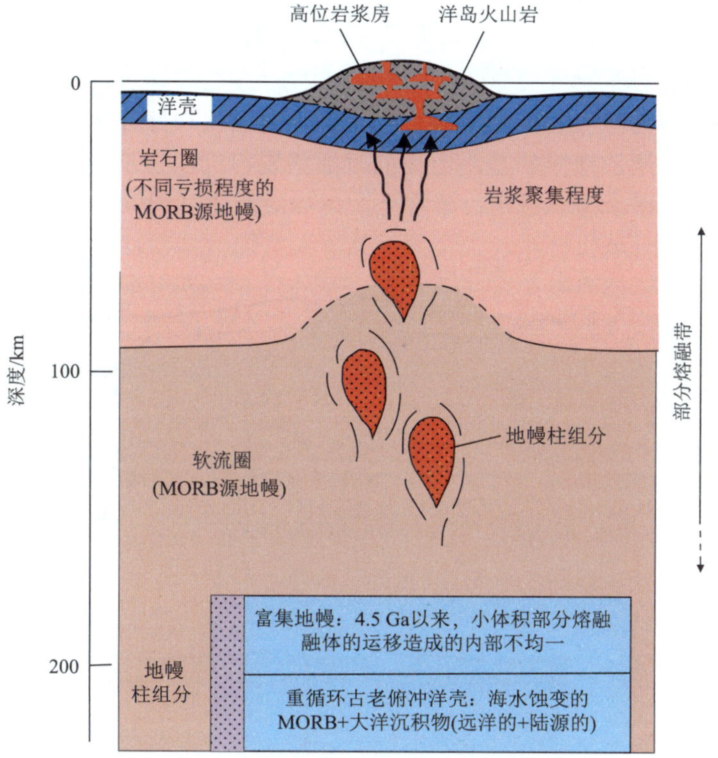

图 14-11　大洋岛屿玄武岩成因模式(Wilson, 1989)

二、大陆裂谷

大陆裂谷带是大陆岩石圈局部拉张伸展的狭长地带，以中心下陷、两边隆起、地壳减薄为特征。在这个地带，常伴有高热流、广泛分布的区域性隆起和岩浆作用等现象。一般说来，大陆裂谷常有数十千米宽，数十至数百千米长，但少数裂谷带的范围可达数万平方千米以上。例如，美国西部盆岭区(basin and range province of western USA)。因此，大陆裂谷带实质上是大致沿深大断裂发育的凹陷地形，属于一种影响深、延展长的大型伸展构造。

不论是现代的活动裂谷还是古老的裂谷，在大陆上绝大部分区域均有发现，其中一些最终会发展为洋盆(ocean basin)。但许多裂谷在水平伸展数千米之后，就停止活动，形成所谓的夭折裂谷(failed rift)。沿着许多被动大陆边缘(如大西洋)，有三支裂谷星状交会的例子，其中的两条裂谷最终演化为新洋盆，剩下的一个则演化为夭折裂谷，延伸至大陆内部形成拗拉槽(aulacogen)(Burke and Wilson, 1976)。这种夭折裂谷有非常重要的经济意义，因为其中的沉积物可能会形成含油层(Reeves et al. 1987)。

关于大陆裂谷的驱动力，有许多的研究，但还存在不少争论。争论的关键在于，裂谷带是由上涌的地幔沿着先存的软弱带劈裂大陆(主动模式)形成，还是由于岩石圈的伸展，大陆被拉开，从而导致地幔的上升(被动模式)。在自然界中，大陆裂谷的形成过程可能介于上述两种模式之间，但无论被动或主动，软流圈上涌是一个基本的特征。

理论上来说，我们能以裂谷开裂和火山作用的相对时间为基础，区分主动和被动裂谷模式(图 14-12)(Wilson, 1989)，在主动模式下，岩石圈的撕裂是软流圈地幔上涌所引起的。故此所观察到的构造岩浆次序应该是：穹隆-火山作用-裂谷开裂。相反，在被动裂谷模式下，板块内部不同应力导致岩石圈撕裂，产生软流圈上拱和部分熔融。其顺序应该是：裂谷开裂-穹隆-火山作用。遗憾的是，当我们对那些裂谷沉积物及其野外关系详细研究后发现，上述的简化模式很少能够适用，事实上，裂谷的演化过程一定更加复杂。

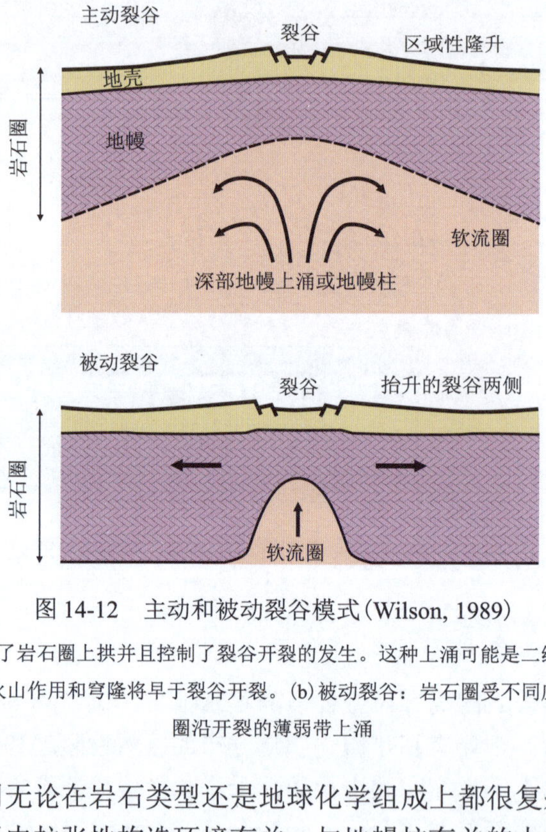

图 14-12　主动和被动裂谷模式(Wilson, 1989)

(a)主动裂谷：软流圈上涌导致了岩石圈上拱并且控制了裂谷开裂的发生。这种上涌可能是二维的，与洋中脊或轴对称形态的地幔柱有关。在这种环境下，火山作用和穹隆将早于裂谷开裂。(b)被动裂谷：岩石圈受不同应力导致开裂先形成，随后软流圈沿开裂的薄弱带上涌

大陆板内岩浆作用无论在岩石类型还是地球化学组成上都很复杂。一般认为，大陆板内火成岩可能与某种板内拉张性构造环境有关，与地幔柱有关的大规模溢流玄武岩在大陆上也有分布。除了大洋玄武岩中常见的拉斑玄武岩和碱性玄武岩外，大陆区还有碱性岩，如霞石正长岩-响岩、霞斜岩-碧玄岩、霓霞岩-霞石岩，还有火成碳酸岩。碳酸岩常常与碱性岩共生，它们常常沿大陆内部的深大断裂分布。

大陆裂谷的岩浆作用是重要的大陆板内岩浆作用。玄武岩从过渡型亚碱性-碱性玄武

岩-硅不饱和的碧玄岩和霞石岩，有时还有超钾质的白榴石岩。与大陆溢流玄武岩区不同，其火山作用不是以玄武质为主，而是有大量的长英质岩浆喷出(粗面岩、响岩和流纹岩)，如在东非裂谷，粗面质和响岩质岩浆呈区域性大规模喷发。大陆裂谷火山岩浆富硅的原因有两种解释：一种解释认为，在一些裂谷中，玄武岩和更多的演化的熔岩(粗面岩、响岩和流纹岩)，可以清楚地通过结晶分异过程联系起来。另一种解释认为，在有的裂谷中，硅铝质岩浆的体积、形成时代、同位素和微量元素等地球化学特征表明，它们的岩石成因与地壳岩石有关。

一般地说，与大陆裂谷有关的岩石组合以碱性岩组合或双峰式火成岩组合为特征。裂谷初期以强碱性-碱性系列岩石为主，而碱性或拉斑系列岩石是裂谷期的产物。与岛弧和大陆边缘火成岩弧的组成极性形成鲜明对照的是，大陆裂谷的火成岩常呈对称的水平分带，这一点类似于洋中脊玄武岩的时空分布。由于裂谷的扩张，早期的喷出岩分布在裂谷带的两侧，晚期的则分布在裂谷轴部，呈对称式分布。例如，肯尼亚裂谷南段，强碱的霞石岩-富钙响岩-碳酸岩构成的中心式火山，分布在裂谷带的两侧；中等碱性的橄榄玄武岩-橄榄粗安岩-粗面岩-碱流岩-贫钙响岩系列岩石，分布在裂谷带轴部，即随着时间的演化和向裂谷带中轴靠近，岩浆的碱度降低(Baker, 1987)。随时间推移，裂谷火山带由碱性玄武岩变为拉斑玄武岩，记录了裂谷扩张速度的加大，最后转化为洋盆的拉开，如东非-红海裂谷系；另一些裂谷带则由拉斑玄武岩变为碱性玄武岩，记录了岩石圈扩张速度的减小，最后导致裂谷作用与边缘海扩张的停止，如东亚边缘海-中国东部-贝加尔裂谷系(邓晋福等，2004)。

双峰式火成岩组合，是指在一个大的区域范围内，明显缺少中性成分的火成岩，而以长英质和镁铁质端元占优势，且两端元火成岩形成时代相同或相近，这样的火成岩组合称为双峰式(bimodal)，其间的成分间断称为戴里间断(Daly gap)。

大陆裂谷岩浆作用模式应该解释喷出岩成分的变化。一般的大陆裂谷岩浆特征为：碱性、富含挥发分(尤其是卤素和 CO_2)和富集大离子亲石元素，说明其来源于富集地幔。Martin(2006)提出了一个大陆裂谷带火成岩成因模式(图 14-13)。软流圈地幔上涌伴随着脱气作用，向上迁移的流体为中、下地壳提供了一个非常有效的热传递机制。地幔脱气释放出 H_2O 和 CO_2，这两者的比例是决定何种元素将被运移到地壳以及熔融反应性质的关键。当交代流体以水为主时，将形成正长质和花岗质(SG)的熔体。促使部分熔融的这一交代过程，将优先使碱质(而非 Al)运移，并最终表现为形成碱性的熔体。当非常富碱质时，会产生响岩质(Ph)熔体。在以 CO_2 为主的交代流体情况下将产生碳酸岩质(C)和霞石质(N)熔体；SiO_2 不能通过碳酸质热液流体携带运移。这一交代过程同时也会造成高场强元素和稀土元素的富集，并可由产出岩浆的元素配分曲线所反映。当然，还会有一些过渡类型的情况，这就解释了沿非造山岩浆活动带，硅过饱和与硅不饱和岩浆系列并存的现象。由于软流圈地幔上涌引起地壳底部温度升高，可有效地促进麻粒岩相组合的形成。

在大陆裂谷基础上进一步演化，可形成陆间裂谷(intercontinental rift)。也就是说，随着岩石圈进一步伸展变薄，软流圈物质沿裂谷轴部上涌、溢出，新的洋壳开始形成，大陆岩石圈板块彻底分裂并向两侧离散，大陆裂谷盆地演化成狭窄洋盆。因此，陆间裂谷的两侧是大陆地壳，盆地基底不是陆壳而是过渡型地壳和大洋地壳，如红海、亚丁湾、加利福尼亚湾等。与大陆裂谷不同的是，陆间裂谷中轴部分会出现显著的拉斑玄武质岩浆活动，甚至产生低钾的类似于 MORB 的拉斑系列岩浆活动。

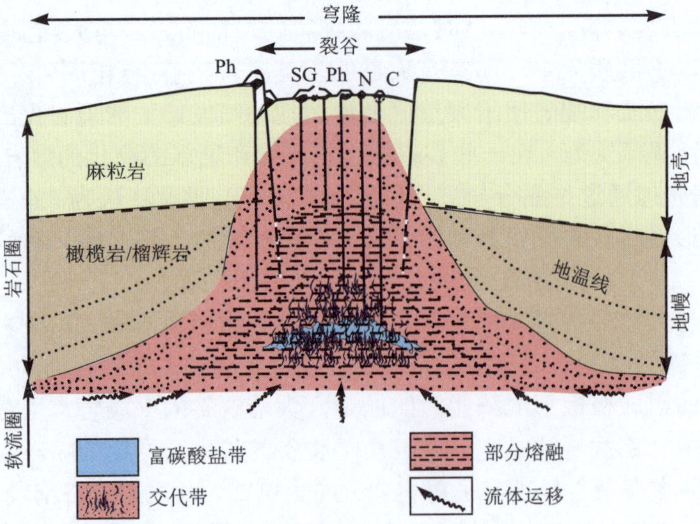

图 14-13　大陆裂谷带火成岩成因模式(Martin, 2006)

第六节　地幔柱与大火成岩省

Wilson(1963)在解释夏威夷火山链火山年龄朝北西方向依次变老时，认为上地幔的熔融(被称为热点)位置相对“固定”，当岩石圈板块漂移经过这些热点时就形成了链状火山岛屿。Morgan(1971)认为地球内部存在起源于地球核幔边界并缓慢上升的细长柱状热物质流(即地幔柱)，它相对静止，在地表表现为热点，形成了地幔柱学说的雏形并提出了下地幔地幔柱对流模型。Larson(1991)和 Cox(1991)论述了超级地幔柱，Loper(1991)和 Maruyama(1994)进一步总结了地幔柱和全球构造的现代模式。随着地质学记录、地震学观测以及地球动力学实验和数值模拟结果的日趋增多(Richards et al., 1989; Griffiths and Campbell, 1990; Farnetani and Richards, 1994; Campbell, 2007; French and Romanowicz, 2015; 冷伟和刘浩，2023)，科学家逐渐认识到，地幔柱一般起源于核幔边界或者非洲和太平洋下方两个大型剪切波低速区(LLSVPs)的边缘(Morgan, 1971; Torsvik et al., 2010)，当地幔柱的头部到达岩石圈底部时，会快速地减压熔融产生大量的岩浆，形成大火成岩省(Coffin and Eldholm, 1992, 1994; Bryan and Ernst, 2008; Ernst, 2014; Black et al., 2021)，并深刻影响浅地表的矿床发育和生物演化(徐义刚等，2013, 2017; 厉子龙等，2017; Black et al., 2021)。大火成岩省形成之后，地幔柱的尾部与上覆运动的岩石圈相互作用，从而在地表形成热点轨迹(Richards et al., 1989; Courtillot et al., 2003; Campbell, 2007)。

经过发展，地幔柱成因岩浆岩的地球化学特征积累了大量的研究成果，地幔柱理论已成为当今地质学研究的前沿领域。地幔柱理论成为继板块构造理论后又一富有挑战性的大地构造学说，为当今地球科学的发展带来了巨大的活力。

一、地幔柱的定义

Morgan(1971)首次提出了“地幔柱”(mantle plume)的含义。地幔柱是地球深部来源的物质，是由于放射性元素的分裂、热能释放而炽热上升的圆筒状物质流。现行的地幔柱概念是“狭窄的上升的热流”或“狭窄的圆柱形热的管道”，后期演化成为具有宽厚的冠状构造和细长的尾部构造，很多是自核幔边界上升、在地幔中演化、到近地表与地壳发生壳幔相互作用的圆柱状地质体。低密度的物质起源于核幔边界，或者来自上地幔底部660 km的间断面，向上经过地幔达到地表。一般最大的和长寿命的地幔柱源于核幔边界层，热来自外核。那些被地核吸收之后，残留的富含放射性组分的低黏度浮柱物质，由于动力学失稳导致地幔柱形成。

二、热点

热点(hotspot)是近代地幔柱在地表的“露头”，其出露点形成洋岛火山。热点对于活动的岩石圈板块保持相对稳定。典型的与热点有关的洋岛火山作用的轨迹，形成洋岛火山长链(如夏威夷-皇帝岛链)。这个链的时代由老向现代出露点逐渐变新。

三、地幔柱的识别

地幔柱在物质、能量和物理化学性质等方面与其生成的环境(主要是正常地幔)之间具有一定差别(一般而言具有温度更高、活动性更强、黏度更低等特点)，因而可以用不同的方法(目前主要是地球物理的方法)识别出来。但是，地球物理方法只能识别现在的正在形成或演化之中的地幔柱，对于已经消亡的古地幔柱则只有通过研究其在地表留下的地质记录(包括物质的岩石学记录、构造的形态学记录和能量的热演化记录等)来推断其存在。

识别地幔柱的地质依据包括(王登红等，2004)：①大面积巨厚的玄武岩(覆盖面积通常超过 10^6 km²，最大厚度可达5 km，如德干高原和西伯利亚溢流玄武岩等)及其组合；②与玄武岩配套的幔源侵入岩及喷出岩(如科马提岩、苦橄岩等)；③玄武岩及其配套的侵入岩具有快速、大规模喷发的特点(如Courtillot等认为德干高原玄武岩体积约为 10^6 km³，喷发时限<1 Ma。计算机模拟结果表明，峨眉地幔柱的最后大规模喷发大约是在 9×10^6 年内完成的)；④来自地幔深部的成矿物质在一定的空间范围内集中出现；⑤对于规模不大的玄武岩类及相关岩浆岩在空间上按时间序列规则分布(如夏威夷岛链)；⑥与幔源岩浆活动相耦合的依照一定时间序列排列的大型变质核杂岩及其构造热事件。当然，地幔柱的识别并非要求出现所有的地质依据，关键的依据应是短期内岩浆的大规模喷发。在岩石学物质成分方面，与地幔柱有关的火成岩表现为富含下地幔甚至地核来源的物质成分，高Ti、高Nb是与现代地幔柱有关的岩浆岩的常见特征。

识别地幔柱的环境依据主要体现为大规模火山岩在短期内喷发所造成的各种效应和地幔柱长期作用引起的构造环境的巨大变化，包括：①区域性的地壳隆升及随后的大陆裂解事件；②新生命的爆发；③大面积甚至是全球性的古气候突然变化。但一般来说，250 Ma以来形成的地幔柱地质体保存较好，250 Ma之前尤其是元古宙以前的地幔柱产物很可能已经受到明显的后期改造，识别难度很大。

四、地幔柱与板块构造的关系

全球范围的超大陆聚合、裂解与超级地幔柱活动在20亿年以来的地质历史时期表现为周期性耦合关系。这些不同时空尺度的耦合现象均表明，板块构造与地幔柱构造在地球演化过程中是紧密联系、相互作用的，地幔柱构造对板块运动产生了不可忽视的影响(陈凌等，2020)。

板块运动的驱动力问题是板块构造的基本问题，也是地球科学界一直关注和长期争论的焦点。对于板块运动的驱动力问题主要存在两派观点：一派是基于“自下而上”(bottom-up)的认识，认为板块只是地幔对流环的外边界层，板块运动受控于板块之下的地幔系统，即地幔对流驱动板块运动(图 14-14 左半部分)。这一观点早在板块构造理论建立之前就已提出(Holmes, 1931; Hess, 1962)。板块构造理论建立之初，加拿大地球物理与地质学家 John Tuzo Wilson 和美国地球物理学家 William Jason Morgan 进一步发展了这一思想，并提出起源于核幔边界的地幔柱作为地幔对流的上升流，作用于板块底部，促使大陆裂解、驱动板块运动(Wilson, 1963, 1973; Morgan, 1971)。另一派是目前较为普遍接受的“自上而下”(top-down)观点，认为板块构造和地幔对流都取决于地球表壳，即板块的性质状态。板块构造的驱动力主要来源于板块自身的负浮力(Anderson, 2001; Stern, 2007)，俯冲至地幔深度的板块对驱动板块运动起了决定性作用(图 14-14 右半部分)。这派观点从最初以美国地球物理学家 Don Lynn Anderson 为代表的只考虑板块构造和上地幔对流情况(Anderson, 2001; Foulger and Natland, 2003)，发展为认为板块性质不仅控制板块构造本身，而且决定全地幔对流，包括地幔柱的形成(图 14-14 右半部分; Conrad and Lithgow-Bertelloni, 2004; Li and Zhong, 2009)。“自上而下”是目前地球科学界较为普遍接受的观点，现今观测表明，大洋板块在其自身负浮力的作用下发生俯冲，而俯冲板片的拖拽力和吸力对地表的板块运动起了决定性作用，贡献了绝大部分的驱动力(Isacks and Molnar, 1969; Forsyth and Uyeda, 1975; Conrad and Lithgow-Bertelloni, 2002; Stadler et al., 2010; Zahirovic et al., 2015)。

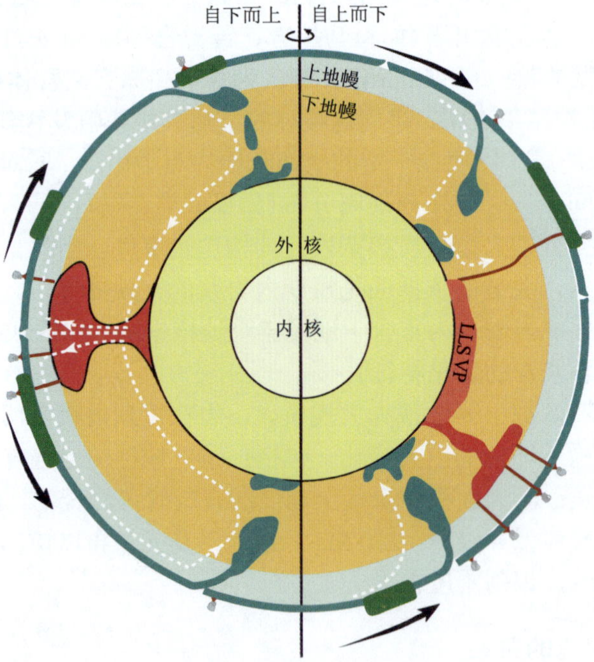

图 14-14 板块运动的“自下而上”和“自上而下”驱动机制(Martin, 2006)

LLSVP 指大尺度低剪切波速异常区

板块与地幔柱相互作用、地幔柱活动对板块构造的显著影响还体现在板块构造形成以来地球系统的长期演化中，最典型的例子是以(600±100) Ma 为周期的超大陆的聚合与裂解，反映全球尺度俯冲系统与超级地幔柱活动的周期性耦合演化关系(Li and Zhong, 2009)。在超大陆聚合过程中，俯冲构造起主导作用，导致大陆汇聚；而在超大陆裂解过程中，超级地幔柱构造活跃，促进超大陆弱化和裂解。最新研究进一步提出，受俯冲与地幔柱两大构造体系相互作用模式控制，地球系统可能还存在两倍于超大陆演化时间尺度的构造周期，即 1000～1400 Ma 的超大洋(superocean)演化周期(Li et al., 2019)。

五、大火成岩省

地幔柱与岩石圈的相互作用是多样和复杂的。它与大地构造和岩浆活动中的成岩成矿作用密切相关，特别是与大火成岩省有密切的关系。

大火成岩省的含义是指连续的、体积庞大的由镁铁质火山岩及伴生的侵入岩所构成的岩浆建造，如印度德干高原、西伯利亚和中国峨眉山溢流玄武岩等。Ernst(2014)最新修订的大火成岩省的定义是指分布面积超过 0.1×10^6 km^2，岩浆体积在< 0.1×10^6～80×10^6 km^3，持续时间< 1 Ma(一个主岩浆活动期)到> 50 Ma(多个主岩浆活动期)，但 75%以上的岩浆体积一般在 1 Ma 完成的火山事件。大火成岩省是地球上所知的最大的火山作用，记录了在某一特定历史时期巨量物质和能量由地球内部向外迁移。它由面积广瀚的熔岩流组成，这种规模巨大的岩浆是在相当短的时间内形成的，即具有极高的喷发速率。岩石种类以玄武质熔岩为主，可有少量苦橄岩、霞石岩、流纹岩共生。有些大火成岩省还发育巨型放射状岩墙群(半径>300 km)，这些岩墙群被认为是地幔柱到达岩石圈底部岩浆作用的结果，其收敛的位置通常指示地幔柱中心，如约 200 Ma 的中大西洋大火成岩省(图 14-15)、约 1270 Ma 的马更些(Mackenzie)大火成岩省、约 290 Ma 的塔里木大火成岩省以及约 260 Ma 的峨眉山大火成岩省等(Ernst, 2014；Liu et al., 2023)。如此庞大的镁铁质火成岩省用板块构造理论已难以解释其成因，它们在很大程度上与来自深部的地幔柱活动有关，是地幔柱岩浆活动的直接产物。

“西伯利亚暗色岩”的玄武质岩浆是在二叠纪-三叠纪间的 1 Ma 期间喷溢的。该大火成岩省面积为 4×10^6 km^2，平均厚度为 1 km。一个重要特征是含有大量基性火山碎屑岩，在某些盆地中玄武质凝灰岩与角砾岩的最大厚度达 700 m，有的地方火山碎屑岩的量超过熔岩。从化学成分看，主要为拉斑玄武岩、碱性玄武岩、苦橄岩和玄武安山岩，且伴有少量 A 型花岗岩(Lightfoot et al., 1993)。西伯利亚暗色岩的形成与二叠纪末期的生物灭绝有关(Condie, 2001)。印度中西部“德干高原暗色岩”的溢流玄武岩喷发于 65 Ma 前(白垩纪-古近纪)的 1 Ma 期间，当时位于留尼汪(Réunion)热点之上。其体积为 8.2×10^6 km^3 (Chandrasekharam, 2003)，主要由拉斑玄武岩组成，碱性玄武岩较少，其次有少量超镁铁质岩和碱性长英质岩。这种溢流玄武岩在白垩纪末的喷发可能造成了大规模生物灭绝(Condie, 2001)。中国西南“峨眉山玄武岩”是在 253～250 Ma 喷发的，其体积约为 3×10^5 km^3，岩石类型主要为拉斑玄武岩，含少量苦橄岩、玄武安山岩、流纹岩和粗面岩(Xu et al., 2001)。Wignall(2001)认为，中国峨眉山玄武岩的喷发造成晚二叠世早期的大规模生物灭绝。

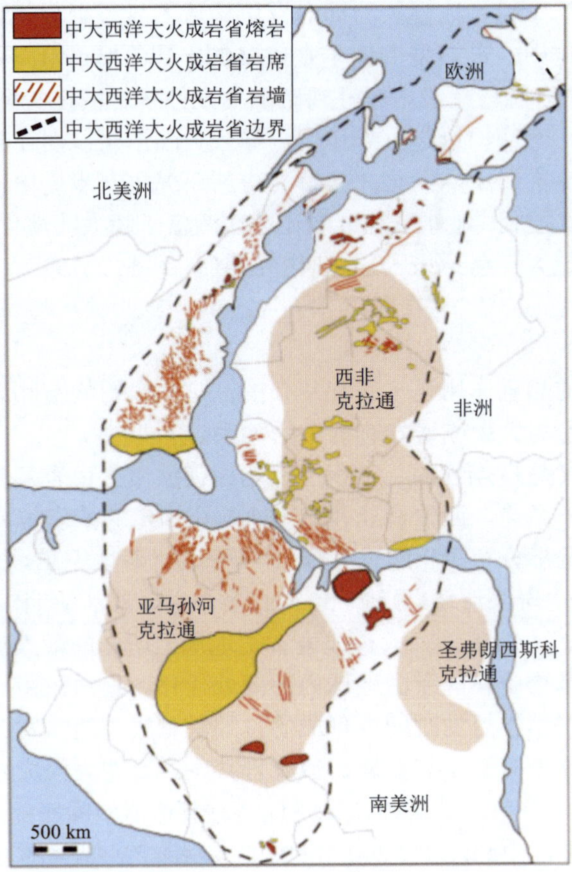

图 14-15 20 亿年前的西潘吉亚(Pangea)超大陆与中大西洋大火成岩省示意图(Marzoli et al., 2019)

与通常的镁铁质大火成岩省相比，长英质大火成岩省具有较复杂的酸性岩石组合，流纹岩与不同类型的花岗岩(A-型和 I-型花岗岩)共生，并伴有少量基性岩浆岩，以玄武岩起始，又以基性脉岩终结。例如，南美洲南端的巴塔哥尼亚(Patagonia)是一巨大的长英质大火成岩省(Pankhurst et al., 1998)。火山岩以流纹质熔结凝灰岩为主，夹有少量玄武岩。熔结凝灰岩包括简单的和复杂的冷却单元，厚度自 10 厘米至几十米，个别达 100 m 以上。时代为侏罗纪。该大火成岩省出露总面积超过 200000 km^2，按平均厚度 1 km 计算，估计体积达到 235000 km^3。又如，澳大利亚白垩纪惠森迪(Whitsunday)长英质大火成岩省，它的岩浆活动时间长达 40 Ma，岩石以流纹岩和花岗岩为主，出露面积>500000 km^2、喷发量大于 2200000 km^3(Bryan and Ernst, 2008)，是全球最大的长英质火成岩省之一。位于印度西北部的 Malani 长英质大火成岩省形成于新元古代(约 750 Ma)，与 Rodinia 超大陆裂解的时代一致，出露面积约 51000 km^2，主要由三类岩石组成，包括酸性火山岩、花岗质侵入岩和中-基性脉岩(薄弘泽和张招崇，2020; Ernst, 2014)。

王德滋和周金城(2005)认为，长英质大火成岩省可由酸性、中酸性熔结凝灰岩及与之有成因联系的花岗岩构成，其体积一般小于镁铁质大火成岩省，岩浆活动一般与地幔柱活动无关，且岩浆活动是多期次的，活动时间大于 10 Ma。这种巨量的熔结凝灰岩分布于环太平洋中、新生代火山岩带的后缘位置，与岩石圈伸展构造和玄武岩浆的底侵作用有不可分割的联系。例如，中国东南部广泛分布晚中生代酸性、中酸性火山岩及与之有成因联系的花岗岩，位于太平洋板块与欧亚板块的接合部位，构成出露面积巨大的长英质大火成岩省。浙、闽、赣三省火山岩总面积达 100000 km^2，若按平均厚度 1 km 计算，则体积可达 100000 km^3。如果把与火山岩有成因联系的花岗岩考虑在内，岩浆总量将不少于 1.5×10^5 km^3。因此，长英质火成岩省与镁铁质大火成岩省有重大区别。

地幔柱上升到达岩石圈底部后，地幔柱的蘑菇状头部产生减压绝热熔融。地幔柱温度高于周围地幔 270℃，柱头侧向扩张可达 1000～2000 km。熔体可进入岩石圈中，生成的岩浆通过地壳中的裂隙向上渗透，形成在地壳中的岩浆储库。其中某些岩浆房的岩浆可喷发至地表，形成大陆泛流玄武岩或者形成其他碱性火山活动。其余岩浆房中的熔体就位固结形成火成杂岩。地幔柱熔体侧向运移可以侵蚀岩石圈热边界层并带着岩石圈碎块回到地幔。地幔柱与岩石圈相互作用的典型模式如图 14-16 所示。地幔柱绝热减压形成的原始熔体性质决定于它们形成于地幔柱的头部或尾部。地幔柱尾部最热，产生较高程度部分熔融，形成的镁铁质岩（如苦橄岩），具有高的镁含量。地幔柱的头部较冷，更易被周围的地幔混染，经常形成较低温的熔体，含较低的镁和较高的铁，形成拉斑玄武岩（陈骏和王鹤年，2004）。

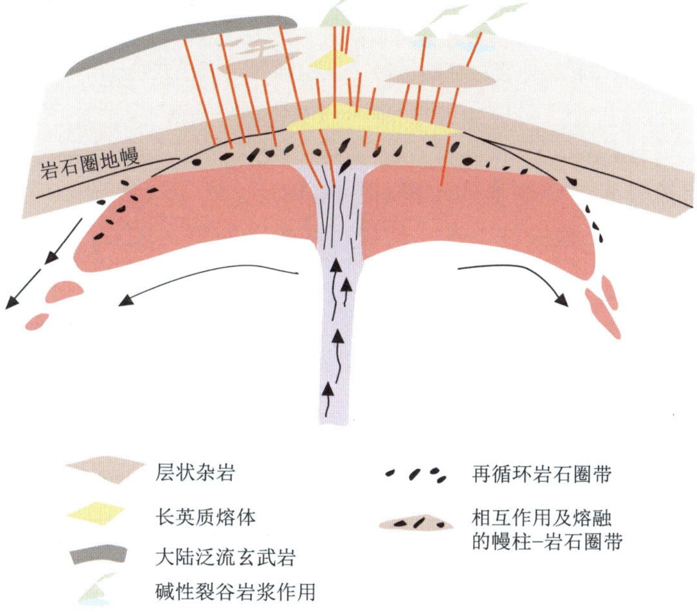

图 14-16　地幔柱与岩石圈相互作用的模式图（Pirajno, 2000）

六、地幔柱活动模式

日本学者 Maruyama（1994）在已有的地幔柱学说基础上，提出了一种新的全球构造观——超级地幔柱构造（plume tectonics）。他根据全球 P 波层析资料所做的地质解释，认为全球在南太平洋及非洲存在两大超级上升地幔柱，而在亚洲存在一个超级下沉地幔柱，分别称为超级热幔柱和超级冷幔柱，它反映了地幔内存在巨大规模的对流。大西洋中脊则是一个次一级的上升地幔柱。他及其合作者在 2007 年提出的超级地幔柱和超级冷下沉的地幔对流模式见图 14-17(Maruyama et al., 2007)。Maruyama(1994)还将地幔柱理论与板块构造理论联系起来，提出了现代地球的主要物质对流及热对流的全球构造新概念，他提出的超级地幔柱的形成模式如图 14-18 所示。

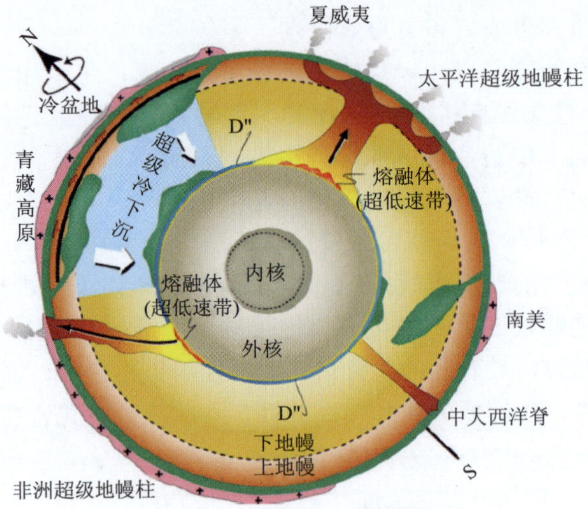

图 14-17　现代地球超级地幔柱和超级冷下沉的地幔对流模式(Maruyama et al., 2007)

D″是约 2900 km 的核幔边界

巨大规模的对流显示三个明显的阶段(图 14-18)：

(1)超级大陆的打开。地幔柱上升，促使超级大陆裂解，裂谷产生(如图 14-17 中非洲超级地幔柱)。

(2)超级大陆的形成。板块俯冲至上地幔的底部，冷的岩片在上下地幔间长期处于停滞状态。下地幔中的这种冷幔柱一旦形成，将明显地影响上地幔的对流方式，以至许多大陆都吸纳到这一冷幔柱中，联合成为超级大陆，并形成巨大的克拉通沉积盆地，这是冷幔柱在地表的表现(图 14-17 中亚洲冷幔柱)。

(3)超级地幔柱的形成。俯冲至上地幔底部的岩石圈板片经长期滞留，直至相变过程中吸热作用引发重力失衡，冷幔柱下沉至核幔边界(CMB)处，D″层被激活，产生地幔柱上升。300 Ma 以来南太平洋中高的地形隆起，非洲大陆裂谷形成及隆起则是热幔柱在地表的显示。

值得注意的是，对于超级大陆的裂解机制目前仍存在不同认识，部分学者支持超级地幔柱(“自下而上”)模型，但也有不少学者支持深俯冲(“自上而下”)模型(Cawood et al., 2016；李献华，2021)，也是目前对于板块运动的驱动力最主要的两种假说(见本节第四部分)。

另一个目前较流行的、值得知道的地幔柱成因模式是 Hofmann(1997)在综合了地球化学及地球物理资料后提出的与地幔对流有关的模式(图 14-19)。其中图 14-19(a)和(b)表现为双层对流，即上、下地幔两层分别对流，但图 14-19(a)表现出地幔柱由位于 2900 km 处

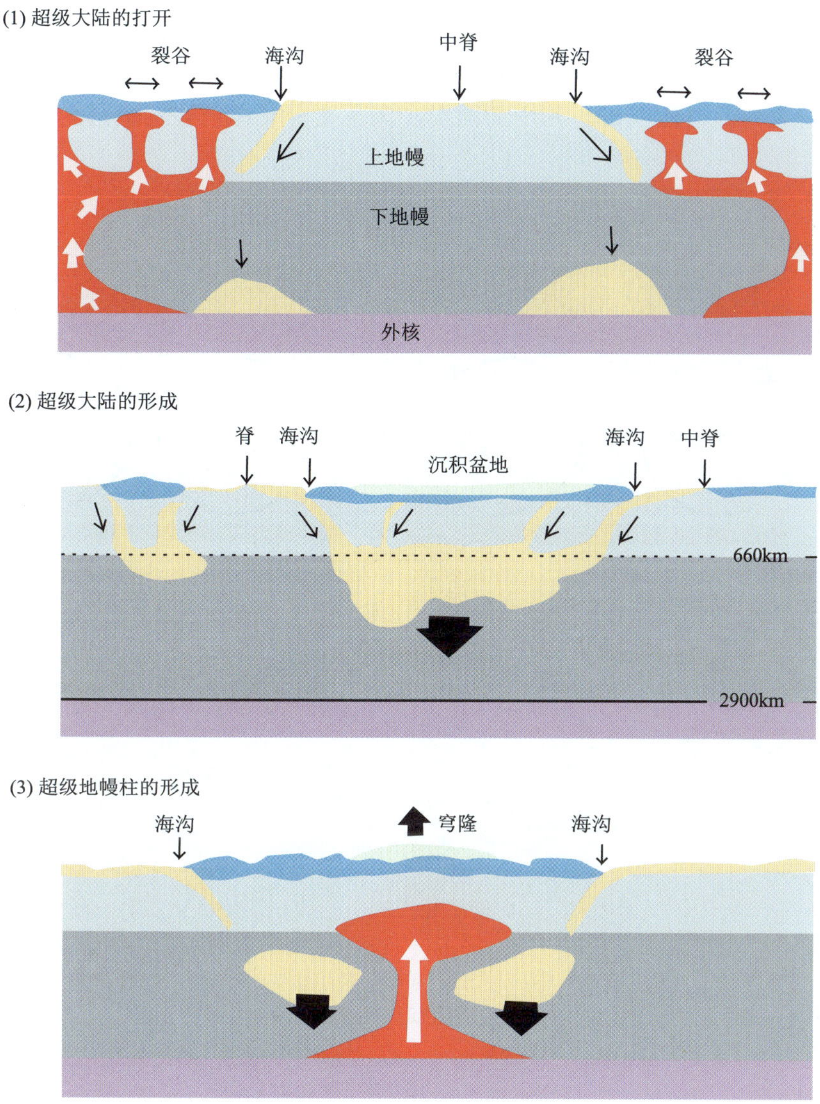

图 14-18　超级地幔柱的形成模式(Maruyama et al., 1994)

的核幔边界产生并上升穿过约 660 km 处的上、下地幔不连续面形成洋岛玄武岩，在上升过程中可能与亏损的上地幔或某些下地幔物质发生混合。图 14-19(b)表现为上、下地幔分别对流，地幔柱从位于660 km处的上下地幔不连续面产生并上升形成洋岛玄武岩。图14-19(c)是单层对流模式，由于俯冲的岩石圈板片穿过 660 km 处地震波不连续面到达核幔边界引起该边界的不稳定而形成地幔柱，不少洋岛玄武岩即由核幔边界层上升的地幔柱产生。图 14-19(d)显示除上、下地幔分别对流外，地幔柱可形成于核幔边界层或上地幔的底部，这就是所谓的混合模式，即“混合的”双层地幔对流模式。

Chung 和 Jahn(1995)、Xu 等(2001)等对峨眉火成岩省进行了逐步深入的研究，对该火成岩省的范围、玄武岩的地球化学特点、岩浆起源和演化，以及地幔柱动力学有了新认识。虽然峨眉火成岩省面积不大，但峨眉火成岩省却以罕见的成矿作用多样性成为研究地幔柱成矿的最佳场所(宋谢炎等，2005)。峨眉火成岩省有三类矿床与地幔柱有直接关系：①大型–超大型 V-Ti 磁铁矿矿床，储量占全国同类矿床的 95%以上；②Cu- Ni-(PGE) 硫化物矿床；③玄武岩系内的自然铜矿。其中前两类矿床主要分布在岩浆活动最为剧烈的大火成岩省的内带。

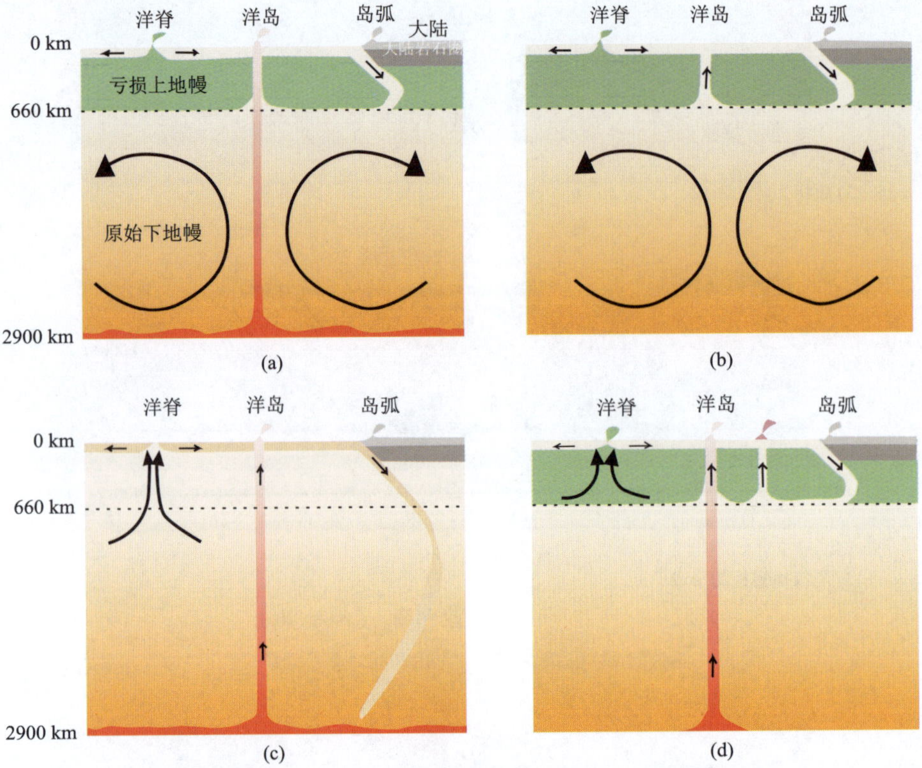

图 14-19　地幔对流模式图(Hofmann, 1997)

(a) 和 (b) 双层对流模式；(c) 单层对流模式；(d) 混合模式

参 考 文 献

薄弘泽, 张招崇. 2020. 硅质大火成岩省的形成机制及其与资源环境的关系. 岩石学报, 36: 1973-1985.

常丽华, 曹林, 高福红. 2009. 火成岩鉴定手册. 北京: 地质出版社.

陈江峰, 周泰禧, 李学明, 等. 1993. 安徽南部燕山期中酸性侵入岩的源区锶、钕同位素制约. 地球化学, 22(3): 261-268.

陈骏, 王鹤年. 2004. 地球化学. 北京: 科学出版社.

陈克荣, 杜杨松. 1990. 论火山碎屑流和涌浪堆积的特征和成因模式——以浙东南沿海地区为例. 岩石学报, 1: 66-74.

陈立辉, 曾罡, 刘建强, 等. 2022. 从大陆火山岩视角了解深部地幔化学储库的属性. 岩石学报, 38(12): 3703-3711.

陈凌, 王旭, 梁晓峰, 等. 2020. 俯冲构造 vs.地幔柱构造——板块运动驱动力探讨. 中国科学: 地球科学, 50(4): 501-514.

邓晋福, 冯艳芳, 狄永军, 等. 2015. 岩浆弧火成岩构造组合与洋陆转换. 地质论评, 61(3): 473-484.

邓晋福, 罗照华, 苏尚国, 等. 2004. 岩石成因、构造环境与成矿作用. 北京: 地质出版社.

邓晋福, 莫宣学, 罗照华, 等. 1999. 火成岩构造组合与壳幔成矿系统. 地学前缘, 6(2): 259-269.

邓晋福, 赵海玲, 莫宣学, 等. 1996. 中国大陆根-柱构造——大陆动力学的钥匙. 北京: 地质出版社.

东野脉兴. 2004. 世界内生磷矿地质及成矿规律. 化工矿产地质, 26(3): 134-144.

董传万, 闫强, 张登荣, 等. 2010. 浙闽沿海晚中生代伸展构造的岩石学标志: 东极岛镁铁质岩墙群. 岩石学报, 26(4): 1195-1203.

杜杨松. 1989. 火山碎屑涌浪堆积的特征、鉴别标志及其地质意义. 中国科学(B 辑), 12: 1294-1301.

杜杨松. 1990. 广义火山碎屑岩的结构类型及其分类命名讨论. 地质科技情报, 1: 16-18.

杜杨松, 王德滋, 陈克荣. 1989. 浙东南沿海中生代火山一侵入杂岩. 北京: 地质出版社.

范宏瑞, 牛贺才, 李晓春, 等. 2020. 中国内生稀土矿床类型、成矿规律与资源展望. 科学通报, 65(33): 3778-3793.

高山, 金振民. 1997. 拆沉作用(delamination)及其壳-幔演化动力学意义. 地质科技情报, 16(1): 1-9.

郭锋. 2016. 太平洋板块俯冲作用在东北亚大陆边缘的地质记录述评. 矿物岩石地球化学通报, 35(6): 1082-1089, 1071.

洪大卫, 郭文岐, 李戈晶, 等. 1987. 福建沿海晶洞花岗岩带的岩石学和成因演化. 北京: 北京科学技术出版社: 1-128.

洪大卫, 王涛, 童英. 2007. 中国花岗岩概述. 地质论评, 53(增刊): 9-16.

黄周传, 徐鸣洁, 米宁. 2024. 地球物理学原理与应用. 北京: 科学出版社.

黄宗理, 张良弼. 2005. 地球科学大辞典. 北京: 地质出版社.

冷伟, 刘浩. 2023. 地幔柱数值模型的研究进展. 中国科学: 地球科学, 53(4): 667-686.

李昌年. 1992. 火成岩微量元素岩石学. 武汉: 中国地质大学出版社.

李献华. 2021. 超大陆裂解的主要驱动力——地幔柱或深俯冲? 地质学报, 95(1): 20-31.

李献华, 李武显, 李正祥. 2007. 再论南岭燕山早期花岗岩的成因类型与构造意义. 科学通报, 52(9):

981-991.
厉子龙, 励音骐, 邹思远, 等. 2017. 塔里木早二叠世大火成岩省的时空特征和岩浆动力学. 矿物岩石地球化学通报, 36: 418-431.
林景仟. 1987. 岩浆岩成因导论. 北京: 地质出版社.
刘宝珺. 1981. 沉积岩岩石学. 北京: 地质出版社.
刘昌实, 牟惟熹. 1982. 火成岩钙碱系数计算的数学模式. 南京大学学报, 1: 157-162.
刘春华, 刘雅琴. 1995. 岩浆同化－分异作用的研究现状. 世界地质, 14(4): 1-7.
刘琰, 舒小超. 2021. 碳酸岩型稀土矿床中的霓长岩化作用概述. 矿物岩石地球化学通报, 5: 1025-1033.
卢欣祥, 尉向东, 肖庆辉, 等. 1999. 秦岭环斑花岗岩的年代学研究及其意义. 高校地质学报, 5(4): 372-377.
路凤香, 桑隆康. 2002. 岩石学. 北京: 地质出版社.
罗照华, 黄忠敏, 柯珊. 2007. 花岗质岩石的基本问题. 地质论评, 53(增刊): 180-266.
骆耀南. 1985. 中国攀枝花－西昌古裂谷带//张云湘. 中国攀西裂谷文集(1). 北京: 地质出版社: 1-5.
吕林素, 汪云峰, 李宏博, 等. 2011. 南非布什维尔德岩浆型 Cu-Ni-PGE 硫化物矿床成因探讨. 矿床地质, 30(6): 1129-1148.
马昌前. 1998. 莫霍面, 下地壳与岩浆作用. 地学前缘, 5(4): 201-208.
马昌前, 杨坤光, 唐仲华, 等. 1994. 花岗岩类岩浆动力学——理论方法及鄂东花岗岩类例析. 武汉: 中国地质大学出版社.
马金龙, 徐义刚. 2004. 河北阳原和山西大同新生代玄武岩的岩石地球化学特征: 华北克拉通西部深部地质过程初探. 地球化学, 3: 75-88.
莫宣学. 2004. 造山带火山岩岩石－构造组合分析//邓晋福, 罗照华, 苏尚国. 岩石成因、构造环境与成矿作用. 北京: 地质出版社.
莫宣学, 董国臣, 赵志丹, 等. 2005. 西藏冈底斯带花岗岩的时空分布特征及地壳生长演化信息. 高校地质学报, 1(3): 81-290.
莫宣学, 赵志丹, 喻学惠, 等. 2009. 青藏高原新生代碰撞-后碰撞火成岩. 北京: 地质出版社.
欧阳自远. 2005. 月球科学概论. 北京: 中国宇航出版社.
秦朝建, 裘愉卓. 2001. 岩浆(型)碳酸岩研究进展. 地球科学进展, (4): 501-507.
邱家骧. 1985. 岩浆岩岩石学. 北京: 地质出版社.
邱家骧. 1991. 应用岩浆岩岩石学. 武汉: 中国地质大学出版社.
邱家骧, 等. 1993. 秦巴碱性岩. 北京: 地质出版社.
邱检生, McInnes B I A, 蒋少涌, 等. 2005. 江西会昌密坑山岩体的地球化学及其成因类型的新认识. 地球化学, 34(1): 20-32.
邱检生, 王德滋, 周金城, 等. 2000. 福建永泰云山碱性流纹岩的厘定及其地质意义. 地质论评, 46(5): 520-529.
任康绪. 2003. 碱性岩研究进展述评. 化工矿产地质, 25(3): 151-163.
桑隆康, 马昌前. 2012. 岩石学. 2 版. 北京: 地质出版社.
施泽民, 李维国, 张元才. 1985. 攀西裂谷带环状碱性杂岩体//张云湘. 中国攀西裂谷文集(1). 北京: 地质出版社: 175-200.
宋谢炎, 张成江, 胡瑞忠, 等. 2005. 峨眉火成岩省岩浆矿床成矿作用与地幔柱动力学过程的耦合关系. 矿物岩石, 25(4): 35-44.
孙鼐, 彭亚鸣. 1985. 火成岩石学. 北京: 地质出版社.
孙善平, 李家振, 朱勤文, 等. 1987. 国内外火山碎屑岩的分类命名历史及现状. 地球科学-中国地质大学学报, 12(6): 571-577.
孙善平, 刘永顺, 钟蓉, 等. 2001. 火山碎屑岩分类评述及火山沉积学研究展望. 岩石矿物学杂志, 20(3): 313-318.
孙书勤, 汪云亮, 张成江. 2003. 玄武岩类岩石大地构造环境的 Th、Nb、Zr 判别. 地质论评, 49(1): 40-47.
孙涛. 2006. 新编华南花岗岩分布图及其说明. 地质通报, 25(3): 332-335.
孙涛, 周新民, 陈培荣, 等. 2003. 南岭东段中生代强过铝花岗岩成因及其大地构造意义. 中国科学(D 辑), 33: 1209-1218.
陶奎元. 1991. 中国东南大陆火山带的独特性. 火山地质与矿产, 12(3): 1-14.
陶维屏, 高锡芬, 孙祁, 等. 1994. 中国非金属矿床成矿系列: 矿床 含矿建造 成矿系列 形成模式. 北京: 地质出版社.
王德滋, 刘昌实, 沈渭洲, 等. 1993. 桐庐 I 型和相山 S 型两类碎斑熔岩对比. 岩石学报, 9(1): 44-54.
王德滋, 舒良树. 2007. 花岗岩构造岩浆组合. 高校地质学报, 13(3): 362-370.
王德滋, 赵广涛, 邱检生. 1995. 中国东部晚中生代 A 型花岗岩的构造制约. 高校地质学报, 1(2): 13-21.
王德滋, 周金城. 1983. 自碎火山——侵入岩及其找矿意义. 中国地质, 3: 21-23.
王德滋, 周金城. 2005. 大火成岩省研究新进展. 高校地质学报, 11(1): 1-8.
王德滋, 周新民. 1982. 火山岩岩石学. 北京: 科学出版社.
王登红. 2001. 地幔柱的概念、分类、演化与大规模成矿——对中国西南部的探讨. 地学前缘, 8(3): 67-72.
王登红, 陈毓川, 徐志刚, 等. 2002. 阿尔泰成矿省的成矿系列及成矿规律. 北京: 原子能出版社.
王登红, 李建康, 刘峰, 等. 2004. 地幔柱研究中几个问题的探讨及其找矿意义. 地球学报, 25(5): 489-494.
王坤, 董欢, 曹永华, 等. 2017. 中基性岩浆的不混溶作用及存在的问题. 地质论评, 63(3): 739-757.
王联魁, 张玉泉, 刘师先. 1975. 南岭诸广山花岗岩体的多次侵入活动和某些地球化学特征. 地球化学, 3: 189-201.
王焰, 钟宏, 曹勇华, 等. 2020. 我国铂族元素、钴和铬主要矿床类型的分布特征及成矿机制. 科学通报, 65(33): 3825-3838.
卫管一, 张长俊. 1995. 岩石学简明教程. 2 版. 北京: 地质出版社.
魏春景. 2013. 固体地球科学研究方法//丁仲礼. 变质相平衡模拟方法. 北京: 科学出版社: 752-763.
吴福元, 李献华, 杨进辉, 等. 2007. 花岗岩成因研究的若干问题. 岩石学报, 23(6): 1217-1238.
吴福元, 刘小驰, 纪伟强, 等. 2017. 高分异花岗岩的识别与研究. 中国科学: 地球科学, 47: 745-765.
吴福元, 刘志超, 刘小驰, 等. 2015. 喜马拉雅淡色花岗岩. 岩石学报, 31(1): 1-36.
肖庆辉, 邢作云, 张昱, 等. 2003. 当代花岗岩研究的几个重要前沿. 地学前缘, 10(3): 221-229.
谢鸿森. 1997. 地球深部物质科学导论. 北京: 科学出版社.
谢家莹. 1994. 火山碎屑流与火山碎屑流堆积. 火山地质与矿产, 15(3): 53-54.
谢家莹. 1995. 凝灰熔岩-碎斑熔岩-熔结凝灰岩对比鉴别. 火山地质与矿产, 16(4): 93-94.
谢家莹. 1996. 火山碎屑涌流堆积与涌流凝灰岩. 火山地质与矿产, 17(1-2): 94-96.
谢家莹, 陶奎元, 黄光昭. 1994. 中国东南大陆中生代火山岩带的火山岩相类型. 火山地质与矿产, 15(4): 45-51.
谢昕, 徐夕生, 邢光福, 等. 2003. 浙东早白垩世火山岩组合的地球化学及其成因研究. 岩石学报, 19(3): 385-398.
熊发挥, 杨经绥, 徐向珍, 等. 2015. 雅鲁藏布江缝合带蛇绿岩中铬铁矿的前景讨论. 中国地质, 42(5): 1535-1558.
熊绍柏, 刘宏兵, 王有学. 2002. 华南上地壳速度分布与基底、盖层构造研究. 地球物理学报, 45(6):

784-791.
徐克勤, 胡受奚, 孙明志, 等. 1982. 华南两个成因系列花岗岩及其成矿特征. 矿床地质, 1(2): 1-14.
徐克勤, 胡受奚, 孙明志, 等. 1983. 论花岗岩的成因系列——以华南中生代花岗岩为例. 地质学报, 57(2): 107-118.
徐夕生, 谢昕. 2005. 中国东南部晚中生代－新生代玄武岩与壳幔作用. 高校地质学报, 11(3): 318-334.
徐夕生, 周新民. 1988. 花岗岩类中的岩石包体. 南京大学学报(地球科学版), 3: 233-241.
徐义刚, 王强, 唐功建, 等. 2020. 弧玄武岩的成因: 进展与问题. 中国科学: 地球科学, 50(12): 1818-1844.
徐义刚, 王焰, 位荀, 等. 2013. 与地幔柱有关的成矿作用及其主控因素. 岩石学报, 29: 3307-3322.
徐义刚, 钟玉婷, 位荀, 等. 2017. 二叠纪地幔柱与地表系统演变. 矿物岩石地球化学通报, 36: 359-373.
阎国翰, 牟保磊, 曾贻善. 1989. 中国北方碱性和偏碱性侵入岩的时空分布及大地构造背景. 中国地质科学院沈阳地质研究所所刊, 29: 93-100.
杨学明, 杨晓勇. 1998. 碳酸岩的地质地球化学特征及其大地构造意义. 地球科学进展, 13(5): 457-464.
杨学明, 杨晓勇, 陈天虎, 等. 1998. 白云鄂博富稀土元素碳酸岩墙的地球化学特征及稀土富集机制. 矿床地质, 17(增刊): 527-532.
于津海, 徐夕生, 周新民. 2002. 华南沿海基性麻粒岩捕虏体的地球化学研究和下地壳组成. 中国科学, 32(5): 383-393.
喻学惠. 2004. 钾霞橄黄长岩: 火成岩石学中一个新的研究热点. 现代地质, 18(4): 449-453.
曾广策, 邱家骧. 1996. 碱性岩的概念及其分类命名综述. 地质科技情报, 15(1): 31-37.
张德全, 孙桂英, 徐洪林. 2002. 中国侵入岩图 1：12000000//马丽芳. 中国地质图集. 北京: 地质出版社: 21-24.
张玲, 林德松. 2004. 我国稀有金属资源现状分析. 地质与勘探, 40(1): 26-30.
张旗. 2008. 埃达克岩研究的回顾和前瞻. 中国地质, 35(1): 32-37.
张旗, 钱青, 翟明国, 等. 2005. Sanukite(赞岐岩)的地球化学特征、成因及其地球动力学意义. 岩石矿物学杂志, 24(2): 117-125.
张旗, 钱青, 王焰. 2000. 蛇绿岩岩石组合及洋脊下岩浆作用. 岩石矿物学杂志, 19(1): 1-7.
张旗, 王焰, 熊小林, 等. 2008. 埃达克岩和花岗岩: 挑战与机遇. 北京: 中国大地出版社: 1-344.
张旗, 周国庆. 2001. 中国蛇绿岩. 北京: 科学出版社.
张泽明, 康东艳, 丁慧霞, 等. 2018. 喜马拉雅造山带的部分熔融与淡色花岗岩成因机制. 地球科学, 43(1): 82-98.
赵思狄, 夏炎, 徐夕生, 等. 2023. 长英质富晶体火山岩成因——岩浆补给与晶粥再活化. 岩石矿物学杂志, 42(6): 878-893.
郑永飞. 2022. 汇聚板块边缘地球系统科学. 北京: 科学出版社.
周金城, 王孝磊. 2005. 实验及理论岩石学. 北京: 地质出版社.
周秋石, 王瑞. 2024. 低硅碱性岩浆的成因及其构造联系. 中国科学: 地球科学, 54(5): 1436-1458.
周新民. 1998. 岩浆混合作用与底侵作用//欧阳自远. 世纪之交矿物学岩石学地球化学的回顾与展望. 北京: 原子能出版社: 82-85.
周新民. 2003. 对华南花岗岩研究的思考. 高校地质学报, 9(4): 556-565.
周新民, 徐夕生. 1991. 花岗质岩石中岩石包体的成因类型及研究意义. 矿物岩石地球化学通讯, 1: 6-8.
周新民, 朱云鹤, 陈建国. 1990. 超镁铁球状岩的发现及其成因研究. 科学通报, 35(8): 604-606.
周新民, 邹海波, 杨杰东, 等. 1989. 安徽歙县伏川蛇绿岩套的Sm-Nd等时线年龄及其地质意义. 科学通报, 34(16): 1243-1245.

朱炳泉. 2003. 大陆溢流玄武岩成矿体系与基韦诺(Keweenaw)型铜矿床. 地质地球化学, 31(2): 1-8.

朱炳玉. 1997. 新疆阿尔泰可可托海稀有金属及宝石伟晶岩. 新疆地质, 15(2): 97-115.

朱金初, 吴长年, 刘昌实, 等. 2000. 新疆阿尔泰可可托海 3 号伟晶岩脉岩浆-热液演化和成因. 高校地质学报, 6(1): 40-52.

朱永峰, 徐新. 2006. 新疆塔尔巴哈台山发现早奥陶世蛇绿混杂岩. 岩石学报, 22(12): 2833-2842.

邹海洋, 戴塔根, 胡祥昭. 2001. 喀拉通克铜镍硫化矿地质特征及找矿预测. 地质地球化学, 29(3): 70-75.

邹天人, 徐建国. 1975. 论花岗伟晶岩的成因和类型的划分. 地球化学: 161-174.

Allègre C J, Lewin E, Dupré B. 1988. A coherent crust-mantle model for the uranium-thorium-lead isotopic system. Chemical Geology, 70: 211-234.

Altherr R, Holl A, Hegner E, et al. 2000. High-potassium, calc-alkaline I-type plutonism in the European Variscides: Northern Vosges (France) and northern Schwarzwald (Germany). Lithos, 50: 51-73.

Anders E, Ebihara M. 1982. Solar system abundances of the elements. Geochimica et Cosmochimica Acta, 46: 2363-2380.

Anders E, Grevesse N. 1989. Abundances of the elements: Meteoritic and solar. Geochimica et Cosmochimica Acta, 53: 197-214.

Anderson D L. 2001. Top-down tectonics. Science, 293: 2016-2018.

Andrews B J. 2021. Plagioclase population dynamics and zoning in response to changes in temperature and pressure. American Mineralogist, 106 (9): 1438-1452.

Annen C, Blundy J D, Sparks R S J. 2006. The genesis of intermediate and silicic magmas in deep crustal hot zones. Journal of Petrology, 47: 505-539.

Armstrong R L. 1968. A model for the evolution of strontium and lead isotopes in a dynamic earth. Reviews of Geophysics, 6 (2): 175-199.

Arndt N T, Goldstein S l. 1989. An open boundary between lower continental crust and mantle: Its role in crust formation and crustal recycling. Tectonophysics, 161: 201-212.

Arndt N, Lehnert K, Vasil'ev Y. 1995. Meimechites: Highly magnesian lithosphere-contaminated alkaline magmas from deep subcontinental mantle. Lithos, 34: 41-59.

Arndt N, Lesher C M. 2004. Komatiite. Encyclopedia of Geology: 260-268.

Asimow P D, Ghiorso M S. 1998. Algorithmic modifications extending MELTS to calculate subsolidus phase relations. American Mineralogist, 83: 1127-1132.

Bachmann O, Bergantz G W. 2004. On the origin of crystal-poor rhyolites: extracted from batholithic crystal mushes. Journal of Petrology, 45 (8): 1565-1582.

Bachmann O, Bergantz G W. 2006. Gas percolation in upper-crustal silicic crystal mushes as a mechanism for upward heat advection and rejuvenation of near-solidus magma bodies. Journal of Volcanology and Geothermal Research, 149: 85-102.

Bailey D K. 1970. Volatile flux, heat focusing and the generation of magma. Geological Journal Special Issue, 2: 177-186.

Bailey E B, Clough C T, Wright W B, et al. 1924. Tertiary and post-Tertiary geology of Mull, Loch Aline, and Oban. Memoirs of the Geologoical Survey of Scotland. Edinburgh: H. M. Stationery Office.

Baker B H. 1987. Outline of the petrology of the Kenya rift alkaline province. Geological Society, London, Special Publications, 30: 293-311.

Baker M B, Stolper E M. 1994. Determining the composition of high-pressure mantle melts using diamond aggregates. Geochimica et Cosmochimica Acta, 58(13): 2811-2827.

Baker M B, Wyllie P J. 1990. Liquid immiscibility in a nephelinite-carbonate system at 25 kbar and implications for carbonatite origin. Nature, 346(6280): 168-170.

Barbarin B. 1990. Granitoids: Main petrogenetic classifications in relation to origin and tectonic setting. Geological Journal, 25(3/4): 227-238.

Barbarin B. 1999. A review of the relationships between granitoid types, their origins and their geodynamic environments. Lithos, 46(3): 605-626.

Barnes S J, Lesher C M, Keays R R. 1995. Geochemistry of mineralised and barren komatiites from the Perseverance nickel deposit, Western Australia. Lithos, 34(1/2/3): 209-234.

Befus K S, Andrews B J. 2018. Crystal nucleation and growth produced by continuous decompression of Pinatubo magma. Contributions to Mineralogy and Petrology, 173(11): 92.

Bergantz G W. 1989. Underplating and partial melting: Implications for melt generation and extraction. Science, 245: 1093-1095.

Bergantz G W, Schleicher J M, Burgisser A. 2015. Open-system dynamics and mixing in magma mushes. Nature Geoscience, 8(10): 793-796.

Best M G. 2003. Igneous and Metamorphic Petrology. 2nd ed. Oxford: Blackwell Science Ltd.

Best M G, Christiansen E H. 2001. Igneous Petrology. Oxford: Blackwell Science Ltd.

Bird P. 1979. Continental delamination and the Colorado Plateau. Journal of Geophysical Research, 84: 7561-7571.

Bizzarro M, Simonetti A, Stevenson R, et al. 2002. Hf isotope evidence for a hidden mantle reservoir. Geology, 30: 771-774.

Black B A, Karlstrom L, Mather T A. 2021. The life cycle of large igneous provinces. Nature Reviews Earth & Environment, 2(12): 840-857.

Blair N E, Carter W D Jr. 1992. The carbon isotope biogeochemistry of acetate from a methanogenic marine sediment. Geochimica et Cosmochimica Acta, 56(3): 1247-1258.

Blatt H, Tracy R J. 1996. Petrology, Igneous, Sedimentary and Metamorphic. New York: W. H. Freeman Company.

Blichert-Toft J, Arndt N T, Ludden J N. 1996. Precambrian alkaline magmatism. Lithos, 37: 97-111.

Blundy J D, Holland T J B. 1990. Calcic amphibole equilibria and a new amphibole-plagioclase geothermometer. Contributions to Mineralogy and Petrology, 104: 208-224.

Boettcher A L, Burnham C W, Windom K E, et al. 1982. Liquids, glasses, and the melting of silicates to high pressures. The Journal of Geology, 90(2): 127-138.

Bonin B, Azzouni-Sekkal A, Bussy F, et al. 1998. Alkali-calcic and alkaline post-orogenic(PO) granite magmatism: Petrologic constraints and geodynamic settings. Lithos, 45(1/2/3/4): 45-70.

Bowen N L. 1913. The melting phenomena of the plagioclase feldspars. American Journal of Science, s4-35(210): 577-599.

Bowen N L. 1915. The crystallization of haplobasaltic, haplodioritic, and related magmas. American Journal of Science, s4-40(236): 161-185.

Bowen N L. 1922. The reaction principle in petrogenesis. The Journal of Geology, 30(3): 177-198.

Bowen N L. 1928. The Evolution of Igneous Rocks. Princeton: Princeton University Press.

Bowen N L. 1956. The Evolution of the Igneous Rocks. New York: Dover Publications.

Bowen N L, Andersen O. 1914. The binary system $MgO-SiO_2$. American Journal of Science, s4-37(222): 487-500.

Bowen N L, Schairer J F. 1935. The system $MgO-FeO-SiO_2$. American Journal of Science, s5-29(170): 151-217.

Bowen N L, Tuttle O F. 1950. The system $NaAlSi_3O_8-KAlSi_3O_8-H_2O$. The Journal of Geology, 58(5): 489-511.

Boyd F R. 1989. Compositional distinction between oceanic and cratonic lithosphere. Earth and Planetary Science Letters, 96(1/2): 15-26.

Boyd F R. 1997. Origin of peridotite xenoliths: Major element considerations//Ranalli G, Lucchi F R, Ricci C A, et al. High Pressure and High Temperature Research on Lithosphere and Mantle Materials. Italy: University of Siena: 89-106.

Branney M, Acocella V. 2015. Calderas//Sigurdsson H. The Encyclopedia of Volcanoes. Amsterdam: Elsevier: 299-315.

Brown G C, Mussett A E. 1981. The Inaccessible Earth. An Integrated View to Its Structure and Composition. London: Allen & Unwin.

Brown M. 2013. Granite: From genesis to emplacement. Geological Society of America Bulletin, 125(7-8): 1079-1113.

Brügmann G E, Arndt N T, Hofmann A W, et al. 1987. Noble metal abundances in komatiite suites from Alexo, Ontario and Gorgona Island, Colombia. Geochimica et Cosmochimica Acta, 51(8): 2159-2169.

Bryan S E, Ernst R E. 2008. Revised definition of large igneous provinces(LIPs). Earth-Science Reviews, 86(1-4): 175-202.

Bryan S E, Ferrari L. 2013. Large igneous provinces and silicic large igneous provinces: Progress in our understanding over the last 25 years. Geological Society of America Bulletin, 125(7-8): 1053-1078.

Burke K C, Wilson J T. 1976. Hot spots on the earth's surface//Decker R, Decker B. Volcanoes and the Earth's Interior. New York: W. H. Freeman Company: 31-42.

Burnham C W, Davis N F. 1974. The role of H_2O in silicate melts; II, Thermodynamic and phase relations in the system $NaAlSi_3O_8-H_2O$ to 10 kilobars, 700℃ to 1100℃. American Journal of Science, 274(8): 902-940.

Butterman W C, Foster W R. 1967. Zircon stability and the ZrO_2-SiO_2 phase diagram. American Mineralogist, 52: 880-885.

Cameron E N, Jahns R H, McNair A H, et al. 1949. Internal structure of granite pegmatite. Society of Economic Geologists, 2: 1-115.

Cameron M, Bagby W C, Cameron K L. 1980. Petrogenesis of voluminous mid-tertiary ignimbrites of the Sierra Madre Occidental, Chihuahua, Mexico. Contributions to Mineralogy and Petrology, 74(3): 271-284.

Cameron W E, Nisbet E G, Dietrich V J. 1979. Boninites, komatiites and ophiolitic basalts. Nature, 280(5723): 550-553.

Campbell I H. 2007. Testing the plume theory. Chemical Geology, 241(3-4): 153-176.

Carmichael I S E. 1964. The petrology of Thingmuli, a Tertiary volcano in eastern Iceland. Journal of Petrology, 5(3): 435-460.

Carmichael I S E. 1967. The mineralogy of Thingmuli, a Tertiary volcano in eastern Iceland. American Mineralogist, 52(11-12): 1815-1841.

Carmichael I S E, Turner F J, Verhoogen J. 1974. Igneous Petrology. New York: McGraw-Hill.

Carrara A, Burgisser A, Bergantz G W. 2020. The architecture of intrusions in magmatic mush. Earth and Planetary Science Letters, 549: 116539.

Cashman K V, Sparks R S J, Blundy J D. 2017. Vertically extensive and unstable magmatic systems: A unified view of igneous processes. Science, 355: eaag3055.

Cawood P A, Hawkesworth C J, Dhuime B. 2013. The continental record and the generation of continental crust. Geological Society of America Bulletin, 125(1-2): 14-32.

Cawood P A, Strachan R A, Pisarevsky S A, et al. 2016. Linking collisional and accretionary orogens during Rodinia assembly and breakup: Implications for models of supercontinent cycles. Earth and Planetary Science Letters, 449: 118-126.

Černý P, Ercit T S. 2005. The classification of granitic pegmatites revisited. The Canadian Mineralogist, 43(6): 2005-2026.

Chandrasekharam D. 2003. Deccan flood basalts. Journal of the Geological Society of India, Memoir, 53: 30-54.

Chapman J B, Ducea M N, DeCelles P G, et al. 2015. Tracking changes in crustal thickness during orogenic evolution with Sr/Y: An example from the North American Cordillera. Geology, 43(10): 919-922.

Chappell B W. 1999. Aluminium saturation in I- and S-type granites and the characterization of fractionated haplogranites. Lithos, 46(3): 535-551.

Chappell B W, White A J R. 1974. Two contrasting granite types. Pacific Geology, 8: 173-174

Chappell B W, White A J R, Williams I S, et al. 2004. Low- and high-temperature granites. Earth and Environmental Science Transactions of the Royal Society of Edinburgh, 95(1/2): 125-140.

Chaussidon M, Albarède F, Sheppard S M. 1989. Sulphur isotope variations in the mantle from ion microprobe analyses of micro-sulphide inclusions. Earth and Planetary Science Letters, 92(2): 144-156.

Che X, Nemchin A, Liu D Y, et al. 2021. Age and composition of young basalts on the Moon, measured from samples returned by Chang'e-5. Science, 374(6569): 887-890.

Chen B, Jahn B M, Arakawa Y, et al. 2004. Petrogenesis of the Mesozoic intrusive complexes from the southern Taihang Orogen, North China Craton: Elemental and Sr-Nd-Pb isotopic constraints. Contributions to Mineralogy and Petrology, 148(4): 489-501.

Chernicoff S E, Venkatakrishnan R. 1995. Geology: An Introduction to Physical Geology. New York: Worth Publishers.

Chiaradia M. 2015. Crustal thickness control on Sr/Y signatures of recent arc magmas: An Earth scale perspective. Scientific Reports, 5(1): 8115.

Chung S L, Jahn B M. 1995. Plume-lithosphere interaction in generation of the Emeishan flood basalts at the Permian-Triassic boundary. Geology, 23(10): 889.

Clarke D B. 1992. Granitoid Rocks. London: Chapman Hall.

Clemens J D. 2003. S-type granitic magmas: Petrogenetic issues, models and evidence. Earth-Science Reviews, 61(1/2): 1-18.

Clemens J D, Stevens G, le Roux S, et al. 2020. Mafic schlieren, crystal accumulation and differentiation in granitic magmas: An integrated case study. Contributions to Mineralogy and Petrology, 175(5): 51.

Cliff R A. 1985. Isotopic dating in metamorphic belts. Journal of the Geological Society, 142(1): 97-110.

Coffin M F, Eldholm O. 1992. Volcanism and continental break-up: A global compilation of large igneous provinces. Geological Society, London, Special Publications, 68(1): 17-30.

Coffin M F, Eldholm O. 1994. Large igneous provinces: Crustal structure, dimensions, and external consequences. Reviews of Geophysics, 32(1): 1-36.

Coffin M F, Eldholm O. 2001. Large igneous provinces: Progenitors of some ophiolites? //Ernst R E, Buchan K

L. Mantle Plumes: Their Identification Through Time. Boulder: Geological Society of America: 59-70.

Coleman D S, Glazner A F. 1997. The Sierra Crest Magmatic Event: Rapid formation of Juvenile crust during the Late Cretaceous in California. International Geology Review, 39: 768-787.

Coleman D S, Gray W, Glazner A F. 2004. Rethinking the emplacement and evolution of zoned plutons: Geochronologic evidence for incremental assembly of the Tuolumne Intrusive Suite, California. Geology, 32(5): 433-436.

Coleman D S, Mills R D, Zimmerer M J. 2016. The pace of plutonism. Elements, 12(2): 97-102.

Coleman R G. 1977. Ophiolites, Ancient Oceanic Lithosphere? Berlin: Springer-Verlag.

Coleman R G, Peterman Z E. 1975. Oceanic plagiogranite. Journal of Geophysical Research, 80(8): 1099-1108.

Collins W J, Murphy J B, Blereau E, et al. 2021. Water availability controls crustal melting temperatures. Lithos, 402-403: 106351.

Collins W J, Richards S R, Healy B E, et al. 2000. Origin of heterogeneous mafic enclaves by two-stage hybridisation in magma conduits (dykes) below and in granitic magma chambers. Earth and Environmental Science Transactions of the Royal Society of Edinburgh, 91(1/2): 27-45.

Condie K C. 1973. Archean magmatism and crustal thickening. Geological Society of America Bulletin, 84(9): 2981-2992.

Condie K C. 1982. Plate Tectonics and Crustal Evolution. New York: Pergamon.

Condie K C. 2001. Mantle Plumes and Their Record in Earth History. Cambridge: Cambridge University Press.

Condie K C. 2005. Earth as an Evolving Planetary System. Amsterdam: Elsevier Academic Press.

Connolly J A D. 1990. Multivariable phase diagrams: An algorithm based on generalized thermodynamics. American Journal of Science, 290: 666-718.

Connolly J A D. 2005. Computation of phase equilibria by linear programming: A tool for geodynamic modeling and its application to subduction zone decarbonation. Earth and Planetary Science Letters, 236: 524-541.

Conrad C P, Lithgow-Bertelloni C. 2002. How mantle slabs drive plate tectonics. Science, 298: 207-209.

Conrad C P, Lithgow-Bertelloni C. 2004. The temporal evolution of plate driving forces: Importance of "slab suction" versus "slab pull" during the Cenozoic. Journal of Geophysical Research: Solid Earth, 109(B10).

Cooper K M, Kent A J R. 2014. Rapid remobilization of magmatic crystals kept in cold storage. Nature, 506(7489): 480-483.

Couch S, Harford C L, Sparks R S J, et al. 2003. Experimental constraints on the conditions of formation of highly calcic plagioclase microlites at the Soufrire Hills Volcano, Montserrat. Journal of Petrology, 44(8): 1455-1475.

Courtillot V, Davaille A, Besse J, et al. 2003. Three distinct types of hotspots in the Earth's mantle. Earth and Planetary Science Letters, 205(3-4): 295-308.

Cox K G. 1991. A superplume in the mantle. Nature, 352(6336): 564-565.

Dan M. 1989. Some remarks on the movement of small melt fractions in the mantle. Earth and Planetary Science Letters, 95(1/2): 53-72.

Dasgupta R, Mallik A, Tsuno K, et al. 2013. Carbon-dioxide-rich silicate melt in the Earth's upper mantle. Nature, 493(7431): 211-215.

Dawson J B. 1984. Contrasting types of upper mantle metasomatism//Kornoprost J. Kimberlites II: The Mantle and Crust-Mantle Relationships. Amsterdam: Elsevier: 289-294.

Dawson J B, Pinkerton H, Pyle D M, et al. 1994. June 1993 eruption of Oldoinyo Lengai, Tanzania: Exceptionally viscous and large carbonatite lava flows and evidence for coexisting silicate and carbonate magmas. Geology, 22(9): 799.

de Capitani C, Brown T H. 1987. The computation of chemical equilibrium in complex systems containing non-ideal solutions. Geochimica et Cosmochimica Acta, 51: 2639-2652.

de Capitani C, Petrakakis K. 2010. The computation of equilibrium assemblage diagrams with Theriak/Domino software. American Mineralogist, 95: 1006-1016.

Defant M J, Drummond M S. 1990. Derivation of some modern arc magmas by melting of young subducted lithosphere. Nature, 347(6294): 662-665.

Defant M J, Jackson T E, Drummond M S, et al. 1992. The geochemistry of young volcanism throughout western Panama and southeastern Costa Rica: An overview. Journal of the Geological Society, 149(4): 569-579.

DePaolo D J. 1981. Trace element and isotopic effects of combined wallrock assimilation and fractional crystallization. Earth and Planetary Science Letters, 53(2): 189-202.

DePaolo D J, Wasserburg G J. 1979. Petrogenetic mixing models and Nd-Sr isotopic patterns. Geochimica et Cosmochimica Acta, 43(4): 615-627.

Devine J D, Rutherford M J, Norton G E, et al. 2003. Magma storage region processes inferred from geochemistry of Fe-Ti oxides in andesitic magma, Soufriere Hills Volcano, Montserrat, W. I. Journal of Petrology, 44(8): 1375-1400.

Dickinson W R. 1971. Plate tectonics in geologic history. Science, 174: 107-113.

Dorais M J, Whitney J A, Roden M F. 1990. Origin of mafic enclaves in the dinkey creek pluton, central Sierra Nevada batholith, California. Journal of Petrology, 31(4): 853-881.

Du D H, Luo X L, Wang X L, et al. 2024. A recipe for making potassium-rich magmas in collisional orogens: New insights from K and Fe isotopes. Earth and Planetary Science Letters, 632: 118642.

Du D H, Wang X L, Wang S, et al. 2022. Deciphering cryptic multi-stage crystal-melt separation during construction of the Tonglu volcanic-plutonic complex, SE China. Journal of Petrology, 63(1): 1-27.

Du D H, Wang X L, Yang T, et al. 2017. Origin of heavy Fe isotope compositions in high-silica igneous rocks: A rhyolite perspective. Geochimica et Cosmochimica Acta, 218: 58-72.

Dungan M A, Lindstrom M M, McMillan N J, et al. 1986. Open system magmatic evolution of the Taos Plateau volcanic field, northern New Mexico: 1. The petrology and geochemistry of the Servilleta basalt. Journal of Geophysical Research: Solid Earth, 91(B6): 5999-6028.

Eby G N. 1990. The A-type granitoids: A review of their occurrence and chemical characteristics and speculations on their petrogenesis. Lithos, 26(1/2): 115-134.

Echeverria L M. 1980. Tertiary or Mesozoic komatiites from Gorgona Island, Colombia: Field relations and geochemistry. Contributions to Mineralogy and Petrology, 73(3): 253-266.

Edgar A D. 1987. The genesis of alkaline magmas with emphasis on their source regions: Inferences from experimental studies//Fitton J G, Upton B G J. Alkaline Igneous Rocks. Oxford: Blackwell Scientific Publications: 29-52.

Eichelberger J C. 1980. Vesiculation of mafic magma during replenishment of silicic magma reservoirs. Nature, 288(5790): 446-450.

Elliott H A L, Wall F, Chakhmouradian A R, et al. 2018. Fenites associated with carbonatite complexes: A review. Ore Geology Reviews, 93: 38-59.

Ernst R E. 2014. Large Igneous Provinces. Cambridge: Cambridge University Press.

Ernst W G. 1976. Petrologic Phase Equilibria. New York: W. H. Freeman Company.

Ernst W G, Liu J. 1998. Experimental phase-equilibrium study of Al- and Ti-contents of calcic amphibole in MORB; a semiquantitative thermobarometer. American Mineralogist, 83 (9/10) : 952-969.

Ewart A. 1981. The mineralogy and chemistry of the anorogenic tertiary silicic volcanics of S. E. Queensland and N. E. New South Wales, Australia. Journal of Geophysical Research: Solid Earth, 86 (B11) : 10242-10256.

Ewart A, Green D C, Carmichael I S E, et al. 1971. Voluminous low temperature rhyolitic magmas in New Zealand. Contributions to Mineralogy and Petrology, 33 (2) : 128-144.

Falloon T J, Green D H. 1987. Anhydrous partial melting of MORB pyrolite and other peridotite compositions at 10 kbar: Implications for the origin of primitive MORB glasses. Mineralogy and Petrology, 37 (3) : 181-219.

Fan W M, Zhang H F, Baker J, et al. 2000. On and off the North China Craton: Where is the Archaean keel? Journal of Petrology, 41: 933-950.

Farmer G L. 2007. Continental basaltic rocks//Treatise on Geochemistry. Amsterdam: Elsevier: 1-39.

Farnetani C G, Richards M A. 1994. Numerical investigations of the mantle plume initiation model for flood basalt events. Journal of Geophysical Research: Solid Earth, 99 (B7) : 13813-13833.

Faure G. 2001. Origin of Igneous Rocks. Berlin, Heidelberg: Springer Berlin Heidelberg.

Fernandez A N, Barbarin B. 1991. Relative rheology of coeval mafic and felsic magmas: Nature of resulting interaction processes and shape and mineral fabrics of mafic microgranular enclaves//Didier J, Barbarin B. Enclaves and Granite Petrology. Amsterdam: Elsevier: 263-276.

Fisher R V. 1960. Classification of volcanic breccias. Geological Society of America Bulletin, 71 (7) : 973.

Fisher R V. 1966. Rocks composed of volcanic fragments and their classification. Earth-Science Reviews, 1 (4) : 287-298.

Fisher R V, Schmincke H-U. 1984. Pyroclastic Rocks. Berlin: Springer-Verlag.

Fitton J G, James D, Leeman W P. 1991. Basic magmatism associated with Late Cenozoic extension in the western United States: Compositional variations in space and time. Journal of Geophysical Research: Solid Earth, 96 (B8) : 13693-13711.

Fitton J G, Upton B G J. 1987. Alkaline Igneous Rocks. Oxford: Blackwell Scientific Publication.

Flower M F J, Russo R M, Tamaki K, et al. 2001. Mantle contamination and the Izu-Bonin-Mariana (IBM) 'high-tide mark': Evidence for mantle extrusion caused by Tethyan closure. Tectonophysics, 333(1-2): 9-34.

Foland K A, Henderson C M B, Gleason J. 1985. Petrogenesis of the magmatic complex at Mount Ascurney, Vermont, USA. Assimilation of crust by mafic magmas based on Sr and O isotopic and major element relationships. Contributions to Mineralogy and Petrology, 90: 331-345.

Förster H, Tischendorf G, Trumbull R. 1997. An evaluation of the Rb vs. (Y + Nb) discrimination diagram to infer tectonic setting of silicic igneous rocks. Lithos, 40: 261-293.

Forsyth D, Uyeda S. 1975. On the relative importance of the driving forces of plate motion. Geophysical Journal International, 43 (1) : 163-200.

Foulger G R, Natland J H. 2003. Is "Hotspot" volcanism a consequence of plate tectonics? Science, 300: 921-922.

French S W, Romanowicz B. 2015. Broad plumes rooted at the base of the Earth's mantle beneath major hotspots. Nature, 525: 95-99.

Frost B R, Barnes C G, Collins W J, et al. 2001. A geochemical classification for granitic rocks. Journal of

Petrology, 42 (11) : 2033-2048.

Frost B R, Frost C D, Hulsebosch T P, et al. 2000. Origin of the charnockites of the Louis Lake Batholith, Wind River Range, Wyoming. Journal of Petrology, 41 (12) : 1759-1776

Frost T P, Mahood G A. 1987. Field, chemical, and physical constraints on mafic-felsic magma interaction in the Lamarck granodiorite, Sierra Nevada, California. Geological Society of America Bulletin, 99 (2) : 272.

Fu B, Page F, Cavosie A J, et al. 2008. Ti-in-zircon thermometry: Applications and limitations. Contributions to Mineralogy and Petrology, 156 (2) : 197-215.

Gale A, Dalton C A, Langmuir C H, et al. 2013. The mean composition of ocean ridge basalts. Geochemistry, Geophysics, Geosystems, 14: 489-518.

Gao S, Luo T C, Zhang B R, et al. 1998. Chemical composition of the continental crust as revealed by studies in East China. Geochimica et Cosmochimica Acta, 62(11): 1959-1975.

Garcia M O, Pietruszka A J, Rhodes J M, et al. 2000. Magmatic processes during the prolonged Pu'u'O'o eruption of Kilauea volcano, Hawaii. Journal of Petrology, 41 (7) : 967-990.

Ge R, Wilde S A, Zhu W, et al. 2023. Earth's early continental crust formed from wet and oxidizing arc magmas, Nature, 623: 334-339.

Ghiorso M S, Hirschmann M M, Reiners P W, et al. 2002. The pMELTS: A revision of MELTS for improved calculation of phase relations and major element partitioning related to partial melting of the mantle to 3 GPa. Geochemistry, Geophysics, Geosystems, 3 (5) : 1-35.

Ghiorso M S, Sack R O. 1995. Chemical mass-transfer in magmatic processes. 4. A revised and internally consistent thermodynamic model for the interpolation and extrapolation of liquid/solid equilibria in magmatic systems at elevated temperatures and pressures. Contributions to Mineralogy and Petrology, 119: 197-212.

Gibson S A, Thompson R N, Leat P T, et al. 1993. Ultrapotassic magmas along the flanks of the Oligo-Miocene Rio Grande rift, USA: Monitors of the zone of lithospheric mantle extension and thinning beneath a continental rift. Journal of Petrology, 34: 187-228.

Gill J B. 1981. Orogenic Andesites and Plate Tectonics. Berlin: Springer.

Gill R. 2010. Igneous Rocks and Processes: A Practical Guide. Hoboken: Wiley-Blackwell.

Gill R, Fitton G. 2022. Igneous Rocks and Processes: A Practical Guide. 2nd ed. Hoboken: Wiley-Blackwell.

Giuliani A, Pearson D G. 2019. Kimberlites: From deep earth to diamond mines. Elements, 15 (6) : 377-380.

Glazner A F, Bartley J M, Coleman D S, et al. 2004. Are plutons assembled over millions of years by amalgamation from small magma chambers? GSA Today, 14 (4) : 4.

Griffin W L, Afonso J C, Belousova E A, et al. 2016. Mantle recycling: Transition zone metamorphism of Tibetan ophiolitic peridotites and its tectonic implications. Journal of Petrology, 57 (4) : 655-684.

Griffin W L, O'Reilly S Y. 1987. Is the continental Moho the crust-mantle boundary? Geology, 15 (3) : 241.

Griffin W L, O'Reilly S Y, Ryan C G, et al. 1998. Secular variation in the composition of subcontinental lithospheric mantle: Geophysical and geodynamic implications //Braun J, Dooley J, Goleby B. Structure and Evolution of the Australian Continent. Washington D. C.: American Geophysical Union: 1-25.

Griffin W L, Wang X, Jackson S E, et al. 2002. Zircon chemistry and magma mixing, SE China: *In-situ* analysis of Hf isotopes, Tonglu and Pingtan igneous complexes. Lithos, 61 (3-4) : 237-269.

Griffiths R W, Campbell I H. 1990. Stirring and structure in mantle starting plumes. Earth and Planetary Science Letters, 99 (1-2) : 66-78.

Grove T L, Donnelly-Nolan J M. 1986. The evolution of young silicic lavas at Medicine Lake Volcano, California: Implications for the origin of compositional gaps in calc-alkaline series lavas. Contributions to Mineralogy and Petrology, 92(3): 281-302.

Gualda G A R, Ghiorso M S, Lemons R V, et al. 2012. Rhyolite-MELTS: A modified calibration of MELTS optimized for silica-rich, fluid-bearing magmatic systems. Journal of Petrology, 53: 875-890.

Haapala I, Rämö O T. 1992. Tectonic setting and origin of the Proterozoic rapakivi granites of southeastern Fennoscandia. Earth and Environmental Science Transactions of the Royal Society of Edinburgh, 83: 165-171.

Hall A. 1987. Igneous Petrology. New York: John Wiley & Sons Inc.

Harker A. 1909. The Natural History of Igneous Rocks. New York: Macmillan.

Hart S R, Zindler A. 1986. In search of a bulk-Earth composition. Chemical Geology, 57(3/4): 247-267.

Harte B. 1987. Metasomatic events recorded in mantle xenoliths: An overview//Nixon P H. Mantle Xenoliths. Chichester: John Wiley & Sons Ltd: 625-640.

Hatch F H, Wells A K, Wells M K. 1973. Petrology of the Igneous Rocks. London: Thomas Murby & Co. George Allen & Unwin.

Hauri E H, Hart S R. 1994. Constraints on melt migration from mantle plumes: A trace element study of peridotite xenoliths from Savai'i, Western Samoa. Journal of Geophysical Research Solid Earth, 99: 24301-24321.

Hawkesworth C, Cawood P, Dhuime B. 2013. Continental growth and the crustal record. Tectonophysics, 609: 651-660.

Hawkesworth C J, Dhuime B, Pietranik A B, et al. 2010. The generation and evolution of the continental crust. Journal of the Geological Society, 167(2): 229-248.

Heinrich E W. 1966. The Geology of Carbonatites. Chicago: Rand McNally.

Heming R F, Carmichael I S E. 1973. High-temperature pumice flows from the Rabaul caldera Papua, New Guinea. Contributions to Mineralogy and Petrology, 38(1): 1-20.

Herzberg C. 2011. Identification of source lithology in the Hawaiian and Canary Islands: Implications for origins. Journal of Petrology, 52(1): 113-146.

Herzberg C, Asimow P D. 2008. Petrology of some oceanic island basalts: PRIMELT2. XLS software for primary magma calculation. Geochemistry, Geophysics, Geosystems, 9(9): 2008GC002057.

Hess H H. 1962. History of ocean basins//Engel A E J, JamesH L, Leonard B F. Petrologic Studies: A Volume in Honor of A. F. Buddington. Boulder: Geological Society of America: 599-620.

Hildreth W. 1981. Gradients in silicic magma chambers: Implications for lithospheric magmatism. Journal of Geophysical Research: Solid Earth, 86(B11): 10153-10192.

Hildreth W. 2004. Volcanological perspectives on Long Valley, Mammoth Mountain, and Mono Craters: Several contiguous but discrete systems. Journal of Volcanology and Geothermal Research, 136(3-4): 169-198.

Hildreth W, Halliday A N, Christiansen R L. 1991. Isotopic and chemical evidence concerning the genesis and contamination of basaltic and rhyolitic magma beneath the Yellowstone plateau volcanic field. Journal of Petrology, 32(1): 63-138.

Hildreth W, Moorbath S. 1988. Crustal contributions to arc magmatism in the Andes of Central Chile. Contributions to Mineralogy and Petrology, 98(4): 455-489.

Hill R, Roeder P. 1974. The crystallization of spinel from basaltic liquid as a function of oxygen fugacity. The

Journal of Geology, 82: 709-729.

Hirose K, Kawamoto T. 1995. Hydrous partial melting of lherzolite at 1 GPa: The effect of H_2O on the genesis of basaltic magmas. Earth and Planetary Science Letters, 133 (3-4): 463-473.

Hirose K, Kushiro I. 1993. Partial melting of dry peridotites at high pressures: Determination of compositions of melts segregated from peridotite using aggregates of diamond. Earth and Planetary Science Letters, 114 (4): 477-489.

Hofmann A W. 1988. Chemical differentiation of the earth: The relationship between mantle, continental crust, and oceanic crust. Earth and Planetary Science Letters, 90 (3): 297-314.

Hofmann A W. 1997. Mantle geochemistry: The message from oceanic volcanism. Nature, 385 (6613): 219-229.

Holland J G, Lambert R S J. 1972. Major element chemical composition of shields and the continental crust. Geochimica et Cosmochimica Acta, 36 (6): 673-683.

Holland T, Blundy J. 1994. Non-ideal interactions in calcic amphiboles and their bearing on amphibole-plagioclase thermometry. Contributions to Mineralogy and Petrology, 116 (4): 433-447.

Holland T J B, Powell R. 1998. An internally-consistent thermodynamic dataset for phases of petrological interest. Journal of Metamorphic Geology, 16: 309-344.

Holmes A. 1931. Radioactivity and earth movements. Nature, 128 (3229): 496-496.

Hou Z Q, Yang M, Lu Y J, et al. 2015. A genetic linkage between subduction- and collision-related porphyry Cu deposits in continental collision zones. Geology, 43 (3): 247-250.

Hsu W B, Zhang A C, Bartoschewitz R, et al. 2008. Petrography, mineralogy, and geochemistry of lunar meteorite Sayh al Uhaymir 300. Meteoritics & Planetary Science, 43 (8): 1363-1381.

Huang R, Audétat A. 2012. The titanium-in-quartz (TitaniQ) thermobarometer: A critical examination and re-calibration. Geochimica et Cosmochimica Acta, 84: 75-89.

Hughes C J. 1982. Igneous Petrology. New York: Elsevier.

Humphreys-Williams E R, Zahirovic S. 2021. Carbonatites and global tectonics. Elements: An International Magazine of Mineralogy, Geochemistry, and Petrology, 17 (5): 339-344.

Hunter R H. 1987. Textural equilibrium in layered igneous rocks//Origins of Igneous Layering. Dordrecht: Springer Netherlands: 473-503.

Huppert H E, Sparks R S J. 1988. The generation of granitic magmas by intrusion of basalt into continental crust. Journal of Petrology, 29 (3): 599-624.

Hyndman D W. 1972. Petrology of Igneous and Metamorphic Rocks. New York: McGraw-Hill.

Ichikawa K, Mizutani S, Hara l, et al. 1990. Pre-Cretaceous terrances of Japan. Osaka: Publication of IGCP 224: Pre-Jurassic evolution of Eastern Asia: 1-413.

Iddings J P. 1895. Absarokite-shoshonite-banakite series. The Journal of Geology, 3: 935-959.

Irvine T N. 1982. Terminology for layered intrusions. Journal of Petrology, 23(2): 127-162.

Irvine T N, Baragar W R A. 1971. A guide to the chemical classification of the common volcanic rocks. Canadian Journal of Earth Sciences, 8: 523-548.

Isacks B, Molnar P. 1969. Mantle earthquake mechanisms and the sinking of the lithosphere. Nature, 223: 1121-1124.

Ishihara S. 1977. The magnetite-series and ilmenite-series granitic rocks. Mining Geology, 27: 293-305.

Jagoutz E, Palme H, Baddenhausen H, et al. 1979. The abundances of major, minor and trace elements in the earth's mantle as derived from primitive ultramafic nodules. Proceeding of Lunar Planetary Science

Conference 10th: 2031-2050.

Jahns R H, Tuttle O F. 1963. Layered pegmatite-aplite intrusives. Special Paper Mineralogical Society of America, 1: 78-92.

Jakeš P, White A J R. 1972. Major and trace element abundances in volcanic rocks of orogenic areas. Geological Society of America Bulletin, 83 (1) : 29.

Jean V. 1948. Geological significance of surface tension. The Journal of Geology, 56 (3) : 210-217.

Johannes W. 1978. Melting of plagioclase in the system Ab-An-H_2O and Qz-Ab-An-H_2O at PH_2O=5 kbars, an equilibrium problem. Contributions to Mineralogy and Petrology, 66: 295-303.

Johannes W, Holtz F. 1996. Petrogenesis and Experimental Petrology of Granitic Rocks. Berlin, Heidelberg: Springer Berlin Heidelberg.

Johnson C, Beard B, Weyer S. 2020. High-temperature Fe isotope geochemistry//Johnson C, Beard B, Weyer S. Iron Geochemistry: An Isotopic Perspective. Cham: Springer International Publishing: 85-147.

Johnson K T M, Dick H J B, Shimizu N. 1990. Melting in the oceanic upper mantle: An ion microprobe study of diopsides in abyssal peridotites. Journal of Geophysical Research: Solid Earth, 95 (B3) : 2661-2678.

Johnson R W, Knutson J, Taylor S R, et al. 1989. Intraplate volcanism in eastern Australia and New Zealand. Cambridge: Cambridge University Press.

Joplin G A. 1968. The shoshonite association: A review. Journal of the Geological Society of Australia, 15 (2) : 275-294.

Kamei A, Owada M, Nagao T, et al. 2004. High-Mg diorites derived from sanukitic HMA magmas, Kyushu Island, southwest Japan arc: Evidence from clinopyroxene and whole rock compositions. Lithos, 75: 359-371.

Kampunzu A B, Mohr P. 1991. Magmatic evolution and petrogenesis in the east African rift system//Magmatism in Extensional Structural Settings. Berlin, Heidelberg: Springer Berlin Heidelberg: 85-136.

Karig D E. 1971. Origin and development of marginal basins in the western Pacific. Journal of Geophysical Research, 76 (11) : 2542-2561.

Kay R W, Kay S M. 1993. Delamination and delamination magmatism. Tectonophysics, 219 (1/2/3) : 177-189.

Kemp A I S, Hawkesworth C J, Foster G L, et al. 2007. Magmatic and crustal differentiation history of granitic rocks from Hf-O isotopes in zircon. Science, 315: 980-983.

Kinny P D, Maas R. 2003. Lu-Hf and Sm-Nd isotope systems in zircon. Reviews in Mineralogy and Geochemistry, 53 (1) : 327-341.

Kuno H. 1966. Lateral variation of basalt magma type across continental margins and island arcs. Bulletin Volcanologique, 29 (1) : 195-222.

Kuno H. 1968. Differentiation of basalt magmas//Hess H H, Poldervaart A A. Basalts: The Poldervaart Treatise on Rocks of Basaltic Composition. Vol.2. New York: Interscience Publishers: 623-688.

Larson R L. 1991. Geological consequences of superplumes. Geology, 19 (10) : 963.

Laumonier M, Scaillet B, Arbaret L, et al. 2015. Experimental mixing of hydrous magmas. Chemical Geology, 418: 158-170.

Laumonier M, Scaillet B, Pichavant M, et al. 2014. On the conditions of magma mixing and its bearing on andesite production in the crust. Nature Communications, 5 (1) : 1-12.

Le Bas M J. 1981. Carbonatite magmas. Mineralogical Magazine, 44 (334) : 133-140.

Le Bas M J. 1987. Nephelinites and carbonatites//Fitton J G, Upton B G J. Alkaline Igneous Rocks. Oxford:

Blackwell Scientific Publications: 53-83

Le Bas M J. 1989. Diversification of carbonatite//Bell K. Carbonatites. London: Unwin Hyman: 427-447.

Le Bas M J. 2000. IUGS reclassification of the high-Mg and picritic volcanic rocks. Journal of Petrology, 41(10): 1467-1470.

Le Bas M J, Le Maitre R W, Streckeisen A, et al. 1986. A chemical classification of volcanic rocks based on the total alkali-silica diagram. Journal of Petrology, 27(3): 745-750.

Le Bas M J, Le Maitre R W, Woolley A R. 1992. The construction of the total alkali-silica chemical classification of volcanic rocks. Mineralogy and Petrology, 46: 1-22.

Le Maitre R W. 1976. The chemical variability of some common igneous rocks. Journal of Petrology, 17(4): 589-598.

Le Maitre R W. 1989. A Classification of Igneous Rocks and Glossary of Terms. Oxford: Blackwell Scientific Publications.

Le Maitre R W, Bateman P, Dudek A, et al. 1989. A Classification of Igneous Rocks and Glossary of Terms. Oxford: Blackwell Scientific Publications.

Le Maitre R W, Streckeisen A, Zanettin B, et al. 2002. Igneous Rocks: A Classification and Glossary of Terms. Cambridge: Cambridge University Press.

Leake B E. 1990. Granite magmas: Their sources, initiation and consequences of emplacement. Journal of the Geological Society, 147(4): 579-589.

Lee W J, Wyllie P J. 1997. Liquid immiscibility between nephelinite and carbonatite from 1.0 to 2.5 GPa compared with mantle melt compositions. Contributions to Mineralogy and Petrology, 127(1): 1-16.

Leeman W P, Fitton J G. 1989. Magmatism associated with lithospheric extension: Introduction. Journal of Geophysical Research: Solid Earth, 94(B6): 7682-7684.

Lehmann B. 1990. Metallogeny of Tin. Berlin: Springer.

Li Q L, Zhou Q, Liu Y, et al. 2021. Two-billion-year-old volcanism on the Moon from Chang'e-5 basalts. Nature, 600(7887): 54-58.

Li S G, Yang W, Ke S, et al. 2017. Deep carbon cycles constrained by a large-scale mantle Mg isotope anomaly in Eastern China. National Science Review, 4(1): 111-120.

Li Z X, Mitchell R N, Spencer C J, et al. 2019. Decoding Earth's rhythms: Modulation of supercontinent cycles by longer superocean episodes. Precambrian Research, 323: 1-5.

Li Z X, Zhong S. 2009. Supercontinent-superplume coupling, true polar wander and plume mobility: Plate dominance in whole-mantle tectonics. Physics of the Earth and Planetary interiors, 176(3-4): 143-156.

Lightfoot P C, Hawkesworth C J, Hergt J, et al. 1993. Remobilisation of the continental lithosphere by a mantle plume: Major-, trace-element, and Sr-, Nd and Pb-isotope evidence from picritic and tholeiitic lavas of the Norilsk District, Siberian Trap, Russia. Contributions to Mineralogy and Petrology, 114: 171-188.

Lipman P W. 1984. The roots of ash flow calderas in western North America: Windows into the tops of granitic batholiths. Journal of Geophysical Research: Solid Earth, 89: 8801-8841.

Liu B X, Zhang Z C, Giuliani A, et al. 2023. A mantle plume connection for alkaline lamprophyres (sannaites) from the Permian Tarim large igneous province: Petrological, geochemical and isotopic constraints. Journal of Petrology, 64(2): egad004.

Lo C H, Yui T H. 1996. $^{40}Ar/^{39}Ar$ dating of high-pressure rocks in the Tananao basement complex, Taiwan. Journal of the Geological Society of China, 39(1): 13-30.

Loiselle M C, Wones D R. 1979. Characteristics and origin of anorogenic granites. Geological Society of America Abstracts, 11: 468.

Loper D E. 1991. Mantle plumes. Tectonophysics, 187(4): 373-384.

Loucks R R, Fiorentini M L, Henríquez G J. 2020. New magmatic oxybarometer using trace elements in zircon. Journal of Petrology, 61(3): egaa34.

Luth W C, Jahns R H, Tuttle O F. 1964. The granite system at pressures of 4 to 10 kilobars. Journal of Geophysical Research, 69(4): 759-773.

MacDonald G A. 1968. Composition and origin of Hawaiian lavas//Coats R R, Hay R L, Anderson C A. Studies in Volcanology: A Memoir in Honour of Howel Williams. Boulder: Geological Society of America: 477-522.

MacDonald G A. 1972. Volcanoes. Englewood Cliffs: Prentice-Hall, Inc.

MacDonald G A, Katsura T. 1964. Chemical composition of Hawaiian Lavas. Journal of Petrology, 5(1): 82-133.

MacKenzie W S, Donaldson C H, Guilford C. 1982. Atlas of Igneous Rocks and Their Textures. Harlow: Longman Group Limited.

Mahéo G, Bertrand H, Guillot S, et al. 2004. The south Ladakh ophiolites (NW Himalaya, India): An intra-oceanic tholeiitic arc origin with implication for the closure of the neo-Tethys. Chemical Geology, 203(3/4): 273-303.

Mamberti M, Lapierre H, Bosch D, et al. 2003. Accreted fragments of the Late Cretaceous Caribbean-Colombian plateau in Ecuador. Lithos, 66(3/4): 173-199.

Maniar P D, Piccoli P M. 1989. Tectonic discrimination of granitoids. Geological Society of America Bulletin, 101(5): 635-643.

Marien C S, Drewes-Todd E K, Stork A X, et al. 2022. Juvenile continental crust evolution in a modern oceanic arc setting: Petrogenesis of Cenozoic felsic plutons in Fiji, SW Pacific. Geochimica et Cosmochimica Acta, 320: 339-365.

Martin H. 1999. Adakitic magmas: Modern analogues of Archaean granitoids. Lithos, 46(3): 411-429.

Martin H, Smithies R H, Rapp R. et al. 2005. An overview of adakite, tonalite-trondhjemite-granodiorite (TTG) and sanukitoid: Relationships and some implications for crustal evolution. Lithos, 79: 1-24.

Martin R F. 2006. A-type granites of crustal origin ultimately result from open-system fenitization-type reactions in an extensional environment. Lithos, 91(1/2/3/4): 125-136.

Maruyama S. 1994. Plume tectonics. The Journal of the Geological Society of Japan, 100(1): 24-49.

Maruyama S, Santosh M, Zhao D P. 2007. Superplume, supercontinent, and post-perovskite: Mantle dynamics and anti-plate tectonics on the core-mantle boundary. Gondwana Research, 11: 7-37.

Maruyama S, Send T. 1986. Orogeny and relative plate motions: Example of the Japanese Islands. Tectonophysics, 127(3/4): 305-329.

Marzoli A, Bertrand H, Youbi N, et al. 2019. The central atlantic magmatic province (CAMP) in Morocco. Journal of Petrology, 60(5): 945-996.

McBirney A R. 2007. Igneous Petrology. 3rd ed. Boston: Jones and Bartlett Publishers, Inc.

McBirney A R, Noyes R M. 1979. Crystallization and layering of the Skaergaard intrusion. Journal of Petrology, 20(3): 487-554.

McCulloch M T, Gamble J A. 1991. Geochemical and geodynamical constraints on subduction zone magmatism. Earth and Planetary Science Letters, 102(3/4): 358-374.

McDonough W F, McCulloch M T, Sun S S. 1985. Isotopic and geochemical systematics in Tertiary-Recent basalts from southeastern Australia and implications for the evolution of the sub-continental lithosphere. Geochimica et Cosmochimica Acta, 49(10): 2051-2067.

McDonough W F, Sun S S. 1995. The composition of the earth. Chemical Geology, 120(3/4): 223-253.

Menzies M A. 1990. Archaean, proterozoic, and phanerozoic lithospheres// Menzies M A. Continental Mantle. Oxford: Oxford Science Publications: 67-86.

Menzies M, Chazot G. 1995. Fluid processes in diamond to spinel facies shallow mantle. Journal of Geodynamics, 20(4): 387-415.

Menzies M A, Kyle P R. 1990. Continental volcanism: A crust-mantle probe// Menzies M A. Continental Mantle. Oxford: Oxford Science Publications: 157-177.

Middlemost E A K. 1994. Naming materials in the magma/igneous rock system. Earth-Science Reviews, 37(3/4): 215-224.

Miller C F, McDowell S M, Mapes R W. 2003. Hot and cold granites? Implications of zircon saturation temperatures and preservation of inheritance. Geology, 31(6): 529-532.

Mitchell R H. 1995. Kimberlites, Orangeites, and Related Rocks. New York: Springer.

Mitchell R H. 2006. Potassic magmas derived from metasomatized lithospheric mantle: Nomenclature and relevance to exploration for diamond-bearing rocks. Journal of the Geological Society of India, 67: 317-327.

Mitchell R H. 2007. Potassic rocks from the Gondwana Coalfields of India: Closing Pandora's Box of petrological confusion? Journal of the Geological Society of India, 69: 505-512.

Mitchell R H, Bergman S C. 1991. Petrology of Lamproites. Boston, MA: Springer US.

Miyashiro A. 1974. Volcanic rock series in island arcs and active continental margins. American Journal of Science, 274(4): 321-355.

Mobasheri M, Arndt N, Cordier C, et al. 2024. Upper Paleozoic komatiites near Mashhad, NE Iran. Geology, 52(10): 759-763.

Morgan W J. 1971. Convection plumes in the lower mantle. Nature, 230(5288): 42-43.

Morgan W J. 1972. Plate motions and deep mantle convection//Studies in Earth and Space Sciences. Geological Society of America: 7-22.

Mororó E A A, Berkesi M, Zajacz Z, et al. 2024. Rare earth element transport and mineralization linked to fluids from carbonatite systems. Geology, 52(4): 240-244.

Morris J D, Hart S R. 1983. Isotopic and incompatible element constraints on the genesis of island arc volcanics from Cold Bay and Amak Island, Aleutians, and implications for mantle structure. Geochimica et Cosmochimica Acta, 47(11): 2015-2030.

Morrison G W. 1980. Characteristics and tectonic setting of the shoshonite rock association. Lithos, 13(1): 97-108.

Moyen J F, Janoušek V, Laurent O, et al. 2021. Crustal melting vs. fractionation of basaltic magmas: Part 1, granites and paradigms. Lithos, 402-403: 106291.

Müller A, Simmons W, Beurlen H, et al. 2022. A proposed new mineralogical classification system for granitic pegmatites - Part I: History and the need for a new classification. The Canadian Mineralogist, 60(2): 203-227.

Nekvasil H. 1991. Ascent of felsic magmas and formation of rapakivi. American Mineralogist, 76: 1279-1290.

Niggli P. 1920. Systematik der eruptivgesteine. Berlin: Gebr. Borntraeger: 161-174.

Niu Y. 1997. Mantle melting and melt extraction processes beneath ocean ridges: Evidence from abyssal peridotites. Journal of Petrology, 38(8): 1047-1074.

Niu Y L, Zhao Z D, Zhu D C, et al. 2013. Continental collision zones are primary sites for net continental crust growth - A testable hypothesis. Earth-Science Reviews, 127: 96-110.

Nockolds S R. 1954. Average chemical compositions of some igneous rocks. Geological Society of America Bulletin, 65(10): 1007.

Norman M D. 1998. Melting and metasomatism in the continental lithosphere: Laser ablation ICPMS analysis of minerals in spinel lherzolites from eastern Australia. Contributions to Mineralogy and Petrology, 130(3): 240-255.

Norry M J, Truckle P H, Lippard S J, et a1. 1980. Isotopic and trace element evidence from lavas, bearing on mantle heterogeneity beneath Kenya. Philosophical Transactions of the Royal Society of London, A297: 259-271

O'Reilly S Y, Griffin W L, Finlayson D M. 1994. Moho and petrologic crust-mantle boundary coincide under southeastern Australia: Comment and reply. Geology, 22: 666-668.

Oyarzún R, Márquez A, Lillo J, et al. 2001. Giant versus small porphyry copper deposits of Cenozoic age in northern Chile: Adakitic versus normal calc-alkaline magmatism. Mineralium Deposita, 36: 794-798.

Pankhurst R J, Leat P T, Sruoga P, et al. 1998. The Chon Aike province of Patagonia and related rocks in West Antarctica: A silicic large igneous province. Journal of Volcanology and Geothermal Research, 8l: 113-136.

Patiño Douce A E. 1999. What do experiments tell us about the relative contributions of crust and mantle to the origin of granitic magmas? Geological Society, London, Special Publications, 168(1): 55-75.

Patiño Douce A E, Harris N. 1998. Experimental constraints on Himalayan anatexis. Journal of Petrology, 39(4): 689-710.

Peacock M A. 1931. Classification of igneous rock series. Journal of Geology, 39: 54-67.

Pearce J A. 1983. The role of sub-continental lithosphere in magma genesis at destructive plate margins//Hawkesworth C J, Norry M J. Continental Basalts and Mantle Xenoliths. Nantwich: Shiva: 230-249.

Pearce J A. 1996. Sources and settings of granitic rocks. Episodes, 19: 120-125.

Pearce J A, Harris N B W, Tindle A G. 1984. Trace element discrimination diagrams for the tectonic interpretation of granitic rocks. Journal of Petrology, 25: 956-983.

Pearce T H. 1968. A contribution to the theory of variation diagrams. Contributions to Mineralogy and Petrology, 19(2): 142-157.

Pearson D G, Woodhead J, Janney P E. 2019. Kimberlites as geochemical probes of earth's mantle. Elements, 15(6): 387-392.

Peccerillo A, Taylor S R. 1976. Geochemistry of Eocene calc-alkaline volcanic rocks from the Kastamonu area, Northern Turkey. Contributions to Mineralogy and Petrology, 58: 63-81.

Petford N, Cruden A R, McCaffrey K J W, et al. 2000. Granite magma formation, transport and emplacement in the Earth's crust. Nature, 408: 669-673.

Pichamuthu C S. 1969. Nomenclature of charnockites. Indian Minerals, 10: 23-35.

Pilet S, Baker M B, Stolper E M. 2008. Metasomatized lithosphere and the origin of alkaline lavas. Science, 320(5878): 916-919.

Pirajno F. 2000. Ore Deposits and Mantle Plumes. Dordrecht: Klumer Academic Publishers.

Pitcher W S. 1979. Comments on the geological environments of granites//TarneY A. Origin of Granite

Batholiths: Geochemical Evidences. Boston: Birkhäuser Boston: 1-8.

Pitcher W S. 1983. Granite type and tectonic environment//Hsu K J. Mountain Building Processes. London: Academic Press: 19-40.

Pitcher W S. 1997. The Nature and Origin of Granite. Dordrecht: Springer.

Plank T. 2014. The chemical composition of subducting sediments//Treatise on Geochemistry. Amsterdam: Elsevier: 607-629.

Poldervaart A, Hess H H. 1951. Pyroxenes in the crystallization of basaltic magma. The Journal of Geology, 59(5): 472-489.

Powell R, Holland T J B. 1988. An internally consistent dataset with uncertainties and correlations. 3. Applications to geobarometry, worked examples and a computer program. Journal of Metamorphic Geology, 6: 173-204.

Powell R, Holland T, Worley B. 1998. Calculating phase diagrams involving solid solutions via non-linear equations, with examples using THERMOCALC. Journal of Metamorphic Geology, 16(4): 577-588.

Profeta L, Ducea M N, Chapman J B, et al. 2015. Quantifying crustal thickness over time in magmatic arcs. Scientific Reports, 5: 17786.

Quane S L, Russell J K. 2005. Ranking welding intensity in pyroclastic deposits. Bulletin of Volcanology, 67(2): 129-143.

Rapp R P, Irifune T, Shimizu N, et al. 2008. Subduction recycling of continental sediments and the origin of geochemically enriched reservoirs in the deep mantle. Earth and Planetary Science Letters, 271(1-4): 14-23.

Rapp R P, Watson E B, Miller C F. 1991. Partial melting of amphibolite/eclogite and the origin of Archean trondhjemites and tonalites. Precambrian Research, 51(1/2/3/4): 1-25.

Reeves C V, Karanja F M, MacLeod I N. 1987. Geophysical evidence for a failed Jurassic rift and triple junction in Kenya. Earth and Planetary Science Letters, 81(2/3): 299-311.

Reubi O, Blundy J. 2009. A dearth of intermediate melts at subduction zone volcanoes and the petrogenesis of arc Andesites. Nature, 461(7268): 1269-1273.

Reynolds S, Johnson J, Morin P, et al. 2018. Exploring Geology. 5th ed. New York: McGraw-Hill Education.

Richards M A, Duncan R A, Courtillot V E. 1989. Flood basalts and hot-spot tracks: Plume heads and tails. Science, 246: 103-107.

Richey J E. 1932. Tertiary ring structures in Britain. Transactions of the Geological Society of Glasgow, 19(1): 42-140.

Rickwood P C. 1989. Boundary lines within petrologic diagrams which use oxides of major and minor elements. Lithos, 22(4): 247-263.

Ringwood A E. 1969. Composition and evolution of the upper mantle//Hart P J. The Earth's Crust and Upper Mantle. Washington D. C.: American Geophysical Union: 1-17.

Ringwood A E. 1975. Composition and Petrology of the Earth's Mantle. New York: McGraw-Hill.

Ringwood A E, Kesson S E, Hibberson W, et al. 1992. Origin of kimberlites and related magmas. Earth and Planetary Science Letters, 113(4): 521-538.

Roden M F, Rama Murthy V. 1986. Mantle metasomatism. Annual Review of Earth and Planetary Sciences, 13: 269-296.

Rollison H R. 1993. Using Geochemical Data: Evaluation, Presentation, Interpretation. Singapore: Longman Singapore Publishers.

Rosenbusch H. 1923. Elemente der Gesteinslehre//Osann A. Stuttgart: E. Schweizerbart'sche Verlagsbuchhandlung: 1-779.

Rudnick R L, Fountain D M. 1995. Nature and composition of the continental crust: A lower crustal perspective. Reviews of Geophysics, 33 (3) : 267-309.

Rudnick R L, Gao S. 2003. Composition of the continental crust//Treatise on Geochemistry. Amsterdam: Elsevier: 1-64.

Rudnick R L, Gao S, Ling W L, et al. 2004. Petrology and geochemistry of spinel peridotite xenoliths from Hannuoba and Qixia, North China Craton. Lithos, 77 (1/2/3/4) : 609-637.

Rusiecka M, Baker D. 2021. Growth and textural evolution during crystallization of quartz and feldspar in hydrous, rhyolitic melt. Contributions to Mineralogy and Petrology, 176 (7) : 1.

Rusiecka M, Bilodeau M, Baker D. 2020. Quantification of nucleation delay in magmatic systems: Experimental and theoretical approach. Contributions to Mineralogy and Petrology, 175: 1-16.

Rutherford M J, Devine J D. 2003. Magmatic conditions and magma ascent as indicated by hornblende phase equilibria and reactions in the 1995-2002 Soufriere Hills magma. Journal of Petrology, 44 (8) : 1433-1454.

Sajona F G, Maury R C. 1998. Association of adakites with gold and copper mineralization in the Philippines. Comptes Rendus de L'Académie Des Sciences - Series IIA - Earth and Planetary Science, 326 (1) : 27-34.

Sakai H, Des Marais D J, Ueda A, et al. 1984. Concentrations and isotope ratios of carbon, nitrogen and sulfur in ocean-floor basalts. Geochimica et Cosmochimica Acta, 48 (12) : 2433-2441.

Saunders A D, Norry M J, Tarney J. 1991. Fluid influence on the trace element compositions of subduction zone magmas. Philosophical Transactions of the Royal Society A, 335: 377-392.

Schairer H, Bowen N L. 1947. The system leucite-anorthite-silica. Bulletin of the Geological Society of Finland, 20: 67-87.

Schairer J F. 1970. Critical planes and flow sheet for a portion of the system $CaO-MgO-Al_2O_3-SiO_2$ having petrological applications. Carnegie Institution Washington Yearbook, 68: 202-214.

Schairer J F, Bowen N L. 1955. The system $K_2O-Al_2O_3-SiO_2$. American Journal of Science, 253 (12) : 681-746.

Schairer J F, Bowen N L. 1956. The system $Na_2O-Al_2O_3-SiO_2$. American Journal of Science, 254 (3) : 129-195.

Schilling J G, Zajac M, Evans R, et al. 1983. Petrologic and geochemical variations along the Mid-Atlantic Ridge from 29 degrees N to 73 degrees N. American Journal of Science, 283 (6) : 510–586.

Schmid R. 1981. Descriptive nomenclature and classification of pyroclastic deposits and fragments. Geologische Rundschau, 70 (2) : 794-799.

Schmincke H U. 2004. Volcanism. Berlin: Springer.

Schoene B, Schaltegger U, Brack P, et al. 2012. Rates of magma differentiation and emplacement in a ballooning pluton recorded by U-Pb TIMS-TEA, Adamello batholith, Italy. Earth and Planetary Science Letters: A Letter Journal Devoted, 355-356: 162-173.

Schuiling R D. 2008. How to stop or slow down lava flows. International Journal of Global Environmental Issues, 8 (3) : 282.

Schwindinger M, Weinberg R F, Clos F. 2019. Wet or dry? The difficulty of identifying the presence of water during crustal melting. Journal of Metamorphic Geology, 37 (3) : 339-358.

Shand S J. 1922. The problem of the alkaline rocks. Proceedings of the Geological Society of South Africa, 25: 14-33.

Shand S J. 1951. Eruptive Rocks. New York: John Wiley.

Shaw D M, Cramer J J, Higgins M D, et al. 1986. Composition of the Canadian Precambrian shield and the continental crust of the Earth//Dawson J B, Carswell D A, Hall J, et al. The Nature of the Lower Continental Crust. Geological Society, London, Special Publications, 24: 275-282.

Shi H Y, Xia Y, Xu X S, et al. 2022. Crystal-melt separation of the Cretaceous volcanic-plutonic complex in SE China: High Sr/Y rocks generated by plagioclase accumulation. Lithos, 430: 106848.

Shirey S B, Hanson G N. 1984. Mantle-derived Archaean monozodiorites and trachyandesites. Nature, 310(5974): 222-224.

Sigurdsson H, Houghton B F, McNutt S R, et al. 2000. Encyclopedia of Volcanoes. New York: Academic Press.

Singh J, Johannes W. 1996. Dehydration melting of tonalites. part I. beginning of melting. Contributions to Mineralogy and Petrology, 125(1): 16-25.

Sirbescu M-L C, Schmidt C, Veksler I V, et al. 2017. Experimental crystallization of undercooled felsic liquids: Generation of pegmatitic texture. Journal of Petrology, 58(3): 539-568.

Skinner B J, Porter S C. 2000. The Dynamic Earth: An Introduction to Physical Geology. New York: John Wiley & Sons.

Skinner B J, Porter S C, Botkin D B. 1999. The Blue Planet: An Introduction to Earth System Science. 2nd ed. New York: John Wiley and Sons, Inc.

Skinner C P. 1989. The petrology of peridotite xenoliths from the Finsch kimberlite, South Africa. South African Journal of Geology, 92: 197-206.

Smith C B, Gurney J J, Ebrahim N, et al. 1985. Geochemical character of southern African kimberlites: A new approach based on isotopic constraints. Transactions of the Geological Society of South Africa, 88(2): 267-280.

Smith I E M, Johnson R W. 1981. Contrasting rhyolite suites in the late Cenozoic of Papua New Guinea. Journal of Geophysical Research: Solid Earth, 86(B11): 10257-10272.

Smith P M, Asimow P D. 2005. Adiabat_1ph: A new public front-end to the MELTS, pMELTS, and pHMELTS models. Geochemistry, Geophysics, Geosystems, 6(1): 2004GC000816.

Smoliar M I, Walker R J, Morgan J W. 1996. Re-Os ages of group IIA, IIIA, IVA, and IVB iron meteorites. Science, 271(5252): 1099-1102.

Smythe D J, Brenan J M. 2015. Cerium oxidation state in silicate melts: Combined fO_2, temperature and compositional effects. Geochimica et Cosmochimica Acta, 170: 173-187.

Smythe D J, Brenan J M. 2016. Magmatic oxygen fugacity estimated using zircon-melt partitioning of cerium. Earth and Planetary Science Letters, 453: 260-266.

Sobolev A V, Hofmann A W, Kuzmin D V, et al. 2007. The amount of recycled crust in sources of mantle-derived melts. Science, 316(5823): 412-417.

Sobolev A V, Hofmann A W, Sobolev S V, et al. 2005. An olivine-free mantle source of Hawaiian shield basalts. Nature, 434(7033): 590-597.

Sorbadere F, Médard E, Laporte D, et al. 2013. Experimental melting of hydrous peridotite-pyroxenite mixed sources: Constraints on the genesis of silica-undersaturated magmas beneath volcanic arcs. Earth and Planetary Science Letters, 384: 42-56.

Sørenson H. 1974. The Alkaline Rocks. New York: Wiley.

Sparks R S J. 1978. The dynamics of bubble formation and growth in magmas: A review and analysis. Journal of Volcanology and Geothermal Research, 3(1/2): 1-37.

Sparks R S J, Annen C, Blundy J D, et al. 2019. Formation and dynamics of magma reservoirs. Philosophical Transactions of the Royal Society A: Mathematical, Physical and Engineering Sciences, 377(2139): 20180019.

Stadler G, Gurnis M, Burstedde C, et al. 2010. The dynamics of plate tectonics and mantle flow: From local to global scales. Science, 329: 1033-1038.

Stern R J. 2007. When and how did plate tectonics begin? Theoretical and empirical considerations. Chinese Science Bulletin, 52(5): 578-591.

Stern R J, Scholl D W. 2010. Yin and yang of continental crust creation and destruction by plate tectonic processes. International Geology Review, 52(1): 1-31.

Stoppa F, Sharygin V, Cundari A. 1997. New mineral data from the kamafugite-carbonatite association: The melilitite from San Venanzo, Italy. Mineralogy and Petrology, 78: 251-265.

Streck M J, Leeman W P, Chesley J. 2007. High-magnesian andesite from Mount Shasta: A product of magma mixing and contamination, not a primitive mantle melt. Geology, 35(4): 351-354.

Streckeisen A. 1976. To each plutonic rock its proper name. Earth-Science Reviews, 12(1): 1-33.

Streckeisen A. 1978. IUGS Subcommission on the Systematics of Igneous Rocks. Classification and Nomenclature of Volcanic Rocks, Lamprophyres, Carbonatites and Melilite Rocks. Recommendations and Suggestions. Stuttgart: Neues Jahrbuch fur Mineralogie, 143: 1-14.

Sturt B A, Thon A, Furnes H. 1980. The geology and preliminary geochemistry of the Karmøy ophiolite, S. W. Norway//Panayiotou A. Ophiolites. Nicosia, Cyprus: Geological Survey: 538-553.

Sun S S, McDonough W F. 1989. Chemical and isotopic systematics of oceanic basalts: Implications for mantle composition and processes. Geological Society, London, Special Publications, 42(1): 313-345.

Swamy V, Saxena S K, Sundman B, et al. 1994. A thermodynamic assessment of silica phase diagram. Journal of Geophysical Research: Solid Earth, 99(B6): 11787-11794.

Swanson S E. 1977. Relation of nucleation and crystal-growth rate to the development of granitic textures. American Mineralogist, 62(9/10): 966-978.

Sweeney R. 1994. Carbonatite melt compositions in the earth's mantle. Earth and Planetary Science Letters, 128: 259-270.

Sylvester P J. 1989. Post-collisional alkaline granites. The Journal of Geology, 97(3): 261-280.

Sylvester P J. 1998. Post-collisional strongly peraluminous granites. Lithos, 45(1/2/3/4): 29-44.

Tang M, Erdman M, Eldridge G, et al. 2018. The redox "filter" beneath magmatic orogens and the formation of continental crust. Science Advances, 4(5): eaar4444.

Tang M, Wang X L, Shu X J, et al. 2014. Hafnium isotopic heterogeneity in zircons from granitic rocks: Geochemical evaluation and modeling of zircon effect in crustal anatexis. Earth and Planetary Science Letters, 389: 188-199.

Tatsumi Y, Eggins S. 1995. Subduction Zone Magmatism. Cambridge: Blackwell Science Publication.

Taylor H P. 1980. The effects of assimilation of country rocks by magmas on $^{18}O/^{16}O$ and $^{87}Sr/^{86}Sr$ systematics in igneous rocks. Earth and Planetary Science Letters, 47(2): 243-254.

Taylor R N, Nesbitt R W, Vidal P, et al. 1994. Mineralogy, chemistry, and genesis of the boninite series volcanics, Chichijima, Bonin Islands, Japan. Journal of Petrology, 35(3): 577-617.

Taylor S R. 1964. Abundance of chemical elements in the continental crust: A new table. Geochimica et Cosmochimica Acta, 28(8): 1273-1285.

Taylor S R, Mclennan S M. 1981. The composition and evolution of the continental crust: Rare earth element evidence from sedimentary rocks. Philosophical Transactions of the Royal Society of London Series A, Mathematical and Physical Sciences, 301(1461): 381-399.

Taylor S R, McLennan S M. 1985. The Continental Crust: Its Composition and Evolution. Oxford: Blackwell Scientific Publications.

Teng F Z. 2017. Magnesium isotope geochemistry. Reviews in Mineralogy and Geochemistry, 82(1): 219-287.

Teng F Z, Dauphas N, Huang S, et al. 2013. Iron isotopic systematics of oceanic basalts. Geochimica et Cosmochimica Acta, 107: 12-26.

Terry P, Langmuir Charles H. 1998. The chemical composition of subducting sediment and its consequences for the crust and mantle. Chemical Geology, 145(3/4): 325-394.

Thiéblemont D, Stein G, Lescuyer J L. 1997. Gisements épithermaux et porphyriques: la connexion adakite. Comptes Rendus de L'Académie Des Sciences - Series IIA - Earth and Planetary Science, 325(2): 103-109.

Thompson A B, Connolly A D. 1995. Melting of the continental crust: Some thermal and petrological constraints on anatexis in continental collision zones and other tectonic settings. Journal of Geophysical Research, 100: 15565-15579.

Thompson R N, Morrison M A, Hendry G L, et al. 1984. An assessment of relative roles of crust and mantle in magma genesis: An elemental approach. Philosophical Transactions of the Royal Society of London, A310: 549-590.

Torsvik T H, Burke K, Steinberger B, et al. 2010. Diamonds sampled by plumes from the core-mantle boundary. Nature, 466: 352-355.

Townsend M, Pollard D D, Johnson K, et al. 2015. Jointing around magmatic dikes as a precursor to the development of volcanic plugs. Bulletin of Volcanology, 77(10): 92.

Turner J S, Campbell I H. 1986. Convection and mixing in magma chambers. Earth-Science Reviews, 23(4): 255-352.

Tuttle O F, Bowen N L. 1958. Origin of granite in the light of experimental studies in the system $NaAlSi_3O_8$-$KAlSi_3O_8$-SiO_2-H_2O. Geological Society of America, 74: 153.

Uyeda S. 1983. Comparative subductology. Episodes, 6(2): 19-24.

van Breemen O, Aftalion M, Pankhurst R J, et al. 1979. Age of the Glen Dessary syenite, Inverness-shire: Diachronous Palaeozoic metamorphism across the Great Glen. Scottish Journal of Geology, 15: 49-62.

Varne R, Graham A l. 1971. Rare-earth abundances in hornblende and clinopyroxene of a hornblende lherzolite xenolith: Implications for upper mantle fractionation processes. Earth and Planetary Science Letters, 13: 11-18.

Vernon R H. 1983. Restite, xenoliths and microgranitoid enclaves in granites. Journal and Proceedings, Royal Society of New South Wales, 116: 77-103.

Vernon R H. 2004. A Practical Guide to Rock Microstructure. Cambridge: Cambridge University Press.

Vernon R H, Etheridge M A, Wall V J. 1988. Shape and microstructure of microgranitoid enclaves: Indicators of magma mingling and flow. Lithos, 22(1): 1-11.

Vho A, Lanari P, Rubatto D. 2019. An internally-consistent database for oxygen isotope fractionation between minerals. Journal of Petrology, 60(11): 2101-2129.

Vielzeuf D, Holloway J R. 1988. Experimental determination of the fluid-absent melting relations in the pelitic system. Contributions to Mineralogy and Petrology, 98(3): 257-276.

von Platen H. 1965. Experimental anatexis and genesis of migmatites//Pitcher W S, Flynn G W. Controls of metamorphism. London: Oliver and Boyd.

Wallace M E, Green D H. 1988. An experimental determination of primary carbonatite magma composition. Nature, 335(6188): 343-346.

Wang B W, Zhang Q W L, Chen Y, et al. 2024. Returned samples indicate volcanism on the Moon 120 million years ago. Science, 385(6713): 1077-1080.

Wang X J, Chen L H, Hofmann A W, et al. 2017. Mantle transition zone-derived EM1 component beneath NE China: Geochemical evidence from Cenozoic potassic basalts. Earth and Planetary Science Letters, 465: 16-28.

Wang X L, Zhou J C, Qiu J S, et al. 2004. Geochemistry of the Meso-to Neoproterozoic basic-acid rocks from Hunan Province, South China: Implications for the evolution of the western Jiangnan orogen. Precambrian Research, 135(1-2): 79-103.

Wang X L, Zhou J C, Qiu J S, et al. 2006. LA-ICP-MS U-Pb zircon geochronology of the Neoproterozoic igneous rocks from Northern Guangxi, South China: Implications for tectonic evolution. Precambrian Research, 145(1/2): 111-130.

Watson E B, Harrison T M. 1983. Zircon saturation revisited: Temperature and composition effects in a variety of crustal magma types. Earth and Planetary Science Letters, 64(2): 295-304.

Watson E B, Wark D A, Thomas J B. 2006. Crystallization thermometers for zircon and rutile. Contributions to Mineralogy and Petrology, 151(4): 413-433.

Weaver B L. 1991. The origin of ocean island basalt end-member compositions: Trace element and isotopic constraints. Earth and Planetary Science Letters, 104(2/3/4): 381-397.

Weinberg R F, Vernon R H, Schmeling H. 2021. Processes in mushes and their role in the differentiation of granitic rocks. Earth-Science Reviews, 220: 103665.

Werle J L, Ikramuddin M, Mutschler F E. 1984. Allard stock, La Plata Mountains, Colorado: An alkaline rock-hosted porphyry copper-precious metal deposit. Canadian Journal of Earth Sciences, 21(6): 630-641.

Whalen J B, Currie K L, Chappell B W. 1987. A-type granites: Geochemical characteristics, discrimination and petrogenesis. Contributions to Mineralogy and Petrology, 95(4): 407-419.

White A J R, Chappell B W. 1977. Ultrametamorphism and granitoid genesis. Tectonophysics, 43(1/2): 7-22.

White A J, Chappell B. 1988. Some supracrustal(S-type) granites of the Lachlan fold belt. Earth and Environmental Science Transactions of the Royal Society of Edinburgh, 79: 169-181.

White R S, McKenzie D. 1995. Mantle plumes and flood basalts. Journal of Geophysical Research: Solid Earth, 100(B9): 17543-17585.

White W M. 2013. Geochemistry. Hoboken: Wiley-Blackwell.

Wignall P B. 2001. Large igneous provinces and mass extinctions. Earth-Science Reviews, 53(1/2): 1-33.

Wilson J T. 1963. Evidence from islands on the spreading of ocean floors. Nature, 197(4867): 536-538.

Wilson J T. 1973. Mantle plumes and plate motions. Tectonophysics, 19: 149-164.

Wilson M. 1989. Igneous Petrogenesis. London: Unwin Hyman.

Winkler H G F. 1976. Petrogenesis of Metamorphic Rocks. New York: Springer.

Winter J D. 2001. An Introduction to Igneous and Metamorphic Petrology. New Jersey: Prentice Hall.

Winter J D. 2014. Principles of Igneous and Metamorphic Petrology. 2nd ed. Harlow: Pearson Education Limited.

Wolf M B, London D. 1994. Apatite dissolution into peraluminous haplogranitic melts: An experimental study of solubilities and mechanisms. Geochimica et Cosmochimica Acta, 58 (19) : 4127-4145.

Wones D R, Gilbert M C. 1982. Amphiboles in the igneous environment//Veblen D R, Ribbe P H. Amphiboles: Petrology and Experimental Phase Relations: 355-390.

Woolley A R, Kempe D R C. 1989. Carbonatites: Nomenclature, average chemical compositions and element distribution//Bell K. Carbonatites: Genesis and Evolution. London: Unwin Hyman: 1-14.

Woolley A R, Kjarsgaard B. 2009. Carbonatite occurrences of the world: Map and database. Geological Survey of Canada Open File, 5796: 1-22.

Wright T L, Kinoshita W T, Peck D L. 1968. March 1965 eruption of Kilauea volcano and the formation of Makaopuhi Lava Lake. Journal of Geophysical Research, 73 (10) : 3181-3205.

Wu W W, Yang J S, Lian D Y, et al. 2021. New concepts in ophiolites, oceanic lithosphere and podiform chromites//Alderton D, Elias S A. Encyclopedia of Geology. 2nd ed. London: Academic Press: 968-993.

Wyllie P J. 1983. Experimental studies on biotite- and muscovite-granites and some crustal magmatic sources//Atherton M P, Gribble C D. Migmatites, Melting and Metamorphism. Nantwich: Shiva: 12-26.

Xia Y H, Lai S C, Yang H, et al. 2024. Liquid immiscibility acting on the formation of the Miaoya carbonatite-syenite complex in the South Qinling Belt, Central China. Journal of Asian Earth Sciences, 264: 106072.

Xiang H, Connolly J A D. 2021. GeoPS: An interactive visual computing tool for thermodynamic modelling of phase equilibria. Journal of Metamorphic Geology, 40 (2) : 1-13.

Xiang L, Zheng J, Zhai M, et al. 2020. Geochemical and Sr-Nd-Pb isotopic constraints on the origin and petrogenesis of Paleozoic lamproites in the southern Yangtze Block, South China. Contributions to Mineralogy and Petrology, 175 (4) : 1-18.

Xu C, Kynický J, Tao R B, et al. 2017. Recovery of an oxidized majorite inclusion from Earth's deep asthenosphere. Science Advances, 3 (4) : e1601589.

Xu J F, Chen S S. 2023. Petrogenesis of adakitic rocks unrelated to slab melting and adakitic porphyries associated with Cu mineralization. Lithos, 458-459: 107351.

Xu X S, Dong C W, Li W X, et al. 1999. Late Mesozoic intrusive complexes in the coastal area of Fujian, SE China: The significance of the gabbro-diorite-granite association. Lithos, 46 (2) : 299-315.

Xu X S, Griffin W L, O'Reilly S Y, et al. 2008. Re-Os isotopes in mantle xenoliths from eastern China: Age constraints and evolution of lithospheric mantle. Lithos, 102: 49-64.

Xu X S, O'Reilly S Y, Griffin W L, et al. 1998. The nature of the Cenozoic lithosphere beneath Nushan, East Central China//Flower M F J, Chung S L, Lo C H, et al. Mantle Dynamics and Plate Interactions in East Asia. Washington D. C.: American Geophysical Union: 167-196.

Xu X S, O'Reilly S Y, Griffin W L, et al. 2000. Genesis of young lithospheric mantle in SE China. Journal of Petrology, 41 (1) : 111-148.

Xu X S, O'Reilly S Y, Griffin W L, et al. 2003. Enrichment of upper mantle peridotite: Petrological, trace element and isotopic evidence in xenoliths from SE China. Chemical Geology, 198 (3/4) : 163-188.

Xu X S, O'Reilly S Y, Zhou X, et al. 1996. A xenolith-derived geotherm and the crust-mantle boundary at Qilin, southeastern China. Lithos, 38 (1/2) : 41-62.

Xu X S, Wang X Y, Ma Z W, et al. 2024. Petrogenesis of episodic volcanic-intrusive rocks in SE China: Crystal-melt segregation and magma mixing. Chemical Geology, 670: 122457.

Xu X S, Zhao K, He Z Y, et al. 2021. Cretaceous volcanic-plutonic magmatism in SE China and a genetic model.

Lithos, 402-403: 105728.

Xu Y G. 2002. Evidence for crustal components in the mantle and constraints on crustal recycling mechanisms: pyroxenite xenoliths from Hannuoba, North China. Chemical Geology, 182(2/3/4): 301-322.

Xu Y G, Chung S L, Jahn B M, et al. 2001. Petrologic and geochemical constraints on the petrogenesis of Permian-Triassic Emeishan flood basalts in southwestern China. Lithos, 58(3/4): 145-168.

Xu Y G, Mercier J C, Lin C Y, et al. 1996. K-rich glass-bearing wehrlite xenoliths from Yitong, Northeastern China: Petrological and chemical evidence for mantle metasomatism. Contributions to Mineralogy and Petrology, 125(4): 406-420.

Yang J, Wu W, Lian D, et al. 2021. Peridotites, chromitites and diamonds in ophiolites. Nature Reviews Earth & Environment, 2(3): 198-212.

Yaxley G M, Anenburg M, Tappe S, et al. 2022. Carbonatites: Classification, sources, evolution, and emplacement. Annual Review of Earth and Planetary Sciences, 50: 261-293.

Yoder H S. 1969. Experimental studies bearing on the origin of anorthosite//Isachesen Y W. Origin of Anorthosite and Related Rocks. Albany: University of the State of New York: 13-23.

Yoder H S Jr. 1976. Generation of Basaltic Magma. Washington, D. C.: National Academy of Sciences.

Yoder H S Jr, Stewart D B, Smith J V. 1957. Ternary feldspars. Geophysical Laboratory, Carnegie Institution of Washington, Yearbook 56: 206-214.

Yoder H S Jr, Tilley C E. 1962. Origin of basalt magmas: An experimental study of natural and synthetic rock systems. Journal of Petrology, 3: 342-532.

Young D A. 2003. Mind Over Magma. Princeton: Princeton University Press.

Yu K, Liu Y, Hu Q, et al. 2018. Magma recharge and reactive bulk assimilation in enclave-bearing granitoids, Tonglu, South China. Journal of Petrology, 59(5): 795-824.

Zahirovic S, Müller R D, Seton M, et al. 2015. Tectonic speed limits from plate kinematic reconstructions. Earth and Planetary Science Letters, 418: 40-52.

Zeng G, Chen L H, Hofmann A W, et al. 2021. Nephelinites in Eastern China originating from the mantle transition zone. Chemical Geology, 576: 120276.

Zeng G, Chen L H, Xu X S, et al. 2010. Carbonated mantle sources for Cenozoic intra-plate alkaline basalts in Shandong, North China. Chemical Geology, 273: 35-45.

Zeng L S, Gao L E, Tang S H, et al. 2015. Eocene magmatism in the Tethyan Himalaya, southern Tibet. Geological Society, London, Special Publications, 412(1): 287-316.

Zeng L S, Gao L E, Xie K J, et al. 2011. Mid-Eocene high Sr/Y granites in the Northern Himalayan Gneiss Domes: Melting thickened lower continental crust. Earth and Planetary Science Letters, 303(3-4): 251-266.

Zeng L S, Liu J, Gao L, et al. 2009. Early Oligocene anatexis in the Yardoi gneiss dome, southern Tibet and geological implications. Chinese Science Bulletin, 54(1): 104-112.

Zhang C, Liu C Z, Ji W B, et al. 2020. Heterogeneous sub-ridge mantle of the Neo-Tethys: Constraints from Re-Os isotope and HSE compositions of the Xigaze ophiolites. Lithos, 378: 105819.

Zhang H, Zeng G, Liu J, et al. 2023. Carbonated eclogitic component beneath eastern China revealed by olivine phenocrysts in nephelinites. Chemical Geology, 640: 121744.

Zhang J X, Mattinson C G, Yu S Y, et al. 2010. U-Pb zircon geochronology of coesite-bearing eclogites from the southern Dulan area of the North Qaidam UHP terrane, northwestern China: Spatially and temporally extensive UHP metamorphism during continental subduction. Journal of Metamorphic Geology, 28(9):

955-978.

Zhao D P, Tian Y, Lei J S, et al. 2009a. Seismic image and origin of the Changbai intraplate volcano in East Asia: Role of big mantle wedge above the stagnant Pacific slab. Physics of the Earth and Planetary Interiors, 173(3-4): 197-206.

Zhao K, Xu X S, Erdmann S. 2017. Crystallization conditions of peraluminous charnockites: Constraints from mineral thermometry and thermodynamic modelling. Contributions to Mineralogy and Petrology, 172(5): 26.

Zhao K, Xu X S, Erdmann S. 2018. Thermodynamic modeling for an incrementally fractionated granite magma system: Implications for the origin of igneous charnockite. Earth and Planetary Science Letters, 499: 230-242.

Zhao K, Xu X S, Klemd R, et al. 2023a. A review of the genetic mechanisms generating igneous charnockite: CO_2 flushing and crystal-melt segregation in mushy reservoirs. Earth-Science Reviews, 237: 104295.

Zhao S D, Xia Y, Xu X S, et al. 2023b. Timescale of magma recharge for a crystal-rich mush: Perspectives from the compositional zoned quartz in Xiangshan caldera, SE China. Lithos, 456-457: 107288.

Zhao T P, Chen W, Zhou M F. 2009b. Geochemical and Nd-Hf isotopic constraints on the origin of the ~1.74-Ga Damiao anorthosite complex, North China Craton. Lithos, 113(3/4): 673-690.

Zheng Y F. 2021. Convergent plate boundaries and accretionary wedges//Alderton D, Elias S A. Encyclopedia of Geology. 2nd ed. London: Academic Press: 770-787.

Zhong H, Yao Y, Prevec S A, et al. 2004. Trace-element and Sr-Nd isotopic geochemistry of the PGE-bearing Xinjie layered intrusion in SW China. Chemical Geology, 203(3/4): 237-252.

Zhou M F, Robinson P T, Su B X, et al. 2014. Compositions of chromite, associated minerals, and parental magmas of podiform chromite deposits: The role of slab contamination of asthenospheric melts in suprasubduction zone environments. Gondwana Research, 26(1): 262-283.

Zhou X M, Li W X. 2000. Origin of late Mesozoic igneous rocks in southeastern China: Implications for lithosphere subduction and underplating of mafic magmas. Tectonophysics, 326(3/4): 269-287.

Zhou X M, Sun T, Shen W Z, et al. 2006. Petrogenesis of Mesozoic granitoids and volcanic rocks in South China: A response to tectonic evolution. Episodes, 29(1): 26-33.

Zhu D C, Wang Q, Weinberg R F, et al. 2022. Interplay between oceanic subduction and continental collision in building continental crust. Nature Communications, 13(7141). https://doi.org/10.1038/s41467-022-34826-0.

Zhu D C, Wang Q, Weinberg R F, et al. 2023. Continental crustal growth processes recorded in the Gangdese batholith, southern Tibet. Annual Review of Earth and Planetary Sciences, 51: 155-188.

Zies E G. 1946. Temperature measurements at Parícutin volcano. EOS, Transactions American Geophysical Union, 27: 178-180.

Zindler A, Hart S. 1986. Chemical geodynamics. Annual Review of Earth and Planetary Sciences, 14: 493-571.

附录 A　CIPW 标准矿物计算

一、原理

标准矿物法是把全岩的各种化学组分分配到假想的标准矿物分子中来表示矿物组成的方法。当岩石必须做基于矿物组成的比较时，这种方法就非常有用。例如，对于隐晶质或含玻璃质的火山岩，肉眼无法做出准确的矿物鉴定和矿物成分的测量，所以必须运用岩石化学去“合成”矿物。另外，标准矿物计算是判断岩石硅饱和程度的基础。很难直接从岩石的 SiO_2 含量判断硅是过饱和还是不饱和，但可以根据岩石的标准矿物组成判断岩石的硅饱和程度。常见标准矿物根据 SiO_2 的饱和程度可以分为三类。

(1) 硅不饱和矿物：似长石、橄榄石；

(2) 硅饱和矿物：长石、辉石等；

(3) 硅过饱和矿物：石英。

在岩石的标准矿物计算中，出现石英说明岩石的硅过饱和，而似长石和橄榄石则是硅不饱和的标志。石英和橄榄石或似长石都不可能共生，它们之间的关系可以用下列两个反应式来表示。由这两个反应可以看出，橄榄石结晶时所需 SiO_2 的量要远比斜方辉石少，霞石结晶时所需 SiO_2 的量要远比钠长石少：

$$(Mg,Fe)_2SiO_4\text{(橄榄石)} + SiO_2 = 2(Mg,Fe)SiO_3\text{(斜方辉石)} \tag{A-1}$$

$$NaAlSiO_4\text{(霞石)} + 2SiO_2 = NaAlSi_3O_8\text{(钠长石)} \tag{A-2}$$

被广泛使用的标准矿物法称为 CIPW 法，由 C. W. Cross、J. P. Iddings、L. V. Pirsson 和 H. S. Washington 四位学者于 20 世纪早期提出，以后被不断改进，并以他们名字的首字母命名。CIPW 标准化计算的基本原理是把来自化学分析的简单氧化物重新分配到矿物分子中。这种重组以岩浆中矿物实际结晶的顺序(如鲍温反应系列)为准则。标准的计算方案通常不产生含水矿物(如黑云母、角闪石)，而由对应的无水矿物(组合)代替。例如，黑云母的存在由标准化的正长石和辉石反映出来：

$$K(Fe,Mg)_3AlSi_3O_{10}(OH)_2+3SiO_2 \longrightarrow KAlSi_3O_8+3(Fe,Mg)SiO_3+H_2O \tag{A-3}$$

同样，角闪石在标准矿物成分中表现为透辉石、斜方辉石、橄榄石和少量钠长石组分。除了含水矿物，几种相对常见的复杂硅酸盐，如石榴子石和堇青石也不存在于标准化矿物中。

CIPW 标准计算的另外一个特征是会出现在自然中极少出现或不存在的矿物(或矿物组合)。例如，过铝花岗岩会出现石英-刚玉组合。在自然界中这两种矿物一般不会在一起，因为花岗岩中的刚玉成分可以包含在其他含铝矿物中，如白云母、夕线石、红柱石或堇青石中，这些都不是标准矿物。而过碱性的花岗岩中含有富铁斜方辉石——铁辉石(ferrosilite)的标准矿物分子，实际矿物应该是铁橄榄石-石英组合，因为铁辉石在 1×10^4 Pa 压力下是不稳定的。

二、CIPW 标准矿物计算

首先，把原始化学分析的氧化物质量分数换算成摩尔比例，即用各自的质量分数除以氧化物的相对分子质量(CIPW 计算常用的氧化物和元素的相对分子/原子质量见表 A-1)。如果分析中没有区分 FeO 和 Fe_2O_3，这要先按一定的比例确定 FeO 和 Fe_2O_3 的量。微量或次要元素一般结合到地球化学性质相近的主量元素中，如锰、镍与铁结合，钡、锶与钙结合。

表 A-1 用于 CIPW 计算的有关参数

标准矿物	缩写	分子式	相对分子质量	氧化物	相对分子质量
石英(quzatz)	Qz	SiO_2	60.1	SiO_2	60.1
刚玉(corundum)	Crn	Al_2O_3	102.0	TiO_2	79.9
锆石(zircon)	Zrc	$ZrO_2·SiO_2$	183.3	Al_2O_3	102.0
正长石(orthoclase)	Or	$K_2O·Al_2O_3·6SiO_2$	556.8	Fe_2O_3	159.7
钠长石(albite)	Ab	$Na_2O·Al_2O_3·6SiO_2$	524.6	FeO	71.9
钙长石(anorthite)	An	$CaO·Al_2O_3·2SiO_2$	278.3	MnO	70.9
白榴石(leucite)	Lc	$K_2O·Al_2O_3·4SiO_2$	436.6	MgO	40.3
霞石(nepheline)	Ne	$Na_2O·Al_2O_3·2SiO_2$	284.2	CaO	56.1
锥辉石(acmite)	Ac	$Na_2O·Fe_2O_3·4SiO_2$	462.2	Na_2O	62.0
	Wo	$CaO·SiO_2$	116.2	K_2O	94.2
透辉石(diopside)[a]	En	$MgO·SiO_2$	100.4	P_2O_5	141.9
	Fs	$FeO·SiO_2$	132.0	CO_2	44.0
硅灰石(wollastonite)	Wo	$CaO·SiO_2$	116.2	SO_3	80.1
紫苏辉石(hypersthene)[b]	En	$MgO·SiO_2$	100.4	S	32.1
	Fs	$FeO·SiO_2$	131.9	F	19.0
橄榄石(olivine)[c]	Fo	$2MgO·SiO_2$	140.7	Cl	35.5
	Fa	$2FeO·SiO_2$	203.9	SrO	103.6
钙硅酸盐(Ca-orthosilicate)	Cs	$2CaO·SiO_2$	172.3	BaO	153.3
磁铁矿(magnetite)	Mt	$FeO·Fe_2O_3$	231.7	NiO	74.7
铬铁矿(chromite)	Chr	$FeO·Cr_2O_3$	223.9	Cr_2O_3	152.0
赤铁矿(hematite)	Hem	Fe_2O_3	159.8	ZrO_2	123.2
钛铁矿(ilmenite)	Ilm	$FeO·TiO_2$	151.8		
榍石(sphene、titanite)	Spn	$CaO·TiO_2·SiO_2$	196.1		
钙钛矿(perovskite)	Pf	$CaO·TiO_2$	136.0		
金红石(rutile)	Rt	TiO_2	79.9		
磷灰石(apatite)	Ap	$3(3CaO·P_2O_5)·CaF_2$	336.2		
萤石(fluorite)	Fr	CaF_2	78.1		
黄铁矿(pyrite)	Py	FeS_2	120.1		
方解石(calcite)	Cc	$CaO·CO_2$	100.1		

a. 透辉石简称 Di，包含顽火辉石(enstatite)、铁辉石(ferrosilite)和硅灰石(wollastonite)三种端元；

b. 紫苏辉石简称 Hy，包含顽火辉石(enstatite)和铁辉石(ferrosilite)两种端元；

c. 橄榄石简称 Ol，包含铁橄榄石(fayalite)和镁橄榄石(forsterite)两种端元。

其次，把摩尔比例的阳离子按规定的顺序分配到矿物分子中。这些矿物分子是每个标准矿物的理想化的分子式，如正长石的 $KAlSi_3O_8$，透辉石的 $CaMgSi_2O_6$，因此，正长石的比例是基于 K_2O 的摩尔比例，透辉石的比例是基于 CaO 和 MgO 的摩尔比例。在这个过程中，一般先把剩下的微量组分结合成常见的副矿物，如把 P 结合到磷灰石中，把 Ti 结合到钛铁矿中，把 Cr 结合到铬铁矿中；然后再去组合长石、辉石等主要硅酸盐矿物。有些阳离子只能被一个标准矿物使用(如 K^+)，而其他一些(如 Al^{3+}和 Si^{4+})可以被几种矿物使用。随着这些离子使用得增多，剩下的量会减少。在平衡表上可以追踪那些被反复使用的阳离子的剩余量。只有 Si^{4+}可以在生成必需的标准矿物的过程中存在负数状态。如果 Si^{4+}存在负数状态，那么先前的临时矿物(如顽火辉石或钠长石)必须转化成 Si^{4+}含量低的替代物(如镁橄榄石或霞石)，以弥补 Si^{4+}的不足。因此关键性氧化物的含量决定了各个标准矿物的含量。如果最后 Si^{4+}和 Al^{3+}等阳离子有剩余，则形成简单氧化物矿物，如石英、刚玉等。

最后，把标准矿物的摩尔比例转化成质量分数。图 A-1 是常见硅酸盐岩石的一个简化的 CIPW 计算流程。

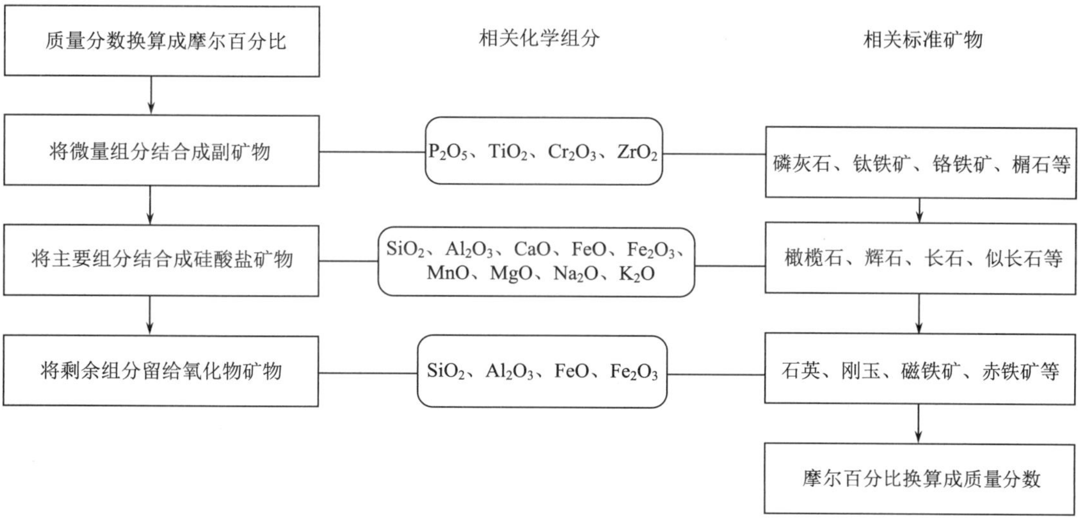

图 A-1　常见硅酸盐岩石 CIPW 计算的简化流程

CIPW 计算准则：

以下各步骤为常见硅酸盐岩石 CIPW 计算中详细的元素分配顺序和方法。其中临时矿物有特殊标记，即在矿物名称后加符号“’”，如 Or’。如果分析中没有相应的关键氧化物，则忽略这一步。

(1) 磷灰石(Ap)由 P_2O_5 和 CaO 合成，CaO 在此减少了 3.3 倍的 P_2O_5；

(2) 钛铁矿(Ilm)由 TiO_2 和等量的 FeO 组成，FeO 在此减少了 TiO_2 的量；如果 TiO_2>FeO，则剩下的 TiO_2 被分配到临时榍石(Spn’)中，同时 CaO 和 SiO_2 在此也都减少了 TiO_2 的量；如果形成钙长石(An)(第 7 步)以后 CaO 还有剩余，则临时榍石(Spn’)转为固定榍石(Spn)，否则过量的 TiO_2 形成金红石(Rt)；

(3) 锆石(Zrn)由等比例的 ZrO_2 和 SiO_2 组成，SiO_2 在此减少了 ZrO_2 的量；

(4) Cr_2O_3 被分配到铬铁矿(Chr)中，FeO 在此减少了 Cr_2O_3 的量；

(5) 临时正长石(Or')由 K_2O 和等量的 Al_2O_3 及 6 倍的 SiO_2 临时组成，Al_2O_3 在此减少了 K_2O 的量，SiO_2 在此减少了 6 倍的 K_2O 量；

(6) 如果还剩 K_2O，则剩下的 K_2O 形成硅酸钾(Ks)，岩石就是过碱性的；

(7) 临时钠长石(Ab')由 Na_2O 和等量的 Al_2O_3 及 6 倍的 SiO_2 临时组成，Al_2O_3 在此减少了 Na_2O 的量，SiO_2 在此减少了 6 倍的 Na_2O 量；

(8) 如果还剩 Na_2O(即 $K_2O+Na_2O> Al_2O_3$)，则用剩余的 Na_2O 和等量的 Fe_2O_3 及 2 倍的 SiO_2 形成锥辉石(Ac)(说明岩石是过碱性的，且标准矿物中将没有钙长石)；

(9) 如果还剩 Al_2O_3，则与等量的 CaO 以及 2 倍的 SiO_2 形成钙长石(An)，相应地在此减少 CaO 和 SiO_2 的量；

(10) 如果还剩 Al_2O_3，则多余的 Al_2O_3 计算成刚玉(Crn)；

(11) 剩下的 Fe_2O_3 和等量的 FeO 形成磁铁矿(Mt)，FeO 在此减少了 Fe_2O_3 的量；

(12) 剩下的 Fe_2O_3 单独形成赤铁矿(Hem)；

(13) 计算 MgO 和剩下的 FeO 的总和及比例，即(MgO+FeO)值和 FeO/MgO 值；

(14) 剩下的 CaO 与等量的(MgO+FeO)以及 2 倍的 SiO_2 形成临时透辉石(Di')，(MgO+FeO)和 SiO_2 在此相应减少；注意(MgO+FeO)值在此要按 FeO/MgO 等比例减少；

(15) 如果 CaO>(MgO+FeO)，剩下的 CaO 和等量的 SiO_2 形成临时硅灰石(Wo')，SiO_2 减少了 CaO 的量；

(16) 如果 CaO<(MgO+FeO)，则用(MgO+FeO)和等量的 SiO_2 形成临时的紫苏辉石(Hy')，在此减少相应的 SiO_2；

(17) 如果仍剩余 SiO_2，计算为石英(Qz)；

(18) 如果 SiO_2 的量是负数，则需要将高硅矿物转变为低硅矿物；相应的转变顺序为：紫苏辉石(Hy')→橄榄石(Ol)、榍石(Spn')→钙钛矿(Pf)、钠长石(Ab')→霞石(Ne)、正长石(Or')→白榴石(Lc)，硅灰石(Wo')→硅酸二钙(Cs)。

三、实例

现举例说明火成岩 CIPW 的计算过程。这两个例子转引自王德滋和周新民(1982)。

实例 1　流纹岩计算过程(出现 Qz、Hy)

(1) 将流纹岩各氧化物质量分数换算为分子数。

(2) 0.3 P_2O_5 与 0.9 CaO 结合成 0.3 Ap。

(3) 2.3 TiO_2 与 2.3 FeO 结合成 2.3 Ilm。

(4) 57.2 K_2O 与 57.2 Al_2O_3 和 343.3 SiO_2 结合成 57.2 Or。

(5) 46.8 Na_2O 与 46.8 Al_2O_3 和 280.6 SiO_2 结合成 46.8 Ab。

(6) 7.4 CaO 与 7.4 Al_2O_3 和 14.9 SiO_2 结合成 7.4 An。

(7) 余下 Al_2O_3=127.8−57.2−46.8−7.4=16.4，作为 16.4 Crn。

(8) 9.0 Fe_2O_3 与 9.0 FeO 结合成 9.0 Mt。

(9) 8.9 MgO 和余下的 FeO=21.0−2.3−9.0=9.7，分别与等量的 SiO_2 结合成 8.9 En 和 9.7 Fs，它们之和为 Hy。

(10) 余下 SiO_2=1226.0−343.3−280.6−14.9−8.9−9.7=568.6，作为 568.6 Qz。

(11)将全部标准分子数换算为标准矿物重量%。

浙江流纹岩平均值的 CIPW 计算结果见表 A-2。

表 A-2　浙江流纹岩平均值的 CIPW 计算结果

氧化物（相对分子质量）	质量分数	分子数×1000	Ap	Ilm	Or	Ab	An	C	Mt	Hy		Qz	总计
										En	Fs		
			336.2	151.7	556.6	524.4	278.2	101.9	231.5	100.4	131.9	60.1	
SiO_2(60.1)	73.68	1226.0			343.3	280.6	14.9			8.9	9.7	568.4	1226.0
TiO_2(79.9)	0.18	2.3		2.3									2.3
Al_2O_3(102.0)	13.04	127.8			57.2	46.8	7.4	16.4					127.9
Fe_2O_3(159.7)	1.43	9.0							9.0				9.0
FeO(71.9)	1.41	21.0		2.3					9.0		9.7		21.0
MnO(70.9)	0.10												
MgO(40.3)	0.36	8.9								8.9			8.9
CaO(56.1)	0.47	8.4	0.9				7.4						8.4
Na_2O(62.0)	2.90	46.8				46.8							46.8
K_2O(94.2)	5.39	57.2			57.2								57.2
P_2O_5(141.9)	0.04	0.3	0.3										0.3
总和	99.00												
标准矿物分子数			0.3	2.3	57.2	46.8	7.4	16.4	9.0	8.9	9.7	568.6	
标准矿物质量分数			0.1	0.3	31.8	24.5	2.1	1.7	2.1	0.9	1.3	34.2	99.0

实例 2　碱性橄榄玄武岩计算过程(出现 Ne、Ol、Di)

(1)将碱性橄榄玄武岩各氧化物质量分数换算为分子数。

(2)3.8 P_2O_5 与 12.7 CaO 结合成 3.8 Ap。

(3)25.5 TiO_2 与 25.5 FeO 结合成 25.5 Ilm。

(4)19.7 K_2O 与 19.7 Al_2O_3 和 118.5 SiO_2 结合成 19.7 Or。

(5)45.5 Na_2O 与 45.5 Al_2O_3 和 272.9 SiO_2 结合成 45.5 Ab'。

(6)剩下的 Al_2O_3(=143.1−19.7−45.5=77.9)与 77.9 CaO 和 155.8 SiO_2 结合成 77.9 An。

(7)18.7 Fe_2O_3 与 18.7 FeO 结合成 Mt。

(8)剩下的 CaO(=161.9−12.7−77.9=71.3)与 71.3 SiO_2 结合成 Wo。

(9)计算 MgO=225.1 与剩下的 FeO(=112.7−25.5−18.7=68.5)之间的比值 MgO/FeO=3.3∶1。由于 Di 中 En+Fs=Wo=71.3，把 71.3 按比例分配，则 $\frac{71.3}{4.3}$=16.6 的 FeO 与等量的 SiO_2 结合形成 16.6 Fs，71.3−16.6=54.7 的 MgO 与等量的 SiO_2 结合形成 54.7 En。

(10)此时共用去 SiO_2=118.5+272.9+155.8+71.3+54.7+16.6=689.8，还剩 773.7−689.8=83.9。此数不仅小于此时剩余的(MgO+FeO)=(225.1−54.7)+(112.7−25.5−18.7−16.6)=222.3，而且小于剩余的 1/2(MgO+FeO)=222.3/2=111.1，无法满足剩余铁镁组分构成 Ol 之需(更不可能出现 Hy)。不足的 SiO_2=111.1−83.9=27.2，将从一部分 Ab 转变为 Ne 过程中取得。这样剩下的 Ab 为

$$[Ab]=\frac{SiO_2-2Na_2O}{4}=\frac{(273.6-26.4)-2\times 45.6}{4}=39.0$$

生成的 Ne 含量为

$$[Ne]=Na_2O-[Ab]=45.6-39.0=6.6。$$

取消原先第 5 步的 Ab 计算。这样，39.0 Na_2O 与 39.0 Al_2O_3 和 234.0 SiO_2 结合成新的 39.0 Ab，6.6 Na_2O 与 6.6 Al_2O_3 和 13.2 SiO_2 结合成 6.6 Ne。

(11) 170.4 MgO 与 85.2 SiO_2 结合成 85.2 Fo，51.8 FeO 与 25.9 SiO_2 结合成 25.9 Fa。

(12) 将全部标准矿物分子数换算为标准矿物质量分数。

安徽嘉山碱性橄榄玄武岩的 CIPW 计算结果见表 A-3。

表 A-3　安徽嘉山碱性橄榄玄武岩的 CIPW 计算结果

氧化物（相对分子质量）	质量分数	分子数	Ap	Ilm	Or	Ab’	An	Mt	Di			Ab	Ne	Ol		总计
									Wo	En	Fs			Fo	Fa	
			336.2	151.7	556.6	524.4	278.2	231.5	116.2	100.4	131.9	524.4	284.1	140.7	203.7	
SiO_2(60.1)	46.50	773.7			118.5	272.9	155.8		71.3	54.7	16.6	232.2	13.2	85.2	25.9	773.7
TiO_2(79.9)	2.04	25.5		25.5												25.5
Al_2O_3(102.0)	14.60	143.1			19.7	45.5	77.9					38.7	6.6			143.1
Fe_2O_3(159.7)	2.99	18.7						18.7								18.7
FeO(71.9) MnO(70.9)	8.00 0.10	112.7		25.5				18.7			16.6				51.8	112.7
MgO(40.3)	9.07	225.1								54.7				170.4		225.1
CaO(56.1)	9.08	161.9	12.7				77.9		71.3							161.9
Na_2O(62.0)	2.82	45.5				45.5						38.7	6.6			45.5
K_2O(94.2)	1.86	19.7			19.7											19.7
P_2O_5(141.9)	0.54	3.8	3.8													3.8
H_2O	2.16															
总和	99.76															
标准矿物分子数			3.8	25.5	19.7		77.9	18.7	71.3	54.6	16.6	38.7	6.6	85.2	25.9	
标准矿物质量分数			1.28	3.87	10.99		21.67	4.33	8.28	5.49	2.19	20.30	1.93	11.99	5.28	97.6

注：Ab’是临时矿物，相应的计算结果只作为临时参考(以下划线标明)，在后来计算中，该计算结果被取消。

附录 B　火成岩常见矿物英文缩写

矿物名称		英文缩写/代号
中文	英文	
石英	quartz	Qz
斜长石	plagioclase	Pl
碱性长石	alkali-feldspar	Af
正长石	orthoclase	Or
微斜长石	microcline	Mic
条纹长石	perthite	Per
透长石	sanidine	San
钠长石	albite	Ab
钾长石	potassium feldspar	Kf
钙长石	anorthite	An
橄榄石	olivine	Ol
镁橄榄石	forsterite	Fo
铁橄榄石	fayalite	Fa
辉石	pyroxene	Pyr
单斜辉石	clinopyroxene	Cpx
斜方辉石	orthopyroxene	Opx
紫苏辉石	hypersthene	Hyp
顽火辉石	enstatite	En
正铁辉石	ferrosilite	Fs
古铜辉石	bronzite	Brn
普通辉石	augite	Aug
钙铁辉石	hedenbergite	Hed
异变辉石	pigeonite	Pig
透辉石	diopside	Di
霓石	aegirine	Aeg
硬玉	jadeite	Jd
角闪石	amphibole	Amp
普通角闪石	hornblende	Hb
透闪石	tremolite	Tr
阳起石	actinolite	Act
钠闪石	riebeckite	Rib
钠铁闪石	arfvedsonite	Arf
黑云母	biotite	Bt

续表

矿物名称		英文缩写/代号
中文	英文	
白云母	muscovite	Mus
金云母	phlogopite	Phl
绢云母	sericite	Ser
霞石	nepheline	Ne
白榴石	leucite	Lc
黝方石	nosean	Nos
黄长石	melilite	Mel
锆石	zircon	Zrn
榍石	titanite	Tit
磷灰石	apatite	Ap
独居石	monazite	Mnz
石榴子石	garnet	Grt
黄玉	topaz	Tpz
绿泥石	chlorite	Chl
绿帘石	epidote	Ep
褐帘石	allanite	Aln
蛇纹石	serpentine	Sep
赤铁矿	hematite	Hem
磁铁矿	magnetite	Mt
铬铁矿	chromite	Chr
方解石	calcite	Cal
伊丁石	iddingsite	Idn
尖晶石	spinel	Sp
方石英	cristobalite	Cr
堇青石	cordierite	Crd